U0155459

英国皇家海军战舰设计发展史

卷1 铁甲舰之前

战舰设计与演变，1815—1860年

[英] 大卫·K.布朗 著

李昊 译

江苏凤凰文艺出版社
JIANGSU PHOENIX LITERATURE AND
ART PUBLISHING, LTD

BEFORE THE IRONCLAD: THE DEVELOPMENT OF SHIP DESIGN, PROPULSION, AND ARMAMENT IN THE ROYAL NAVY, 1815–60 by David K.Brown

Copyright: © DAVID K BROWN 1990

This edition arranged with Seaforth Publishing

through BIG APPLE AGENCY, INC., LABUAN, MALAYSIA.

Simplified Chinese edition copyright:

2019 ChongQing Zven Culture communication Co., Ltd

版贸核渝字（2018）第156号

图书在版编目（ＣＩＰ）数据

英国皇家海军战舰设计发展史. 卷1, 铁甲舰之前：
战舰设计与演变, 1815—1860年／（英）大卫·K. 布朗
(David K. Brown) 著；李昊译. -- 南京：江苏凤凰文
艺出版社, 2019.7
书名原文：Before the Ironclad: The Development
of Ship Design,Propulsion,and Armament in The
Royal Navy,1815-60
ISBN 978-7-5594-3746-4

Ⅰ.①英… Ⅱ.①大… ②李… Ⅲ.①战舰- 船舶设
计- 军事史- 英国- 1815-1860 Ⅳ.① TJ8② E925.6

中国版本图书馆 CIP 数据核字 (2019) 第086673号

英国皇家海军战舰设计发展史. 卷1，
铁甲舰之前: 战舰设计与演变，1815 —1860年

[英] 大卫·K. 布朗　著　　　李昊　译

责任编辑	王青
特约编辑	朱章凤
装帧设计	王涛
出版发行	江苏凤凰文艺出版社
	南京市中央路 165 号，邮编：210009
网　址	http://www.jswenyi.com
印　刷	重庆长虹印务有限公司
开　本	787×1092 毫米 1/16
印　张	28
字　数	550 千字
版　次	2019 年 7 月第 1 版　2019 年 7 月第 1 次印刷
书　号	ISBN 978-7-5594-3746-4
定　价	199.80 元

江苏凤凰文艺版图书凡印刷、装订错误可随时向承印厂调换

译者序

　　大卫·布朗（David K Brown, 1928—2008 年），25 岁毕业于朴次茅斯战舰设计学院，1953 作为助理设计师加入英国海军造船部（Royal Corps of Naval Constructors）。在其后 35 年的职业生涯中，他先后参与并主持了多型作战舰艇的总体设计，其中包括 23 型护卫舰、"海洋"级（Ocean）直升机航空母舰。到 20 世纪 80 年代，布朗先生出任了副总设计师（Deputy Chief Naval Architec）。1988 年从该职位退休以后，他将精力放在了写作和出版上。针对英国海军当时的现状和未来的发展方向，布朗先生陆续发表了一系列著作，而他对欧美海洋军事文化影响最大的一套著作，当属他撰写的五卷本"英国皇家海军战舰设计发展史"。布朗先生将他战舰设计的深厚底蕴，通过深入浅出的平实文字展现出来，从传统风帆战舰，到蒸汽辅助风帆战舰、铁甲舰，再到前无畏舰和无畏舰，最后到由航空母舰、潜艇、现代导弹战舰构成的海空立体现代海军，向我们呈现了一幅跨越百年的时空画卷。本册是这一系列的第一卷，介绍了 1815—1860 年第一次工业革命上升期间，传统风帆战舰到蒸汽辅助风帆战舰的发展历程。

　　1815—1860 年，对于中外海洋军事文化爱好者甚至是研究者，往往都是一个陌生的历史阶段，似乎在我们耳熟能详的海战历史上，这段时期里没有发生过任何值得一叙的重大事件，但如果站在英国的历史坐标上来看，这两个时间点其实具有十分特殊的含义。实际上，今天的英国人正以一种特殊的方式，让这两个时间点成为永恒可见的时空坐标。读者如果游历英格兰，那么一定不要错过朴次茅斯这座港口城市，在它港区里的历史船坞（Historical Shipyard）区，停泊着两艘寿命已逾百年的文物老舰。

　　其中一艘是 1860 年建成服役的"勇士"号（HMS Warrior）铁甲舰，它代表了本卷书历史阶段的终结，构成了本书最后一章的内容，因为该舰是世界上第一艘完全用铁材建造的装备了装甲带、螺旋桨蒸汽动力装置的远洋作战主力舰。该舰的航速、续航力、火力、排水量和船体长度，在当时都是划时代的技术突破，可以说从此以后，战舰的发展就走上了 10 年甚至 5 年一变的加速发展时期，并且这种快节奏的发展步调一直延续到了今天。这是站在 1860 年这个点往后看，如果站在这个点回望过去，也就是看一看 19 世纪上半叶的整个技术发展，则可以发现，"勇士"号又是 19 世纪初以来，伴随着蒸汽机逐渐走向成熟和实用，第一次工业革命趋于热烈、最终达到阶段性技术高峰的产物。整个 19 世纪上半叶，随着蒸汽机越来越轻便、输出功率越来越大，明轮、螺旋桨、泵喷推进器先后发展起来，而熟铁作为一种早期的现代造船材料也初步发展起来。于是经过木体明轮船、木体螺旋桨船、铁体螺旋桨船的第次技术迭代，终于在 19 世纪 50 年代末，发展出了装备了 10 厘米厚的熟铁装甲、搭载当时最重型的火炮、可以连续数日以蒸汽动力高速航行的"勇士"号。该舰的生存力、火力和机动性在当时都是绝无仅有的，它的出现，让当时综合国力和技术发展水平都占据世界第一的英国再次自信地站在了世界海军装备发展的排头兵位置，并且从此以后，不论无畏舰的出现还是航空母舰的诞生，甚至二战结束后喷气式飞机登上航空母舰，可以说英国一直都在引领着世界主力舰的发展方向。毫不夸张地说，"勇士"号是英国乃至世界战舰发展史上一个不动的坐标，它代表了一个旧时代的终结——工业革命前的木体风帆战舰开始正式退出历史舞台，到 19 世纪 80 年代基本已彻底成为历史；同时，它也代表了一个新时代的开始——工业文明催生了我们熟悉的现代动力战舰以及主炮炮塔、鱼雷、导弹、飞机等各类舰载武器。

可是如果读者翻开本书的第 14 章，看一看这艘划时代的世界上第一艘"现代战舰"的外观，恐怕不免要感到诧异了：该舰有三根风帆时代的典型竖立桅杆，船头还有一根斜伸出来的首斜桁，船尾甚至还有装饰性的艉楼观景台。只有在朴次茅斯参观的时候，绕到其船尾，才能见到艉楼观景台的下面，有一架部分提升出水面的铜制螺旋桨，此外前面两根竖立桅杆之间，还有前后两根不太高的烟囱。总之，桅杆的存在让整艘战舰看起来跟《加勒比海盗》《黑帆》里展现的 16—19 世纪远洋风帆大木船没有什么区别，而且该舰的大炮也跟那些远洋大帆船一样，布置在两舷舷侧的炮窗里，而代表现代战舰的炮塔却一个也见不到。

今天的中外读者和游客恐怕很难不对 1860 年的英国海军决策机构"海军部"（Admiralty）感到不解：手握蒸汽动力、螺旋桨推进、铁造船体和装甲这一系列"现代"技术，为何仍然顽固地坚持要设计出一艘"古典"战舰来呢？这种"保守"的标签是站在历史长河后方的我们，忍不住想给当时的决策者贴上去的。而布朗先生写作本书乃至整套书的初衷，正是想撕掉这个标签，带领读者站在历史当事人的处境中，去体会当时设计者和决策者的苦心以及无奈。当 20 世纪末布朗先生写作此书时，英国海军已经成了一支地区性的海上力量，而关于 20 世纪以来英国国运江河日下，坊间和学界的争论则一天也没有停止过：到底是在过去哪个历史时期里，没有抓住机遇加速发展呢？在这样拷问历史的过程中，整个 19 世纪，除去最后 10 年以外，英国海军都显得尤为保守、落后，甚至表现出一种发展思路上的混乱：1815—1860 年，蒸汽技术明明已经在大踏步发展了，海军部却似乎仍对那些过时的大木头帆船敝帚自珍，不舍得抛弃这些停滞不前的，在外行眼里就跟 17 世纪中叶时候别无二致的老家伙；1860—1890 年，铁甲舰的设计似乎找不到任何主流、固定的范式，设计师和决策者好似完全在被日新月异的技术牵着鼻子走，战舰往往还没下船台就已经过时了。而对于这些铁甲舰"奇异"的总体布局，今天的爱好者甚至连一些学者，往往都感到迷惑甚至是愤怒：1885 年后前无畏舰和无畏舰上那种固定的前后主炮塔群、中间布置舰桥—指挥塔—副炮—烟囱的布局，难道不是一种显然的最优设计么？为什么需要浪费 20 多年的时间，以建造出一堆废品为代价，才能最终确定这种设计呢？其实，早在 19 世纪 60 年代末，爱德华·里德（Edward Reed）设计的"蹂躏"号（Devastation）上就已经采用了这个设计，那为什么其后近 20 年里不去坚持它呢？于是 19 世纪的海军部成了英国人眼中"保守"的代名词，可以算是我们眼中"古板英国绅士"的完美诠释了。

　　布朗先生写本卷书的目的，在于打破 20 世纪以来英国社会上下形成的这种成见，重建 20 世纪末英国的文化自信——自 1588 年击败西班牙无敌舰队，到 1982 年福克兰群岛（即马尔维纳斯群岛）争夺战爆发，英国在海上总是与"无畏""胜利""奋勇前进"这样的词紧密联系在一起。从 1905 年的无畏舰时代开始，现代英国海军在两次世界大战中都以惊人的毅力和勇气，完成了彪炳史册的战绩。而 1905 年现代英国海军的起点，则要从 1815 年或者说 1805 年开始追寻。1805 年可以说是现代英国海军的起点，同时也是旧式风帆海军的终点，它跟 1860 年一样，在朴次茅斯被以一种特殊的形式永远定格了下来——朴次茅斯历史船坞的干船坞里，停靠着一艘 1765 年下水的木制老舰"胜利"号（HMS Victory）。

　　虽然几经修复，"胜利"号上应该已经没有一块木头是当年下水时的了，但该舰修旧如旧，完美保持了 200 多年前的容貌。该舰的外观和内部布局，严格还原了 1805 年该舰作为舰队旗舰，在西班牙特拉法尔加角外海，跟法国—西班牙联合舰队展开决战时的状态。这场风帆时代的海上决战，虽然在中国读者和海洋军事爱好者之间的知名度不高，但在英国历史上却可以算是英国海军最为辉煌的巅峰时刻。在这场大战胜利后直到无畏舰时代到来前的整整一百年里，都没有任何一个国家考虑过要真正从正面挑战英国的海上霸权，英国的全球殖民事业也在此期间走上了巅峰，成就了"日不落帝国"。在特拉法尔加角外海那个下午的激战中，"胜利"号带领英国主力舰编队取得了一边倒的压倒性大胜，为之前 200 多年的苦心经营，画上了完美的句号。

　　16 世纪中叶，英国开始加入殖民东、西印度和美洲的行列，但立刻遭到老牌殖民帝国西班牙的打压。1588 年，西班牙发兵，组成无敌舰队劳师远征，但被以逸待劳的英国人歼灭。到 17 世纪中叶，内部局面暂时稳定的英国，开始谋求英吉利海峡的制海权，好再进一步打入全球殖民贸易市场，不过这就动了当时海上贸易龙头老大——尼德兰联合省（荷兰）的奶酪。于是从 17 世纪 50 年代到 70 年代，英荷双方展开了三次旷日持久的英吉利海峡争霸战，最终以荷兰完败告终。1688 年光荣革命后，荷兰执政威廉三世通过与英国公主玛丽的婚姻关系入主英国，这使那时候世界上航海技术最先进的英、荷两国短暂地合二为一。不久之后，英国就与新晋海军强国法国爆发了全面冲突，这就是 17 世纪末18 世纪初的奥格斯堡同盟战争和西班牙王位继承战争。在这系列冲突中，英国海军最终击败了各方势力，开始走上海上称霸之路，但法国和西班牙不会轻易善罢甘休。于是进入 18 世纪以后，直到 1815 年拿破仑大败于滑铁卢之前，英国就没有享受过连续超过 20 年的和平。首先是 18 世纪 30 年代因为加勒比海殖民地的冲突，英国跟西班牙爆发了"詹金斯的耳朵战争"，接着在 18 世纪 50 年代因为北美加拿大殖民地，跟法国爆发了七年战争。在两次大战中，西班牙和法国相继在海上被英国完败，英国攫取了大量殖民利益。可是英国政府却把战争造成的财政负担转嫁到了在七年战争中出力不小的北美殖民地头上，于是 18世纪 70 年代后期北美殖民地爆发了争取独立的战争。法国、西班牙、荷兰以及北欧诸国，都趁机打击英国，英国单独与西欧各个海上力量对抗，虽然最终取得了完胜的战绩，但丢失了北美殖民地，使美国独立。整个 18 世纪在海上的连续失败并不能让法国和西班牙人最终放弃，他们在北美独立后的 10 年里，集中资源，建造出了单舰性能似乎大大超越英国战舰的大型风帆战列舰，在他们看来，只要两国联合在一起，就能够对英国的海上霸权造成严重威胁，于是战事一触即发。1793 年，英国正式对法国宣战，由于法国上下一片混乱，虽然战舰设备精良，但人员素质不高，结果英国以弱克强、以一当二。这之后英军将领开始寻求越来越勇猛的海战战术，以求取得决定性战果。在 1797 年的圣文森特角海战、1798 年的尼罗河河口之战、1805 年的特拉法尔加角之战中，英国的风帆战列舰编队摒弃了 17 世纪后期以来循规蹈矩的保守战术，冒着法西舰队的炮火冲击到近前，利用英国水手娴熟的船艺和火炮操作技能，迅速地踩躏了临时拼凑的法国和西班牙舰队。

1815 年拿破仑的再次失败，标志着 17 世纪末以来英法长达百年的战争终于落下帷幕，英国最终登上海上霸主的宝座。在这即将迎来长期和平的时候，英国皇家海军（Royal Navy）怀着高傲的自信准备迈入蒸汽时代，这种姿态很难说不会对海军部后来的决策造成一些影响。事实上，1815 年战事结束的时候，英法仍然在疯狂建造"胜利"号这样的风帆战列舰。18 世纪中叶，法国原本计划建造赶超"胜利"号 100 炮战舰的大型三层甲板战列舰，但最后并没有付诸实施，而是在 18 世纪末 19 世纪初建造出"海洋"级 120 炮战列舰。它的出现，将英法两国风帆战列舰造舰竞赛推上了新的高度。沿着这条战舰大型化的道路发展下去，到 1855 年时，英、法、美三国已装备了蒸汽机和螺旋桨驱动的大型木体风帆战列舰，排水量达 6000—7000 吨，搭载 90—140 门火炮，排水量和火力都是"胜利"号的两倍以上，但其基本设计却跟17世纪中叶英、荷第一次英吉利海峡争霸战时没有本质区别，只是增加了蒸汽动力机组和螺旋桨。这样的蒸汽辅助风帆战舰，也就是机帆船，就是本书叙述的主角。

诚然，这样的机帆船和帆船，就像"胜利"号和"勇士"号一样，可能只会让读者联想起《加勒比海盗》中那些陈旧简陋的木头帆船，毕竟从视觉冲击上，它们完全没法和至今仍保存在美国各地的二战时期的战列舰相提并论，更没法跟封存在圣迭戈的退役航母相比。但正因为如此，布朗先生才觉得有必要带领我们重走一遍前人曾经走过的路，体会当时技术进步带给他们的无限激动，同时更能体会技术发展的幼稚和不成熟对他们的严重制约和限制，以及他们在面对这些制约时的着急犯难与无奈。不管当时的英国海军部和技术人员受何种社会心理和客观条件的制约，在今天看来，英国海军部在1815—1860年这个船用蒸汽推进技术的早期发展阶段，都不那么上心，甚至是保守的。它似乎不愿意看到蒸汽技术有一天突飞猛进，使那些承载着过去200年荣光的风帆战舰在一夜之间过时，令英国的霸主地位被撼动。此外，长期和平之下，海军部的资金状况只能用捉襟见肘来形容，光是维护那些木体风帆战列舰，就基本把海军预算的大蛋糕分光了，所以各种蒸汽船舶推进技术的早期测试，几乎都是由民间的商业风险投资来买单，直到验证成功后英国海军才出面买账。其实英国海军这种贯穿本书的保守态度，就是当时技术现状的客观反映。

在人类历史上，技术从来没有一朝突破，有的只是先贤们为了发展技术经历的艰难困苦，技术的发展从来都是渐变的，是一步一步勤奋积累的结果。比如"勇士"号的诞生，就是蒸汽、螺旋桨、钢铁冶炼和火炮等技术历经半个世纪的积累后，水到渠成、瓜熟蒂落的产物。这些技术日臻成熟后，自然走上了加速发展的过程，因此与铁甲舰、无畏舰时代的快速发展相比，1815—1860年的技术发展过程自然显得沉闷而乏善可陈，仿佛人们一直忍受着这种沉闷，直到1859年的一天，"勇士"号突然就诞生了，就此终结了长达半个世纪的"原地踏步"，达成了突破。而本书要向诸位读者呈现的，就是船用蒸汽推进技术在最初半个世纪里的发展情况，这是一段充满艰辛和风险，同时又结出累累硕果的历程，只是以它的发展水平，在1860年造出"勇士"号以前，在客观上还打造不出一艘能够绝对凌驾于传统木体风帆战舰之上的新技术战舰，结果海军部只好抱残守缺了。而至于"勇士"号为何仍然保留着全套风帆，一般19世纪40年代的早期铁制蒸汽炮艇何以竟无法击败一艘传统的木体风帆战舰，这种种在我们今天看来让人迷惑不解的具体技术问题，就欢迎诸君在本书中寻找答案了。

最后，由于原著的叙述是从1815年开始的，而且布朗先生默认欧美的海洋军事爱好者对1650—1855年间的木制风帆战舰有相当深入的了解，所以全书便没有对风帆战舰的基本外形和内部构造做介绍，而是直接切入主题，介绍了机帆船在传统帆船基础上的种种改进提高。根据与国内读者的接触，译者在各个章节补充了翔实的注释和图片，来介绍19世纪上半叶仍然大行其道的风帆战舰及其历史背景，方便读者更加深入地品味当时的历史。本书讲的虽然只是1815—1860年这段时间的技术与历史，但整个战舰发展中的全貌和英国海上历史的一些基本话题对于品味本书的内容大有助益，因此在这里对这两方面做了挂一漏万的介绍。

能够有机会将布朗先生五卷本的前两卷，即《英国皇家海军战舰设计发展史．卷1，铁甲舰之前：战舰设计与演变，1815—1860年》和《英国皇家海军战舰设计发展史．卷2，从"勇士"级到"无畏"级：战舰设计与演变，1860—1905年》翻译成中文，译者倍感荣幸。感谢家人、朋友和同好们的支持，译者水平有限，难免有翻译不当和错误之处，欢迎指正。

2019/2/8

英制单位换算表

长度和距离

1英里 =1.609344千米

1英尺 =0.3048米

1英寸 =2.54厘米

1码 =0.9144米

1海里 =1.852千米

1英寻 =1.8288米

压力

1标准大气压 =14.69磅 / 英寸^2

面积

1英里^2 ≈ 2.59千米^2

1英尺^2 ≈ 0.093米^2

1英寸^2 ≈ 6.452毫米^2

1英亩 ≈ 4046.856米^2

重量

1英磅 ≈ 0.454千克

1英担 ≈ 50.802千克

1盎司 ≈ 28.350克

目录 CONTENETS

导言
皇家海军的工业革命

当后人提到我们，将永远充满崇敬地说："是他们建造出了战列舰（Ship of the Line）。"战列舰，是迄今为止人类这种群居动物建造出来的最为雄伟的事物。

——拉斯金（Ruskin）[1]，《英格兰港口》（*Harbours of England*）

在19世纪，建造大型战舰是国防预算里最复杂和最昂贵的项目，即使到了今天也是如此。当时的木制战列舰，正如本书记述的那样，先是依靠工业技术的革新体量大增，而后又借助蒸汽动力提升了机动性能，最后却又很快被船体为铁造的、带有装甲的新战舰所取代。

1844年2月16日，"悍妇"号（Virago）拖带110炮战列舰"女王"（Queen）号驶出马耳他格兰德港（Grand Harbour），这是早期明轮汽船在海军中的主要功能。[© 英国国家海事博物馆（National Maritime Museum），编号PY0891]

"果敢"号（Valorous）二等明轮巡航舰（Second Class Paddle Wheel Frigate）[2]，英国皇家海军最后的明轮主战舰艇。（© 英国国家海事博物馆，编号 neg6845）

在这一过程中，出现的第一个重大革新是罗伯特·瑟宾斯（Robert Seppings）[3]采用科学的方法来设计木制战舰的船体结构，从而使战列舰（Line-of-Battle Ship）[4]的主尺寸得以迅速膨胀。笨重而效率低下的早期蒸汽机最早应用在明轮推进的辅助船舶上，可以在无风和逆风时拖带风帆战舰。这些明轮汽船，很快大型化，并搭载武器，成了能够有效发挥战斗力的舰艇，尽管其性能仍存在不少局限性。

螺旋桨解决了明轮的许多问题，当然也带来了一些新难题，好在螺旋桨可以直接安装到许多已经建成的船舶上。螺旋桨获得实践检验还不到 10 年，在克里米亚战争（Crimean War）结束后的凯旋阅舰式上，就出现了一支几乎完全由蒸汽螺旋桨木制战舰组成的舰队。

沉重的蒸汽机和早期螺旋桨那明显的震颤都要求船体有足够的强度和刚性，因此只有用铁材建造才行。铁造船体的早期尝试都不成功，因为不管是当时还是现在，熟铁都不是适合建造战舰的材料。把强度高但也比较脆的熟铁船体用装甲保护起来，就开辟了通往"勇士"号（Warrior）这种铁制船体、配备装甲的螺旋桨战舰的道路。该舰[5]既代表了在此之前所有相关工业技术发展的顶峰，也是下一代战舰的原型，但该舰就像任何过渡期的设计一样，很快就落伍了。

海军在战舰上的这些重大技术革新只花了不到一代人的时间就完成了，可是在今天，1815—1860 年间的海军部（Admiralty）[6]却总是被描绘得保守，抵制任何技术革新。海军部这种必要的保守，在当时看来，是不情愿让这已经投入了巨额资金的世界第一海军因不必要的技术革新而在一夜之间变得一文不名。而且完全可以让其他国家去迈出革新的第一步，毕竟英国强大的工业实力可以很快、很轻松地在别的相关领域抢占先机。下面引用鲍尔温·沃克爵士（Sir Baldwin

Walker)[7]决意采用"勇士"号这个重大革新时的备忘申明,虽然"勇士"号的出现已经在本书所述时期的末尾,但也能基本代表之前的一贯看法。

　　尽管,我曾屡次提及,鉴于英国旗下庞大的舰队,从英国的利益出发,我们反对在战舰的建造中采用任何重大技术革新,因为这些革新可能会强迫我们采用全新的、更加昂贵的战舰,除非等到外军率先采用了新型的、更加强大的战舰,而为了对付它们英国不得不这样做。然而,等到这种时候,这个革新就不是一时权宜之策,而是绝对的必要了。

人们常常读到,某些19世纪早期的战舰其设计是从另一艘战舰上复制而来,联系上下文,照搬外军俘获舰设计的往往就是英国。这类观点包含一些事实,可它们都忽视了一些更重要的因素。当然,如果笼统一些来说的话,也要承认,是法国先发展出了大型双层甲板战列舰,然后英国海军才追随了这一思路。[8]

这一时期的战舰设计师对船体水下型线很重视,重视得甚至有些过头了。因为,威廉·西蒙兹(William Symonds)[9]作为战舰总设计师,唯一在乎的就是船体型线,至于其他结构设计则全都丢给他那业务能力过人的助理约翰·艾迪(John Edye)。而实际上,就像本书后续章节将要述及的那样,当时船舶的水下形态因为需要为船头、船尾提供足够的浮力,结果跟理想的低阻力形态相去甚远,是以,几个备选设计之间的微小差别并不会导致船舶性能上的差异。由于瑟宾斯的贡献,英国船体结构设计大大领先于时代。他率先充分把握住了船体结构在大浪中的载荷问题,并发展出一套重量轻且耐用的结构布局来对付这些荷载。不能仅仅因为瑟宾斯设计"恒河"号(Ganges)时,照搬了法国俘虏舰"富兰克林"号[Franklin,加入英国海军后被命名为"老人星"号(Canopus)]的水下型线,就说这是抄袭。战舰的船头、船尾及内部结构的设计更加重要,这些全是瑟宾斯自己的创造。[10]

"保守的海军部"这一标签已经非常固化,但如果更多地研究当时的报告和文件,就会看出时人勇于探索技术现状,善于展望技术未来,同时又能充分认识到短期内的技术障碍。毕竟,还是那句老话:"新落生的孩子能顶啥用?"[11]

"邓肯"号(Duncan)官方半体模型(Half-Model)[12],该舰是艾迪的"阿伽门农"号(Agamemnon)这个出色设计的最终升级版,"邓肯"号也是这一级战舰中唯一一没有作为铁甲舰完工的一艘。(© 英国国家海事博物馆,编号 L0818)。

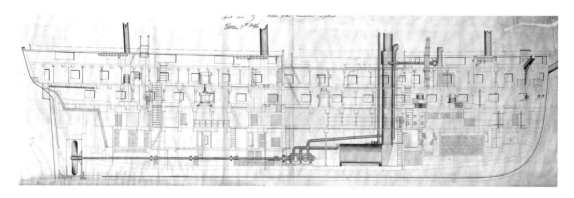

上图所示为"皋华丽"号（Cornwallis）[13]改装成螺旋桨封锁防御船（Blockship），即蒸汽警卫船时的海军部示意图纸。1845年开始的这项改装项目，首次将蒸汽推进系统应用于战列舰上。（© 英国国家海事博物馆，编号J2677）

事实上，新技术试验船，如 HEICoS（东印度公司）的"复仇女神"号（Nemesis，第一艘铁制船体的战舰）、"阿基米德"号（Archimedes）、"响尾蛇"号（Rattler，最早的螺旋桨船舶）、封锁防御船（最早的蒸汽动力战列舰），以及全尺寸装甲试验，都备受海军部重视。克里米亚战争是在实战中检验这些新战舰的唯一重大机遇，后续章节将对这场战争从海军新技术的角度做一些深入探讨[14]。克里米亚战争是蒸汽舰队首次登场的舞台，而且爆破弹（Shell）[15]、水雷（Mine）、装甲（Armour）以及其他近现代武器系统，也在这场战争中首次获得了成规模的运用。这场战争对商业航运同样产生了深远的影响，因为船租涨高了不少，结果蒸汽商船数量大增。然而，尽管采用了新的生产工艺，工人工资的上浮还是让泰晤士河上的造船行业全盘走向崩溃。

身着土耳其海军制服的英国海军上将鲍尔温·沃克，1838—1845年间他借调至该国海军服役。1848—1861年间，他作为海军部总设计师（Surveyor of the Navy），表现出色。（© 英国国家海事博物馆，编号 neg9572）

这些新技术，有些诞生自海军内部，比如瑟宾斯的新船体结构设计以及乔治·艾里（George Airy）校正铁船体内指南针偏差的研究，没有这项研究，铁船就无法在大洋上航行。更多的新技术诞生自工业界中，从本书后续章节可以看出，海军部往往率先应用了这些新发明。

我们常常忘记，海军部这样的组织并非铁板一块，没有人情世故。组成海军部的，是一群个性分明、观点各异的个人，只因他们都献身于海军的发展，才团结到

一起。所有人都是为了海军能有更好的发展，可有时，技术层面的分歧突破了底线，造成了痛苦的人际冲突[16]。牵扯到这种人际冲突的人，不少都是既善于创新又非常能干（这两点特质并不一样）的；其他人就没这么出色了，但1815—1860年间的海军部确实受惠于一大批这样的优秀成员。

在当时的政治家中，值得一提的有西德尼·赫伯特（Sidney Herbert）、亨利·克里（Henry Corrys）。克里牵头的复杂折冲最终让"封锁防御船"以具有外海远洋机动能力的战舰完工，而非机动性差强人意的浮动炮台船（Battery）[17]。约翰·巴罗（John Barrow）[18]长期担任海军部第二书记（Second Secretary，是一个文职），他从很早开始就是蒸汽船的支持者，他的鼎力相助让史密斯[19]的螺旋桨推进装置赢得了海军部的认可。

海军将领科伯恩（Cockburn）、鲍尔温·沃克等人代表了那个时代杰出的海军军官。更难能可贵的是，每当海军部命令一名军官撰写新船只、新发动机、新武器的使用报告时，即使他平日业绩并不算突出，他也往往能写出不失公正、内容翔实、经得住仔细研读的报告。这些出身行伍的军官不像现在通常描绘的那样保守恋旧。特别要说的是，海军部委员会（Board of Admiralty）在经费非常不充裕的情况下，明智地在创新与经验实证两者之间保持了平衡。

海军内部出了不少杰出的工程师。我认为，"勇士"号时期的海军总机械师汤姆斯·劳埃德（Thomas Lloyd）是那个世纪最伟大的工程师，他宽广的视野

第一艘投入实战的铁造船体战舰——"复仇女神"号，隶属于东印度公司。这里表现的是该舰1841年2月7日和远东战船的对抗。（© 英国国家海事博物馆，编号 PY8893）

"雷霆"号（Thunder），
参与克里米亚战争的木
制装甲浮动炮台船[20]。

只有马克（Marc）、伊桑巴德（Isambard）[21]、亨利·布鲁内尔（Henry Brunel）、
乔治（George）和罗伯特·史蒂芬森（Robert Stephenson），以及极少数其他顶
尖工程师，可以媲美。比他们排名稍靠后一点的，是成功制造出当时世界上最
大的木制战舰，后来又建造了"勇士"号的伊萨克·瓦茨（Isaac Watts）。这些
工程巨匠身后有一群杰出的船舶设计师，如芬彻姆（Fincham）、朗（Lang）[22]、
艾迪、拉热（Large）、摩根（Morgan）、克鲁茨（Creuze），当然也少不了瑟宾斯。
除了个别例外，这些海军的设计师们均毕业或供职于 1811 年在朴次茅斯开设的
第一战舰设计学校（School of Naval Architecture）。简直是巧合，该校毕业生的
最终成就，也是本书的主要线索之一。

　　到 1860 年，各个海军船厂（Royal Dockyard）的厂长（Master Shipwright）[23]
大都毕业于该校。今天，船厂厂长的职责以及他们的社会地位与背景常常被误解。
他们是经理人，管理着当时英国规模最大的工业事业，他们一般出身中产阶级，
受过良好的教育。海军总设计师（Surveyor）一般也是从他们中间选拔出来的。此外，
总设计师和不少船厂厂长都能受封骑士（Knighted）[24]。这些人绝对不是目不识丁的
匠人。表现突出的年轻造船技师在底层岗位上会获得快速晋升，然后在小船厂
充当厂长助理，从而有机会展露其管理才能。如果事业顺利，就能进入大船厂，
获任收入优渥的船厂厂长。19 世纪的职业生涯发展远不如今天这么正式，认对

了门在当时是很有用的，当然现在也是；所以历史现实可能不像上面叙述的这般简单。

还有许多人也做出过重大贡献，比如汤姆斯·布卢姆菲尔德（Thomas Blomefield）的制炮工艺，约翰·海耶（John Hay）[25]的铁制船体抗海水污损（Fouling）工艺。艾里[26]也研究过蒸汽机的能量效率，证明了海军部在制造商选择上的正确性。在这些制造商中，有两个杰出的代表，分别是宾（Penn）和莫兹利（Maudslay）两个厂家。

从"胜利"号（Victory）到"勇士"号的转型，海军部无可置疑地立下了大功劳。回望历史，可以说只在极个别方面，当年的海军部可以走得更快一点；而步子迈得过大的地方[27]，则更加凤毛麟角了。海军部在军中有不少优秀的工程师，他们非常乐意与工业界的杰出人士合作。

资料来源

今天，关于本书介绍的这段历史时期里的技术发展，基本没有现成、可靠的资料，而且即便是对这一历史时期泛泛而谈的书籍也不多。政治、经济背景请见巴特利特（Bartlett）的无价之作。另外，莱弗里（Lavery）在风帆战舰、兰伯特（Lambert）在蒸汽战舰方面的著作都很不错。[28]芬彻姆，一位海军船厂厂长，可算是那个时代唯一有些价值的技术史家，但他记述的可靠性也仅限于他自己的经历。今天，船用发动机和火炮、炮术还没有一本满意的历史著作（尽管本书引用了许多）[29]。本书是关于船舶的历史，因此没法去充分讲解当时的蒸汽机和火炮，虽然也会提及这些系统的发展给船舶设计师带来的启示。最主要的资料来源是当年那无所不包的议会质询（Parliamentary Enquiriy）[30]记录。

致谢

首先，我必须要感谢已故的乔治·奥斯本（George Osbon）先生，16年前是先生为我指引了前进的道路，他还赠给我大量数据资料。还要感谢以下图书档案馆的工作人员：海事图书馆（Naval Library）的V.弗朗西斯（Francis）女士、PRO船舶部[31]的A.E.W.海斯拉（Haslar）、科学博物馆（Science Museum）的汤姆·莱特（Tom Wright）博士和他的同事周·鲁姆（Joe·Roome）、PRO的N.A.M.罗杰（Rodger）和PRO海军史分部跟我同名的大卫·布朗（David Brown）都给了我珍贵的帮助，同样还要感谢理学博士特里沃·肖（Trevor Shaw）中尉、特里·戴维斯（Terry Davis）和大卫·莱昂（David Lyon）。史蒂夫·罗伯茨（Steve Roberts）和约翰·坎贝尔（John Campbell）不仅跟我分享了他们的研究成果，还对我的研究给予了友善而犀利的批评指正。此外，还要感谢罗伯特·嘉迪纳

（Robert Gardiner），是他建议把"勇士"号拿进本书来，才让本书的整个叙述有了主题。当然，还有很多很多人的帮助值得感谢，但受篇幅所限，未能一一列出。

最后感谢我的前秘书希拉（Sheila）、埃德温娜（Edwina）以及我的太太艾薇（Avis），感谢她们对我的帮助和包容。

大卫·K. 布朗，皇家海军造船部（RCNC）[32]

1989

出版说明

作者写下上文[33]以来，这个研究领域涌现出了一大批重要新作，可以说，是本书鼓舞甚至启发了当今社会对那个时代的皇家海军重新进行更加正面的解读。以下书籍详细介绍了这一时期的战舰：大卫·里昂（David Lyon）与里夫·温菲尔德（Rif Winfield）的《风帆、蒸汽战舰名录》（*The Sail and Steam Navy List*）；温菲尔德[34]的《风帆时代的英国战舰》（*British Warships in the Age of Sails*）系列的《1817—1863年》分册；安德鲁·兰伯特（Andrew Lambert）先是出版了一部开创性的著作——《转型中的战舰》（*Battleships in Transition*），而后将其拓展扩充为一部鸿篇巨制《最后的风帆战舰：维系海上霸权，1815—1850》（*The Last Sailing Battlefleet: Maintaining Naval Mastery 1815–1850*）；以及两本关于克里米亚战争的著作、一本介绍"勇士"号历史的单行本。在与丹尼斯·格里菲思（Denis Griffiths）、弗雷德·沃克（Fred Walker）合著的《布鲁内尔的船》（*Brunel's Ships*）一书中，兰伯特教授主笔了布鲁内尔的生平、"响尾蛇"号与皇家海军引入螺旋桨推进这几个章节。巴兹尔·格林希尔（Basil Greenhill）与安·吉法尔（Ann Giffard）的《蒸汽、政局和裙带关系：皇家海军的转型，1815—1854》（*Steam, Politics & Patronage: The Transformation of the Royal Navy 1815–54*）对这段历史时期进行了一个概述。丹尼斯·格里菲思的《海上的蒸汽机》（*Steam at Sea*）对这段时期船用工程技术的历史做了不错的概要介绍，不过19世纪上半叶还没有关于火炮和炮术的相对不错的著作面世。

配图

初版时，D.K. 布朗先生曾写道：

配图方面有其特殊的困难，因为本书所述的历史时期照相技术还不成熟，而且19世纪插图杂志开始出现的时候，时间已经到了本书很靠后的地方了。直到克里米亚战争时期，当时的报刊上插图才多了起来，所以这一章[35]的配图特别多。原始图片难以寻觅，反复拷贝的复印件质量则越来越次。不过，由于很多个人、博物馆等（如下所列）的帮助，我觉得插图的质量应该能稍稍再现这支已被遗忘的舰队的原貌。

特别感谢科学博物馆的同仁们允许我使用他们馆的许多照片资料，特别是那些漂亮的船用蒸汽机的照片。

2008年作者逝世后，他个人的照片资料集就流散了，再版时本社就不得不重新考虑配图的问题。还好，国家海事博物馆巨量的藏品中包含了不少作者那些照片资料的文物原件，而且现代数字技术可以提供画质更高的配图。得益于该博物馆的帮助，本书还配上了藏品原件的影像资料，譬如原始图纸的局部放大照片，作者当年撰写本书时基本不可能有机会接触这样的文物原件。鉴于此，本社特别鸣谢杰拉米·米歇尔（Jeremy Michell）、安德鲁·庄（Andrew Choong）[36]、博物馆铜铸造厂的工作人员，以及绘画收藏部的爱玛·勒弗莱（Emma Lefley）和她的同僚们。

特别感谢威廉·摩尔（William Mowll）、史蒂芬·S. 罗伯茨（Stephen S Roberts）博士以及美国海军学院博物馆（US Naval Academy Museum）"贝弗利·R. 罗宾森藏品"分部的格兰特·沃克（Grant Walker）少将。

常用术语

排水量（Displacement）：船体和所搭载设备的精确总重量[37]。依据阿基米德原理，重量等于浮力，浮力等于水下船体排开水的重量。

进流段（Entrance）：水下船体的前半部分，直到最大横截面。

马力（Horsepower）：难以简单界定，详见附录1，可简单分为：

标称马力（Nominal Horsepower，简称NHP），是蒸汽机尺寸的度量，和真实的马力基本没关系。今天习惯用小写字母的缩写代表马力，只有标称马力仍用大写字母缩写，就是为了表明它不是马力。

标定马力（Indicated Horsepower，简称ihp），指蒸汽所含的全部能量功率，当然不可能全部用来驱动螺旋桨[38]。

轴马力（Shaft Horsepower，简称shp），即实际输入螺旋桨中的马力。

战列舰（Line-of-Battle Ship）：当年一般简称作"Liner"[39]，本书尊重这一历史习惯，简单地通称作"战舰"（Battleship）。

去流段（Run）：水下船体的后半部分。

吨位（Tonnage）：其计算方法称为"造船度量法"（Builder's Measurement'，

bm）。19 世纪 30 年代中期以后，随着商业航运引入了新的吨位定义，这个传统吨位计算方法就被称为"旧造船度量法"（Builder's Old Measurement）。"吨位"是对体积进行估算，其计算方法如下式：

$$\frac{(LB - \frac{2}{3}B) \times \frac{B}{2}}{94}$$

试航（Trial）：试航航速一般是在某固定距离上跑几个来回所测得速度的平均值。这样可以扣除海潮带来的误差。只要小心驾驶，同一天的试航平均速度就可以精确到约 0.25 节 [40]；当时常常引用至小数点后第三位数，这是一个算数怪癖，没有实际意义，应该忽略。船体污损、排水量变化带来的航速误差（船底污损误差可达数节）[41]，在当时完全没有矫正的方法。海军部公布的螺旋桨船试航结果非常详尽，而明轮船的数据就不那么丰富和可靠了。

译者注

1. 约翰·拉斯金（1819—1900 年），他是维多利亚时代艺术审美的代言人。

2. "果敢"号于 1851 年下水。这里的"巡航舰"，即现代巡洋舰出现以前担任类似战术角色的轻型战舰。今天"Frigate"一词已固定翻译为"护卫舰"，与本书中 19 世纪该词的含义发生了很大偏移，所以本书将该词按 19 世纪的含义特别翻译为"巡航舰"。

3. 罗伯特·瑟宾斯，1813—1832 年任海军总设计师，他的贡献具体见第 2 章、第 4 章。

4. 原著出现的两个单词"Ship of the Line""Line-of-Battle Ship"，均指"战列舰"，含义见本章末"常用术语"部分。

5. 本书中凡出现"该舰"，均代表英文原著中在此处出现了代词"She"，英文习惯用"She"来指代战舰。因为水手和军官常把心爱的战舰比作女人，于是形成了这种固定搭配。由于不太符合中文用语习惯，故用"该舰"代替。

6. 海军部是海军的总部。

7. 鲍尔温·沃克，1848—1861 年间担任英国海军总设计师。1859 年，他决定设计"勇士"号，这将使承载着过去两百多年荣光的风帆舰队在一夜之间过时。因此他向当时的海军部首长，即第一海务大臣上书一封，表明建造"勇士"号的必要性。缀在鲍尔温·沃克名字后面的"爵士"（Sir）称号，是 19 世纪英国社会上对具有头衔的人士的正式尊称，本书中出现了两种这样的尊称，一是"爵士"，二是"大人"（Lord），显然后者地位高于前者。"大人"出身贵族家庭，继承了父兄或叔伯的伯爵（Marquess）、子爵（Viscount/Earl）、男爵（Baron）头衔；"爵士"出身中产缙绅家庭，因事业有成，而被国家授予骑士（Knight）、准男爵（Baronet）头衔。此外，战功卓著的军事将领，会直接被国家封赏为男爵、子爵，例如 18 世纪末在圣文森特角大败西班牙舰队的约翰·杰维斯（John Jervis）就在 1801 年受封"圣文森特伯爵"（Earl of St Vincent），因此也被尊称为"大人"。本章及后续章节人名后面出现这两类尊称时将按照当时的习惯——译出，其中凡是原著中在人名前加了"Sir"的，均翻译为"爵士"；人名前加了"Lord"的，查阅资料确认其爵位后，分别按照伯爵、子爵、男爵的具体爵位，称为"xx 伯爵""xx 子爵""xx 男爵"，因为"大人"一词已经不再出现在当代汉语日常会话中了。此外，书中对普通人使用的"Mr""Gentleman"等尊称均译为"先生"。一些地方译成中文时，根据上下文语境，需要表示尊重的，也添加了"先生"的尊称。

8. 如上图的"邓肯"号。

9. 威廉·西蒙兹，1832 年接替瑟宾斯出任英国总设计师，1848 年辞职，由上文提到的鲍尔温·沃克接任。西蒙兹行伍出身，缺乏船舶设计的基本理论训练，他那标新立异的船体形态设计和对工业化新技术的抵触，让海军和船舶设计部门之间长期不睦，英国船舶设计部门对他的批判一直持续到 20 世纪。关于他的故事可以参见第 4 章。

10. 本段主旨是说当时落后的流体力学发展水平产生不出真正合理的船体型线设计，在这种背景下，瑟宾斯主导的科学化木制船体结构设计才是那个时代船舶设计的主题，而这个方面英国尽显优势。

11. 这句话引用了谚语，意思是说，海军部对于新技术的怀疑，是常人在面对任何新事物时，都会有的一种态度。

12. "半体模型"以一整块木料雕刻，而后上漆涂装而成，一般表现左半边船体的外形细节。

13. "皋华丽"号，即第一次鸦片战争中的英军旗舰。

14. 见第 12 章。

15. 在英文中，炮弹明确分为两种——"Shot"和"Shell"。前者指不能爆炸的铸铁、锻铁"实心弹"，克里米亚战争之前的海战中几乎只用铸铁实心炮弹；后者指装有火药和引信，可以引爆的"爆破弹"，克里米亚战争中的锡诺普之战使这种炮弹首次进入英国公众的视野，尽管它之前已经在海战中尝试应用过了。

16. 见第 9、第 10 章，指建造"响尾蛇"号螺旋桨试验船时，一位海军工程师、两位民间工程师之间的不睦，他们都是当时英国造船工程界中最杰出的技术人才。

17. 1845 年英法交恶时，英国决定将 19 世纪早期建造的老旧风帆战列舰加装蒸汽机和螺旋桨，变成机动性能有限的浮动炮台，以防御各个军港。但在克里力排众议下，这些船最终以远洋战舰的形式完工，它们在 10 年后的克里米亚战争中的表现颇令人满意，具体见第 12 章。

18. 约翰·巴罗（1764—1848 年），18 世纪末随马戛尔尼使团访华，学习汉语，他将在华见闻大量记录在使节团报告中。海军部第二书记，全称为"The Second Secretary to the Admiralty""Permanent Secretary to the Admiralty"，是政府派遣的永久性驻节海军部、代表政府监督海军部事务的高级文职官员。

19. 即弗朗西斯·佩蒂特·史密斯（Francis Pettit Smith），19世纪30年代时螺旋桨的主要发明者之一。他发明螺旋桨的故事，详见第9章。

20. 见第12章。

21. 这里的伊桑巴德并不是指某一个人，而是指同名的爷爷、爸爸、孙子三人。

22. 这里"朗"跟上文的伊桑巴德一样，也是父子兄弟多人，但作者未列出全名，只提及姓氏。

23. 直译即"首席造船技师"。

24. 也就是加入骑士团（Knight），这是中世纪流传下来的传统。虽然中世纪的骑士团确实是当时欧洲军事贵族的一种核心组织，但到了近代，也就是地理大发现以后，特别是英法开始上升的17—18世纪，骑士团成了国王和上流社会一种核心圈子的象征。

25. 汤姆斯·布卢姆菲尔德的介绍见第1章，约翰·海耶的介绍见第8章。

26. 即前文研究铁船体内指南针磁偏的人。

27. "步子迈得过大"指19世纪40年代对铁造船舶的首次尝试以失败告终，见第7、第8章。

28. 以上提及的都是现当代学者。

29. 特指本书涉及的1815—1860年的蒸汽机和火炮。

30. "Enquiriy"今天一般拼写作"Inquiry"。

31. PRO，即"Public Record Office"，即英国国家档案馆。

32. 全称为"Royal Corp of Naval Construction"。

33. 指上文"资料来源"中作者说没有像样的书籍材料。

34. 即上文的里夫·温菲尔德。

35. 见第12章。

36. 亚裔，其姓氏可能是张、钟等。

37. 这里强调"精确"是因为历史上使用估算法，即所谓"吨位"，见下文。

38. 热机的效率不可能达到100%。

39. "Liner"这个词在19世纪及以前是战列舰的简称，而今天因为早已没有战列舰这种舰种，所以这个词转指远洋客轮。这种专有名词实际含义与概念范畴发生改变的现象在技术历史研究中常常遇见，因此本书名词的翻译常常与现代英语有差异。

40. "节"即海里／小时。

41. 排水量增加，吃水加深，船体浸水的湿面积增加，阻力增加，航速减慢。

第一章
胜利，1793—1815年

法国大革命—拿破仑战争（Revolutionary and Napoleonic War）期间，英国皇家海军以压倒性的优势取得了一系列世界海战史上的大胜利。法国、西班牙、丹麦以及荷兰的海军主力舰队不止一次地遭到俘虏、摧毁，英国海军在单舰作战（Single-Ship Action）[1]中赢得的胜利更是数不胜数。特拉法尔加（Trafalgar）之战以后，英国舰队就再没遇到过像样的对手[2]。这一连串的胜利塑造了皇家海军高傲不屈的自信心，从此以后，就连在二战中，这份自信都能使它决胜于逆境。

以记分牌的形式展现这一系列海上交锋[3]的结果，得出的结论令人难以置信。表1.1中的数据[①]自然是不甚准确的，因为很多老旧的战舰个头已经显得太小，很难真正算得上是"战列舰"。而每艘船的损失，单纯是因为海上作战中遭到损伤，或因恶劣天气受创，还是因为参加了攻打港口的军事行动，抑或是所有这些因素的综合作用，常常无法确认。

总体来看，在海上交锋中，英国皇家海军损失了5艘战列舰（Battleship）、16艘巡航舰（Frigate），敌军总共损失92艘战列舰、172艘巡航舰。注意，敌方的损失中有20%是舰船起火焚毁或者进水失控沉没。当时，木制战舰很难被海军加农炮（Cannon）击沉，比如1816年炮轰阿尔及尔（Algiers）时留下完备记录的"坚固"号（Impregnable）。该舰被实心球形弹（Shot）命中268处，其中15处命中下层甲板（Lower Deck）以下，这之中还包括3枚68磅实心球形弹[4]，它们命中了水线以下，但该舰仍能回航直布罗陀（Gibraltar）进行维修[②]。大量被俘的敌舰，对英国已经加班加点、精疲力竭的造船厂而言，是产能方面的重要补充。

表 1.1 英国海军及敌军损失的战舰

		海上		港内	
		被俘	摧毁	被俘	摧毁
英国皇家海军	战列舰	5			
	巡航舰	16			
法	战列舰	46	10	13	10
	巡航舰	110	25	15	4
荷兰	战列舰	8	10	3	1
	巡航舰	8	1	5	1
西班牙	战列舰	17	2	3	1
	巡航舰	16	3	1	2

① 数据出自 W. 詹姆斯的《大不列颠海军史1793—1820》（*The Naval History of Great Britain 1793—1820*），1822年版（伦敦）。
② 同上。

		海上		港内	
		被俘	摧毁	被俘	摧毁
丹麦	战列舰	1	17		
	巡航舰	1	8		
土耳其	战列舰	1			
	巡航舰	1	4		
俄国	战列舰	1			
	巡航舰				
美国	战列舰				
	巡航舰	3			
总计	战列舰	79	13	43	14
	巡航舰	139	33	29	7

注：
1. 60 门炮以下的战列舰忽略不计。
2. 海上损失包含作战中搁浅[5]，而后才遭摧毁的战舰。
3. 港内损失包含为避免被俘而自沉的战舰。
4. 本书表格中的空白部分皆表示查不到数据。

表 1.2　英国及敌国因事故损失的战舰

		触礁（wreck）[6]	沉没	失火	总计
英国皇家海军	战列舰	15	3	8	26
	巡航舰	59	3		62
法国	战列舰	6	4	1	11
	巡航舰	10	1	1	12
荷兰	战列舰	1			1
	巡航舰	1			1

　　考虑到皇家海军活跃在海上服役的战舰的巨大总数，表 1.2 足以展现皇家海军高超的船艺技术（Seamanship）[7]，这得益于常年的海上服役经历和严格的纪律。注意，损失的战列舰中有 5 艘是当时已经过时的、不太令人满意的 64 炮战列舰[8]，这类船的损失率相当高（有可能配备的舰长和军官也更差一些）。失火损失的战舰数说明，战后[9]才开始实行的火药库（Magazine）安全提升措施，早就该实施了。

　　英国的胜利，主要建立在军官的领导才能和水手的船艺技能上。英国海军军官们在美国独立战争（War of American Independence）中不断汲取知识和教训，其技能在这场新战争的起始阶段得到了精炼；而法国海军军官大都在革命中被杀害或清除出海军[10]。英国大炮的炮组乘员能够持续以更高的射速来射击，这也是制胜的另一个关键因素。法国每发射两炮，英国就能发射三炮，这可以归功于日常训练，但也在很大程度上归功于下文将会谈到的英国火炮铸造师那高超的工艺水平。

　　英国的炮术和船艺水平让皇家海军在战斗中整体占据上风，这在表 1.1 中表现得很清楚，所以英国战舰似乎不太可能比敌军战舰差。可几乎所有英国作

1816年的阿尔及尔之战。和1815—1860年间的多数海战一样，这场战争的形式同样是战舰炮轰海岸炮台，这样做，多数情况下都能获胜。（© 英国国家海事博物馆，编号 BHC067）

者都坚持认为，英国制造的战舰劣于外国制造的战舰[11]，这就奇怪了。当时，海军军官和新一代专业化的船舶设计师纷纷青睐于外军，特别是法军战舰的种种优点。他们认为英国的战舰又小又慢，超载的火炮甲板离水线太近了。他们说，设计这些战舰的传统设计师不过就是一帮手艺匠人，根本没有法国海军战舰设计师的科学素养[12]。

当时，英国皇家海军的军官留下了数不胜数的记录，盛赞那些俘获舰船的种种优势，并且很少有和这类声音不同的观点。这种看法也被詹姆斯（James）[①]、爱德华·布莱顿（Edward Breton）[②]及后来的史家所接受、传承。1816 年时的英国，九分之一的在役主力战舰是俘获的战利品，而在更小型的战船中，俘虏舰大约也占到九分之一。俘获的战利品给很大一部分英造战舰的设计提供了一定参考。

这类观点虽然被很多人认同，但证据就不那么容易找得到了。也许可以说，舰长和军官们只是主观上感觉这些船不怎样，但他们很少真会觉得自己的船不行，因为他们往往对自己的战舰抱有强烈的情感。除非它真的让舰长伤透了心，否则他到什么时候都会发誓说他这艘船是最棒的。纳尔逊（Horatio Nelson）中将[13]曾暂时以"圣约瑟夫"号（San Joseph）为旗舰，那时他告诉斯潘塞子爵（Lord Spencer）[14]，这是全世界最优秀的船，可他在那段时间根本没乘坐该舰出过海。布莱顿在他的著作里这样评价"圣约瑟夫"号：

① W. 詹姆斯，著有《大不列颠海军史1793—1820》（ The Naval History of Great Britain 1793-1820 ），1822年版（伦敦）。
② E. 布莱顿，著有《大不列颠海军史》（ Naval History of Great Britain ），1823年版（伦敦）。

在 1797 年的圣文森特角（Cape St Vincent）之战中，俘获的 112 炮战列舰"圣约瑟夫"号，长期以来受到英国海军的青睐。该舰将战列舰的各方面优点与巡航舰的航行品质集于一身：它满载远洋作战物资时，下层炮门距离水线的高度，比之前所有战列舰都要高；当几乎没有什么英国战舰敢于冒险打开炮门的时候[15]，该舰舰载大炮的炮口仍然还可以伸出炮门外；该舰能搭载 500 吨淡水，英国没有一艘战舰能和该舰相提并论[①]。

"圣约瑟夫"号也许是艘不错的船，但从来就不忌讳照抄外国优秀设计的英国船舶设计师们却选择了"胜利"号[16]作为小型三层甲板战舰（Three-Decker）的设计母型。

仔细审视类似上面的论断前，先要明确英国真正需要什么样的战舰。英国各种资源都比较匮乏，可是皇家海军却要在全球部署几支主力舰队（Fleet）以及大小分队 (Squadron)。而他的敌人却可以只在一小块海域里待时而动，伺机出击。这种区别，可以总结为今日的"远洋控制"型（Sea Command）和"区域反介入"（Sea Denial）型海军之间的区别。

英国缺少船台和造船工，木料越来越难以采办，其他海军储备物资，如麻料[17]，也是如此。水手也很稀缺，所有这些问题都迫使海军部和海军事务局（Navy Board）[18]选择只建造可以完成任务的最小号战舰。正如罗伯特·瑟宾斯在 1830 年所说的那样：

> 不论从船体的建造和舰载设备的初次安装，还是从它们后来的使用损耗来看，只要这船能搭载设计之初规定数量的火炮，并且具备必要的远洋航海性能，它个头越小，对国家就越好。从历史经验来看，这是无可置疑的事实。[②]

战舰的"分级"[19]依据的是搭载火炮的数量，显然，如果搭载火炮的数量固定，则战舰越大，作为火炮平台的性能就越好，适航性也越高，也就越受好评。进入 19 世纪以后，当排水量成为比较战舰性能的基准后，能在固定吨位上搭载最多火炮的就是"最优"战舰。

1791 年，战舰设计促进会（Society for the Improvement of Naval Architecture）[20]上宣读的第一篇论文，有理有据地批判了英国的战舰设计，只是不知作者是谁。[③]作者（可能是约翰·瓦伦）感觉英国战舰在近迎风航行（Sailing by the Wind）和迎风侧倾（Heel）[21]的情况下比较不利。受这两个问题影响的主要都是在 1815 年时早就已过时的小型三层甲板战列舰和 64 炮战列舰。而 1791 年以后的大型 36 炮、

① 出自布莱顿的《大不列颠海军史》。
② 此为 R. 瑟宾斯在《防务研究院院刊》（United Service Journal）上发表的通信一则，见第一卷（1830 年）。
③ 佚名，《评战舰的形态和比例》（Remarks on the Forms and Proportions of Ships），出自《战舰设计论文集》（Collection of Papers on Naval Architecture），刊载于《欧洲杂志》（European Magazine），1800 年版（伦敦）。

"圣约瑟夫"号，一艘得到海军军官盛赞但没能影响英国战舰设计的战利品舰。(© 英国国家海事博物馆，编号J1945)

38 炮巡航舰则是性能"令人叹服的战舰"。

有限的一点法国资料显示，那时候法国人对他们的战舰在英国皇家海军战舰面前的表现，跟英国人的看法不同。提到法国战舰时，M. 布威（M Bouvet）说：

> 这些战舰在对手面前从来就没有机会占据和保持任何优势，总是无法规避或逃脱那些最终会毁灭它们的交战。在外海巡逻的敌舰只要盯上这些战舰，它们就很少能够逃脱追击，不管它们是什么级别的战舰，也不论它们是组队行动还是落单……此等低劣的表现在很大程度上可以归因于法国战舰的首尾形态太过尖细瘦削了[22]。这些特殊形态的战舰算不上是能够乘风破浪"海船"（Sea Boat），一直以来我们都期望这种形态能够带来更加敏捷、更有优势的机动性能，可实际上却适得其反，起码在高海况下是不利的。[1]

英国作者最普遍的论断是，英国设计的船比其他所有国家的都慢。然而，两者间相对速度的直接历史证据不仅难找，还难以准确解读。在詹姆斯所著的历史中，只能找到 58 个追击战案例是一方的某艘战舰或者某个战舰小队明显地比敌方航速更快。要注意的是，这 58 例追击几乎都导致了交手，那么肯定还有很多没能产生决定性战果的徒劳追击。尽管如此，这么多案例应该也足够在相当程度上客观地反映出点有意义的结果，具体详见作者的相关论著。[2]

表 1.3 追击战中的战舰性能比较

仅统计巡航舰及更大型的战舰				
航速占优（追击）		航速劣势（被追击）		案例数量
建造国	使用国	建造国	使用国	
英	英	法	法	40
法	法	英	英	6
法	英	法	法	8
西班牙	英	英	法	1
英	英	丹麦	丹麦	1
英	英	俄国和瑞典	俄国和瑞典	1

① M. 布威，《海事实证录》（Nauticas'Veritas），出自《海陆军杂志》（Naval and Military Magazine）卷3（1828年）。
② D.K. 布朗的会议论文《风帆战舰的航速》（Speed of Sailing Warships）、《和平与冲突中的帝国》（Empires at War and Peace），1988版（朴次茅斯）。

表 1.3 需比较两组或者更多组设计有差异的战舰，在船员操作水平不一、海况各不相同时的航行性能，这可不是一件容易的事情。不过总有两类因素在起作用：其一是一贯性的优势，譬如更高的船艺操作水平，调整压舱物布局（Trimming Ballast）和微调桅杆布局（Trimming Rig）[23] 时技高一筹，以及船体水下形态更合理、更优化的设计；其二是与之相对的随机因素，如船底污损[24] 情况，海浪与风的方向和强度等。后一种因素的影响在 1798 年"辉煌"号（HMS Brilliant）[25] 遭遇法国战舰"威图"号（Vertu）追击时体现得尤为明显，当风向突变后，"辉煌"号就成了跑得更快的那一方[26]。

表 1.4 英国操作的本国和外国战舰的相对航速

建造国	战胜（追击成功）	战败（追击失败）
英国	42	6
外国	10	0

比较一下英国操作的本国和外国造战舰的表现（表 1.4），可以解读出更多的信息。该表显示，外国造战舰追击成功的机会稍稍大一些，不过在当时，任何这样的优势都很小而且受随机因素的影响。

18 世纪中叶以后，海军事务局要求舰长们提交他们手里战舰的航行性能报告，一般是填写一张标准问卷。[①] 回答的问题主要是关于整个任务执行期间，不同风向、风速下所获得的最高航速。这种报告比刚刚获胜时对战利品的评价总会更客观一些。[27]

船底污损影响所有战舰，但没法确知每艘船受影响的程度是否都差不多。在 1763 年，英国皇家海军就试验过船底包铜（Copper Sheathing）[28]，而到了 1782 年已经克服了所有相关技术问题。之后，总数大约为 300 艘的英国战舰，船底全包上了铜。美国独立战争期间，这种措施通常让英国战舰占有最多 1.5 节的航速优势。[②] 到 1793 年时，各国海军都将船底包上了铜，如果包铜的状态尚佳，那么没有哪国的船再会有什么航速优势了。然而，由于铜资源紧张，法国用的铜片非常薄，很容易损坏和腐蚀掉，导致缺少保护的部分船底迅速长满污损物。就算铜皮的状态尚佳，在海水中浸泡一年后也会产生一层绿锈，损失掉大部分抗污损能力。长期远离船坞、执行封锁任务的英国战舰必然会受到污损的影响，比刚刚结束整修、驶出船坞的法国战舰要慢。现在一般认为，由于当时的法国船坞严重怠工，法国海军并没因此占到什么便宜。总体来看，船底污损是一种随机影响，让不同船体形态之间的优劣比较变得更加困难。[③]

当时新一代船舶设计师特别强调，法国船航速更高是因为法国流体力学研究水平更高。19 世纪时，战舰的尺寸、形态和航速决定了这种船体的阻力基本

① B. 莱维里（Lavery），《战列舰》（Ship of the Line）卷 1（附录 11），1983 年版（伦敦）。
② R.J.B. 奈特（Knight），《船底包铜技术在皇家海军中的发展 1779—1786》（The Introduction of Copper Sheathing into the RN 1779–86），出自《航海人之镜》（Mariner's Mirror）卷 49（1963 年）。
③ 见布朗的上一个参考文献。

属于黏滞阻力[30]，而那个时代的科学家基本上完全忽视了这个问题。由于没有黏性的流体根本就没有阻力，所以伊萨克·牛顿（Isaac Newton）及之后的科学家全部回避了黏性问题而只考虑船身前半部分的阻力[31]。这种谬误的理论让这些科学家把注意力全都集中到了进流段船体形态和舯横剖面（Midship Section）[32]的形态上，这和当时的实际经验，即去流段形态对于优良的航行品质同样重要，是背道而驰的。一点也不奇怪，各个船厂厂长并不怎么看得上这种所谓的科学。

摩根（William Morgan）在 1826 年出版的《战舰设计论文集》（*Papers on Naval Architecturein*）中，仔细分析了各国海军船体形态的特征。[①] 他所列出的表格基本看不出各个设计之间有什么显著差异。英国船可能感觉起来比多数其他船舶更加瘦长，这会在强风下稍稍增加船体的横倾。摩根指出，横倾状态下，船舶的水下形态就不对称了，这样一来往往会增加阻力，令船向下风偏航（Fall to Leeward），还让炮门离水面更近。

和时人一样，摩根也相信舯横剖面极大地影响了航行品质。今天看得很清楚，该截面的形态对于航速并无影响，对横摇的影响同样甚微。横截面形态对于维持固定航向的能力倒是会有影响，不过在实际能够选用的船体形态类型中，这种影响带来的效果微乎其微。

G.S. 贝克（G S Baker）研究了工程技术上不可能实现的大规模形态改变对航速的影响，他是弗洛德试验水池（Froude Ship Tank）[34]的总监。他比较了"胜利"号和一艘排水量相同的现代帆船的阻力，现代帆船比"胜利"号长 69 英尺，窄12.5 英尺。这大规模的形态改变令阻力降低了30%，可以让更长的那艘船获得 1—

亨斯洛（Henslow）设计的110炮战列舰——"希伯尼亚"号（Hibernia）[33]，该舰于1804年下水，1819—1825年重修。该舰备受好评，长期服役。此图描绘了19世纪40年代"希伯尼亚"号在海上航行的场景。（© 英国国家海事博物馆，编号PW5999）

① W. 摩根，《战舰设计简史》（*Brief Sketch of the Progress of Naval Architecture*），收录于《战舰设计论文集》卷1，1826版（伦敦）。

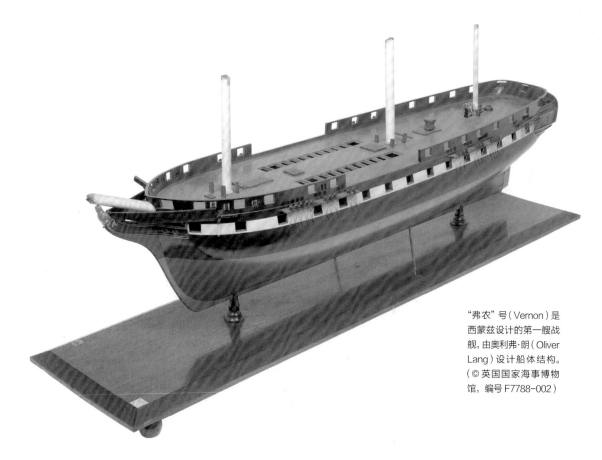

"弗农"号（Vernon）是西蒙兹设计的第一艘战舰，由奥利弗·朗（Oliver Lang）设计船体结构。（© 英国国家海事博物馆，编号 F7788-002）

1.5 节的航速优势[1]。这样一比就知道，当时各国海军在战舰设计中那非常微小的差异，不会产生显而易见的效果。

其实，让船体结构的载荷降低到该结构所能承受的水平，这才是决定当时各国战舰船体形态的基本原则。[2]船壳板（Plank）在接缝（Seam）和接头（End）处都没有有效连接成一体，在荷载压迫下它们会相互错动[35]。这种相互错动造成的整个船体变形，称为"龙骨上弯"（Hogging）或"舷弧变形"（Breaking the Sheer）[36]。为了让海浪拍击船体造成的载荷降低到可以承受的水平，就得合理分配船体从头到尾各个段的浮力，使该段的浮力大致上等于该段的重量。特别是战舰首尾搭载的沉重的追击炮，它们必须要求丰满的水下船体来支撑，迥异于现代战舰设计师会选择的瘦削首尾[37]。当时，战舰丰满的船体形态离理想的高航速船型相去甚远，所以这种船型即便在形态上有微小的变化也几乎产生不出可见的效果。

各国海军不同的设计风格之间，基本没有什么航速差异，其证据已经摆在眼前了。那么，当时英国人的观点何以几乎一致相反呢？首先，紧张激烈的追击作战往往让追击者和被追击者都夸大事实，被追击者甚至可能会夸大得更多。这样一来，就更想要使劲地夸奖战利品那上乘的品质，因为一场战争中，英国海军收获的赏金取决于被俘战舰的价值[38]。海军船舶设计师同样想拔高法国那种传说中的优势，他们希望船舶设计中的科学研究能够获得更多重视，自然极容

① G.S. 贝克的《商船船型发展》（Development of the Hull Form of Merchant Vessels），刊登于《东北海岸造船工程学会通讯》（Transactions, North East Coast Institution of Engineers and Shipbuilder）卷54（1937）。

② J.F. 蔻茨（Coates），《"龙骨—肋骨"式木构战舰的龙骨变形和船体变形》（Hogging and Breaking of Frame Built Wooden Ships），出自《航海人之镜》（Mariner's Mirror）卷71（1985）。

易将敌舰表面上的优势归因于法国更高的科学水准。尽管真假莫辨，海军部还是采取了多种措施来补救他们眼中英国战舰的这些劣势。

海军部、海军事务局和各个船厂的厂长已经拿俘获的法国战舰，来作为英国新战舰的设计蓝本很多年了。这种习惯当然不是处处皆然，大型三层甲板战列舰很少受外国设计的影响，进入 19 世纪后的许多年里，斯莱德（Slade）[39]设计的"胜利"号仍然是值得效仿的母型。大型双层甲板二等战舰（Two-deck Second Rate）[40]是法国的创造，但英国的类似设计只是模仿了"老人星"号的船体形态，而不包括船体结构。三等战舰（Third Rate）[41]是受英法共同影响的混合产物，是英国总设计师将法国舶来品大加修改后诞生的战舰。[①] 巡航舰的造型受法国影响最深。五级舰（Fifth Rate）[42]中建造数量最多的两种型号，其蓝本是 1806 年俘获的"总统"号（Presidente）和 1782 年俘获的"丽达"号（Leda）[43]。44 炮"总统"号被选作母型是挺不可思议的，因为历经 12 小时追击后，俘获该舰的只是一艘 18 炮的双桅杆"巴肯亭"（Brigantine）式帆装的"派遣"号（Despatch）[44]，一艘并不以速度知名的小船。尽管这两艘船都轻易被俘，但他们的航行性仍然得到了高度好评，船体形态被拿来设计了皇家海军的许多级战舰。（巧合的是，法国海军对"丽达"号评价也很高，这个**合理**[45]的设计在进入 18 世纪后的许多年里，仍在大批量建造。

英法这一对竞争对手，在战舰设计理念上确实存在一些微弱差异。罗伯特·嘉德纳（Robert Gardiner）把法式设计理念在船舶性能上的实际效果总结如下：[②]

1. 结构轻巧，刚建成时稍有航速优势，不久就会因为结构强度不足而使船体迅速变形，以致航速下降；

2. 在特定的最优条件下航速非常高，不过通常只限于某一个风向；

3. 大角度横倾时稳定性差，致使大风时不能张挂太多风帆，但微风（Light Breeze）时仍可"鬼使神差"（Ghost）地继续前进[46]；

4. 比较容易朝下风偏航（Leewardly）；

① 见作者莱维里的上一个参考文献。
② R. 嘉德纳的《18 世纪巡航舰设计》（*Frigate Design in the 18th Century*），刊载于《战舰》（*Warship*）第 9、第 10、第 12 期（1984）。

"可畏"号（Formidable）。这张 1815 年的 84 炮战列舰图纸注明——"参照'老人星'号型线"。"老人星"号是一艘法国战利品，不过"可畏"号后来的设计进行了改动，加入了瑟宾斯的改良型船体结构和他的圆形船尾（Round Stern）设计。（© 英国国家海事博物馆，编号 J2310）。

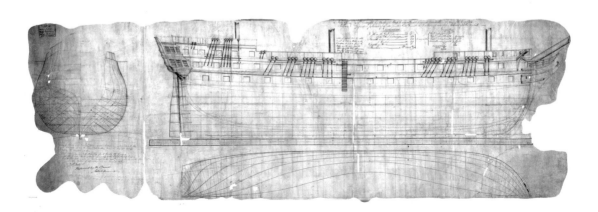

① P. 瓦茨，《特拉法尔加时代皇家海军战舰原貌考》（ Ships of the RN as They Existed at the Time of Trafalgar ），出自《造船工程研究院通讯》（ Trans INA ）卷47（1905）。
② H.A. 贝克，《舰载武器的危机》（ The Crisis in Naval Ordnance ），出自英国国家海事博物馆发行的单行本系列第56册，1983版（伦敦）。

5. 相对同样体量的英国战舰，火力更贫弱。

从后面的章节可以看出，这种设计上的差异至少一直持续到 1830 年。应该指出，前面这些评价并非为了彰显英国战舰比法国同类战舰更强，双方这种差异事实上微乎其微。以设计了第一次世界大战大部分参战战舰的菲利普·瓦茨(Sir Phillip Watts)的话作为总结最合适："这些船饱经风霜，缺乏维修保养，但仍以异乎寻常的韧性坚持完成了任务。" ①

英国皇家海军战舰的火力因为船员们能维持更高的火炮射速而得到增益。在很大程度上，这样的高射速应该归功于英国火炮铸造者的工艺技巧，特别是汤姆斯·布卢姆菲尔德②。1780 年，他以陆军少将的军衔 47，担任火炮武备巡检员（ Inspector of Artillery ）和皇家铸铜场总监（ Superintendent of the Royal Brass Foundry ），一直到 1822 年他以陆军上将军衔去世为止。

美国独立战争期间，海军曾试验过提高火炮射速，但太多火炮因此出现裂缝，甚至炸膛了。布卢姆菲尔德不仅采用了火炮验收试射的新方法以及更优良的检测设备，还要求铸造商要更严格地遵守造炮合同。此外，他重新设计了火炮，令其强度更高 48。火炮技术进步虽然缓慢但很稳定，到大约 1796 年时，英国铸铁炮已非常可靠了，可以比其他地方铸造的炮打出更高的射速。在海外，英国炮评价很高，大受追捧。布卢姆菲尔德对火炮尺寸的锱铢必较，最开始造成了火炮短缺，但当有能力接受他挑战的新制造商出现后，这种问题很快就被克服了。

译者注

1. 所谓单舰作战，即派出一艘主力舰，有时也带领几艘辅助舰艇，巡逻某一海域，寻歼小股敌军。

2. 1805 年，在西班牙特拉法尔加外海，英国舰队与法—西联合舰队展开决战，并取得了压倒性的胜利。此后一直到 1815 年战争结束，再无人挑战英国的海上霸权。

3. 指 1793—1815 年间的所有海上交战。

4. 68 磅实心球形炮弹是那时候陆上要塞常用的最大号炮弹。

5. 在风帆时代，战舰搁浅很常见，一般后果不严重，等待大潮到来时浮起即可。

6. 今天"Wreck"笼统代表"失事"，但在风帆时代具体指因天候恶劣、不熟悉水文地理而使船触礁的情况。

7. 船艺指操作风帆、缆绳、桅杆、船舵的技艺，以及相关的绳艺、木工、导航等方面的知识与技术。

8. 64 炮战列舰是 18 世纪中期少量开发的一种"经济适用"的小型战列舰，18 世纪末随着战舰大型化的趋势越来越明显，这些小型战列舰迅速地落伍了。

9. 指 1815 年拿破仑战争以后。

10. 法国海军军官均出身贵族，因为报考军校时首先必须审查这名考生的家族是否从四代以前就已经拥有贵族头衔了。

11. 这是整个 19 世纪英国的一贯看法。

12. 到 18 世纪 80 年代，法国海军军官都要学习微积分课程。而设计师们同样懂得通过数值积分方法，计算船舶的稳定性。

13. 纳尔逊，1793—1815 年间英国最杰出的海军军官，1805 年在特拉法尔加创造了大胜并以身殉国。

14. 斯潘塞伯爵，即罗伯特·斯潘塞（Robert Spencer），时任第一海务大臣，也就是海军部首长。

15. 炮门不能打开的问题，是说英国战舰炮门距离水面太近，炮门下边框距离静止水线常常只有 1.4—1.8 米，高海况下不能打开，否则一两米以上的海浪很容易从炮门大量涌进船体，影响船舶稳定性。

16. "胜利"号是 1765 年服役的 100 炮三层炮甲板战列舰，是英国当时最大的战舰，也是 1805 年特拉法尔加决战时纳尔逊的旗舰，今天仍保存在朴次茅斯历史船坞（Historic Dockyard）。18 世纪末 19 世纪初，随着战舰尺寸的稳步增加，原来算作一等战列舰的"胜利"号，其尺寸已经只相当于当时搭载 98 门火炮的二等战列舰，即小型三层甲板战列舰了。

17. 麻可制作缆绳和帆布，还可以用于船体防水堵漏、制作防摩擦垫等。在风帆时代，木料、麻以及用于保护船体与帆缆、抵御海水腐蚀的松树油对英国而言，都是关键的战略物资。一旦战时无法进口，战舰就不能长期有效地在海上服役，这是事关英国国运的大事。

18. 海军事务局是海军部下辖的海军日常事务运营与管理机构。

19. 所谓"分级"，如 17 页"圣约瑟夫"号，搭载 110 门炮，就被分为一等战舰。战舰越大，如前文描述，炮门离水面也就越高，即使在大风大浪中，战舰搭载的火炮仍然能够使用。

20. 该协会相关介绍见第 2 章。

21. 近迎风航行就是战舰前进方向和风向呈 66.7° 角，即 6 个罗经点时的航向，此时，风将桅杆和船体吹得都向下风倾斜 3°—5°，这种迎风船体倾斜的样子，见第 1 页的插图"女王"号。英国战舰低矮的炮门在下风舷侧离水面只有半米到一米时，就不能安全打开了，这就是"迎风侧倾"问题。

22. 现代高速船舶首尾都很瘦削，可以获得高航速，但前提是船身也很细长。而当时的大木船，长宽比为 4∶1 到 5∶1，首尾突然瘦削反而不利于水流顺畅地流过船体，以致增加涡流阻力，降低了航速。再者，在高海况下，首尾尖瘦的船舶两头浮力不足，在迎头浪和尾追浪的拍打下容易埋首，造成速度的突然下降，即布威说所的"适得其反"。

23. 调整压舱物和桅杆布局是那个时代最微妙的技巧，当时的风帆战舰有三根竖立的桅杆，挂有八到十几面大型风帆，微调每根桅杆的倾斜角度，可以改变所有帆的合力作用点。而改变底舱压舱物的布局，可以微调船体重心位置，微调船舶浮态，从而改变水对船体侧向阻力的作用点位置。这种风力与水的阻力之间微妙的平衡可以让船舵更灵敏，船开起来更不容易跑偏，从而获得航速和机动优势。

24. 船底污损是指各种附生海洋生物，如海草、藤壶以及能钻掘木制船壳的船蛆，它们生长在船底壳上，会降低航速。

25. "HMS"是正式场合英国战舰名的惯用词头，意为"陛下的船"（His/Her Majesty's Ship）。

26. 帆船在不同风向下航速不同，不同船体形态在不同风向中航速各有优劣，上文法国首尾尖瘦的战舰顺风时航速相对更高，侧风时航速相对更低。

27. 这类报告是一趟出海任务结束后，舰长上岸述职时撰写提交的。

28. 船底包铜是指将数百片与课桌、办公桌差不多大的薄铜板连缀起来，包裹整个船底。铜在海水中会缓缓腐蚀，产生超氧自由基杀死附着海洋生物，从而阻止污损。主要技术问题是固定铜皮需要特殊的铜合金船钉，因为传统的铁钉在海水里会和铜发生原电池反应而将两者一并腐蚀殆尽。英国国内铜山比较多，铜资源相对丰富。

29.《航海人之镜》这个杂志是当代海军史界最权威的专业学术期刊。

30. 19世纪以前的战舰也是如此。这些短粗的战舰，靠风力所能获得的航速通常为1—5节，很难超过10节，所以水体和船身的摩擦力是阻力的主要部分。由于摩擦力在微观分子水平上来自于水的黏性，因此称为"黏性阻力""黏滞阻力"。当时，战舰所受的其他阻力主要是船尾部突然变细造成的尾部涡流、乱流阻力。

31. 牛顿提出了没有黏性的理想流体模型，此时阻力只是水分子撞击前半部分船体所产生的压力。

32. 舯横剖面指船体最大宽度处的横截面形态。

33. "希伯尼亚"是爱尔兰的拉丁语美称。

34. 弗洛德试验水池是19世纪60年代，现代试验流体力学的开创者威廉·弗洛德（William Froude）设置的，专门试验新造战舰和民用大型船舶的船体阻力、螺旋桨水动力学效能。贝克这个研究是在1937年进行的。

35. 木船船身外壳是横向排列的一排排窄长的船壳板，从船帮一直排到船底，这样相邻两排船壳板之间就有缝隙。而船长30—50米，不可能有这么长的一整根木板，所以每排船壳板是一段段板材首尾相接而成的，首尾相接处就形成了接头，其中有平接头，也有榫卯接头。船壳板的这种相互错动在19世纪的专业术语叫"Working"。

36. 龙骨翘曲变形有中段上弯、两头下弯及相对的另一种情况，前者称为"龙骨上弯"，后者称为"龙骨下弯"。舷弧是指船舶首尾翘起的形态，这在今天的小船上比较明显。

37. 风帆战舰长度不足，火炮只好一直摆到靠近首尾的地方。而在20世纪的现代火炮战舰上，首尾收细的部分没有布置主炮，因为那里浮力不足以支撑沉重的主炮炮塔。

38. 英国海军会按照市场价购买或者拍卖战利品，充作停获该舰的立功战舰和所属舰队相关将领的赏金。

39. 斯莱德即汤姆斯·斯莱德（Thomas Slade），他是18世纪中叶英国最杰出的战舰设计师。

40. 80炮双层甲板二等战舰是法国在18世纪中后期发展的新船型。英国的传统二等战舰是98炮小型三层甲板战列舰，重心过高。法国创造的这种大型船舶对木制船体结构是一个挑战，从而突显了瑟宾斯式英国改良结构的优势，导言已经强调过一次，详细介绍还得见第2章。

41. 三等战舰即18世纪中叶斯莱德担任总设计师时引进的法式74炮双层甲板战列舰，比英国传统的70炮双层甲板战列舰更大，火力可以匹敌英国的二等战舰。

42. 五级舰即大型巡航舰，备炮36—38门，而六级舰是小型巡航舰，备炮20门以上。

43. "丽达"是古希腊、古罗马神话中为主神宙斯／朱庇特产子的斯巴达王后。

44. "总统"号比当时通常的五级舰要大，而"派遣"号这样备炮20门以下的一般是辅助作战舰艇，算不上正规"战舰"。双桅杆"巴肯亭"式帆装，指船上有两根桅杆，其中后面那根主桅杆上只有纵帆。

45. "合理"（Sane），原文在句中大写首字母，以示强调，这里对应加粗表示。

46. 法舰船体更轻盈，微风时跑得也挺快。

47. 此人属于陆军体系，因为英国陆海军全由沃维奇皇家军火库（Woolwich Royal Arsenal）提供火炮，海军不能独立制造、采购和装备火炮。

48. 布卢姆菲尔德修改了火炮的尺寸，在维持重量大致不变的情况下，打薄了炮管壁厚度，增加了炮尾壁厚度，使炮尾能承受更高的火药爆炸压力。

第二章

科学造船：瑟宾斯，还有那所学校！

船舶设计理论在法国的大发展得益于路易十四的海务大臣让·巴普蒂斯特·科尔贝（Jean Baptiste Colbert）的首开先河。1681 年，他召集法国科学界的领军人物在巴黎召开会议，向他们摆出了战舰设计上的种种问题，邀请他们来帮助寻找解决之法。法国科学院（Academy of Science）为船舶设计领域的优秀论文提供奖金，赞助该领域的研究。到 17 世纪末，已经诞生了不少关于风帆、船舶操作等方面理论研究的论文著作。1697 年，土伦皇家神学院（Toulon Royal Seminary at Toulon）的数学老师保罗·霍斯特（Paul Hoste）[1] 曾写道：在船舶设计的基本原理彻底弄清楚以前，这种设计只能一直是一种尝试错误的过程。

整个 18 世纪，该领域陆续有不少很有价值的著作问世，其中最负盛名的是 1746 年布盖（Bouguer）发表的《战舰论》（Traité du Navire），另外还有欧拉（Euler）、豪尔赫·胡安（Jorge Juan）以及查普曼（Chapman）的重要著作。[2] 查普曼的著作综述了 18 世纪末船舶设计学发展的最高水平，后文将会再次提及。

英国在理论方面做出的唯一但却极具价值的贡献，就是 1796 年和 1798 年在皇家学会（Royal Society）[3] 发表的乔治·阿特伍德（George Attwood）的两篇关于大角度横倾时船舶稳定性的论文。但直接求解阿特伍德的方程需要冗长而困难的计算，这就意味着它们没法直接应用到船舶设计中来。直到大约 70 年后，巴恩斯（Barnes）才提出了近似的简化处理方法。

一个名叫休厄尔（Sewell）的出版商，成了第一个提出要提高本国船舶设计水准的英国人。[①] 他参观了许多军港，耳中充斥着当地人对英式设计那低劣水准的谈论，于是他把他出版的《欧洲杂志》（European Magazine）的封面开辟出来，用于刊登战舰设计方面的通讯短文。

成功引起公众注意后，休厄尔于 1791 年 4 月 14 日在海滨街的"王冠与锚"（Crown and Anchor）小酒吧召开会议，宣布成立"战舰设计促进会"。到 6 月，当时还是一名海军军官的克莱伦斯公爵（Duke of Clarence），即后来的威廉四世国王（King William IV），同意担任会长；而协会会员同样声名显赫，包括船舶领域著名的创新人士斯坦霍尔伯爵（Earl of Stanhope），时任第一海务大臣的穆尔格雷夫勋爵（Lord Mulgrave），担任皇家学会会长的约瑟夫·班克斯（Sir Joseph Banks）[4]，原海军部财政长官、后被封为巴汗子爵（Lord Barham）的海军上将查尔斯·米德尔顿爵士（Sir Charles Middleton），以及流体力学家查尔斯·诺

① A.W. 约翰斯（Johns），《记"战舰设计促进会"》（An account of the Society for the Improvement of Naval Architecture），《造船工程研究院通讯》（Trans INA）卷52（1910）。

尔斯爵士（Sir Charles Knowles）。拥有杰出服役经历和知识水平的海军上校约翰·瓦伦（Sir John Warren），则出任副会长。到第二年，已有 270 人交纳了 2 畿尼[5]（2 英镑 2 便士）的会费成为会员。

战舰设计促进会的核心目标是"全面提升战舰设计所有分支学科的水平"，准备为浮体及浮体运动阻力方面的理论研究提供每项最高 100 英镑[6]的资助，还计划收集各类船舶的型线图，并计算其装载能力、重心位置及吨位等数据。此外，协会还计划自行开展试验工作。

1800 年，休厄尔为战舰设计促进会出版了论文集，可以看出协会坚守了其"钻研船舶设计所有分支学科"的初衷。[①] 第一篇论文是一位匿名的海军军官所著（可能是副会长瓦伦），题为《评战舰的形态与比例》（*Remarks on Forms and Proportion*）。此文包括了前一章提及的英法两国战舰的总体比较，还谈到了稳定性问题，并描述了 1779 年德·罗姆（de Romme）是如何把船体一侧大炮的炮口全部伸出舷外，再让水手们也来到该侧（船身倾斜而较低的那一侧），从而测出"锡皮欧"号（Scipioin）的稳心高（Metacentric Height）[7]的。发现这艘船的稳定性不足后，德·罗姆便加宽了船体（Girdle），将船宽左右各增大了 1 法尺。[8]

作者接下来描述了自己是怎么操作类似的三组横倾试验的：将 14 门每门重约 3 吨的大炮，横移 3 英尺，然后测量战舰的横倾。通过试验，他能计算出稳心高（见表 2.1）。他发现"孟买堡"号（Bombay Castle）已经非常稳定了，也许有点太稳定了，而其他两艘船则需要增加压舱物来提高它们的稳定性[9]。

表 2.1　稳心高

船	排水量（吨）	稳心高（英尺）
"可畏"号（Formidable）	3150	3.42
"巴弗勒尔"号（Barfleur）	3360	3.77
"孟买堡"号（Bombay Castle）	2700	4.47

论文集的该卷中，不仅包括了查普曼的一篇横倾实验的理论汇总，以及加布里埃尔·斯诺格拉斯（Gabriel Snodgrass）的一篇长文（后文将会再次提到），在文中，他阐述了自己对木制船舶结构强度的认识；还收录了阿特伍德的经典论文。此外，论文集中还包括一些实用性的论文，涵盖牛肉的烹饪处理、饮用水的存放以及救生问题，还包括科勒克（Clerk）那本声名卓著的海战战术大作的书评[10]。

战舰设计促进会最著名的论著，是协会理事会成员博福伊（Beaufoy）陆军上校对各种船体形态的稳定性与阻力所进行的一系列模型测试。1793—1798 年，他在伦敦绿地船厂（Greenland Dock）[11]成功进行了约 1700 次试验。通过这些

① 佚名，《评战舰的形态和比例》（*Remarks on the forms and proportions of ships*），出自《战舰设计论文集》，刊载于《欧洲杂志》（*European Magazine*），1800 年版（伦敦）。

测试及其结果（详见附录2），可以清晰地看出博福伊距离找到全尺寸船舶的阻力估算方法[12] 已经很近了，而真正最终找到这个方法的是70多年后的威廉·弗洛德（William Froude）。博福伊还特别注意到了摩擦黏性阻力的重要性，而之前绝大部分同仁都忽视了这一点。

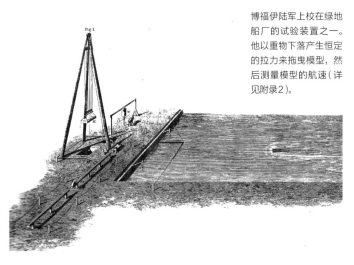

博福伊陆军上校在绿地船厂的试验装置之一。他以重物下落产生恒定的拉力来拖曳模型，然后测量模型的航速（详见附录2）。

战舰设计促进会于1799年解散，但它对英国战舰的设计产生了持续性的影响，尤其是让巴汗子爵相信海军部需要受教育程度更高的船舶设计师，他也许已经注意到海军部的设计师很少有人参加这个协会。耐人寻味的是，多年后，毕业自巴汗牵头创办的那所战舰设计学校的摩根——也算一位杰出人士——批判该协会成员是"一群门外汉"。[①] 他虽然也承认协会的一部分论文是有价值的，但他批判其他的都"毫无科学内容"，而且在他眼里，博福伊的工作比不了巴黎皇家学院（Royal Academy of Paris）的类似工作。虽然他的话包含了一些客观事实，但对于他自己写的战舰设计论文也可以下类似的批语。无疑，协会和海军部的设计师之间相当不和睦。

罗伯特·瑟宾斯爵士的建树

很多臆想并指摘当时英国战舰设计缺乏科学性的人，他们自己其实对什么是科学的方法缺少认识，还把数学计算和科学混为一谈。科学的工作方法就是先对起因和结果建立一套普适的理论解释，然后再在实际应用中进行检验。[13] 这样看的话，英国船体结构设计工作具有原创科学性，而且顶用。

除了个别例外，一直到拿破仑战争结束，木构战舰的结构都还是横跨两舷的肋骨（Frame）结构，并在外面包裹着从船头向船尾延伸的船壳板（Plank）。瑟宾斯认为，这样的结构如同五根板条拼成的门板，没有背后的对角线支撑，很难阻止各个板条间平行错动，结果矩形结构就错位成了菱形。龙骨上弯、舷弧变形等船体变形问题，就是船壳板条之间这种平行错动所导致的。战舰首尾两端会下垂，而船壳板条间的错动让其间的接缝进开，海水进入，迅速腐蚀木料[14]，结果令船体结构变得更加脆弱。[②]

当时，人们普遍认为木制船体的这种非刚性结构让木船能更好地抵御海浪的拍击，这完全是错误的。木船的船体变形问题，研究起来容易让人迷惑，这跟

① W. 摩根，《战舰设计简史》（Brief sketch of the progress of naval architecture），收录于《战舰设计论文集》卷1，1826年版（伦敦）。

② J.F. 蔻茨（Coates），《"龙骨—肋骨"式木构战舰的龙骨变形和船体变形》（Hogging and breaking of frame built wooden ships），《航海人之镜》（Mariner's Mirror）卷71，第四部分（1985）。

船体在海浪中的结构荷载[15]

1. 当船体浮于静水中时，船首尾部大炮、船体结构以及帆桁桅杆的支撑结构的重量就会大于比较瘦削的船体首尾分段所能提供的浮力支撑。这样首尾两端就有朝下坠的趋势，让船体结构从头到尾发生形变，这称为"龙骨上弯"。

2. 首尾浮力进一步减小，龙骨上弯的张力增加。

3. 海浪的波峰位于首尾，波谷位于舯部，首尾浮力增加，舯部浮力减小。首尾有上翘的趋势，舯部有下坠的趋势，这种情况称为"龙骨下弯"，对于木制战舰不是什么问题[16]。

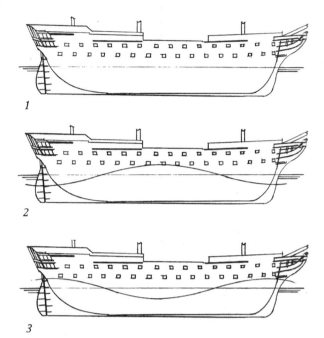

今天钢制船舶的船体形变是两个不同的问题[17]，因为现代船体就像一根连续的承力梁能够发生整体的弯曲变形。[①]

　　一直到 18 世纪末，这个难题的性质才开始逐渐被人们认识，几个国家纷纷尝试在船体侧面加上对角线支撑材（Diagonal Brace）来对抗剪切应力（Shearing Force）。[②] 英国俘获了几条法国和西班牙的这种试验舰，发现并不比传统结构的刚性强多少。法国大革命和拿破仑战争期间，东印度公司的首席设计师加布里埃尔·斯诺格拉斯（Gabriel Snodgrass）调入海军部。他的首要任务是抢救性修复那些船体结构已经变形到不堪使用的战舰。等待他修复的战舰里，不少横向的肋骨结构已经发生了形变，于是他用在肋骨平面内的对角线材料加以修正。[18] 对于船壳板从船头到船尾纵向强度的不足，他开出了短期抢救良方，即在船壳外面敷设上加厚的船壳板，这样能提供更大的接缝面积用于捻缝（Caulking），从而增加船壳板之间的摩擦力，来阻碍它们间的相对错动。[19] 斯诺格拉斯的思路在他 1796 年的一份通讯中介绍得很清楚，战舰设计促进会后来还出版了这份通讯。这份通讯显示，斯诺格拉斯对海浪中船体结构所受的应力以及该怎样安排结构材料来抵抗这种应力，认识得很清楚。[③]

　　罗伯特·瑟宾斯（1767—1840 年）的工作成果让我们对这个问题的认识更加完整。[④] 他是诺福克（Norfolk）的费克纳姆（Fakenham）当地一个牛畜商人的儿子，由于他叔叔以海军上校军衔退役，通过这层关系，他被朴次茅斯船厂厂长 J. 亨斯洛（J.Henslow）收作学徒。1789 年他学徒期满，而后在造船技师（Shipwright）、工段长（Quarterman）、主任造船师（Foreman）等岗位上迅速提升。1797 年时，他已经当上了朴次茅斯船厂副厂长（Assistant to the Master Shipwright at Plymouth Dock）。皇家海军船厂（Royal Dockyard）的厂长就等同于这个机构的总负责人，所以他们对自己已收为徒弟的年轻人的职业生涯发展

① J.E. 戈登（Gordon），《强力结构的新科学》（The New Science of Strong Materials），1968 年版（伦敦）。

② D.K. 布朗，《R. 瑟宾斯引发的木构船舶船体结构改良》（The structural improvements to wooden ships instigated by R Seppings），出自《战舰设计师》（The Naval Architect）第五部分（1985）。

③ G. 斯诺格拉斯，写给 H. 邓达斯（Dundas）的一封信，收录于《战舰设计论文集》，1800 年版（伦敦）。

④ T. 莱特，《托马斯·杨与罗伯特·瑟宾斯，19 世纪初的造船学科》（Thomas Young and Robert Seppings. The science of ship construction in the early 19th century），这是一篇会议论文，发表于 1981 年的"皇家海军史研究会与科学博物馆联合会议"（Joint Meeting of the Royal Institution and the Society for Nautical Research, Science Museum）。

通常是特别留心的。正因为此，似乎没受过多少正式数学训练的瑟宾斯，其著述却体现出了敏锐的思维方式和清晰的表达。

罗伯特·瑟宾斯，1813—1832年间担任英国海军总设计师。（© 英国国家海事博物馆，编号 BHC3019）

1803 年，因为发明了改进式入坞（Docking）法[20]，瑟宾斯获得了一枚金质奖章，翌年，他出任查塔姆（Chatham）船厂厂长。在这个岗位上，他发展和验证了一套船舶建造新体系，这套体系也让最后一代木构战舰的体量得以大幅度增加。他还开发了使用短小木料建造船舶的方法，因为此时天然曲木（Grown Timber）已经变得越来越难以获得了[21]。

后来，瑟宾斯的造船法稳健而快速地发展成了一套完整的造船体系。1805 年 2 月 26 日，海军事务局函告查塔姆的瑟宾斯，让他用斯诺格拉斯法维修"肯特"号（Kent）74 炮战列舰。[①] 瑟宾认为该法仍显不足，提议在船体侧面添加许多扁 X 形对角线支撑材，认为这样可以节约木料用量并得到一艘更加笔直、结构强度更高的船。1806 年，海军事务局批准瑟宾斯在一艘 74 炮战列舰和一艘巡航舰上试验他的创想。经历了"厌战"号（Warspite）的发展后，瑟宾斯的这种对角线支撑体系首次充分应用到了 1810 年"无量"号（Tremendous）的维修上。最后在 1811 年的"阿尔比恩"号（Albion）上，瑟宾斯船体结构体系终于发展完善。

最终的瑟宾斯船体结构体系包含四方面要素：

1. 瑟宾斯结构最显眼、最为人所知的，是用对角线支撑材来支撑肋骨；

2. 船底的肋材（Bottom Timber）之间填死不留空隙，船底内的船壳板间捻缝水密；[22]

3. 甲板横梁用从船头到船尾纵向连续的上乘梁材（Waterway）与下乘梁材（Shelf）夹固住并连接到肋骨上，而不再依靠传统的支撑肘材（Knee）作为横梁和肋骨的连接；[23]（法国已经采用类似的结构布局有些年头了）

4. 对角线排列的甲板条。[②]

1811 年 11 月 24 日，海军部第二书记（文职）约翰·巴罗召集当时的顶级科学家谈论瑟宾斯的工作。他们已经获知，去年"无量"号驶出船坞时的船体形变测量（Breakage Measurement）[24]，显示船体几乎没有变形。这场会议可能催生了对瑟宾斯设计的两个数理研究，一是英国的托马斯·杨（Thomas

① 同上。
② J. 芬彻姆（Fincham），《战舰设计史》（A History of Naval Architecture），1851 年首次出版、1979 年重印（伦敦）。

Young）[25]的，一是法国的查尔斯·迪潘（Charles Dupin）的。这场会议结束几天后，拿破仑就知晓了这场讨论，并约谈了迪潘听取他的评论。

托马斯·杨的工作证明了瑟宾斯观点的正确性，但就像莱特（Wright）所说的那样，杨的数学方法太繁冗，不好理解，免不了有错误。杨似乎集中研究挠矩（Bending Moment）[26]，而非更具相关性的剪切应力。这份研究不太可能深化海军事务局对瑟宾斯的理解认识，而且还在一定程度上增添了船舶技师们对数理计算的怀疑。[①]

1814 年，瑟宾斯向皇家学会提交了一篇论文并因之当选为会员。[②]杨紧跟着也发表了一篇论文。有人认为，杨这篇论文指摘瑟宾斯是根据前人的工作才提出了他的体系的，并且认为对角线支撑材的布局方式并不完全正确。前人确实已经试验过用对角线支撑材来防止剪力形变，但不甚满意，瑟宾斯和他们的区别就在于他的布局非常管用。

对角线支撑材应该布置成抵抗压力荷载而非张力，不过因为支撑材所跨越的距离很短，在实际应用中二者区别并不大。在该结构体系的后续演进中，瑟宾斯将他的这些对角线支撑材的倾斜方式颠倒了过来[28]。有人曾批评瑟宾斯，而且这种声音到现在还在重复着，说瑟宾斯法的结构太沉重，但这只是将支撑材加装到已经建成的船上的情况。一艘按照他的体系设计的新船，会更强且更轻。瑟宾斯说用他这种方法建造一艘 74 炮战列舰可以减重 180 吨。

1815 年，瑟宾斯又写了一篇论文，反驳杨影射他抄袭。该文虽未发表，但巴罗在《季刊评论》（Quarterly Review）上撰文时，大篇幅引用此文，力挺瑟宾斯。[③]1816 年，迪潘向皇家学会提交给了一篇说理明晰的论文，加入了论战，他基本上是支持瑟宾斯的，并批评了杨的数理推导。[④]杨为该文写了颇具误导性的英文摘要。[⑤]

瑟宾斯的下一篇论文撰写于 1817 年，这篇文章比较有意思的地方在于，描述了在即将拆毁的丹麦旧 74 炮战列舰"公正"号（Justitia）上进行的试验。[⑥]在船坞内，瑟宾斯给该舰加装了临时对角线支撑材，然后在出坞时以及 24 小时后分别测量船体形变。最后，撤去对角线支撑材再次测量形变。结果发现，这种加固使最初出坞时的形变由 2 英尺 3 英寸减小到 1 英尺 2 英寸，24 小时后只增加了 0.625 英寸。而撤除支撑材后，形变增加到 2 英尺。在该文中，瑟宾斯明确否认他的想法是从别人那里衍生而来的，虽然他承认沙夫豪森（Schaffhausen）[30]一座大桥的图纸对他有所帮助。

1820 年，瑟宾斯发表了最后一篇论文，讲的是用铁条作为对角线支撑材，应用于商船上，以增加货物搭载空间。这是他已经应用于巡航舰中的那种设计的修改版，巡航舰上的那种设计今天仍能在"独角兽"号（Unicorn）上看见（该

① D.K. 布朗，《风帆战舰的航速》（Speed of sailing warships）（附录 7），出自《和平与冲突中的帝国》（Empires at war and peace）。这是一篇会议论文，发表于 1988 年的朴次茅斯。注：R. 贝克爵士在 1981 年给我的一封书信中，针对这一点讲得很精辟："船舶设计中采用数学方法是很正确的，但是这样也带来了一个副作用，就是现在大家总是相信单单靠数学计算就能把设计搞好。"

② R. 瑟宾斯，《战舰设计新方法》（A new principle of constructing ships of war），出自《理学通讯》（Phil Trans）[27]卷 54（1814），第 285 页。

③ J. 巴罗（未署名），该期《季刊评论》第 7 篇文章，出自《季刊评论》卷 12，总第 24 号（1815），第 460 页。

④ C. 迪潘，《英国战舰船体结构的最新改良》（De la structure des vaisseaux anglais considérée dans ce dernier perfectionnement），《理学通讯》卷 54（1817），第 86 页。

⑤ 同作者莱特的上一个参考文献。

⑥ R. 瑟宾斯，《论对角线支撑材的应用给战舰船体带来的结构增强》（On the great strength given to ships of war by the application of diagonal braces），出自《理学通讯》卷 154（1817）[29]，第 1 页

舰目前停泊在邓迪，在复原修复中[31]）瑟宾斯这种体系在商船上的应用似乎非常少，尽管布鲁内尔曾将其用于"大西方"号（Great Western）[32] 上，并公开承认这是瑟宾斯的贡献。[1]

毋庸置疑，瑟宾斯的成果是具有原创性的，而且是建立在对问题做了理性认识的基础之上。19 世纪 30 年代，朗和艾迪将铁条对角线支撑材应用到战列舰上，这是对瑟宾斯体系的发展和延续，让战列舰的体量得到了大大增加。下一章还将介绍瑟宾斯对传统战舰建造方法的其他改进。

战舰设计学校

巴汗子爵升任第一海务大臣后，鉴于普遍认为的英国战舰设计水准低劣，召集了一个委员会来"调查和提高海军部的非作战职能"。1803—1808 年间，这个委员会撰写出了大部头的系列报告，以此表达他们对船厂官员受教育水准之低的担忧，而且担心这种水准还会继续降低。[2]1801 年以前，船厂厂长和他的助理（副厂长）每人都可以带 5 个交学费的徒弟，这项制度能吸引到家底比较殷实的人家的孩子，他们通常受过初等教育。跟随船厂的高级人员工作，可以在造船技术的理论与实践两方面得到扎实的培训，而且在这样的位置上，他们出师后也更容易获得迅速提升的机会。在这个人才培养体系中，诞生出了许多杰出的设计师，如斯莱德（"胜利"号的设计者）、瑟宾斯以及其他许多人。不过一直以来存在一种可能并非公正的猜测，即怀疑这些人的晋升更多是通过

① D. 格里菲思（Griffiths），《布鲁内尔的"大西方"号》（Brunel's Great Western），1985 年版（威灵堡）。
② 出自"海军非战事务调查与改进委员会"第三批次委员会报告（Third report of the Commissioners for Revising and Digesting the Civil Affairs of H MNavy），1808 年版（伦敦）。

左：瑟宾斯对角线支撑船体结构模型的各部位名称[33]。

右：模型照片。（英国科学博物馆供图）

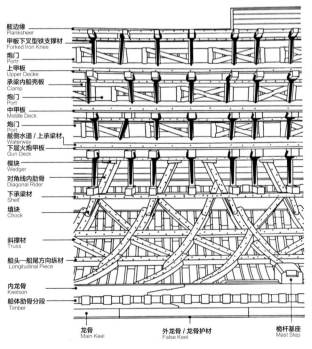

- 舷边缘 Planksheer
- 甲板下叉型铁支撑材 Forked Iron Knee
- 炮门 Portr
- 上甲板 Upper Decke
- 承梁内船壳板 Clamp
- 炮门 Port
- 中甲板 Middle Deck
- 炮门 Port
- 舷侧水道 / 上承梁材 Waterway
- 下层火炮甲板 Gun Deck
- 楔块 Wedger
- 对角线内肋骨 Diagonal Rider
- 下承梁材 Shelf
- 填块 Chock
- 斜撑材 Truss
- 船头 - 船尾方向纵材 Longitudinal Piece
- 内龙骨 Keelson
- 船体肋骨分段 Timber
- 龙骨 Main Keel
- 外龙骨 / 龙骨护材 False Keel
- 桅杆基座 Mast Step

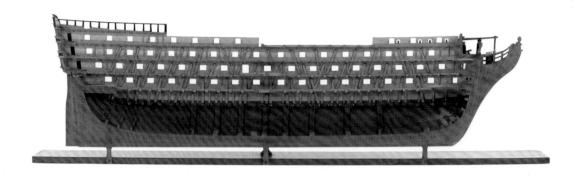

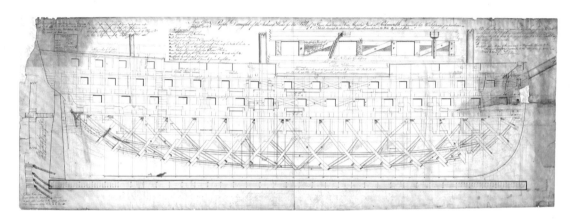

上：此模型展示了瑟宾斯以前的典型船体结构。水线以上、船舷内侧面那些沉重的斜行支撑材，是一种对抗船体变形的笨拙而基本上失败的尝试。(© 英国国家海事博物馆，编号 L3214-001)

下：1814 年的 74 炮战列舰"皮特"号(Pitt)舷内构造图纸[34]，这是最早显示瑟宾斯式新型结构的图纸之一。(© 英国国家海事博物馆，编号 J2722)

行贿而不是通过其个人才能来实现的。虽然并没有坐实的行贿案例，但这种猜忌导致了收费学徒制的终止，这都要归功于 1801 年圣文森特伯爵(Lord St Vincent)[35] 反贪腐行动的一个部署。工段长(工头)和主任造船师的类似制度也在 1802 年和 1804 年被取消了。

取而代之的新学徒制度，既不能用来吸引聪颖的年轻人，也毫无培养出高级人才的任何希望。它收徒时没有入学考试，唯一要求提供的资质证明就是健康证明，以及不能低于 4 英尺 8 英寸的最低身高。这类学徒学不会放样作业(Mould Loft Work)[36] 中那复杂的几何学问题，大家都说他们是一群懒惰且不听管教的家伙。

该"改进委员会"(Commission of Revision)在第三和第八次报告中针对造船学徒的教育以及相关学校的运作提出了一些建议：

1. 学徒应分为两类，普通学徒通常会成为匠人，而高级学徒的培养目标则是担任高级职务；

2. 高级学徒应组成一个班，附属于 1773 年作为海校(Naval Academy)设立的朴次茅斯皇家海军学院(RN College at Portsmouth)。学制为 7 年，上午学习理论，下午实习造船技术，最后一年在海上实习；

3. 高级班的入学采取考试的形式，考试由授课教师(Professor)[37] 和船厂的三位高级长官来举办。不得有任何形式的点名招生以及裙带关系发生，任何普通班的人都可以通过考试进入高级班；

4. 高级班首届招收 12 名学员，以后每届招 4 名，直到招满 24 人，基本就能满足未来高级岗位的人才缺口了；

5. 学员入学第一年领取年费 60 英镑，学习的最后两年增至 140 英镑。这其中每年要拿出 8 英镑来付教师工资；

6. 每年都要考试，作为对学业的监督，毕业后学员将被直接聘为海军船厂的主任造船师助理或商业船厂的总监，直到他们再获提升；

7. 将建设一个配套的图书馆，收藏当时船舶设计和相关领域最上乘的英、法文献；

8. 授课教师应每周为感兴趣的人士开设三个晚上的船舶设计夜校课程，不论听众是否为海军人员；

9. 学员须缴纳两笔共 800 英镑的保证金，若学员毕业后不足 10 年即离开海军部，则将其罚没。

这套提案中的大量内容在 19 世纪早期是很超前的，某些内容即使在今天也仍然显得具有进步意义。通过考试为公共管理岗位选拔青年人才，这在当时肯定是非常先进的制度，这比 1854 年《诺斯科特—特里维廉报告》（*Northcote–Trevelyan Report*）给公共管理领域带来的重大制度变革 [38] 要早得多。这似乎也是历史上首次有大型用人单位自己设立正式的教育和训练制度来培养合适的高水平人才。海军部的保证金制度一直延续到 1953 年，算是一项不太令人开心的特色制度。

正式办学

改进委员会提交报告后，翌年便收到了国王特许令（Order in Council），自此委员会的提案正式生效。[①] 正式公布的章程基本以委员会的提案为蓝本，只是保证金减至 500 英镑（在 1809 年仍然是笔巨款），而且学员年金也缩水了，因为学校会给他们提供免费食宿。

自 1807 年起就在皇家海军学院担任数学教师的詹姆斯·英曼（James Inman）博士［他有神学博士（DD）、社科学硕士（MA）双学位 [39]］，将担任授课教师。英曼当年在剑桥大学圣约翰学院（St John's College）读书时是"最杰出本科生"（Senior Wrangler）[40]，而且他在导航和相关天文学领域造诣颇深。他遇到的第一个问题是没有合适的教材，就像他后来说的那样：[②]

　　　　战舰设计理论方面，能让人放心采信的书籍材料比较匮乏，这可不是个小问题。最后，我选了两本当作教材。一本是叫作《战舰与商船的设计》

① 《议会文件》（*Parliamentary Papers*）卷24，1833年版（伦敦）。
② 雷德（Read）、查特菲尔德（Chatfield）和克鲁兹（Creuze），《战舰设计报告》（*Reports on Naval Architecture*），收录于《查塔姆战舰设计委员会报告》（*Chatham committee of naval architecture*），1842—1846年版（伦敦）。

（*Architectura Navalis Mercatoria*）的瑞典书，作者是弗雷德里克·查普曼，他为瑞典创立了一所优秀的战舰设计学院；另一本是 G. 阿特伍德论船舶稳定性的论文。第一本由我翻译成英文，还加上了威尔乐·克莱布瓦（Vial du Clairbois）法译版里的注释与我自己的不少注释，以及一份附录，在海军部委员会[41]和剑桥大学的帮助下得以付梓。

对时人所理解的战舰设计学，这本书[42]做了不错的概括。[①] 其内容，涵盖了计算机出现以前准确计算船体体积和浮心位置所必不可少的数值积分方法。此外，还讲到了稳定性和稳心的理论。这部分内容讨论了稳心高对横摇行为的影响，讲得简要而不失准确。尽管查普曼曾经写过论文，描述如何通过倾斜实验来测量稳心高，[②] 而且刚刚过去的那个世纪里英法海军也都测试过该法，但这本教材却没有收录这部分内容，有点不可思议。

对于船体在前进运动中所受的阻力，书中有一些探讨，但就像前一章所说，当时这种问题的研究对今天几乎毫无价值，不过查普曼的确让时人开始注意到阻力中的摩擦力成分。船体结构强度问题，则仅限于木料的适用尺寸表以及对各类榫卯接头（Joint）的介绍。对于瑟宾斯的论文中已经讲过的海浪中的结构荷载，以及结构应当如何去承受这些荷载的问题，这本书毫无探讨。另外，书中还介绍了吨位的测量方法和提高船舶操纵性所应具备的帆装方案。

英曼对战舰设计的经济性加了一条很有意义的注释：

> 我们都喜欢用最小的体积搭载最多的火力，同时和其他的设计具有同等的顺风（Sailing）和逆风（Working）航行[43]能力的战舰。其实可以说，战舰设计师必须始终把他的注意力集中在这个问题上，如果他真正想要设计出战舰的话。

该校的运作规程以及入学考试细则于 1810 年 6 月 25 日公布。这份简章中的一句话后来引发了极大的争议，并造成了不小的困难："皇家船厂（HM Dockyard）的高级官员和海军总设计师均须从本校毕业生中产生。"[③] 申请报名者，须提供两位内科或外科医师开具的健康证明，还需他们的教区出示年龄证明，证明他们在 15—17 岁之间。1810 年 11 月 7 日，这是个星期四，由授课教师[44]、船厂的政府派驻专员（Commissioner of the Dockyard）以及皇家海军学院副院长（Lieutenant Governor of the College）组成了第一届考务委员会。考试内容涵盖欧几里得的前六本书、算术、代数（前四条定律到二次方程）、英文文法与听写、法语阅读和翻译。[45] 法语知识不是必考内容，但懂得法语的考生优先录取。1811

① F.H. 查普曼，《战舰与商船的设计》（*Architectura Navalis Mercatoria*），J. 英曼 译，1820 年出版、1967 年再版（舰桥）。
② 《战舰设计论文集》（*A Collection of Papers on Naval Architecture*），1800 年版（伦敦）。
③ 佚名，《政策解读：政府缘何设立战舰设计学校——回应最近发行的一部小册子》（*An explanation of the conduct of government in instituting the school of naval architecture, being an answer to the pamphlet just published*），这份小册子现藏于英国海军图书馆（Naval Library），收藏编号为 P9。

年2月1日头一班开课，授课地点在海军学院，但学生们得住在校外。

课程难度很大，而且坚持理论与实际相结合，以致具体授课计划经常改变。刚开始，学生们是一周上6个上午的理论课，从早饭前就开始上课，然后在船厂特别是放样间[46]里度过下午的实习时间。[①] 结果，这一授课计划很快就被发现不太现实，遂被改成周一至周三全天集中学习理论，余下的三天全部拿来实习。学习内容包括几何、代数、平面和球面三角函数、圆锥曲线、数学计算方法、水静力学、牛顿流数、微积分、木材结构强度、透视作图、船舶稳定性与建造方法、法语、船舶设计学，以及在理论上和在放样间的地板上学习图纸的绘制和放样（Laying Off）。[47]

后来成为一名杰出船厂厂长的主任造船师芬彻姆（Fincham），特别关注学生们的实习训练。他要求学生们做笔记、绘制简图来学习如何放样和建造战舰，指出结构件的固定[48]和组装方法必须特别记录，并在定期的一对一指导环节中，"要求学员们讨论这些固定和组装方式，因为总有些情况下，一种固定和组装方式比另一种更好"。课程后期，学员们开始到桅杆间（Mast House）实习，建造他们在学校里设计的战舰。

每年的圣诞节考试，分为两部分：笔试，以及由授课教师与其他官员作为考官的面试。学员们在第七年去海上进行了多少实习，这点存疑。英曼博士说，曾经有这个提案，但后来放弃了，可芬彻姆曾提到一些新战舰的试航（后续章节将会介绍）有该校学员的参与。[②] 毕业后，学员们先去海军事务局（Navy Office）[49]实习船舶的设计和图纸的绘制，然后被派往船厂的各个部门任职。

1817年，一座漂亮的新大楼落成，学校就此从皇家海军学校搬了出来。[③]这座耗资1.8万英镑的大楼，今天还在供船舶维修管理局（Ship Maintenance Authority）使用。学员们在这栋楼里生活和吃饭。在该校创办和运营的总耗资中，有相当一部分就花在了这栋大楼上，该校存在的22年中总共花费50578英镑19先令2便士。

战舰设计学校的招生很快就缩水了。第一届招了14人，其中2人后来死了，剩下12人，这也是原本计划招收的人数。1812—1816年间，招生总人数达到24人，但之后招生人数锐减，1817、1818年招不到生，1819年仅招收了2人。虽然1822年一下招收了8人，但他们是最后一届。直到1829年约

① 雷德等作者的上一个参考文献。
② 同作者芬彻姆的上一个参考文献。
③ J. 蔻德（Coad），《皇家海军的古老建筑》（Historic Architecture of the Royal Navy），1983年版（伦敦）。

坐落于朴次茅斯船厂的首个战舰设计学校。由爱德华·霍尔（Edward Hall）设计的这栋建筑完工于1817年，被海军使用至今。

瑟夫·拉热（Joseph Large）离校前，在校人数一直在减少，统共 30 人毕业，6 人于在校期间或毕业后不久死亡，5 人被开除。

头一届的大批招生最不成功，5 个遭开除的学员都来自这批。在这届招生中，有 3 个是从普通学徒中招收的，其中一人后来在很年轻的时候就死了，而另外一位，阿贝瑟尔（Abethell），后来成了业界知名的海军船厂厂长。全部 30 名毕业生中，有 24 人终身供职于海军部，到 19 世纪 50 年代已经在造船技术界占据领军地位。汤姆斯·劳埃德，后来成了皇家海军首席机械师，毋庸置疑地属于维多利亚时代最杰出的那一批工程师。伊萨克·瓦茨，作为首席设计师，设计建造了史上最大的木构战舰，后来又设计了"勇士"号，即第一艘铁制船体的装甲战舰。拉热是瓦茨建造"勇士"号时的助手，后来成为造船工程学会（Institution of Naval Architect）的副会长。总共有 9 人达到船厂厂长及以上职务，大部分人均成为厂长助理或锯木厂、绘图厂厂长等。

1827 年，摩根、克鲁兹和查特菲尔德（Chatfield）刊行了《战舰设计论文集》第一卷。[1] 他们花费了 4 年时间，将有关船舶设计学的方方面面以及相关战术、武备等内容的大量论文编纂整理成卷，其中还包括外文资料的翻译以及书评。1835 年，摩根从海军部离职，在的里雅斯特（Trieste）的劳埃德公司的奥地利分部和铁路方面工作了几年，之后在布里斯托尔与人合伙创立了阿克拉曼·摩根造船工程公司（Acraman, Morgan & Co.）。[2]

克鲁兹后来也离开了海军，他璀璨的职业生涯让他荣任劳埃德船级社（Lloyd's Register of Shipping）首席鉴船官（Chief Surveyor）。莫尔森（Moorsom）是离开海军的又一人，他去了海关工作。在这里，他创立了测算吨位的新方法（该法一直沿用到二战以后），最终以贸易部首席鉴船官的身份退休。莱瑟登（Ritherdon）在东印度公司担任类似的职务，并成为一位思维比较开放和进步的船东。邦堡（Boncastle）在弗吉尼亚大学担任数学教授，是水声学先驱之一。[3] 到 19 世纪中叶，该校毕业生成功的职业生涯，已经让他们成了业界砥柱。（为了凸显这一点，本书后续章节会在合适的位置将第一个战舰设计学校的毕业生标注为"1st SNA"。）

这些毕业生中如此多的人，在如此多的工程领域内取得了成功，不论是在海军部还是在民用领域，这都体现出了他们所受教育的价值。特别要强调的是，很多人能够在铁与蒸汽机这样的新技术中如鱼得水，而事实上他们仍是学生的时候，这些东西的应用还十分有限。那为什么该校最终还是衰退了，并渐渐被看成一种失败，于 1832 年关闭了呢？

原因之一，是船厂的原有长官和海军军官都对这所学校及其毕业生充满敌意。别忘了，巴汗子爵的委员会批评船厂官员们缺乏教育，设立这所学校就是

①《战舰设计论文集》（Papers on Naval Architecture），1827—1831 年在伦敦出版。
②《铁人：麦克阿瑟集团公司》（Men of Iron. McArthur Group Ltd），1984 年版（布里斯托尔）。
③《索敌与打击》（Seek and Strike），1984 年版（伦敦）。

为了取代他们。在位子上挨骂的官员不可能欢迎这些新人，以致这些毕业生的晋升速度很慢。他们遭受到没有依据的指摘，说他们缺少实用技术，只会空头理论。阿贝瑟尔最先升至主任造船师（1819 年），到 1833 年，又有 15 人升至该职务，另有 4 人升至类似职务的技术岗位。[①]

优秀的青年人才总是希望能快速晋升，而当他们必须给技术水平没法和他们比的领导干活时，难免会非常失望。另一方面，在和平时期的岗位编制下，高等级的职位毕竟非常少，靠把脚穿进死人留下的鞋窠里晋升，自然总会很慢。

26 炮"阿克特翁"号（Actaeon）的模型，1827 年。1815 年以后，战舰设计学校高级班的学员们获准设计建造了一批小型战舰，以作为他们所学技能的实践检验，同时也可以拿来和现有设计师的同类设计相对比。这个模型可能就是学校学员所制。（© 英国国家海事博物馆，编号 F8926-002）

某些海军军官的敌意相当大。威廉·哈里森爵士（Sir William Harrison）的著作里引用了他们很多的批判之声[②]，其他类似的声音还见于《晨报》（Morning Post）和《防务研究院院刊》（United Services Institute Journal）。批评常常集中于这些学员出身过低（不是缙绅[50]），成了小说作家的海军上校马里亚特（Marryat）对这一点的攻击尤其恶毒。当时的战舰军官们[51]似乎认为，要成为一名设计师，像他们那样积累对大海和战舰的丰富经验，远比科学的设计方法更加重要。

马尔文伯爵（Lord Melville）是学校的常客，也是最坚决的捍卫者，但他在 1830 年卸任第一海务大臣后，学校关闭的结局已不可避免。他的接任者听取海军船厂厂长和海军军官，也就是学校的主要反对者，尤其是刚上任的新总设计师西蒙兹海军上校的意见后，写道：

> 打从一开始，学生们就不幸地成了脑袋机灵的分析家，在船舶理论方面难得地写出了些论文，可是，尽管他们每天都在船厂实习，还是缺少在海上作业的经验，而这种经验跟理论的实践验证是同等重要的，没有实践的检验，那些理论推演就是浪费纸。[③]

1832 年学校关闭，而本书的一条伏线也跟着埋好了，即该校毕业生们最终获得的成就。

① G. 戴森（Dyson），《19 世纪战舰设计学领域的官办教学事业发展史》（The Development of Instruction in Naval Architecture in the Government Service in the 19th Century），社科学硕士论文，1978 年版（肯特大学）；A.F. 克鲁兹，《战舰设计的理论与实践》（A treatise on the theory and practice of naval architecture），即《不列颠大百科全书》（Encyclopaedia Britannica）第七版的"船舶设计"条目，1853 年版（伦敦）。
② W.S. 哈里森（Sir W S Harrison）爵士，《官方战舰设计现状及回顾》（Past and Present State of Naval Architecture in the Government Service），1863 年版（伦敦）。
③ J.A. 夏普（Sharpe），《海军少将 W. 西蒙兹爵士回忆录》（Memoires of Rear Admiral Sir W Symonds），1858 年版（伦敦）。

译者注

1. 保罗·霍斯特是用受力分析和数学方法来研究船舶运动的第一人。

2. 法国的皮埃尔·布盖（Pierre Bouguer）被誉为现代船舶设计之父，他最早提出了船舶的初稳性原理（即稳心）这一概念。莱昂哈德·欧拉（Leonhard Euler）是一位著名的数学家，船舶与流体力学是他重要的研究领域之一，他早年曾和布盖在船舶桅杆安装位置这一问题上竞争过优秀论文的奖金，最后布盖胜出。欧拉著有两本理论著作：1753 年出版的拉丁文著作《船舶科学——论船舶建造与操纵》（Scientia Navalis seu Tractatus de Construendis ac Dirigendis Navibus），1773 年出版的法语著作《船舶建造与操作理论大全》（Theorie Complette de la Construction et de la Manoeuvre des Vaisseaux）。与布盖和欧拉同时代的船舶理论与设计大师还有西班牙的豪尔赫·胡安（Jorge Juan y Santacilia，"Juan y Santacilia" 是其姓氏的西班牙文完整书写形式，英文里一般简称为 "Juan"），他是数学家兼船舶设计师，于 1771 年著有《检验海事的理论与实践》（Examen marítimo, Theórico Práctico）。瑞典的弗雷德里克·恩里克·查普曼（Fredrik Henrik af Chapman，"af" 是其贵族头衔）被誉为第一个尝试将科学知识应用于船舶设计的"现代"设计师，他在 1768 年著有《战舰与商船的设计》（Architectura Navalis Mercatoria），书中收录了当时欧洲各主要船舶类型的代表性船体型线和外观图纸。他在 1775 年出版的《造船论》（Tractat om Skepps-Byggeriet）可算是最早的船舶设计学教科书。

3. "皇家学会"即英国科学院。

4. 第三代斯坦霍尔伯爵是蒸汽动力船舶的早期实践者之一。第一海务大臣是海军部首长。约瑟夫·班克斯曾牵头了库克船长的环球探险项目，发现了澳大利亚东海岸。

5. 畿尼（Guinea），英国旧制金币。

6. 100 英镑在当时不是一笔小数目，相当于普通人一年甚至几年的收入。

7. "稳心"是船舶小角度横摇（<5°）时假想的摆摆中心，此时横摇的船体可以被看作一个单摆的摆锤，悬挂这个单摆的点就叫作"稳心"。稳心高越高，摆线越长，摇摆角度越小，船舶就越稳定。即稳心高越高，船舶越稳定，越不容易倾覆。稳心、稳心高和稳定性等基本概念贯穿本书，特此简单注释。

8. 在风帆时代，人们常常发现战舰下水后的实际吃水比设计吃水要深，因为当时没法精确地从图纸上测绘出排水量和船身材料的自重，这时候就靠 "Girdling" 法补救：在船体水线处钉上许多层厚木板，这样船体吃水马上减少了，稳心高也升高了。

9. 在水手描述船舶稳定性的行话中，稳定的称为 "Stiff"，直译为"硬"；不稳定的称为 "Tender"，直译为"软"。"硬"船只要横晃 1°—2°，就会快速摇晃回到原来的位置，虽然非常稳定，但这种快速摇晃容易让人晕船；"软"船横倾角度更大，但回复时的摇晃比较舒缓，虽然这样的船遇到大风大浪，比"硬"船更容易翻船，但平时也更不容易让人晕船。瓦伦通过计算发现，"盂买堡"号稳心很高，但很可能太高了，让这船太"硬"，摇晃得让人不舒服。而其他稳心高不足的船可以搭载更多的压舱石，通过降低重心来提高稳心高，因为稳心高是重心到稳心的距离。

10. 当时，皇家海军的战舰上储备了三个月的淡水和半年的食物，牛肉和干粮只有采用特殊脱水工艺才能尽量减少霉变和蛀蚀。科勒克，即埃尔丁的约翰·科勒克（John Clerk of Eldin），苏格兰商人，他与一位退休海军军官的长期友谊帮助他写成了巨著《风帆时代海战术》（Naval Tactics in the Age of Sail），详尽阐述了 17 世纪后期以来英法等国海战战术和旗语通信技术的发展演进历程。

11. "Greenland" 的音译"格陵兰"现已专指靠近北极的一块不毛之地，特此区分翻译。

12. 所谓"估算方法"，即如何将试验测量出的模型阻力通过正确的比例系数换算成实际尺寸的船舶阻力，因为阻力并不是简单地随着比例放大而扩大，主要是因为水的黏性阻力作用于模型船比实际船要明显得多。弗洛德找到了这种比例的正确换算方法，并称其为"相似定律"。

13. 这里作者强调，单纯依靠数学模型是无法指导设计实践的。从那个时候直到今天，理论与实践都是密不可分、相互促进的，因为船舶设计这样复杂的工程学问题，直到拥有超级计算机的今天，也远远不能单纯靠数学模型就能完美地模拟和预测出来，还要靠船舶水池试验来修正理论模型，使其更符合客观事实。

14. 建造战舰用的橡木含有鞣酸，被海水腐蚀后，橡木木料就会释放出鞣酸，加速铁制船钉的锈蚀。于是，铁锈和鞣酸一起将船钉附近的木料腐蚀成空洞，使船钉松动。

15. 本示意图有不恰当之处，所绘战舰的艉楼及艏首形态基本代表 18 世纪末的典型战舰形态，炮门数量和分布方式也严格符合当时的史实。但是，战舰的尾舵却画成了 19 世纪的改进型尾舵。19 世纪初以前的尾舵不是弧形，而是直立型，尾舵的正确形态可参照第 1 章及本章的各种图纸和模型。

16. 因为当时木制战舰非常短胖。

17. 组成木船的几百片乃至上千片大小木料不可避免地会遭到海水和空气中盐分的腐蚀，造成船钉松动。这样木船的结构力学模型就应该是大量离散的结构元件只在有限的上千个点上进行了连接，元件彼此之间可以发生复杂多样的相对错动。而现代钢铁船舶上的铆钉和焊缝能够将大量钢板组合成的船体连接成一个受力的整体，船体的变形也是全船连续的，而非各个元件间彼此离散的。

18. 肋骨的正常形态如同动物的肋骨一对一对跨在脊椎上那样，一对一对跨在龙骨上。所谓"形变"，就是某根肋骨朝舷外或舷内倾斜，造成这一对肋骨的开口变大、变小或者朝一侧歪去。修正的方法，自然是用一对 X 形的支架将这对肋骨彼此拉住。

19. 所谓"船壳板纵向强度的不足"，即上一章解释过的高低两排船壳板之间没有额外的彼此连接和固定手段，只有靠接缝里填充的捻缝材料提供的摩擦力来阻止彼此平行错动。捻缝是将熬制的松油混合麻绳絮、马毛等做成的黑色黏性胶状物，借助榔头等工具紧地填进两块船壳板的缝隙之间，其首要作用是防止海水渗入船壳板间腐蚀木料。更厚的船壳板之间的缝隙就更深，可以填入更多的捻缝材料来增加摩擦。

20. "入坞"，即船舶进入干船坞，然后抽干海水，以对船体进行维修。

21. 船体的肋骨和各层甲板下的支撑材需要用有一定弧度甚至是胳膊肘型的木料，为了保证强度，传统上一直坚持采用天然生长成弯曲形态的木料。到了 19 世纪，这种材料几乎已经耗尽，因为一颗橡树需要生长几十年甚至上百年才能成材。

22. 船底和船侧结构没有区别，除了正中线的龙骨外，也是内外船壳板夹着肋骨。传统的船底肋材之间也和船体侧面的肋骨之间一样，留有一两厘米甚至更大的缝隙，而不是一根肋骨紧挨着一根肋骨。结果海水和生活污水往往聚集在船底肋材之间的缝隙里，不仅腐蚀木料，而且滋生病源生物，令船底舱臭气熏天。

23. 一艘战舰一层炮甲板一般有 20 多根甲板横梁，每根都横跨两舷。在每根横梁的两端，都各用一个胳膊肘型的拐角支撑材和对应的那一根肋骨连接起来。这样，甲板横梁和对应的那一对肋骨就连成了横跨两舷的一整个连贯结构。而从船头到船尾的纵向连接则全靠甲板横梁上铺设的纵向甲板条，这跟肋骨与船壳板的关系类似。为了纠正这种纵向强度的不足，瑟宾斯用沿着船体侧边从船头延伸到船尾的细长梁材，将所有甲板横梁和所有肋骨都连接到了一起。

24. 这种测量是这样进行的，首先在船坞排干水、船体不受浮力时，分别用铅锤测量船体舯部和首尾处下层火炮甲板到船舱底的高度，然后待战舰出船坞，船体被浮力托起来的时候，重复测量。前文的龙骨变形就会在船下水后立刻显现出来。

25. 托马斯·杨被誉为最后一个百科全书式的学者，他提出的数理模型，不同于瑟宾斯的实践经验，成了今天材料力学的基础。今天材料力学的基本概念——弹性形变模量，即被命名为"杨氏模量"（Young's Modulus）。他在文史方面也做出了贡献，破译了埃及象形文字。

26. "挠矩"，即是让棒状的支撑材发生整体弯曲的力量，实际上海浪的拍打没这么大的力量，只是让支撑材局部形变，属于剪切应力的范畴。

27. 《理学通讯》是世界上早期科学期刊之一，今天仍然作为理工类经典刊物在刊行。这里的"理学"对应英文"Philosophy"，一般翻译为"哲学"，实际上西方人所谓的"哲学"就是严密的逻辑，常常体现为数理。

28. 原本的支撑材呈扁 X 形，适合承受张力，后来翻转 90°，变成竖立的瘦 X 形，适合承受压力。船体结构主要承受四周水体产生的侧压力。

29. 此条和上条的卷数似乎今天都不再采用，今天该杂志的网站上显示的卷数是"第 108 卷"。当年，这两篇文章应该出现在同一卷，要么是卷 54、要么是卷 154，可见原文有误。

30. 瑞士一处地名。

31. 今天已经对游客开放。

32. 1837 年下水的"大西方"号是第一艘专门设计用于横跨大西洋的蒸汽船，明轮推进，木制船体，四根桅杆。

33. 上乘梁材下压着底层火炮甲板；下乘梁材上其实也有一层可以随时拆除的格栅甲板，称为"最下甲板"（Orloop）。三层火炮甲板下的竖立支撑材都是木制的，上面加装了黑色的铁叉用于补强，这样木质支撑材就可以用型号更加短小的木料建造，节约了原料。

34. 图纸上，位于前两根桅杆之间的，是炮门之间对角线舷内船壳板和铁制支撑材的局部放大图。

35. 圣文森特伯爵约翰·杰维斯（John Jervis），北美独立战争和法国大革命期间战功卓著的海军上将，于 1801 年担任第一海务大臣。

36. "放样"（Laying Off）是计算机辅助设计出现以前，造船必须经过的工序，即将图纸上的缩尺绘图在一间大放样间的地板上绘制成 1∶1 实际尺寸的图形，再根据图形制作船体结构零件的等大模板，即"样型"（Mould）。因此，放样就是船体复杂的 3D 形态的投影，需要立体几何的想象能力。

37. 当年"Professor"这个称谓远远比不了今日高校里的专家教授，它更类似今天的大学讲师和高中教师，因为对应翻译为"授课教师"。

38. 1854 年正式引入公务员考试制度。

39. DD，即"Doctor of Divinity"的缩写，MA，则为"Master of Arts"的缩写。

40. "Senior Wrangler"的评定办法是，在剑桥大学数学成绩全 A 的学生中，选择各科总成绩第一的那个学生。获得这一称号的人，被誉为全英国智力最高的人。

41. 1832 年以前的英国，有海军事务局和海军部委员会这两个机构重叠的海军部日常事务管理和运营部门，直到 1832 年才取消了海军事务局。

42. 指查普曼的这本教材。

43. 逆风航行，术语全名为"Working towards the Wind"，即不断逆风调头，划出一串"之"字航迹，现代帆船运动中常见这样的操作。

44. 授课教师即英曼。

45. "欧几里得"即平面几何，"前四条定律"即加减乘除四则运算。

46. "放样间"如前所注，是放大图纸用的作业间，即一间没有立柱、地板非常广阔的大房子，地板刷成黑色，直接用粉笔在上面绘制 1∶1 的样图。

47. 球面三角函数用于天文导航。水静力学即阿基米德浮力定律。牛顿流数即微积分的基础"导数"。微积分用于计算流线型船体的体积。"放样"的术语"Laying Off"，属于当时的行话，不是今天英语日常中常用的"辞退员工"的意思。

48. 木构船舶结构件的固定非常复杂，需要用特别长的粗大杆状钉（Bolt）把多个厚重的结构材料打穿并铆固在一起，最长的杆钉长达一米以上，用来打穿龙骨等厚半米以上的构件。首先，由经验丰富的技师打孔，以防止偏，然后在孔内涂抹捻料，预防木料腐蚀。插入杆钉后，需在钉子露出船体的内外两头插入楔子，打弯或砸扁钉头而最终加以固定。

49. 海军事务局的正式名称是前文出现的"Naval Board"，俗称"Navy Office"。

50. 在当时的英国社会相当于我国旧时候地方上的乡绅，平民见到他们需要脱帽，口称"Sir"，类似中国当时叫的"老爷"。英国皇家海军的军官虽然不像大革命以前的法国一样必须出身贵族，但至少得出身缙绅阶层，出身平民的可谓凤毛麟角。

51. 除了要出海的战舰军官，海军船厂的官员和设计师这些不需要出海、在岸上办公的当然也算海军军官。

第三章
资源、经费、人员

1815 年后英国海军情况简介

保持一支全球最大规模的海军并不是一件轻松的事情，尽管 19 世纪的英国日益蓬勃兴旺，但在众多支出中也只能够为海军腾挪出非常有限的经费。如何才能让这点有限的资金最大限度地发挥作用，支撑起英国的全球海上利益，在这方面海军部遇到了不小的困难。除了经费短缺，好的造船木也很难采买到，水手们对到海军中服役也非常缺乏热情[1]，而且船坞的舰船保养能力也很有限。

当时，海军并不缺少战舰，但这对海军部而言也许是一种不幸。那场战争[2]中建成的大批战舰仍然在役，战时还俘虏了不少敌舰，但这些战舰中绝大多数体型已经显得太小了，难以满足当下的需要，而且很多战舰还缺乏维护保养。鉴于现有战舰数量众多，连续几届政府都不愿再新造战舰，这也是可以理解的。

战争期间，海军部对组织结构进行了调整，其后又多次调整，而最重要的那次发生在 1832 年。作战指挥和后勤管理之间的平衡很难把握，人们常常徒劳地频繁调整机构组织，希望找到最优的解决办法。

战后初期，英国海上力量不存在真正的威胁，于是海军的船舶就用于科学探险，打压海盗、贩奴，支援友邦政府，作为英国海外政治举措的延伸[3]。从 19 世纪 30 年代初期开始，随着法国海军的规模和技术水平日益提高，它再次瞧上去像是一个潜在的威胁。而英国海军的资源很短缺，以致到 19 世纪 30 年代末时，皇家海军已经非常艰难困窘了。后来，小幅度的海军预算增加开始改善局面，而且从 19 世纪 40 年代初期开始，新的大规模造舰计划陆续展开。这些战舰后来很少以纯风帆船舶完工，大部分都改装成了螺旋桨蒸汽战舰[4]。

表面上无比强大，实际上却拮据窘迫，皇家海军的这种背景，是我们认识当时海军技术进步的特点和其发展节奏必须首先认识到的。[5] 木构战舰突然就能造得越来越大[6]，这种体量上的暴增，几乎完全归功于瑟宾斯研究出的新建造方法。舰首和舰

在梅德韦河（Medway）上封存（Laid Up）[7]的"豪"号（Howe）120 炮战列舰。该舰下水（Launch）时还未完全完工，接着就直接进入了预备役，就像战时开工的许多战舰一样。"豪"号直到 1835 年才正式入役。（© 英国国家海事博物馆，编号 PU7924）

尾的结构强度与火力也得到了增强，这一点由瑟宾斯首开先河。火力的增强，起先靠的是把老旧的小口径火炮的炮膛镗大一些，后来则武装上了新式火炮，其中一些是特别设计来发射爆破弹的爆破弹加农炮[8]。

海军的规模

海军部的首要任务，是把规模巨大的战时舰队裁撤到适合和平时期的规模。最欢迎这一裁军的，是那些被抓壮丁进入海军服役的水手们，而那些职业军官将来就鲜有机会再到海上供职了，只能被冷落在岸上领半薪，所以他们对裁军很不开心。第一次裁军是在 1814 年拿破仑投降后。[①]

表 3.1　1814 年的裁军

拆毁的战舰	战列舰 19 艘、战列舰以下 93 艘
退役的战舰	战列舰 52 艘
服预备役或封存的战舰	战列舰 62 艘、战列舰以下 53 艘
其他已经不需要了的战舰	战列舰 71 艘、战列舰以下 109 艘

表 3.2　1816 年和 1820 年舰队规模的比较 [9]

1816年的舰队	外海服役	港务服役	预备役
战列舰	30 艘	3 艘	70 艘
战列舰以下	203 艘	2 艘	134 艘

1820年的舰队	在役	预备役
一等战舰	2 艘	14 艘
二等战舰	1 艘	8 艘
三等战舰	11 艘	69 艘
四等战舰	5 艘	7 艘
五等战舰	14 艘	66 艘
六等战舰	14 艘	7 艘
分级外炮舰	49 艘	57 艘
更小型	15 艘	15 艘

1815 年，《巴黎条约》（Treaty of Paris）签订后，英国海军开始进一步裁军，16 艘战列舰和 75 艘其他战舰被拆毁，更多战舰被降级[10]，还有几乎同等数量的战舰仅仅整备到能用于港务服役的程度。尽管经过了裁撤，皇家海军手中仍然留下了相当于世界第二大的海军——法国海军两倍规模的舰队，或者说大致相当于其他三大海军——法军、俄军和美军规模的总和。表 3.2 显示了 1820 年时英国海军舰队的规模。

1817 年，由卡斯尔雷（Castlereagh）起草的正式声明，明确表达了政府"保持等同于任何两支可能对我们构成威胁的海军联合在一起的规模"这个政策，

① C.J. 巴莱特（Bartlett），《大不列颠海上力量 1815—1853》，1967年版（牛津）。这本书对这段历史时期的政治、经济、国际形势做了很好的描绘，是不错的背景参考资料。

该政策将持续近一个世纪。[①] 于 1815 年 12 月 8 日生效的海军部和平时期计划，就是在这一方针指导下制定的。海军部设想了包括 100 艘战列舰（含 14 艘警卫舰、港口旗舰[11]）和 160 艘巡航舰的舰队规模。其中，旧船将继续服役下去，好让更现代化的战舰先封存保养起来。

建造并维系这种规模的舰队，远比看上去要难得多。1816 年，英国最初决定要建造 102 艘战列舰、110 艘巡航舰，但在那一年，船厂工时数缩减了，造船工也裁剪了四分之一。到 1817 年，海军事务部预计需要 8 年时间才能造满计划所需的规模。3 年后，海军部财务负责人拜亚姆·马丁（Byam Martin）认为，还需要八九年才能完成计划，尽管当时已经完成了 43 艘战列舰、54 艘巡航舰的维修整备工作。

维护保养和修理工作，不仅在当时很难准确做出预算工作（对各位有车人士来说是一个熟悉的问题），直到现在仍是如此。等到战舰入坞、拆掉船壳板[12]，维修所需的真正工程量才能准确估计出来。不可避免地，实际受损情况往往比从船壳外检查时的估计更加糟糕，1817 年那 18 艘送进船坞计划修理的巡航舰中，有 7 艘被发现已经无法修理而被拆毁了。

海军部也着手开展规模有限的新建造计划，但这同样遇到了困难。其他国家[13] 都在集中建造分级系统中那些更大型的战舰，而且他们那些大型战列舰、大型巡航舰的个头是越造越大。在预算所限的范围内，海军部委员很难在战舰数量需求和单艘战舰越来越大的尺寸之间找到平衡。据说 1830 年建造的 13 艘一等和二等战列舰的经费，足够建造 20 艘三等战列舰。1830 年船工工时只有 1783 年的三分之二，一部分是因为雇用的工人少了，一部分是因为每周工作日的数量也减少了。

海军部委员会很清醒地认识到现有舰队的价值，他们完全从理性出发，在决策上有意规避那些可能会让现有舰只快速落伍的技术革新，只有偶然几次，这种对新技术变革的抵制有点过头了。而且人们越来越觉得，英国强大的工业实力足以让皇家海军敢于暂时把引领变革的位置先让给外军，如果这种变革成功了，英国仍然可以迅速抢回领先地位。导言中引用的鲍德温·沃克的说法正是这一理念的浓缩。

经费

1820—1850 年，英国的国民生产总值增加了两倍半，而英镑币值同样略有增长（通货紧缩）。增长的国家财富大部分都用在了迅速增加的人口上了，人均收入增长了约 50%，且人们的心理预期也在增长。就这样，各种新兴工业的产业工人分割国家财富蛋糕的比例逐渐增大[14]，留给海军的经费并不多。

① 汉撒德（Hansard），《英国议会辩论记录》（Hansard），第三系列，卷 97，779—780 页。

1847 年、1848 年海军年度预算决案明细

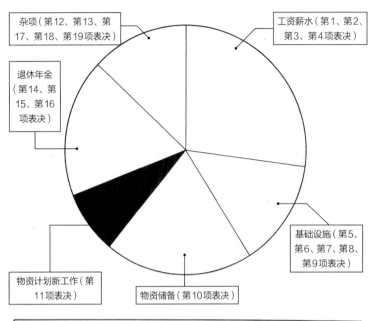

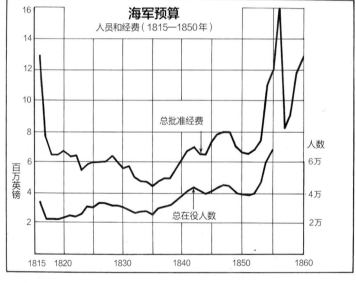

"海军预算"图表显示了 1815—1860 年海军的总支出和总服役人数。那张饼图和表 3.3 则显示了海军预算的支出明细。造船和修理所需经费，名义上属于第 11 项表决，但这里面计算的只是直接消耗在一艘船上的材料和劳力。第 6、第 7、第 8 和第 9 项表决的经费中的大部分，以及第 10 项表决经费的一部分，都可以认为是造船的间接经费支出。在向议会汇报时，一般省略了间接经费，只呈报直接经费，所以这样的成本核算结果依照今天的标准来看很容易产生误解，尽管这种做法里并没有任何偷奸耍滑，因为其他支出均另外加以呈报。

1867 年，国会议员（MP[15]）西利（Seely）提出的间接费用问题和相关通信稿件[①]总结在附录 3。简而言之，他认为有必要把这些也加到直接费用上去，以代表如下事项的开销：

1. 海军资本的利息[16]；
2. 船厂各种作业的费用，如操作浮标、起重机、船坞闸门等；
3. 日常训练、消防设备、水利设施等的开销；
4. 专业技术人员、主任造船师、会计师等的工资。

结论就是，这可能会让 19 世纪 40 年代后期战舰的实际建造费用比呈报的高出 40%—45%，而在这之前大体上也是如此。

[①] 海军部和西利先生之间的通信主要围绕着"腓特烈·威廉"号（Frederick William）的建造费用和"轻快"号（Brisk）、"卡德摩斯"号（Cadmus）的维修费用，选自《议会下院文件》（House of Commons），1867 年 8 月 13 日。

表 3.3 各项决意的海军支出明细[17]

第 x 项表决	名目	单位: 千英镑
1	海员和陆战队员的工资	1400
2	海上食物供应	650
3	海军部总部	140
4	海军部官员工资	9
5	科学考察	80
6	国内基础设施	140
7	海外基础设施	25
8	国内基础设施人员工资	850
9	海外派驻人员工资	39
10	物资储备	1510
11	新造战舰和维修旧舰	688
12	医疗保障	29
13	杂项	81
14	半薪	729
15	退休金	510
16	文职人员退休金	155
17	运兵	217
18	监狱	53
19	海军邮政系统	611

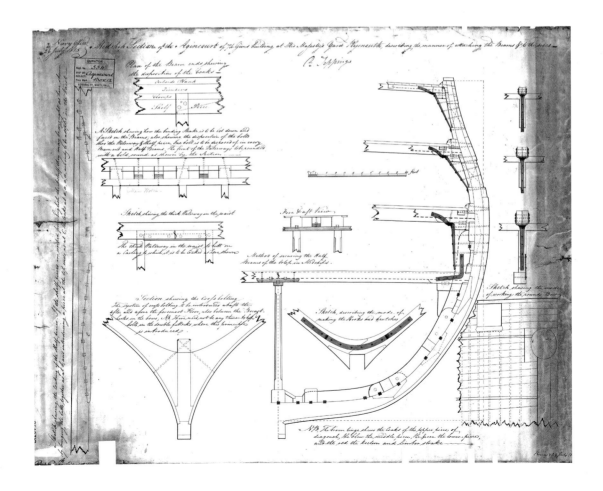

1815年的"阿金科特"号（Agincourt）74炮战列舰舯横剖面图纸，展示了瑟宾斯用铁撑和铁片来安装、固定甲板横梁的方法，也展示了他的"碎料"（Small Timber）造船法——肋骨由更短、更容易采购的小块木料拼接而成。（© 英国国家海事博物馆，编号 J2551）

木材

舰队所需的最主要的自然资源是木材，一种本就稀缺且正在日益减少的资源。

阿尔比恩（Albion）对这种短缺可能说得有点夸张，但它确实是个问题，当时引起了不少关注。[①]

表 3.3-1 木材的消耗量和库存量 [18]

木料消耗量（单位：担/年）	
战时	36000
1824—1830年	21600
1832年	9600
库存	
1832年	61500
1839年	41000

首先出现严重短缺的是桅杆木料，北美的高大树木自美国独立后就停止向英国供应了。[19] 用咬合复杂的榫卯接头将小段木料拼接起来[20]，并用铁箍加固，如此制作桅杆总算解决了这种短缺。1827 年，英国海军在"辉腾"号（Phaeton）上尝试过铁制桅杆，该舰的主桅杆（Main Mast）和首斜桁（Bowsprit）[21] 为铁制。[②] 这种铁制桅杆高 92 英尺 6 英寸，直径 2 英尺，由许多 3 英尺 6 英寸长、0.25 英寸厚的铁环通过铁箍连接而成，首斜桁长 54 英尺 6 英寸、直径 19 英尺 0.5 英寸。但这也产生了一些问题：首斜桁在一次事故中被大风刮走，而且铁对指南针有一定的干扰。

铁制支撑材（Iron Bracket）和从船头一直延伸到船尾的连续乘梁材（Shelf），取代了天然曲木做成的甲板横梁支撑肘（Grown Beam Knee）。制作旧式英国战舰舷墙内倾（Tumblehome）[22] 部分的那种双弧线形肋骨的天然曲木，是来自英国的橡木；不过在这种木料被真正耗尽之前，船体设计的新发展让肋骨变得更平直，舷墙内倾也相应减少了。托斯卡纳的意大利橡木也可以用，这种木料风干得快，等运抵英国的时候就可以算作是充分风干的木料[23] 了。

柚木的使用程度越来越高，因为它非常耐干腐病（Dry Rot）[24]。有些柚木来自塞拉利昂，但大部分来自印度和缅甸。英国在印度也建造了一批主力战舰，主要是维迪亚（Wadia）兄弟建造的。[③] 这些船通常先不搭载火炮就驶回英格兰，因为要在空荡荡的下层火炮甲板（Gun Deck）[25] 上塞满一整套完整的肋骨分段材料，用于在本土的海军船厂再建造出一艘战舰来。

别忘了，瑟宾斯船体结构改良方案的一个主要目标，就是用更短、更容易获得的木料来取代旧时代的那些"整料"。

① R.G. 阿尔比恩，《森林与海军》（Forests and Sea Power），1826年版（哈佛大学）。

② J. 伯奈特（Bennett），《铁制桅杆对指南针磁偏的影响》（Observations on the effect produced by an iron mast on the compass），出自《战舰设计论文集》（Papers on Naval Architecture），1827年版（伦敦）。

③ R.A. 维迪亚，《孟买船厂和维迪亚造船家族》（The Bombay Dockyard and the Wadia Master Builders），1955年版（孟买）。

皇家船厂

　　在和平时期，英国所有主力舰几乎都是在皇家船厂建造的，这些船厂也负责所有的维修和养护工作。莫里斯（Moriss）博士的研究表明，在之前的那场战争期间，这些船厂的工作可以算是经济而高效的。[①] 全舰队高达 80% 的战舰都能够保持海上战备状态，这都要归功于只做最低限度必要维修的基本工作原则。战列舰维修需要耗时 4 个月，巡航舰维修需要 2 个月，这一点让船厂非常不受海军军官们的待见 [26]。为了完成那些必不可少的维修工作，然后好尽快让战舰归队，不可避免地，许多事项都来不及完成，于是就直接从简了。

　　圣文森特伯爵（Lord St Vincent）认为，这些船厂腐败而且效率低下，但对于这两个问题，他自己经过调查质询后没有发现多少确凿证据。但他成立的调查委员会（Commission of Enquiry），以及继任者巴汗子爵的"改进委员会"，给本国规模最大的这个制造业缔造出了一个相对高效的管理体制。这些船厂离无可挑剔的程度当然还有很远的距离，但按当时的标准来看，已经算是效率很高的了。

　　战争结束时，英国主要海军船厂的建造能力（1814 年数据）列于表 3.4。

　　这些船厂有两个重要薄弱环节：首先，船台（Building Slip）很少有天棚 [27]，

因为木材短缺，英国开始用印度柚木建船，这种木材更加耐久。这张照片是1861年正在维修的、由蒸汽提供动力的"孟买"号（Bombay），该舰最早是在1819年安放龙骨的。(© 英国国家海事博物馆，编号 C5331K)

①　R. 莫里斯，《法国大革命和拿破仑战争时期的英国海军船厂》(*The Royal Dockyards during the Revolutionary and Napoleonic War*)，1983年版（莱斯特）。

塞缪尔·边沁（1757—1831年），1796年起担任海军工作总督察长（Inspector General of Naval Works），他给皇家船厂带来了方方面面的提升。（© 英国国家海事博物馆，编号BHC2549）

天棚是最急需的设施，因为在加盖了天棚的船台上，新造战舰船体内的木料可以充分风干；其次，很多干船坞对新一代大型战舰来说有点太浅了。

表3.4　1814年主要船厂产能规模

船厂	干船坞数	船台数	船工数
德普福德（Deptford）	2	5	553
沃维奇（Woolwich）	2	4	584
查塔姆（Chatham）	4	6	783
希尔内斯（Sheerness）	2	2	267
朴次茅斯（Portsmouth）	8	5	1433
普利茅斯（Plymouth）	4	4	1316

另一方面，工业革命的新技术也开始在船厂崭露头角。朴次茅斯的马克·布鲁内尔（Marc Brunel）蒸汽动力滑轮壳（Block）加工机[28]是最显眼的例子，此外还有很多其他的新技术。很多都要归功于塞缪尔·边沁（Samuel Bentham），是他引入了自来水、浮箱式闸门（Caisson），以及蒸汽挖泥船（Dredger）[29]。

这些薄弱环节后来也得以弥补，边沁鼓励新技术的政策也在有限的资金所允许的范围内尽可能地推行。船厂内的建筑项目造就了一大批非常精妙、领先时代的建筑，其中就包括第一座铁框架建筑。[1]大约从1810年开始，船台开始加盖天棚（普利茅斯一号船台）。1840年以前，天棚通常都是木制的，但在1844年，朴次茅斯率先盖起了两个瓦楞铁（Corrugated Iron）天棚。1847—1852年，查塔姆造了不少漂亮的铁天棚，算是后来那种习以为常的火车站天棚的先驱。在存放了大量木材、麻绳和松树油的造船厂里，火灾是最大的威胁，第一座"防火"楼是1760年在查塔姆建造的。从1843年起，大量建筑资源都用在朴次茅斯和基汉姆（Keyham）两地建造"蒸汽港池"（Steam Basin）[30]了。

海上行动及别国海军

滑铁卢之战后的许多年里，海上没有什么大的战斗，皇家海军的主要任务是：给英国的海外政治动作助威，协助友邦政府镇压叛乱，打压海盗和奴隶贸易，开展勘探活动等。几乎所有这些行动都发生在沿海海域，大多需要战舰去对阵海岸炮台和堡垒。

第一次这种行动是埃克斯茅斯（Exmouth）伯爵爱德华·佩莱（Edward Pellew）炮轰阿尔及尔的海盗巢穴。该行动取得了压倒性的成功，这都要归功于这位海军上将的缜密计划（见第1章中的插图）。在19世纪二三十年代的大

① J. 蔻德（Coad），《皇家海军的古老建筑》（*Historic Architecture of the Royal Navy*），1983年版（伦敦）。

19世纪初的一项重大进步就是皇家船厂的船台加盖了先是木制、后是铁制的巨大天棚。图为1841年6月21日120炮战列舰"特拉法尔加"号（Trafalgar）下水时的情景，可见沃维奇船厂的天棚。（© 英国国家海事博物馆，编号PW8091）

部分时间里，塔古斯河（Tagus）[31] 都是海军的主要前进作战基地，这既是对葡萄牙政府的鼎力支持，也是为了对其施加影响。后来，海军还从这里插手并镇压了西班牙的卡洛斯派叛乱（Carlist Rebellion）。美国准备践行门罗主义政策（Monroe Doctrine），意图不让欧洲列强[32] 重返那些现在已经独立的前南美殖民地，但只有凭借英国皇家海军的支持，这政策才能真正生效。

1827 年，科德灵（Codrington）海军上将在俄、法的协助下，在纳瓦里诺（Navarino）歼灭了一支土耳其—埃及联合舰队，帮助希腊人赢得了独立。在第二次远征阿尔及尔的行动中，蒸汽船首次亮相，并在 1831 年协助英国舰队封锁了荷兰海岸。

到 19 世纪 30 年代中期，其他海军，特别是法国海军实力的增长，已对皇家海军构成了潜在威胁。在当时许多尚未理清头绪的政治争端面前，海军实力不足就会成为问题。在地中海，英法两国的利益相冲突，特别是在法国企图让埃及脱离奥斯曼帝国的控制以及远征北非的问题上，而路易·菲利普（Louis Philippe）干涉墨西哥也是双方产生政治摩擦的另一个因素。

法国和俄罗斯之间可能的联盟就更让人担忧了，因为俄罗斯波罗的海舰队已从 1827 年 8 艘战列舰的规模发展到 1837 年的 27 艘。1838 年 11 月，海军部为对比当时世界上主要海军的力量，列出了一份表格（表 3.5）。

尽管这些数字可能不完全准确，但它们构成了英国战略决策的基础。实际形势从某些角度来看，甚至比表中所列的还要糟糕，因为超过一半的英国战列舰是老式的 74 炮三等战列舰，保养状况很糟，完全没法和法、美的大型一等、二等战列舰相提并论。皇家海军还很缺四等战舰即重型巡航舰，只能寄希望于用那些老旧的 74 炮战列舰去对付敌方的这种新型巡航舰。一些 74 炮战列舰在进行了 "削甲板"（Razée）的改装工作——拆除上层炮甲板变成单层炮甲板之后，就成了非常成功的四等战舰 [33]。

表 3.5　主要海军实力对比

等级	英			法			俄			美			二流海军					
	役	存	建	役	存	建	役	存	建	役	存	建	埃	土	荷	丹	瑞	西
战列舰																		
一等	4	12	3	2	4	16	5	—	2	2	—	—	9	3	—	—	—	—
二等	4	13	7	5	2	11	16	2	5	—	2	8	2	6	2	5	5	1
三等	12	33	2	3	4	2	19	1	—	—	3	1	6	6	1	5	2	
巡航舰																		
一等	1	10	—	5	8	9	4	—	—	6	9	8	7	6	4	1	—	2
二等	1	7	2	5	7	8	—	—	—	—	—	—	5	—	—	—	—	2
三等	7	57	8	6	7	5	20	—	—	—	2	—	4	14	—	7	—	—
蒸汽战舰	5	2	5	22	6	9	8	—	—	1	—	9	1	3	14	2	—	—
蒸汽辅助船舶（Steam Auxiliary）[34]	13																	
邮船（Packet）[35]	28																	

注：役 = 在服役中，存 = 封存，建 = 在建，埃 = 埃及，土 = 土耳其，荷 = 荷兰，丹 = 丹麦，瑞 = 瑞典，西 = 西班牙。[英国国家档案馆（PRO）文件 ADM87/55 中的一份表格]

时人几乎很少考虑要保护英国那规模日益庞大的商船队。1837 年，抑制商业航运规模增长的限制性立法，如《玉米法》（*Corn Law*）、《航海法》（*Navigation*

1827 年 10 月 20 日，英、法、俄联军舰队进入纳瓦里诺湾。接下来的战斗，也就是最后一次纯风帆动力的舰队行动，见证了土耳其—埃及舰队的全盘崩溃。（© 英国国家海事博物馆，编号 A4816）

Act）和《吨位限制》（tonnage rules）或被废除，或在"自由贸易"的大旗下进行了修正。这一年，商业航运的总规模一直维持在 2150 万吨左右。自由贸易使商业得到了迅猛发展：粮食进口从 1830 年的 2.5 万吨增加到 1850 年的 6.3 万吨，到 1860 年已近 10 万吨。1837—1865 年间，尽管蒸汽船的数量增加得很快，但帆船的数量却翻了一番。

　　商业航运是英国财富的主要来源，而人口的快速增长又让英国开始依赖海外粮食进口，未来被饥饿困死看起来已成为现实的可能。可跟刚过去的那场战争中的经验相反，海军部似乎认为只要能够一对一地歼灭敌方的贸易袭击舰，就完全足够了，他们很少，甚至根本没有考虑过要为海上商队护航。

　　19 世纪 40 年代，奥斯曼帝国的崩溃给东地中海的形势造成了更多的难题。1840 年，英国一支小型舰队（Squadron）在叙利亚进行了武装干涉，夺取了重重设防的圣让德阿卡尔（St Jean d'Acre）镇。被缜密计划的炮击轰了四小时后，该镇轻易就被占领了。这次行动冒了一定的风险，因为英国舰队人手不足，而且实力上占有潜在优势的法—俄联合舰队还可能横加干涉。

　　英国政府在 19 世纪 40 年代的大部分时间里都在担心法国入侵。没有经过什么深入思考，人们就是觉得蒸汽船能实现大规模登陆奇袭，而这种奇袭只能靠海岸堡垒来抵抗。1844 年，路易·菲利普的儿子儒安维尔亲王（Prince de Joinville）写了一份煽动性的小册子，更加剧了这种恐慌。

　　蒸汽舰只的灵活机动性越来越主宰海上行动，这些舰只的作战行动将在后续章节中进行介绍[36]。

译者注

1. 19 世纪中叶以前，各国海军都只有军官而没有水兵，海军和商业航运共享一个水手资源库，战舰也需要和商船一样到港口酒馆张贴广告来募集水手。到战舰上服役薪水相对丰厚，但是纪律残酷，许多水手甚至是被抓壮丁强制押送上战舰的。

2. 本章所有提到的"战争""战后"均指第 1 章叙述的发生在 1793—1815 年的法国大革命和拿破仑战争。

3. 所谓"海外政治举措的延伸"，指的是英国在 19 世纪搞的"炮舰外交"。

4. 不是完全依赖蒸汽动力，而是像导言中介绍的那样保留全套风帆，具体见第 11、第 12、第 13、第 14 章。

5. 即皇家海军反对技术革新，希望以有限的经费维持住工业时代前继承下来的优势地位，这在导言中已经谈到，本书后续章节还会屡次谈到当时皇家海军的这个策略。

6. 原本很难超过 60 米的战舰可以长达 80 米，最后甚至接近百米。

7. 舰船服预备役或封存时的状况，如此图所示，桅杆大部分被拆除，只剩最下段的部分，火炮也全部撤除，舰面加盖遮雨棚，各层火炮甲板用额外的立柱加以支撑。这些措施可以延缓战舰船体结构的衰老，当再次面临战事时可以短时间内整备出击。

8. 指法国亨利·佩克桑（Henry Paixhans）爆破弹加农炮及其英国仿制品，见第 4 章、第 12 章。

9. "港务服役"指充当军港的仓库、医院、监狱等设施。表中的舰船等级是沿用和改进了 17 世纪末以来的分级系统，按照战舰搭载火炮的数量由高到低划分。分级外炮舰（Sloop），全称"Sloop-of-War"。"Sloop"一词今天在英语里的意思是"单桅杆小帆船"，这是 19 世纪中后期风帆赛艇运动兴起后才逐渐成为主流的，当年皇家海军的单桅杆小炮艇叫作"Cutter"。而所谓"Sloop-of-War"，并不限定桅杆数量、帆装形式，只要搭载的火炮不足 20 门（但不能太少），而有一定威力的小型炮舰，都可以冠以"Sloop-of-War"的名目。比"Sloop"更小型的作战舰艇就是双桅杆炮舰／炮艇"Birg"、单桅杆炮艇"Cutter"。

10. 由于分级标准的提高，导致旧战舰显得太小，于是就被降级了，如 100 炮的"胜利"号从一等战列舰降级为二等战列舰。另外，旧战舰由于结构老旧，不堪重负，可以削除整个上层火炮甲板，只保留单层火炮甲板，搭载更少的火炮，从而降级，由战列舰降为巡航舰。

11. 警卫舰和港口旗舰，即搭载部分武器和人员，但不整备到足以在外海持续执行任务半年到一年的程度。

12. 战舰进入干船坞，排干海水后，将船体水线以下破损的船壳拆掉，才能暴露出里面的肋骨结构，确知肋骨的磨损程度以及哪些肋骨分段需要更换。

13. "其他国家"主要指美国，北美仍有大量巨木，美国遂得此便利条件，但因预算有限，便强调单舰优势，要在尺寸上压倒欧洲战舰。

14. 指需发放的工资越来越多。

15. "MP"，即"Member of the Parliament"。

16. 海军经费来自国债，因此需为其支付利息。

17. "海上食物供应，指为出海执行任务的战舰供应和补充食物、饮水等必备物资。"半薪"指没能争取到战舰、出海执行任务的海军军官，按规定他们只能在陆上领取半薪。皇家海军的舰长数量即使在战时也比战舰数量多，半薪者不在少数。军港的管理人员和设计师等均为文职人员。

18. 此表序号原为 3.3，与前一个表格序号重合，特此更正为表 3.3-1，以示区分。当时木料的计算单位为"担"（Load）。一棵已经成材的橡树伐倒之后，能产生的造船木料记作"一担"，体积上约为 50 立方英尺，重量上约为一吨。

19. 桅杆使用裸子植物如松杉等的树干制成，因为裸子植物的树干笔直、轻而坚韧，且充满松油，耐腐蚀、耐虫蛀。当时的战舰，共安装三根竖立的桅杆，桅杆都由三段甚至四段连接而成。随着战舰越造越大，即使美国没有禁运，也找不到足够大的松树，直接从一根树干中加工出一整根桅杆了。

20. 战舰桅杆的最下段，最为粗大，直径可达一米，由 27—29 块木料拼接而成。

21. 在战舰竖立的三根桅杆中，中间那根称为"主桅杆"，舰首斜置上翘的那根叫"首斜桁"。

22. "舷墙内倾"，即水线以上的船体朝舷内倾斜。天然曲木即天然生长成一段弧形，甚至两端反向的弧形木料，显然很难寻找。

23. 造船最忌讳使用尚未充分风干的木料，当船舶建造好，封上一层层甲板后，底舱里不见天日的未风干木料就会开始发霉腐烂。

24. 木料含水量约50%时真菌最容易滋生，但某些真菌仍然能够蛀蚀相对干燥的木料，只有船底那些浸泡在水中的外船壳板因为含氧量太低才不容易被真菌霉腐。船体的肋骨在船身造好后就被封闭在内外船壳之间，接受不到阳光照射，最容易腐蚀，所以耐霉腐的柚木肋骨最为关键，船壳仍然可以使用橡木。

25. "Gun Deck"虽然直译是"火炮甲板"，但并不是"孟买"号那两层火炮甲板的统称，而是特指离水线最近、搭载最重型火炮的那层"下层火炮甲板"（Lower Gun Deck），原文"Gun Deck"一词用单数，就为了明确显示这一点。

26. 可以出海的战舰越少，越多的军官就要上岸领半薪。

27. 船台就是一道斜坡，在上面造好战舰后即可拖入水中，这就叫"下水"。如果船台没有天棚，新造好的战舰就只好赶快下水，不能停在船台上遭受风吹日晒雨淋，有天棚的船台，战舰就可以在此放置数个月、半年甚至三五年，来让船体的结构木料缓缓风干，释放应力，这样充分风干的船体不容易变形，寿命特别长。

28. 这个布鲁内尔是前一章那个建造了"大西方"号、英国最负盛名的传奇设计师的父亲。马克是法国人，这个加工机是他在18世纪末移民英国后的第一个技术成果。所谓"滑轮壳"即硬木切削成的扁盒子，里面安装滑轮，盒子外面可以固定缆绳、铁钩，这是风帆战舰缆绳操作系统的关键零件。一艘战舰上需要数百个大小不一的滑轮壳，以往都需要木工人力加工，工作量很大。

29. 船厂和军港一般都在大河的入海口，如果不定期疏浚，泥沙就会造成港内航行危险，吃水深的大型战舰可能会搁浅。

30. "港池"即港内围填出的大型半封闭水域，带有闸门，可将海潮和风浪的影响阻挡在外。在多个船台造好的新船可以直接下水进入同一个港池，在平静的港池内完成桅杆、火炮安装等后续栖装工作。当时，朴次茅斯新造的二号港池配套了蒸汽机械如蒸汽起重机来用于这些栖装作业，此外还配有蒸汽机械的维修车间，因而被称为"蒸汽港池"。

31. 塔古斯河是里斯本附近的一条河。

32. 所谓"欧洲列强"指的是西班牙，弱化西班牙是英美共同的诉求。

33. 注意，这里的"四等战舰"是沿袭旧分级体系中的说法，把战列舰和巡航舰放在一起分级；而表3.5则是新分级体系。在新分级体系中，战列舰和巡航舰不再放在一起分级。表中的"一等巡航舰"，即这里的四等战舰。旧分级体系中的大型巡航舰属于五等战舰，小型巡航舰属于六等战舰，因此18世纪末19世纪初出现的这种新的"重型巡航舰"算作四等战舰。重型巡航舰搭载和战列舰一样的最重型海军加农炮。法、美的重型巡航舰比英国的74炮战列舰还要大，但只有一层炮甲板，只搭载最重型的火炮，而74炮战列舰有两层炮甲板，除了最重型的火炮外还搭载了数量很多的中、轻型火炮。

34. 蒸汽辅助船舶如拖船，可以拖带风帆战列舰。

35. 邮船即快速明轮船，负责运送海军部和海外基地间的信件文牍，见第5、第6章。

36. 见第12章克里米亚战争部分。

37. 画面上其他舰只的来路原文也没有介绍。注意所有舰艇都是下锚后展开炮击的，并不惧怕岸上炮台的射击，这是因为从当时火炮的精确度来看，数百米、上千米外一艘几十米长的战舰，目标仍然太小，岸上炮台难以命中。而当时的炮弹主要是不会爆炸的实心弹，即使个别炮弹命中战舰也不会造成很大的损伤。

第四章
风帆绝响

1813 年，瑟宾斯升任总设计师，此时，他这套结构设计体系的成功已经是显而易见的了。如第一章所述，当"无量"号在马耳他入坞检修时，工作人员发现其船体结构件完全没有相互错动，船钉（Bolt）[1] 也很紧固，毫无松动迹象。[①] 到 1815 年，瑟宾斯造船法已经是当时通行的标准工艺了。这是个常遭罔顾的事实，例如，1816 年的 80 炮"恒河"级（Ganges Class）战列舰通常被说成是"照抄"自法国"老人星"号（"富兰克林"级）。虽然"恒河"级的型线确实来源于"老人星"号，但其结构却是纯粹的瑟宾斯式，它带给"恒河"级战舰的船体强度远远要比法国船强。[②]

战列舰的船头（Bow）[2] 一直是防御上的一个弱点，因为它在吊锚架（Cathead）处被切断，前方只剩和上甲板炮门下边框（Bottom of the Upper Deck Gunport）齐平的船首露天平台（Beakhead Platform）[3]。在此平台之上，只有一道甚至连葡萄弹都抵挡不住的薄横隔壁 [4]。在特拉法尔加之战中，纳尔逊指挥"胜利"号船头对敌冲锋时，承受的很多伤亡大概就是这一弱点招致的。船头结构强度不足以承受海浪的拍击，于是这种脆弱就容易招致开裂渗水，进而早早引发板材干腐问题。从 18 世纪中叶开始，巡航舰的船头便开始向上提高到了上甲板的高度 [5]，但这种全高船头（Full-Height Bow）引入战列舰上，还要等到 1804 年"那

① B. 莱维利（Lavery），《战列舰》（The Ship of the Line），卷1，1983年版（伦敦）。
② 同作者 R.A. 维迪亚（Wadia）的上一个参考文献（在上一章）。

"亚洲"号（Asia）是瑟宾斯设计的双层甲板战列舰，虽然其型线衍生自前法国战舰"老人星"号，但其结构为瑟宾斯式，并减小了舷墙内倾。这幅画描绘了该舰那不受欢迎的圆形艉楼，表现了该舰和"阿尔比恩"号结束纳瓦里诺之战后回航朴次茅斯的场景 [6]。（© 英国国家海事博物馆，编号 PU6132）

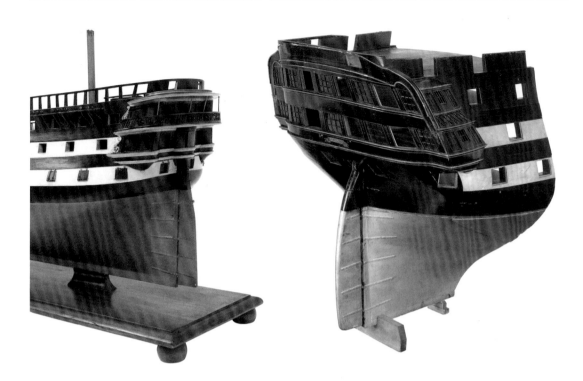

慕尔"号（Namur）三层甲板战列舰接受削甲板改装、削成双层甲板时。当时，人们觉得把所剩的双层船头结构再削低就没什么意义了，于是该舰成了第一艘"圆形首"（Round Bow）战舰[7]。

"拉米伊"号（Ramillies）是瑟宾斯负责的第二个主力舰改装项目，他给该舰也留下了个圆形首。到 1815 年，这种船头新形态已经应用到所有新建造计划和重大改装（如"胜利"号[8]）项目上了。船头结构强度的增强让战舰可以搭载更重型的火力，在后续的一等战列舰上，船头最多可以搭载 12 门大炮。[①]

艉楼（Stern）[9] 是另一个脆弱之处，这既是因为它使船尾结构在大浪中错动变形，更是因为艉楼那一排艉窗面对来自船尾方向的扫射时提供不了一丝一毫的保护。

1790 年的时候，舰船曾有一点改进，即取消游廊（Gallery），形成全封闭艉楼，但到 1813 年时，眼看和平近在眼前，海军坚持要求改回带游廊的形式。于是这一年，瑟宾斯把注意力转到了艉楼上，引入了几乎跟船头一样的竖直肋材（Vertical Timbering）以及和圆形首一模一样的建造方法，制作出的艉楼称作"圆形尾"（Round Stern）。在时人眼中，这艉楼的外观很丑陋，而且使用起来有些不方便。[②]

传统艉楼底材[10] 能给舵头（Rudder Head）一点保护，并防止尾追浪拍碎到艉楼那些大窗户上。瑟宾斯的原始设计，是在艉楼中线处设置一个小型外凸游廊（Projected Gallery），除了保护住舵头，主要充作军官厕所（Head）[11]。这小游廊不够使，作为厕所，位置也不合适，于是瑟宾斯很快又添设了两个小

瑟宾斯的"罗德尼"号（Rodney）模型（左），展示了瑟宾斯的圆形或圈形（Circular）艉楼设计，它提供了更好的防守力和船尾两侧的射界，只是外观丑陋。替代它的是所谓的"椭圆尾"，如西蒙兹的"前卫"号（Vanguard）模型（右）所示，它基本保留了瑟宾斯式设计的结构强度，同时带有更传统的外观。（© 英国国家海事博物馆，编号 F7730-002、L0364-001）

[①] C. 怀特（White），《风帆海军的最后岁月》（The End of the Sailing Navy），1981 年版（哈文特）。

[②] J. 芬彻姆（Fincham），《战舰设计史》（A History of Naval Architecture），1851 年版（学者出版社），1979 年版（伦敦）。

游廊，每舷一个，这多少有点影响尾部火炮的射界。瑟宾斯式艉楼具有很高的结构强度，正后方射界能够放下6门大炮。这种布局不可避免地遭到了抵制，理由是英国战舰从不逃跑。然而在很多场合下，英国的小型舰队（Squadron）被迫逃跑，比如面对一支优势敌对力量时。有的时候，战舰会因无风而停航，这时敌人的划桨炮艇就可能会从几乎完全没有防卫能力的艉楼方向发起攻击。全向火力随着蒸汽船开始配置火炮而越发重要，因为它们可以无视风的方向随意发动攻击。

然而，圆形尾毕竟不受欢迎，于是很快就被椭圆尾所取代。椭圆尾的设计归属于三位船长厂长：罗伯茨（Roberts）、朗（Lang）、布莱克（Blake）。[①]

1816年，海军部开始采用一套新的战舰分级系统。新分级所依据的舰载火炮总数，第一次把卡隆短重炮（Carronade）[12]这种武器也算在了内。这让那些原本非常出名的74炮战列舰[13]中的大部分，被划分成了72炮战列舰、76炮战列舰或78炮战列舰。英国新设立的80炮三等战列舰，则被划分成了84炮二等战列舰。

进入和平的头一年，新的造船计划便只限于那些战时已经开工了的，或至少已经设计好图纸的战舰。详细的造舰计划见附录4，但各舰的实际建造顺序很难清晰无误地整理出来。战舰造好后就尽可能长时间地留置在船台上，以便风干木料、保持干燥，只有需要把船台腾出来给另外的船或者真正需要该舰入役时，这些战舰才下水。表4.1列出了瑟宾斯担任英国海军总设计师期间打造的战列舰造舰计划。

① 同上。

1821年在孟买下水的"恒河"号（Ganges），这是该舰的舷内结构图纸，清晰地展现了瑟宾斯式船体结构。（© 英国国家海事博物馆，编号 J2337）

表 4.1 瑟宾斯造舰计划

制造时间	等级	数量	舰船名称
1816—1825年	2	9	"恒河"号等
1819—1827年	2	3	"印度河"号（Indus）、"印度斯坦"号（Hindostan）、"加尔各答"号（Calcutta）
1819—1825年	1	6	"喀里多尼亚"号（Caledonia）[14]等
1827年	2	3	"罗德尼"号（Rodney）[15]等

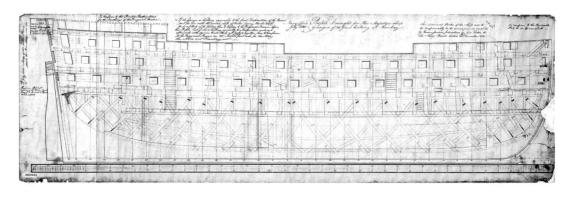

这些战舰中有 4 艘是在孟买建造的，以"恒河"号为首，这些船回航英国时搭载了一整套肋骨材料，可能用于建造"印度河"号（船体型线设计并不完全一样）。"复仇"号（Vengeance）的肋骨材料是"亚洲"号运来的，"印度斯坦"号的肋骨材料是"却敌"号（Repulse）运来的，"歌利亚巨人"号（Goliath）的肋骨材料是"加尔各答"号运来的。英国在印度的造舰事业是在扎姆瑟吉·维迪亚（Jamsetjee Wadia）[16] 的领导下开展起来的，1821 年他过世后，又由他的儿子纳鲁吉·维迪亚（Nowrojee Wadia）继承了下去。

"加尔各答"号通常被认为是瑟宾斯的一个新设计，但维迪亚仍将其列为"恒河"级。[①]"恒河"号本身已经具有瑟宾斯设计的所有特征，包括呈对角线敷设的甲板，所以"加尔各答"号在"恒河"号基础上的任何变化可能都很小。"恒河"号相当长寿，直到 1929 年才拆毁，当时有人拍了一张著名的照片，非常清晰地展示了该舰的对角支撑结构。

"罗德尼"级 90 炮双层甲板战列舰恐怕是完全由瑟宾斯负责设计的唯一一级战列舰，包括其船体型线。在这一级中，唯有"罗德尼"号长期作为一艘纯风帆动力战舰服役，参加了 1840 年的叙利亚战役和 1854 年的黑海作战。"罗德尼"号在 1845 年的海上竞速试验中，与"老人星"号、"阿尔比恩"号、"前卫"号竞相角逐。在遭遇迎头浪的情况下，该舰是各舰中航速最快的，但在其他海况条件下其表现就落于中流了。另外还应该强调的是，比起其他舰只，该舰摇晃的幅度更小，因而是一个更优秀的火炮平台。有些人批评指摘，说瑟宾斯设计的船体都很沉重，结果航速缓慢，但作为唯一明确证据的海试结果，却并不符合这样的批评意见。在 1835—1837 年间，瑟宾斯的巡航舰"卡斯托尔"号（Castor）[17] 一直在海试中超越对手。[②]

① 同上。
② 同作者莱维利的上一个参考文献。

瑟宾斯于 1827 年定型的"罗德尼"号正式模型。1859 年，该舰延长了船体，安装了蒸汽机。"罗德尼"号一直服役到 1870 年才除籍退役，是最后一艘退出现役的木制战列舰。（© 英国国家海事博物馆，编号 F7730-001）

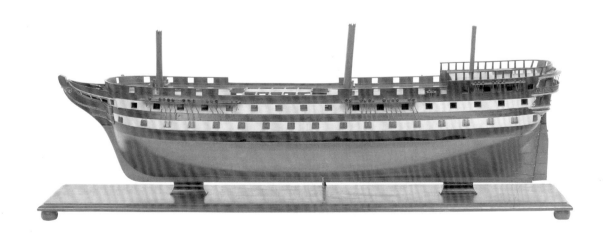

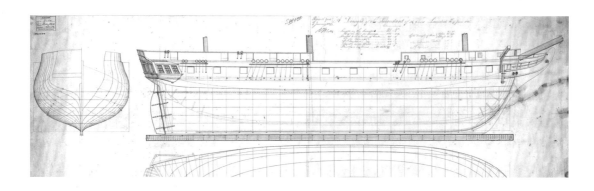

"无常"号（Inconstant）
侧立面图纸（Sheer
Draught）[18]，由海军
上校约翰·海斯（John
Hayes）设计。和西蒙
兹不同，海斯可不是爱
好船舶设计的门外汉官
老爷，他早年就接受过
造船技师训练。1837
年"无常"号海试后，
官方报道称："'无常'号
在任何天候情况下都能
占据首位。"后来，它被
晚些时候才参赛的、瑟
宾斯设计的"卡斯托尔"
号赶超，后来居上。（©
英国国家海事博物馆，
编号 J5775）

竞速海试

战争期间，海军部建造了一批试验性质的舰只，其中就包括鲁尔（Rule）
设计的三等战列舰"金雀花"号（Plantagenet）。但总的来说，当时的试验仍局
限在那些较小的船上，因为时人认为英国的船舶水平比较低劣。直到 1821 年
起，英国才陆续开展了一系列更大规模的试验。已经是海军总设计师的瑟宾斯，
仍愿意接受竞争者们各种各样的挑战，这在当时一定很不简单。此外，他还是
战舰设计学校的坚定支持者，尽管他的儿子未能通过招生入学考试。

战舰设计学校建造的第一艘试验舰，是 18 炮分级外战舰（Sloop）"玫瑰"
号（Rose），该舰是英曼带着反对情绪设计的，因为他坚持认为，该舰的额定火
炮搭载量相对该船的大小有点超重了。瑟宾斯依照同样的性能要求，设计了"马
丁"号（Martin）。"玫瑰"号航行性能不错，据说其海上适航性也很好，克劳斯
（Clowes）舰长给出了一份充满正面评价的报告，这让海军部委员会决定预订 4
艘该型战舰。[①] 实际上，这 4 艘战舰并没真正建造，因为海军部委员会决议，该
校学生有权设计他们认为跟额定火炮搭载量相匹配的大型分级外战舰。而新造
出的，就是"俄瑞斯忒斯"号（Orestes），该舰和原来的"玫瑰"号在设计上区
别似乎并不大，没有对航海性能产生多大的提升。

表 4.2 战舰设计学校设计的分级外战舰 [19]

舰名	长度	炮甲板最大宽度	最大深度	吨位
"玫瑰"号	104 英尺 2.5 英寸	29 英尺 6 英寸	13 英尺 4 英寸	397
"俄瑞斯忒斯"号	109 英尺 11 英寸	30 英尺 6 英寸	17 英尺 5.75 英寸	459

仿照"俄瑞斯忒斯"号的尺寸，瑟宾斯设计了"匹拉第兹"号（Pylades），
海军上校海斯（Hayes）也设计了相似尺寸的"冠军"号（Champion），它们都
是 18 炮分级外炮舰（Corvette）[20]。在 1824—1825 年的系列海试中，这三艘船
表现得都不错，他们彼此间的优劣，随着装载情况、浮态的调整（Trim）[21]
以及航行时的气候条件不断变化。早期阶段的海试结束后，"匹拉第兹"号安装

① D.K. 布朗（Brown），《风
帆战舰的航速》，出自会
议论文《和平与冲突中
的帝国》，1988 年版（朴
次茅斯）。

了凸出船底很多的龙骨，而且该舰和"俄瑞斯忒斯"号都挪动了桅杆的位置。[①]之后，这两艘原本比"冠军"号稍逊一筹的战舰变得更有优势了。大家觉得这三艘战舰比其他参与竞速的船要好，但其他船的船员可都没有这三艘船这样的竞速航行经历，也没有机会来调整帆装和浮态。"俄瑞斯忒斯"号的设计着实不错，海军部计划按照此设计建造三艘后续姊妹舰。

芬彻姆指出了这次海试和之后那些类似的竞速海试的缺陷：

> 但这些海试，在给战舰设计提供数据参考方面毫无建树。最开始的海试结束后，可以发现参赛舰船船航行性能和海浪中摇摆品质的提升，都是由一些跟船体型线毫无关系的改装提供的。这些海试展示了通过调整这些船的浮态，以及微调各面帆的合力作用点中心，能够获得多么大的性能提升，但除此之外，这些试验的结果再没法给我们的战舰设计师以任何指引。[②]

对于接下来的几组竞速海试，芬彻姆的苛责也同样适用。接下来的系列海试，包括三艘28炮战舰（Ship）和四艘18炮分级外炮舰（Corvette）[22]，它们各自由不同的设计师设计。

这些海试中最有趣的，也许要属"橡子"号（Acorn）和"卫星"号（Satellite）这两艘根据同一图纸造出的战舰，因为它们的航行性能存在一些差异。"卫星"号在微风和中强风下总是一把好手，而"橡子"号通常情况下航行性能都不好，只有在恶劣天候下才占据首位。总共进行了三组海试，每组竞速航行时，船舶都会进行改装调整。"哥伦拜恩"号（Columbine）在中强风下小有优势，但在恶劣天候下显得比较劣势，特别是跟"橡子"号、"卫星"号比起来。[③]

竞速海试后来持续了20年左右，应该赞同芬彻姆的观点，从这些海试中几乎获取不了什么有直接价值的东西，但对竞速海试倾注的努力，体现了历届海军部委员会对提升舰队航行性能的决心。这些海试也提供了一种负对照：虽然没有什么设计清楚地展现出相对其他设计的优越性，但这正说明了没有哪个设计师的船比其他的设计跑得慢太多。

1832年英法联合竞速海试[④]

另外还有一组海试值得进一步研究，尽管其结果解读起来也有相同的困难。1832年，英法两国在唐斯（Downs）举行了一系列竞速海试，英国一方是普尔特尼·马尔科姆（Sir Pulteney Malcolm）麾下的战舰分队，法国一方是海军上将杜克雷斯特（Ducrest）指挥的战舰分队。次年，法国任命了一个委员会来调查他们的战舰何以在航行中处于"劣势"，且频繁受损[23]。

① 同作者芬彻姆的上一个参考文献。

② A.F. 克鲁兹（Creuze），《关于分级外炮舰"冠军"和"匹拉第兹"号的航行试验》（On the experimental cruise of HM Corvettes Champion and Pylades），出自《战舰设计论文集》（Papers on Naval Architecture）卷1（1827）。

③ 同作者芬彻姆的上一个参考文献。

④ J. 伯奈特（Bennet），《英国海军各类舰艇尺寸、性能研究及其在海军少将托马斯·哈迪爵士的试验舰队中的应用》（Observations on the dimensions and properties of ships of various classes in the British Navy with an application of the subject to ships of the late experimental squadron under Rear Admiral Sir Thomas Hardy），出自《战舰设计论文集》（Papers on Naval Architecture）卷11（1828）。

瑟宾斯设计的"匹拉第兹"号（上）和海斯设计的"冠军"号（下）这两艘18炮分级外炮艇依照类似的性能要求设计，并在1824—1825年的竞速海试中曾相互角逐。（© 英国国家海事博物馆，编号 PW6105、PW6107）

法国委员会对两国军舰的比例和形态做了深入考察。根据他们的研究结果，英国战舰形态存在更宽、更短、更浅的趋势，且炮门离水面也更高，不过在几个具体的案例中这种趋势却颠倒了过来。他们还认为英国皇家海军舰艇的舯横剖面更小、排水量更小、浮心更高。他们对英法每一级战舰之间的这种差异都做了研究，却没有得出任何明确结论。

时人认为，法国设计的战舰，往往在被皇家海军俘获并投入英国战斗序列后，航海品质有所改善。例如，1798 年俘获的"多尼戈尔"号（HMS Donegal）在搭载了更轻量的武器、换装了更低的桅杆、减少了压载物、加装了更厚的龙骨护材后[24]，整体性能得到了改善。

法国委员会接下来又考证了战舰服役过程中产生的一些问题。对以下几个当时已经广泛认识到的问题，委员会认为：[①]

1. 对于战舰首尾超重造成法舰过早发生龙骨上弯变形，委员会认为，虽然旧战舰存在这类问题，但新造战舰结构强度更高，龙骨变形问题可以忽略；

2. 随着吃水的改变，即底舱储备物资的消耗，水线面的形态迅速改变；[25]

3. 船底的铜皮太薄，且铺设得也不好。杜克雷斯特和他的舰长们相信，这是 1832 年的最大问题；［英国海军部也很关注船底所包铜皮的腐蚀问题，1827年，海军部令汉弗莱·戴维（Sir Humphry Davy）[26] 研究这一课题。他在船底每隔一段距离设置一个锌块，试图通过防止电解作用来保护巡航舰"三宝垄"号（Samarang）的船底包铜。这样做虽然减轻了铜皮的损耗，但也破坏了它的防污损功能[27]，实验失败］

4. 帆的形状不合理、制作材料太次，帆装布局位置也不甚合理。

两国海军的帆装和桅杆布局有较大差异，其中法舰的桅杆往往高得多，这样增加了帆的面积，特别是高处的帆面积。然而这种做法虽然有助于微风时的航行，却也意味着强风时挂帆量只能减少，因为强风会令战舰严重横倾[28]。法国战舰性能优势的神话又一次被削弱了。

火炮

19 世纪 20 年代曾出现了这样一种声音：统一装备 32 磅炮，上层火炮甲板搭载炮管更短、更轻的火炮，好让上部不超重[29]。这之中，法国人佩克桑（Paixhans）的著述最有名，并在英国得到广泛传播和学习。为了举例说明，这里将《海军论文集》里那段冗长的评论，总结如下：

佩克桑构想了未来舰队的三种可能形式，并进行了研究探讨：

1. 继续使用目前战列舰和巡航舰的混合舰队，但所有战舰统一使用发射 36磅球形实心炮弹[30]的海军炮；

① 同作者芬彻姆的上一个参考文献。

1844年的竞速试航，前景为芬彻姆的"小丑"号（Mutine），后面从左到右依次是：怀特的"大胆"号（Daring），查塔姆委员会设计的"诙谐"号（Espiegle），布雷克的"鱼鹰"号（Osprey），怀特的"水妖"号（Waterwitch）和西蒙兹的"老头"号（Pantaloon）、"飞鱼"号（Flying Fish），以及作为性能基准对照的旧"巡航者"号（Cruizer），该舰的身影未在图中出现。[31]在这些试航的战舰中，通常"诙谐"号航速最快。（© 英国海事博物馆，编号PW8103）

2. 舰队形式同上，但装备爆破弹加农炮（Shell Gun）；

3. 整个风帆舰队完全抛弃掉，取而代之的是装备爆破弹加农炮的小型蒸汽炮艇。

使用球形实心炮弹，主要目的并不是为了击穿木制战舰的船壳，因为其造成的破洞很小，并且木材还会弹性膨胀，从而令原本的破洞合拢一些。实心炮弹的真正用途，是撕碎木料，令其迸射出一波破片。[32]可想而知，要凭借这种武器动摇英国的海上霸权地位，基本是不可能的。[33]

爆破弹其实早就人尽皆知了，早在1810年拿破仑就曾建议在海上使用这种弹药。其实，使用这种炮弹的主要问题出在其射程和后坐力上。[34]另外，一艘小船就能够威胁到最大号的战舰，在这种大舰上投入的大量人力、财力也买不来它在小船面前的豁免权，于是也就不再需要一支庞大而又熟练的水手队伍了。

蒸汽动力炮舰不仅不用顾及风向，而且吃水浅、转向快，作战时还能以船头、船尾对敌。[35]佩克桑以上观点，很多都是正确的，只是对于他所处的那个时代而言，太超前了。当时的蒸汽机都太沉重了，以致蒸汽炮舰很难搭载上几门火炮；爆破弹的引信则极不可靠，而且远距离炮战时命中率太低[36]，最后仍不得不搭载大量的火炮。佩克桑还忘记了最重要的一点，那就是在他这个时代，英国领先法国的已经不是水手们更高的战术素养，而是更加强大的工业实力，所以他的这一战略根本不能摧毁英国海上力量反而会让它在军备竞赛中变得更加强大。

1825 年，皇家炮兵上校门罗（Monro）也提出了一个类似于佩克桑的统一火炮口径的方案。由于缺乏经费，这一项目进展缓慢，直到 1830 年才将 800 余门康格里夫（Congreve）及布卢姆菲尔德[37] 设计的 24 磅炮炮膛镗大，使其能够发射 32 磅即 6.35 英寸口径的球形实心炮弹。同一时期，一些短身管 24 磅、18 磅炮也接受了类似改造。这些火炮的改造极大增强了舰队的火力输出，这都仰赖于布卢姆菲尔德创制的火炮铸造和试射验收新标准。[1]

1832 年，新一届第一海务大臣詹姆斯·格雷厄姆爵士（Sir James Graham）的重大人事调整之一，就是用西蒙兹接替罗伯特·瑟宾斯，提前终结了瑟宾斯的伟大事业。对瑟宾斯的优秀业绩，下议院财政委员会（House of Commons Finance Committee）早在 1819 年就明白无误地褒扬道：[2]

> 委员会认为，十分有必要特别强调一下瑟宾斯先生——我们的海军总设计师的功劳，正是由于他出色的业务能力和坚持不懈的努力，才给我国的战舰设计带来如此多、如此可贵的改进提升……本委员会有充分的理由相信，这些提升改进将会在战舰设计方面大大节约公共开支。这些改进不仅能使战舰更好、更持久地抵御海上风浪与不良天候带来的影响，从而减少海上作业中难以避免的偶发性事故；还能降低海军中的生命损失。这在当今要求我国舰队全天候海上服役的情况下，就更难能可贵了。瑟宾斯的工作，并不是台前那些熠熠生辉、强烈激发公众钦佩和仰望之情的伟大战功。那些胜利，不论多么辉煌，总会有被淡忘的时候。然而，即使这些胜利被人们所淡忘，瑟宾斯为大不列颠民族所做的事业，依然在发挥着长期的、持续的效果。

委员会说得一点也没错：瑟宾斯的船体结构设计稍经修改，便一直延续到风帆战舰时代的最后一天。

威廉·西蒙兹爵士

拿破仑战争让许多海军军官相信英国战舰设计低劣，西蒙兹就是其中一员。这些军官中为数不多的人，还自认为靠他们自己就能够改良英国战舰的"品种"，西蒙兹正是这样的人之一。

1819 年，作为马耳他港口负责人的西蒙兹设计出了一艘特别成功的竞速赛艇"南希·唐森"号（Nancy Dawson）。在未来几年里，他主要为贵族客户们设计了几款游艇，这引起了第一海务大臣梅尔维尔（Melville）对他工作的关注。于是，西蒙兹获命设计 18 炮分级外炮舰（Sloop）"哥伦拜恩"号，该舰在 1828 年的竞

① 同上。
② H.M. 贝克（Baker），《舰载武器的危机》（The Crisis in Naval Armament），出自国家海事博物馆单行本系列第56册，1983年伦敦出版。

威廉·西蒙兹爵士，1832—1847年担任英国海军总设计师。（© 英国国家海事博物馆，编号PZ8837）

速试航中取得了成功。随后，西蒙兹设计了"老头"号（Pantaloon）双桅杆"巴肯亭"式炮舰，这增加了他的声望。1831年8月，克劳伦斯公爵（Duke of Clarence，后来的威廉四世）和詹姆斯·格雷厄姆爵士（Sir James Graham）邀请他去设计巡航舰"弗农"号（Vernon）。

西蒙兹将自己的设计特点描述为"特别大的船宽和非常尖的船底"[①]。这在实际设计中，意味着舭部升高（Rise of Floor）特别大，以致舭部转角（Turn of Bilge）和最大宽度（Maximum Beam）均在水线以上。[38]船宽比以前任何的战舰都要宽，这在增加了稳定性[39]（可能有点过了）的同时，减少了压舱物的搭载需求。伟大的流体力学家R.E.弗洛德后来曾说，西蒙兹式设计与其之前的设计不同之处在于：

1. 船整体更宽；
2. 水线以上附近的船体宽度更大[40]；
3. 不需要压舱物，船底结构沉重，船底型线密集。[41]

他还表示，这些船"摇晃猛烈而突然，令人不适"。[②]西蒙兹只负责设计船体的型线和帆装方案，结构设计留给了其他人。沃维奇船厂厂长奥利弗·朗（Oliver Lang）实际负责建造"弗农"号，他遵从了瑟宾斯式结构设计，但给龙骨下面钉上加厚的龙骨护材作为搁浅时的保护，并把火药库（Magazine）挪到了船体舯部（Amidship）以改善大炮的火药供应[42]。

"弗农"号是一艘50炮巡航舰，尺寸却跟80炮战列舰一样大，其炮门离水线高达9—10英尺，两个炮门之间的间距可达7英尺6英寸[43]。该舰有宽敞的居住区，再加上在中强风下仍能挂很多帆[44]，这令其备受军官和船员们的好评。该舰混用英国和意大利橡木，但由于船壳板加装得太早了，导致服役后不久就很快开始腐烂。

决定"弗农"号的主尺寸时，西蒙兹获准建造比过去所能接受的50炮巡航舰都要大的战舰。对于风帆战舰，个头更大往往意味着航速更高，大船总是很受欢迎的。然而，尺寸是昂贵的，"弗农"号耗资62115英镑，海军买不起几艘这样的战舰，与之相对，"拉里夫"号（Raleigh）四等战舰只要45000英镑，"丽

① D.K.布朗，《瑟宾斯引领的木制战舰船体结构设计提升》（The structural improvements in wooden ships initiated by Sir Robert Seppings），出自《战舰设计师》（The Naval Architect），1979年5月。

② J.夏普（Sharpe），《海军少将威廉西蒙兹爵士回忆录》（Memoirs of Rear Admiral Sir William Symonds），1858年版（伦敦）。

达"号（Leda）五等战舰[45]则只要 30000 英镑。

1832 年，威廉·西蒙兹海军上校接替瑟宾斯担任总设计师，他是担任该职务的第一位非专业技术人士。由于他的任命正好跟格雷厄姆下令关闭战舰设计学校几乎同时，该校毕业生和其他开明的海军设计师（如芬彻姆、朗）对这一任命表示遗憾和沮丧。

双方[46]这种不睦十分痛苦，且长期纠缠不休。作者记得，20 世纪 40 年代后期在利物浦上学时，老师仍在讲述西蒙兹式恶劣船体设计的教训！一首赞美"弗农"号的诗这样写道：

> 就这样我写完了航海日志[47]，干一杯酒！
>
> 敬给西蒙兹——战舰的孕育者。
>
> 养育了他的是常识理性，
>
> 而不是战舰设计学校……

这首诗明白无误地暴露出西蒙兹和他的支持者们对战舰设计中的科学性的蔑视，其实也可以说他们对任何科技创新都是这番态度。时间将证明，正是这点导致了他的失败。在 1834 年 6 月海军预算的国会辩论上，格雷厄姆为了捍卫

"弗农"号。1831 年西蒙兹和朗设计了这艘个头巨大的巡航舰，一般认为该舰是一个成功的设计，尽管其第一任舰长科伯恩（Cockburn）对其迎风航行的性能颇有微词。（© 英国国家海事博物馆，编号 PY0849）

"皮克"号是西蒙兹担任总设计师以来的第一个设计，该舰是"弗农"号的缩小版。(© 英国国家海事博物馆，编号F8830-002)

他在总设计师任命上的选择，针对那些倾向提拔一位船厂厂长的人，反驳道："我也可以说，工程师必须从石匠干起咯。"如果没有其他隐晦的含义，这句话暴露了格雷厄姆对船厂技术骨干的业务、素质与技能毫无理解和认识，也许还应该提一句，特尔德福（Telford）这位伟大的土木工程师的确就是从一名石匠干起的。芬彻姆和朗所受的教育，使他们的能力乃至仪度，都能称得上是一位优秀的总设计师，而罗伯茨和布莱克也显示出了原创思想和工作能力。

当然，西蒙兹也有值得肯定的业绩。他用"弗农"号的设计摆脱了旧造舰章程（Establishment）[48]的桎梏，赢得了按需决定船舶大小，以匹配它们所属角色的自由。他很快提出了一个标准化的桅杆（Mast）和桁材（Spar）的尺寸体系，使得备用桅桁能在一艘船的不同部位之间甚至是不同战舰之间通用。这不是西蒙兹最先提出的主意，查特菲尔德（1st SNA）早在几年前便在《战舰设计论文集》中提出过这个倡议，但该标准的实际通行还要归功于西蒙兹的力推。西蒙兹还取缔了船厂的"活儿钱""计件日薪"（Job and Task，一种计件工资），取而代之以日薪。他自称这样一来节约了 16% 的经费，不过时至今日对于这种机械行业该采取什么样的薪酬计算才最有效，仍然争论不休。在他的领导下建造的沃维奇（Woolwich）蒸汽工厂是其另一项成就。

作为总设计师，西蒙兹的第一个大型设计项目是 36 炮巡航舰"皮克"号（Pique），这是"弗农"号的一个缩水版。他当时任命主任造船师约翰·艾迪（John Edye）担任他的首席助理，船体重量和结构计算都是由艾迪来负责。1835 年 9

月22日，"皮克"号在拉布拉多（Labrador）附近搁浅，遭到严重损坏。该舰舰长孟茨（Mends）在他的自传[1]中将该舰的生还归功于西蒙兹，但说到底，则必然还应归功于艾迪所采用的瑟宾斯式实心船底结构。到西蒙兹辞职时，英国海军仿照"弗农"号和较小的"皮克"号，已经陆续建造了很多艘战舰，还有不少仍在开工建造。这些战舰中较晚的那些多由西蒙兹的继任者进行了改装，不少以蒸汽螺旋桨战舰完工。

西蒙兹设计的第一艘战列舰是1833年5月安放龙骨（Lay Down）的"前卫"号（80炮战列舰）。该舰舯部升高很大，下水时是英格兰有史以来建造过的船体最宽的船。在吨位上，该舰比肩三层甲板战列舰"海王星"号（Neptune），可能正是这一点促使这位总设计师在1836年去争取采用排水量而不是吨位来作为界定战舰性能参数的标准。他声称新的吨位计算法[49]将机舱的吨位从蒸汽船的吨位中扣除，这使得这种计算办法非常不妥当。（实际上似乎并没有扣除机舱的吨位）

"前卫"号及其10艘姊妹舰有着西蒙兹式设计的所有优缺点。这些船在中等风势下速度很快，但摇晃太快、太猛，所以是很糟糕的火炮平台。1827年，"女王"号原本计划建成一艘120炮一等战舰，但西蒙兹和艾迪重新设计了该舰，直到1833年才给它安放龙骨。艾迪拓展了瑟宾斯的巡航舰式船体结构，把铁制对角线支撑材运用到战列舰上，既节省重量又节省空间。"女王"号和西蒙兹后来的舰只，水线以上部分的船材均用铜船钉而非铁船钉来固定[50]，这是种理想的但非常昂贵的作法。另外需要提到的是，"女王"号是椭圆尾。

"女王"号备炮110门，受到了武备不足的批评。该舰稳心高7.19英尺，肯定造成了迅速而猛烈的横摇[51]。但该舰内部空间宽大，因此也广受好评。"女王"号一直作为纯风帆动力战舰服役，直到1858年，该舰延长了舰体并削减成了双层甲板战舰，从而改装成了蒸汽战舰。1871年，"女王"号被拆毁。

西蒙兹负责的最后一艘大型风帆战舰，是90炮战列舰"阿尔比恩"号（Albion）。该舰吨数甚至比"女王"号还要大，这招致了比前者更加猛烈但可能缺乏依据的恶评，批判该舰武备不足。该舰船材完全用铜或合金船钉固定，这进一步增加了该舰的成本。

当时，力挺和恶评西蒙兹的声音都毫不掩饰地表达了出来。一般而言，海军军官们是其强有力的支持者，而战舰设计师则是他的敌人。舰长们通常对他们自己的战舰深感自豪，所以他们的观点必须谨慎对待，但这种看法也是双向的，因为更早期战舰的舰长们并不见得总会力挺西蒙兹式战舰的神话。

从一开始就一直对西蒙兹持批判态度的一位重要人物，就是科伯恩。他于1833年1月在"弗农"号上升起了指挥旗，但才到三月他就写信给格雷厄姆，

① B.S. 孟茨，《威廉·罗伯特·孟茨爵士的生平》（Life of Sir William Robert Mends），1899年版（伦敦）。

一幅描绘1842年1月1日英国皇室成员在朴次茅斯登临舰队旗舰"女王"号的油画[52]。（© 英国国家海事博物馆，编号BHC0629）

痛批"弗农"号的航海性能。[①] 他批评该舰容易埋头，所造成的损伤让船体开始渗漏。"顺风顺水的时候，这船比海里游的任何东西跑得都快，这我确实是信了，可一旦遇上迎头浪，这船就变得无法想象了……我都不知道该怎么打比方，只能比作小男孩玩的木马，原地摇摆、寸步不前。"当科伯恩于19世纪40年代进入海军部高层，成为海军部首长（Senior Naval Lord），这段记忆肯定不会有助于改善他和西蒙兹的关系。

　　1845年曾有一次非常有意义的竞速海试，包括鲁尔的"特拉法尔加"号，西蒙兹的"皇后"号、"阿尔比恩"号、"前卫"号、"精湛"号（Superb），瑟宾斯的"罗德尼"号，由另外两位总设计师协同设计的"圣文森特"号（St Vincent）[53]，以及法国设计的"老人星"号。和所有这类海试一样，这次海试也很难得出明确结论。在漫长的海试过程中，"前卫"号和"精湛"号都曾重新整修过船底的包铜，结果后者从最慢变成了最快。另一方面，"老人星"号的航速随着其船底铜皮的腐蚀殆尽而大大降低。[②]

　　速度取决于风和海浪的力量与方向。在中等强度的风中，"女王"号、"阿尔比恩"号的稳定性让其能够挂更多的风帆，从而占据优势；而在迎头浪中，"罗德尼"号和"特拉法尔加"号性能最好[54]。可是老舰"圣文森特"号和"老人星"号也并没显得技不如人，这说明自拿破仑战争结束以来，任何技术进步都是微乎其微的。

① J. 帕克（Pack），《火烧白宫的男人，海军上将詹姆斯·科伯恩爵士，1772—1853》（The Man who Burnt the White House, Admiral Sir James Cockburn 1772–1853），1987年版（埃姆斯沃思）。
② 同作者芬彻姆的上一个参考文献。

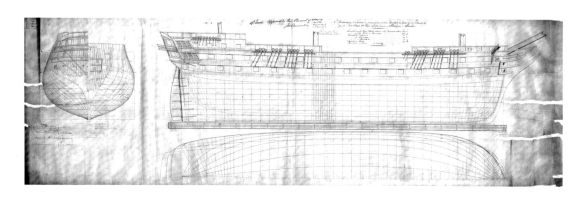

"阿尔比恩"号海军部存档图纸，清晰展现了典型的西蒙兹式肿横剖面。(© 英国国家海事博物馆，编号 J1672)

10 月 27 日，人们尝试用单摆测量战舰横摇的角度。如果单摆的悬挂点也处在运动中，那它测出的摇摆角就会非常不准确（可以试一试），但他们还是记录出了如下的角度。该测量，是从朝左舷倾斜到最大时测到朝右舷倾斜到最大时（Maximum Out to Out）。表格中舰名的顺序可能是正确的。

表 4.3 1845 年海试测出的横摇角

舰名	两舷最大横摇角
"阿尔比恩"号	31°
"罗德尼"号	16°
"精湛"号	19°
"老人星"号	21°

"老人星"号的莫尔斯比（Moresby）舰长非常正确地认识到，"阿尔比恩"号的横摇角并不异乎寻常，异乎寻常的是其过快的横摇速度，正是这增加了呈现出的表观横摇角。[55] 另有一次，科里（Corry）舰长的"精湛"号在"老人星"号横摇两回的时间里大约完成了三次横摇。正是这种过快的横摇以及与之相关的、过大的横向加速度，使得西蒙兹设计的战舰成了非常糟糕的火炮平台。

1848 年，克鲁兹告诉特别委员会（Select Committee），说这种快速横摇导致缆绳索具（Rigging）磨损迅速，并导致船体结构件相互错动。[①] 虽然克鲁兹本就对西蒙兹没有好感，但他所反映的磨损情况也似乎确有其事。

西蒙兹声称他的设计：

> 载重量（Deadweight）[56] 更大，挂帆的时候在风势之下比较稳健，横摇较少，航速更快、不易偏航。其底舱深（Depth of Hold）更深，不需要时常调整底舱货物布局，不需要太多的压舱物。[②]

作为一名设计师，西蒙兹的失败是不懂得具体计算。正如摩根曾经指出的那样，对于一艘风帆船而言，增加舯部升高有助于减少偏航，而更大的船宽和

① 《议会文件 1847—1848》（Parliamentary Papers 1847-1848），出自第 21 卷，第一部分。
② 同作者夏普的上一个参考文献。

更少的压载物也是正确的设计方向。可是因为西蒙兹自己不会做那些必需的计算，又不愿听那些懂计算的人的建议，结果他在这两点上都做过了头。设计讲究恰到好处，够了就是够了，不能过头。

他对新技术，特别是螺旋桨和铁制船体的敌意，让他失去了海军部委员会的信赖。1841 年以后，他的工作越来越受到专业技术人士令他窘迫尴尬的仔细审查。他不愿辞职，同时海军部委员会也不愿意开除一个仍在海军中拥有很多支持的人。一直等到 1847 年，他才终于接受了这不可避免的结局，自己离职。

由于法国的潜在威胁未能物化为实质性威胁，西蒙兹的保守迂腐没造成什么直接后果。他对一切科学技术进步的反对，造成了战舰设计师和海军军官之间绵延长久的相互不信任，这在接下来的许多年里带来了不可估量的负面影响。倘若他早出生一个世纪，也许他的才能就能被世人所公认。

查塔姆委员会

西蒙兹面临的第一个来自战舰设计师的挑战，是在海军部委员会指令三名战舰设计学校毕业生在查塔姆碰头的时候，海军部委员会指令他们做出一系列设计，要求每种主要的战舰类型各给出一个设计，并"附上设计方法的明确叙述"。被选中的设计师是雷德（Read）、查特菲尔德（Chatfield）和克鲁兹（三人组成了"查塔姆委员会"），他们的报告是最早介绍船舶设计过程的出版物。[①] 斯科特·罗素（Scott Russell）对他自己所处的这个时代并不总是充满溢美之词的，但 1858 年提到他们三位的报告时，他讲道："这些先生们的战舰设计论文将使他们名留青史。"

创意设计既需要灵感也需要艰辛的劳作，常常出现第一步就走错、走不通，绕了一圈又回到原地的情况。设计过程直到今天都很难清楚描述，而且一旦写下来就很容易因技术性太强，导致不便阅读。查塔姆委员会描述的设计过程比较简单，不过从一些后文将会引用到的段落来看，他们已清晰地把握住了设计过程的要领。[②]

他们所描述的设计方法除个别例外，很可能与艾迪所使用的方法是一样的。他们和艾迪等旧设计师的关键区别在于，他们把他们的方法写下来并付诸出版。科学的工作方法，其原则之一就是其成果可以公开出版发行，这也显示出他们已经开始摆脱旧时代手艺人同业公会（Guild）的那种态度——行业秘密仅限公会成员内部交流学习。必须提一句的是，艾迪也发表了许多有用的论文，虽然这些主要是数据而不是设计方法。

该委员会的第一个设计是一艘五级舰——36 炮巡航舰"忒提斯"号（Thetis）。[③] 随后，该委员会又在 1844 年设计了 80 炮战列舰"克雷西"号（Cressy）。[④] 其采

① S. 雷德、H. 查特菲尔德以及 A.F. 克鲁兹，《战舰设计报告》，1842—1848 年出版（伦敦）。
② 同上。
③ R. 斯科特·罗素，《评 E.J. 里德所撰＜本世纪皇家海军舰艇所经历的发展演变＞》（ Remarks on a paper by E J Reed, 'On the modifications which ships of the Royal Navy have undergone during the present century' ），1858 年 12 月 15 日刊在《社科院院刊》（ Society of Arts ）上，1859 年转载于《机械杂志》（ Mechanics' Magazine ）。
④ 同作者莱维利的上一个参考文献。

1845年6月23日，在斯皮特黑德（Spithead）集结，准备参加竞速海试的舰只。图中，从左至右依次是"阿尔比恩"号、"女王"号、"精湛"号、"罗德尼"号、"特拉法尔加"号、"老人星"号、"圣文森特"号、"前卫"号。[57]（© 英国国家海事博物馆，编号PU7791）

查塔姆委员会的第一个设计——"忒提斯"号。（© 英国国家海事博物馆，编号PU5808）

用的武备按照 1839 年 2 月的标准执行，桅桁尺寸则按照 1838 年 9 月西蒙兹的新规范执行。

从他们的两份报告中可以精炼出他们设计方法的概要。第一步是通过与以前据称性能不错的船舶比较，来选择合适的主尺寸。他们说："战舰设计学是一门分析和比较的科学。"他们的设计目标是：

> 战舰排水量要足够大，吃水不要太深；炮门距离水面足够高；底舱存储空间充足，物资仓库的布局方便取用；军官和海员居住空间充足；大炮之间空间充足[58]；在中强风下挂帆，风势压着战舰横倾时，仍有足够的稳定性让背风一舷的大炮能够使用[59]；具备优越的迎风停船（Lying Up to the Wind）能力[60]；能顶着迎头浪朝上风机动（Working to Windward）[61]；高海况下容易操作，各种战术动作容易迅速完成；所有这些优点之外，还须有至少和同级战舰持平的航行能力。

他们明白，这些属性中的一些只由船体的形状和比例决定，而其他的还取决于帆装布局。新战舰选型的母型，不可避免地是最近的舰只，也就是西蒙兹的设计，尽管他们选择了更加瘦长的船体比例。他们在水线附近设计了垂直的舷侧壁，好让战舰在大浪中排水量的变化最小。[62]"忒提斯"号炮门高度比"皮克"号略低，但当时的海上经验表明这个高度已经足够了。

以前的船只下水时的排水量，即等于船体自重，若要预估新船体的重量，则根据新船主尺寸与旧船尺寸的对比，按比例估算。查塔姆委员会认为，直接计算船体重量是不可能的，这结论颇为惊人。因为这种计算很累人但也很简单，所以这三位毕业生经过两三周作业，得出较为准确的估计应该是没有什么困难的。[63]

各种搭载物的重量组成了非常详细的表格，包括大炮、炮架、弹药、桅杆、缆绳索具、帆、各类后勤物资和其他储藏货品。其中一些比较有价值的表格见附录 5。战舰设计师们会从这些表格中，拣选合适的搭载物总重量加到船体重量上，来获得装载排水量（Load Displacement）。

船体形态采用了一种折中方案：其艏部升高比法国大革命和拿破仑战争时的那些战舰要大一些，但比西蒙兹式的要小得多。所有风帆战舰采用的船体形态都跟流体力学上理想的形态相去甚远，设计上实际可行的任何船体形态调整，对阻力和航速都几乎不可能造成影响。为了支撑首尾火炮的重量，船体形态必须特别丰满，而且也必须短粗，因为木料的接头处强度不足。[64]他们的设计原则是经济性：

在我们看来，我们的工作目标，同时也是任何工程技术事业的目标，就是努力让给定的手段产生最佳的效果。

1847 年 3 月，"忒提斯"号与"美国"号（America）竞速，这是一艘 50 炮的巡航舰，由 74 炮战列舰削甲板改造而成。它也和西蒙兹的 80 炮战列舰"精湛"号竞速，此外，这一年晚些时候还和其他战舰竞速。虽然"忒提斯"号赢得了其参加的所有竞速赛，但和过往一样，仍然得不出明确的结论。

参考委员会

1841 年 12 月，海军部委员会请各主要船厂厂长组成委员会，探讨战舰设计建造水准的提升改进。会上，他们批评了西蒙兹和艾迪的设计，包括其强度上的不足。鉴于这些战舰中有不少寿命都很长，甚至能在改装蒸汽动力后继续使用，这一点批评可能是站不住脚的。

鉴于这种批评，1846 年成立了更正式的"参考委员会"（Committee of Reference），由海军上校约翰·海伊勋爵（Lord John Hay）负责，英曼博士及两名船厂厂长芬彻姆、阿贝瑟尔（1st SNA ）协助其工作。总设计师的所有设计都要提交给这个委员会征求意见，如有必要还须按照委员会的意见进行修改。[65]结果，委员会修改了所有刚刚开工的战舰设计，缩减了船宽、减少了舷部升高，

"南京"号（Nankin），最后一艘大型纯风帆巡航舰，于 1850 年在马贝尔（Maber）下水。

让其不再那样极端。改装涉及大量舰只，但其中的大部分后来还接受了进一步的改装，以便搭载蒸汽机。

1848 年，鲍德温·沃克海军上校担任总设计师，海军部给他划定的新职权范围是负责海军整体硬件水平的提高，并特别规定不允许他亲自参与到战舰的设计中去。负责设计的是他的助理总设计师，最开始是约翰·艾迪和伊萨克·瓦茨（Issac Watts，1st SNA）。艾迪很快就退休了，于是当海军坚定不移地向新技术迈进时，只留下瓦茨这一位助理总设计师独立负责新战舰的设计。

后来，一个"科学委员会"（Committee of Science）被任命来审查新助理总设计师的设计。委员会只有两名成员，即芬彻姆和雷德（1st SNA），他们几乎很少见面，就算碰头也不见得就会批评瓦茨的工作。第一战舰设计学校的毕业生终于达到了这个领域的顶层，可以证明他们的战舰设计方法的价值了。

译者注

1. "Bolt"今天译为"螺栓"，但风帆时代还无法大批量加工带螺纹的栓钉，所谓"Bolt"只是一根长铁棒，因此这里只翻译为"船钉"。

2. 原文"船头"用了表示单数的"Bow"，这不符合本书所介绍的19世纪及以前的习惯，当时船头都用复数"Bows"，代表船头左侧（Larboard Bow）和船头右侧（Starboard Bow）这两个部位。

3. 可参照32页模型照片、17页"圣约瑟夫"号图纸，并将这两个船头和本书其他模型、图纸的船头相对照。首先，在"圣约瑟夫"号图纸上，可见其有三排炮门，呈上、中、下三层结构；但在船头只有下面两层，第三层没通到头，它终结的地方正好对应船头的一对"吊锚架"，即第20页"弗农"号模型上可以清晰看到的、船头两侧斜伸的一对木架，作用是起锚时吊挂铁锚，因为在17世纪其末端往往装饰成一只狮子头而得名"Cathead"（猫头）。"弗农"号的露天甲板并没有像"圣约瑟夫"号那样在这个位置横断，而是一直通到尽头，这是巡航舰的特色。在第32页模型照片中也能看到不通到头的结构，实际上，不通到头的是上层炮门头顶的露天甲板，而承载着上层火炮的上甲板（Upper Deck）仍通到头。上层炮门头顶的露天甲板称为"艏楼甲板"（Forecastle Deck），因为它不通到头，上甲板就露天了，但如模型上所示，在船头的上甲板上加盖一个露天小平台即可，高度只到上层炮门下边框，称为"船首露天平台"。

4. 参考第32页图。在艏楼甲板末端和船头露天小平台之间，有大半个层高的落差，由于不能让船头就这样敞开着，于是用薄松木板封闭，可以遮风挡雨，而这道横隔壁被称为"首隔壁"（Beakhead Bulkhead）。葡萄弹就是一团铅珠、铁珠，通常只能用于在几十米的近距离上扫射露天甲板上的人员，因为打不穿内外船壳板夹着肋骨形成的半米到一米厚的橡木船壳。由于连葡萄弹都可以击穿这种薄隔壁，所以在当时的造船厂，安装这种隔壁并不算"造船"阶段的工作，而算内部"装修"工作，跟装饰楼梯、阳台、玻璃窗框等算同样性质的工作。这种明显给敌人留下可乘之机的传统设计根深蒂固，瑟宾斯之前的英国人没想到要去打破这种传统习惯。

5. 原书"上甲板的高度"描述错了，应当是"艏楼甲板的高度"。需注意的是，巡航舰全高船头也是法军最先在18世纪中后期开始采用的。

6. 左为"亚洲"号，右为"阿尔比恩"号。

7. 原著作者把瑟宾斯式船头称为"圆形首"，但这仍然不能凸显其特征，最明确的说法叫"Walled-Up Bow"——"高壁首"，即船头的肋骨结构不再砍低，而一直上提到露天的艏楼甲板，参照第56页"恒河"号图纸。

8. 今天保存在朴次茅斯的"胜利"号修旧如旧，复原的是1805年参加特拉法尔加之战时的形态，因此没有圆形首，而保留了脆弱的首隔壁。

9. 参考第32页模型照片及下方图纸、第17页"圣约瑟夫"号图纸，其中最左侧的后视图上可清晰看到三排窗户以及带两层外飘游廊的艉楼。

10. 参考第32页"皮特"号图纸，该舰船头是瑟宾斯式的，艉楼则仍是老式。老式艉楼在图纸上是一道后倾的折线，分成三段，最下面一段非常后倾，通过一段短斜线和上面略微后倾的长竖材联系起来。最下面一段称为"下底材"（Lower Counter），短斜线称为"上底材"（Upper Counter），底材之上竖立的那些略微后倾的长竖材称为"艉楼立柱"（Stern Timber）。后倾的底材能盖住舵头，船尾涌上的浪头也会扑打在底材上。舷侧的肋骨，如第31页结构图和照片所示，一根挨着一根，只有一两英寸的间距，而艉楼立柱之间是一米多宽的大窗户。瑟宾斯把船尾当作舷侧来建造，也是密布肋骨，上开炮门一样的小窗、小门。

11. 旧时帆船上，厕所叫作"Head"（船头），因为除了军官有船尾的专享厕所外，大多数人都只能使用前文描述的船头露天平台甚至再靠前的"装饰舰首"（Beakhead）上的露天厕所，因为这里是船头"Head"，于是上厕所就叫"上船头"。老式艉楼的军官厕所则在艉楼两侧。

12. 卡隆短重炮为18世纪七八十年代，苏格兰卡隆铸造公司引进瑞典镗膛新技术开发的新炮种。这种炮，短身管、薄炮壁、重量轻、口径大、操作简单，不需太多人手，原本主打商业市场，为商船提供近距离恐吓海盗的低成本防御武备。其真正效能在18世纪80年代美国独立战争期间，被擅长近距离高射速炮战的皇家海军发挥到了极致。这种短重炮在近距离内发射的慢速实心炮弹击中敌舰船壳后，容易在船壳木料内翻滚变形，从而在船壳背面迸射出大量木料破片，杀伤敌舰乘员，号称"甲板粉碎机"（Deck Smasher）。由于这种炮比同口径的加农炮要轻得多，通常露天搭载，官方分级系统也不把它算作正规的舰载火炮。战舰的露天甲板上通常标配9磅甚至6磅的海军轻型加农炮，射程虽然比卡隆短重炮要远，但对于坚持近战战术的英军来说，这点射程优势根本发挥不出来。而卡隆短重炮可以发射18磅、23磅甚至32磅的弹丸，这一点跟火炮甲板上的大型加农炮一样，于是在近战中成了战舰原本火力的有力补充，这样露天搭载的 9 磅轻型加农炮开始显得多余。在 18 世纪末 19 世纪初的法国大革命和拿破仑战争期间，越来越多的舰长开始按照战时条例，自主撤换露天甲板上的小型加农炮，换装卡隆短重炮，以致 1815 年后，原分级标准早已不能代表战舰的实际装备情况，遂将卡隆短重炮纳入分级标准中来。

13. 74 炮三等战列舰是法国大革命和拿破仑战争期间英法数量最多的量产型战列舰，英国建造了 200 多艘。1815 年时，英国还在建造中的最新一批 30 艘该型战舰，因被媒体爆出贪腐丑闻而被讥讽为"三十大盗"（Thirty Thefts）。

14. "喀里多尼亚"是苏格兰的拉丁文美称。

15. "罗德尼"号是为了纪念 18 世纪第一个提出近战穿插战术的海军上将，这个舰名和 18 世纪末把近战战术发挥到极致的纳尔逊海军上将共同作为继承舰名，如 20 世纪 20 年代建造的两艘"纳尔逊"级（Nelson）现代战列舰即冠以这两个舰名。

16. 老扎姆瑟吉是第一位印度造船厂厂长，获大英勋章，于 18 世纪 80 年代开始承担英国海军造舰业务。

17. "卡斯托尔"是双子座中的双子之一。

18. 原图注称该图为"Sheer Draught"，实际上是错误的。该图纸为当时的标准图纸，包含三部分：最显眼的侧立面图（Sheer Plan），以及左侧的首、尾方向视图（Body Plan）。首、尾方向视图的左半边，画的是从船尾方向看的视图，右半边画的是从船头方向看的视图。侧立面图下方则为水线半宽视图（Half-Width Plan）。这种三向投影视图的规范习惯延续到了今天。

19. 战舰长、宽、深主尺寸的测量标准很复杂，上表中"最大宽度""最大深度"都指从船壳外测量，把船壳板厚度也计算在内的总尺寸。而在当时，习惯上往往不算船壳板的厚度，称为"型深"（Moulded Depth）、"型宽"（Moulded Width）。至于船体"长度"的测量标准就更不一而足，无从确认了。上表只是忠实依照历史档案中的文字记录，确切含义已经不可考了。

20. 对于比 20 炮六等战舰更小的炮舰，英国称为"Sloop"，法国称为"Corvette"，后来英国也引入了"Corvette"一词，之后这两个名词的区分就变得很模糊了。由于法国往往比英国搭载同等火力的战舰更大，于是如表 4.2 所示，"俄瑞斯忒斯"号已经比传统英式 Sloop"玫瑰"号更大，因而"俄瑞斯忒斯"号和瑟宾斯、海斯设计的这种大型分级外炮舰均冠以"Corvette"的称呼，以区别于传统英式炮舰。

21. 通过改变底舱压载物和货物的摆放位置，即"装载情况"，可以改变船头、船尾的吃水深度，这就是"浮态的调整"。当时的战舰一般让船尾比船头吃水深一些，这样做有多方面的好处，可以让舵更加灵敏，船头不容易自己迎风打偏。配合浮态调整，还可以微调帆装，即采用往桅杆的基座上打进楔子的办法，略微改变三根桅杆的前后位置及倾斜角度，从而改变各面帆合力作用点的位置。风力、重力、浮力、阻力构成的复杂微妙的平衡，会影响船体纵横摇摆和左右摆头。在航行中，这些动作越少，航行越平顺舒缓，战舰航速的损失就越小，平均航速也越高。至于给龙骨钉上加厚木板，让龙骨比船底凸出得更多，龙骨就成了一道纵鳍，所受的水横向阻力很大，可以起到横向稳定的作用，使横摇更慢，更舒缓。

22. 当时"Ship"一词的概念范畴比今天窄得多，仅指大型远洋船舶，如战舰（Man-of-War）、东印度武装商船。提到分级外炮舰时，用"Sloop""Corvette"称呼，提到更小的炮艇时，则根据其帆装，称为"纵横帆双桅炮艇"（Brig）、"单桅炮艇"（Cutter）。像此将"Ship"和"Corvette"并列起来，是指"Ship"搭载了 20 门以上的海军炮，舰长也具有相当于现在海军上校的军衔。

23. 这里的"受损"不是指战时受损，而是指和平年代主要由不良天候对帆装造成的损害，比如强风刮走桅杆高处的轻木料，撕破捆绑不当的帆布等。

24. 这些都是改善战舰在风浪中摇晃的做法。换装更轻的火炮、撤去过多的压载物，可以减少吃水。同时，撤去水线以上的部分火炮和底舱底部对应数量的压载物，可以让重心基本不变，这样战舰的稳心高会上升，而初稳性的提高能让战舰在大风中不易发生大角度倾斜。加厚龙骨底下的护材，如前所述，可以增加横向阻力，减慢横摇。过高的桅杆，其顶端摇摆会太过剧烈，更容易在大风中折断，这也佐证了前文提到的法国战舰更容易受损的事实。

25. 浮态迅速改变，如物资消耗前船尾吃水比船头深，物资消耗后就颠倒了过来。

26. 汉弗莱·戴维，英国化学家，最早提纯到一些元素的单质，是电化学的先驱之一。

27. 铜皮具有防污损性能，即能够杀死那些试图附着在船底的海洋生物，这是因为铜皮在不断被海水腐蚀的过程中，产生了对生物体有剧毒的超氧自由基等活性物质，因此铜皮的抗污损功能与铜皮的腐蚀实际上是一回事，铜不被海水腐蚀，就没有防污损功能了。"三宝垄"是爪哇地名。

28. 挂在高处的帆力臂长、力矩大，同时因为位置高风速也快。如此一来，高处的帆更容易加重战舰的横倾，让炮门接近水面无法打开，同时劲风也容易把高处的桅杆刮断。

29. 传统的战列舰，上下两层甚至三层火炮甲板以及露天甲板搭载口径不同的火炮。如 18 世纪末 19 世纪初的英国一等战舰，露天搭载 12 磅炮，上甲板搭载 12 磅炮，中甲板搭载 24 磅炮，下甲板搭载 32 磅炮。上层甲板和露天甲板不能搭载重炮，这是担心重心过高，战舰被大风一吹，有翻船的危险。现在提议所有甲板统一采用发射 32 磅最大号实心球形弹丸的火炮，这样中层、上层以及露天甲板需要装备炮管更短、炮壁更薄的轻型火炮。这种短炮管火炮能在百米的近距离使用，类似于前文提到的卡隆短重炮，这是 19 世纪 30 年代以后，英、法、美各国海军战列舰的标准装备形式。

30. 36 磅炮弹是法国的最重型海军炮弹。

31. 图注提到了 7 艘战舰，而图上只有 6 艘，原文如此。近景是一艘小艇，这种帆装形式的小艇称为"Hoy"。"小丑""诙谐"等是继承自俘获的法舰舰名，当时人们认为舰名最好继承，改舰名不吉利。

32. 从而杀伤船体内的人员。

33. 18 世纪末以来，对实心铁弹运用最得心应手的便是英军。

34. 陆军其实早就在使用爆破弹了，比如攻打要塞时就常常使用。海上使用爆破弹，最大的问题是不安全，因为船身不断摇晃，炮弹容易随之在炮管内移动。而且，当时还没有研制出安全的引信，这样就有爆破弹因在炮管内移动而被炮管内的发射药提前引燃、爆炸的危险，从而先造成自舰重大伤亡事故。此外，发射爆破弹的加农炮还存在两点局限性：一是因为爆破弹本身只是一个脆弱的铁壳，还装填了火药，引信也不可靠，所以不敢使用实心炮弹那样大量的发射药，以免提前诱爆，结果爆破弹的射程比实心炮弹要近很多；二是这样的大炮因为发射药量少，往往铸造得管壁更薄、质量更轻，结果发射时容易因为后坐力太大而跳起来，甚至翻倒，酿成事故。

35. 风帆战舰一排排大炮都陈列在舷侧，作战时必须舷侧面对敌人，但这样一来目标很大，容易被敌舰击中。蒸汽船靠动力灵活转向，保持船头对敌，目标就会很小，更难被击中。

36. 18 世纪末，海军加农炮瞄准一两百米外四五十米长的战舰，炮弹都有可能落不到目标战舰上。战列舰舷侧 30 多门炮一齐开炮，才能保证有几发或十几发实心球形炮弹击中敌舰。

37. 布卢姆菲尔德是当时英国火炮铸造方面的总负责人，见导言最后部分以及第 1 章的介绍。康格里夫是 18 世纪后期、19 世纪早期英国著名的武器发明家，发明了火箭弹，构想了最早的火箭炮船。他受卡隆短重炮的启发，设计了短身管的康格里夫 24 磅炮，可搭载在老旧过时的小型战舰上，使其火力倍增。

38. 本句出现了许多船舶设计术语，所描述的形态即上一句所说的船宽特别宽、船底特别尖，可参照第 69 页"阿尔比恩"号图纸中的横剖面图。船底和船侧壁相接的拐弯处就叫作"舭部"（Bilge），即所谓"舭部转角"，对于非常尖的船底来说，这个拐弯自然比船的龙骨要高得多，这个拐弯比龙骨高出的距离就叫"舭部升高"。这句话中的"最大宽度"特指在横截面即"舯横剖面"内船体的最宽处。对整艘船而言，"最大宽度"则是这个"舯横剖面"的最大宽度，因为船头和船尾都更加瘦削。

39. 船舶的初稳性以船宽的立方迅速增加，船宽加 1 倍，稳定性就增加到原来的 8 倍。

40. 在传统设计中，水线以上舷墙内倾的宽度越来越窄，而西蒙兹给水线以上附近的部位加宽了船体，能够帮助横摇中的船体回正，今天的船舶都是这种设计。

41. 因为船底更尖。

42. 原著作者对朗的这两个改进解读得并不充分。给龙骨钉上护材，其初衷确实是防止搁浅和碰撞到水下障碍物时损坏龙骨，但看过西蒙兹的设计图纸，任何经验老到的技术专家都会明白，摇晃会特别快，正如前文弗洛德说的"猛烈而突然"。如前介绍，根据船舶原理，船宽的增加会带来巨大的稳定性提升，而稳定性越好的战舰遇到风浪时摇晃越快、越突然，令人晕船。因此朗这一加厚龙骨护材的举措，恐怕跟前面竞速试航中提到的这类改装一样，是为了让摇晃变得更加舒缓，不那么猛烈。"Magazine"指"火药库"，不能随意地改称"弹药库"，因为风帆战舰的火药和炮弹是分开存放的。球形实心炮弹存放在"炮弹库"（Shot Lock），位于整艘船最低处，用龙骨下面的主桅杆基座，作为压舱。英国战舰的火药库通常设置在靠近船头的底舱里，因为传统战舰那里空间宽大，船尾底舱还有一个小的辅助火药库。但西蒙兹式战舰船底太尖，船头船尾更尖，根本放不下四方形的火药库，只得将首尾火药库合并成一个舯火药库，到底哪种更方便供应火药，就见仁见智了。当时火药不像后来，是已经分装好了的，火药库里存放的都是成桶成桶的散装颗粒火药，需要战斗时现场在火药库中装填，缝制成发射药包，再运送上火炮甲板，这都是为了防止火灾和爆炸。因此火药库是一个悬挂在底舱里的吊舱结构，四周都不接触船内壳，库内注意防火、防潮、防静电、防电火花。

43. 都是一些大大超越 18 世纪末战舰的数字。

44. 船员居住区即火炮甲板，该舰不仅宽，炮门间距还大，因此居住区宽大。"能挂很多帆"即指该舰稳定性很高，风很大时也能挂上很多帆，不会造成船体严重倾斜。前文提到，强风时的严重倾斜正是法国战舰过高的桅杆会造成的恶果，如果这些法舰的船体像"弗农"号一样宽大、足够稳定，就不会那样了。

45. 四等战舰，即与"弗农"号一样的 50 炮或 40 多门炮的重型巡航舰。五等战舰，即装载 36 炮、38 炮的大型巡航舰。

46. 这里的"双方"，指以西蒙兹为代表的海军军官，与以设计学校为代表的专业战舰设计师。

47. "航海日志"表明这首诗的作者是一名海军军官，即西蒙兹的拥护者。

48. "Establishment"指 17 世纪 70 年代以来，延续百年的船舶尺寸、武备的严格设计标准。这一标准的提高，以及船体的加大，需召集各个船厂厂长商定，并经过议会审批最终才能生效。

49. 注意，第 2 章提到，提出这个新吨位计算法的是第一战舰设计学校的毕业生。

50. 这样做是为了尽量减少船体内的铁，以减少对指南针的干扰。

51. 稳心越高的船越稳定，不容易大角度摇摆，不过其摇摆角度虽小，却更快、更突然。

52. 战舰主桅杆顶端可见带有四格图案的旗帜，这是当时的汉诺威皇室旗。

53. 从 18 世纪中叶到 19 世纪初瑟宾斯初任总设计师的时候，英国海军一般同时任命两位总设计师。"圣文森特"号由设计"特拉法尔加"号的鲁尔和另一位设计师共同设计。

54. 在迎头浪中航行，关键在于不容易埋首、不容易跑偏，而不在于挂的帆多。此时挂太多的帆正好加剧了船的摇晃，让船更容易埋首，结果舰首被大浪推着打偏，把不住航向。西蒙兹的船底很尖，造成首尾浮力不足，特别容易埋首失速、剧烈摇晃，就像上文科伯恩批评"弗农"号一样，遇到迎头浪就步步难行。

55. 西蒙兹的船过宽，稳定性太高，导致横摇过快，从力学上看就是当船摇摆到左舷或者右舷最大倾角时的横向加速度过快，猛烈而突然地改变摇晃方向，正是这猛然一晃让单摆产生了特别夸张的摇摆效果。19 世纪 60 年代，以更加准确的仪器测量当时铁甲舰的横摇，朝每一舷的横摇最多只有 5° 上下。

56. "Deadweight"直译为"死重"，这里指船舶排水量减去船身自重，即载重量。

57. 注意，提到舰名的都是图上带有两层到三层甲板、可见黑白棋盘格状涂装的战舰，其中左起第三的"精湛"号船头朝着观众，第四的"罗德尼"号船尾朝着观众。画面上还有很多小帆船和蒸汽机帆船。

58. 战时方便操作火炮，平时方便海员们就餐。

59. 战舰稳定性好则横倾角度小，这样背风一侧的炮门距离水面不至于太近而遭海水上浪、浸入船体。

60. 风帆战舰可以调整各个桅杆上帆的受力而让其彼此抵消，从而不受风力影响，实现停船，如前一页"忒修斯"号所示。船体设计粗劣、帆装调整不良的船即使摆出这样的姿态，仍然会在风势吹拂下向下风方向漂流，没有很好的迎风停船能力。这种能力是风帆战舰编队活动时必不可少的机动性能。

61. 即现在帆船运动中常见的、朝风吹来的方向做"之"字形机动，而迎头浪会将船头推偏，使"之"字调头行动失败。

62. 见第 28 页示意图"海浪中的船体结构荷载"。

63. 将船体所有木结构和船钉的重量，一项一项，事无巨细地统计出来并加在一起。

64. 见第 2 章相关注释，另外可参考美国二战中的"衣阿华"级（Iowa）战列舰的形态，主炮塔之前的船体进流段非常瘦削，但船体本身短粗，只有钢铁才有足够的强度建造出这样细长的船头。

65. 即上文说的西蒙兹受到专业人士越来越令他尴尬的细密审查。

第五章
蒸汽动力

早在 18 世纪早期就已经有很多将当时新发明的纽科门（Newcomen）蒸汽机[1]用于船舶推进的提案，但没有一个是真正实用的，因为这种蒸汽机太笨重了。到了大约 1780 年，蒸汽机发展到了一个新阶段——它们的重量刚好能装到船上，而船不会沉。当时的发明家们，如法国的茹弗怀·德邦侯爵（Marquis de Jouffroy d'Abbans），美国的鲁姆西（Rumsey）、费奇（Fitch），以及苏格兰的米勒（Miller）等，都造出了最原始的蒸汽船。

到了 18 世纪与 19 世纪相交之际，美国的富尔顿（Fulton）、英国的赛明顿（Symington）已经建造出了能发挥实效的蒸汽船了。1807 年，富尔顿的"克莱蒙特"号（Clermont）开始在哈德逊河（Hudson）上运营。1812 年，贝尔（Bell）的"彗星"号（Comet）开始在克莱德河（Clyde）上商业运营。很快，许多其他汽船也开始在封闭水域运营。[1] 拿破仑战争一结束，商业近海短途航线就得到了迅速发展，汽船开始在格拉斯哥（Glasgow）和贝尔法斯特（Belfast）之间往返，甚至跨越英吉利海峡，在克莱德河和泰晤士河等水道上运营。

海军部常遭批判，说他们对蒸汽船这一新事物接受得太慢。但是，阿基米德浮力定律这铁一般的定律规定——重量必须等于浮力，如果船只搭载上笨重而体积庞大的蒸汽机，那船上就没有多少富裕的重量来搭载火炮，也没有太多的空间来留给船员们了。并且，当时蒸汽机的耗煤量也非常大，将早期的汽船限制在短途航运上。

18 世纪 90 年代初，第一次有人认真地考虑要建造一艘蒸汽战舰，这就是斯坦霍普伯爵（Earl of Stanhope），他提议用"顺桨"（Feathering Paddle，注意并不是明轮）[2]或者按他的称呼叫"鸭蹼"来驱动船舶。海军部鼓励伯爵的工作，但他的船"肯特"号（Kent）却是他自费建造的。[2] "肯特"号于 1793 年由马尔马杜克·斯达尔卡特（Marmaduke Stalkart，战舰设计促进会的一名早期成员）建造于泰晤士河畔，是一艘平底船，两舷呈直线型外飘（Flare）。

每舷有 6 具"摇摆器"（Vibrator），即可以绕着顶端枢轴摆动的桨，桨可前后摆动，并在往回摆时成为顺桨[3]。其竖立双汽缸（6 英尺 ×3 英尺 3 英寸，5 英尺 ×2 英尺）的蒸汽机由沃克（Walker）在罗瑟希德（Rotherhithe）制造，耗资 4498 英镑。这个蒸汽机可能是大气式的，它完全是个废物，虽然能查到有"双头船肯特"号（Kent Ambi-Navigator）试航的简短叙述[3]，但似乎这些桨全是

① E.C. 史密斯（Smith），《军民船用蒸汽机械发展简史》（A Short History of Naval and Marine Engineering），1937 年版（剑桥）；R. 阿姆斯特朗（Armstrong），《早期动力船舶》（Powered Ships: the Beginnings），1975 年版（伦敦）；K.T. 罗兰（Rowland），《船用蒸汽机》（Steam at Sea），1970 年版（牛顿·艾博特）；P.M. 里彭，《英国皇家海军蒸汽机械发展历程》（Evolution of Engineering in the Royal Navy），第一卷，1988 年版（滕布里奇·韦尔斯）。

② E.C. 卡夫（Cuff），《第三代斯坦霍普伯爵查尔斯为海军贡献的发明创造，1753—1816》（Naval Inventions of Charles, third Earl Stanhope, 1753-1816），《航海人之镜》（Mariner's Mirror）第 66 卷（1942）。

③《战舰设计论文集》，1800 出版。

人力操作的，这也预见了纳皮尔（Napier）1829 年在"嘉拉迪亚"号（Galatea）上试验的人力明轮[4]。到 1797 年，该船撤去了蒸汽机，装备上 14 门 12 磅炮作为一艘武装私掠船（Privateer）。1800 年，贝尔提出了一个蒸汽战舰提案，但被海军部否决。

1813 年，富尔顿在美国开始着手一个更加冒险的蒸汽战舰设计。他计划的大型双体船（Catamaran）[5]，于 1814 年获得了国会批准。他的船"达摩罗格斯"号（Demologos）于 1814 年 6 月开工建造，当年 10 月下水，但由于富尔顿的过世，完工时间推迟了，直到 1815 年 6 月才开始试航。该舰一个船体里是一台单缸发动机，另一个船体里是铜制的锅炉。虽然留下的记录各有差异，但该舰的试航速度大概在 3—5 节。该舰意图搭载的武器是 30 门发射红热弹（Red-Hot Shot）[6]的 32 磅加农炮，红热弹由舰上锅炉加热，但该舰实际上只装备了 24 门火炮。试航后，该舰可能再也没出过海，在布鲁克林当了一艘新兵接收船（Receiving Ship），直到 1829 年被拆毁。[1]

表 5.1 "达摩罗格斯"号[7]

主尺寸	156 英尺 ×56 英尺 ×11 英尺
排水量	约 2475 吨
蒸汽机	1 缸，汽缸直径 48 英寸，活塞行程（Stroke）5 英尺
明轮	直径 16 英尺，宽 14 英尺
帆装	原设计无帆，造好后加装了轻型的拉丁帆装

"肯特"号，由斯坦霍普伯爵设计，算是蒸汽战舰一次失败的早期（1793 年）尝试。[图片由英国海事研究会（Society for Nautical Research）提供]

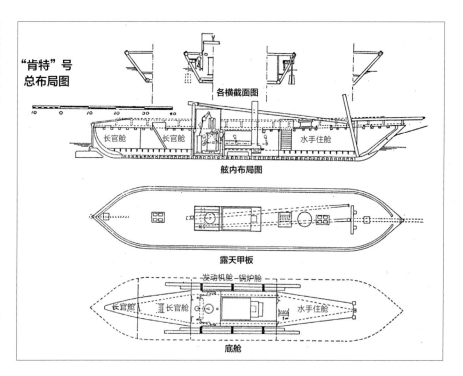

① J.P. 巴克斯特（Baxter），《铁甲舰的诞生》（*Introduction of the Ironclad Warship*），1933 年出版于哈弗，1968 年再版。

富尔顿的新颖布局克服了一些明轮船固有的问题。在富尔顿的设计中，明轮位于两个船体之间，得到两个船体那 4 英尺 10 英寸厚船壳的保护，而且对舷侧配备火炮也没有任何阻碍。帕特里克·米勒（Patrick Miller）于 1787 年在克莱德河试航的蒸汽双体船，也展现了一些类似的优点。另一方面，双体船这种设计也有它自己的问题：两个船体之间的水流是混乱的，不是适合安装明轮的地方。1879 年，著名的跨海峡明轮双体船——"神泉"号（Castalia）、"加莱－多弗尔"号（Calais–Douvres）[8]，很大程度上就是因为这个原因失败了。[①]双体船这种船型太"硬"、稳定性太好，遇到大浪，就会在两舷侧造成严重的快速横摇，让火炮操作变得十分困难，更谈不上准确瞄准。当然，所有这些问题都可以解决，至少可以得到一些改善。而且，双体船的船体结构与强度问题也是可以找到解决办法的，但这种布局没能发展起来，有点出乎意外。[9]

拿破仑战争爆发后，海军部根本无暇顾及蒸汽船，不过重归和平后他们便迅速行动了起来。1815 年，英国计划对刚果河（Congo）进行一次考察。海军部第二秘书约翰·巴罗（John Barrow）说服海军部委员会采纳了当时正在普利茅斯湾（Plymouth Sound）修建防波堤的著名土木工程师约翰·伦尼（John Rennie）的建议，决定为这次探险建造一艘汽船。博尔顿 & 瓦特（Boulton & Watt）蒸汽机制造厂开价 1700 英镑，愿将泰恩（Tyne）河畔在建的一艘船订造的那台蒸汽机优先提供出来。这是一台 20NHP（标称马力）[10] 的摇臂式蒸汽机（Beam Engine），重达 30 吨。如当时通行的惯例那样，蒸汽机制造商派遣了两名"引擎机械师"（Engine Man）来负责其在船上的运行。

英国国王乔治四世（King George IV）于 1821 年 8 月 12 日登上"闪电"号（注意不是那艘同名的军舰），去往都柏林。经过多次更名后，该舰作为"猴"号进入海军服役，尽管仍然只是一艘邮船。（© 英国国家海事博物馆，编号 BHC0619）

[①] G.C. 马克罗（Mackrow），《双体船的推进系统》（Twin Ship Propulsion），出自《造船工程研究院通讯》（Trans INA）第 20 卷（1879）。

"刚果河"号建于德普特福德（Deptford）船厂，于 1816 年 11 月 11 日下水。该舰一下水就发现严重超重，其 8 英尺 6 英寸的吃水让明轮入水太深，以致无法正常工作。海军少将洪姆·波帕姆（Home Popham）负责试航，他属于当时思想最开明的海军军官之一，在他的提携下，康格里夫火箭弹（Congreve's Rocket）和富尔顿的"水雷"（Torpedo）[11] 先后在英国海军中获得列装。波帕姆和工程师默多克（Murdoch）都很担心"刚果"号的超重和稳定性问题，这位工程师写道："这船非常'垮'（Crank）[12]，就算对该舰有了进一步的了解，也没法改善我对该它的看法。"

据说，第一次试航时，波帕姆下令移除压载物，使吃水减小到 4 英尺，从而在引擎每分钟 18 转时达到 3 节的航速。由于 4 英尺 6 英寸的吃水变化需要移除至少 100 吨（蒸汽机重量的三倍）压舱物，所以可以说这条记录至少是不能自圆其说的。1816 年 6 月 22 日，詹姆斯·瓦特（James Watt）出席了第二次试航，证实该舰在这么浅的吃水状态下适航性很差 [13]。该舰后来拆除了发动机，这样"刚果"号就成了一艘帆船——一艘"斯库纳"帆装 [14] 的帆船，其发动机转用于驱动查塔姆的一座水泵。[1]

边沁陆军上将 [16] 为皇家船厂引进了一批蒸汽动力机械，到 1816 年，已经有两艘挖泥船——非自行式的船舶——用蒸汽动力来带动其挖泥斗。尽管早期遭遇了一些失败，但海军部对蒸汽动力的兴趣仍然不减。1816 年，为朴次茅斯设计了滑轮壳蒸汽加工机、后来又在查塔姆造船厂引进了蒸汽机械的马克·布鲁内尔 [17]，建议进一步对蒸汽动力船舶进行试验。对布鲁内尔的建议，曾支持过"刚果河"号试航项目的第一海务大臣梅尔维尔子爵，给出了令他鼓舞的答复，并表示布鲁内尔首先应当集中注意力于逆风时使用蒸汽船拖带风帆船出港。考虑到当时蒸汽船的种种问题，并鉴于此前那些失败的例子，梅尔维尔所指引的方向在 1816 年看来似乎是相当明智的，虽然他的这个指令经常横遭后世作家的讥讽批评。

1816 年冬，海军部雇用了原本为在泰晤士河上运营而建造的汽船"摄政"号（Regent），费用为每周 52 英镑 10 先令，用于在朴次茅斯开展拖带其他船舶的试验。[2] 这艘"摄政"号大概是在 1816 年由波普伯爵（Count Pope）在罗瑟希德建造的，吨位为 112 吨，配有标称马力 24NHP 的莫兹利蒸汽机。朴次茅斯港入海口的海潮非常强劲，而"摄政"号的马力似乎还不够强大。[3] 后来该船的保险事宜出了点问题，海军部对雇用该船的费用也产生了异议。布鲁内尔的传记作家比米什（Beamish）说，这时布鲁内尔已经"不知所措"了。[4]

1819 年，海军部雇用了一艘汽船——"蚀"号（Eclipse），进行了一次更成功的海试。[5] 该船于 1819 年 7 月 4 日 7 点 30 分，拖带 74 炮战列舰"黑斯廷

① 同作者史密斯的上一个参考文献；C.劳埃德（Lloyd），《海军部的巴罗先生》（Mr Barrow of the Admiralty），1970 年版（伦敦）。注意：这个参考文献说"刚果河"号的发动机后来转用到了普利茅斯，这种说法不太确定，但也不是没有可能。无论哪种说法，今天都已无法确证了。劳埃德还说，约瑟夫·班克斯爵士（Sir Joseph Banks）[15] 是说服海军部装备蒸汽机的关键人物。

② R.比米什，《马克·I.布鲁内尔爵士回忆录》（Memoirs of Sir Marc I Brunel），1862 年版（伦敦）。

③ J.芬彻姆（Fincham），《战舰设计史》（A History of Naval Architecture）1851 年出版，1979 年由学者出版社再版于伦敦。

④ 同作者比米什的上一个参考文献。

⑤ G.A.奥斯本的一份未发表笔记，现由世界传播协会（World Ship Society）保管。"蚀"号可能是布伦特（Brent）在罗瑟希德为通用轮船运输公司（General Steam Navigation Company）建造的船。该舰于 1820 年完工，海军部可能赶在客户接收之前对它进行了一些试验。布伦特建造的这艘船吨位为 88 吨（bm，造舰旧计量吨位），主尺寸为 104 英尺 ×16 英尺 9 英寸，配有 60—70NHP 的博尔顿＆瓦特蒸汽机，速度为 12 节。

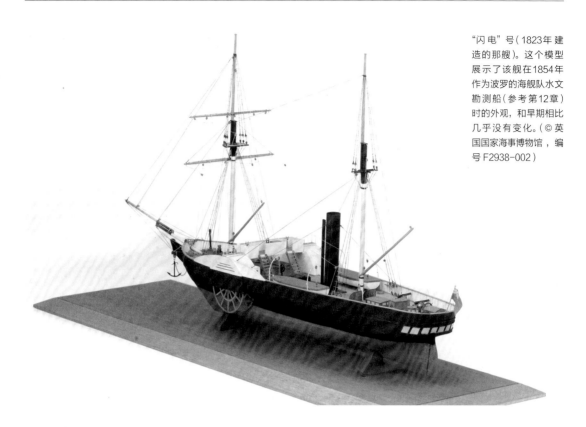

"闪电"号（1823年建造的那艘）。这个模型展示了该舰在1854年作为波罗的海舰队水文勘测船（参考第12章）时的外观，和早期相比几乎没有变化。（© 英国国家海事博物馆，编号 F2938-002）

斯"号（Hastings）离开伦敦，于13点30分抵达马盖特（Margate）[18]。海军部应该还注意到了1816年8月东印度公司成功进行的那次海试，他们用90吨、24NHP的蒸汽船"庄严"号（Majestic）顶着风，以3节的航速将"希望"号（Hope）从德普特福德拖带到沃维奇。"庄严"号在那一年早些时候，实现了蒸汽船的首次英吉利海峡横渡，还搭载了200名乘客。

蒸汽船的下一步发展是在邮政事业，这是因为邮局的邮船由海军部监督建造。邮局从罗瑟希德的威廉·埃利亚斯·埃文斯（William Elias Evans）那里订购了两艘汽船——"闪电"号（Lightning）和"流星"号（Meteor），两船于1821年5月在霍利黑德（Holyhead）投入运营。到这年底，两船已经完成了140多次横渡爱尔兰海的跨海航行，平均航渡时间为7个半小时（最快6个小时，最慢16个小时）。这种船运营起来，比风帆船更快、更可靠。

"闪电"号（1823年建造的那艘）的侧杠杆蒸汽机示意图。所谓"侧杠杆"就是这张图底部漆成黑色的摇摆杆。（© 英国国家海事博物馆，编号 L2542-002）

"闪电"号有两个客舱，一个有 6 个铺位，供女士使用；一个有 14 个铺位，供男士使用。1821 年 8 月 12 日，乔治四世国王计划去往爱尔兰，但因为那天没有风，于是便搭乘了斯廷纳（Skinner）船长指挥的"闪电"号。为了纪念皇室第一次登临汽船航行，这艘船改名为"皇家君权者·国王乔治四世"（Royal Sovereign King George Ⅳ），很快就简称为"皇家主权"（Royal Sovereign），接着又改名为"主权"（Sovereign）。1837 年，海军部接管了邮局的那些邮船，并将该船更名为"猴"号（Monkey）。该船经历过这么多次更名，以致后来和海军一艘也叫"闪电"号的汽船混淆了，为此常常被误认为是海军部建造的第一艘汽船。

1821 年下半年，海军部雇用 180 吨的"鞑靼人"号（Tartar）在爱尔兰海进行了几次航行，此时海军部的造船计划已经进行到比较深入的阶段了，于是计划开发一种汽船来用作拖船与支援船。设计交由沃维奇船厂厂长奥利弗·朗来负责，总设计师瑟宾斯对该项目也表现出了热切的关注。这艘汽船于 1821 年 11 月 21 日在德普特福德安放龙骨，开工建造，并于次年 5 月 23 日下水，取名"彗星"号（Comet）。

"彗星"号长约 115 英尺，船头带分水板（Knee Bow），船尾带方形艉楼，造型与当时的双桅杆分级外炮舰（Brig Sloop）非常相似。[19] 船体舯部竖立了一个单独的、非常高的烟囱，它后面很靠后的地方，还有一个废蒸汽排气道。该舰采用双桅"斯库纳"帆装，明轮安装在半圆形的明轮壳中，没有设置舷侧突出部（Sponson）。[20] 该舰装备了侧杠杆双缸蒸汽机（Side Lever Two–Cylinder），汽缸直径 35.5 英寸，活塞行程 42 英寸，造价 5050 英镑。工作蒸汽压力为 4 磅 / 英寸^2，蒸汽驱动一对直径为 14 英尺的明轮。耗煤量约为每小时 10 英担[21]。

直到 1831 年，"彗星"号一直在泰晤士河上用作船厂辅助船，除了在 1827 年曾伴航过皇家游艇。之后，它在 1842 年担任了水文勘测船，又在 1854 年成了朴次茅斯港的拖船。1868 年，该舰被最终拆毁。1831 年时，该舰被列为"国王陛下的战舰"（HMS[22]），但"彗星"号本身是按照港务拖船来设计建造和投入运行的辅助船。该舰通常搭载一点轻型火炮，包括 2 门 6 磅炮、2 门 18 磅炮、4 门 9 磅炮。

到 1837 年，据说"该舰在高海况下航速很慢，因为其吃水比建造者当初计划的要深很多"。[①] 该舰的舰首吃水 8 英尺 9 英寸，舰尾吃水 9 英尺。

朗又设计了两艘稍大些的汽船——"闪电"号（Lightning）、"陨星"号（Meteor）[23]，它们于 1823 年造好。"闪电"号于 1824 年参加了阿尔及尔远征行动，这可能是皇家海军汽船第一次参加远洋任务。在该舰漫长的一生迫近尾声的 1854 年，它还在充当波罗的海舰队的水文勘测船。

① 英国国家档案馆，编号 Adm 95 / 87。

外军发展情况

在蒸汽动力船舶发展的早期岁月里，除了上面提到的蒸汽船外，其他一些汽船的设计与使用情况也影响了皇家海军对蒸汽动力船舶的态度。1819 年 5 月至 6 月间，蒸汽船"萨凡纳"号（Savannah）[24] 第一次实现了横跨大西洋的壮举，尽管该船在长达 27.5 天的航程中动力航行时间仅为 85 小时，以致该舰此次航行的重要性可能并不那么明显。

1821 年，科克伦子爵（Lord Cochrane）[25] 在罗瑟希德的布伦特厂（Brent of Rotherhithe）订造了军舰"辰星"号（Rising Star），用于参加智利独立战争。该舰配备了一台双缸莫兹利发动机，通过双臂曲柄（Bell Crank）[26] 来驱动其明轮。明轮装在船底舱里一个不破坏船底水密的隔舱里，该舱底部敞开。在每平方英寸 2—3 磅的蒸汽压力驱动下，该舰在泰晤士河上达到了 5—6 节的航速。该舰没能赶上这场战争，但科克伦的活动总是能成功吸引到公众的关注，公众对该舰的性能表现给予了好评。[①]

1824—1825 年间，东印度公司的"戴安娜"号（Diana）汽船（60NHP）在第一次缅甸战争（First Burmese War）中，在伊洛瓦底江（Irrawaddy）湍急的水流中作为运兵船发挥了很大的作用。伴随"戴安娜"号一起行动的皇家海军战舰上的军官们，对此印象深刻。在海军中校（RN Lieutenant）[27] 约翰斯顿（Johnston）的指挥下，"进取"号（Enterprize）汽船于 1825 年 8 月从英格兰出发，12 月 7 日抵达加尔各答。[②] 该舰的航程非常艰辛，由于耗煤量巨大，仍然十分依赖风帆航行（113 天的航行中只有 64 天为动力航行）。但时人仍然认为该舰是成功的，于是该舰最后被东印度公司收购。该舰的航行完全可以和几乎一个世纪后的早期航空冒险相提并论，这些飞行与航行本身没有什么直接价值，但是展现出的是新技术的巨大潜力。

1824 年 7 月，弗兰克·黑斯廷斯（Frank Hastings）海军上校说服希腊人购买了 2 艘汽船，事实上他们后来购买了 3 艘，这是因为当时的希腊人正在为从奥斯曼统治下解放自己的国家而奋斗。[28] 达金斯（Dakins）记述了这桩不怎么靠谱的买卖。最终，第一艘船在布伦特厂订造，由盖罗维厂（Galloway）提供引擎，而当时盖罗维的儿子正挣着埃及政府[29] 给的工资！[③] 该船命名为"坚韧"号（Perseverance），抵达希腊后更名为"卡特里亚"号（Karteria）[30]，于 1826 年 5 月 18 日进行了还算成功的试航。

到这时，另外两艘汽船"进取"号（Enterprize）、"压倒"号（Irresistible）已接近完工，将要指挥这支力量的科克伦子爵动身前往希腊。1826 年 5 月 26 日，"坚韧"号从德普特福德出航，为符合法律规定，未搭载任何武器。该舰的 4 门 68 磅炮[31] 先运到美国，兜了一个圈，再运到希腊，送上该舰。"进取"号则于

① 同作者史密斯的上一个参考文献。
② 同作者史密斯的上一个参考文献；同作者罗兰的上一个参考文献。
③ D. 达金斯（Dakins），《科克伦子爵的希腊蒸汽舰队》（Lord Cochrane's Greek Steam Fleet），《航海人之镜》（Mariner's Mirror）第 39 卷（1953 年）。

1827 年 4 月驶出泰晤士河，在英吉利海峡中，其蒸汽机因故障停机三次，最后连锅炉也爆炸了，只能被拖到普利茅斯进行整修。该舰修理好后于 9 月抵达希腊，更名为"艾皮契尔西斯"号（Epicheiresis）[32]。该舰那同样差强人意的姊妹舰"赫尔墨斯"号（Hermes），直到 1828 年 9 月才抵达希腊。

开创性的蒸汽战舰"进取"号，于1827年12月7日（译者注：应为1825年12月7日，原书这里有误）抵达加尔各答，距离从英国出发已经113天。（© 英国国家海事博物馆，编号 PU6662）

"戴安娜"号（左前景）。1824年，东印度公司为应付缅甸战争收购了该舰，该舰可能是第一艘参加作战行动的汽船。（© 英国国家海事博物馆，编号 D3594）

这个时候，由黑斯廷斯指挥的"卡特里亚"号作为一艘战舰，已经竖立起了传奇般的名声。就像所有动听的传奇故事那样，该舰的表现很可能被夸大了不少。1827 年，该舰宣称已经俘虏、摧毁了大约 24 艘奥斯曼帝国小型船只，进行了几次对岸炮击行动，还充当了运兵船。黑斯廷斯是红热弹的狂热信徒，他专门设置了一座加热炉来制作红热弹。据说该舰共发射了 1.8 万发炮弹——每天每门炮 12 发[33]，这种说法必然是一种"传奇"了。黑斯廷斯利用该舰的明轮让其原地调头转向——也许就是让一侧的明轮暂时从驱动轴上脱挂，这样就可以依次用每门火炮轰击敌人[34]。"卡特里亚"号的蒸汽机组也不是很令人满意，并且在到达希腊之前也曾发生锅炉爆炸事故，该舰的两个 42NHP 汽缸对于其 400 吨的吨位来说显得不足（皇家海军当时的惯例为：1NHP 驱动 3.7—4 吨的船舶吨位），且明轮有些过重，并浸没不足。而使用风帆航行时，该舰尽管航速慢但尚且令人满意。

在迈索隆吉翁（Missolonghi）战役期间，黑斯廷斯在轰击安纳托利克（Anatolico）堡时受了致命伤，于 1828 年 6 月 1 日殉职。

在其他舰长的指挥下，"卡特里亚"号及其姊妹舰几乎没取得过任何战果。在希腊内战期间的 1831 年，该舰被炸毁。

希腊独立战争在英格兰的公众舆论中获得了极大的关注和同情，英国地中海舰队同样在密切关注战事的发展。"卡特里亚"号给这些颇具批判性又消息灵通的海军军官们留下了不错的印象，其中许多人到这个时候已经相信了汽船的存在价值。

另一个值得注意的是，真正靠动力第一次跨越大西洋的蒸汽战舰——荷兰的"库拉科阿"号（Curacoa）。该舰于 1826 年建造于多佛尔（Dover），后来由荷兰人购买，并在 1827—1829 年三次往返荷属圭亚那，每次航程大约耗时一个月。

蒸汽船在英国皇家海军中的发展（中前期）

1824 年，朗设计的下一批 6 艘汽船开工建造，大体上仍根植于双桅杆分级外风帆炮舰的基本设计。这些船装备 2 门黄铜 6 磅炮[35]，只能算作辅助船，但是在 1828 年也列入了战舰名册中，并由海军中校来指挥。这些船的舰载武器后来增加了很多。"阿尔班"号（Alban）于 1839 年加长船体后，搭载了 1 门可以左右回旋的发射 32 磅炮的 56 英担大炮，以及 2 门发射 32 磅弹的 25 英担舷侧炮，这使该舰成为一艘强力的作战舰艇。[36]

本来这些船的帆装是双桅"斯库纳"，但"阿尔班"号后来改装成了双桅"巴肯亭"式帆装[37]。在需要长时间纯风帆航行时，每一侧明轮底下的六片桨板都可以拧掉螺钉拆下来，这样它们就不会在水中拖着增加阻力了。桨板拆除作业[38]在任何天候、海况条件下都是很危险的，而且恶劣天气下几乎不可能实现。拆除底层桨板的后果就是，一艘汽船如果突然遭遇恶劣天气或者下风处有海岸，就没法使用蒸汽动力规避危险了。[39]

当时的蒸汽船耗煤量十分巨大，这些船煤舱（Bunker）里的存煤只够烧 4 天，因此在露天甲板上还堆放了大约 4 吨煤。1834 年 7 月，"阿尔班"号从巴巴多斯（Barbados）航渡到法茅斯（Falmouth），历时 51 天，其中只有 7 天是在蒸汽动力驱动下进行的动力航行。1827 年，英国海军开工建造了另一艘类似的船，这之后，蒸汽军舰的建造就暂时告一段落了。

这种突然偃旗息鼓的态势，很可能是由于海军部资金短缺，而不是因为缺乏发展蒸汽船的动力，第 3 章的图表已经显示了当时的海军预算低到何种程度。另一方面，邮局以平稳的节奏不断建造蒸汽邮船，可能还得到了海军部的支持

"卡特里亚"号，1827
年建造于英格兰，在希
腊独立战争中由黑斯廷
斯上尉指挥，该舰的表
现向皇家海军证明了蒸
汽船的存在价值。[40]（©
英国国家海事博物馆，
编号 PW8052）

鼓励。有一种广泛流传的说法，说 1827 年，梅尔维尔子爵给殖民局（Colonial Office）写信，反对在科尔福（Corfu）和马耳他[41] 开通汽船邮政服务，但这似乎是后来编造的。[①] 这种说法是站不住脚的，因为梅尔维尔子爵已经为皇家海军订购了大量蒸汽船，而且不管有没有海军部的帮助，邮局的蒸汽邮船队都在稳步扩大规模。

表 5.2　邮局邮船

年份	当年新增数	总数	年份	当年新增数	总数
1821	5	5	1832	—	29
1822	1	6	1833	1	30
1823	2	8	1834	1	31
1824	3	11	1837	3	34
1825	3	14	1838	2	36
1826	4	18	1840	2	38
1827	6	24	1844	1	39
1828	—	24	1845	2	41
1829	1	25	1846	1	42
1830	—	25	1847	4	46
1831	4	29	1848	2	48

注：来自 G.A. 奥斯本（G A Osbon）未发表的数据。

① P. 布洛克（Brock）和 B. 格
林希尔（Greenhill），《蒸汽
和 风 帆》（Steam and Sail），
1973 年 在 牛 顿·艾 博 特
（Newton Abbot）出版。

"阿尔班"号（1824年），是朗基于双桅分级外炮舰设计的典型早期明轮船。

　　除了以上提到的这些人外，还有许多其他人也给予了蒸汽船支持。1825 年 2 月 21 日，约瑟夫·胡姆（Joseph Hume）对议会下院宣讲道："蒸汽动力彻底改变了窄海（Narrow Sea）[42] 里的海上交战特性。"此外，J. 罗斯（J Ross）海军少将和威廉·鲍尔斯（William Bowles）海军上校发行了关于蒸汽战舰的小册子。另一方面，确实有人直接反对蒸汽船，对蒸汽船抱有敌意的人甚至更多。但不应该夸大当时这种反对的声音，因为蒸汽船的发展计划毕竟在事实上取得了稳步的进展。

　　为了做出一种经济节约的姿态，海军部委员会于 1826 年决定给科孚和马耳他岛购买两艘现成的汽船"乔治四世"号（George Ⅳ）、"约克公爵"号（Duke of York），但直到 1830 年经费才到位。更名为"赫尔墨斯"号（Hermes）、"信使"号（Messenger）的这两艘船被证明是假省钱、真费事，于是投入运行后不久便被废弃了。科孚岛的邮政服务于 1830 年 2 月 5 日由从法茅斯始发的"流星"号（Meteor）[43] 开通运营。帆船要用三个月完成往返航行，而蒸汽船能够将时间缩短到一个月左右。海军部继续负责邮政服务的运营，直到 1837 年这项事业被移交给"铁行轮船公司"（Peninsular&Oriental Steam Navigation Company）[44]。

　　也许是受到佩克桑的著作的启发，也许是意识到了海峡对面的技术发展，1824 年法国人开始考虑装备蒸汽战舰，但直达 1829 年他们才造出了第一个顶用的蒸汽船——"斯芬克斯"号（Sphinx）。

　　"斯芬克斯"号的蒸汽机组重量为每 NHP（标称马力）831 千克，耗煤量为 6 千克每 NHP/ 小时。

"空灵"号（Ariel）。它原是1822年的邮局邮船"箭矢"号（Arrow），1837年被皇家海军收购并更名。（© 英国国家海事博物馆，编号BC3204）

表 5.3 "斯芬克斯"号

吨位	777
主尺寸	152.2英尺 × 25.9英尺 × 10.9英尺
火炮	11门小炮
帆面积	8964英尺²
蒸汽机组	利物浦的弗里斯特厂（Forrester）造，160NHP
航速	约7节

　　法国的工业水平无法提供合适的蒸汽机组，所以"斯芬克斯"号的发动机是英国制造的。该舰和其他早期的法国船一样只有轻武备，看起来非常羸弱，主要作用是无风时拖带帆船。[①]1830 年，该舰和 6 艘类似的船舶参与了阿尔及尔远征。

　　英国保守党（Tory）政府于 1830 年 11 月下台，于是詹姆斯·格雷厄姆爵士取代了梅尔维尔爵士，成为第一海务大臣。[45]新一届海军部委员会继续建造少量与之前船舶相似的汽船。1831 年 1 月下单订购的前两艘战舰——"喷火者"号（Flamer）和"纵火者"号（Firebrand），可能是前一届班子已经计划好了的。尽管还是依照朗那种已经眼熟的设计，但这批船是在莱姆豪斯（Limehouse）的民间船厂建造的。"喷火者"号于 1850 年在西非失事（Wrecked），是早期汽船中唯一一个失事案例。[46]

　　"纵火者"号在 1835 年接待了海军部委员会官员参观各个皇家海军船厂，并于 1842 年成为海军部游艇（Admiralty Yacht）[47]。之后，该舰加长了船体，外观上变成了两根烟囱、三根桅杆。为纪念当时常常搭乘该舰航行的普鲁士皇室[48]，该舰更名为"黑鹰"号（Black Eagle）。1832 年，"纵火者"号更换了引擎（原为哥伦比亚厂产品），保留了该舰那套摩根式顺桨明轮（Morgan's Feathering

①《海军工程两百年纪》（Genie Maritime Bictentenary），巴黎出版。

Wheels）[49]。1843 年，该舰成了最
先搭载宾式摇汽缸蒸汽机（Penn
Oscillating Engine）的汽船，这种
蒸汽机占据了与原有机组相同的空
间并拥有同等的重量，但额定功率
却翻了倍。与此同时，该舰简易
的烟道式锅炉（Flue Boiler）[50] 也
替换为管式锅炉（Tubular Boiler），
管式锅炉有 2250 根铜制的直径为
2 英寸的火管，管壁厚 0.125 英寸，
管长 5 英尺 1 英寸。后来在 1856 年，

人们又用该舰试验了 J. 韦瑟雷德（J Wethered）的过热器（Superheater）。在过
热器中，一部分蒸汽会加热到 500 ℉—600 ℉（华氏度）[51]，然后再与湿冷的蒸
汽混合。

1832年时"迪"号的侧
杠杆式蒸汽机，注意由
马克·布鲁内尔提出的
"哥特"式发动机支撑框
架[52]。（英国科学博物馆
供图）

表 5.4 过渡型汽船

舰名	设计师	船厂	开工时间	吨位	标称马力
"拉达曼迪斯"号	罗伯特（Robert）	德文波特（Devonport）	1831	813	220
"美狄亚"号	朗	沃维奇	1832	835	220
"火蜥蜴"号（Salamander）	西顿（Seaton）	希尔内斯	1831	813	220
"凤凰"号（Phoenix）	瑟宾斯	查塔姆	1831	802	260

　　1828 年，作为一艘帆船开工的"迪"号（Dee）是同批战舰中最大的一艘，
造价 2.7 万英镑，也是最昂贵的一艘。后来增强武备时，该舰能够搭载 2 门 32
磅长炮[53]，以及 2 门同口径的短炮。该舰的一位舰长曾报告说："该舰浮态调整
成尾部吃水比舰首深时，航速非常慢，舵非常不听话。先消耗船后部存放的煤，
能够改善这些问题。该舰摇晃非常剧烈，非常令人不适。在中强度的侧风（Beam
Wind）下，船尾两侧的小艇吊架不能吊挂小艇。[54]" ①

　　英国科学博物馆（Science Museum）收藏有一个非常漂亮的、"迪"号上安装
的莫兹利蒸汽机的模型（如上图所示）。当时的人们通常把一个汽缸算作一台蒸汽
机，而双缸的则被称为"蒸汽机组"。和所有早期的汽船一样，该舰的蒸汽机是侧
杠杆式的。侧杠杆的设计其实就是将原始的摇臂式蒸汽机[55] 那过顶的摇臂纵剖成
两半，然后把这两半挪到汽缸的两侧。活塞通过侧面布置的杠杆来带动剖成两半
的摇臂，因此称为"侧杠杆"式蒸汽机。双缸是必需的，因为单个活塞可能会正
好停死在正中间的平衡位置，导致蒸汽机没法再次发动起来。

① 英国国家档案馆，编号
Adm 95 / 87。

"迪"号的 200NHP 蒸汽机，缸体直径为 54 英寸，活塞行程为 5 英尺，管式锅炉的蒸汽供汽压力为 3.5 磅 / 英寸 ^{2}，能产生 272ihp（标定马力）[56] 的输出功率。这台蒸汽机驱动直径 20 英尺的明轮，以每分钟 18 转的转速旋转时，航速可达 8 节。

过渡型船舶

1831—1832 年英国开发的过渡型蒸汽船（表 5.4），明显是要设计成战舰。海军部委员会决定让总设计师（瑟宾斯）和 3 位船厂厂长彼此竞争，设计建造 4 艘可以相互比较的战舰。

芬彻姆对这 4 艘船的评价可能适用于所有早期的蒸汽战舰：

> 我并不是想要贬低这些船的设计者们的才能，但这些船目前还不完美，不过，因为蒸汽船舶尚在发展中，还未达到炉火纯青的地步，所以这种瑕疵几乎是不可避免的。同时也可以公平而公正地说，这些船都是有用的船，而且长久耐用。[1]

奥特威（Otwtway）曾提到过"拉达曼迪斯"号（Rhadamanthus），当然他也可能说的是"美狄亚"号（Medea），说该舰彰显了设计师的才能。这些船总的来说，显得"修长俊美"（Sylph-Like），它们造型美观、舰首尖削，在风平浪静的条件下适航性良好。[2] "拉达曼迪斯"号的设计自成一系，值得仿造出一系列姊妹舰。虽然奥特威那样夸奖该舰，但令人惊讶的是，"拉达曼迪斯"号是这批船中第一艘退居二线的。

1831 年，法国军队进驻比利时，准备对付拒绝从安特卫普（Antwerp）撤军的荷兰人。英国皇家海军在 1832 年封锁了荷兰的港口，支持法国的行动。在这场行动中，英国使用了 3 艘战列舰和 12 艘其他舰只，其中就包括汽船"拉达曼迪斯"号和"迪"号。仅仅一个月，这支力量就扣留了价值 100 万英镑的货物。冲突双方于 1833 年 5 月达成停火协议，6 月在巴黎签署了和平条约。这两艘汽船在荷兰沿海狭窄而水流湍急的江河入海口，显得特别有用。

1831 年爱尔兰南部骚乱期间，这些汽船再次被启用。在这里，汽船的价值又一次得到体现：这些船能不受风与海潮的影响，按照预定计划抵达目的地。

"拉达曼迪斯"号是整个英国海军和商船队中第一艘跨越大西洋的汽船。该舰于 1833 年 4 月 21 日离开普利茅斯，穿越比斯开湾。接着，该舰停用了发动机，暂时拆除掉底层桨板，在到马德拉（Madeira）群岛的剩余航程里都依靠风帆航行。在马德拉，该舰装上了 320 吨煤。[3] 4 月 30 日，"拉达曼迪斯"号再次起航，

① 同作者芬彻姆的上一篇参考文献。
② R. 奥特维（Otway），《蒸汽动力基础教程》（*An Elementary Treatise on Steam*），1834 年版（伦敦）。
③ 同作者史密斯的上一篇参考文献。

于 5 月 17 日到达巴巴多斯，以平均 6.1 节的速度航行了 2500 海里（Mile）[57]。该舰时不时地使用蒸汽动力航行，而当条件有利于风帆航行时，就暂时拆除底层桨板。该舰的航海日志屡次提到，为了表彰发动机机师、锅炉工和底舱手的艰辛工作，给他们发放了额外的朗姆酒喝。[58]

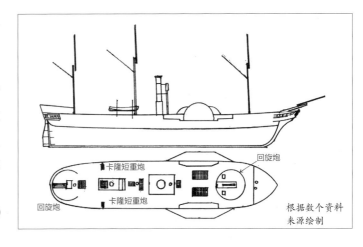

卡隆短重炮
回旋炮
卡隆短重炮
回旋炮

根据数个资料
来源绘制

"拉达曼迪斯"号（作者绘）。

W.H. 亨德森（W H Henderson）船长对"拉达曼迪斯"号非常满意："海上适航性卓越，非常好使、耐用。"虽然给予了"拉达曼迪斯"号不错的评价，但他认为这 4 艘中的"火蜥蜴"号（Salamander）船体强度似乎不足。[①] 奥特维评价说："'拉达曼迪斯'号舰首像鹬喙般尖削。"该舰直到 1864 年仍在作为武装运兵船服役。

"美狄亚"号也去过西印度群岛，创下了蒸汽船可靠性的记录。从 1834 年 2 月到 1837 年 10 月，除了该舰船员自己做的舰上维修外，它没有进行过其他维修养护。拖带帆船仍然是汽船的主要任务，1835 年 1 月，"美狄亚"号在地中海地区展示了它的这一本领。舰队在距离马耳他 10 公里的地方因为无风而停了下来，于是"美狄亚"号出马，先后拖带 5 艘战列舰进港。一些汽船上的军官认为，这是一项抬不起脸面的任务，而另一些则赞美蒸汽这种持久不断的动力。

① W.H. 亨德森（Henderson），《议会文件》（Parliamentary Papers），1847年。

"拉达曼迪斯"号，第一艘跨越大西洋的英国汽船，虽然大部分航程都依赖风帆。（© 英国国家海事博物馆，编号 L2456-003）

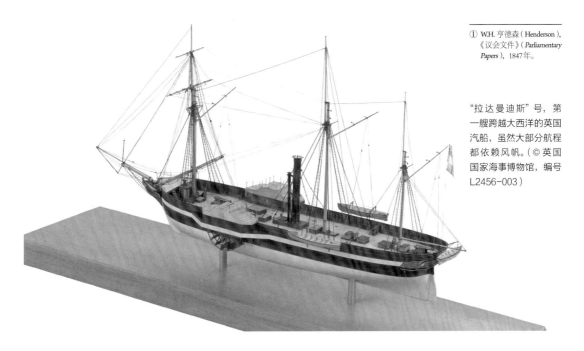

1835年建造的早期汽船"萤火虫"号（Firefly）拥有漫长的服役生涯，这是1855年8月8日该舰在克里米亚战争期间的作战行动。（© 英国国家海事博物馆，编号 neg 8089）

　　1833—1834年，英国又建造了4艘汽船——"猎鹰"号（Falcon）、"开拓者"号（Blazer）、"塔尔图斯"号（Tartarus）和"伏尔甘"号（Vulcan）。同样是在1834年，"赫尔墨斯"号开工建造，这是新任总设计师西蒙兹设计的第一艘汽船。该舰一直都不太令人满意，因为西蒙兹坚持他的艉部升高设计，这使机器的安装非常困难[59]。1840年，指挥该舰的布朗特（Blount）舰长说，该舰"航海性能优秀，依靠风帆航行的性能不错，但发动机功率不足"①。这一年，该舰在查塔姆入坞，船体延长了20英尺。朗说，他加长了船头部分，以使进流段足够长，因为原设计的去流段太长了。②该舰的旧发动机被拆下来安装到"喷火"号（Spitfire）上，而"赫尔墨斯"号则接收了一套莫兹利"暹罗人"式蒸汽机（Maudslay Siamese Engine）[60]，这台机组虽然与之前的发动机标称马力，也就是 NHP 相同，但其输出功率更强大。这台机组以每分钟19转的速度驱动一个19英尺的明轮，航速达到8.5节。船体加长后，该舰操舵转向遇到了麻烦，因为明轮太靠后了。[61] "赫尔墨斯"号原本是纵横帆双桅帆装，但后来和大多数早期汽船一样，该舰也加装了后桅杆（Mizzen）。[62]

　　该舰原本搭载一对9磅炮，但是到1842年，该舰已经配备了2门8英寸炮和4门重25英担的32磅加农炮。[63] 在1862年，8英寸炮被阿姆斯特朗40磅后装炮[Armstrong Breech Loaders(BL)][64]取代。尽管存在一些缺点，"赫尔墨斯"号还是成了后来几个设计的基础。1835—1838年间，英国依照该舰原本的设计建造了3艘船；1839—1840年间，又相继造了4艘。1837年，英国批准建造4

① 英国国家档案馆，编号 95/88。O. 朗，《我对战舰设计的改良》（ Improvements in Naval Architecture for which I have been Responsible ）。

艘加长型的"水螅"级（Hydra）战舰。尽管该级经常被说成是来源于加长的"赫尔墨斯"型，但其设计的成型要早于后者的这种加长改造。这些船的造价都相对比较便宜。

表5.5 汽船建造成本

"火山"号（Volcano）	25000英镑
"塔塔罗斯"号（Tartarus）	船体11618英镑，栖装整备20324英镑
"黄泉"号（Acheron）	蒸汽机和明轮7445英镑

当格雷厄姆离开海军部，向他的继任者奥克兰子爵（Lord Auckland）交接工作时，他告诉对方要开工建造6艘"美狄亚"型和4艘"角斗士"（Gladiators）型舰船。（1831—1834年实际开工了11艘）奥克兰又告诫他的继任者格雷伯爵（Earl de Grey），说倘若战争来临，汽船的需求量将会很大，可是现在仍有许多技术问题需要去克服：有些船动力不足，有些船发动机给火炮和人员留下的空间太小。动力机械的配置也缺乏统一性，而且维修养护的费用昂贵。奥克兰决定，在密切关注汽船商业航运发展的同时，以不紧不慢的节奏坚持建造海军汽船。

在加拿大的五大湖上，英国还先后建造和采购了7艘汽船。这些船虽然在设计发展史上并不占显著地位，但却进一步增加了英国海军在蒸汽动力作业方面的经验。

技术发展水平

到1837年，英国皇家海军已经建造了近30艘汽船，并另购了一批汽船执行一些次要任务。

表5.6 汽船建造总数累计（截至1837年）

年份	累计数	年份	累计数
1822	1	1830	11
1823	2	1831	14
1824	3	1832	19
1825	4	1833	20
1826	5	1834	25
1827	8	1835	27
1828	8	1836	28
1829	9	1837	29

最初，这些汽船是作为辅助船舶如拖船、派遣通信船（Despatch Vessel）、水文勘测船等来建造的，但从正式运营开始，这些船就配备了武器，并参与到英国世界警察的行动中去。到1828年，第一批汽船登上了战舰名册，其

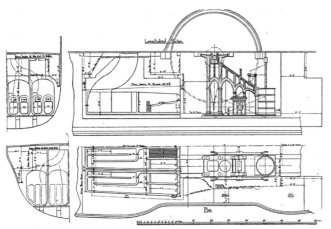

"赫克拉"号（Hecla）和"赫卡特"号（Hecate）机组布局图，展示了明轮驱动轴、蒸汽机和锅炉的位置与布局。[65]

舰名打头是"国王陛下的汽船"（HM Steam Vessel）。这些船的价值后来越来越受到舰队总司令（Commanders-in-Chief）们的赞赏，例如，1833年地中海舰队的马尔科姆（Malcolm）海军上将曾经写道："对我来说，一艘大型汽船比一艘74炮战列舰更有用。"

由于汽船的实用价值，当舰队中大部分风帆船封存备用的时候，汽船仍然在服役。

因造舰经费短缺，再加上担心技术的快速变革会迅速使现有船舶过时，因此这种不紧不慢的造舰计划在今天看起来仍有其合理性。当然，在商业航运中，汽船的绝对数量更大。不过商业汽船与帆船数量的比例，跟皇家海军的情况差不了太多。

1840年时，帆船依然占据绝对优势，总计3215731吨的28137艘风帆商船，配有261194名船员。在1830年投入商业运营的汽船中，只有不到80艘是超过200吨的大船；并且，仅有70艘的发动机超过了100NHP。其中最大的是513吨、230NHP的"香农"号（Shannon），建于1826年。

于1861年搁浅的"赫卡特"号。这是展示早期明轮甲板布局的罕见资料。（© 英国国家海事博物馆，编号PX9919）

表5.7 汽船使用情况

年份	封存	服役
1828	3	4
1829	3	4
1830	5	3
1831	2	8
1832	1	13
1833	—	19
1834	1	17
1835	3	20
1836	5	18
1837	2	22
1838	7	21（另外还有30艘邮船）

注：由于包括了不同种类的辅助汽船，本表数据和前表并不完全一致。

海军部并没有对保护日益增长的蒸汽航运业给予足够的重视，倒是稍稍考虑了使用商业汽船充当辅助巡洋作战舰艇。海军部财务负责人拜亚姆·马丁（Byam Martin）曾于1830年致函梅尔维尔子爵，说："既然有这些商船可以征用，从经济性出发，谨慎起见，我们不要花大价钱去置办一支昂贵的蒸汽舰队；更何况，这些蒸汽机械仍处在不断的试验与改进提升中。"[1]

表5.8 非战汽船

年份	私营商业保有		皇家海军保有	
	汽船数	吨位	汽船数	吨位
1830	315	23444	7	2796
1835	538	60520	14	7381
1840	824	95807	45	19796
平均吨位	—	116	—	428

这一时期，除英国之外建造了较多蒸汽战舰的国家，只有法国和美国。法国从一开始就把蒸汽邮船列为军舰，因此法国的蒸汽战舰数量显得特别突出，尽管和英国皇家海军的相比，每艘法国汽船都明显处于劣势。至于美国，其海军在1820年初成功在西印度群岛用汽船"海鸥"号（Seagull）[66]打击了海盗。

尽管这些早期汽船的规模从"彗星"号的238吨、船长115英尺，增长到"美狄亚"号的835吨、船长179英尺，但这些船的总体布局非常相似。这里展示的"豪猪"号（Porcupine）的总体布局是比较有代表性的，只是这里将两台锅炉分开放在蒸汽机组的两端是不太常见的。所有的船，其船体一般都漆成黑色，烟囱通常也是黑色的。

机组占用了船体舯部总长三分之一的空间，总数约60人的船员住船头，3名军官住船尾。有人戏称这是一种"民主"布局：一半船归船员居住，一半船归军官住。[67]这些船建造得很结实，有每层厚4—7英尺的双层木制船壳，并

①《1830年给梅尔维尔子爵的信》，出自《海军荣誉元帅托马斯·拜恩·马丁爵士文稿》（Letters and papers of the Admiral of the Fleet Sir Thomas Byan Martin），海军文档协会（Navy Records Society）藏，1901年版（伦敦）。

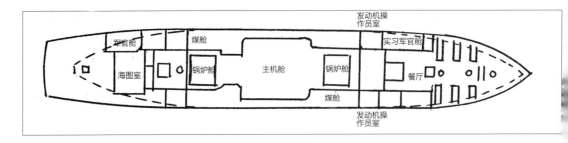

发动机操作员室

军官舱　　煤舱　　　　　　　　实习军官舱

海图室　　锅炉舱　　主机舱　　锅炉舱　　餐厅

煤舱

发动机操作员室

"豪猪"号下层甲板布局平面图（作者绘）。

广泛使用铁制对角线支撑肘材来保持船体不变形。于是，这些战舰的平均寿命往往能超过30年，有2艘船甚至达到了半个世纪。考虑到早期蒸汽机的巨大重量和严重震颤，这种长寿完全要归功于这些船的设计师们，特别是奥利弗·朗，以及这些船的建造者们。这些船在上甲板露天布置武器[68]，倒方便了当时武器的频繁更换。"赫尔墨斯"号的武备情况就是一个相当典型的好例子。

表5.9 "赫尔墨斯"号武备换装情况

年份	武备
1842年	2门9磅炮
1843年	1门8英寸爆破弹加农炮、2门32磅炮
19世纪40年代后期	2门8英寸爆破弹加农炮、2门32磅卡隆短重炮
1856年	2门8英寸爆破弹加农炮、4门重25英担的32磅炮
1862年	2门40磅后装线膛炮[69]、4门重25英担的32磅炮

在这一时期的战争和镇压起义行动中，这些船由于常常在沿海水域活动，所以时不时充当运兵船搭载登陆队。大约从1830年起，这些船经常搭载可以乘坐百人的舰载大艇（Large Boat），大艇常常倒扣过来放在明轮的护壳上。这种放置方法很可能是史密斯（Smith）舰长最先提出的，尽管还有其他人声称他们才是发明人。最早的那些汽船只有简易的半圆形明轮壳，但明轮壳的形状很快就发展成大个的舷侧突出部，里面还可以用来布置船上厨房、肉类储放间、各种其他后勤物资存放处，甚至用作厕所。

这些船最初大多只装了两根桅杆，布局成纵横帆双桅帆装，但后来基本又增加了后桅杆，而这到1843年就成了标准帆装。[70]这是因为机组长度太长，很难在船上找到一个合适的位置，既能给桅杆提供有效的支撑，又能让帆装布局中各面帆彼此较好地保持平衡，所以才添加了后桅杆以改善风帆航行时的操纵性。[71]已经有人提出，帆装采用三根比较低矮的桅杆比采用两根更高的桅杆在蒸汽动力航行时阻力更小。[72]大多数船长对他们船的操纵性能很满意，以"开拓者"号为例，其近迎风[73]航速为6.4节，顺风航速为7.6节。[①]

吞江吸海的耗煤量让长距离航行仍然离不开风帆。表5.10中的数字可以告诉我们当时都能指望什么样的蒸汽动力续航性能。

① 英国国家档案馆，编号Adm 95／87。

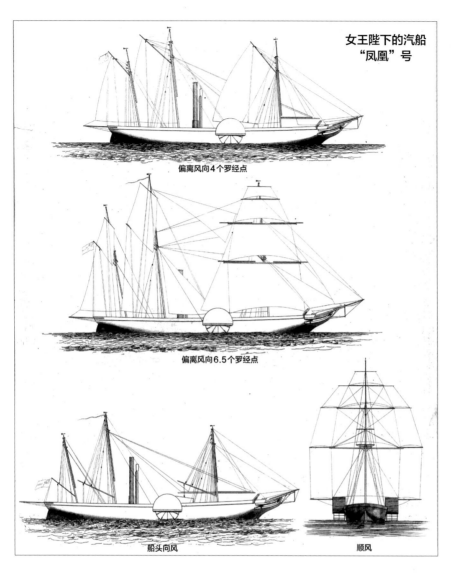

女王陛下的汽船"凤凰"号

偏离风向4个罗经点

偏离风向6.5个罗经点

船头向风

顺风

该图展示了如何驾驶明轮战舰（"凤凰"号）。注意，当向风航行时，上桅会降下来。[74]（© 英国国家海事博物馆，编号 PW8057）

　　在本土近海海域，煤的成本价大约为每吨 5 先令，但是在海外基地，运输成本可能会使这一数字增加 4 倍，而且只在极其有限的几个海外基地才有煤炭供应。船长们非常担心出现需要动力航行时却没有煤的情况，于是为了省煤，他们经常使用帆，尽管他们在真正需要蒸汽动力的时候不会不情愿使用它。表 5.11 显示了 19 世纪 40 年代"黑鹰"号发动机的使用情况，不过鉴于该舰的特殊性[75]，这些数字可能并不具有典型性。

表 5.10 典型煤耗情况[①]

	"凤凰"号	"拉达曼迪斯"号	"萤火虫"号	"塔塔罗斯"号
每小时消耗的蒲式耳	20—22	20—22	17	13
10天耗煤量	188	188	110	122

注：蒲式耳（Bushel）实际上是体积的量度，似乎约相当于 1 英担（112 英磅）。

① 英国国家档案馆，编号 Adm 92 / 7。

表 5.11 "黑鹰"号发动机的使用情况[1]

年份	动力航程（海里）	耗煤量（吨）	每一吨煤推进的航程（海里）	维修耗时（天）
1843	2104	334	6.3	5
1844	5402	629	8.6	—
1845	6852	826	8.3	24
1846	2898	430	6.7	78
1847	3537	558	6.3	68

表 5.12 "美狄亚"号机组和燃料重量表[2]

蒸汽机	165 吨
锅炉	35 吨
锅炉中水	45 吨
煤	320 吨
合计	565 吨

蒸汽机组和煤燃料既笨重，又占地方。"豪猪"号船体长度的 37%，"拉达曼迪斯"号船体长度的 42%，都分配给了动力机组。表 5.12 给出了"美狄亚"号上 220NHP 莫兹利动力机组的重量分项明细。

侧杠杆式蒸汽机十分可靠，且易于维护，但非常低效。蒸汽的压力为每平方英寸 3—5 英磅，这些蒸汽涌入汽缸，推着活塞向下运动，然而在真正膨胀之前，蒸汽就已经从汽缸里排走了，浪费掉蕴含的大部分热能量。

锅炉为矩形铁箱，里面灌满海水，加热炉位于其一端或在两端都有。18 英寸宽的矩形烟道使热气通过锅炉，然后引向烟囱，烟囱往往比较高，以提供足够的排烟通风能力。1842 年的"驱逐者"号（Driver）有三台锅炉，每台 26 英尺长、9 英尺宽、12 英尺 6 英寸高，它们共计重 40 吨，可以装 50 吨水。每个锅炉有三座煤炉，炉子有 7 英尺 8 英寸长、2 英尺 6 英寸宽，配有 18 英寸宽的矩形烟道，每两个烟道之间隔 5 英寸。从煤炉到烟囱的顶部总共 70 英尺高。

"驱逐者"号的锅炉为熟铁制造，但有些船配备的是铜锅炉，因为据说铜制的经济性更好。"火山"号（Volcano）的铜锅炉价格为 5000 英镑，预期能用 9 年，到那时候当废铜仍能卖出 3000 英镑。铁锅炉虽然只需要花费 1500 英镑，但只需三年就会因为过度锈蚀而不得不更换，这样就连当废铁卖都卖不出去了。铜锅炉并没有得到广泛的应用，因为有几个铜锅炉意外地早早锈蚀了，这是因为铜合金的冶金学比较复杂，很少的一点杂质就可能导致这些锅炉出现过早锈蚀的问题。到 19 世纪 40 年代后期，铜价的上涨更让铜制锅炉不再那么经济了。

日常的维护工作繁重而令人不快。每经过 144 小时左右的蒸汽航行，烟道就必须去除一层厚厚的烟灰沉积物。此外，锅炉中水的含盐量必须经常检查，通常是测量其沸点。如果沸点超过 215 ℉（102℃），锅炉内表面会有严重的盐分结壳危险。因此，大约每两小时就要吹除一次锅炉废水，也就是把炉底含盐

①《特别委员会报告》（Select Committee），1848年发表。
② 同作者史密斯的上一个参考文献。

量最大的水给排到海里去。[76] 直到 1837 年沃维奇船厂的约翰·金斯顿（John Kingston）发明一个以他名字命名的安全通海阀之前，船员们都在采用这种比较危险的操作。[77] 金斯顿还发明了一种特殊的安全扳手，当废水吹除水龙头打开时，这个扳手可以紧固在上面取不下来。[78]

"黑鹰"号，叫这个名字是因为该舰经常被维多利亚女王的普鲁士亲戚们当作游艇用。（© 英国国家海事博物馆，编号 PY8662）

　　给锅炉注水，通常要使用到蒸汽机的空气泵[79]，并依靠上甲板上的水箱靠水的自重给水。有时在烟囱的根部还有一个环形水箱，以便对供水进行一些预热。对这种早期蒸汽机的运作，史密斯有一些有趣的描述。[①]

　　早在 1837 年就有人尝试使用冷凝器［霍尔式（Hall's）］了，但由于"工程人员误解了它的工作原理"，冷凝器没能很好地运作。[②] 其实恐怕不该去责备这些可怜的工程师们：距离冷凝器成为标准设备，至少还要 30 年。要知道即使在第一次世界大战中，"冷凝器发炎"（'Condenseritis'）

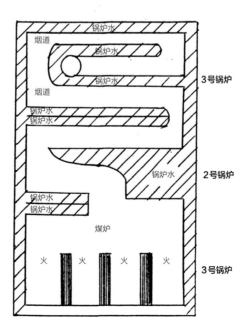

方形锅炉内部简图（作者绘图）。

---

① 同作者史密斯的上一个参考文献。
② 英国国家档案馆，编号 Adm 95/88。

圆柱形锅炉内部结构简
图。（作者绘图）

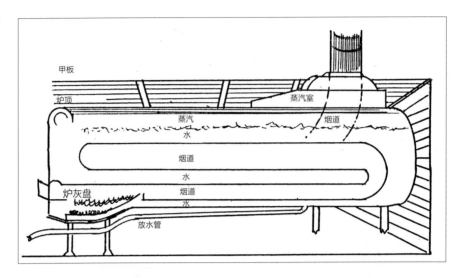

也是机组故障的最主要原因。同时，管接头漏水和堵塞一样是家常便饭。

驱动这些船的明轮一般直径 20 英尺、宽 6 英尺，带有 20 片桨板，桨板沿着圆周均匀分布，每片板高 2 英尺 10 英寸。明轮浸没深度对推进效率影响非常大，在后来的设计中，桨板可以向明轮的驱动轴内收，以适应吃水较深状态下的航行，甚至可以一直内收而使桨板高出水面，以适应风帆航行。1860 年左右，霍华德·道格拉斯（Howard Douglas）根据当时的使用经验，给出了如下针对明轮尺寸的指导性意见：

1. 浸没深度，即明轮入水的深度，应该等于桨板的高度，即位置最低的桨板其上缘应该在水线附近；

2. 明轮直径应该是发动机活塞行程的四倍半，桨板内缘线速度应该等于船速；

3. 桨板的宽度应该是明轮直径的三分之一。[①]

即使在最理想的情况下，明轮和螺旋桨推进器相比，效率还是很低，每片桨板入水时的打水，是主要的动力损失。摆线轮（Cycloidal Wheel）是减少这些打水冲击损失的早期尝试，1833 年由菲尔德（Field）发明，1835 年由艾利亚·盖罗维（Elijah Galloway）重新提出。每片桨板被横劈成几个窄桨条，桨条次第从轮心向轮边缘排列，排成摆线曲线的形态[80]。布鲁内尔在"大西方"号[81]上使用了这种轮子，还有几艘战舰也是这样。1839 年"阿勒克图"号（Alecto）将摆线轮换回了普通明轮，因为桨板总是容易脱落。[②]

顺桨轮（Feathering wheel）这个方案更加精巧，总体上也更成功。1829 年，盖罗维给这项技术申请了专利，但直到 1830 年威廉·摩根（1st SNA）购买该专利并对其进行改进之前，一直没有获得什么广泛使用。摩根将每片桨板设计成可以绕其转轴转动，这种转动是依靠一根连杆带动来实现的，而连杆则将桨

① H. 道格拉斯（Douglas），
《海军火炮技术》（Naval
Gunnery），1855 年 版
（伦敦）。
② 英国国家档案馆，编号
Adm 95/87。

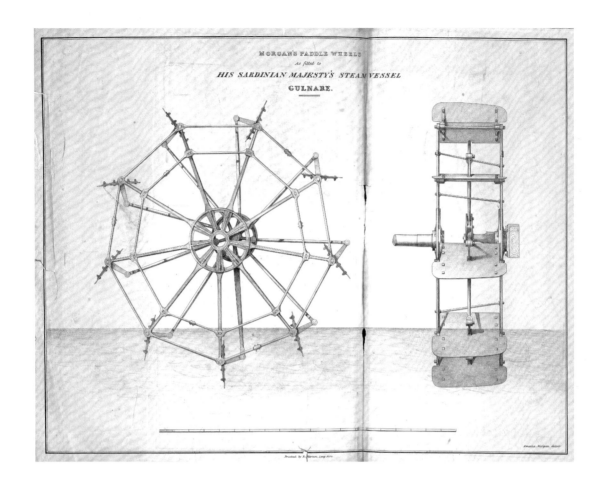

板的转轴和明轮中心一个曲柄联动到了一起。[82]

　　"护航"号（Confiance）在 1831 年安装了一对顺桨轮，然后与姊妹舰"回声"号（Echo）进行了竞速试航。据称，这种摩根明轮在风平浪静时，使速度提高了 28％，高海况下更是提高了 55％。[①] 明轮工作方式的改进，就带来性能上这样大的提升，这在物理学上是不可能的，所以如果这数据是正确的，那必然另有原因。顺桨轮只是偶尔才在战舰上获得应用，因为当时的人们认为这种复杂的连杆结构在战时可能特别容易受损，所以简易的普通明轮虽然效率较低，但仍然受到青睐。

　　由于 19 世纪的海军部对"政策文件"并没有今天这样的热情，于是只能从海军部的具体施政中，去推断出他们对汽船的态度：建造过程是缓慢而稳步的，对新技术发展是积极扶持的。海军将官中仍从事海上一线工作的，都希望海军能拥有更多的汽船，很显然，那些经常被引用的偏颇言论，要么是编造的，要么是出自那些打从拿破仑战争结束后就再没有出过海的军官之口 [83]。

　　也有一小群人数在不断增长的蒸汽技术狂热支持者。库帕·基（Cooper

摩根顺桨轮，类似于 1831 年安装在"护航"号上的那种。这是对盖罗维早期设计的改进，其桨板更多，每个桨板在桨叶中点都布置有转轴，并且整个明轮带有更多的斜向支撑，这一点很重要，因为明轮只有靠近船的一侧直接受到驱动[84]。这幅图是1834年在英国建造的"加尔内尔"号（Gulnare）的明轮，该舰是撒丁岛海军的第一艘气船。（© 英国国家海事博物馆，编号 PZ5068）

① G.L. 奥弗顿（Overton），《船用蒸汽机械的历史与发展历程》（Marine Engineering, History and Development），英国科学博物馆藏，1935 年版（伦敦）。

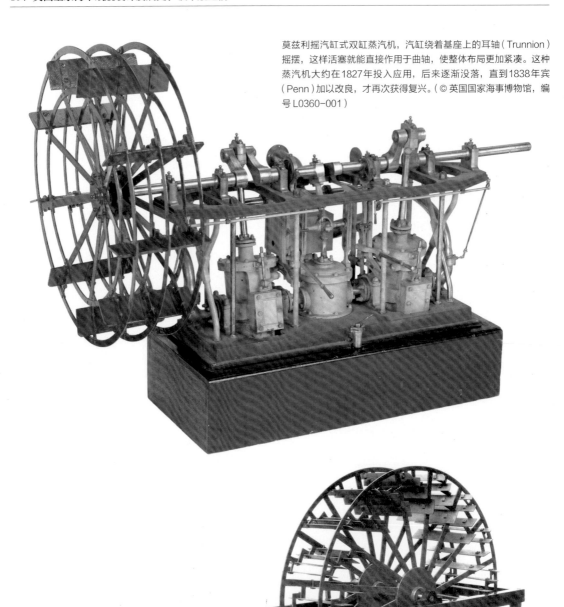

莫兹利摇汽缸式双缸蒸汽机，汽缸绕着基座上的耳轴（Trunnion）摇摆，这样活塞就能直接作用于曲轴，使整体布局更加紧凑。这种蒸汽机大约在1827年投入应用，后来逐渐没落，直到1838年宾（Penn）加以改良，才再次获得复兴。(© 英国国家海事博物馆，编号 L0360-001)

1835年由菲尔德率先发明、1837年又由盖罗维重新提出的摆线明轮。这个模型与莫兹利打算用在"大不列颠"号上的类似[85]。（英国科学博物馆供图）

Key）和威廉·霍尔（William Hall）这两位未来的海军将官都研究了蒸汽推进。1834 年，准舰长（Commander）[86] 奥特维（Otway）出版了《蒸汽技术基础教程》（*An Elementary Treatise on Steam*），主要是想帮助海军军官们理解驱动他们战舰的这种新力量。[1] 他认为，理解发动机和理解火炮的运作原理对海军军官而言同等重要。当时不少人写了一些关于蒸汽机械的书，其中就包括 1834 年詹姆斯·罗斯（James Ross）舰长的著作，那个时候肯定有许多人读过他们的书。

蒸汽机械师和他的助手们算作"士官"（Warrant officers），既有相当的地位，也避免了军官统舱（Ward Room）里的社交冲突[87]。[2] 有强烈迹象表明，今天有关这一时期对蒸汽技术和工程师的偏见，总体上来看有些过分夸大了。

在葡萄牙外海发生了一起奇怪的事件，事件中蒸汽机械师们似乎表现得很恶劣。查尔斯·纳皮尔爵士（Sir Charles Napier）在葡萄牙内战期间指挥自由党的舰队，并打算用汽船拖带风帆战舰对圣文森特岛外海的米勒派（Miguelist Faction）反对党进行反击。据说他麾下的蒸汽机械师们拒绝参战并罢工。面对 1847 年特别委员会的质询，都柏林蒸汽航运公司（Dublin Steam Packet Company）的 C. 威伊·威廉斯（C Wye Williams）——一位开明的船东——讲了一个不同的故事。[3] 他说，纳皮尔的汽船是从他的公司租来的，租赁合同上禁止在战斗行为中使用这些船只，因此那些蒸汽机师拒绝战斗只是在完成他们的职责罢了。这个说法得不到承认，在各种版本的流言中，反而成了质疑这些技术人员的材料。

表 5.13　早期蒸汽船的建造情况

造船厂	数量	蒸汽机制造厂	数量
德普特福德船厂	4	莫兹利	9
沃维奇船厂	11	博尔顿 & 瓦特	10
希尔内斯船厂	3	巴特雷（Butterly）	3
泰晤士商业船厂	2	西瓦德 & 坎配尔（Seaward & Capel）	3
查塔姆船厂	4	斯科特 & 辛克莱（Scott, Sinclair）	2
彭布罗克（Pembroke）船厂	1	摩根	1
德文波特船厂	1	米勒 & 兰德尔（Miller & Randle）	1
朴次茅斯船厂	1		

注：见第 12 章泰晤士河船厂分布图[88]。

还有一个有意义的问题，即汽船的建造究竟在多大程度上集中于泰晤士河（见表 5.13）。当时议会中存在大量的游说活动，以便让克莱德河沿岸的厂家也能从这项事业中分一杯羹，而且还出现了所谓"贪污腐败"的指控，但这些都没有得到证实。海军部辩护说这些泰晤士河上的船厂都是最好的，特别是在蒸汽发动机技术这方面。[4]

海军部委员会认识到，需要维护和支持这支规模不断增长的蒸汽船队。

① 同上。
② N.A.M. 罗杰（Rodger），《木头的时代》（*The Wooden World*），1986 年版（伦敦）。
③《1847 年特别委员会报告》（*Select Committee 1847*），J. 艾迪（Edye）的证词。
④ R.A. 布坎南（Buchanan）和 H.W. 道提（Doughty），《英国海军部对蒸汽机制造商的选择，1822—1852》（*The choice of steam engine manufacturer by the British Admiralty 1822–1852*），出自《航海人之镜》（*Mariner's Mirror*），伦敦出版；A. 戈登（Gordon），《皇家海军的船用蒸汽机》，1843 年版（格拉斯哥）。

① 英国国家档案馆，1846年7月7日的《沃维奇蒸汽工厂周报》。

1835 年 5 月，埃沃尔特（Ewart）获任为总机械工程师，工资等同于船厂厂长[89]。次年，伍尔维奇的蒸汽工厂投入运营，用于维修这支汽轮舰队的蒸汽机和锅炉。工厂很快就接到了很多工作。一份代表性的周报在 1846 年说，当时有 12 艘船进厂维修，而工作也从蒸汽机和锅炉的维修升级到锅炉烟道的修理等，另外还有 8 艘船封存，3 艘船待售。[①] 船厂库房里存有 7 套重新组装好的发动机，都是从船上拆下来的，还有 9 台新发动机和 5 套锅炉。和现在一样，当时进"修理厂"并不是一件令人高兴的事，奥特维评论说，许多船只出现故障，本来预计在 48 小时内就能再次出航，结果却在大修 6 个月后才最终离开[90]。伍尔维奇培养出了一批优秀的工程师，而且该船厂看起来也似乎是当时工作效率最高的船厂。此时的海军部布局良好，准备在蒸汽军舰的发展上迈出下一步。

译者注

1. 纽科门蒸汽机，是世界上第一种实用化蒸汽机，用于矿井排水。17 世纪后期，英法及西欧各国贵族人士兴起了热力学研究的风潮，研制出了通过水蒸气凝结造成的负压来抽水的热力学水泵。17 世纪末 18 世纪初，英国的纽科门最先开发出汽缸式蒸汽抽水机。将一根横杆的中间点架在一根立柱上，横杆可以绕这一点自由摇摆，而这根横杆就叫摇臂（Beam）。摇臂一头挂着水桶，可以从煤矿井底提水，另一头用连杆连着蒸汽汽缸的活塞，汽缸下是炉子。操作员用炉子烧好蒸汽，再打开阀门将蒸汽放入汽缸，蒸汽便推着活塞上升，而活塞则推着连杆和摇臂的这一头上升，于是摇臂的另一头和它上面挂着的水桶就下降。水桶进入矿井中，矿工把水桶灌满需要排出的积水，然后通过铃声等方式告知地面上的蒸汽机操作员。于是，蒸汽机操作员就向汽缸内喷淋凉水让其降温，汽缸内蒸汽冷凝造成负压，就把摇臂的汽缸这头拉下来，而摇臂另一头则把水桶提到地面高度，排出矿井积水。

2. "顺桨"，即桨叶在用不上的时候，可以绕着桨轴旋转，转到与气流或者水流平行的方向时，可以大大降低阻力。

3. 桨从前往后摆提供推力；从后往前摆，即"往回摆"不提供推力。这时这个桨可以旋转其桨叶，让本来垂直于水流的桨叶平行于水流，降低阻力，即"顺桨"。这类设计下文还会详细讲到。

4. 大气式蒸汽机，即瓦特等发明的早期实用化蒸汽机，使用的低压蒸汽比大气压大不了多少。纳皮尔便提出，在战列舰上安装人力驱动明轮，因为战列舰上人手很多，可以使战舰在无风的时候依靠明轮达到 3—5 节的航速，这在当时已经是相当可观的航速了。而需要风帆航行时，这种明轮可以折叠起来，一点也不妨碍风帆航行和火炮的操作。

5. 双体船的英文学名，来自于太平洋上航海民族对他们能跨海航行，性能稳定，即使在大浪中也不容易翻船的双体大木筏的称呼。

6. 红热弹，即用炉子将实心球形铸铁炮弹加热至红，这时温度范围为 650℃—900℃。烧红的炮弹击中木制船壳后，可以直接烧穿木料，甚至将船壳引燃。红热弹在风帆时代主要由岸防要塞使用，用碉堡用砖石垒砌的专用炉子加热，岸上大炮因不会随意晃动，可以保证操作的安全性。当时的风帆战舰上难以装备这样的炉子和炮弹，因为随着船体摇晃，操作一旦失误将造成严重后果。蒸汽锅炉上舰后就提供了相对方便与安全的加热方法。

7. 关于"活塞行程"，活塞距离曲轴中心最远的位置叫外止点，距离曲轴中心最近的位置叫内止点，活塞运行在上下两个止点间的距离便称为活塞行程。活塞每移动一个活塞行程，曲轴便旋转半周。拉丁帆装（Lateen Rig），是一种地中海流行的帆装布局，即一面大型的三角帆，斜挂在桅杆上。通过旋转挂帆用的帆桁（Yard），可以灵活适应顺风、逆风等不同风向，跟我国硬帆有异曲同工之妙。

8. 这两艘船造好后，都出现了动力不足、航速太慢、耗煤太快的问题。

9. 实际上，解决双体船的这些问题，比改良传统船型要困难得多，因此没能发展起来。

10. 标称马力（Nominal Horse Power）详见附录 1，是 19 世纪初一种马力估算方法。其具体计算办法颇为复杂，但从物理上看其实是蒸汽机汽缸容积大小的一种度量，并非直接代表了马力的大小，但对估算蒸汽机的造价倒是一个很好的数据参考。

11. 康格里夫火箭弹由威廉·康格里夫发明。上一章提到过，他设计了短身管的 24 磅康格里夫炮。这位生活在 18 世纪后期 19 世纪初期的英国武器发明家的主要发明，就是这种火箭弹，其形态如同今天放的焰火，基本没有准确性可言。而所谓的"Torpedo"并不是今天熟知的自航式无人潜水兵器"鱼雷"，当时任何新型水雷和水中爆炸装置均称为"Torpedo"。最开始用"Torpedo"这个词指代新型水中兵器的就是富尔顿，他发明的"Torpedo"是一种漂雷。

12. 所谓"垮"，和第二章的"软"类似，是当时海上的行话，表示船稳定性差，长时间大角度倾斜不能复原回正。

13. 可见早期蒸汽舰的主要问题，还是因为蒸汽机太重、太大。高大的竖立汽缸不仅沉重而且重心过高，如果不加压舱物，船就不稳定，适航性太差；如果用压舱物降低重心，就会不可避免地增加吃水，让明轮入水太深，结果明轮因受到的阻力太大还不能正常工作。另外，船体浸水面积也大大增加了，这会导致船体阻力大幅度增加，这两个因素均造成航速过慢甚至船根本开动不了。

14. "斯库纳"帆装，可参考第 6 页的"雷霆"号装甲浮动炮台船。将这些船的帆装与前几章大小战舰的帆装对比，可见其他战舰的帆主要是像窗帘布一样横挂在桅杆上的"横帆"（Square Sail），而斯库纳帆装则全是沿着船头—船尾方向张挂的"纵帆"（Fore-and-Aft Sail）。本书中所涉及的全部蒸汽战舰均为机帆并用的机帆船，其帆装在首次遇到时会加以注释。前几章中遇到的战舰标准帆装称为"全帆装"（Ship

Rig），是作战舰艇在海军中地位的象征，海军中辅助船舶不得配备这种帆装。

15. 班克斯在18世纪后期以远洋科考闻名，他牵头组织了库克船长（Captain Cook）的多次科考，并发现了澳大利亚东海岸航路，后来他担任皇家学会会长，这个机构相当于英国的国家科学院。

16. 边沁任海军工作总督察的情况，见第3章后半部分。

17. 马克·布鲁内尔的介绍见第3章后半部分。

18. 英格兰东海岸肯特郡的一处地名。

19. 分水板，即船头探出来的装饰物，见上一章战舰的图片。方形艉楼，即风帆时代的传统艉楼样式，也可参照上一章的战舰图片。这两个设计是当时战舰的标志性特征，除了战舰和东印度武装商船外，一般民用小型船只都没有这两样奢侈的特征。因此，这里是将"彗星"号当作战舰设计了。双桅杆分级外炮舰只有两根桅杆，而上一章提到的参加竞速海试的各种"Sloop""Corvette"等分级外炮舰都更大一些，所以跟更大的巡航舰、战列舰一样装备了三根桅杆；帆装布局也按照大型战舰的"全帆装"形式布置，因此称为"全帆装分级外炮舰"（Ship-Sloop）。分级外炮舰按照帆装的不同，一般分作大、小两个类别。另外，当时蒸汽船由于蒸汽机占据了船体舯部最宽大处的位置，导致舯部无法安装桅杆，所以也只能安装两根桅杆。

20. 典型的半圆形明轮壳，见第99页的"凤凰"号线图；典型的舷侧突出部见第93页的"拉达曼迪斯"号模型。

21. "英担"（Hundred Weight）为一吨的二十分之一。

22. HMS（His/Her Majesty's Ship），字面意思是"陛下的船"，但如上一章的译者注所说，"Ship"一词当时在海军中专指大型战舰，所以带有HMS字头的均为战舰。将一艘辅助船冠名以HMS，足见海军部对蒸汽船的重视。

23. 注意这里海军部建造的"Meteor"号和前文邮局在海军监督下建造的邮船"Meteor"（流星）重名，所以这里中文翻译为"陨星"，以示区别。

24. "萨凡纳"号是美国在英国订购的汽船，因此造好后需要跨越大西洋去往美国。

25. 第十代邓唐纳德子爵托马斯·科克伦，严格来说，"邓唐纳德子爵"才是这个人的正式称号，但原文为"Lord Cochrane"，可是遵循今天的习惯，又不好称作"科克伦大人"，所以称为"科克伦子爵"。本书其他人称为"Lord xxx"时，"Lord"后面均为爵位名而不是此人的姓氏，这里是一个特例，因为当时人们习惯称呼他的姓氏而不是他的爵位。

26. 双臂曲柄是一种可以将运动方向改变一定角度的传动装置。

27. 当时，皇家海军并无今天这样细致的军衔系统，"Lieutenant"相当于从上尉到中校的所有等级，但能够独立指挥船舶的"Lieutenant"，其资历仅次于能够指挥战舰的"上校舰长"（Post Captain），因此对应翻译为"中校"。"RN"代表"英国皇家海军"（the Royal Navy）。

28. 由于当时的英国坚持"光荣孤立"政策，避免卷入任何大战，结果皇家海军的上校和中校们只能上岸领半薪，于是一些人便寻找门路和机会去为东印度公司甚至外军服务。

29. 此时的埃及受奥斯曼帝国管辖。

30. "卡特里亚"（希腊文拼写为 Καρτερία），即希腊语中"坚韧"的意思，也就是将原英文舰名翻译成了希腊语，意义不变。

31. 当时发射68磅炮弹的一般是要塞炮，大型风帆战舰上最多也只搭载2门。战舰上搭载的68磅炮，重达95英担，也就是4吨多，这里"进取"号一下就安装了4门，很可能是发射68磅炮弹的卡隆短重炮，可以参考第12章。根据那一章的介绍，到1855年的时候，当时的蒸汽炮艇才勉强能搭载一门到两门95英担重的68磅重炮。

32. Epicheiresis 是"进取"的希腊语翻译，意思不变。

33. 当时英国和希腊恐怕没有能够支撑起这个弹药消耗水平的运输和后勤补给能力。

34. 该舰共装备68磅大口径短重炮4门，那么在明轮前后两舷应各有一门，则每侧有两门炮。而通过让船体原地转圈，就能依次装填船体四角上的这4门炮，依次对准敌人进行炮击。

35. 所谓"黄铜"，是17—18世纪旧时代沿袭下来的说法，实际上按照化学成分应该算是青铜。只有真正在分级系统内的战舰才能由上校舰长指挥，如巡航舰和战列舰，这批明轮船只能和分级外炮舰一样，由中校指挥。

36. 三门炮的布局如第93页的"拉达曼迪斯"号线图和模型所示。注意船头这座"回旋炮座"（Pivot Mount）

并非现代战列舰上的炮塔，只是把一个风帆时代的木制炮架安放在甲板上弧形的铁质滑轨上，所谓"回旋"完全依靠水手们用撬杠、滑轮组拼命进行人力操作来完成。

37. 双桅"巴肯亭"式帆装，参考第 83 页的"闪电"号模型、第 113 页的"蛇发女妖"号油画、第 115 页的"独眼巨人"号油画、第 125 页的"热心"号油画。三桅"巴肯亭"式帆装参考 93 页"拉达曼迪斯"号模型、99 页"凤凰"号线图。对照这些图，可以看出，所谓"巴肯亭"帆装，即只有第一根桅杆上挂横帆，其他桅杆均为纵帆。而对于其中那些只有两根桅杆的特例，则特别将"纵横帆双桅帆装"即"Brig"这个词和"巴肯亭"即"Barquentine"这个词融合在一起，成为"Brigantine"，即这里的双桅"巴肯亭"。把原来全纵帆的"斯库纳"帆装改成前桅杆上加挂横帆，是因为纵帆虽然能灵活适应不同的风向，但是推力不强。"阿尔班"号延长了船体、增加了重炮后，可能发现风帆航行时航速太慢，就在前桅杆加挂了顺风时推力更大的横帆，可以增加顺风航行时的航速。逆风则可以只依靠蒸汽动力。横帆只挂在前桅杆，是因为当时相信前桅杆的推进效率比主桅杆、后桅杆更高。

38. 需要身穿安全裤的船员到舷外去操作。安全裤上连着从桅杆、帆桁上悬挂下来的安全绳，相当于把桅杆当作起重臂使用，这样就可以把操作员吊到舷外的作业位置，同时保证其安全。

39. 在大风大浪的天气中遇到下风海岸，这是风帆时代最可怕的情况，因为纯风帆船舶只能在风浪的裹挟下，无助地被推向下风处的海岸。"海岸"通常都是礁石和暗礁，而非沙滩、浅滩。船被推上沙滩、浅滩，称为"搁浅"，只需等待下一次大潮时浮起来就能安全离开。船一旦被推向暗礁或礁石就会撞毁，被一阵阵海浪解体、拍碎，称为"失事"。危险的桨板拆装作业在恶劣天候与海况下无法进行，缺少桨板的明轮如果开动起来，驱动轴每转一圈都会有负荷的突然变化，造成扭矩，可能会损毁驱动轴甚至整个蒸汽机组。因此拆除了桨板的明轮船，蒸汽机组无法使用，也就成了纯风帆船，突遭大风和下风海岸时就会跟纯风帆船一样，面临在下风礁石上撞毁的危险。

40. 图上该舰的帆装为三桅"斯库纳"，即全纵帆。船尾的临时细小桅杆按照当时的习惯不算在帆装内，称为"尾短桅""临时桅"（Jigger Mast）。

41. 这两个岛位于地中海中东部，当时都是英国海军重要的海外基地，而汽船可以让海外基地和海军部之间的联系更加快捷、顺畅和守时。

42. 窄海，如英吉利海峡。当时蒸汽船耗煤量巨大，续航力十分有限，只适合在靠近基地的地方活动，因而这样说。

43. 推测这个"Meteor"号应当是邮局的那艘，不是后来海军的那艘。

44. 直译为"半岛与东方蒸汽航运公司"，现根据历史上香港记录下的习惯名称，称其为"铁行"。

45. 见上一章，与此同时，海军部的总设计师也由瑟宾斯变成了西蒙兹。

46. 因为早期汽船都很少出外洋远海。

47. "Yacht"今天直译为"游艇"，即一种个人奢侈品，在过去则兼具"交通艇""通勤船"的意思，一般用来接待显赫的贵族和官员。当时的贵族私人游艇，当然也具备今天游艇的娱乐功能。

48. 普鲁士皇室和英国的维多利亚女王是亲戚关系，"黑鹰"是普鲁士的皇室徽记。

49. 这种明轮见后文第 102、第 103 页的图文介绍。

50. 烟道式锅炉见本章后文，更先进的火管锅炉见后续章节。

51. 对应摄氏度为 260℃—315℃。

52. 活塞往复运动总有将发动机整个晃散的趋势，所以需要一副支撑框，"哥特式"即指这种支架的样子就像教堂的尖拱结构。该模型表现了当时蒸汽机如何放置在船上。由于蒸汽机工作时会剧烈振动，因此需要在蒸汽机底座安放沉重的枕木。

53. 长炮，指炮管长 3 米半左右、倍径为 20—22 的标准海军加农炮。

54. 前一章已经提到，船宽称为"Beam"，所以从舷侧吹来的风就叫"Beam Wind"。船尾两侧的小艇吊架见第 93 页的"拉达曼迪斯"号模型，当横摇严重时，吊在这里的小艇会撞击船帮，造成损坏。

55. 本书没有瓦特式经典摇臂蒸汽机的图片，其形象可参考本章开头注释组科门式蒸汽机时的描述，以及下一章开头对瓦特式蒸汽机的注释。

56. 见附录 1，标定马力是理论上估算的、在完全没有摩擦损失的情况下，发动机能产生的最大输出功率，是用瓦特厂发明的压力测量装置测量汽缸内压力后计算得出的。这跟早期的"标称马力"的区别仅仅是汽缸容积的估算不同，意义更直接。因此标称马力习惯上用大写字母表示，其他直接测算出来的输出功率则用小写字母表示。

57. 在与海洋有关的文献中，简称"Mile"的通常并非陆地上的"英里"，而是"海里"（Nautical Miles）。

58. 蒸汽船的底舱如同地狱，机器的轰鸣与振动、锅炉的大量热量，以及风帆时代以来底舱特有的臭味，都让这里的工作非常辛苦。"底舱手"是风帆时代延续下来的一种重要技师，负责调整船底货物和压舱物的布局，以此来调整船的浮态。上一章已经提到过，通过改善浮态，可以提高风帆船的航行品质。朗姆酒是18世纪风帆时代以来海上的标准饮品，因为当时还没有找到保持淡水不滋生细菌、藻类的办法，直接饮用淡水会导致各种消化道疾病，所以必须用水和酒精勾兑以尽量杀死病原微生物。

59. 见上一章，原因是西蒙兹式的船只船底太尖，可以和第91页"迪"号底舱里的蒸汽机模型相参照。

60. 这种蒸汽机是莫兹利发明的用来取代侧杠杆式发动机的新机型，见第125页右上角模型照片，其主要特征是：T字形摇臂，由两个汽缸共同驱动这个摇臂。因为性能提高程度有限，该蒸汽机没能得到广泛应用。莫兹利改良的另一种机型，即"摇汽缸"式蒸汽机，获得了广泛应用，这将在本章下文中得到介绍。

61. 加长了船头，则明轮相对更加靠后，靠后就会干扰经过船尾的水流，造成更多漩涡，干扰到舵的工作。

62. 纵横帆双桅帆装，见上一章第62页油画中前景的"小丑"号。94页"萤火虫"号战斗情景的油画中，该舰帆装则是"巴肯亭"式，三根桅杆中只有前桅杆（Fore）有横帆，主桅杆、后桅杆为纵帆。

63. 8英寸炮是发射爆破弹的专用加农炮。以口径而不是炮弹重量来算，是因为爆破弹并非实心，虽然直径接近32磅球形弹丸，但重量相差很大，如果按照重量算，容易造成混乱。8英寸炮的炮膛并不是一根直筒，其炮尾部分的炮膛内径远远小于8英寸，像一个小蒜臼。爆破弹加农炮装药量较小，这样的造型相当于加厚了炮尾壁的厚度，更加安全，但又不会大大增加炮尾的重量。25英担的32磅炮是接近卡隆炮的中短身管32磅炮。

64. 阿姆斯特朗是19世纪中后期英国最大的私营军火企业，这种后装炮是该公司早期对后装炮的一个不甚成功的尝试。后装炮，即后膛可以打开、装填，而之前的火炮均为前装炮（Muzzle Loader），炮管只在炮口开口，炮尾则是实心的。

65. 上为从船头到船尾的侧立面纵剖图，下为右舷一半的水平面视图，左上为锅炉舱前部的横剖图，左下为锅炉舱后部的横剖图。水平面视图可见安装明轮的部位，即船体有些凹入的部位。锅炉是原始的烟道式，蒸汽机为侧杠杆式。

66. "海鸥"号建造于1818年，是美国海军的第二艘汽船，也是第一艘作为战舰活跃在美国海军中的汽船。该舰原本是康涅狄格（Connecticut）汽船航运公司的商船，1822年由美国海军收购并加装了5门规格不明的火炮。1824—1825年，它和英美海军的巡航舰、武装商船一起扫荡了加勒比海地区的海盗，打死8人，俘虏19人。一幅美国当代海洋画家的油画将该舰表现为双桅"巴肯亭"帆装的明轮小船，每舷在明轮前后各有2个炮门，两舷共8个。实际上，可能每舷在明轮前各有1个炮门，共4个，另外在露天甲板布置了1门回旋炮。和当时的商船一样，"海鸥"号很可能在船体上多画出一些假炮门，以虚张声势、恐吓海盗。

67. 作者写下这句话，语气略带诙谐，但这背后却代表了风帆时代等级森严的船上居住制度：舰长占有通风良好的后甲板，其他军官占有通风较好的上甲板后部三分之一的长度，二三百名乃至三五百名水手则像罐头里的沙丁鱼一样，塞进长40多米、宽不足15米、层高最多2米的下层火炮甲板。下层火炮甲板离海面很近，炮门不能打开，再加上无法通风，所以总是臭烘烘的。船头则饲养着供应军官们日常食用的猪、牛、羊等牲畜。为了不让水手们过分拥挤，他们被分成两拨轮流睡觉，结果每批水手最多只能连续睡4个小时。这是因为风帆时代普通百姓普遍没有机会接受教育，水手文盲居多。军官就不一样了，他们全部出身地上富裕的中产家庭，其亲戚多在地方经营产业，或在地方议会任职，家族往往和伦敦有联系。

68. 这些船的型深都很小，基本上只能设置两层甲板，下甲板只在船头、船尾存在，作为居住区；舯部很深的底舱布置锅炉和蒸汽机。机组和居住区的天花板就是上甲板，上甲板完全露天。而当时的战舰，通常有底舱、最下甲板、下甲板、上甲板四层空间，上甲板也只是舯部露天，首尾还各加盖了露天甲板，即艏楼甲板和后甲板，这样上甲板和露天甲板之间，还可以作为通风良好的居住区。

69. 线膛炮即给炮膛镗出膛线，并改用圆锥头弹丸，使弹丸飞行更加稳定，和后装炮一样，是19世纪五六十年代开始发展并逐渐成熟起来的近现代火炮新技术。过去风帆时代传统的简陋火炮——滑膛炮、前装炮，发射球形弹丸，被称为"前装滑膛炮"。

70. "纵横帆双桅"帆装，分为两种情况。当前桅杆为横帆、主桅杆为纵帆时，属于双桅"巴肯亭"式，加装了全纵帆后桅杆就成为"巴肯亭"式。而前桅杆、主桅杆均为横帆时，则是另一种纵横帆双桅帆装，加装了只有纵帆的后桅杆后就成为"巴克"式（Barque）帆装，即只有后桅杆为纵帆，其他桅杆均为横帆。

71. 风帆战舰最高大、最粗壮的主桅杆，原本正好竖立在船体最宽大的舯部稍靠后处。而且高大的挂帆桅杆为了结实，必须从船底的龙骨一直通上来。但在汽船上，底舱里原本主桅杆需要占据的位置安装了蒸汽机或者锅炉，于是这些汽船的桅杆只能布置在机组的两头，这比传统纵横帆双桅杆布局更靠近船头或船尾。这样两根桅杆上的帆，更容易使船头、船尾左右乱摆，结果船在风帆航行时很容易不听舵的指挥，左右偏头。而纠正的办法就是在船体舯部加装分段，延长船体，然后增加后桅杆。只挂纵帆的后桅杆正好可以起到操控舵的作用，平衡前两根桅杆让船头乱摆的效果。实际上，传统风帆战舰主要依靠前桅杆、主桅杆上的横帆提供速度，后桅杆主要负责和尾舵一起把控前进方向。关于"给桅杆提供有效的支撑"，可参照第 93 页的"拉达曼迪斯"号模型、第 94 页的"萤火虫"号、第 96 页搁浅的"赫卡特"号。注意，这些模型和油画都表现了桅杆两侧有很多朝两舷和侧后方牵引的斜拉索，有的还带有绳梯，这就是侧支索（Shroud）、后支索（Back Stay）。这些都有助于桅杆屹立在大风中不弯折、不倒坍。这些斜拉索要发挥出作用，最好安装在船体最宽的位置，但现在汽船上船体最宽、浮力最充足的位置，已经被机组占据了，所以说难以找到能有效支撑桅杆的安装位置。

72. 高度越高的地方，空气密度越小、风速越快，更重要的是距离海面翻腾的海浪造成的空气湍流越远，因此风帆船上高处一面很小的帆就能跟低处面积很大的帆产生差不多的推力。而当动力航行时，这样的高桅杆、高帆也就造成了更大的阻力，特别是当风势强劲的时候，此时不挂帆的光杆桅杆甚至都能在风吹拂下产生相当可观的力量。

73. 近迎风就是风帆航行时和风向呈尽量小的角度，当时一般在 60°—70° 度之间。

74. 本图描绘了如何根据风向和航向调整帆装，发挥风帆的最大效能，这跟风帆时代的传统技艺其实别无二致。由于本书涉及的所有战舰基本为机帆并用的机帆船，所以这种风帆驾驶技术，对这些船是必不可少的。原图注非常简略，这里对每张图描绘的不同风向情况简单加以描述。首先，"凤凰"号是"巴肯亭"帆装，即只有前桅杆会配备横帆。然后需注意到，帆装不是静止不变的，而是可以根据风向和风的强度灵活调节，桅杆以及桅杆上挂横帆的横桁也可以升降。在最上图和左下图中，前桅杆都没有挂起横帆，还可以看到几根横桁并在一起，降到靠近甲板处。比较这几张图，应注意到，这艘汽船的桅杆不是一整根，而是分成两段。在当时的风帆战舰上，桅杆往往从低到高分成四段，最下面是直插龙骨的粗壮"底桅"（Lower Mast），它上面一段则要稍微细一些，称为"上桅"（Top Mast），再上面则是更细的轻桅杆，称为"顶桅"（Topgallant Mast）与"极顶桅"（Royal Topgallant）。这里汽船的桅杆就矮了很多，只有下面的两截，但这上桅仍然跟风帆战舰的一样，不管是为了减小风阻，还是为了避免被大风刮走、刮断，都可以降下来。所谓"罗经点"（Compass Point）是西方古代海上航行表示方位的传统方法，把整个罗盘 360° 等分成 32 份，每一份为一个罗经点，也就是 11.25°。再来看上图四种情况，最上面是航向和风向只有 4 个罗经点即 45° 的夹角，在这种情况下，横帆就失效了，只有纵帆仍然能提供推力，所以图上将横帆完全收起来，四根帆桁捆成一捆，降落到靠近甲板附近的高度固定。当时三根上桅也都降了下来，这是因为这种和风向夹角很小的情况下，风推动船舶前进的有效推力很小，但是风把船吹得偏头的侧向干扰力却很大，所以以后两根桅杆没有像下面偏离风向 6.5 个罗经点（中间那张图）时那样，挂出高处的第二层纵帆，因为那样容易让船头跑偏。注意这时候是机帆同时使用，而当时的纯风帆战舰一般船体比该舰要短肥得多，这些风帆战舰几乎完全依靠横帆推进、纵帆把控航向，所以风帆战舰根本不能做这么贴近风向的 45° 航行。中间图表现的是偏离风向 6.5 个罗经点的情况，即航向和风向夹 73.125° 角，这是当时横帆能够发挥作用的最小风角，也是当时战舰的航向能够和风向夹的最小角度。这种航向就是前文所说的近迎风航行。所以此时前桅杆挂出全套横帆，后面两根桅杆也挂出了全套纵帆，可以完全靠风力推进，节约宝贵的煤。左下为顶风前进，所有风帆、帆桁、桅杆都呈折叠状态。右下是顺风，风从背后吹来。为了增加帆面积，四层横帆中的下面三层帆的两翼都加挂了"翼帆"（Studding Sail），翼帆的帆杆可以在 6.5 罗经点的图上看到，用不到的时候就收缩在帆桁上面两侧。

75. 该舰是维多利亚女王的亲戚——普鲁士皇室来英国访问、度假时的游艇。

76. 早期没法吹除废水的时候，锅炉每三到四天就要整体换水、清洁炉膛，不然炉膛就会被海水析出的盐分结壳给堵塞了。

77. 吹除废水的通海阀，以及其他一些通海阀往往都在船底或船龙骨附近。通海阀如果破损、故障，进水速度足以让船沉没。金斯顿通海阀阀体是一个圆锥，外大内小，所以即便故障，海水压力也会把阀体压在船底上不会漏水。这样即使废水吹除泵故障无法使用，也不会倒吸海水。

78. 在没有金斯顿海阀之前，吹除结束要立刻关闭该龙头以防止进水，这种大龙头需要扳手操作，如果扳手能一直套在龙头上，需要关闭龙头时便能及时关闭。

79. 所谓"空气泵"是早期瓦特式低压蒸汽机必备的一个设备，可以人为制造一定的真空负压来帮助汽缸的活塞运动。空气泵等早期低压"大气式"蒸汽机相关辅助部件将在下一章开头集中注释。

80. 参照第 104 页的图。所谓"摆线曲线"就是一种弧线，指图上每组阶梯排列的桨条从明轮轮盘方向看去，呈现的并不是直线而是弧线。

81. 本书集中对英国皇家海军战舰进行描述，对于当时商业航运界蒸汽技术的突破性发展只有零星提及。纵观当时的蒸汽船舶，最先敢于"吃螃蟹"的都在商业界，其中受到公众关注度最高的"明星工程"就是伊桑巴德·布鲁内尔设计的三艘巨型蒸汽商船，即"大西方"号、"大不列颠"号和"大东方"号。"大西方"号为木体明轮船，是首艘专门设计用来横跨大西洋的渡轮。"大不列颠"号是第一艘铁制船体和螺旋桨推进的大型船舶。

82. 见第 103 页的图，明轮转动时带动曲柄和偏心轮运动，从而通过连杆让桨板转动到接近垂直的最佳入水角度。

83. 当时只要从上校舰长擢升为少将，就不再依据战功和绩效来提升军阶了，完全看资历，只要活得够长，总有一天能熬到上将。当时的海军将官，分成少将、中将、上将三等，每等再分成三级，所以实际上当时英国将官共有九级。结果，大部分上将和不少中将都是在岸上领退休金的老头，不免脱离时代的发展。

84. 所谓"明轮只有靠近船的一侧直接受到驱动"，可参考本图右侧的视图，图上驱动轴并不贯通整个明轮。

85. 后来布鲁内尔选择了最新开发成功的螺旋桨推进。

86. 当时的英国在将官以下，实际上并没有军衔军阶，能够获准指挥一艘战舰，即成为上校舰长。在达到这个位阶之前要经过很多个阶段，譬如在战舰上充当舰长的副官、助手。一艘战舰有 2—5 名这样的副手，其中资历最老的相当于副舰长，军阶大致为中校，称为"First Lieutenant"（第一舰副）。然而在和平时期，很多人担任了多年的第一舰副而没法升任舰长，所以当时高年资的第一舰副可以指挥分级外炮舰。在这种小型炮舰上，他们可以过舰长的瘾，因为船员们都要称呼他们为"舰长"（Captain），但其位阶这时则称为"Master & Commander"（直译为航海长和指挥官），即准舰长、实习舰长，因为并不是真正的上校舰长。

87. 当时社会等级森严，军官基本来是地方缙绅，而之前章节中提到的战舰设计学校的学生以及这里的工程师，在军官眼里，因出身平庸，只能算作一般水手，顶多算士官。当时从舰长副官到各种海军将领，统称为"任命军官"（Commissioned Officer），持有带国王签字的委任状，而士官（Warrant Officer）则只持有海军部下属管理部门开具的任命书。军官除了犯下临场怯战等严重错误外，一般不会开除，但士官流动性很大。士官这个位阶已经是当时社会对确有技能但出身平民的技术人员的最高认可。当时一艘典型的风帆战舰上，除了舰长单独占据宽大的卧室、住舱、办公室、会客厅之外，其余军官住在舰长舱下面一层的军官统舱里，只有航海长这位身份特殊的士官可以和军官们一起住在这里，其他士官都只能住在火炮甲板下不见天日的狭小住舱里。

88. 船厂中，彭布罗克、德文波特、朴次茅斯三个船厂均为英格兰本岛西南部港口的船厂，其余的全部位于泰晤士河上。发动机厂中，第 282 页的地图上标注出来的有莫兹利、西瓦德 & 坎配尔、斯科特 & 辛克莱以及米勒 & 兰德尔蒸汽机制造厂。

89. 不过工资比瑟宾斯、西蒙兹担任的总设计师还是要低。

90. 作者这里是把那时候的船舶入坞修理比作今天的汽车 4S 店，当时也总会排不上号，耽误时间。

第六章
明轮战舰

　　为了方便理解，我们可以把上一章介绍的那些船归于实验摸索阶段的蒸汽船，而接下来会讲到的"蛇发女妖"号（Gorgon）则算是开启了蒸汽船的一个新阶段。实际上，这种阶段的划分并不那么泾渭分明，到1845年，英国事实上又建造了13艘跟那些早期汽船相似的小型明轮船。

　　"蛇发女妖"号是1836年接近年底的时候，由西蒙兹提出建造的，是"美狄亚"号的稍稍放大版。设计时，其机组功率要求达到220NHP、载煤量达到200吨。和往常一样，给发动机制造商规定了一个动力机组在船上的空间尺寸、采购成本的限制之后，就叫他们自由竞争、尽其所能了。在相同的重量和空间限制下，西瓦德＆坎配尔蒸汽机厂能够提供350NHP的发动机，以及相应的（380吨）煤的储备。海军部核实后，选择与该厂合作，这使得"蛇发女妖"号的动力更加强劲，武备更加重型化，成了第一艘真正意义上的蒸汽战舰。[1]

　　制造商提供的该引擎的模型，现存于英国科学博物馆，这个模型展示了这种蒸汽机的工作方式。[2] 该蒸汽机有两个汽缸（64英寸汽缸直径×5英尺6英

① J.夏普（Sharpe），《海军少将威廉·西蒙兹爵士回忆录》（*Memoirs of Rear Admiral Sir William Symonds*），1858年版（伦敦）。
② 英国科学博物馆供图，收藏号为1891-123。

系泊（Mooring）中的"蛇发女妖"号在晒帆。在这幅画以及其他画上，该舰的高干舷（Free Board）似乎不支持当时那些对该舰超载超重的批评。1（© 英国国家海事博物馆，编号 A1551）

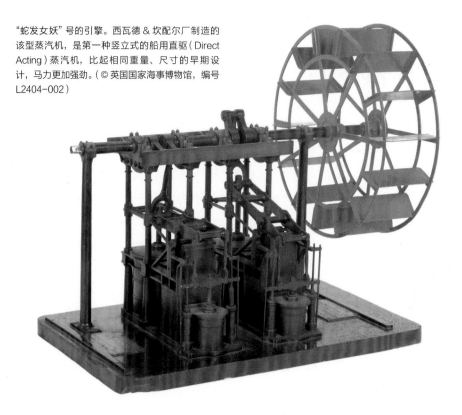

"蛇发女妖"号的引擎。西瓦德＆坎配尔厂制造的该型蒸汽机，是第一种竖立式的船用直驱（Direct Acting）蒸汽机，比起相同重量、尺寸的早期设计，马力更加强劲。（© 英国国家海事博物馆，编号 L2404-002）

寸活塞行程），由平行连杆（Parallel Linkage）引导活塞杆，平行连杆的另一端则驱动气泵[2]。活塞通过一个短连杆（Short Connecting Rod）[3]来驱动曲轴（Crank Shaft）。8 个锻铁柱（直径 7 英寸）取代了侧杠杆蒸汽机那粗笨沉重的铸铁框架，而这些又全承载在两块重达 10 吨的底板上。据称，西瓦德＆坎配尔蒸汽机比相应的侧杠杆式蒸汽机设计能轻 60 吨。

这种引擎布局存在一些基本问题。首先，底座和曲轴之间的高度有限，结果不得不采用短连杆或短汽缸。前者导致连杆对曲轴的扭矩（Torque）不均匀，造成过度磨损和剧烈振动；后者则造成曲轴的曲柄部分很短，导致曲柄销（Crankpin）负荷太重，销和轴承会快速磨损。

西瓦德＆坎配尔蒸汽机能提供 5 磅 / 英寸^{2}的蒸汽压，蒸汽由 4 座管式锅炉提供，两个炉前室（Stokehold）共有 12 个炉箅（Grate）[4]。煤舱布置在蒸汽机和锅炉的两舷，可储存 400 吨煤，并给战舰舷侧提供 4 英尺厚度的保护，在 7.75 节航速下续航力可达 16 天。试航时，蒸汽机输出功率达 800ihp，平均航速达 9.8 节，每小时要消耗一吨质量最上乘的威尔士煤。

整套机组耗资 21073 英镑，以每分钟 18 转的转速驱动直径 27 英尺的普通明轮。后来，"蛇发女妖"号换装了摆线式明轮，该摆线轮有 48 个柚木桨板，每个宽 7 英尺。

　　该舰机组总重量比"美狄亚"号（Medea）的重 32 吨。经常有人宣称，"蛇发女妖"号的机组超重，导致吃水过深，这就是主火炮甲板没能搭载火炮[5]的原因。32 吨的额外机器重量可导致吃水增加 3 英寸，再搭载上额外的煤可能导致吃水再增加 18 英寸。但煤的重量至少是可以事先预见到的，当初设计时应当已经留出了富余空间。"蛇发女妖"号和该舰的半姊妹舰——"独眼巨人"号（Cyclops）的武备，会在稍后再作讨论。

　　"蛇发女妖"号的柚木肋骨最初是在孟买加工切割的[6]，原本计划在普利茅斯用来建造巡航舰"底格里斯"号（Tigris），但"底格里斯"号没等到下水，就被拆散了。于是这些肋骨就这么存放在库房里，直到被用到"蛇发女妖"号上。该舰的甲板梁是橡木的。在 16 英尺 8 英寸的平均吃水深度下，该舰的排水量为 1610 吨，这样的吃水深度能给主火炮甲板提供 6 英尺 4 英寸的干舷高度。该舰宽大的船体和强烈的舯部升高是典型的西蒙兹式设计，共耗资 54306 英镑。

① 英国国家档案馆，编号 Adm 95/87。

表 6.1 "蛇发女妖"号蒸汽机组[7]重量分项明细①

项目	吨	英担
一对汽缸、滑阀、蒸汽套、活塞	29	14
一对冷凝器、气泵、气斗、热水池、脚阀和顶阀	27	11
一对上部主支撑架	16	14
三段主驱动轴	15	2
一对明轮盘	20	5
摆线式明轮改装增重	3	16
杂项	35	—
四座锅炉、烟道、火箱	64	19
煤箱	14	18
锅炉存水	48	—
合计	277	1

"独眼巨人"号，尽管其主火炮甲板没有炮，但仍称为"巡航舰"。其主火炮甲板上有16个炮门，不过从未装备过火炮。（© 英国国家海事博物馆，编号 X0628）

表 6.2 比较了"蛇发女妖"号、"独眼巨人"号和布鲁内尔建造的"大西方"号。三艘船的相似之处不是巧合：布鲁内尔承认，艾迪在结构设计上给他的船提供了帮助。[①]

6.2 19 世纪 30 年代的大型明轮船

	"蛇发女妖"号	"独眼巨人"号	"大西方"号
开工时间	1835年7月[8]	1836年7月28日	1838年8月
吨位	1111	1340	1195
排水量	1610	2372	
炮甲板长	178英尺	212英尺	190英尺3英寸
最大宽	37英尺6英寸	35英尺4英寸	37英尺6英寸
吃水	23英尺	23英尺6英寸	23英尺
标称马力（NHP）	320	450	320
额定马力（ihp）		750	
锅炉	四烟道式	四烟道式	四烟道式
蒸汽压（磅/英寸^2）	5	5	5
载煤量（吨）	380	380	420

"蛇发女妖"号造型美观，明轮壳后面的位置竖立有一根烟囱，采用纵横帆双桅帆装（Brig）[9]。该舰的第一位舰长亨德森（Henderson）提到该舰时曾说，"我认为这艘船很强大，它易于操纵，是一流的海船，吃水不过分深的时候，其蒸汽动力、航速高于当时明轮汽船的平均水平。海面平静时，该舰常帆（Plain Sail）[10]航行，我发现该舰操纵起来很灵活、方便，能快速地完成迎风调头动作，很好地保持航向而不偏航，航速也较快。"[②]1849年，亨德森又对特别委员会大力宣扬了一番：[③]"这艘船强大而坚固，能够搭载1600人的部队，连同其所属的6门野战炮和配套的炮架、炮车（Limber）[11]……在有利的海况下，该舰动力航速可达9.5—10节。逆风靠蒸汽航行时，该舰全桅会比上桅降半桅时慢2—3节。"该委员会向亨德森最后问询的问题是："在上帆需要双层缩帆（Double-Reefed）[12]的强风中，船头顶风行驶，帆桁一般也留在桅杆高处而不落下，如果这时候把上桅降下来，那么航速能提高多呢？"按照当时的定义，这种强度的风在蒲福风级（Beaufort）中算七级风，风速23节，而亨德森的回答是"3节"。此外还发现，清理船底铜皮上的污损物会使航速提高1.5节。[④]

"蛇发女妖"号参加了1840年的叙利亚战役，包括对阿克尔（Acre）的轰击，与该舰的姊妹舰们一起赢得了斯特福德海军上将（Admiral Stopford）的称赞："汽船非常有用，可以不断沿着海岸线做长距离机动，运送部队和武器，还能参加对各个海岸要塞的攻击。"

"蛇发女妖"号后来去了南美水域，1844年5月10日在那里搁浅，几乎失事。该舰年轻的第一舰副[13]库帕·基（Cooper Key）——他当时已经是一位汽船的

① D. 格里菲斯（Griffiths），《布鲁内尔的"大西方"号》（Brunel's Great Western），1985年版（威灵堡）。
② 英国国家档案馆，编号 Adm 95 / 87。
③《商业汽船作为蒸汽辅助战舰的可行性调研》，出自《1849年特别委员会报告》（Select Committee to inquire into the practicability of providing, bymeans of the commercial steam marine of the country, a reserve steam navy, 1849）。
④ 英国国家档案馆，编号 Adm 12 / 417。

倡导者了——在自救行动中扮演了重要角色，这增加了他的声誉，并使他离最终荣任第一海务大臣又近了一步。[1]

1836年6月22日，总设计师下令开始切割、加工木料，准备开工建造一艘"蛇发女妖"号的姊妹舰，也就是"独眼巨人"号。11月份，人们决定给这艘船装上更大型的蒸汽机和铜制锅炉，不久之后，又决定将该舰船体加长12英尺3英寸。[2]

完工的"独眼巨人"号在分级上算作巡航舰，颇令人惊讶。按照定义，所谓"巡航舰"，要有全帆装，主炮阵在主火炮甲板上，主炮阵头顶还要有一整层完整的上甲板；而"独眼巨人"号和"蛇发女妖"号一样，只在露天的上甲板上布置了很少的几门炮，而且只是双桅杆帆装。[14] 西蒙兹的传记作者夏普（Sharpe）列出了这两艘战舰的设计搭载武器，如表6.3所示。[3]

表6.3　设计搭载武备

	上甲板	主甲板
"蛇发女妖"号	6门32磅炮	10门32磅炮
"独眼巨人"号	2门98磅炮、4门48磅炮	16门32磅炮

① P.H. 克隆布（Colomb），《海军上将阿什利·库珀·基回忆录》（*Memoirs of Admiral Sir Ashley Cooper Key*），1898年版（伦敦）。

② 约翰·艾迪在1847年的特别委员会听证会上说，实际上没有进行船体延长改装，但威廉·艾迪（William Edye），德文波特海军船厂的厂长，说该舰船体延长了12英尺。

③ 同作者夏普的上一个参考文献。

"恶灵"号（Spiteful），一艘"驱逐者"级（Driver）明轮分级外炮舰。(© 英国国家海事博物馆，编号 N05434)

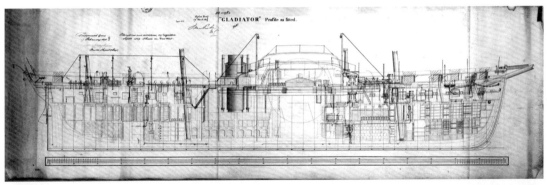

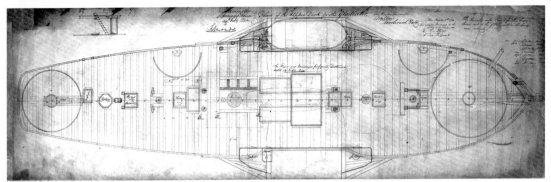

上："角斗士"号（Gladiator），一艘"费尔布兰德"级（Firebrand）[15]二等明轮巡航舰，这是该舰完工时（1844年）的舷内纵剖图。[16]（© 英国国家海事博物馆，编号DR3000626）

下："角斗士"号露天甲板平面图，1844年。在图上可以看到倒扣在明轮壳上的舰载艇，以及回旋炮位的滑轨（Racer）。图纸上所列的"角斗士"号武备，有前后两个回旋炮位上的两门重112英担、发射8英寸爆破弹的加农炮，舷侧炮位（Broadside）上的四门8英寸55英担爆破弹加农炮，外加两门24磅卡隆短重炮。[17]（© 英国国家海事博物馆，编号DR7580）

① 英国科学博物馆，收藏号为1920-334。
② 《预算特别委员会1847—1848年报告》（Select Committee on Estimates, 1847–48），《议会文件》第21卷，第一部分。

在英国科学博物馆收藏的造船厂制作的"蛇发女妖"号模型①上，主火炮甲板带有12个炮门，猜测其船头火炮应可以在舰首不同炮门之间移动以改变射击方向，这样就和夏普给出的火炮数量相符了[18]。另一方面，约翰·艾迪在1847年特别委员会听证会上表示，这两艘战舰从来就没设计要在"两层甲板之间"搭载火炮。② 不过这两艘战舰的主火炮甲板又确实开了炮门，配备了眼环（Ring Bolt）[19]，托马斯·哈代爵士（Sir Thomas Hardy）[20]认为这样是为了在内河作战时把露天甲板上的火炮降到主甲板上使用，以保护火炮操作人员。主火炮甲板炮门的下半扇还"塞了布"（Chinced）[21]，稍稍做了捻缝防水。但哈代这个说法并不能解释为什么主甲板上炮门比上甲板上的火炮数量要多；而且"蛇发女妖"号在巴拉那河（Parana）的行动中并没有把露天火炮降到主甲板使用。

时人说，这两艘战舰的主甲板之所以没法搭载火炮，是因为实际吃水比设计吃水深太多，然而对照前面列举出的机组重量，可知任何因机组重量增加而导致的吃水加深，最后造成的干舷损失都很小。当时许多艺术家对这两艘船的描绘，似乎都表明它们比同时期大多数明轮汽船的干舷都要高。毫无疑问，这两艘战舰是为了在主火炮甲板上搭载火炮而设计的，但没有搭载的原因已经不可确知了。也可能是因为缺少火炮操作人员居住所需的甲板空间吧，但两艘船后来作为运兵船时的运载能力，又让这点讲不通。

到19世纪40年代，许多高阶军官已成为蒸汽战舰的热心支持者，他们当时发表了一些严重夸大蒸汽战舰作战效能的言论。有人曾声称，像"蛇发女妖"号这样的一艘汽船足以击败一艘74炮战列舰，甚至连亨德森也曾说他的船足以袭扰一艘战列舰[22]。因为明轮壳的阻碍，蒸汽明轮战舰不能搭载大量舷侧火炮，因此明轮船往往搭载当时能够搭载的最大号火炮，并且这些火炮的安装方式，让它们的仰角能够达到10°—12°，以此做最远距离的射击。亨德森认为，一艘蒸汽明轮战舰就足以让"圣文森特"号这样的战列舰丧失战斗力，而两艘蒸汽战舰就可以击沉一艘同等类型的战列舰。[1]

曾任"卓越"号（Excellent）炮术学校舰（Gunnery School）舰长[23]的海军上校查德斯（Chads），是一名造诣颇深的军事创新先驱，他对类似这种言论懒得批评指摘。他说，"就算在没有风的情况下，一艘没有装备重型回旋炮（Pivot，战列舰当时装备了这种炮）[24]的战列舰也可以使用舰载艇来人力拖曳战舰，从而让战舰不断原地转向，这样就能够让汽船不敢靠近到3000码（1码≈0.91米）以内……即使在完全没风的情况下，又事先知道射击距离，并给汽船一切最理想的射击条件，该舰在3000码外对一艘战列舰射击的命中率也不会超过9%。"[2]查德斯后来的射击试验表明，这仍然是一个非常乐观的估计。

1847年，系泊在朴次茅斯港区风平浪静的上游水域里的"卓越"号开展了一次射击试验，靶舰为老旧的74炮战列舰"利维坦"号（Leviathan），此外还射击了挂在杆子上的帆布做成的靶标，最远射击距离为3000码。其中，1500码和2000码距离的射击试验，是在岸上的"土台"（Lump），即岸上的固定火炮阵地上进行的，而3000码的射击试验则是在"卓越"号上进行的。所有的射击都是在最理想的条件下进行的：天气晴朗，能见度很好，水面平静，任何时候该舰都只有最轻微的晃动。试射开始之前，已经非常精确地确定了射击距离，并且发炮舰和靶舰都固定不动。表6.4中的数字显示了训练有素的火炮操作员在这些理想条件下可以取得什么样的好成绩。[3]

爆破弹的射击准确性很差，命中率比实心球形炮弹要低大约25%。据信，这是由于爆破弹内装填的火药会在壳体内随意晃动，而且引信也突出在球形壳体之外，这就意味着爆破弹的重心并不能保持在球体中心。如果从风浪中颠簸的战舰上发射，射击精确度还会大大降低，特别是在远距离射击的情况下。例如，现代试验（约1980年）表明，一艘驱逐舰的主炮，随着火炮的上下颠簸运动，在火炮垂荡（Vertical Motion）速度为每秒6英尺的情况下，准确率会从海面平静时的46%降至15%。

从横摇的战舰上发炮会遇到一个特别的问题，即"横向水平校正"（Cross Level Correction），直到第二次世界大战期间这个难题才得到解决。如果一门指向敌舰船头方位的炮仰起一定的角度，只要船横摇，横摇角就会和仰角一起发力，

① 《1849年特别委员会报告》（1849 Committee）。
② 同上。
③ 《1850年"卓越"号试验》（Experiments at HMS Excellent）1850年发表。

导致瞄准线偏离目标。由于这个原因，在很远的射击距离上，一艘小战舰[25]想用船头追击炮命中目标，是很难的。

"蛇发女妖"和"独眼巨人"号后来分别成了一等明轮分级外炮舰（First-Class Sloops）和二等明轮巡航舰（Second-Class Frigate）[26]的设计原型，英国仿照它们又造了不少这两类战舰（见表 6.5）。

这两类战舰后来的发展趋势也是类似的：艏部升高减少，船宽更宽，蒸汽机功率越来越高[27]——后来的分级外炮舰标定功率高达 500NHP，"龙"号（Dragon）甚至高达 560NHP。这些船中，早期的完工后一般栖装成双桅帆装，后来才改成"巴克"（Barque）帆装。从"斯芬克斯"号开始，之后的战舰建成后便栖装上了三根桅杆。

表 6.4 火炮射击命中率

发射弹种	炮重 （英担）	发射药重 （英磅）	1500码 命中率	2000码 命中率	2500码 命中率	3000码 命中率
68磅实心弹	91	15				
68磅实心弹	87	14			25%	11%—12%
56磅实心弹	87	14				
32磅实心弹	56	10	75%	45%		
10英寸空心弹[28]	85	12				
8英寸空心弹	65	10			22%	8%—9%
32磅实心弹	50	8				
32磅实心弹	45	7				

"龙"号二等明轮巡航舰，为"独眼巨人"型"费尔布兰德"级衍生而来。（© 英国国家海事博物馆，编号 PW8109）

明轮战舰的发展 [29]

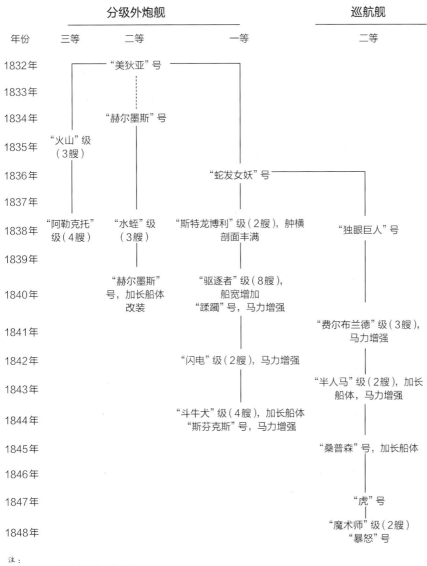

注：
1. 括号内的数字代表每级有几艘姊妹舰。
2. 本图只涵盖了主流设计，忽略了一些试验性质的舰艇。
3. 原图由作者指导史蒂芬·邓特（Stephen Dent）。

表6.5 "蛇发女妖"号衍生舰

一等明轮分级外炮舰		二等明轮巡航舰	
"蛇发女妖"号衍生舰	数量	"独眼巨人"号衍生舰	数量
"斯特龙博利"级（Stromboli）	2	"费尔布兰德"级	3
"驱逐者"级	8	"桑普森"级（Sampson）	1
"蹂躏"级（Devastation）	1	"半人马"级（Centaur）	2
"闪电"级（Thunderbolt）	2		
"人面狮"级（Sphinx）	1		
"斗牛犬"级（Bulldog）	4		
合计	18	合计	6

表6.6 "蹂躏"号和"龙"号的武器配备情况

"蹂躏"号（分级外炮舰）	
1842	2门84英担42磅炮、2门64英担68磅炮、2门22英担42磅炮
1856	1门95英担68磅炮[30]、1门84英担10英寸炮、4门42英担32磅炮
1862	1门84英担10英寸炮、1门82英担110磅后装线膛炮、4门42英担32磅炮

"龙"号（巡航舰）	
1845	2门84英担10英寸炮、4门64英担68磅炮
1856	2门95英担68磅炮、4门84英担10英寸炮
1862	2门82英担110磅后装线膛炮

这些船的舰载武器，多年间一直不停地更换，而且每艘船的情况各不相同，但"蹂躏"号和"龙"号的武器配备情况（表6.6）是最具典型性的。

这些战舰全都是在海军船厂建造的。彭布罗克这座一直以来都被视作后起之秀的专用造船船厂[31]占据了订单的最大份额，不过其他海军船厂也都获得了属于自己的订单。蒸汽机组的制造合同就分散得多了，由10个制造厂家分摊，没有一家是特别获得垂青的。

此外，英国还建造了一艘一等分级外明轮炮舰"鸡蛇怪"号（Basilisk），其建造目的就是和螺旋桨战舰"尼日尔"号（Niger）进行对比，因此本书将其放到后面和"尼日尔"号一起讲。

当时的英国海军建造了一批"赫尔墨斯"号（Hermes）衍生出来的二等、三等分级外明轮炮舰（如前面谱系图所示），并且，为了验证新蒸汽机组、新船舶总体设计、新造船材料，还建造了一批试验性质的明轮战舰。

1855年9月1日，"维苏威"号（Vesuvius）对阵俄罗斯岸上火力。该舰和"斯特龙博利"号（Stromboli）的设计相似度很高，跟"蛇发女妖"号的原始设计也有密切关系。（© 英国国家海事博物馆，编号PW5680）

1843 年的"三叉戟"号（Trident）是英国皇家海军第一艘铁制船体的战舰，如下一章将要讲到的一样。芬彻姆的"阿格斯"号（Argus）、艾迪的"秃鹰"号（Buzzard）以及"蛇鲭"号（Barracouta）则不太那么带有颠覆性。

邓唐纳德伯爵（Earl of Dundonald），即科克伦伯爵，设计了"雅努斯"号（Janus）。该船被设计成双头船，锅炉是伯爵自己设计的，计划搭载美国设计的转子发动机（Rotary Engine）[32]，不过这种蒸汽机完全不顶用。这些衍生型分级外明轮炮舰，彰显了 19 世纪 40 年代的海军部委员会对创新的兴趣不减当年。另外，英国还建有 6 艘二等明轮巡航舰，但这些船中的大部分都只是在露天甲板布置火炮。

一等明轮巡航舰的发展历程更为复杂混乱、难以追寻。第一艘一等明轮巡航舰，是"佩内洛普"号（Penelope）。约翰·艾迪一直热衷于增加皇家海军中明轮战舰的数量，并建议将一部分老旧过时的风帆巡航舰改装成明轮战舰。"佩内洛普"号于是就被选作改装原型于 1843 年进入查塔姆船厂开始改装。英国国家海事博物馆的一幅图纸显示，最开始的意图仅仅是想将把蒸汽机塞进现有的船体里，但很快发现船体需要加长。加长船体不仅能为搭载引擎和煤提供所需的额外空间，而且还为搭载基于"蛇发女妖"号机组设计的西瓦德 650NHP 发动机提供了必要的浮力。[①]

表 6.7 明轮战舰建造项目计划

开工年份	1837	1838	1839	1840	1841	1842	1843	1844	1845	1846
分级外炮舰	1	2		4	5		2		2	3
巡航舰			1		2		1		2	1

造船厂		发动机制造商	
二等巡航舰			
彭布罗克	5	西瓦德 & 坎配尔	3
朴次茅斯	3	米勒 & 兰德尔	3
沃维奇	2	费尔贝恩（Fairbairn）	2
德文波特	1	伦尼（Rennie）	1
查塔姆船	1	博尔顿 & 瓦特	1
		宾	2
分级外炮舰			
彭布罗克	5	西瓦德 & 坎配尔	1
朴次茅斯	4	纳皮尔（Napier）	3
希尔内斯	4	费尔贝恩	1
沃维奇	4	斯科特 & 辛克莱	6
查塔姆	3	米勒 & 兰德尔	2
		莫兹利	2
		博尔顿 & 瓦特	1
		宾	2
		里格比（Rigby）	1
		福西特（Fawcett）	1

① 英国国家档案馆，编号 Adm 95/88，1843 年 9 月 30 日来自沃维奇的信。

表 6.8 "佩内洛普"号机组重量

	吨	英担
带霍尔冷凝器的蒸汽机	242	10
锅炉	110	4
锅炉水	42	0
煤箱	21	5
杂项	55	5
以上合计	522	14
总合计[①]	544	15
煤	500	
整个机组（含煤）总重	1044	15

　　65 英尺的额外长度，为"佩内洛普"号提供了大约 1200 吨的浮力，不过这必须扣除新延长那部分船体的额外结构重量。[②]"佩内洛普"号改装成功后，舰首吃水 19 英尺 3 英寸，舰尾吃水 20 英尺 3.5 英寸，舷墙（Bulwark）也被抬高了，这使得该舰外观有了一些改善，但干舷仍然很低。[③]

　　1843 年 9 月，该舰的第一位舰长琼斯（Jones）写道："撤掉 6 门卡隆短重炮只会令吃水减少一英寸（约合 20 吨排水量）。该舰的航速尚可，经过两天动力试航后，机组输出转速也从每分钟 12 转提升到每分钟 14 转。"[④]琼斯认为最好保留全套的武备，即使被迫承受主火炮甲板炮门离水线过近这个困扰。为了减轻其带来的影响，他宁愿减少葡萄弹、散弹以及舰载野战炮[33]的搭载量。

　　"佩内洛普"号改装成汽船后最初舰载武备为：

① 《1847 年特别委员会报告》（1847 Committee）。
② 《1847 年特别委员会报告》（1847 Committee）。
③ 英国科学博物馆，收藏号为 1920-334。
④ 英国国家档案馆，编号 Adm 95/88，1843 年 9 月 30 日来自沃维奇的信。

"斗牛犬"号（Bull Dog），该舰的名字命名了一整级一等分级外明轮炮舰。[34]（© 英国国家海事博物馆，编号 PW0932）

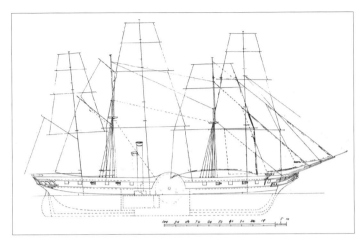 

主火炮甲板：8门65英担68磅炮、8门36英担68磅炮；

露天甲板（Spar Deck）[35]：8门84英担42磅炮、10门23英担42磅炮。

该舰就像这一阶段的所有其他战舰一样，火炮搭载情况屡经变更，到后来，火炮数量越来越少，但每门炮的个头却越来越大。[1]

"佩内洛普"号的西瓦德 & 坎配尔双缸蒸汽机的工作压力为8磅/英寸^2，并且很不寻常地使用了霍尔（Hall）表面冷凝器，但这个选择可能并不算特别成功。该舰为"巴克"式帆装，桅杆的静支索（Standing Rigging）[36]为铁制缆绳。琼斯船长报告说："在强劲风势的高海况下，该舰顶风航行时的埋首情况并不严重，船体结构和桅桁帆索也没遭受太大的应力牵拉，甲板上浪也不太猛烈。依靠蒸汽动力航行时，该舰朝各个方向航行，舵的响应都很灵敏，但是在纯风帆航行时，

上左："佩内洛普"号。该图显示了该舰不加长船体，单纯增设蒸汽机组和明轮的改装示意图。（图片由作者绘制）
上右："蹂躏"号的莫兹利"暹罗人"式发动机[37]。（英国科学博物馆供图）
下：1841年的"热心"号（Ardent）三等分级外明轮炮舰。（© 英国国家海洋博物馆，编号PY0908）

① 《1847年特别委员会报告》（1847 Committee）。

“佩内洛普”号（1828年建造，1843年改装），是唯一一艘改装成明轮推进的风帆巡航舰。[38]（© 英国国家海事博物馆，编号 PY0922）

奥德萨炮击战（见第12章）中的“报应”号（Retribution，画面中央沿着舷侧炮门粉刷成白色，很显眼的那艘）。该舰于1844年由总设计师设计，这是第一艘主火炮甲板搭载了火炮的明轮巡航舰。（© 英国国家海事博物馆，编号 B6872）

该舰容易朝下风偏航。”[①] 几天后，他直接写信给艾迪，称该舰依靠蒸汽动力航行时可以在风帆战列舰跟前随意做出各种机动，而将明轮与驱动轴解挂，单纯依靠风帆航行时，它同样能够跟上舰队的行动。该舰锅炉的火炉两舷横向布置方式并没有造成安全隐患，而铁制静支索也很好用。炮门离开水面的高度总能保持在至少 4 英尺[39]。

艾迪对“佩内洛普”号的改进很满意，并提倡进一步改装更多的这类舰艇。当时总共有 30 艘类似的巡航舰，其中 15 艘状况良好，而每年可改装的数量是4 艘。他建议使用标称马力为 500NHP 的小型发动机，这样机组所占舱段的长度可以减少 12 英尺 8 英寸，如此一来就可以改善居住条件，还能减重 245 吨，进而减少 14 英尺到 18 英尺 6 英寸的吃水，使到炮门的干舷能够保持在 6 英尺高。

"恐怖"号（Terrible）建成时，带有4个烟囱。该舰是英国皇家海军当时建造的最大型明轮战舰。（© 英国国家海事博物馆，编号 PU6189）

① 同上。

"西顿"号（Sidon），其舰载火炮很多，主火炮甲板上装了16门重炮，露天甲板上还有6门轻型火炮。"西顿"号是查尔斯·纳皮尔在芬彻姆的"奥丁"号（Odin）的基础上，大幅度增加型深而来。40（© 英国国家海事博物馆，编号 A2469）

这个时候，400吨煤就能够烧21天，这样每年的煤炭采购成本只有"恐怖"号（Terrible）的四分之三。

据称，这些巡航舰的改装成本能比"佩内洛普"号（船体25447英镑，动力机组34042英镑，合计59489英镑）低约3000—5000英镑，约为一艘新战舰造价的40%。西瓦德的一套500NHP蒸汽机报价为24650英镑，但如果订购3套，就能给第二和第三套5%的折扣（如果只订购一套备件，则报价要另加1656英镑）。艾迪的重量估算列于表6.9。①

"果敢"号（Valorous），一艘"魔法师"级（Magicienne）二等明轮巡航舰。在塞瓦斯托波尔（Sevastopol），该舰一舷的明轮被击中，但仍能继续战斗。该舰一直服役到1891年，是英国皇家海军最后一艘退役的明轮巡航舰。（© 英国国家海事博物馆，编号 neg 6845）

该舰一直服役到 19 世纪 60 年代，在海军中备受好评。这不仅仅是因为该舰那令人难忘的优雅外观，还因为该舰那 3189 吨的排水量、226 英尺 2 英寸的船长，是迄今为止体型最大的明轮战舰——如果不算美国在第二次世界大战中改装的明轮航母"黑貂"号（Sable）和"狼獾"号（Wolverine）[43] 的话。

芬彻姆设计的"奥丁"号（Odin）是艘小战舰，该舰的衍生型——由 C. 纳皮尔海军上校设计的"西顿"号（Sidon）以及由芬彻姆设计的"猎豹"（Leopard）也很小。

这几艘小战舰都配备了相当沉重的武备，主火炮甲板上搭载了 10—14 门炮（32 磅炮或 8 英寸爆破弹加农炮），露天甲板上还有 6 门更大型的火炮（68 磅炮或 10 英寸爆破弹加农炮）。

针对霍利黑德—金斯顿（Holyhead–Kingston）航线的邮船业务，各家展开了一场激烈的竞标，建造出了一批当时航速最快的明轮船。各艘船及其设计师为：

"卡拉多克"号（Caradoc），西蒙兹；"卢埃林"号（Llewellen），米勒 & 兰德尔公司；"女妖"号（Banshee），朗；"圣科隆巴"号（St Columba），莱尔德（Laird）公司。

这些船都配备了标称马力为 350NHP 的蒸汽机，但当时似乎都没有测量标定马力（ihp）。"女妖"号海试时跑出了 16.13 节的速度，是所有船中最快的一艘，在 1848 年和 1849 年曾两次完成最快航渡。此外，该舰的平均航渡时间也最短。"卢埃林"号差得不是太多，但另外两艘就慢多了——4 小时的航渡就落后了 20 甚至 40 分钟。

那些大型的一等明轮巡航舰都是在海军船厂建造的，其中，有 4 艘是在德普特福德船厂建造的，2 艘是在查塔姆船厂建造的。而蒸汽机制造商，有西瓦德 & 坎配尔（3 台）、莫兹利（2 台）和费尔比恩（1 台）。至于小型明轮战舰，大部分是在皇家船厂建造的，只有一些试验性质的船舶是在民间船厂建造的。

当 1852 年停止建造明轮战舰时，海军部手头仍有许多设计，可以肯定的是，这之中有一艘非常大的船：

吨位达到 2540 吨（bm，造船旧计量吨位）[44]，船长 260 英尺，发动机标称马力为 1000NHP；

露天甲板搭载 2 门 113 英担 68 磅炮、16 门 95 英担 68 磅炮；

主火炮甲板搭载 18 门 95 英担 68 磅炮。

当时没有人严肃地设想过明轮战列舰，这恐怕是因为对明轮抗战损性能的担忧使得海军部委员会从不考虑这种方案吧。双体船其实完全在那个时代的技术发展水平范围之内（例如当时米勒的多体船），但不久，螺旋桨提供了一个更加实用的解决方案。

明轮战损的风险可能被严重夸大了，就像下面苏利文（Sulivan）记述的 1846 年巴拉那河之战所展现出来的那样：

> 这是一个展示明轮战舰抗战损性能的好例子。为了掩护正遭到岸上炮台重火力蹂躏的作战指挥官，法国汽船"富尔顿"号（Fulton，600—700 吨）冲向上游，冲到岸防炮台和作战指挥官之间下锚。由于没有破坏掉敌方设置的拦阻水栅，该舰就被困死在了那里，我想约有 3 个小时吧。敌方共有 56 发炮弹击中了该舰一侧的明轮壳及明轮，这一舷的明轮轮盘与传动连杆等悉数遭到破坏，成了在明轮轴带动下不住挥舞的一大堆变了形的废铁。然而，斩断敌人的阻拦锁链后，该舰靠剩下的一个明轮的推进力，第一个冲过水栅，顺流而下，又再次经过炮台，并准备用自身的明轮驱动力来拖带几艘友军战船。虽然该舰的蒸汽机也中了 3 发炮弹[45]，但并没有造成任何伤害。①

在克里米亚战争中，"果敢"号（Valorous）明轮战舰也被命中过，但同样没造成太大的战损。事实上，将明轮的有效宽度减至一半，对推进效率影响不大。明轮也有卡死的危险，不过在大多数战舰上，把明轮解挂就可以暂时简单地解

① H.N. 苏利文，《海军上将 B.J. 苏利文爵士生平及书信》（*Life and Letters of Admiral Sir B J Sulivan*）1896 年版（伦敦）。

1845年炮击奥布里加多（Obligado）。在这场战斗中，法国明轮汽船"富尔顿"一舷的明轮完全损毁，但仍能坚持战斗。画面右侧一排"封锁拦阻船"支撑起了一道水栅，该舰正冲向这排拦阻船。[美国海军学院博物馆（US Naval Academy Museum）贝弗利·R.罗宾森藏品区（Beverley R Robinson Collection）供图。

决这个问题了。[1]

更让人疑惑不解的是，竟然从没有人曾尝试过设计明轮撞击舰（Ram）[46]。通过分别驱动两舷的明轮朝各自相反的方向旋转[47]，一艘明轮汽船可以表现出极其出色的机动性，而且用铁件对舰首加以适当的结构强化，就能赋予舰首撞击所需的结构强度。美国内战和其他一些战例中撞击战术普遍未能成功，可能导致时人不愿浪费资源在这类设想上。[2]

明轮战舰只有短暂的较为活跃的服役历史，并且没有参加过什么重大战斗。它们一旦被螺旋桨汽船取代，就开始显得过时、没有什么作战价值了。但是，晚期的明轮战舰也搭载了重型武备，并且在速度方面也不输于早期的螺旋桨汽船[48]。最重要的是，明轮汽船告诉了新一代的海军军官们独立于风向的可靠机动性能的战术价值。

---

① W.E. 史密斯在自己的工作手册上留下了记录，记载下了1875年"果敢"号稳定性的一些细节：

条件	排水量（吨）	平均吃水	稳心高 GM（英尺）
北极航行，深吃水	2373	18英尺2.5英寸2.47	
深吃水	2243	16英尺5英寸	2.16
浅吃水	1851	14英尺2.5英寸	1.16

② W. 莱尔德·克洛斯（Laird Clowes），《作战行动和意外事故中的战舰撞角》（*The ram in action and in accident*），出自《防务研究院院刊》（*Journal of the United Services Institution*），1894年3月出版。

译者注

1. "Mooring"的严格意义是指下双锚，但图中看不出下了双锚。风帆战舰如果像本图一样，仅下单舷锚，则需要随着潮位、入海口的水流以及风向不断绕着锚旋转，调整泊位，称为"Tending"（时刻调整、照顾船的停泊位置）。锚泊时晾晒风帆是那个时代的惯例，风帆在不用的时候要叠好收纳在底舱里的最下甲板上。为了避免麻布制作的风帆快速腐坏，需要先晾干再存放，因为风帆在使用时吸收了海上气流里的大量水汽和盐分。就算在使用时充分注意了晾干保存，风帆的寿命也不会超过 5 年。所谓"干舷"，在当时的战舰上就是炮门高度，该舰的炮门下边框距离水面高度约 6 英尺多，即两米多，这在当时算是很高的干舷了。该舰帆装为双桅"巴肯亭"式。

2. 见本页"蛇发女妖"号引擎图，基座上面可见两个小的竖立汽缸，每个汽缸可以带动其头顶的矩形框架状摆动平行连杆，其中右边的平行连杆处在比左边的摆动幅度更大的位置上。连杆另一端连着一个上下运动的活塞杆，这在右边汽缸显得尤为清楚，那就是空气泵的活塞。从左边汽缸可以清楚地看到，汽缸后面有体积比汽缸大很多的辅助设备，离汽缸最远的是看起来比汽缸还大的圆筒，那就是气泵。气泵借助汽缸的部分输出功率来抽走汽缸内的蒸汽，保持汽缸负压，帮助汽缸活塞运动。

3. 所谓"短连杆"，矩形框架状平行连杆的中点靠后位置上，朝上方连接的倒"丫"字形连杆，它可以驱动曲轴。这个短连杆后面就是上文提到的空气泵的活塞杆。

4. 炉前室，即锅炉工们在锅炉的火门前面往炉子里续煤的工作空间。炉篦，即炉膛里的旋转式宝塔型支架，煤被铲进炉膛后就堆放在上面燃烧。

5. 即船身上的炮门后面并没有火炮，只有露天的上甲板有火炮。

6. 即第 3、第 4 章曾讲到的印度孟买船厂，每建造一艘战舰，都会在火炮甲板上满载一整套切割好的柚木肋骨运回英国，用于在英国再建造一艘战舰。

7. 表中前两项提及的各种零件是瓦特大气压式低压蒸汽机必需的设备。本书涉及的历史阶段，就是这种低压蒸汽机盛行的年代，因此有必要对瓦特蒸汽机的各种辅助设备简单介绍一下。第 5 章开头已经介绍了瓦特蒸汽机的前身——纽科门式蒸汽抽水泵，该机器须令汽缸充满蒸汽后，直接向汽缸内喷洒冷水以使汽缸内的蒸汽冷凝，因此汽缸和活塞会经历很大的温度变化，这种变温造成了非常大的能量损失。1765 年，瓦特作为技师受聘于爱丁堡大学，维修该校的纽科门蒸汽机。期间，瓦特围绕上述主要技术问题，对纽科门机进行了多项重大改进，还得到了该校几位热力学教授的帮助。最终，瓦特于 1776 年推出了实用化的瓦特蒸汽机，从此蒸汽机的效率能够让它作为原动机发挥驱动力，而不仅仅停留在抽水泵的层次。瓦特减小汽缸和活塞变温的第一个措施，就是不把冷水直接喷淋到汽缸里，而是设计了专门的、独立的"冷凝器"，即一池凉水包着一个腔体，把汽缸里的高温蒸汽导入到这个腔体中冷凝成水，这一池凉水则称为"冷水池"（Cold Well）。瓦特蒸汽机工作时，首先打开汽缸的"顶阀"（Head Valve），不断将蒸汽放入汽缸中，推动活塞运动。当活塞到达最大行程时，关闭顶阀，打开脚阀（Foot Valve），蒸汽自动膨胀，进入冷凝器冷凝成水。当然，冷凝器中也需要喷淋冷水来冷却蒸汽，所需喷淋的冷水量是蒸汽中含水量的 7 倍。冷凝器中的水必须及时抽走，才能避免冷水池明显升温。抽水依靠气泵，气泵的活塞跟汽缸活塞由连杆联动，即汽缸活塞驱动连杆，连杆驱动气泵活塞。气泵活塞也需要蒸汽辅助运作，为气泵提供蒸汽的是气斗（Bucket）。通过气泵抽气，制造出负压，就能够把冷凝器中的水抽走，还能在汽缸里制造出负压，帮助汽缸的活塞返回初始位置。冷凝器里冷凝下来的蒸汽仍然很温暖，很快被气泵抽进"热水池"（Hot Well），即一个周围没有冷水池冷却的腔体，积攒到一定水量后，这些温水就循环返注回锅炉重复使用。这一套独立的蒸汽冷凝循环系统是瓦特最主要的改进。此外，瓦特还给整个汽缸外面包裹了"蒸汽套"（Steam Jacket），让热蒸汽时刻将汽缸和活塞保持在恒温状态，将汽缸受热、缸体热膨胀等造成的蒸汽泄漏所导致的能量损失都降到最低。瓦特还控制顶阀的开关节奏，将蒸汽放入汽缸后，顶阀就关闭，这能更充分地利用蒸汽膨胀做功来推动活塞运动，而之前主要是靠蒸汽不停注入汽缸，使汽缸内的蒸汽量越来越大，以此来推动活塞。通过蒸汽膨胀做功，蒸汽所含的能量获得了更充分的使用，但是蒸汽膨胀也给活塞和整个传动机械造成了更大的载荷，所以瓦特一直坚持采用低压蒸汽，也是为了汽缸和各种连杆、框架材料不必过于沉重，以免这些配件的制造成本过高还不安全。为了保证汽缸里蒸汽的气密性，直接控制蒸汽进出汽缸所使用的阀门都是滑阀（Slide Cover），这是可以在一根中轴上滑动的圆锥壳，而前面提到的顶阀、脚阀则只是控制蒸汽进出蒸汽套的，气密性要求就没这么高了。瓦特蒸汽机的热效率可达 6%—10%，从此蒸汽机成了具有实用性的原动机，因此历史上多认为是瓦特最先发明了实用化的蒸汽机。17 世纪末以来的各种机型，包括纽科门蒸汽机，都只是技术验证原型机。另外，所谓"三段主驱动轴"中的"三段"，即第 114 页模型所示的两座汽缸将两根立柱间的驱动轴分成三段。

8. 表中时间有误，应为 1836 年开工。该舰 1834 年立项，1837 年下水，1838 年服役。

9. "Brig"这个词的严格含义是后桅也有横帆，而该舰没有，所以细究起来应该称其为双桅"巴肯亭"式。但在风帆时代早已远去的今天，英语里"Brig"这个词，逐渐成了一切双桅杆帆装的简称，因为除了风帆船历史专家，已经没人搞得清这些不同帆装名词的含义了。

10. 这段话充满了当时海上职业军官描述船舶性能的行话。"Plain Sail"就是指船帆挂出几乎全部的帆，只有翼帆不挂出来。当风力继续增大的时候，就会像115页的"独眼巨人"号一样，只保留几面大型的主要帆，其他小型的降下来收好。

11. 为了方便行军和进入阵地使用，当时陆军用的野战炮，其四轮炮架可分成两半，拆开时方便由马等畜力运输，合起来则可在阵地上架炮。能够拆卸的前半部分炮架就称为"Limber"。

12. 所谓"上帆需要双层缩帆"，可参考115页的"独眼巨人"号油画。可见该舰前桅杆挂着三层帆，这些帆从下往上分别叫作主帆、上帆、顶帆。图中海风已经比较大，这一点从海浪高度可以看得出来。所以主帆和顶帆都已经准备收起来撤掉，只留着面积最大的上帆，这是当时海舰的通用做法。上帆的帆面很宽大，它的上半部分可以看到三排像流苏一样的绳穗，称为"缩帆穗"，用于缩帆。缩帆，顾名思义，就是让帆面积缩小。也就是用一排绳穗把范围内的帆布收到帆上缘那根横桁上去。一般先缩起最上面一排，风力变大后，再缩起第二排，更大就缩起第三排。如果风力比都大，达到"风暴"程度，而又无法回港躲避，这时就必须采取特殊措施在海上挨过风暴。所以这里说的"两层缩帆风力"，已经算是强风了。

13. 第五章已经注释过，传统上只有真正的分级战舰才设立舰长、第一舰副（即副舰长）这两个职位，一般像"蛇发女妖"号这样的分级外炮舰，其舰长在军衔上只等同于分级战舰的第一舰副，但称谓为准舰长。这里该舰有第一舰副这个职位，说明该舰已经在人事管理上，被当作一艘真正的战舰了，可见当时汽船在海军中地位的提升。

14. "全帆装"，是真正的战舰用来彰显地位的三桅杆纵横帆装，如第117页"恶灵"号照片所示，可以和115页的"独眼巨人"号油画对照。关于甲板的名称，如果严格按照19世纪及以前的命名规则，那么原著作者所说的"主火炮甲板"和"上甲板"，实际上是指同一层甲板，这是新出现的蒸汽小战舰和传统的风帆战舰不同的地方。对于一艘风帆战舰而言，作者口中的"露天的上甲板"应该称为"艏楼"或"后甲板"，这种称呼现在英国海军还在使用，它是风帆时代以来，在历史发展与演变中逐渐形成的。下面以风帆战列舰和巡航舰为例，简述风帆战舰各层甲板的命名。巡航舰这一舰种到18世纪中叶，可以算正式出现。19世纪初的巡航舰，船体内往往有两层全通甲板，即水线附近的居住甲板（Berthing Deck），这里没有火炮，没有炮门；以及上面的主火炮甲板（Main Deck），搭载该舰的重型火炮共30门左右。主火炮甲板上面主露天的艏楼和后甲板，搭载十几门轻型火炮。到了19世纪30年代以后，这层露天甲板也变成全通的了，但在18世纪，当时经典的巡航舰在船舯部没有露天甲板，这里的主火炮甲板是露天的。巡航舰这一舰种的概念，是和进行舰队决战的主力舰，即战列舰相对而言的。战列舰大多数有两层主炮甲板，到了19世纪上半叶，船体内也有两层连续火炮甲板，最下面是高出水面一米多的下层火炮甲板，搭载重型火炮30门左右；上面是上层火炮甲板，也称为"主火炮甲板"，搭载该舰的次级主炮30门左右；最上层是露天的艏楼和后甲板，搭载十几门到二十几门轻型火炮。这层露天甲板在18世纪经典战列舰上，也是在舯部敞开的。可以看出，所谓"上甲板"，就是"主火炮甲板"。巡航舰的居住甲板就是战列舰撤去火炮的下层火炮甲板，巡航舰唯一的一层主火炮甲板就跟战列舰的上层火炮甲板地位相同，自然，这两个词也就可以彼此换用。实际上，在技术发展史上，巡航舰就是取消下层火炮甲板炮门发展而来的，所以巡航舰、战列舰两种风帆时代主要作战舰艇，就有了居住甲板＝下层火炮甲板，主火炮甲板＝上层火炮甲板，艏楼＝后甲板的严格对应。

15. 注意这里的"Firebrand"级是1841年开发的，和第5章1831年建造的"纵火者"号（Firebrand）早期明轮汽船，不是一回事，所以这里音译为"费尔布兰德"，以示区别。

16. 本图很好地反映了第5章和本章介绍的明轮船的总体内部布局。图上可见该舰有三根桅杆，其中前桅杆和主桅杆都像当时的大型战舰一样，直插龙骨，后桅杆架设在主甲板上，这是18世纪末以来英国学习法国的表现。两根桅杆之间的位置从前到后依次被蒸汽机、明轮和锅炉占据。船头为物资仓库兼水手住舱，船尾为军官舱，军官舱下面的底舱是物资仓库。

17. 本图展示了该舰露天甲板搭载的火炮，这些火炮的规格普遍比当时风帆战列舰的要大，对照上面的纵剖图，可见该舰的主甲板那一层也开了炮门，只是没有搭载火炮。

18. 在夏普给出的"蛇发女妖"号设计搭载武备表中，主甲板是10门炮，但模型上开了12个炮门，因此作者推测和当时常见的情况一样，船头4个炮门都归前首第一对炮使用，其四轮炮架可以在甲板上的金属滑轨上滑动，使炮管能通过这4个炮门指向需要的射击方位。

19. 操作火炮需要缆绳和滑轮组，固定这些配件的即船体侧壁和甲板上的"眼环"。

20. 哈代是1805年特拉法尔加之战中英国舰队司令霍雷肖·纳尔逊的旗舰舰长。哈代于1830年任第一海务大臣后，改进了原始四轮炮架，于 1835 年下令开始换装压擦式炮架（Compression Carriage），通过挤压增加摩擦力，使火炮后坐力得到非常有效的控制。

21. "Chince" 是 18 世纪的古语，指"布"。传统炮门盖是一整块，朝上掀开，不过 19 世纪上半叶流行把炮门分作上下两半，下半片可以靠自重朝外、朝下掀开，打开更加方便，代价是关闭的时候更费劲。

22. 指汽船可以采用"边打边跑"的战术，绕到风帆战列舰首尾火力贫弱的角度射击，之后快速脱离接触。

23. "卓越"号三等战列舰于 1829 起驻泊于朴次茅斯船厂对岸，开始作为炮术学校使用，其舰长即为炮术学校负责人。该舰 1834 年退役后又不断有老旧战列舰接替其岗位，使舰名"卓越"不断得到继承。

24. 回旋炮，可参考第 118 页的"角斗士"号图纸和第 316 页的"马尔堡"号模型。模型战舰前桅杆前面的船头露天甲板上可见一对弧形的滑轨，即用于搭载发射 68 磅炮弹，炮身长 10 英尺、炮重 95 英担的重型回旋炮。每艘风帆战列舰基本都搭载了一门这样的重炮。这种可以朝两舷随意改变角度射击的布局，当然并不是现代战列舰上的回旋炮塔（Turret），只是带有小铁轮的木制四方型炮架在滑轨上回旋，回旋全靠人力上撬杠扳动，并借助人力拉动滑轮组和缆绳拖曳。战列舰舷侧下层炮甲板上的 32 磅长身管加农炮在仰角 5° 时可以打出约 3000 码，准确性虽然很差，但战列舰每舷侧有 16 甚至 18 门这样的火炮，可是像"蛇发女妖"这样的却只有一门。所以就算战列舰不装备那种重型回旋炮，谁在对射中有更多机会击中对手，也是不言而喻。

25. 指的就是这些明轮炮舰。同样海况下，大船由于惯性更大，会更难被海浪摇动，可谓"岿然不动"，而此时的小船早已经剧烈摇晃，这让小船的远距离命中率大大下降。有的时候，汹涌的大浪甚至可能扑上小船的甲板，让火炮根本无法操作。

26. "独眼巨人"号比"蛇发女妖"号更大，因此虽然"蛇发女妖"号只能算分级外炮舰，"独眼巨人"号却划分为巡航舰，这算是对当时蒸汽明轮战舰这种最新高科技产品的高度重视了，但"独眼巨人"号作为巡航舰实在太小了，也只好算作二等巡航舰。

27. 早期明轮船机器沉重，所以吃水相对较深，于是为了提高航速，船宽不得不设计得比较窄，这使其可能存在稳定性不好的问题。所以随着机器功率的提升，后来的明轮船可以加大船宽从而提高稳定性，而增加的阻力则靠机器功率的提升来克服。

28. 表中的"空心弹"（Hollow）为 19 世纪上半叶时的一种炮弹。当时共有三种炮弹：实心无装药炮弹（Shot）、空心无装药炮弹（Hollow Shot）以及装填黑火药的爆破弹（Shell），空心弹并不像爆破弹那样只是薄薄的铁壳，而相当于把实心弹适当掏空，空心部分周围的弹壳还是相当厚的。

29. 原书存在错误，将"巡航舰"一词放到了下一行的"一等""二等"这两个词中间，容易让人误解为"一等巡航舰""二等巡航舰"，实际上按照原文，应是"分级外炮舰"分为三等，"巡航舰"下只有"二等"一个分级。特此略作修改，以符合原著相关文字描述。

30. 原书错将"95 英担 68 磅炮"写成"9 英担 68 磅炮"（68pdr/9cwt），如此轻的炮在物理上绝不可能，特根据史实和常识更正。

31. 关于当时英国各个海军船厂的大体情况，见附录 14。彭布罗克这座专用造船厂，不负责战舰的日常维修，只专门建造新战舰。这是因为该地理位置不佳，河道水太浅，只有刚造好的空船可以在此安全航行，搭载上蒸汽机、火炮和储备物资的战舰，吃水太深，无法逆流上溯到彭布罗克。

32. 转子发动机，这种设计从蒸汽时代的瓦特蒸汽机到今天的各种柴油、汽油发动机，制造厂商一直在不懈地尝试。它的基本结构是一个密封的圆形盒子，里面被三片叶片等分成三份，每个空间内同时分别实现蒸汽或者燃料油的膨胀做功，从而推动三片叶片，叶片则驱动中心的驱动轴转动。这样就不需要汽缸往复运动了，整个设计于是简化和紧凑了很多，但三片桨叶如何在转动的同时，保持和轮盘四周高效的气密，一直是难以克服的设计难题。近年来材料工艺的进步终于让实用机型开始走向市场，可见 19 世纪中叶时根本无法制出这种发动机。

33. 葡萄弹和散弹这两种特种弹都是在近距离交火时杀伤对方人员用的，但战场生存力堪忧的明轮战舰，战术运用思路是搭载少量重型火炮，作为远距离火炮支援，于是近战武器就不那么需要了。舰载野战炮用于两栖登陆作战，如第 5 章介绍，这种浅水近岸作战是当时蒸汽战舰最重要的战术之一。

34. 图中该舰船体全部涂装为黑色，明轮壳和舰载艇为白色，烟囱可能是金色。这种格局后来被称为"维多利亚"涂装，而画面背景中的战列舰则坚持 19 世纪初以来，只有真正的战舰才可以尊享的黑白条纹格子涂装形式。图上"斗牛犬"号船头那白色船帮上，好像人头攒动，其实那是水手们的吊铺（Hammock）打成卷，码放在船帮四周，战时可以稍稍抵挡下步枪子弹的射击。

35. 这里的"Spar Deck"直译为"桁材甲板"。19 世纪 30 年代以来，原本分成首尾两段、中腰不连续的艏楼与后甲板终于贯通成一整层露天甲板。于是原本存放在舷外船体外侧，不免遭到海浪洗礼的备用桅杆、帆桁，就改成集中码放在露天甲板了。于是称这种连续的露天甲板为"桁材甲板"，但本书翻译从简，直接称为"露天甲板"。

36. 静支索即桅杆周围斜拉的缆绳，支撑桅杆对抗强风。124 页"斗牛犬"号、125 页"热心"号蒸汽动力航行的油画上清晰展示了这些静支索。

37. 注意该型蒸汽机招牌式的 T 字形摇臂。

38. 该舰之所以是唯一一艘这样改装的军舰，是因为不久后就出现了实用化的螺旋桨改装方案（见第 9 至第 13 章）。图中，该舰风帆的搭配方式为顺风航行时通常采用的方法：三根桅杆有上、中、下三层帆。上层的顶帆虽然挂起来但不完全张开，能提供一定推力，又不会造成战舰过分埋首；中层的上帆面积最大，是主要的推进帆，完全张开。下层的主帆只有前桅杆的张开；主桅杆的主帆如果打开，那么就会明显地遮挡住前桅杆的主帆；前桅杆主帆打开后，可以起到抬升船头、减少埋首的作用。船头、船尾的不规则三角帆则作为"空气舵"，帮助把控航行。

39. 约合 1.5 米，这个高度在当时并不是很高。

40. 注意该舰明轮壳上也涂装了 3 个假炮门。

41. 首先，注意风帆船上也搭载煤，主要是给船员做饭时船上厨房炉灶使用。"桅杆、缆绳、帆"这一项中"缆绳"原文写成了"rig"，这是错误的，"rig"意为"帆装"，即第 5 章和这一章开始大量涉及的各种桅杆和帆装布局方式，正确名词应为动名词形式的"Rigging"，指支撑桅杆和操作风帆用的缆绳及相关滑轮组等配件。改装明轮船后，桅杆高度可能有所降低，因此"桅杆、缆绳、帆"这一项的减重主要应该来自桅杆和帆桁，绳索和帆布所占比例一般比较低。"淡水"原文只写了"Water"，这一项改装后也降低了，可见这里的"water"指人员饮用的淡水，而不包括锅炉里的海水，因为改装明轮船后不仅原本需要操作风帆的人员减少了，而且船上锅炉的废热可以用来蒸馏海水制造淡水。"设备"这一项应该包括汽船的蒸汽机锅炉和明轮等。风帆船上的原有设备主要包括大炮的炮架、舵机、水泵、绞盘、底舱火药库与各种火炮、其他库房的板材结构与内部设施、风帆缆绳的维修作坊及其工具设施等，此外还应包括船上军官居住所需的家具、餐具、洁具等。

42. 即第 2 到第 4 章讲到的木船的建造方法：战舰使用"密距肋骨"，一根紧挨一根，通常只有两三厘米的缝隙，这里排列得则更加紧密。

43. 二战时，美国为了训练海军航空兵，在五大湖上设立了这两艘训练航母，它们是用五大湖上的明轮客船改装而成的，没有机库，只有飞行甲板。海军航空兵学员从岸上的海军兵站起飞，到明轮训练航母上练习飞行甲板上的起降，然后再飞回岸上兵站。

44. 所谓"造船旧计量吨位"（Builder's Old Measurement），是 17、18 世纪以来估算商船和战舰底舱货物搭载能力的一种体积估算方法，从船长、底舱深和船体最大宽度推算得出。

45. 是不能爆炸的实心炮弹。

46. 自 19 世纪 60 年代进入蒸汽铁甲舰时代以来，铁甲舰优越的抗弹性、抗沉性让古老的撞击战术再次出现在海战战术家们的脑海中。撞击需要灵活的机动能力，明轮、螺旋桨与风帆相比，都能更好地给予战舰这种能力。在 1860 年以后的铁甲舰时代，人们不仅给战舰装备了撞击艏（Ram Bow），甚至还提出了专门建造以撞角为主武器的撞击舰的设想。但在明轮时代却没有人提出过撞击舰的设想，作者因此感到疑惑。

47. 两舷明轮反转可以让低速航行时的转弯半径非常小，甚至能原地调头。

48. 螺旋桨的推进效率与船体尾部水下形状密切相关，船体和螺旋桨这两者的最佳形态都只能依靠不断的尝试来积累经验，所以早期螺旋桨汽船的速度和明轮船相比并不占优势，实际上当时最快的汽船都是明轮船。

第七章
铁造船舶

18 世纪中叶，制铁工业的快速发展[1]产生了改善铁矿资源运输条件的市场需要，这种需求又催生了日益完善的运河水网系统。人们很快认识到，铁这种材料比起木料来，相对于它的自身重量，它的结构强度要大得多，非常合适用于建造驳船（Barge）[2]。1787 年 7 月 28 日的一份伯明翰当地报纸这样报导道：[1]

几天前，由布拉德利锻造厂（Bradley Forge）的 J. 威尔金森（J Wilkinson）用英国国产铁打造的铁皮船"试验"号（Trial），沿着运河溯河而上，路过了咱们镇的河段，这艘船搭载了该铸造厂生产的 22 吨又 15 英担金属原料。该船跟运河上其他类似的运输船大小差不多，船长 70 英尺、宽 6 英尺 8.5 英寸，制造该船所用的铁板约 7/16 英寸厚，这些铁板就像消防洒水车[3]一样用铆钉铆固在一起，但首柱（Stem）和尾柱（Stern）[4]是木制的，船帮也是木制的。甲板梁是榆木板制成的，整艘船重约 8 吨。这船满载时最多可携带 32 吨货物，轻载时吃水只有 8—9 英寸。

铁皮驳船能够搭载相当于自身重量 4 倍的货物，这充分体现了铁材的优势。今天，在布里斯特山（Blists Hill）维多利亚镇（Victorian Town）的铁桥处，依然能看到一艘跟上面这艘船类似，但出现时间要晚得多也小得多的驳船。

到拿破仑战争结束时，这样的驳船已经造出了不少，且运作良好，不过它们也引来了不少嫉妒和偏见，以及很多有失公允的批评。[2]当时，有一种甚嚣尘上的说法，说一些社会上有名的顽固迂腐人士曾表示，铁皮船是绝对造不出来的，因为铁放在水里漂不起来。关于 19 世纪一些海军上将们的类似说法，似乎就纯属穿凿附会了。这种嫉妒和偏见有时会更进一步恶化，导致当时坊间普遍传言说存在着针对铁船的破坏行动。例如，1815 年由杰文斯（Jevons）在利物浦建造的"蒂普顿"号（Tripton），据称在进入运营后不久就被弄沉了。

① J. 格兰瑟姆（Grantham），《铁造船业》（Iron Shipbuilding），1858 年版（伦敦）。
② 贝利（W.H.Bailey），《第一艘铁船和它的发明者约翰·威尔金森》（The first iron boat and its inventor, John Wilkinson），曼彻斯特工程师协会（Manchester Association of Engineers），1886 年 10 月 9 日发表。注：贝利提到了这样一件事——"这船真能漂起来么？"当地一名铁匠听说约翰·威尔金森正在打造一艘铁船时，一边愤愤地说，一边用力地把一块马掌扔进了水槽里。后来那些所谓海军将领们反对铁船，说铁漂不起来的传言，恐怕最早就是从这个故事开始流传的吧。

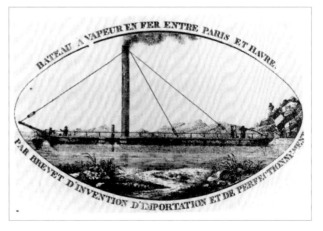

"亚伦·曼比"（Aron Manby）号，第一艘铁制海船。这是该船的唯一一幅图片资料，画得可能不十分准确，因为当年的记载称这艘船的明轮比图中要靠后得多。（英国科学博物馆供图）

下一步就是打造出一艘铁制海船，结果碰到了很多在运河航运中没有碰到的而且后来发现很难解决的新问题。第一次这样的尝试是在 1820 年，蒂普顿的霍斯雷（Horsel）锻铁厂老板亚伦·曼比（Aaron Manby）与海军上校纳皮尔（后来的海军上将查尔斯爵士）合伙，准备为伦敦—巴黎航线建造一艘铁制汽船。[①]这艘名叫"亚伦·曼比"的船是分段建造的，于 1821 年在伦敦的萨里（Surrey）商船厂组装好。该船搭载了一堆亚麻籽和铸铁件，在纳皮尔的指挥下，从伦敦用蒸汽动力航行到勒阿弗尔（Le Havre），然后继续沿着塞纳河，溯河而上到达巴黎。该船是第一艘铁制海船，也是在此之前 30 年里，第一艘从伦敦直接开到巴黎的船。[②]

表 7.1 "亚伦·曼比"号

吨位（bm，造船旧计量吨位）	116 吨
主尺寸（长 × 最大宽 × 吃水）	106 英尺 9 英寸 × 17 英尺 2 英寸 × 3 英尺 6 英寸
船深	7 英尺 2 英寸

该船的明轮上有由驱动轴上的偏心装置带动的顺桨桨板。[③]

"亚伦·曼比"号的商业运营可谓喜忧参半，因为法国航海法禁止了从伦敦到巴黎的直航航线。结果，在霍斯雷分段建造的一艘类似的船必须在查伦顿（Charenton）组装，亚伦的儿子查尔斯·曼比（Charles Manby）在那建立了制铁工厂。由于种种问题，曼比父子在 1830 年结束了他们的航运业务，纳皮尔为此损失了大部分的投资，结果后来他成了铁制船舶的顽固抵制者。[④] 直到 1830 年被卖掉时，"亚伦·曼比"号的船体也不需要维修保养，尽管这艘船常常在塞纳河里搁浅。据称，该船一直服役到 1880 年左右，尽管那时该船已经改装成螺旋桨推进了。

曼比父子在霍斯雷建造了许多铁船，其中一艘在 1825 年横渡爱尔兰海，然后在香农河（Shannon）上投入了运营。其他制造商争相效仿，其中最引人注目的是伯肯黑德（Birkenhead）的约翰·莱尔德（John Laird）。他的第一艘铁船是"萨凡纳"号（Savannah，1833 年建成）[5]，其后他又在 1834 年建造了"加里·欧文"号（Garry Owen），它也在香农河上投入了运营。[⑤] 根据"加里·欧文"号船东 C.W. 威廉姆森（C W Williamson）的建议，这艘船第一个配备了水密横隔壁（Water Tight Bulkhead）。由于木板之间的相互错动，木船上是无法设置有效的水密隔壁的。[6]

海军部造船时使用铁材的频率越来越高，它们大部分被用作甲板横梁的支撑拐肘、托架以及作为瑟宾斯对角线支撑材。尽管船上只安装了这样一点有限的铁件，但它们对指南针的干扰足以构成严重的问题（参见第 3 章"辉腾"号

① C. 曼迪（Manby），1842 年 2 月 11 日的信，作者格兰瑟姆的上一个参考文献引用了这份资料。
② D. 罗伯里（Lobley），《船舶发展史》（*Ships Through the Ages*），1972 年版（伦敦）。
③《海洋工程目录》（*Marine engineering catalogue*），科学博物馆（Science Museum）藏，文献号编号为1891-132。
④《查尔斯·纳皮尔爵士的生平和信件》（*Life and Letters of Sir Charles Napier*），海军档案协会（Naval Records Society）藏。
⑤ 迪皮伊·德·洛梅（Dupuy de Lôme），《铁造船舶备忘录》（*Mémoire Sur La Construction Des Bâtiments en Fer*），1844 年版（巴黎）。

的故事）。铁船对指南针的影响很大，结果导致这些船无法在看不见陆地的地方安全航行。[1]

许多当时的作者以及大多数后来的作者，均未能理解指南针偏差这个问题的严重性，结果不公正地批评指摘海军部在接纳铁制船体这一新技术上非常拖沓。约翰·莱尔德曾做了许多次徒劳的尝试，想要说服海军部委员会下决心购买铁制军舰。然而，也只有海军部真正下功夫去寻找，并找到了克服指南针偏差的有效办法。1835 年，海军上校 B.J. 约翰逊（B J Johnson）获命用莱尔德的铁制明轮船"加里·欧文"号做试验，以加深对这个问题的理解，可能的话，还要找到解决方案。约翰逊没能找到解决方法，但他第一个明确了铁制船体磁场的两个组成部分——诱导磁场（Induced）和永磁磁场（Permanent）。两年后，海军部委员会指派皇室天文官乔治·艾里（George Airy，他同时受聘于海军部）研究约翰逊的前期工作。经过努力，艾里找到了更深入的改进办法。[2]

1837 年，经海军部特批，"彩虹"号（Rainbow）被调拨给艾里在德普特福德做试验。艾里试图通过在指南针周围布置永磁铁和无磁性铁块来校正偏差，并在首次尝试中取得了一定的成功。1838 年，艾里又校正了 200 吨级的铁制帆船"铁甲"号（Ironsides）的指南针。这艘船由杰克逊 & 戈登公司（Jackson, Gordon & Co）建造，曾三次运载棉花往返利物浦和美国，这是铁制船舶首次成功地跨大洋航行，展现出了艾里所做工作的成功。他的方法需要让船"摇摆"起来，并在这种情况下进行一系列冗长的测量，也就是让船左右转向到已知的方位上，然后在每一个方位上校正指南针的读数。查尔伍德后来评价这套程序：它不需要很高的技巧，但需要吹毛求疵的精细，因而在使用经验积累得比较丰富之前，弄出什么差错一点也不稀奇。[3] 后来可能在 1855 年，利物浦的指南针协会（Liverpool Compass Committee）在海军部的支持下进行了一系列进一步的修正工作，此后商船上的指南针才真正变得可靠起来。

其实还有其他校正指南针的方法，比如斯帕克斯（Sparkes）海军上校的办法：不去校正偏差，而是制作不等分的指南针读数盘。尽管这种方法也是可行的，但用这种罗盘来同时记录和表示多个方位，其困难程度几乎令人绝望。更加异想天开的办法，是在指南针的读数上加上（或者减去？）一张校对表中的对应修正值。

到 1839 年艾里的研究成果公开发表时[4]，兴修铁路的热潮已经过了最高峰，人们在制铁以及铁建筑领域积累下了丰富而专业的应用经验。人们对艾里这篇在海洋运输发展史上极具影响力的论文，反应是非常迅速的。从海军部 1839 年 2 月向莱尔德订购"多弗尔"号（Dover）英吉利海峡跨海邮船这一举动，可以看出海军部的态度是谨慎而又乐观的。布鲁内尔把"大不列颠"号（Great

① C.H. 科利尔（Collier），《指南针偏差和造船工程研究院》（Compass deviation and the INA），出自《战舰设计师》（The Naval Architect），1976 年 11 月出版。

② 同上。

③《1847 年特别委员会报告》（1847 Committee）。

④ G.B. 艾尔里（Airy），《铁制船舶试造记》（Account of experiments in iron built ships），出自《理学通讯》（Phil Trans），卷 13（1839），第 167 页。

世界上首艘铁制战舰——"复仇女神"号，这是该舰的铜板蚀刻印刷品。(© 英国国家海事博物馆，编号 PU6707)

Britain）的设计从木结构改成铁结构，算是一下子迈出了很大的一步，但订购第一艘铁制军舰的机构是东印度公司。1835 年初，该公司订造了"复仇女神"号（Nemesis）。该舰在当年 8 月份，于伯肯黑德的莱尔德船厂里开工建造，12 月试航，1840 年正式完工。[①]

　　"复仇女神"号是莱尔德的第 28 艘铁制汽船，从形制上看只是一艘典型的明轮小汽船，但作为第一艘铁制战舰，可以算得上是当时最具科技创新性的一艘船了。

表 7.2　东印度公司的"复仇女神"号数据

吨位	660（bm，造船旧计量吨位）
主尺寸	184 英尺（全长，oa）[7] × 29 英尺 × 6 英尺（最大吃水）
船体深度	11 英尺
机组	标称马力 120NHP［福里斯特（Forrester）旗下利物浦沃克斯豪尔（Vauxhall）厂制造；2 缸，汽缸尺寸为 44 英寸 × 48 英寸；2 座锅炉
明轮	直径 17 英尺 6 英寸；桨板 16 个，每个 6 英尺 9 英寸 × 144 英寸
桅杆	前桅杆 50 英尺（从露天甲板至顶端）× 15 英寸，前桅上桅 24 英尺 × 10 英寸；主桅杆 50 英尺 6 英寸 × 15 英寸，主桅上桅 33 英尺 × 10 英寸
舰载武器	2 门 32 磅炮、4 门（后来 5 门）6 磅炮、1 座火箭弹发射器
人员	设计额定 46 人，实际需要 60—90 人

注：上面引用的吃水深度是搭载 12 天的煤、水，4 个月的食品供应物资，连同 3 年份的一般备用物资的情况下的吃水。在内河行动时，该舰可以减小吃水深度到 5 英尺。

① W.D. 伯纳德（Bernard）和 W.H. 霍尔（Hall），《"复仇女神"号在中国》（The Nemesisin China），1846 年版（伦敦）；还可参看《战舰》（Warship）杂志第 8 期。

"复仇女神"号最突出、最明显的优势，是吃水非常浅，跟英国皇家海军当时典型的分级外明轮炮舰那 13 英尺的吃水比起来显得特别占优。[①] 这么浅的吃水，首先得益于铁制船体的自重更轻，其次得益于设计时选择了平底船形（而不是西蒙兹式的"陀螺型尖底"），同时发动机和锅炉舱段的船体也选用了"平行舯体"（Parallel Sided Section）[8]。

该舰舰体内有 6 个水密横隔壁，这是战舰首次安装水密隔壁。在最开始的设计中，每个水密隔舱都只有小型的手动水泵，面对严重的进水时，只能通过活塞从一个隔舱排水到下一个隔舱，直到把水排入带有主水泵的发动机舱为止。该舰在圣艾夫斯（St Ives）意外搁浅后，这个复杂而危险的设计就被一套能通到每个舱室的虹吸管代替了。机舱和锅炉舱之间设置了一道带有拱形舱门的半封闭式横隔壁，既能够提供横向结构强度，又不妨碍人员和设备的进出。

"复仇女神"号有两根桅杆，每根桅杆都有上桅段，并且这两根上桅安装的都是滑动斜桁帆（Sliding Gutter）[9]。为了提高该舰的风帆航行质量，"复仇女神"号安装了两段"龙骨插板"（Drop Keel）[10]，每个长 7 英尺，可以从船底往下伸出去 5 英尺。这些龙骨插板不用的时候存放在宽 12 英寸、从船底一直延伸到露天甲板的铁箱中，通过小型卷扬机带动传动链圈来收放插板。这个铁箱的箱壁前后延伸到了横隔壁上，这样铁箱就对横隔壁起到了一定的支撑作用，这也是莱尔德注重细节的一个体现。当龙骨插板放下后，同时会放下一道与它相应的 5 英尺长的尾舵延长片（Extension Piece）。该舰军官报告说，龙骨插板在朝上风航行和保持航向稳定上非常有价值。

"复仇女神"号最初在船头、船尾位置各搭载了 1 门 32 磅炮，但该舰服役不久后，便在两舷各添加了 2 门 6 磅小炮，之后又搭载了第 5 门这样的小炮。再之后，在两个明轮壳之间的舰桥（Bridge）上，布置了一个火箭弹发射器[11]。

"复仇女神"号的指南针根据艾里的方法进行了修正，但与该公司的其他船舶［包括"地狱火河"号（Phlegethon），也就是莱尔德的第 27 艘船，它在"复仇女神"号之后完工］不同，这项工作并非由艾里亲自完成，结果该舰的指南针从来都不是很准确。跨越印度洋时，人们发现当该舰向北或向南航行时，指南针示数是正确的，但在向东或向西航行时却会出现很大的偏差。指南针的这种偏差，可能是该舰处女航就在圣艾夫斯外海的斯通地（The Stones）搁浅的原因。当时，该舰以大约 8.5 节的航速撞上了一块尖锐的礁石，这次撞击将艏踵（Forefoot）[12]撞进去 3 英寸，造成一道 8 英寸宽的裂缝。艏踵后面 7 英尺处，龙骨也凹陷进去了但没有被贯穿。最主要的损伤是第一道横隔壁对艏部转角所造成的破坏，在这里，巨大的撞击力迫使船壳压向横隔壁，进而使隔壁贯穿了船底舱内的底板，横隔壁的下边沿也变形了。

① 大卫·里昂（David Lyon）和里夫·温菲尔德（Rif Winfield），《机帆战舰名录：1815—1889皇家海军的所有船舶》（The Sail & Steam Navy List: All the Ships of the Royal Navy 1815-1889），2004年版（伦敦）。

"地狱火河"号，东印度公司的第二艘铁制战舰。在第二次缅甸战争中，该舰在1852年1月份攻击丹侬堡（Dunoo Stockade）的行动中，冲在了第一线。（© 英国国家海事博物馆，编号 PW4891）

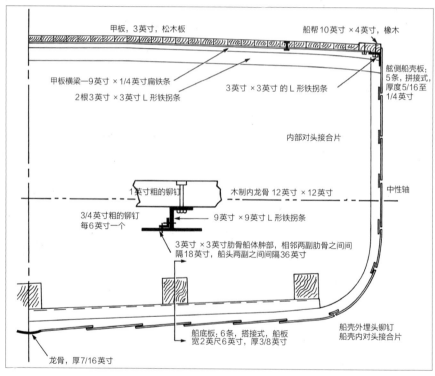

"复仇女神"号舯横剖面结构图。[13]（作者绘制）

　　不过这种损伤仅局限于直接受到岩石撞击的那一小块部位，因为铆钉没有在巨大应力下变形破损。"复仇女神"号在彭赞斯（Penzance）借了一台马力强大的水泵，然后自航前往朴次茅斯，在那里进入船坞修理。受损的舯踵被补上了一片的 U 形加强片[14]，又更换了两片船壳板。修理总共使用了 3 英担的材料，连同劳动力成本，维修价格为 30 英镑。莱尔德说，假如使用伯肯黑德厂安装的那种更合适的设备，这项工作可能只花 20 英镑就能完成，但是由于朴次茅斯以前从来没有维修过铁船，这要价似乎也合情合理。

　　莱尔德于 1840 年 3 月写信给海军部，建议他们趁着"复仇女神"号入坞期间，抓住机会对铁制船舶进行一次全面的调研学习。海军部把这项任务委派给了奥古斯丁·克鲁兹（Augustin Creuze），他是第一战舰设计学校的优秀毕业生之一，他的报告后来发表在《防务研究院院刊》（Journal of the United Services Institution）上。[①] 这份报告对"复仇女神"号充满溢美之词，海军部的领导们后面还将陆续接到类似的报告。

　　上页的舯横剖面图（请参见附录 6）是根据克鲁兹的描述复原出来的，但在某些方面还不太完整，例如没有提到竖立龙骨 [15]（也可能没有竖立龙骨）。一个值得注意的设计特点是，该舰的船体结构犹如一个由铁铸成的碗，而"碗"的顶部盖着木制板材。假使安装铁制甲板，必将大大增加船体的结构强度。除了这一点之外，该舰的结构设计考虑得都还算周全，并且船壳也使用了当时能制造出来的最大号铁板，尺寸大约是 8 英尺 ×2 英尺 6 英寸。如果该舰的建造遵循了莱尔德的惯例做法，那么该舰的龙骨应该是由每吨 21 英镑的低沼铁（Low Moor Iron）打造的，而其余部位则用每吨 15 英镑的煤溪谷铁（Coalbrookdale Iron）打造。再算上人工成本，这样船体的总造价大约为每吨 40 英镑。[②]

　　在"复仇女神"号上，使用木材的地方有：用 3 英寸厚的薄松杉木板制造的甲板，4 英寸 ×10 英寸的橡木船帮，支撑船体内主锚缆的带缆桩 [16]，船头炮位那 4 根 10 英寸见方的方梁，支撑明轮壳的 12 英寸橡木方梁；此外，木头还用于建造艏肘（Knee of the stem）[17]、尾舵以及明轮壳、军官住舱的隔断墙等。除开这些，该舰几乎完全由铁制成。克鲁兹在报告的最后一部分探讨了铁制船体的优势：在英国，铁比木材便宜，可以无限量供应，铁也更加耐用。他还主张使用对角线布置的船体肋骨，但这就不大容易让人接受了。[18]

　　1840 年 3 月 28 日，"复仇女神"号从朴次茅斯起航，对外宣称去往敖德萨，但这只是为了掩盖该舰真正的目的地（中国）而编造的一种谎言。该舰出发时搭载了 60 名水手，但当该舰搭载上 6 磅炮后，海员就增加到 90 名了。该舰以稳定的 7—8 节航速跨过比斯开湾，每天消耗 11 吨煤。越过赤道之后，威廉·胡廷斯·霍尔（William Hutchens Hall）船长尝试解挂迎风一舷的明轮，依靠风力和下风一侧的明轮来推进 [19]。这个办法很不错，在明轮每分钟 12—15 转的转速下，船能开到 6—7 节的航速，几乎没有朝下风偏航。使用一个锅炉驱动全部两个汽缸的测试，由于蒸汽供应不足而不太成功。接近南非时，尾舵的延长片脱落丢失了，于是就在船上制造并安装上了新的临时延长片 [20]。霍尔船长还在船上临制作了披水板（Lee Board）[21]，尝试后发现可以把单纯依靠风帆航行时的下风偏航减小一半（可能是和龙骨插板一起使用）。

　　这种细致的试验是该舰船长霍尔的行事风格，他于 1811 年进入海军，到

① A.F.B. 克鲁兹，《关于"复仇女神"号》（On the Nemesis），出自《防务研究院院刊》（Journal of the United Services Institution），1840 年 5 月。
② 同作者迪皮伊·德·洛梅的上一个参考文献。

1823 年时已经升任航海长（Master）了。由于他接受过蒸汽发动机使用技术培训，于是被借调给东印度公司指挥"复仇女神"号。他在这艘船上的成就非常出色，以至于海军部设法为他搞到了一份国王特许令，使他于 1841 年 1 月 8 日升任中校[22]。后来，海军部允许他把在"复仇女神"号上的这段服役经历也算作他在海军中的服役年限，从而令他能够于 1843 年晋升为准舰长，并于次年升任上校舰长。后来，霍尔发明了改进式的无横木锚，并申请了专利。此外，他还对铁制的舭部压载水舱（Iron Bilge Tank）[23]进行了试验，并因此在 1847 年当选为皇家学会会员。1869 年，霍尔以少将军衔和二等巴斯勋章（KCB）获得者的身份退休，9 年后去世。当时存在很多对出身底层的技术军官以及对蒸汽技术的歧视与偏见，不过现在可以很欣慰地说这种偏见并不是普遍现象。霍尔对蒸汽技术的认识正赶上了个好时候，而他麾下的这艘独一无二的船又给他带来了多方的关注和重视。他的职业生涯说明，到了 1840 年，优秀的人才，不论出身如何，都能得到应有的嘉奖，而在新技术上积累的专业技术素养对职业生涯的发展也很有价值。

"复仇女神"号离开开普敦不久后的经历，就是这次航程中最精彩和技术上最值得探讨的部分。7 月 16 日，在阿尔戈阿湾（Algoa Bay）附近，气压计的读数开始下降，最终降至 28 英寸。从西北方向吹来的大风风势越来越猛，最后变成了暴风，海况"很高很恶劣"。这个海域向来被视为一片危险区域，因为外海的浪涌进入浅水区后就会变成滔天大浪。17 日凌晨 3 点，已经拆除了明轮桨板的"复仇女神"号正完全依赖风帆前进，这时一排大浪拍在该舰左舷后部，造成该舰因航向失控而转向，使右舷危险地正对着浪头，右舷明轮遭到摧毁。建造时为了让明轮壳后部的支撑梁通过船体，那里的船壳被切割开了一个四方形的开口，结果大浪让船体两舷在这个开口的角上撕开了裂口。这两道裂口撕裂了部分舷缘板（Sheer Strake），然后一直蔓延到舷缘板以下的每一道船壳板条上。最初的裂缝约有 2 英尺 6 英寸高，周围的船壳板都变形鼓了起来，受损情况的草图显示最初的结构损伤是压缩性损伤。

首先需要处置的，是已经毁坏的右舷明轮。用舰载小艇的船锚把明轮损坏部分钩到甲板上来仔细检查，发现由于事先拆除了一些桨板，造成明轮结构强度不足，需要给明轮多加装一圈强化环（这种强化结构于是就应用到了后来的船上）。

18 日，风势缓和了一些，该舰便能够依靠左舷那唯一一个明轮获得 4 节的航速。过了三天，右舷明轮修好了，可恰在此时，风势再一次加强了。霍尔命令在船尾附近加装一些护舷木板，以防止船尾上浪，尾部炮位上的 32 磅炮也移除并降到船体内的煤舱里存放。两舷那两道裂缝现在已经开裂到 3.5 英尺高了。

22 日，船员们在裂缝外面用铁板打上了补丁，这些铁板补丁用穿透船壳铁板的栓钉固定在船壳板背面船体内的木板上。

在第二次风暴中，那两道裂缝的高度在 5 个小时内增加了 18 英寸。于是，霍尔下令在船壳背面船体内相邻两副肋骨间，增设了木制的 X 形顶杠（Cross Brace）以将两副肋骨撑开，防止已经变形的船壳板彼此交叠碰撞。裂缝前后两副肋骨也用很长的栓钉铆固在一起，从而直接靠肋骨来承受海水拍击船体带来的张力荷载。这番抢修让"复仇女神"号一直撑到抵达德尔加（Delgoa）海湾那相对封闭、不太受风暴影响的水域，并在这里进行了进一步的维修。这时两舷的裂缝已经达到 7 英尺高了，而船体从船底到船帮的整个侧高也才 11 英尺。抢修需要非常长的木材，而霍尔通过武力威胁当地的奴隶贩子，最终弄到了所需的木材。①

弄来的木材被制造成了 3 对纵向加强梁，每根长 23 英尺，切割、加工好后，它们被安装到两舷裂缝前后的两副肋骨之间。加强梁和船壳之间的部分，则用剩余的下脚料填实。破裂变形的船壳板被拆除，换上新的船壳板并用铆钉铆固到位。

在早期的铁船设计中，常遭诟病的一点是缺少铁制甲板。如果有了铁甲板，船从力学特性上看就不再是一个开口槽型，而成了管型，结构强度将得到不少的提升。可以说，"复仇女神"号的船体结构强度虽然不错，但是对抗外力形变的效率非常低，这个特点通过一般的现代结构强度计算就可以得到（附录 6）。同时不要忘记，该舰毕竟挺过了一场非常严峻的大风暴，尽管总高才 11 英尺的船体竟然两舷都撕开了 7 英尺高的裂缝。裂缝最开始出现的地方，算是一个非常糟糕的结构设计，这种设计失误在于为明轮壳那 12 英寸方梁通过船体而开的方形开孔的角上，这里产生了局部应力集中。

修复后，"复仇女神"号开始缓慢而有点漫无目的地在印度洋里徘徊，不准确的指南针似乎仍然困扰着该舰，其航速也因那仅仅涂有红铅保护漆的船底所受到的污损而大大降低。几年后，铁行轮船公司的报告说，仅仅一趟去往印度的航程，就足以让船底的藤壶长到 9 英寸高。

20 世纪 80 年代的巴雷特（Barrett）研究表明，"光辉"号（Illustrious）[24] 航空母舰船底上缺少抗污损保护的区域里，附生海洋生物如果生长 18 个月，虽然比上述污损情况要轻一些，却也已经让该舰航行阻力增加到 80%。② 船底污损问题在铁造船体的整个历史发展阶段 [25] 内，都没能得到解决，并且这个问题直到今天仍然是一个巨大的麻烦（附录 7）。

"复仇女神"号抵达中国后，作为一艘炮艇，在第一次鸦片战争中经历了种种惊险刺激的战斗。该舰打头阵冲过了虎门炮台，测绘了珠江，并参加了对厦门、宁波和吴淞的攻击。船长霍尔后来在书中 [26] 对"大英帝国"这台战争机器的方

① 同作者艾尔里的上一个参考文献。
② M.G. 巴雷特，《"光辉"号——防船底污损措施缺失的后果》（HMS Illustrious–effect of no antifouling），出自《战舰设计师》（1985 年 3 月）。

方面面、优点缺点，做了生动丰富的描绘。

在"复仇女神"号的历次行动中，只有 1841 年 2 月炮轰黄埔的行动从技术上看还有点意义：

> "复仇女神"号多处中弹，幸好只造成了一人负伤。其中一枚最大号的实心铁炮弹[27] 完全贯穿了锅炉蒸汽箱的外壳，只差一点就要击穿锅炉的蒸汽箱了。除了船体被多枚实心铁弹命中之外，该舰的帆装和桁材也遭到了不小的破坏……

在霍尔和他的机械师佩德尔（Pedder）的指挥与管理之下，"复仇女神"号经常参加战斗，一直活跃到 1843 年战事结束，才回到孟买进行维修保养。该舰所需的维护比执行过类似作战任务的木制战舰要少得多，而且事实证明，所谓该舰"发炮可能会让自舰船体上的铆钉被震得松脱"、"船体会锈蚀坏掉"等无端的担忧都是站不住脚的。在孟买入坞期间有报道称：

> 过去很长一段时间里，"复仇女神"号都在我们的船坞里，我仔细地检查了该舰。该舰显示出了铁制船体的巨大优势。船底留下了多次搁浅的痕迹；船底板有好几处都深深地凹陷了下去，其中一两处凹陷甚至深达几英寸。该舰显然是撞上过锋利的礁岩，以致其片状龙骨有一段已经严重朝里、朝上变形凹陷了，我简直不敢相信常温下的铁还能产生这么大的形变。可以说，除非这龙骨的铁料质量非常上乘（可能是最优级的低沼铁），我敢确定，否则它是扛不住这种程度的损伤的。该舰的船底没有我设想的那样遭到严重的腐蚀，这艘船坚固得就像一个完整的瓶子[28]。①

之所以花了不少篇幅详细记述"复仇女神"号的第一次服役经历，是因为这是在实际作战行动中第一次应用铁制战船，显现出了 19 世纪 40 年代的这类船舶身上的很多优势和所存在的问题。霍尔在 1843 年 11 月 22 日回到海军部时提交了一份热情诚挚的报告。对于这份报告，当时的海军部首长、海军上将乔治·科伯恩爵士（Sir George Cockburn）评论说：正是这份报告，连同克鲁兹早先的报告以及从孟买发回的报告，让海军部决定订造几艘铁制巡航舰。②霍尔说，比起一艘木制战舰，他更喜爱那些建造得法的铁船。"复仇女神"号曾在不同形势下多次参战，并且曾在一场单次行动中被击中 14 下。不过这些命中并没有造成任何重大问题，也很容易修复。其船壳破片崩落问题和木制船体差不多，甚至还要更小一些。

① 同作者艾尔里的上一个参考文献。
② 《1847 特别委员会报告》（1847 Committee），海军上将科伯恩证词。

考虑到"复仇女神"号在第一次远航中不断遭受船底污损和罗盘偏差的折磨，甚至还遭到了近乎灾难性的结构破坏，该舰的优点就显得更加突出了：吃水浅，还很容易维护。对于该舰而言幸运的是，其大部分作战经历都是在中国河口那温暖的淡水里进行的，无论是船底污损还是指南针偏差带来的导航错误，都不会很严重。而且，该舰的船壳板也处在足够高的温度下，不至于出现因脆变而导致的结构失效[29]。就在该舰第一次远航与作战期间，铁船制造领域又有了很多新发展，现介绍如下。

1840—1843 年建造的铁船

"多佛尔"号（Dover）完全是按照莱尔德的设计来建造的，该舰从完工时起，就对维护和修理费用做了细致的记录，以便跟用途类似的木制邮船"赤颈凫"号（Widgeon）进行对比（请参阅第 195 页上的插图）。1848 年提交给议会的对比报告显示，铁船在成本上比木船有一点微弱的优势。"多佛尔"号船体造价 4816 英镑，略高于"赤颈凫"号的 4257 英镑。铁船船体头 8 年的年平均维护费为 58 英镑，而"赤颈凫"号的则高达 131 英镑（11 年里的年平均维修费为 124 英镑）。总设计师西蒙兹对铁船并不热情，但也并不公开反对，1840 年他致函艾迪说他现在还不能就铁船发表看法，要等到这些船积累更多的经验后才行。[①]

1839 年 10 月，总设计师获命设计 3 艘浅吃水的小型铁造炮艇，吃水要求在 4 英尺 6 英寸到 6 英尺，好在尼日尔河（Niger）上使用。这 3 艘船——"阿尔伯特"号（Albert）、"苏丹"号（Soudan）和"威尔伯福斯"号（Wilberforce），于 1840 年初在莱尔德厂建造，一两个月后就建成下水了，并于当年 10 月投入使用。这些双桅杆的"上帆斯库纳"（Topsail Schooners）[30] 小艇是英国皇家海军的第一批铁造战船，"阿尔伯特"号和"威尔伯福斯"号装备了 3 门 12 磅炮和 4 门 1 磅小炮，而更小的"苏丹"号则只有 1 门 12 磅榴弹炮（Howitzer）[31]。

这 3 艘船都没能长期服役：1844 年"苏丹"号失事，另两艘船则在 1844—1845 年间被变卖。

下一艘建造的铁船是"莫霍克"号（Mohawk），也是为海外服役而设计的，6 月在费尔比恩厂下单。

1841 年，分段建造的"莫霍克"号被运到大西洋彼岸的安大略（Ontario）湖畔的金斯顿（Kingston）完成组装，它也许是第一艘分段运到海外进行组装的船。当该舰于 1846 年将船体加长 25 英尺的时候，这种分段建造就凸显出了其价值所在。"莫霍克"号搭载一门小炮，先是在安大略湖上服役，然后在休伦湖上服役到 1852 年。另有两艘小型支援服务船（Tender）——费尔比恩厂设计的"火箭"号（Rocket）和阿克拉曼·摩根（1st SNA）设计的"红宝石"号（Ruby）

①《1847 年特别委员会报告》（1847 Committee），西蒙兹证词。

1841年在尼日利亚探险的3艘船："阿尔伯特"号居中，"威尔伯福斯"号在左，"苏丹"号在右。"阿尔伯特"号是1840年在莱尔德厂订购的浅吃水内河炮艇，也是皇家海军的第一艘铁造战船。（© 英国国家海事博物馆，编号 PY0907）

"瓜达卢佩"号（Guadalupe）铁制护卫舰算是莱尔德的一项个人风险投资，最后卖给了墨西哥。请注意，这艘船在英文资料里通常拼成"Guadeloupe"，实际上前面的拼写才是其西班牙文的正确拼写方式。（© 英国国家海事博物馆，编号 A2480）

于 1841 年 9 月被订造，可能准备用于勘探工作，不过后来一直被用作港务船。两艘船都不让人满意，特别是船体生锈漏水问题层出不穷。"火箭"号于 1850 年被拆毁，"红宝石"号则在 1846 年的射击试验中用作靶船而被摧毁。

当时的海军部委员会也感到了一些压力，可能需要批准更大规模的铁船建造计划。布鲁内尔的"大不列颠"号在布里斯托尔逐渐建造成型，这引起了公众相当大的兴趣。莱尔德从 1836 年以来就不停地向海军部提交铁船设计方案，但在 1836 年，指南针偏差问题还没有得到解决。最终，莱尔德自己投资建造了他的第 42 艘船，但他显然希望能把这船卖给英国皇家海军。1842 年 1 月，海军部的来信彻底打碎了他的这种期望，海军部委员会在委派 J. 拉热（J Large，第一战舰设计学校毕业生，他本人比较开明进步，后来作为瓦茨的助手设计了"勇士"号）考察该舰后正式拒绝接收，拉热声称该舰"不适合在海军服役"。该舰最终于 1842 年 4 月作为墨西哥的蒸汽巡航舰"瓜达卢佩"号下水。[1]

① D.K.Brown，《明轮巡航舰"瓜达卢佩"号》（ The paddle frigate Guadeloupe），出自《战舰》第 11 期（1979 年）。

表 7.3 "瓜达卢佩"号

排水量	878 吨（含足够烧 10 天的煤）
吨位	788（"造船旧计量吨位"bm）
主尺寸	187 英尺（甲板）×30 英尺 ×9 英尺
吃水	16 英尺
动力机械	180NHP 福里斯特 2 缸引擎，汽缸直径 52 英寸，活塞行程 5 英尺
明轮	直径 21 英尺，每分钟 22 转时航速 9 节
舰载武器	首尾各 1 门 68 磅炮 抵达墨西哥后增加了 2 门 24 磅炮 后来又加装了 2 门 24 磅炮

"火蜥蜴"号，一艘木制二等明轮分级外炮舰。查尔伍德在该舰和铁制的"瓜达卢佩"号上都服役过，他认为该舰比不上铁造的"瓜达卢佩"号。（© 英国国家海事博物馆，编号 A0501）

就在"瓜达卢佩"号开工建造的同时，一位青年才俊——法国战舰设计师迪皮伊·德·洛梅（Dupuy de Lôme）来到英国考察，准备写一个关于铁船建造的报告。这份报告写于 1842—1843 年，1844 年在巴黎出版。该报告对工业革命方兴未艾的早期浪漫时代里铁船的设计和建造做了兴味盎然的记述，并对当时相关的社会百态做了不少描述。[1]（另见附录 8）

迪皮伊·德·洛梅的报告分为两部分，第一部分探讨了铁造船体的优缺点，第二部分囊括了当时各家船厂的铁船工艺，并对每艘铁船进行了详细的描述。他正确认识到，铁船最大的优点是，它实际上是一个单一的、连贯的整体。两块铁船壳板之间的铆接固定，可以有效阻止板材之间的错动，而两块捻缝处理后的木船壳板仍然会错动，造成船体变形，也让海水得以渗入并引发木料霉烂。因为船体完全连成一个整体，就没有必要再依靠瑟宾斯那种复杂的对角线支撑材来保证船体强度了。总的来看，铁造船体能比木造船体轻大约 25% 的满载排水量，内部空间也更宽敞，而且最重要的也许是其更加优秀的水密性。英国的观察者可能还注意到了其他的优点，比如铁船船体更便宜，所需的原料——铁矿石和焦煤在英国很容易买到（见附录 9）。

迪皮伊·德·洛梅强调了横向隔壁具有阻隔进水的价值，并举出了"加里·欧文"号于 1839 年 6 月 6 日在香农河口搁浅的例子，还有本章已经讨论过的"复仇女神"号的例子。他认为船底腐蚀不是什么问题，只要注意小心涂刷船底的防护漆（即使在今天，人们可能仍然会这么说）。

迪皮伊·德·洛梅对生产成本的讨论很有意义，他探讨了造成两艘船之间的价格差异以及两个制造厂之间价差的成因。当时，船壳板越厚的船每吨平均造价就越贵，因为越厚的铁板，对其进行切割、弯曲以及开孔作业就越要消耗人力。迪皮伊·德·洛在他的报告中收录了许多详细的图纸，其中一些造船厂的机械图纸可以在后来科利特（Corlett）的著作中看到。[2] 这些机器简单有效，包括大铡刀钳（Shear）、冲压器（Punch）、辊轧器（Roll）和打孔器（Drill），但大部分都是手工操作的。难怪厚度更厚的铁板作业成本会更高。在科利特所著的《铁造船舶》中，其展示的机械图纸有些是便携式的，可以在船台各处移动，也许还能抬到船上来用。

莱尔德的平均报价为每吨 40 英镑，这跟伦敦和布里斯托尔的造船厂报价非常相似。在格拉斯哥，每吨造价约为 33 英镑，部分原因是那里的劳动力成本较低，也有部分原因是更广泛地使用了更便宜的铁材料（附录 8）。

每吨 40 英镑的总成本可以拆分为：原料占 12 英镑，直接人力成本、间接费用、下脚料和利润占 28 英镑。迪皮伊·德·洛梅说，"大不列颠"号 830 吨的铁造船体产生了约 24 吨的废铁。

[1] 同作者迪皮伊·德·洛梅的上一个参考文献。
[2] E.C.B. 科利特，《铁造船舶》（The Iron Ship），1974 年版（布拉德福），1990 年版（伦敦）。

每片船壳板的尺寸大约是 7 英尺 6 英寸 ×1 英尺 9 英寸，船壳板在船体上的具体排列布局，是使用半体模型（Half Block Model）[32] 来确定的。关于铁板之间的连接，有的采用搭接（Lapped），有的采用搭板接（Strapped）[33]。专业的船厂雇用 80 人就可以达到 100 天造好 100 吨船体的建造速度。

迪皮伊·德·洛梅认为，"瓜达卢佩"号是当时建造出来的船体结构最牢固的船。该舰有 121 副肋骨，每副肋骨的截面都是由一个拐铁和一个反向拐铁形成的"Z"字形。这些肋骨在船体中段每隔 16 英寸布置一副，到船头、船尾间隔则被逐渐拉开到 18 英寸、20 英寸。该舰船底板厚 0.625 英寸，到吃水线附近打薄到 0.5 英寸，再往上继续打薄到 0.375 英寸。尽管有这样一份充满溢美之词的报告，法国海军仍然拒绝了莱尔德提出的建造一艘报价 36000 英磅的铁制巡航舰的提议。

"瓜达卢佩"号造成后，由"休假"的皇家海军军官爱德华·查尔伍德（Edward Charlwood）指挥，驶往墨西哥。他于 1841 年登舰，监督该舰的最后完工，完工后又指挥了该舰两年时间。在他指挥期间，该舰参加了墨西哥远征尤卡坦的战争。是役，该舰和同样由莱尔德建造的"蒙特祖玛"号（Montezuma）遭到了来自敌舰和堡垒炮台的双重攻击。

巴克斯特（Baxter）认为，这两艘船全由英国船厂建造，其行动也由英国皇家海军军官指挥，船员也多为英国人，这从国际法来看是一个很有趣的案例。[①]

查尔伍德回到英格兰后，向海军部委员会报告了铁制战舰在战斗中的优势。随后在 1847 年，他又向特别委员会复述了一遍这份报告。[②] 他说："从一般角度来看，我强烈赞同蒸汽船采用铁造，这比采用木制要好得多。"接着，他列出了在他眼中铁造船体最突出的优势：浮力大、内部空间宽敞，这都归功于很薄的船壳和厚度很小的内部支撑梁架；水密舱壁使铁船搁浅时更安全；能大大节约木材这种正日益稀缺的资源。唯一需要解决的问题是船底的污损。

现代战舰设计师们也会同意查尔伍德的这些观点。附录 9 显示，一艘铁船船体只有相应的木制船体重量的 80%，容积则能大出来 20%。铁船船体更耐用、更坚固，能够更好地抵抗由大功率蒸汽机和螺旋桨造成的振动。

对于实心炮弹对铁船船壳造成的伤害效果，他说："通常比一艘木造战舰受到的损伤要少；而且我还认为绝不会出现木制战舰的船壳遭到实心炮弹击穿后，炮弹从船壳木料中飞出所产生的大量破片。"[34] 面对质询，查尔伍德描述了阿克尔（Acre）炮击战中他在"本博"号（Benbow）上遭遇敌方炮火时，他的船被反复命中后，被击中的木料迸射出了无数的破片。他觉得铁船船壳应该比木船船壳要安全多了。

在墨西哥与德克萨斯交战期间，一连四五个星期，"瓜达卢佩"号每天都在中弹，多次被一些 18 磅和 24 磅实心炮弹击穿船体。炮弹的穿孔边缘显得很整齐，

① J.P. 巴克斯特，《铁甲舰的诞生》（The Introduction of the Ironclad Warship）1933 年版（哈佛大学），1968 年版（哈姆登）。
②《1847 年特别委员会报告》。

最多只有附近几英寸范围内的铆钉被震掉，而且这样的破洞很容易维修，几乎没有制造出什么危险破片。

1843 年 5 月 16 日，"瓜达卢佩"号对阵德克萨斯的"奥斯汀"号（Austin）20 炮分级外炮舰（Corvette），"瓜达卢佩"号用 68 磅炮弹击中对方大约十几次，迫使德克萨斯人撤退。查尔伍德认为，他现在指挥的这艘船比他曾指挥过的"火蜥蜴"号木制分级外炮舰（Sloop）要强得多。他反复强调说，一艘铁船如果建造得当，铁材质量上乘，遭遇风暴时会比木船更安全，而且"有更多的浮力"。况且，现在指南针的问题无法再造成任何困扰，尽管校正偏差需要很长时间的重复劳动，但这完全在接受过培训的海军军官的能力范围之内。

查尔伍德回国后与西德尼·赫伯特（Sidney Herbert）的会面给人们吃了定心丸，但这已经影响不到那已经做出的关于扩大铁舰建造的决议。哈丁顿伯爵（Earl of Haddington）领导下的新一届海军部委员会，由赫伯特担任第一书记。1843 年 1 月 21 日，海军部委员会同时向迪奇伯恩（Ditchburn）、莱尔德、费尔比恩和大西方铁路公司（Great Western Railway Company），发出了标称马力为 200NHP 的铁舰招标。该舰需在首尾各搭载一门重 50 英担的 32 磅炮，每舷侧搭载一门 32 磅卡隆短重炮。1843 年 4 月，海军部接受了迪奇伯恩 & 马雷厂（Ditchburn and Mare）的投标，动力机组则由莫兹利换成了博尔顿 & 瓦特厂的 350NHP 蒸汽机。1845 年 12 月 16 日，该舰下水，被命名为"三叉戟"（Trident），它是英国皇家海军的第一艘铁造远洋战舰[35]。该舰是这个时期典型的明轮船：双桅杆，单烟囱，明轮壳上倒扣着舰载艇。和许多铁船一样，"三叉戟"号也很长寿，于 1866 年被拆毁。

1843 年初，海军部迈出了野心勃勃的一步，总设计师（西蒙兹）和蒸汽机械部（帕里）接到指示，要求提交一份铁制明轮巡航舰的新设计参数。接着，海军部向莱尔德等发出招标，要求使用利物浦的福里斯特厂已经在为"雅努斯"号（Janus）制造的发动机。1843 年 4 月，莱尔德中标，8 月，双方最终确定了船体型线的具体设计。这艘舰船最初要叫"火神"号（Vulcan），不过在 1845 年 2 月又改为"伯肯黑德"号（Birkenheadin）。12 月 30 日，该舰下水，比"三叉戟"号下水时间晚两个星期。该舰入役时的帆装为纵横帆双桅帆装，但很快就改成了"巴肯亭"式帆装[36]。

表 7.4 "伯肯黑德"号[1]

排水量	1918 吨，吨位 1405（bm，造船旧计量吨位）
主尺寸	210 英尺 ×37 英尺 8 英寸（带明轮壳全宽60英尺6英寸）×15 英尺 9 英寸。船体深度22英尺11英寸
动力机械	536NHP 弗里斯特侧杠杆式蒸汽机，航速12—13节，管式锅炉
煤量	500 吨
舰载武器	4门10英尺爆破弹加农炮、4门68磅炮
人员	250人

① E.J. 里德（Reed），《铁与钢造船法》（*Shipbuilding in Iron and Steel*），1869 年版（伦敦）。

莱尔德给"伯肯黑德"号设计了6道水密舱壁，这些水密舱壁连绵不断，一直延伸到上甲板，只在发动机舱和锅炉舱之间有一个开口。上甲板下的铁制加强梁让船体的中性轴（船体会绕着该轴弯曲变形）[37]升高了很多，这让该舰的结构强度增加不少。船壳板从龙骨到4英尺轻载水线处，厚0.625英寸，采用搭接法与双行铆同时固定；从那里到9英尺深载水线，厚9/16英寸，采用单行铆固定；更上部的船壳板则采用内侧接合片（Internal Butt Strap）拼接固定。

服役后不久，"伯肯黑德"号就把搁浅在邓德拉姆湾（Dundrum Bay）数月的"大不列颠"号拖离了海岸。[①] 但不久后，该舰就封存了，直到1851年改装成运兵船。在运兵事务负责人的要求下，该舰水密舱壁上切开了一个大开口以方便人员通行、改善通风。到这时，该舰武备减为4门小炮。

经过几次驶往加拿大和开普敦的波澜不惊的航行后，1852年1月17日，"伯肯黑德"号搭载680人从皇后镇［今爱尔兰科芙（Cobh）城］起航。所运输的部队主要是年轻的新兵，这些人员被安置在机器舱前后的主甲板和下甲板上，船员们集中住在艏楼甲板下面，海陆两军的军官则一起住在船后部的上甲板上。

驶离西蒙斯敦（Simonstown）后，该舰向北航行，驶往部队预定卸载处——阿尔哥亚湾（Algoa Bay）[38]，但在2月26日零点左右，该舰在丹杰角（Danger Point）外海触礁。当时，"伯肯黑德"号正以8.5节的速度航行，一块突起的尖岩在前桅杆稍靠前的位置刺破了它的船底，由于该舰的隔舱壁已经不再水密，船体前部立即大量进水，淹死了下甲板上搭载的大部分部队。前部船体的浮力损失在船体中部产生了无法承受的应力，船壳在这里撕裂，船体断成了两截。在船体的后部，部队整队集合，面朝舰内，让妇女和儿童先登上舰载艇。这是

"伯肯黑德"号

上甲板

肋骨：L形铁拐，一边长5英寸，一边长4.5英寸，厚0.5英寸，间隔15英寸，120副，用于船体舯部
肋骨：L形铁拐，一边长5英寸，一边长4.5英寸，厚7/16英寸，间隔18英寸，120副，用于船体前部
肋骨：L形铁拐，一边长5英寸，一边长4.5英寸，厚7/16英寸，间隔20英寸，120副，用于船体后部

9英尺深载吃水线以上部分的船壳板：厚9/16英寸，船壳板拼接，带内部对头搭接板

4英尺轻载吃水线到9英尺深载吃水线之间的船壳板：厚9/16英寸，船壳板搭接，单行铆

船底板到4英尺轻载吃水线处：厚5/8英寸，船壳板搭接，双行铆

"伯肯黑德"号的舯横剖面图。（英国皇家造船学会供图）

① 同作者科利特的上一个参考文献。

"伯肯黑德"号1847年改装成运兵船时的舷内布局图。该舰原本是莱尔德设计建造的一艘铁制明轮巡航舰。（© 英国国家海事博物馆，编号DR7360A）

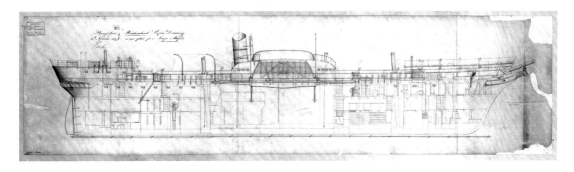

图中描绘了1852年2月26日夜间，"伯肯黑德"号舰触礁10分钟后的情景。该舰断成两截这件事，对铁制船体的声誉毫无正面影响。(© 英国国家海事博物馆，编号 neg 2126)

维多利亚时代的作家们经常提到的勇气与纪律，它很大程度上得益于西顿陆军少将（Major Seton）在航行期间进行的训练。他担心如果一时有太多人冲上两艘舰载艇，就会出现踩踏事故，便一直号令部队保持队形，直到水漫上露天甲板的那一刻。

登上舰载艇的所有人都获救了，还有69人自己游上了岸，另有约30人扒在了沉船那露出水面的桅杆上。船上648人中，共有193人获救。沉船上散落的遗物在开普敦以164英镑13先令6便士的价格拍卖掉了[39]。

许多传闻称，"伯肯黑德"号上携带了大量黄金，后来人们曾多次尝试搜寻其沉船残骸。1958年，一位名叫德克（Dekker）的潜水员发现，这艘船已经断成了三截，他在95英尺水深处找到并搜检了前两截。人们认为藏有黄金的最后那一截没能找到。他报告说，在靠近明轮的炮位上，大炮都还在，还打捞出了很多配件。目前（1986年），没人知道最后那截船体的位置，关于是否发现了黄金也没有任何消息。

铁造螺旋桨巡航舰

乔治·科伯恩爵士领衔的海军部委员会，继续致力于扩大铁造舰队的规模。乔治爵士因在1814年对美国海岸线进行骚扰，并最终放火烧毁了华盛顿的几座公共建筑而闻名[40]。他是个复杂的人，尽管很多看起来有根有据的逸闻都提到他

"刃牙"号（Grappler）的舷内布局图，该舰由威廉·费尔比恩（William Fairbairn）设计建造。该舰船体的快速腐蚀促使海军部决定放弃用铁建造舰艇。(© 英国国家海事博物馆，编号 DR08213)

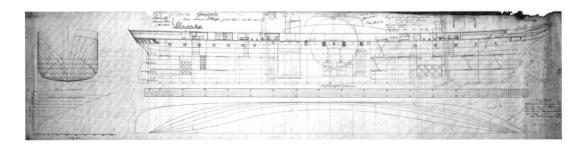

不喜欢这个新机器时代以及那些操作机器的新技术人员，但他确实认识到了螺旋桨和铁制船体的价值，并积极推动其发展。

接下来，海军部订造了一些（6 艘）小型铁造分级外炮舰。1844 年 1 月 16 日，海军部接受了纳皮尔厂对前 3 艘船订单的投标，又在迪奇伯恩 & 马雷厂订购了后 3 艘船。次月，海军部决定："蜥蜴"号（Lizard）和"火炬"号（Torch）采用总设计师确定的船体型线，并搭载 150NHP 的侧杠杆式发动机；"杰卡尔"号（Jackall）和"鹰身女妖"号（Harpy）则保持原有的船体型线不变，但将装备当时能够制造出的动力最强劲的直驱式发动机；而"寻血猎犬"号（Bloodhound，纳皮尔厂制造）和"密尔米东"号（Myrmidon，迪奇伯恩厂制造）则由制造商设计船体型线，并须装备一台标称马力为 150NHP 的发动机。当时没有留下可以拿来比较这几个设计之间优劣的准确试航数据。这 6 艘船似乎都很长寿：1856 年和 1858 年，"火炬"号与"密尔米东"号被分别变卖，但没被拆成废铁；其他船则于 1886—1909 年间被拆毁。每艘船造价 1.3 万—1.6 万英镑，其中两艘船上过战场，这将在稍后介绍。"鹰身女妖"号的经历则更加奇特一些：1892 年陆军部拿该舰来测试扎林斯基压缩空气炮（Zalinski Dynamite Gun）[41] 和其他武器。

1844 年 1 月，海军部从莫兹利购买了"爱丽丝公主"号（Princess Alice）。5 月，海军部又要求费尔比恩设计一艘铁造明轮分级外炮舰，以接纳之前为"三叉戟"号订购但没有安装的标称马力为 220NHP 的莫兹利发动机。11 月，海军部接受了莫兹利的投标。1846 年，该舰完工，被命名为"刃牙"号（Grappler）。"刃牙"号建造时采用了特种板材，其辊轧工艺使得板材边缘比中间部分厚 60％，能够弥补铆固施工中的材料损失，而铆固使用的是埋头（Countersunk）铆钉（见海沃德绘图 [①]）。该舰首次服役是在塞拉利昂，直到 1849 年 6 月才返回英国。在温暖水域中服役的这三年，让该舰的船底污损相当严重。返航途中，"刃牙"号更是发生了严重的漏水事故，经调查发现，是一根连接到铁制船体上的铜管的电化学腐蚀引发了这个问题。海军部委员会特别派人视察了该舰的受损情况，因为当时整个铁造船体的问题都在接受审查。委员会的官员们离开之后，工作人员在一些铜螺栓周围发现了更加严重的腐蚀区域，后来又在很多远离铜配件的船壳板上也发现了严重的凹痕损伤和漏水问题，于是决定拆除该舰的动力机组把船体当废铁卖掉。拆除了贵重物件后，经销商把裸船卖了出去，接着它被改装成了一艘帆船。

下一艘建造的铁造船舶是"仙女"号（Fairy），它又被称为"皇家游艇支援船"（Tender to the Royal Yacht）。该舰是最早的螺旋桨船舶之一，这显示王室和海军部委员会对新技术很有兴趣并乐意提供支持。

1844 年底，海军部向 10 家铁船造船厂发出了招标，要求订购一艘铁造二

① R. 海 沃 德（Hayward），《"妒嫉女神"号逸闻录》（*The Story and Scandal of HMS Megaera*），1978 年版（巴克斯顿）。

"仙女"号是一艘小型皇家游艇，主要用于内河航行。该舰是早期铁造船舶之一，算得上是最早的那一批螺旋桨船舶。皇室似乎也很鼓励新技术的发展。(© 英国国家海事博物馆，编号 F2856-001)

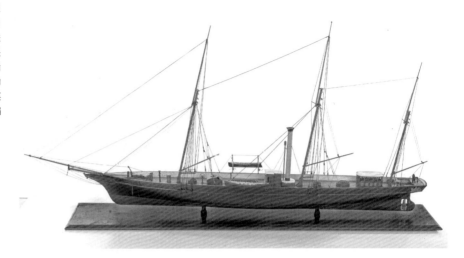

等螺旋桨巡航舰或者一艘铁造一等分级外炮舰。11 月，4 个厂家入围，接着他们花了一段时间完善自己的设计方案。1845 年 2—3 月，海军部分别向 4 个厂家下了订单。表 7.5 中列出的这 4 艘船（前 4 艘），属于那时候建造出的最大的那批铁造船舶，尽管它们还不太能赶得上时常拿来和它们做比较的布鲁内尔的"大不列颠"号。

表 7.5 铁造螺旋桨巡航舰

舰名	建造商	开工时间	排水量（吨）	主尺寸	变卖时间
"格林诺克"号（Greenock）	斯科特（Scott）	1845年9月3日	2065	213英尺 ×37英尺4英寸 ×15英尺6英寸	1873年
"妒嫉女神"号（Megaera）	费尔比恩	1845年8月	2025	207英尺 ×37英尺10英寸 ×16英尺	1871年
"西蒙风"号（Simoom）	纳皮尔	1845年10月	2920	246英尺 ×41英尺 ×17英尺6英寸	1887年
"火神"号（Vulcan）	迪奇伯恩	1846年3月12日	2474	220英尺 ×41英尺5英寸 ×17英尺6英寸	1867年
"大不列颠"号	帕特森（Patterson）	1839年	3675	289英尺 ×50英尺6英寸 ×12英尺	—
"喜马拉雅"号	马雷	1852年	4690	340英尺 ×56英尺2英寸 ×19英尺19英寸	1940年

"火女王"号(Fire Queen)，1847年采购的一艘铁造小型明轮船。(© 英国国家海事博物馆，编号 D0666)

1845 年，"格林诺克"号以"飞马座"（Pegasus）的船名开工，1846 年更名。该舰与其制造商斯科特厂的另一个渊源是，它的舰首像是约翰·斯科特胸像[42]。和所有早期铁造船舶一样，该舰船体建造得特别沉、特别结实[43]。[①]该舰搭载了一台斯科特—辛克莱（Scott, Sinclair）双缸卧式齿轮传动蒸汽机，标称马力为 656NHP。在 72 英尺长的机舱里，这台发动机就占了 21 英尺，剩余空间则布置了 4 个箱式锅炉，每个带 4 个炉箅。该舰计划搭载的武器是 10 门 32 磅炮，到 1848 年 1 月又计划在露天甲板搭载 4 门 68 磅炮、2 门 56 磅炮和 4 门 32 磅炮，主甲板上还计划搭载 4 门 32 磅炮。然而实际上，该舰从没安装过武器。

"妒嫉女神"号是在费尔比恩厂订购的，结果该舰从一开始就遇上了麻烦，因为费尔比恩当时正陷入财务困境，"妒嫉女神"号刚开工建造他就把米尔沃尔（Millwall）船厂一半的股份卖掉了。[②]再加上，合同上规定造价为每吨船体 21 英镑 15 先令，这比几年前的报价降低了很多。

1847 年，"妒嫉女神"号曾一度停工，但稍后重新开工，于 1849 年 5 月下水。对费尔比恩来说，这真是值得高兴的一天，因为他终于可以处理掉他那一直亏本的米尔沃尔船厂的剩余资产了。下水之后，"妒嫉女神"号就被拖到沃维奇船厂安装发动机组——一台伦尼（Rennie）350NHP 蒸汽机。1850 年 2 月，该舰完工，入坞粉刷船底。3 月底，"妒嫉女神"号开始海试。完成海试后，该舰在希尔内斯封存，但 6 周后就接到指示要将该舰整备起来，好去东印度接替"威尔士人"号（Cambrian）。可是就在该舰整备好以前，海军上层认为铁造船舶不适合参加作战，于是该舰和其他铁造巡航舰一样，改装成了一艘运兵船。武备方面，该舰设计搭载的 14 门炮只保留了 6 门。

"妒嫉女神"号一直服役到 1871 年，当时该舰正在跨越印度洋，结果发生了严重进水事故，只好在圣保罗岛（St Paul）冲滩搁浅。后续调查将这次事故归咎于糟糕的维护和长年的服役，但也要注意到，这仅有的两艘发生严重腐蚀问题的铁造军舰都是由费尔比恩厂建造的。[③]

"西蒙风"号是这 4 艘船中最大的，原计划在主甲板上搭载 12 门 32 磅炮，上甲板上搭载 2 门 68 磅炮（112 英担）和 4 门 32 磅炮。该舰耗资 9.5 万英镑。该舰建成后，长期作为运兵船服役，最后于 1887 年被拆毁。"火神"号也成了运兵船，并在 1867 年被变卖，更名为"热拉沃尔"号（Jorawur）。

1854 年，海军部从铁行（P & O）公司购买了"喜马拉雅"号作为运兵船，有些资料也称该舰是一艘巡航舰。吨位达到 3438 吨的该舰 1853 年下水时，是当时世界上最大的船舶之一。霍华德·道格拉斯（Howard Douglas）反对购买该舰，并认为该舰寿命不会很长。事实上，该舰 1894 年才从舰队除名，在波特兰（Portland）作为仓库船，直到 1940 年 6 月被德国俯冲轰炸机炸沉。

① J.M. 梅 伯 尔（Maber），《铁造船体的螺旋桨战舰"格林诺克"号》（The iron screw frigate Greenock），出自《战舰》（Warship）第 23 期（1982）。

② 同作者海沃德的上一个参考文献。

③ W. 波 尔（Pole），《威廉·费尔比恩爵士生平》（The Life of Sir William Fairbairn），1877 出 版，1970 年再版于牛顿·阿伯特（Newton Abbot）。

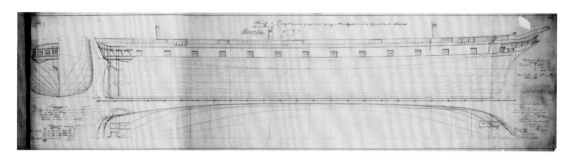

"西蒙风"号舷侧外观视图和水下型线图纸。该舰是当时世界上最大型的铁造船舶之一，原本订购作为巡航舰，但后来改装成运兵船。（© 英国国家海事博物馆，编号 DR7274）

海军部在1845年订购了7艘较小的铁造战船，1846年又订购了3艘大型快速铁造邮船。除此之外，1846年海军部后续又订购了3艘小型铁造邮船，包括唯一的一艘铁造风帆战舰——纵横帆双桅帆装的"新兵"号（Recruit）。1849年，该舰以旧换新、部分抵价，回卖给了马雷厂，后成为螺旋桨商船"先驱者"号（Harbinger）。

从这以后，直到克里米亚战争爆发，海军部都没有再建造过铁制船舶；而这场战争以后，即使再建造，实际建造的铁船数量也很少。下一章，作者将讲述海军部对铁造船舶失去信心的复杂的来龙去脉。

"喜马拉雅"号是铁行的一艘大型客轮，克里米亚战争期间被政府征购为运兵船。铁造船体的反对者们预测该舰寿命不长，但该舰作为仓库船一直存留到1940年被德国俯冲轰炸机炸沉。（© 英国国家海事博物馆，编号 N05466）

"奥伯龙"号（Oberon），1845年订购的用于爱奥尼亚、马耳他和希腊之间邮船业务的三艘大型铁造邮船之一，后来被划分为三等分级外炮舰。（© 英国国家海事博物馆，编号 PW5616）

译者注

1. 当时的制铁工业，是将铁矿石熔炼成生铁条，然后将其主要加工成熟铁，熟铁含碳量很低，质地很软；少数加工成铸铁，铸铁含碳量很高，质地很脆。18世纪制铁工业的大发展，主要表现在将铁矿石熔炼成生铁的工艺得到了极大改进。进入18世纪后，人们逐渐用煤以及用煤加工而成的焦煤取代木炭来制铁，一方面是因为当时的日常建筑、海军造船等事业都把木材当作主要建材，结果造成木材资源越来越少；另一方面，是因为采煤比伐木和烧木炭所需的人力成本更低，降低了生铁的造价。到18世纪中后期，水力和初步发展的蒸汽鼓风机开始用在炼铁的鼓风炉上，提高了炉温，这样一来铁矿中的杂质就能更好地变成炉渣。炉温提高后就可以使用石灰来造渣，因为温度不够高，石灰就不能更好地熔化成半液态，从堆积的铁矿石之间流淌下来，把杂质带走。用石灰还可以把煤当中所含的硫杂质分离出来，使其不进入生铁中，解决了煤炉炼铁造成的生铁含硫量过高的问题。这样到18世纪中后期，已经可以大量廉价地生产生铁了。

2. 驳船指不能自航而需要拖曳的船，当时运河上运送物资的驳船一般用马匹在岸边拉纤。

3. 当时的消防车就是一个铜、铁制成的水箱，水箱顶部装有人力杠杆式虹吸水泵。

4. 首柱、尾柱，即船头、船尾纵线上竖立的支撑材。

5. "萨凡纳"号被美国订购了。

6. 木船由于板材间的彼此错动，实际上一直在漏水。因此，当时大型木制风帆战列舰都配备有两台可以数十人一起操作的大型人力水泵，一旦遇到狂风大浪，板材错动就会加剧，渗漏情况也会越来越严重，这时就需要人力排水，以防进水过多。李约瑟（Joseph Needham, 1900—1995年）博士曾经提出过"中式木船带有水密隔舱"的观点，这个观点因为褒扬了我国的传统木船，而在我国甚为流行。从木船的实际结构来看，这个观点基本上是站不住脚的。李约瑟博士不熟悉中式帆船的建造方法，而尝试用西式木船的逻辑去理解中式木船，因而认为自己得出了这种"神奇"的发现。西式木船的船体结构强度完全由肋骨组成的船体外壳来提供；而中式木船则不是先造外壳再造内部结构，相反，中式木船先造内部支撑结构，也就是船底一系列的横隔壁，然后再以这些横隔壁为内部骨架，敷设船体外壳。这些横隔壁确实跟现代船舶的水密隔舱壁在形态、布局方式上都很相似，但这种相似只是表面的相似，因为最初设置这些横隔壁的目的是充当中式木船的内部骨架。在当时，不论中西，作为木船的建造者，工匠们都明白：木船的水密性，是并不存在的。

7. "oa"，即"Over All"，"全长"的意思。

8. 平行舯体，即整个船体舯段都是同一个横截面形态，基本没有变化。当时明轮船的动力机舱段都很长，占总长一半多，如果采用宽度没多大改变的平行舯段，搭配平底，整个船除了船头、船尾之外，基本上就是四方形，吃水深度就能减少很多。

9. 参考140页该舰图片，主桅杆（即第二根桅杆）的上桅斜挂着一面没有张挂好的帆，可见这面帆的帆桁可以自由活动，而不像前桅杆上的上、中、下三道横帆一样只能保持水平位置，这面帆就叫"滑动斜桁帆"。

10. 这是沿着船头—船尾方向在船中线上安装的纵向薄板，需要时可以穿透船底，伸入水中。当船挂起很高的帆时，风的横向作用力可以让这种小船倾斜十几度以上，这时使用这种插板，就可以对抗这种倾斜，让小船也能挂很高的帆。现在的赛艇运动，如沃尔沃环球帆船赛就常常使用这种装置。

11. 当时使用的火箭弹发射器十分原始与简陋，就是两根杆子搭成的X形支架。

12. 艏踵，即船头最下面的部分。

13. 图中内插小图是过下面竖线示意处的剖面图，是沿着船头—船尾方向的纵向剖面，所以肋骨在这内插图上显示出其L形截面。所有L形铁拐条前面的数字，代表铁拐条两个分支的尺寸，按照今天的标准标注，还应该注上L形拐条的厚度。内插图上展示了两类铆钉，固定木制内龙骨的叫"Bolt"，是一根没有螺纹的铁棒，安装时先要打通整个木料，再把铁棒穿进去，最后两头用铁栓、木楔固定；连接铁板的叫"Rivet"，也是一根没有螺纹的铁棒，只是短得多，安装时将它烧至红热，用人力挥动榔头用力锤入铁板上事先钻好的孔里，然后趁热把头部砸成蘑菇状或者砸扁。

14. 在当时的木船上，这种马蹄形加强片往往建成时就已经存在了。

15. 传统木船的竖立龙骨，可参照第45页的"阿金科特"号舯横剖面图纸，上一页的"复仇女神"号则只有水平安放的铁板作为龙骨。

16. 带缆桩是带有一个或两个短柱，固定在甲板上，用以系缚和操作缆索的固定结构，可参照第118

页的"角斗士"号图纸。在舰面图上可见在前桅杆前面，有矩形的木制框架；在纵剖图上，可见该框架有两根插入船体的立柱。它的作用是，只要下锚就把锚缆在带缆桩上打个活扣，就能在风力和潮水的作用下把锚缆拉紧，这样船才能安全停泊，否则没有拉紧的锚缆可能存在各种事故隐患。

17. 艏脖，即船头最下面和龙骨相接部分的内层结构，前文的"艏踵"即为其最外层结构。

18. 第 3 章、第 4 章讲到了当时大型木制战舰上的瑟宾斯式对角线支撑材，但这也仅仅是在传统的纵向龙骨＋横向肋骨的框架内部，添加对角线布置的"内肋骨"。克鲁兹设想用这种斜行的肋骨取代横向肋骨，所得的框架结构不仅轻，还能更好地抵御海浪对船体的扭曲力。但直到今天，没有任何大型船舶敢采用这种形式的主框架。采用这种框架的著名例子是英国一位航空设计师在 20 世纪 30 年代开发的测地线式飞机骨架，后来用在了二战时几款飞机上，如维克斯的威灵顿 271 型。

19. 用一侧明轮推进时，只需要更小的输出功率，这样可以省煤。而下风一舷的明轮增加了下风一侧的侧向阻力，减轻了风对船体的倾斜，这样帆轮并用，不仅优势互补，还能省煤。

20. 当时，海船上搭载了木匠和各种木料，这样就可以临时加工出船舵、滑轮、帆桁等各种配件。

21. 披水板就是挂在帆船下风一侧船体艸部的一面薄板，这面板跟龙骨插板类似，可以减少风对船的倾斜作用，让船头不容易朝下风跑偏。

22. 海军军官的晋升之路通常是：出身中产缙绅之家，小时候（通常 12 岁）在正式的风帆战舰上作为实习生（Midshipman），经过 6 年学习和磨炼后可以报考尉官考试，通过后相当于今天的上尉（Lieutenant），然后在战舰上作为舰长的副官，积攒资历，快则几年，慢则十几年。当时舰长的所有副官均称为"Lieutenant"，但资历浅的年轻副官实际上相当于上尉和少校。最后熬成资历最高的副官，相当于副舰长，也相当于今天的中校，即第一舰副，然后获得独立指挥"复仇女神"号这样非正式的分级外炮舰的机会，从而成为准舰长，继而成为可以指挥正规战舰的上校舰长。当单独使用"Master"一词时，通常指商船等非战船舶的船长，"复仇女神"号的霍尔舰长，虽然在他指挥的这艘小船上，会被船员们唤作舰长，但在海军里却是没有正式军衔的船长。霍尔通过国王特许获得军衔，才算真正有了军籍，这样，他尚没有军衔时指挥"复仇女神"号的这段经历，就只能通过破格才能算到服役年限里了。

23. 艏部压载水舱，是为减缓船体横摇的猛烈程度，而在两舷靠近船底的部位设置的水舱，水舱中的水甚至有可能能够从一舷泵到另一舷。

24. "光辉"号属于英国在 20 世纪 70 年代末 80 年代初建造的 3 艘"无敌"级（Invincible Class）直升机小航母之一。

25. 到大约 19 世纪 80 年代，钢材的大规模工业生产和钢质量的逐渐提高，终于开始让钢取代铁，成为重量更轻、强度更高的造船新材料。

26. 这本书叫《"复仇女神"号航行作战记 1840—1843》（Narrative of the Voyages and Services of the Nemesis from 1840 to 1843）。

27. 这里需要强调，在当时，不仅清朝那些比英国落后两三百年的火炮所发射的是实心球形铁炮弹，使用实心球形铁炮弹也是英国的惯例。球形炮弹改成锥形头的炮弹，要到 19 世纪五六十年代了。实际上，直到 19 世纪末，包括中、英在内的世界各大海军的主要炮弹，仍是实心穿甲弹，而不是今天人们更加熟悉的爆炸装药炮弹，因为那时的引信和炸药都还没有今天这么可靠。

28. 这个比喻意在表明铁制船体就是一个连贯的整体，不像过去的木船只是很多零件松散地连在一起，一遇到风浪，各个零件之间就会相互错动。

29. 当时的铁材都存在脆变问题。当温度低于某个临界值，而铁材又遇到过大的荷载，比如撞上礁石、被炮弹击中，就会像玻璃一样直接破碎断裂，而不会慢慢发生塑性变形。这种脆变结构破坏最著名的例子，就是 20 世纪 20 年代初的"泰坦尼克"号失事事件。该渡船撞上冰山后，因为船体内水密隔舱设计失误导致船头部分进水失控，结果龙骨因为船头部分重量超过负荷而拦腰断裂。这种脆断从龙骨直接传递到船壳板上，最后"泰坦尼克"号从中后部断成两截。这种裂缝的长距离延伸也跟脆性有关，"复仇女神"号遭遇风暴时也同样遇到了裂缝不停延长的问题。有趣的是，当时铁和钢的脆度温度大约都在 20℃ 左右，广东珠江夏季的温暖水域能让当时的铁船不出现脆变，而纬度高得多的英吉利海峡，海水就会常常低于这个温度。而恰好 19 世纪下半叶漫长的铁甲舰时代没有在这一水域发生实战，如果发生实战，这种结构问题可能就会导致一场灾难。现在不需要再担心这个脆变问题，因为早已开发出不会脆变的"奥氏体"钢（Austenite）了。

30. "上帆斯库纳"帆装，参见第 185 页的图，即前桅杆只能有一道上横帆。可见并不是下一页图中的样子，下一页图所示的帆装是第 5 章、第 6 章介绍过的"双桅巴肯亭"式，即前桅杆有上、中、下多道横帆，后桅杆只有纵帆。

31. 海军用的榴弹炮跟陆军用的榴弹炮一样，身管比较短，发炮仰角高，一般打抛物线，这种曲射火炮在没有稳定炮架的当时，在海上基本没有命中率可言。当时海上普遍装备的海军炮，简称为"Gun"，其实是身管较长的平射炮，学名称为"加农炮"。

32. 半体模型见 185 页图下半部分，即用一整块木料切削出左半边或者右半边船体的形态，一般用于确定最理想的船体形态。

33. 即采用 142 页图上那样的接合片（Strap）。

34. 下一章将看到事实并非如此。

35. 前面为在尼日利亚探险所造的 3 艘小船只能算内河炮艇。

36. 根据前两章的解释，即添加了一根只挂纵帆的后桅杆，同时主桅杆也只挂纵帆，因为纵帆比横帆所需的操作人手要少得多，可以节约人力。注意这里描述的该舰帆装，和 154 页该舰遇难图上描绘的不同。

37. 关于"中性轴"和结构强度，见附录 6。

38. 西蒙斯敦和阿尔哥亚湾均在南非。

39. 拍卖所得一般充作死者善后费用。

40. 1812—1815 年，英美之间爆发了"1812 年战争"。被乔治·科伯恩烧毁的建筑中还包括白宫，而白宫正是为了掩盖火烧的痕迹而粉刷成白色。在科伯恩的一幅著名的肖像画中，他一身戎装，背景是熊熊燃烧的华盛顿。

41. 压缩空气炮，其原理类似于气枪，用压缩空气发射炮弹，是 19 世纪 80 年代到 20 世纪初试验采用的一种武器，用于发射高爆弹，因为当时高爆弹的可靠性仍然不足，用一般火药发射容易殉爆。

42. 约翰·斯科特是一个很常见的名字，这里指的是工程师约翰·斯科特，他一般以约翰·斯科特·罗素（John Scott Russell）的全名出现在相关文献资料中。18 世纪的全身圆雕舰首像到了 19 世纪二三十年代已经简化为胸像，如果不是人物，则常常只有头像，比如原本一匹白马现在缩减为一个独角兽兽头。

43. 当时没有科学的材料力学计算方法，导致按照后世的标准来看，其船体内的铁结构梁太重了，大大超过了实际的结构强度要求，即船体超重，但和木船比起来船体重量仍然相对减轻了很多。不过这些结构梁虽然结实，但是布局不一定合理，仍不可避免地导致局部应力集中，比如前文提到的"复仇女神"号的经历。

第八章
铁造船舶遭到批判

存在很多偏见、合理的怀疑和真正的困难。[1]

——迪皮伊·德·洛梅，1842 年 ①

到 1845 年，不管是偏见，还是合理的怀疑或是真正的困难，都变得越来越明显了，很多人纷纷建言，说铁造军舰在抗弹性方面没有得到充分的测试和验证。费尔比恩的副手默里（Murray），一个铁造船业内人士，建议海军部对铁制船体进行射击测试②，皇家炮兵的邓达斯（Dundas）陆军上校也有类似的提议。《海军火炮技术》（Naval Gunnery）一书的作者霍华德·道格拉斯是铁造船舶的头号反对者，他在著作中讲述了一个不太一样的故事，虽然日期对不太上，但大体要领应该还是正确的。③沃尔特（Walter）中校发明了一种橡胶复合物，即所谓的"橡胶毯"（Kamptulicon），他认为这项发明能够有效地堵住铁造船壳上的破洞，于是成了催促开展火力测试的另一个因素。④

最终，第一海务大臣乔治·科伯恩爵士批准了一项测试计划，该计划于1845—1846 年间在沃维奇皇家军火库（Woolwich Arsenal）进行。这些试射是在保密的条件下进行的，这在当时非常不寻常。[2] 海军少将鲍尔斯（Bowles），作为国王专员（Lord Commissioner）[3]，曾知会 1847 年的议会委员会（Parliamentary Commission），说他没听说有任何的这类测试。⑤今天，已经没法找到这些测试的官方记录了，但是前一段里提到的那些信息与霍森（Hosean）⑥的描述相吻合，那么，下面的叙述应当基本也是正确的。

这次测试开始于 1845 年 8 月，持续了好几个月。靶子模拟了铁造船舶的一侧，在某几次试射中，还模拟了这种船的两舷侧以及甲板结构。此外，对木材和"橡胶毯"背衬也进行了测试。[4] 试射所用的武器是一门 32 磅炮，射击距离为 30—40 码。通过减少装药量，还模拟了在不同射程下弹丸击中目标的速度。

1 号靶由 3 片 0.5 英寸厚的铁板叠加而成，以并列双排连续铆接法（Double Chain Riveting）[5] 钉成一体。这是一个 6 英尺见方的靶子，测试的经过只是朝它打了一发炮弹。这发试射弹打出了一个边缘齐整的贯穿通道，跟炮弹尺寸一般大，也没有造成铆钉松动。[6]2 号靶由单个 0.5 英寸厚的铁板制成，铁板之间采用单行铆平头对接法 [7]，再用一对反向 6 英寸 ×3 英寸的角铁固定在 9 英寸宽的框架上。这个靶子的一半，背后固定了"橡胶毯"背衬，希望能拦截破片。用 10 磅的发

① 迪皮伊·德·洛梅，《铁造船舶备忘录》（Mémoire Sur La Construction Des Bâtiments en Fer），1844 年版（巴黎）。
② A. 默里，《铁与钢造船法》（Shipbuilding in Iron and Steel），1863 年版（伦敦）。
③ H. 道格拉斯，《海军火炮技术》，1855 年出版，1982 年于伦敦再版。
④ G. 沃尔特（Walter），《铁造汽船》（Iron Steam Ships），1850 年版（伦敦）。
⑤《1847 年特别委员会报告》（Select Committee 1847）。
⑥ J.C. 霍森（Hosean），《蒸汽动力与螺旋桨推进技术在海军远洋作战的战列舰上的应用》（The Steam Navy and the Application of Screw Propulsion to Sea Going Line of Battle Ships），1863 年版（伦敦）。

射药全装药量进行了两次试射，炮弹贯穿了铁板和背衬，带着所产生的破片继续飞行。炮弹贯穿靶子后，"橡胶毯"几乎完全封闭了破洞，令其几乎能维持水密。铁板以及固定背衬用的栓钉则严重受损。

接着又用 8 磅、6 磅、4 磅、2 磅和 1 磅的发射药装药量分别进行了一些试射，以模拟射程增加所带来的效果。最慢的炮弹仍然能够打出一个比炮弹尺寸大不了太多的破洞，只是破洞的边缘"朝外翻出，并带有外翻的锯齿形尖牙"。3 号、4 号和 5 号靶用单层或者双层的 0.625 英寸和 1.5 英寸铁板制成，试射方式和先前差不多，最终获得了类似的结果。

各轮测试得出的普遍结论是，高速弹的弹孔边缘整齐干净，很容易堵上。为了对付几乎已经失速的弹丸[8]所造成的锯齿形外翻弹孔，"阳伞堵漏塞"（Parasol Plug）被开发了出来。该堵漏塞以帆布或橡胶织物制成，呈长柄阳伞或雨伞形状，使用时从破洞里伸出去，然后再张开并拽回来盖住破洞。迪皮伊·德·洛梅在他的《1842 年报告》中提到了这个堵漏塞，也提到了该年在沃维奇进行的这些测试。

默里谈到了破片的问题：

> 这些测试表明，当炮弹击中这种厚度的铁板时，铁板常常会变形破裂，虽然不一定总是如此。而铁板被弹丸打掉的那一部分，则会破碎成一些小而非常危险的破片。[①]

低沼铁造的靶子也被拿来和普通锅炉铁板制成的靶子做了比较，但这两种铁材在产生破片和整体抗弹效果上几乎没有什么区别。

> 还测试了厚度从 3 英寸到 18 英寸不等的木制背衬，试图以此收拢和拦截破片。发现木料厚度小于 14 英寸就会没什么用。

此外，还尝试了在外船壳和背衬铁板之间填充各种填料，结果也不理想。至于"橡胶毯"，当其达到木材所需的厚度（14 英寸）时，防破片效果良好。

在 200 码射击距离上，用 32 磅炮以 10 磅完全装药的发射药试验了擦掠射击的效果。在这次试验中，炮弹击中了靶子框架，且并没有被反弹出去[9]，而是直接贯通，造成了一个拉长的但是边缘齐整的破洞。

对靶子的背面也进行了试射，以模拟炮弹直接贯穿船体，然后从未交战的一舷穿出的效果。试验结果和之前的测试大体一致，只是弹着点周围 2—3 英尺范围内的铆钉都松动了，其中一些铆钉的钉头也断掉了。在对装了"橡胶毯"

[①] 同作者默里的上一个参考文献。

背衬的靶子从反面进行的试射中，发现发射药用量加大的情况下，铁板会被打出一个更大的破洞，尽管"橡胶毯"的收缩在一定程度上抵消了这种效果。只用 0.25 磅发射药的炮弹在"橡胶毯"上跳弹而没能贯穿，使用 0.5 磅的发射药则能把炮弹打进背衬里卡住。

测试结果可以总结如下：

1. 正常射速的炮弹可以击穿 0.625 英寸和 0.5 英寸的铁板，形成一个边缘整齐、容易堵塞的破洞；

2. 几乎失速的炮弹仍然能打出一个弹孔，但其边缘会变成锯齿状，更难堵塞。阳伞堵漏塞看起来应该能很好地解决这个问题；

3. 造船所用的铁材品质对上述结论没有影响；

4. 擦掠弹不会产生额外的毁伤效果；

5. 击中反面的炮弹会产生类似于 a 和 b 中那样的弹孔。除此之外，2—3 英尺范围内的铆钉都可能会松动；

6. 破片有不少来自被击中的铁板，但更多来自破碎变形的炮弹。此结论同样不受所用铁材的品质影响；

7. 14 英寸厚的木材或"橡胶毯"几乎可以拦截所有的破片（注意，"西蒙风"号在其肋骨以内又有 10 英寸厚的木头背衬）；

8. "橡胶毯"的弹孔封闭作用可以算是比较成功的，但当炮弹在击中未交战一舷的铁船壳板之前先击中了"橡胶毯"，可能会造成额外伤害。（另外一些测试还表明，"橡胶毯"具有非常高的强度和对铁很好的附着力，但其防火性能——如果有的话——当时没有得到测试）

这些试验一直持续到了 1846 年，而试验报告最终在 1846 年 9 月 7 日呈报给了科伯恩。

时人对这些试验结果的解读五花八门。道格拉斯写道："完全用铁制造的船根本不适合用于任何形式的作战，无论是作为战舰还是运兵船。"另一方面，默里写道："我不认为这些（沃维奇测试）结果能给铁造战舰下什么定论。"默里或许是对的，但这些测试也并没有给铁造船舶提供什么正面支持。

议会里反对铁造船舶的势力不断壮大，他们集中在辉格党在海军事务方面的头号代言人——海军上将查尔斯·纳皮尔爵士麾下。如前所述，纳皮尔曾经出资赞助了"亚伦·曼比"号，也是该船的第一任船长，结果他在这场风险投资中损失掉了大量资本，最后变成了铁造船舶的公开反对者。[2] 虽然主要批判方向是铁造船舶脆弱的抗弹性，但也有人对那确实存在而且尚未解决的船底污损问题表示了担忧（附录 7）。

第一艘铁造船舶完工时，还没有防船底污损的涂料，而且木船那样的船底

---

① 同作者道格拉斯的上一个参考文献。

② 《查尔斯·纳皮尔爵士的生平和信件》(Life and Letters of Sir Charles Napier)，海军档案协会 (Naval Records Society) 藏。

包铜不能直接安装到铁船船体上，因为这两种不同的金属会形成原电池而导致铁的快速腐蚀。去往印度的单次航行，就可以让船底的藤壶生长到 12 英寸厚，导致速度降低约 2 节。海军部的化学家 W.J. 海耶（W J Hay）认识到了氧化铜作为一种毒剂的价值，并于 1845 年将其应用到他开发的第一种防污损涂料中。他的档案记录称，到 1847 年这种涂料已经在"火箭"号（Rocket）、"仙女"号、"翁迪恩"号（Undine）和"新兵"号上获得了成功的试验。[1] 他的竞争对手们对他的这种涂料并不怎么看好，有人甚至说这东西拿来做肥料应该挺不错。看得出来，海耶的大方向没错，只是不能保证有效的稳定性。直到近些年来，做测试的抗污损新材料仍然有这种毛病（附录 7）。

海耶的支持者们宣称他的成功即使很有限，也足以使决策的天平向保留现有铁造船舶的方向倾斜。1846 年 7 月，海军部要求总设计师西蒙兹对铁造船舶发表意见。他的回复是负面的，这并不出人意料，他在几个月前的日记中这样写道："我获命考察那些硕大无朋的铁造螺旋桨船……这两艘船都发现存在排水量和内部空间不足的问题，这些数据还弄错了三回。"

1846 年 7 月，海军部委员会内部对铁造船舶可靠性的疑虑和担忧越来越重。并没有直接的证据可以指明这些疑虑的来由，可能是因为正在对议会失去控制力的政府发现，根据沃维奇测试的初步结果，拿不出有力的证据来回应纳皮尔等人的抨击。

7 月 27 日，总设计师（仍是西蒙兹）被问及他对铁造船舶船底污损的意见。众所周知，西蒙兹对铁造船舶这一项目持反对态度，而且之前海军部委员会也

① W.J. 海耶，《铁船抗腐蚀和污损的措施》（The protection of iron ships from corrosion and fouling），出自《造船工程研究院通讯》（Trans INA）卷 4（1863）。

"卓越"号，这艘 1810 年下水的老式三层甲板战列舰原名"博伊奈"（Boyne），于 1834 年改装成一艘炮术训练舰，在英国皇家海军火炮技术的发展中扮演了重要角色，包括对铁造船舶的抗弹测试。（© 英国国家海事博物馆，编号 PZ2045）

从来没有问讯过他，所以他的报告肯定是负面的，也许这正是海军部委员会想要的结果吧。

7 月 30 日，伯克利海军上校（Captain Berkeley）下令将辅助船"红宝石"号（Ruby）整备好，以便炮术训练舰"卓越"号对其进行火力测试。[1]"红宝石"号于 1842 年在布里斯托尔建造，先后在查塔姆和朴次茅斯用作辅助船。从一开始，关于该船的书信文牍就充满了抱怨：说这船太小了，比驳船更大的船它都拖不动；即使作为一艘港务船，其居住空间都显得不足，而且动力机组也不可靠。到了后来，该船主要用于从朴次茅斯接送船工到锚泊在斯皮特黑德（Spithead）[10] 的船上去干活。

仅仅经过 4 年的服役，"红宝石"号就破损得不堪使用了。该船的船壳板新造好时只有 0.125 英寸厚，此时已经严重锈蚀，据说甲板横梁之间的铁板已经严重变形错位，很难安全地承载一个人的体重了。当时的调查报告说：

> 该船的状态很糟糕：它本来就是用很薄的铁板建造的，不比半克朗的硬币厚，现在，接缝处的铆钉很多都已经不见了；肋骨间距也很大——我觉得它们的间距约为 4 英尺，而非 10 英寸或 1 英尺；很多铆钉头都断掉了，尤其是内部的那些。另外，进行试验之前，为了吊走发动机还拆除了部分甲板，这让这艘船更加脆弱了。[2]

"红宝石"号，这艘将要面对炮术训练舰"卓越"号上重炮的 90 英尺长的港务交通船，自此以后便成了争议的焦点。试验时，该船被布置在离"卓越"号 450 码的距离上，舷侧面向火炮。"卓越"号用 8 英寸爆破弹加农炮和 32 磅炮对其进行了射击，报告结果指出：

"卓越"号上的一个炮组，摘自 1855 年版的霍华德·道格拉斯所著的《海军火炮技术》。[11]

[1] D. 查德斯，《"卓越"号对铁造船舶的测试》（Experiments at HMS Excellenton iron built ships）。

[2] E.P. 哈尔斯特德（Halsted），《铁壳船》（Iron cased ships），出自《防务研究院院刊》（Journal of the United Services Institution），1861 年出版。

所有炮弹都洞穿了两舷，先被击穿的那一侧，船体上的弹孔和弹丸一样大，即使击中了肋骨，弹孔边缘一般也是整齐光滑的，但对船体另一侧造成的毁伤效果却非常不同，因为此时炮弹击中肋骨就会造成很大的伤害。铁皮都能被从肋骨上扯了下来，并受到相当程度的毁伤，就算炮弹通过的位置是在两副肋骨之间，所造成的弹孔也会因边缘外翻而难以封堵。首先中弹的那一侧船体产生的破片不多，但是非常有杀伤力。

"红宝石"号接下来被布置成船头对着火炮。射击对其肋骨和船壳铁板造成了严重毁伤，属于明显能够看得出来的程度，只要再准确瞄准来上一发，这艘船就有瞬间沉没的危险。[1]

一枚用 12 磅发射药打出的 10 英寸弹丸，击穿了"红宝石"号一侧的底板，接着击中了另一侧的肋骨，撕开了一个 4 英尺 ×3 英尺的破洞。

"卓越"号的查德斯舰长（Captain Chads）下了显而易见、无可争议的结论，他说："试验结果清楚地表明，'红宝石'号这样的船不适合用于作战。"没有任何其他相关负责人发表过观点，但那些不在负责位置上的人则把这个试验当作证据，用来抨击整个铁造船舶项目。

为什么要进行这次试射已经弄不清楚了。其实并不需要用一次试射，来证明小型交通艇不适合用于作战。做试射计划的人必须时常思考的问题是，试射的预期结果是什么，以及能从中学习到什么。最有可能的答案是，"红宝石"号这艘破船某些人早就不想要了，而将其作为靶舰还能省钱，不用专门建立昂贵的靶子。但没有证据支持这一推测，当然也没有证据支持另一种说法：这次试射是专门为了抹黑铁造船舶项目而故意安排的。1846 年 8 月 7 日，"红宝石"号终于迎来了终结，其残破的废船体卖了 20.14 英镑。[2]

海军部委员会在 8 月收到了"红宝石"号试射的正式报告[3]，并在 27 日有了进一步的动作：向建造那 4 艘铁造巡航舰的 4 个制造商各发了一份指令信，要求他们自费建造一个靶子来模拟各自船厂建造的那艘船的一部分结构。斯科特 & 辛克莱厂（Scott & Sinclair，"格里诺克"号的制造商）的成本报价为 1500—2000 英镑，合

① 同作者查德斯的上一个参考文献。
② 同作者哈尔斯特德的上一个参考文献。
③《1847 年特别委员会报告》(Select Committee 1847)。

对"红宝石"号造成的毁伤，基于官方图纸描绘。（英国皇家造船学会供图）

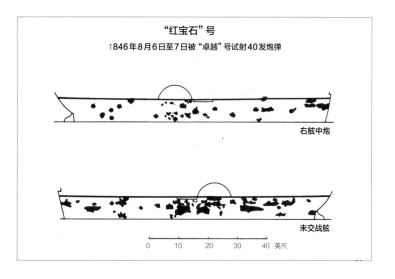

"红宝石"号
1846年8月6日至7日被"卓越"号试射40发炮弹

右舷中炮

未交战舷

0　10　20　30　40 英尺

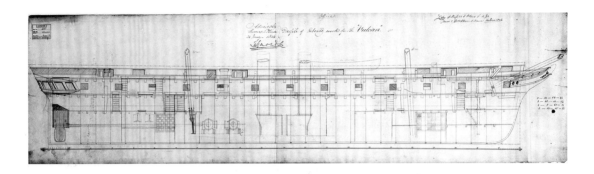

"火神"号。这是该舰1846年准备建成铁造螺旋桨巡航舰时的舷内布局图纸。（© 英国国家海事博物馆，编号DR06397）

约每吨 33 英镑，这要么是一个尺寸非常大的靶子，要么是该厂不愿意配合这项工作。迪奇伯恩＆马雷厂（"火神"号的制造商）也认为"红宝石"号太小了，无法体现出任何有意义的结果，并建议用"狙击手"号（Sharpshooter）和"步枪手"号（Rifleman）当靶子打几炮。

1846 年 12 月 1 日，海军部委员会指示西蒙兹调查需要多少预算来取消铁造巡航舰项目。一封日期为 1847 年 3 月 3 日的邮件，要求驻纽约的领事探听美国桑迪·胡克（Sandy Hook）靶场试射的详细信息。同月，海军部委员会下达了正式指令：将那 4 艘铁造螺旋桨巡航舰以运兵船的形式完工。之后，又决定对"伯肯黑德"号做同样的改装。

改装成运兵船，即换装更小的引擎来为搭载部队提供更多的空间，这样一来蒸汽动力航行的续航力也能有所增加。用该舰原来的引擎，"西蒙风"号可以运载500 名士兵以 10 节的速度航行 8 天，每天消耗 60 英镑的煤；而用更小的发动机，艾迪声称该舰可携带 1000 人的部队以 7.75 节的速度航行 20 天。[1]

这些船作为运兵船的官方数据列于表 8.1。

表 8.1 运兵船搭载能力

	"火神"号	"嫉妒女神"号	"西蒙风"号
军官	27	26	29
士兵	650	392	740
军官眷属	5	6	8
随军妇女	20	24	45
随军儿童	30	48	80

表 8.2 各船的发动机及其去处

船名	原引擎制造商	原引擎去处	新引擎来自	建造商
"嫉妒女神"号	费尔比恩	"阿尔及尔"号（Algiers）	"前进"号（Forth）	米勒（Miller）
"西蒙风"号	纳皮尔	"威灵顿公爵"号（D of Wellington）	"厄洛塔斯"号（Eurotas）	朴次茅斯
"火神"号	伦尼		"海马"号（Seahorse）	莫兹利
"格里诺克"号	斯科特＆辛克莱	"汉尼拔"号（Hannibal）		伦尼

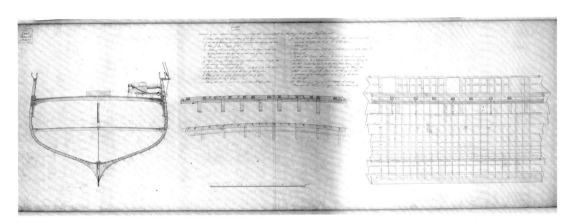

英国皇家海军唯一一艘铁造船体风帆船——"新兵"号的结构图纸。服役不到两年,这艘纵横帆双桅船就遭到其指挥官的强烈苛责,然后回售给了该船的制造商。(© 英国国家海事博物馆,编号 DR3742)

这 4 艘船新更换的发动机的出处与换下来的发动机的去处,让历史学家们一直困惑不解。我希望(但也没有太大的把握)表 8.2 是正确的。

新引擎是从第 11 章将要讲述的那些由巡航舰改装成的、并不成功的封锁防御船(Blockship)上拆下来的。

1847 年 11 月,两个对铁造船舶不利的消息传来:指挥"新兵"号铁造纵横帆双桅战船的准舰长斯莱德(Slade)说,由于弹丸的毁伤效果,该舰毫无作战价值;又因为水汽凝结和指南针偏差问题,该舰不太好使。

斯莱德认为,铁材不适合造船。[①]11 月 15 日,外交部收到了一封危言耸听的邮件报告,称铁造炮艇"鹰身女妖"号和"蜥蜴"号在巴拉那河(Parana River)"被葡萄弹打成了马蜂窝"。

当时,英、法战舰沿着乌拉圭河航行数百英里后,和野战炮兵在近距离交上了火。这场交战留下了非常夸张的战损与伤亡记录,直到现在仍时常被提及,这之中就有霍华德·道格拉斯爵士的记述:

> 我们的这些船遭到敌军的炮火轰击后,被敌军炮弹崩落的破片和铆钉就像葡萄弹一样四处飞溅,几乎所有的伤亡都是因此造成的。[②]

读了这段话后再看看事实,可能会让人感到惊讶。60 码距离上跟野战炮苦战一番后的实际伤亡人数是:"蜥蜴"号 4 人死亡,4 人受伤;"鹰身女妖"号 1 人轻伤。[12][③]

"蜥蜴"号的泰尔登少校(Lieutenant Tylden)说他的战舰水线处(Between Wind and Water)[13]中了 7 炮,船体更高处挨了 9 发球形炮弹、14 发葡萄弹和 41 发步枪子弹,烟囱中了 7 炮。他说:"球形实心炮弹和葡萄弹组成的重火力,从船头到船尾倾泻而下,把我们的船打成了马蜂窝。我命令官兵们去甲板下规避,但这一步——我现在要很后悔地说——并没有起到预期的保护效果,两名军官

① 《1847年特别委员会报告》(Select Committee 1847)。
② 同作者道格拉斯的上一个参考文献。
③ 同作者哈尔斯特德的上一个参考文献。

在炮舱（Gunroom）[14]里战死了。"6月4日，又一次从岸上炮台面前通过并交火后，泰尔登给家人寄回了一发葡萄弹。这发炮弹在4月21日击中了"蜥蜴"号水线以上大约1英尺的地方，穿透铁船壳板后继续洞穿了背衬和两层隔舱壁，最后卡在了另一舷的船壳里。

"鹰身女妖"号的普罗科特（Proctor）少校对4月的作战行动描述如下：

> 只有一发炮弹在击穿了两片桨板并打坏了一部分明轮结构后，击中了铁船壳，正砸在一个角铁外面。这发炮弹没有足够的势头击穿船壳，但打出了一个十字形的裂口，打烂了刚才说的那片角铁，而正是这块角铁阻挡了这发炮弹的继续侵彻，这一点看起来是毫无疑问了。修补时，需要在受损的部分钉上一片一英尺见方的铁皮。[15]

这两份记录都没有提到任何由于破片造成的伤亡。其实，这两艘小炮艇在近距离上对野战炮的抵抗能力正好体现了铁造船舶的价值。

尽管铁造船舶已经失宠，马雷还是在1848年6月做了一份50炮铁造巡航舰的策划书。8月，一个购买"大不列颠"号的机会递到了海军部委员会手中。然而，这两个方案都没有被海军部接受，尽管他们考虑过马雷提出的建造一艘小型铁造战舰的提议。1848年10月，海军部终于决定将"伯肯黑德"号也改装成运兵船。

19世纪40年代的"卓越"号还进行过多次经过缜密设计的试验。[1]其中，有几次试验是针对实心炮弹和爆破弹对煤舱的毁伤效果。另外，也有一些设计得非常精细的试验，测试了烟囱遭到破坏时所受的影响。1846年，"卓越"号用32磅炮在600码外，对一个直径3英尺的旧烟囱进行了射击。这个烟囱挨了8炮后仍然挺立不倒，不过报告也指出若是在海上风浪中这烟囱可能已经倒塌了。接着，打了一个14门炮齐射，其中4炮命中（这准确性不敢恭维），但烟囱仍然不倒。"后来，迎风一侧的斜拉索被炮弹打断了，然后一阵强风就把这烟囱吹倒了。"在后来的试验中，用了一根直径4英尺的烟囱，该烟囱挨了15发杠弹（Bar Shot）和4发球形炮弹但后仍然不倒。除此之外，还测试了各种封堵烟囱上破洞的办法，其中最有效的是在海军学院挂职的"蜜蜂"号（Bee）机械师托马斯·布朗（Thomas Brown）的方案：用一块铁皮装上两个弹簧销，把弹簧从破洞里伸出去，从而把铁皮固定在破损的烟囱上。朝这块补丁板开了两炮都没有把它打掉，足以证明其可靠性。

烟囱保持完整是非常重要的，因为良好的通风才能让锅炉内的炉火保持燃烧；而通风效果，则取决于烟道的高度。在后续试验中，蒸汽拖船"回声"号（Echo）的烟囱被故意切开5个洞并用布朗堵漏板堵上，然后在该船满功

① 同作者查德斯的上一个参考文献。

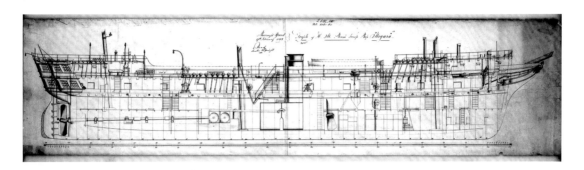

"嫉妒女神"号铁造螺旋桨巡航舰，后被改装成运兵船，1871年6月因船体锈蚀失事。[20]（© 英国国家海事博物馆，编号 DR3445）

率航行时拆除堵漏板露出这些洞，发现对通风、发动机功率和燃料消耗速度没有什么显著影响。在"蜜蜂"号上也进行了类似的试验，试验中把烟囱露在甲板以上的部分整个拆掉了。[16]

虽然政府已经决定停止建造铁船，但对铁造船舶价值的争论并没有就此停止。到 1849 年，这场争论的焦点转移到了铁造邮轮上，这些铁造邮船能够获得政府补助，交换条件是承诺在战时可以被征用为辅助巡洋作战舰艇（Auxiliary Cruisers）。道格拉斯和许多人认为，不应该再发放这种补贴给铁造汽船的船东们了，因为这些船"不适合作战"。尽管有这种说法，但很多大型航运公司，特别是铁行公司，都在建造数量可观的铁船，因为它们和木船比起来更有利润空间，毕竟铁船船体更轻、载货空间更大，而驱动螺旋桨的大功率发动机也需要结构强度更大的船体[17]。

1849 年 4 月，一个新的委员会成立了，用来"调查利用我国商业蒸汽航运事业组建后备海军的可行性"。铁行公司的安德森（Anderson）说，他们的公司现有 11 艘铁船和 15 艘木船。他列出了一张表格，里面铁造船舶的总体比例虽小（1110 艘中 66 艘是铁船，在 255321 总吨位中占 20779 吨）[18]，但是更现代化的大型船舶在其中占了很大比例。

1850 年，预算特别委员会（Select Committee on Estimates）审阅了"红宝石"号试验的完整记录，这是官方首次表态说该试验非常不具有代表性。该委员会下结论说："用于作战目的的铁造船舶事实上还没有接受任何火炮试验的检验。"海军部委员会已经意识到，还没有充分的证据能够支持对铁船船壳的抗弹性下客观公正的定论，于是启动了由查德斯舰长具体负责的一系列新测试。看起来，该测试的参与者对沃维奇试验似乎并不知情，因为该测试和沃维奇试验重复的项目相当多。①

这些铁制船壳抗弹性能试验，是 1849—1851 年间由"卓越"号进行的。②1849 年 11 月 6 日的第一批试验计划，分别比较了铁板和木材对步枪子弹、散弹和葡萄弹的抗弹性能。第一次试验使用了一杆海军陆战队步枪[19]，装填 4.5 盎司的黑火药，射程为 50 码，靶子为厚 0.125 英寸、0.25 英寸和 0.375 英寸的铁板，以及厚 1 英寸、

① 《1850 年议会文件》（Parliamentary Papers 1850）。
② 同作者道格拉斯的上一个参考文献。

1869年在海上航行的"嫉妒女神"号[21]。该舰的下一次航行将以灾难结束，并且不得不在印度洋的圣保罗岛冲滩搁浅以防止该舰在海上沉没。事故原因是，该舰船壳板的严重锈蚀导致进水量超出了船泵的排水能力。（© 英国国家海事博物馆，编号PU6193）

2英寸和3英寸的橡木板。试验的结果是，0.375英寸的铁板和3英寸的橡木板能够完全防御步枪射击。

在接下来的试验中，用56英担重的32磅炮从100码外，装填6磅发射药，使用散弹，对0.375英寸、0.5英寸厚的铁板以及3英寸、4英寸厚的木板进行了射击。其中，厚度较大的铁板和木板都能拦截下所有炮弹，尽管铁板的背面已经开裂了。然后，用同一门炮从200码外，装填6磅发射药，使用葡萄弹，射击0.5英寸、0.625英寸和0.75英寸厚的铁板，以及4英寸、5英寸和6英寸厚的木板。所有炮弹都击穿了靶子，在铁板上留下了边缘锯齿状的破洞，木板则崩落出很多破片。

查德斯舰长对这一系列试验总结如下：

1. 铁和橡木的抗弹性和它们的密度成正比，即8∶1；

2. 铁板上的破洞是敞开的，有时边缘呈锯齿状，而橡木上的破洞总是能部分愈合；

3. 单就这个测试而言，很难说本次试验中所用厚度的铁和橡木材料哪个更好，因为铁板产生的碎片尽管数量更少，但却比橡木产生的碎片更有杀伤力。

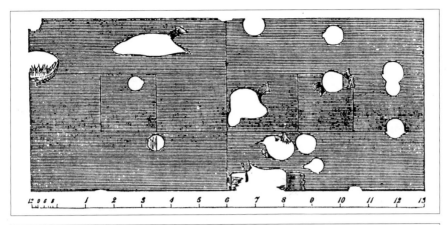

1851年7月5日的测试用靶（正面）。这个靶子跟第一次试验中使用的0.625英寸铁板靶不同，一半是0.375英寸厚的铁板，另一半是0.5英寸厚的铁板。试射使用的炮弹为32磅实心炮弹以及8英寸空心弹。（图片出自霍华德·道格拉斯所著的《海军火炮技术》）

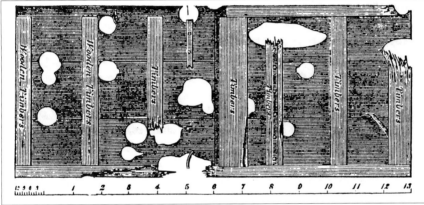

这是同一个靶子翻过来的样子。减少发射药装药量朝这一面进行射击，可以模拟炮弹直接击穿交战舷侧的船壳后击中另一面的情况。此时，船壳板严重撕裂，形成边缘锯齿状的破洞，难以封堵。（图片出自霍华德·道格拉斯所著的《海军火炮技术》）

　　接下来，又进行了一系列更具意义的试验。朴次茅斯造船厂建造了两片模拟船壳结构，每个 10 英尺见方，全都仿造了铁制巡航舰"西蒙风"号的船体结构，不过并没有像那艘巡航舰上实际安装的一样，在铁造肋骨之间填充木材、在肋骨内表面铺设木制内船壳板。该模拟结构的铁板厚 0.625 英寸，肋骨宽 4.5 英寸，肋骨间距 12 英寸。这两片船壳结构被结结实实地夹固在两方土堆之间，间隔 35 英尺，背面彼此相对，这样就模拟出了一艘铁造巡航舰的左右两舷，最后放在距离火炮 450 码的位置处。

　　1850 年 6 月，针对这两片船壳结构进行了数天的射击试验。关于射击的结果，下面只详述少数几例，其他的略做总结。第一发是用一门 56 英担重的 32 磅加农炮，装填 10 磅发射药，打出的一枚实心炮弹。这枚炮弹直接命中了两副肋骨之间的位置，造成了一个直径 6.5 英寸的开放贯穿孔。这枚炮弹在击中时变形破碎了，由此产生的破片以及遭炮弹击碎的铁板形成的破片都非常多。这些破片大多都击中了靶子另一舷的船壳板，并造成了不小的毁伤，甚至有两枚碎片直接击穿了船壳板，其中一枚还造成一个 10 英寸 ×9 英寸的破洞。道格拉斯引用了查德斯舰长在一份通信中写的一段话，说：用 2.5—10 磅不等的发射药装填量，总共发射了 17 枚 32 磅炮弹，其中 16 枚都在击中时变形破碎，形成了尺寸很大、数量很多的破片。[1] 并且，击中肋骨的炮弹造成的破洞尺寸，要比击中肋骨之间的铁板时大得多。此外，还用一门 65 英担重的 8 英寸加农炮 [22] 发射了一些炮弹，其 68 磅重的实心弹丸产生了和 32 磅炮弹类似但更加严重的毁伤效果。试验中，一枚 56 磅的空心弹 [23] 击中目标后变形破碎，形成了无数破片，这些破能片飞 100—300 码。用一门 85 英担重的 10 英寸加农炮 [24] 发射的 56 磅空心弹，也能产生类似的毁伤效果。

接着，又用 32 磅炮发射了 9 枚安装了莫尔森（Moorsom）引信的爆破弹，其中一些击穿了靶子上之前没有被命中的部位，还有一些从之前的破洞中飞了过去。大部分爆破弹都能够击穿铁板，而且不管什么情况都能够引爆，只是有的爆炸不太猛烈，爆炸在靶子里的波及范围只有 4 英尺。然后，用 6 枚带 3 英寸引信 [25] 但没有去掉安全火帽的爆破弹，进行了射击。结果，6 枚中的 4 枚击中了靶子上之前被没击中的部位，但没有引爆。

此外，还用 32 磅炮发射了 5 发葡萄弹（这 5 枚葡萄弹总共含 45 枚 3 磅小炮弹）[26]。其中只有 5 枚小炮弹命中（射击距离 450 码），并全都贯穿了目标。在一艘小艇上，用一门 24 磅榴弹炮 [27] 在 50 码外以 2 磅装药量进行了射击。其中 2 发击中了肋骨，并在击中时变形破碎了，其他的都击穿了铁板，造成了边缘整齐的贯穿孔。对于这些射击试验，查德斯舰长得出了以下结论：

1. 所有击中肋骨的炮弹都在击中时变形破碎了，大部分击中肋骨之间的炮弹也在击中时变形破碎了；

2. 击中肋骨之间的炮弹通常造成了比弹丸尺寸略大且边缘整齐的破洞，击中肋骨的则造成大得多的、边缘呈锯齿状的破洞；

3. 空心弹比实心炮弹和爆破弹造成的破片要多得多；

4. 当一发爆破弹击穿 0.625 英寸的铁板时，即使炮弹已经撞烂，莫尔森引信仍然能引爆其装填的火药，但是一枚爆破弹外壳的变形破碎却不会引爆里面装填的炸药。

最后，那些尺寸很大、边缘呈锯齿状的破洞很难封堵，如果靠近水线就会很危险。"另外，那大量的破片意味着如果瞄准得不错，那么不多的几发炮弹就能击杀一门炮的整个炮组。这两个因素，尤其是后面这个，必然导致这类船舶不适合用于作战目的。"

除了稍后会提及的一点保留意见外，对查德斯舰长的上述结论没有什么可质疑的，这些结论都是从上面的打靶射击测试中总结出来的。然而，肋骨之间缺少木料填充，肋骨后面没有内船壳板，是一个严重的不足，特别是之前伍尔维奇的试验已经显示出了它们的价值 [28]。

---

[1] 同上。

　　这种不足在下一个试验的新靶子上做了弥补，这个靶子模拟了"西蒙风"号从主甲板稍靠下到上甲板稍靠上的船体结构。铁的结构与前一系列试验中使用的相同，但肋骨之间的空间用 5.5 英寸厚的橡木填满。在炮门[29]下边框高度处，用厚 4.5 英寸的橡木作为内船壳板，其上是 3 英寸厚的杉木板。填充的木料和木船壳板都是用栓钉打穿、固定在铁船壳板上的，这样这个靶子就成了"西蒙风"号的完美复制品了。跟之前一样，靶子也固定在离炮 450 码开外，但这次没有模拟船未交战的另一舷。

　　射击试验是在 1850 年 7 月 11 日进行的，测试了以 10 磅、6 磅和 4 磅发射药发射的 32 磅实心炮弹，以 10 磅发射药发射的 68 磅实心炮弹，以 10 磅、5 磅发射药发射的 8 英寸 56 磅空心弹，以 12 磅发射药发射的 10 英寸 85 磅空心弹。炮弹打出的破洞不像之前那一系列测试中那样边缘不规则，但贯穿孔都是敞开的。被击中的铁船壳和命中时变形破碎的铁炮弹产生的破片，只有很少的一部分能够被木材拦截住。减少发射药后，破片比之前的测试要少，但全发射药时破片一点也不比之前的测试少。原结论整体上维持不变。

　　8 月 13 日，又对模拟"西蒙风"号铁船壳结构的一个靶子进行了系列测试，但这回在外侧（面向大炮那一侧）钉上了 2 英寸、3 英寸和 4 英寸厚的杉木板。测试结果和所得结论维持不变。此外，还对一块实木块打了一些实心弹丸，模拟

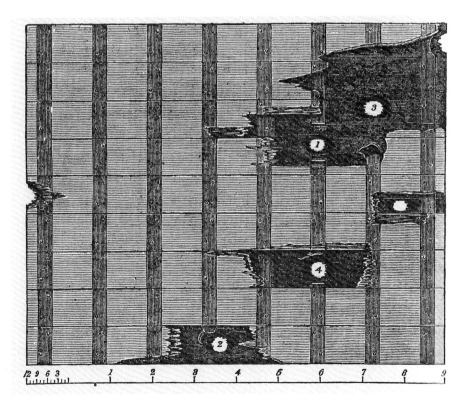

1851年8月测试的一个铁木复合靶。这个靶子跟"西蒙风"号肋骨结构相同，肋骨间距也是11.5英寸，但没有覆盖上铁板，而是在外面覆盖了5英寸厚的柚木板，里面覆盖了2英寸厚的柚木板。这个靶子中弹后产生了许多铁和木头的破片。（图片出自霍华德·道格拉斯所著的《海军火炮技术》）

木制战列舰中弹的情况，这些射击"相对铁船壳板而言只产生了很少的破片"[1]。1850年10月10日，对一个铁靶子进行了射击试验，这回靶子背面垫上了"橡胶毯"。"橡胶毯"没能阻止炮弹变形破碎，也没能产生封闭破洞的效果。

在1851年7月5日进行的另一个系列的测试中，靶子的肋骨用橡木和杉木制作，上面一半用0.375英寸厚的铁皮覆盖，另一半用0.5英寸厚的铁皮覆盖。不论实心弹还是空心弹，击中较薄的铁皮时都没有变形破碎而是直接贯穿，但大多数炮弹击中0.5英寸厚的铁皮时都变形破碎了。接着把靶子翻过来，用减量的发射药射击，来模拟未交战的那一舷的中弹情况。8月11日和12日又试射了一个靶，这个靶的肋骨用0.625英寸厚、4.5英寸宽的铁板制成，肋骨间距11英寸，肋骨外面覆盖了5英寸厚、10.5英寸宽的柚木条，里面则覆盖了2英寸厚、8又2/3英寸宽的柚木条。此外，还试射了一块结构类似的靶子，只是反过来里朝外（面向炮火）。结果打出来大量的木头和铁破片，铁破片能飞200—400码，而击穿靶子后的炮弹还能再飞1300码。

查德斯舰长对于该系列测试的结论是："实心弹丸对铁材的杀伤效果是毁灭性的，证明这种材料不适合用来建造战舰，而且测试结果证明这类毁伤作用目前无法防御。"道格拉斯更加详细地阐释了该结论：

> 如果铁船壳达到船体结构强度所要求的厚度（0.375英寸，或至少0.5英寸），那么实心炮弹就会在击中时破裂变形；如果船壳铁皮足够薄，炮弹穿入船体时就不会破裂变形，但这样船只的结构强度就会不足。炮弹在斜射和扫射时，炮弹本身的杀伤力比它们产生的破片更大，而且穿出船体时比射入船体时造成的破洞更难封堵……铁木混合这种用法把事情搞得更糟。整体来说，不管铁材在其他方面多么方便、多么进步，用在战舰上是完全不合适的。

当时，大多数比较开明的铁船制造商都能接受这一结论。费尔比恩甚至在多年后跟造船工程协会讲，他认为"铁造船舶比起完全用木头建造的船来更加危险"。[2]另一铁造船舶的先驱者约翰·格兰瑟姆（John Grantham）写道：

> 从材料学的角度来看，铁造军舰是有缺陷的。它们被火炮击中后受到的伤害，可能远远大于木造船舶的情况；而且由于没有有效的防护措施来应对船底污损，一旦将这些军舰派驻到海外，就无法每6个月清洁一次船底，这样一来任务就麻烦了……我的观点是，之前那些缜密的试验，尤其是查德斯舰长负责执行的那一系列试验，能够完全打消铁船在海军中超越木船的任何希望。[3]

[1] 同上。
[2] W. 费尔比恩，《用铁板造船》(The construction of iron plated ships)，《造船工程研究院通讯》(Trans INA)卷1(1860)。
[3] J. 格兰瑟姆，《铁造船体的结构强度》(The strength of iron ships)，造船工程研究院通讯》(Trans INA)，卷1(1860)。

爱德华·里德（Edward Reed）[30]对海军部的大多数政策都持批评态度[①]，但他也能接受这一结论，他的继任者纳撒尼尔·巴纳比（Nathaniel Barnaby）[31]同样如此。因此巴纳比直到很晚仍然青睐用铁木混合建造的战舰[32]，而非装甲战舰。

对海军部这一定论唯一持批评态度的一位战舰设计师是斯科特·罗素，他说："花了7年时间做试验，好把铁材料'测试成'不能抵挡炮弹射击。"[②]不过他也没有具体说是怎么"测试成"的，所以他的话也只是一种说辞，我们可以置之不理。

后见之明

在时人看来，第一批铁造军舰项目是失败的，但在150年后的今天，却也很难挑出海军部委员会在这些决策上有任何错误。而且是海军部委员会通过启动罗盘校正项目，才使铁造船舶的远洋航行成为可能的。导航问题一经解决，海军引进铁造船舶的步伐就在谨慎中变得稳健起来。"复仇女神"号的成功让海军部委员会相信，铁造船舶的技术问题已经得到解决，查尔伍德关于"瓜达卢佩"号的报告似乎进一步证实了这一点。

① E.J. 里德，《铁与钢造船法》（*Shipbuilding in Iron and Steel*），1869年版（伦敦）。
② J. 斯科特·罗素，《未来的海军》（*Fleet of the Future*），1862年版（伦敦）。

"皇家特许"号（Royal Charter）。这艘铁造船舶于1859年10月26日在安格尔西（Anglesey）失事后迅速解体，这成了铁材抨击者们攻击铁材不适合用来造船的证据。（© 英国国家海事博物馆，编号 neg 8954）

当时，海军部委员会面临着铁造船舶两个悬而未决的问题。首先是船底的污损问题，海耶研制的复合物涂料虽然只能够产生一些不稳定的效果，但至少证明这一问题是能够解决的。其次是火炮对铁船壳的毁伤问题，海军部委员会并没有忽视，但他们相信"复仇女神"号和"瓜达卢佩"号的服役经验已经证明铁造船舶能够很好地面对炮火轰击，打出的破洞也很容易封堵。

1846年的沃维奇试验计划执行得很好，但就铁材的性能没有给出明确的结论。这些试验确实证明了，在一定条件下，实心炮弹击中熟铁铁板后能够造成一阵致命的破片雨；还证明了实心炮弹，特别是低速弹，会形成难以封堵的边缘锯齿形弹孔。

将已有的铁造巡航舰改作运兵船并停止继续建造铁制战舰这个决定，更多的是一个政治动作。现在，已经几乎找不到证据来支撑或反对这一举动了。值得注意的是，那些更小号的铁船仍继续留在海军里服役了很多年，虽然看起来这些船没有参加过作战行动。

"西蒙风"号模拟测试进行得很科学，查德斯的报告也很难找出有异议的地方。并且，通过这些试验，还得出了一个很有意义的结论：正如哈尔斯特德海军上校（Captain Halsted）指出的那样，一片非常薄的铁皮（0.5英寸至0.625英寸）就足以让所有爆破弹都破裂变形，从而确保烈度很低的引爆效果。这样就能把一艘木制战舰舷侧的大部分面积都覆盖上一层这样的薄铁皮，作为重量补偿，只需要撤掉很少的几门炮。这样的战舰对于早期的爆破弹几乎是免疫的，而厚厚的木制船壳则能拦截实心弹破裂变形时产生的破片。1845年时，木造船体本身的重量以及所需搭载的蒸汽机组和煤炭的重量都太大了，这让它不可能再装备全厚度的装甲。

这些早期铁造船舶的失败，似乎主要是因为它们过早地闯入了一个尚没有得到当时的工程技术人员充分理解认识的新技术领域。熟铁是一种性质比较奇特的材料，其性质在不同的方向上有很大的差别[33]。1984年对"勇士"号上的熟铁材料所进行的测试（见附录9中的描述）表明：

1. 在垂直于铁板平面的方向上[34]，熟铁的强度很低。可正是这种"铁板厚度方向上"的强度对抵抗炮弹轰击才是最重要的[35]；

2. 所有金属在低温下都会变脆，熟铁从韧性变成脆性的脆变温度是20℃。

"复仇女神"号、"瓜达卢佩"号和"鹰身女妖"号都是在温暖水域中战斗的，这时熟铁材料的性能还说得过去，这可真是一个神奇的巧合。沃维奇测试和"西蒙风"号模拟测试的时候，气温就低得多了。被道格拉斯拿来用作反对铁造船舶证据的"皇家特许"号的快速解体，可能也是由于当时的温度太低了，情况才这么严重的（"伯肯黑德"号是在温和的温度条件下断裂解体的）。

　　再后来，虽然也建造了一些无装甲的熟铁战舰，但总体而言熟铁主要局限于建造铁甲舰和作为铁木复合船舶的肋骨安装在木制船壳里面[36]。今天，熟铁已经不是战舰建造中人们所能接受的造船材料了，但传统的木构战舰就更不能被今天的人们所接受了。

译者注

1. 此处法语原文为："Beaucoup de préjuges, de doutes raisonnables et de difficultés réelles."

2. 正式的保密法案到 1889 年才出台。

3. "国王专员"即国王派到议会的个人代表。

4. 即将这两类材料固定在铁船壳背面。

5. 并列双排连续铆接法，指两排铆钉挨得很近，且彼此并列；与此相对的，是两排铆钉彼此错开，即"错列双排铆接法"（Lozenge Riveting）。

6. 注意，靶子虽然有 1.8 米（6 英尺）见方，但构成靶子的铁板不一定有这么大。由于炮弹飞行距离很短，击中靶子时速度仍然很快，干净利落地就瞬间贯穿了靶子，因此来不及在铁板内造成反复传播的冲击波来使铆钉松动。

7. 参考 142 页的"复仇女神"号横剖面结构图，平头对接应当带有接合片。

8. "几乎已经失速的弹丸"，指在最远有效射程上，经过长距离飞行与空气阻力后速度大大降低，结果末段速度不足的炮弹，在上面的测试中用减少发射药的方式进行了模拟。

9. 一般这种角度很小的擦掠弹很容易跳弹，最后被反弹掉。

10. 斯皮特黑德为朴次茅斯外海相对封闭平静的"航道"。在风帆时代，大船机动不便，操作不灵活，如无入坞维修的需要，一般停靠在航道而不是港内。

11. 左侧的未成年人是搬运发射药的"火药猴子"（Powder Monkey）。

12. 此处作者的意思是这点伤亡应该当算是很轻微。实际上，伤亡大小要看全船人员的伤亡比例。如果是一般需要 800 多人操作的三层甲板战列舰，这点伤亡确实很轻微，但此处是两艘小型内河炮艇。以"鹰身女妖"号为例，该舰只有 3 门炮：1 门 18 磅卡隆短重炮、2 门 24 磅卡隆短重炮。18 磅、24 磅海军加农炮各需要 10 人操作，而轻便的卡隆短重炮只需 5 人甚至更少的人就能操作。该舰采用的双桅杆"斯库纳"全纵帆帆装，特别容易操作，甚至不足 5 人就能操作。再算上机组和锅炉舱人员以及军官，并考虑到这种船内部紧张的居住空间、作战地区接近赤道非常闷热等因素，小炮艇上的乘员应该只有 30 人左右。这样一来，"蜥蜴"号 8 人不能作战就是很大的损失了。

13. "Between Wind and Water"（在风与水之间）是风帆时代流传下来的描述水线的行话，因为在风力作用下，桅杆会带着船体不停摇摆，让水线一会儿没入水中，一会儿又在水上。

14. "炮舱"也是风帆时代流传下来的名词，指火炮甲板的后半部分，并不是船上专门布置火炮的地方。第 6—第 8 章节的内容讲到，这种明轮炮艇一般只有露天甲板上有火炮，这层甲板以下的"火炮甲板"上通常并没有炮。

15. 因为这个位置离水面太近，容易随着船身摇摆而进水，所以必须封堵。

16. 原文未提及这项试验结果如何。

17. 大功率发动机振动剧烈，且螺旋桨在船尾、发动机在舯部，因而需要一根长长的驱动轴相连，也就要在船底安装一根长长的轴隧供其通过。但木船在发动机振动下船底板会发生错动，这就可能使船底板卡到轴隧和驱动轴。

18. 19 世纪 70 年代以前，海上航运主要靠数量很多、吨位很小的木制货船，吨位一般从两三百吨到数百吨不等，船员有时不足 10 人。

19. 海军陆战队步枪比陆军使用的步枪身管更长，因为海上颠簸非常严重，长身管的线膛步枪可以提高射击精度；而且海上交战也不可能像陆上一样组成队形，三排士兵轮流排枪射击，因此长身管不方便装填、降低射速的问题并不构成严重的战术障碍。不过陆上，长身管步枪并不方便行军时携行。

20. 注意锅炉前面的底舱里是备用螺旋桨。

21. 注意图中"嫉妒女神"号没有烟囱，这是因为使用了可升降式烟囱（Telescopic Funnel），而在主桅杆前方的甲板上可见有降落下来的烟囱帽。像图上这样顺风航行（风从右舷侧后方吹来）时，降下前桅杆和主桅杆之间的烟囱可以避免烟囱在那里产生乱流干扰风帆发挥效能。

22. 8 英寸炮是当时风帆战舰列装的最大口径火炮。这个系列的火炮首先有 88 英担、95 英担和 112 英担重的三种规格的实心弹加农炮，可发射 8 英寸实心弹、爆破弹和空心弹；又有 65 英担、54 英担两种规格的爆破弹加农炮，"按照标准规程"，只可发射 8 英寸爆破弹和空心弹。当时的风帆战列舰上，舷侧炮位上成规模列装的主要是 65 英担重的 8 英寸加农炮。虽说一本 1861 年的战训上说，这种爆破弹加农炮不发射实心弹，但实际上当时似乎确实也用这种轻型大口径火炮发射 68 磅重的 8 英寸实心炮弹。另外，空心弹当时一般限于在蒸汽炮舰上使用，风帆战舰上很少列装。

23. 根据上下文推测，可能是上面 8 英寸炮发射的这枚空心弹。

24. 这种 85 英担重的 10 英寸加农炮可以发射两种炮弹，一种是 56 磅重的爆破弹，一种是 84 磅重的空心弹。这种重炮主要用于装备蒸汽巡航舰和蒸汽分级外炮舰，一艘船一般只能装备一门。

25. 当时简易的延时引信，就是用引信的长度来控制发射后的引爆时间。

26. 葡萄弹出膛后，小炮弹就会散开朝各个方向飞，几十米的飞行距离上就能散开十几米以上。

27. 海军一般不装备榴弹炮，榴弹炮是陆军的短身管曲射炮，射击仰角比较大，在颠簸的海上通常难以命中。

28. 当时的熟铁和钢材品质和今天的相比存在很大的不足，而木制背衬对于提高它们的抗弹性能帮助很大，详见第 14 章"勇士"号的装甲抗弹测试。

29. 炮门位置见 158 页的"西蒙风"号线图，炮门下的甲板即主甲板，露天甲板即上甲板。

30. 铁甲舰时代早期（19 世纪六七十年代）的英国海军总设计师。

31. 里德的小叔子。

32. 铁肋木壳结构的战舰。

33. 学术名称为"各向异性"（Anisotropy）。

34. 该方向的学术名称为"法向"（Normal）。

35. 可见，在 19 世纪八九十年代大规模应用钢材之前，熟铁战舰都存在问题，所幸当时没有爆发大规模战争。

36. 铁甲舰用熟铁建造，性价比更高，因为熟铁船体比同样强度的木船体重量要轻得多，可以节省 100—300 吨的重量，这样才能安装足够厚度的熟铁装甲。但在 19 世纪 70 年代，熟铁工业产能不足的法国和手上存有大量木制战舰的英国都不得不从经济性出发，建造和改装了一批木制船体的铁甲舰，结果性能就大打折扣了。铁木复合的铁骨木壳船当时主要是商船，而本章中提到的试验已经证明，铁木混合结构抗弹性更加令人担忧。

第九章

螺旋桨推进

螺旋桨战舰的发端

螺旋桨并不是什么新鲜的发明，人们早就拿阿基米德螺旋磊[1]来当抽水泵用好几个世纪了，船舶发明家们也提出过用这种螺线设计推进器，并从风车上获得了灵感。早期提出用螺旋桨作为船舶推进器的发明家，有杜奎特（Du Quet，1729 年）、丹尼尔·伯努利（Daniel Bernoulli，1752 年）和布拉默（Bramah，1785 年）[2]。[①]

1794 年，利特尔顿（Lyttleton）提交了一个更接近实用的设计。他那个获得专利的螺旋桨，由三片铁片盘绕一根轴螺旋而成，装在船外面一个框架上。这个螺旋桨是通过连接在其上的绳子和滑轮，由人力驱动绞车来带动的。在德普特福德的绿地船厂，博福伊陆军上校对该发明进行了试验[3]，但不是很成功，能达到的最高航速仅为 2 节。[②]

1800 年 3 月 1 日，米德尔塞克斯（Middlesex）的爱德华·肖特（Edward Shorter）申请了一个名为"连续划水机"（Perpetual Sculling Machine）的专利，这是一个更为成功的推进器设计。[③]该双叶螺旋桨由一根长斜轴和一个靠近船的万向节支撑在船尾，螺旋桨的重量由一个浮子（Float）承担。1802 年，肖特螺旋桨在直布罗陀湾里的"唐卡斯特"号（Doncaster）运输船上进行了测试。8 名水手转动绞盘（Capstan）[4]驱动该螺旋桨，让这艘运输船以 1.5 节的航速开了两海里。该商船的船长约翰·夏特（John Shout）与伴航的两艘军舰的舰长艾尔默（Aylmer）、济慈（Keats），都向肖特发回了热诚的报告。进一步的试验是在马耳他当着海军上将比克顿（Bickerton）的面进行的，他于 1802 年 9 月 4 日致信肖特："我认为这个东西很好，可能会很有用。"[④]当时肖特似乎已经充分认识到用蒸汽动力来驱动推进器的种种优势，但他从没付诸实践。

1825 年，海军部提出了一项有奖发明竞赛，奖励摒弃明轮的最佳船舶推进模式，皇家海军的准舰长塞缪尔·布朗（Samuel Brown）最终获胜，赢得了奖金。他把一台 12 马力的真空发动机（Vacuum Engine）[5]装进一艘小交通艇里，驱动一个安装在船头的双叶螺旋桨。虽然据说获得了 7 节的航速，但这个设计没有得到进一步的深入挖掘，也许是因为在船头安置螺旋桨这种布局效率不高。[⑤]

克服一切实际存在和臆想中的技术困难，从而设计出真正实用的螺旋桨推进系统的，是两个性格截然不同的人——弗朗西斯·佩蒂特·史密斯（Francis

① G.L. 欧弗顿（Overton），《船用机械工程学》（Marine Engineering），科学博物馆藏，1935年版（伦敦）。
② B.W. 巴斯（Bathe），D. 麦金太尔（Mackintyre），《战争之人》（The Man of War），1968年版（伦敦）。
③ 同作者欧弗顿的上一个参考文献。
④ E. 肖特的通信，海军图书馆藏。
⑤ J. 伯恩，《螺旋桨推进器论》（A Treatise on the Screw Propeller），1852年版（伦敦）。

Pettit Smith）和美国海军上校约翰·埃里克森（Captain John Ericsson），他们几乎同时独立地提出了自己的发明。这两个竞争者后来居然成了朋友，于是他们互相促成了对方的成功。

埃里克森于 1803 年 7 月 31 日出生在瑞典崴勒姆朗德（Varmiand）省。还是个孩子的时候他就喜欢摆弄机械玩具，据说他 10 岁时就能自己做设计！因为出色的能力，埃里克森被普莱滕伯爵（Count Platen）[6] 安排在瑞典军队的工兵旅做储备干部，并在开凿约塔运河（Gota Canal）时担任了测量员。1826 年，埃里克森来到英国发展。在这里，他发明了一系列发动机和锅炉，甚至还发明了一个火车头——"创新"号（Novelty），该火车头是"雨山火车头竞赛"（Rainhill Trials）[7] 中"火箭"号（Rocket）的一个强劲对手。

1836 年 7 月 13 日，待在伦敦的埃里克森申请了一项专利，那是一个适用于蒸汽推进的改进型推进器，描述如下：[①]

> 共轴反转且转速各异的两条宽圆环或者说矮圆柱，整个浸没在船尾部水下，上面装有许多短的、螺旋形排列的桨片，一个矮圆柱上桨片的倾斜角和另一个上面的刚好相反，整个装置由蒸汽机驱动。

1836 年，埃里克森用一艘 2—3 英尺长的模型船来测试他的螺旋桨。模型船的发动机通过一根可以水平旋转的管道从圆形池塘中心的锅炉获得蒸汽。这些测试结果令人非常满意，于是他又于 1837 年在泰晤士河上建造了一艘试验小艇"弗朗西斯·B. 奥格登"号（Francis B Ogden）[8]。该艇于 1837 年 4 月 19 日下水，长 45 英尺，宽 8 英尺，吃水 3 英尺。这对反转螺旋桨直径 5 英尺 2 英寸，总长 2 英尺 2 英寸，重 615 磅。其发动机为两汽缸，活塞行程为 14 英寸，汽缸直径为 12 英寸。发动机输出转速为 60 转每分钟，工作蒸汽压为 50 磅 / 英尺 ^{2}（这在当时是非常高的数字）。

这艘小艇从一开始测试就表现得非常成功，在 1837 年 4 月 30 日的首次试航中，其航速达到了 10 节。在拖带一艘 140 吨的"斯库纳"式帆船时，航速达到 7 节；拖带美国邮船"多伦多"号（Toronto）时，航速达到 4 节。夏季又进行了另外几次成功的试验后，埃里克森邀请海军部委员会观摩他的新发明。在这次观摩中，"弗朗西斯·B. 奥格登"号拖带海军部的驳船航行。1843 年 12 月，约翰·O. 萨金特（John O Sargeant）在波士顿学园的一堂讲座上[9]，讲了有关这趟旅程的一个非常有意思的故事：[②]

> 这艘驳船搭载了海军部首长查尔斯·亚当爵士（Sir Charles Adam）、总

① R. 塔格特（Taggart），《螺旋桨推进器的早期发展史》（The early development of the screw propeller），出自《海军工程师杂志》（Naval Engineers Journal），1959 年 5 月出版（华盛顿）。

② 同上。

设计师威廉·西蒙兹爵士、第二次北极科考总指挥爱德华·佩莱爵士（Sir Edward Perry）、海军水文官博福特海军上校（Captain Beaufort），以及其他科学技术人员与海军军官。

我们的发明家早就精心准备了他这种新推进模式的设计图，铺展在这艘华贵的驳船里的一方锦缎布上，因为他知道他的发明肯定会受到像英国海军总工程师[10]这样的大人物那吹毛求疵的审视。然而让发明家彻底陷于惊愕的是，这位颇具科学素养的大人物似乎对发明家的新发明提不起丝毫的兴趣，我们可以想象这是一幅什么样的画面。他时不时地耸一耸肩、摇一摇头，偶尔对其他人浮现出一丝充满内涵、故作神秘的笑意，这种充满暗示的肢体语言既传递出丰富的信息，可又并不是真正的表态。他清楚地表示：虽然他的地位不允许他让我们的发明家这样一位有用的人才感到不愉快，但"如果可能的话"，他仅用一个字就能驳斥这整个白费功夫的发明。

与此同时，这艘小汽船以每小时 10 海里的速度前进着，通过伦敦和南华克（Southwark）大桥的桥拱，驶向莱姆豪斯的西瓦德先生（Mr Seaward）蒸汽机制造厂。海军部官员们上岸视察了那里大批堆码的、为国王陛下的汽船订造的船用蒸汽机，又视察了他们最喜爱的推进装置——摩根顺桨明轮，然后重新登船，由这艘新型汽船那安静而完全没入水下不可见的推进器驱动着，安全返航萨默塞特宫（Somerset House）[11]。

最后，查尔斯·亚当斯爵士略带同情地和埃里克森亲切握手道别，感谢他为了向自己以及其他随同人员展示这么个有趣的实验品而受了那么多的苦，还表示他觉得发明家付出了太多、经历了太多困难。尽管这天的观摩航行就这样结束了，但埃里克森仍然相信海军部的大员们不会忽视他这个意义重大的发明。但让他大吃一惊的是，几天之后，博福特海军上校写来了一封信——一封应该是在海军部首长们的指示下写成的信。这位当天目睹了这次试验航行的先生遗憾地告知他，海军部大员们对试航结果非常失望。对发明家来说这完全是不能理解的，因为这次试航中达到的航速远远超出了明轮汽船在如此小的船体尺寸限制下所能达到的水平。

一次偶然发现很快解开了他的迷惑。埃里克森的一位朋友出席一场晚会时，大家讨论到了这个话题，当时威廉·西蒙兹爵士自作聪明地评论道："就算这个螺旋桨它真能推动汽船前进，到了真刀真枪的时候还是会发现它完全不顶用，因为这种推力是施加在船尾部的，而这，将会让一艘船完全没办法转向调头。"

这真是一个奇怪的故事，西蒙兹固然不是新技术的支持者，但他也不是看不出好坏的傻子。几个月后，他对同为螺旋桨发明者的史密斯的试航，就反应得虽谨慎却不失明智。伯恩（Bourne）对于西蒙兹拒绝埃里克森这个发明的奇特态度，给出了自己的解释。[①] 当时，一些加长了船头部分的明轮船被发现转向的时候会很难控制，这些船总是自带朝下风方向偏头的趋势，整个船体绕着已经离船头有一定距离的明轮打转。可能西蒙兹认为，如果推进器稍稍从船体中段后移一点就造成这么大的麻烦，那么将推

埃里克森的试验船"罗伯特·F.斯托克顿"号。这个半体模型安装在柜子里，背景是该船的蚀刻版画。（© 英国国家海事博物馆，编号F7780-001）

进器完全挪到船尾将导致船体无法转向。如此看来，埃里克森提出要拖带海军部的驳船，正是他想要掩盖这一缺陷而耍的一个花招，他这是拿这艘驳船来当辅助转向的浮标（Drogue）。[12] 而且埃里克森也并不是一个容易接近的人，他那傲慢的态度可能让海军部委员会感到不舒服。

驻利物浦的美国领事、美国海军上校罗伯特·F.斯托克顿（Captain Robert F Stockton）成了埃里克森的新赞助人。他订购了一艘长 70 英尺、宽 50 英尺、标称马力为 50NHP 的铁造小船。这艘名为"罗伯特·F.斯托克顿"号的小船于 1838 年 7 月在利物浦下水，并于 9 月进行了试验。该引擎是直接驱动式的，即不使用传动装置而直接连接到螺旋桨上。在埃里克森更早时候的一次试验中，史密斯曾建议反转螺旋桨是多余的，只保留一个效果会更好。"罗伯特·F.斯托克顿"号被设计成可以按照要求同时使用两个螺旋桨或只使用其中一个进行推进，而且由于埃里克森在后来的设计中只保留了单个螺旋桨，因此可以推断史密斯是正确的。[13] 史密斯也将发现，他的船如果只用原本设计的螺旋桨长度的一半，其表现会更好。

1838 年 12 月，"罗伯特·F.斯托克顿"号到达泰晤士河。1839 年 1 月 12 日，该船向大约 30 位科学家做了演示，大家发现该船的表现出乎意料。16 日，该船在舷侧绑上 4 艘运煤驳船，总宽度达到 59 英尺，这种情况下航速可达 5.5 节。1839 年 4 月，这艘船在克莱恩上尉的指挥下，只依靠风帆航行，横跨了大西洋。该船于 1840 年出售给了德拉瓦—拉里坦运河航运公司（Delaware and Raritan

① 同作者伯恩的上一个参考文献。

Canal Company），并更名为"新泽西"号（New Jersey）。它在德拉瓦河和斯基尔基尔河（Schuylkill）上作为拖船运营了很多年。

埃里克森之后去了美国，并继续开发螺旋桨。在他的努力下，到1843年的时候，已经有41艘螺旋桨商船投入运营了。他还为美国海军设计了"普林斯顿"号（Princeton），这是世界上第一艘投入现役的螺旋桨军舰，该舰长164英尺，最大宽度30英尺6英寸，平均吃水17英尺，排水量673吨。出于防护考虑，"普林斯顿"号的发动机设计成整个位于水线以下[14]。1843年10月，"普林斯顿"号和布鲁内尔的"大西方"号进行了竞速赛，并击败了后者。

埃里克森与英国皇家海军之间的这段纠葛还差一个最后的转折。他离开英格兰前，将他的专利委托给了阿道夫·E.罗森伯爵（Count Adolph E Rosen）。他的第一个订单是1843年法国为标称马力为200NHP的44炮巡航舰"波莫纳"号（Pomone）订购的螺旋桨。1844年，皇家海军又为巡航舰"宙斯之子"号（Amphion）订购了一套标称马力为300NHP的发动机和一个螺旋桨。这两艘战舰是第一批配备完全布置在水线以下的直接驱动式卧式蒸汽机的欧洲战舰。这两艘船还配备了带帆布阀门的卧式双动式气泵[15]，其中帆布制作的阀门可以应对高速运转带来的冲击。据说两艘船在试航中都取得了成功，达到了约7节（"宙斯之子"号为6.75节）的航速，但由于当时要求达到的航速只有5节[16]，很显然，过大的动力机组浪费了经费。

弗朗西斯·佩蒂特·史密斯

史密斯1808年2月9日出生在肯特郡的海斯（Hythe），他父亲在当地当了40年的邮政局长[17]。史密斯年轻时做过羊农（Sheep Farmer）[18]，1835年他到亨登（Hendon）工作，在那里他对船舶推进产生了兴趣。第二年，他得到了赖特银行的赞助和工程师托马斯·皮尔格雷姆（Thomas Pilgrim）的技术支持，并于1836年5月31日取得了一项专利。他在阿德莱德画廊（Adelaide Gallery）[19]展示了一艘用发条驱动的模型船，船上装了一副木制螺旋桨。约翰·巴罗爵士（Sir John Barrow）恰好看到了这场表演，这位能量很大的大员是海军部第二书记，即代表政府监管海军部的高级文职官员。①

该模型的测试结果非常令人满意，于是史密斯和他的赞助人决定建造一艘标称马力约6NHP的6吨小艇来进一步验证螺旋桨推进的价值。这艘名叫"弗朗西斯·史密斯"号的小艇装了一副木制螺旋桨，桨叶为旋转两圈整的铁片，直径2英尺，长2英尺6英寸。螺旋桨安装在一个水平转轴上，靠伞轮传动与一个Z轴驱动（Bevel Gearing and a Z–drive）[20]装置来带动，提供动力的是一台单缸发动机，汽缸直径6英寸，活塞行程15英寸。

---

① 同作者伯恩的上一个参考文献。

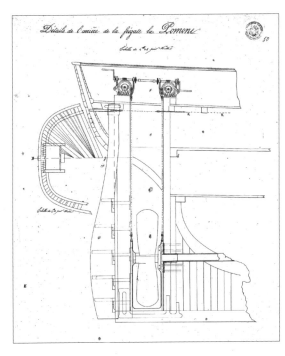
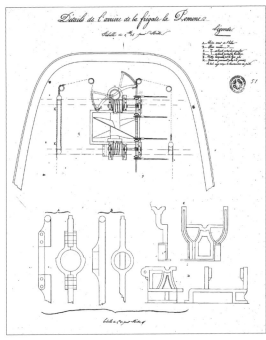

表 9.1 "弗朗西斯·史密斯"号 [①]

吨位	6
主尺寸	31英尺11英寸 × 5英尺6英寸 × 2英尺8英寸（吃水）

"弗朗西斯·史密斯"号于 1836 年 11 月 1 日首次在帕丁顿运河（Paddington Canal）上公开亮相，并在该河与泰晤士河上一直运营到 1837 年 9 月。在 1837 年 2 月的一次航行中，其螺旋桨撞上了水中的碎片，断掉了一半，结果航速反而提升了！于是，他为该舰安装上了一个只相当于单圈螺旋长度的新推进器。有一次，该艇甚至拖着"大西方"号进入了"东印度"码头（East India Dock）[21]。

史密斯认为，有必要到海上去验证他的螺旋桨的性能，因为当时传言它仅能在内河中使用。1837 年 9 月一个星期六的晚上，他把"弗朗西斯·史密斯"号从布莱克沃（Blackwall）开到格雷夫森德（Gravesend），凌晨 3 点在那里搭载上引水员（Pilot）后继续航行到拉姆斯盖特（Ramsgate）。他在早班时段抵达了航程的终点，不久后在多弗尔向他的赞助人赖特展示了该船。

离开多弗尔后，史密斯航行到海斯，然后返回福克斯通（Folkestone）。在这趟回程中，该舰只用了 3 刻钟就跑了 5 海里。9 月 25 日，这艘小船启程返回伦敦。海上浪很大还起了风暴，但即使在这种情况下，"弗朗西斯·史密斯"号的螺旋桨仍然运转良好，监视着该船的海岸警卫队向海军部发去了正面评价的报告。

"波莫纳"号[22]，这艘法国巡航舰的螺旋桨是 1843 年埃里克森专利螺旋桨的第一份出口订单。埃里克森在英格兰的代理罗森伯爵，在这具多桨叶螺旋桨的前面布置了双舵，以方便操作，但在试航中发现这样一来该舰完全不听舵的使唤。于是如本图所示的那样，整个船尾重新设计，安装了常规布局的尾舵，尾舵前面是装在可升降框架里的一具双叶螺旋桨。（出自《船舶工程图集》（*Atlas du Génie Maritime*）

① "船用工程技术"（Marine Engineering）条的详表细目（Descriptive catalogue），科学博物馆藏，收藏号为 1857-60，条目号为 272。

1838 年 3 月，海军部下令在其监督下对"弗朗西斯·史密斯"号进行测试，这离他们拒绝埃里克森推进器才过了 6 个月。这次测试结果很成功，正如伯恩所说："海军采用螺旋桨也不是没有可能。"

在给螺旋桨推进下定论之前，海军部委员会要求在吨位至少达到 200 吨的船上进行验证。史密斯在赖特和柯里（Currie）的赞助下成立了螺旋桨公司（Screw Propeller Company），好去建造这样一艘船。这艘"阿基米德"号（Archimedes）由爱德华·帕斯科（Edward Pasco）设计，并于 1838 年初在亨利·威姆斯特尔厂（Henry Wimshurst）开工。[23]

表 9.2 "阿基米德"号

吨位	237
主尺寸	125 英尺（全长）×22 英尺 6 英寸 x 船头吃水 9 英尺、船尾吃水 10 英尺
船体深	13 英尺
机组	J.G. 伦宁（J G Rennie）制造，直接驱动式，2 缸，汽缸直径 37 英寸，活塞行程 36 英寸，输出转速 26 转每分钟，工作蒸汽压力为 6 磅 / 英寸^2，标称马力 80NHP，重 64.4 吨，传动比为 25：133.3
成本	10500 英镑

"阿基米德"号的发动机和锅炉舱总长度达 39 英尺。虽然当时的印刷品上画着该船搭载了 12 门炮，但该船并没有留下搭载武器的记录，所以这可能是艺术家的美化，或者是为了有利销售而添上去的。该船是用松木、杉木建造的，帆装为三桅杆"斯库纳"式。伦宁说："进流段和去流段的船体型线都很美妙，所以这艘船蒸汽和风帆航行时都很流畅。"[1] 史密斯对海军部给出的如果该舰能跑出 5 节的航速就会买下该船的保证深信不疑。[2]

"阿基米德"号于 1838 年 10 月 18 日下水，1839 年首次试航。它的第一具螺旋桨直径 7 英尺，螺距[24] 8 英尺，桨叶为旋转一圈的铁片。该螺旋桨由锻铁制成，

① E. 查 普 尔（Chappell），《史密斯专利螺旋桨的有关论文材料》（Papers relating to Smith's patent propeller），1840 年版（伦敦）；另见《机械学杂志》（Mechanics Magazine）1859 年 2 月 18 日的附录。
② N.P. 伯 格（Burgh），《现代螺旋桨推进技术》（A Practical Treatise on ModernScrew Propulsion），1869 年版（伦敦）。

"弗朗西斯·史密斯"号，史密斯螺旋桨的试验艇。注意那长长的螺旋桨。（英国科学博物馆供图）

其中心轴上打上了 16 个横臂，彼此以适当的角度呈螺旋形错开排列。厚 0.25 英寸的铁皮包裹在这些横臂的两面，并用铆钉钉住。[1]

很快就发现螺旋桨的直径太大了，以致发动机没法带动这样的螺旋桨达到设计转速，于是渐次减少直径到 4 英尺 9 英寸。后来该船改用一具双叶螺旋桨，每个桨叶相当于旋转了半圈。新螺旋桨的叶片面积保持不变，为 33 平方英尺，即船舯横剖面面积的四分之一。以鹅耳枥木作齿的两个齿轮靠铁制耳轴（Pinion）安装在一具铁框架里，构成一套增速传动装置，能使螺旋桨在发动机输出轴每转动一圈时转动 5 又 1/3 圈（螺旋桨在全速航行时的转速为 138 转每分钟）。

在泰晤士河和梅德韦河（Medway）上经过测试后，"阿基米德"号于 1839 年 5 月 15 日进入外海，顶风逆潮从格雷夫森德航行到朴次茅斯，总共花了 20 个小时。在朴次茅斯，"阿基米德"号和"火神"号战舰竞速，这是一艘标称马力为 140NHP、吨位达 720 吨的明轮船。海军上将弗莱明（Admiral Fleming）和海军上校克里斯平（Captain Crispin）对这次竞速的结果给出了非常正面的报告。值得注意的是，在这次竞速中，"阿基米德"号使用的仍然是原来那种长长的螺旋桨。

这次试验之后不久，"阿基米德"号因锅炉发生事故，返回到伦敦进行了为期 5 个月的维修，并换装了新锅炉。这次维修好后没多久，该舰在去泰瑟尔

史密斯的验证船"阿基米德"号。在这幅画上，该船有一排炮，但事实上该船几乎没有可能搭载任何火炮。该图描绘了"阿基米德"号在从格雷夫森德到朴次茅斯的首航中，在北福尔兰角（North Foreland）外海遭遇了恶劣天气。（© 英国国家海事博物馆，编号 PY0211）

[1] 同上。

（Texel）[25] 给荷兰海军做表演的路上，弄断了曲轴。米勒 & 莱文希尔公司（Miller, Ravenhill and Co）修好了损坏的引擎，就是在这个时候，"阿基米德"号改装上了新螺旋桨。1840 年 4 月 30 日，它在巴金河（Barking Creek）上对改装效果进行测试，航速达到了 8.5 节。

接下来，海军上校 E. 查普尔（Captain E Chappell）和机械师托马斯·劳埃德（Thomas Lloyd）指挥该舰为海军部进行了一系列测试。E. 查普尔担任了 13 年邮船总监，托马斯·劳埃德则是沃维奇蒸汽厂的总机械师。他们发现，该舰能够像任何明轮船一样，不管是在执行前进、停止还是倒退命令时，都有很好的舵响应，并"能够执行所有必要的机动动作"。一定要体会到的是，在当时，海军部之外的工程机械师及其他相关人士中，并没有几个人指望螺旋桨推进器一定能够获得成功。这天，伯恩记下了他的质疑。另外，在当时的报刊上也出现了几个不利的评论。①

5 月 3 日，"阿基米德"号驶离锚地，并在 1 小时 45 分钟内抵达了 20 海里外的格雷夫森德。第二天，海军上将奥特维（Admiral Otway）加入了测试小组，他是当时锚泊在希尔内斯（Sheerness）的一只小舰队的舰队司令。奥特维亲自操纵该船在锚泊的战舰形成的单纵队之间往来穿插，亲自验证了该船的机动操纵性。本月晚些时候，在朴次茅斯开始新的测试之前，该舰可能还在拉姆斯盖特又更换过一次推进器。

在开始新测试之前，伦尼探访了该船，他说：

> 海军的负责人，不论是技术负责人还是非技术官员，都视察过该船，他们对该船已经达成了一个共识，那就是螺旋桨推进这种布局方式很适合海战。使用这种布置，发动机的两舷能够得到煤舱的完全保护，从而免遭炮弹的轰击，而且炮弹根本打不着那完全浸没在水下的推进器。烟囱是最脆弱的部位，但如果发生事故，可以很容易地更换上甲板下预存的备用烟囱，因为烟囱是设计成可升降式的。（参见第 8 章关于对烟囱射击的毁伤效果的测试报告）

1840 年 4 月至 5 月，"阿基米德"号在多弗尔的试航情况

1840 年 4 月至 5 月这两个月里，英国举行了一系列跨越英吉利海峡的竞速赛。在这些比赛中，"阿基米德"号与当时跨海峡航线上速度最快的明轮邮船进行了角逐。

"阿基米德"号首先在驶往加莱（Calais）的航程中，跑出了平均 9.5 节的航速，领先"爱丽儿"号（Ariel）6 分钟，从而击败该船；在回航中，又领先该船 5 分

① 出自肖特的通信。

钟获胜。此次比赛中，两艘船都是机帆并用。下一场比试是跟"河狸"号（Beaver），在去往奥斯坦德的航程中，该船被"阿基米德"号领先了 4 分钟；但在返程航线，"河狸"号的航速达到了 9.25 节，以领先 9 分钟的优势反超。

表 9.3 明轮邮船和"阿基米德"号的比较

舰名	长（英尺）	最大宽（英尺）	吨位（bm，造船旧计量吨位）	标称马力	舯横剖面面积（英尺²）	航速（节）
"爱丽儿"号	108	17.3	152	60	95	10.4
"燕子"号	107.6	14.8	133	70	84	10.4
"河狸"号	102.2	16	128	62	84	11.2
"赤颈凫"号	108	17.1	162	90	95	10.3
"阿基米德"号	106	21.1	237	80	143	

仅就纯蒸汽动力航行来看，"阿基米德"号和"燕子"号（Swallow）不分伯仲，螺旋桨推进只稍稍占优。"阿基米德"号随后跟"赤颈凫"号（Widgeon）进行了竞速赛[1]，其结果见下面的报告。该报告于 1840 年 5 月 2 日在多弗尔发表，是关于螺旋桨推进的第一份官方试验报告。[2]

> 多弗尔，1840 年 5 月 2 日
>
> 尊敬的阁下：
>
> 谨遵您于上月 25 日通信中向我们传达的、海军部首长关于考察并汇报"阿基米德"号汽船推进原理的指示，我们在实际条件允许的情况下，切实完成了一些力所能及的测试，恳请您将以下结果呈报首长。
>
> 到达此地（多弗尔）后，同多弗尔邮船总监波特尔（Boteler）[26]协商，将"赤颈凫"号机帆邮船调拨我们使用。下面列出了这两艘船的尺寸、发动机功率和吃水信息，以资比较。

舰名	吨位（bm，造船旧计量吨位）	汽缸直径（英寸）	活塞行程（英寸）	吃水
"赤颈凫"号	162	39	37	7 英尺 3 英寸
"阿基米德"号	237	37	36	9 英尺 4 英寸

> "赤颈凫"号是多弗尔航线上航速最快的邮船。该船的发动机功率比"阿基米德"号的大 10 马力，吨位却要小 75 吨，且前者的平均吃水也比后者要小 2 英尺 1 英寸。

试验

1. 我们第一次试验是从多弗尔水道（Dover Road）出发，"阿基米德"号和"赤

① 英国国家海事博物馆藏"赤颈凫"号模型。
② 同作者查普尔的上一个参考文献。

颈兔"号沿着西南偏西方向[27]航行 19 海里，此时顺风，风力较弱，海面平静无浪，未挂帆。"阿基米德"号发动机的活塞每分钟往复动作 27 下，船速达到每小时 8.4 节[28]。比起"阿基米德"号来，"赤颈兔"号完成整个航程少用了 6 分钟。

2. 在沿着上述 19 海里的航线返航多弗尔水道的过程中，稍稍顶风，未挂帆，"阿基米德"号发动机的活塞每分钟往复动作 27 下，船速达到每小时 7.5—8 节。比起"阿基米德"号来，"赤颈兔"号完成整个航程少用了 10 分钟。

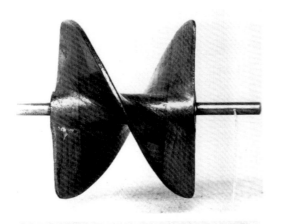

"阿基米德"号试验过的一些螺旋桨。（英国科学博物馆供图）

3. 第三次试验总航程 10 海里[29]，从多弗尔水道到加莱水道，此行完全无风，海面平滑如同镜面。"阿基米德"号发动机的活塞每分钟往复动作 27 下，船速达到每小时 8.5—9 节。比起"阿基米德"号来，"赤颈兔"号完成整个航程少用了 34 分钟，"阿基米德"号全程耗时 2 小时 9.5 分钟。

4. 沿上述 19 海里的航程返回多弗尔时，完全无风，海面平静如前。法国邮船"邮政"号（La Poste）同时起航。"阿基米德"号的航速和发动机情况同前。"赤颈兔"号比"阿基米德"号领先 4 分钟跑完，比"邮政"号领先 25 分钟，不过后者的发动机只有 50 马力。

5. 此次试验中，从东边刮起一阵大风（Fresh Breeze）[30]，海上略有波澜。两艘船虽然都挂满帆，但"阿基米德"号挂的帆要比"赤颈兔"号多得多[31]。航线同前，两船在从多弗尔到加莱的 19 海里航程上做近迎风航行。"阿基米德"号的发动机每分钟往复动作 27—28 下，航速达 9—9.5 节。"阿基米德"号比"赤颈兔"号领先 9 分钟跑完这段航程。

6. 在返回多弗尔时，大风从舷侧方向刮来，两船都挂起了所有风帆，"阿基米德"号引擎每分钟动作 28 下，航速达到 10 节，领先"赤颈兔"54 分钟完成该航程。

结果讨论

这些试验清楚地表明，在轻风、无风和海面平静的情况下，"阿基米德"号在航速上略逊于"赤颈兔"号；但有一个前提是，前者的蒸

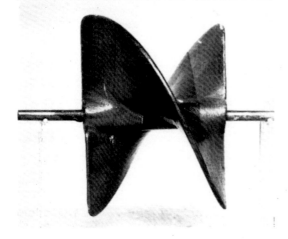

汽功率比"赤颈凫"号要少10马力，且吨位也比"赤颈凫"号重75吨。可见，"阿基米德"号的推进功率即使不会更优秀，也至少和普通明轮船是持平的。这样看来，史密斯先生的发明可以说是非常成功的。从第二次试验中可以明显地看出，即使是顶着很轻微的风做蒸汽动力航行，"赤颈凫"号低矮的桅杆和松垮、随意的帆装[32]都对"阿基米德"号构成了优势，因为"阿基米德"号桅杆更高、帆更多。尽管接下来的无风天气让我们无法针对这一点（顶风航行的问题）在强风天候下做进一步的测试，但我们可以预测，在强风中顶风航行时，"赤颈凫"号的低矮帆装将体现出更加明显的优势。但是，在最后那两次试验中，风帆的力量给"阿基米德"号帮了非常大的忙，该船不仅击败了"赤颈凫"号，甚至在多弗尔—加莱航线上比女王陛下[33]的任何邮船跑得都要快。这种大风条件下，"阿基米德"号从多弗尔到加莱所用时间缩短到了2小时1分钟，返航更是只用了1小时53.5分钟。

分成9个可调节的分段式螺旋桨模型，这样就能组合成各种不同的桨叶形态。根据1835年对该模型的注释，"'阿基米德'号的螺旋桨就是用这个模型设计出来的"。(© 英国国家海事博物馆，编号L1478-002)

　　关于这个螺旋桨推进器有两个切实存在的问题尚不能忽视。首先，向螺旋桨轴传动，使其达到所需航速的那些齿轮，工作时噪音太大了。也因此，这些齿轮很容易被快速磨损，甚至产生错位。我们的看法是，这样的噪音本身就让这些齿轮不适合在女王陛下的邮船上使用。史密斯先生建议用旋齿伞轮（Spiral Gearing）来替代正在使用的木齿铁轮，这样一来就能避免此种问题，这种新方案的模型将和本报告一并上交。因为史密斯先生打算在近期就测试这种新齿轮的效果，目前暂不对此改进的优缺点做任何报告。

　　战舰的推进系统或许会在将来体现出史密斯先生这个发明的真正价值所在。就目前而言，就算上述传动齿轮的噪音问题无法克服，船里头总是出现这种轰鸣噪音，也没什么要紧[34]；从舷外来听，这种噪音并不像普通明轮船发出的声音那样，大老远就能听见。螺旋桨船既可以挂帆航行，也可以使用蒸汽动力航行，还可以在需要的时候机帆并用[35]；因为我们通过试验证实，发动机可以很容易地和螺旋桨连接或断开，并且在任何天气条件下都只需要两到三分钟。挂帆时，螺旋桨船不会像一般的明轮船那样，因为船体倾斜角度的变化导致推进器的推力降低，同时也不会降低船的前进速度。[36]舍弃了明轮壳以后，舷侧列炮的布局将完全不受阻碍，并且可以在接舷战[37]中让敌我两方的船只更好地贴靠在一起。总而言之，可以说螺旋桨方便了转向调头机动，并能像一般的明轮船一样轻松完成倒退机动。

您忠实的臣属 E. 查普尔、T. 劳埃德深感荣幸

致海军部书记

1850 年 5 月，位于萨默塞特宫的蒸汽机械部发表了一篇文章，全文引用了这封信。蒸汽机械部对这封信的评论很重要，也挺有意思：

很明显，"赤颈凫"号和"阿基米德"号无论在大小还是设计上确实存在差异，因此无法在它们之间对螺旋桨和明轮的性能进行准确的比较，但考虑到螺旋桨特别适合用在战舰上，测试结果仍然清楚地表明：以一种不那么模棱两可的方式尝试这种新装置是非常有必要的。

基于这个观点，海军部决定订造"响尾蛇"号（Rattler）。该舰的船体型线照搬自"不安女神"号（Alecto），但"响尾蛇"号为了安装螺旋桨，延长了船体后半部分[38]；两舰安装的发动机是相同功率的，且动力机组的布局方式也是依照先前在明轮船上测试过的方式。这两艘船之间的测试，给"响尾蛇"号的试验结果带来了重大的意义。

下一章再探讨海军部采取的进一步动作，这里就先概述一下"阿基米德"号余生的职业经历。试验结束后，该舰搭载查普尔舰长和史密斯一起环绕英格兰航行，每到一个重要港口都要去向船东、工程师等展示螺旋桨推进的成功。接下来，它以 68.5 小时抵达葡萄牙波尔图（Oporto）的航行时间刷新了纪录，随后又走访了比利时的安特卫普和荷兰的阿姆斯特丹。伯恩说："这船在所有到过的地方都会成为好奇与遐想的对象。"

在英国巡航期间，"阿基米德"号访问了布里斯托尔，当时正跟布鲁内尔合作运营"大不列颠"号的古皮海军上校（Captain Guppy）登船，随船一起航行到利物浦。后来，布鲁内尔雇用"阿基米德"号对 8 个不同造型的螺旋桨进行了深入详细的试验，其中有 3 个是沃特沃德（Woodward）制造的，其他的由史密斯制造。布鲁内尔于 1840 年 10 月向他的负责人报告了这些试验的结果，并建议"大不列颠"号从明轮更换成螺旋桨推进。[1] 这篇报告最有意思的地方是，这位富有想象力的伟大工程师最初对螺旋桨推进的效率也是持怀疑态度的。[2]

这篇报告的理论基础并不完全是正确的，就像科莱特（Corlett）所描述的那样。[3] 布鲁内尔和他同时代的所有设计师一样，都认为船体所受的阻力由舯横

① 同作者查普尔的上一个参考文献。
② I. 布鲁内尔，《I.K. 布鲁内尔生平》（The Life of I K Brunel），1870 年版（伦敦），1970 年版（牛顿·阿伯特）。
③ E.C.B. 科莱特，《铁造船舶》（The Iron Ship），1975 版（布拉德福）。

剖面面积决定[39]。布鲁内尔作为工程师的直觉让他对螺旋桨做出了比较明智的结论，他对海军的第一艘螺旋桨战舰所做的贡献也体现了这一点[40]。

　　似乎"阿基米德"号还用于其他一些试验上，因为塔格特（Taggart）提到了一次试验。在这次试验中，该船输掉了一场与明轮船"威廉·冈斯顿"号（William Gunston）之间的拔河比赛。[①]1842年7月，史密斯报价3000英镑向海军部推销"阿基米德"号。海军部拒绝了这个提案，因为这么小的船舶没什么用处。到1846年6月，"阿基米德"号号称可以作为游艇、支援船、私掠船（Letter of Marque，可能该舰还真搭载过火炮）[41]，挂牌出售。[②]前文提到，史密斯当初相信，如果该船试航成功，海军部就一定会购买下该船，结果螺旋桨公司破产，史密斯陷入个人财务危机[42]，这将在后文再做讨论。

① 同作者塔格特的上一个参考文献。
②《时代周刊》（The Times），1846年1月23日刊。

"赤颈凫"号。英吉利海峡航线上航速最快的邮船之一，比"阿基米德"号马力更强，但该船在跨海峡竞速赛中也只是险胜"阿基米德"号。(© 英国国家海事博物馆，编号 F7784-002)

译者注

1. 阿基米德螺旋磊像螺丝钉有许多螺纹一样，有很多层螺旋，而今天的螺旋桨还不足一层螺旋。

2. 原文只有伯努利写出了全名，这里补充这三位螺旋桨先驱的简单资料。杜奎特在 1729 年申请了一个"能使船溯河而上的推进器"的专利，见于《（法国）皇家科学院 1727—1731 年批准机械发明专利名录》(*Machines et inventions approuvées par l'Académie Royal des Sciences depuis 1727, jusqu' an 1731*)，其中发明人杜奎特拼写为 Duquet，跟这里不同，作者可能拼错了。丹尼尔·伯努利出身瑞士著名的伯努利家族，是当时著名的数学家和科学家，他于 1752 年设计出了一款螺旋桨。英国的约瑟夫·布拉默（Joseph Bramah）是著名的锁具和液压器械制造商，他于 1785 年申请了一个名为"液压机械与锅炉"(Hydrostatical Machine and a Boiler) 的专利，其中包括一个螺旋泵轮，专利书中提及该泵轮也可以用于船舶推进。

3. 博福伊上校的研究工作见附录 2。

4. 这里的绞盘是船上的大型人力设备，当时三层甲板战列舰上的绞盘可以一两百人一起操作，而绞车一般是小船和小艇上的小型人力起重设备，一般只能一两人操作。

5. 真空发动机的发明者叫塞缪尔·布朗，此处参加竞赛、使用真空发动机的准舰长也叫塞缪尔·布朗，二人重名。发明真空发动机的塞缪尔·布朗，出生年月不详，1849 年去世，职业为箍桶匠人，他于 1823 年和 1826 年申请真空发动机专利。该发动机原理简述如下：将点燃的燃气通入汽缸，推动活塞做功，然后切断燃气源，向汽缸内喷淋冷水冷却高热燃气，使之产生负压来使活塞复位。因为采用火焰燃气而不用蒸汽，就有了舍弃巨大笨重的锅炉，在小艇上使用发动机的可能。布朗一生致力于设计舰艇用真空发动机，但商业运营上并不成功。今天对他的评价认为，这一技术是可靠的，只是燃气采购价格太高，导致商业上不成功。再加上，活塞与汽缸经历反复而快速的升温降温，不仅将燃气的热量浪费掉很大一部分在加热汽缸和活塞上，以致热效率不高，而且这两个部件的材料也要特别耐用，能够经受住燃气的炙烤和冷水的急速冷却，可见长期运行的可靠性不高。这些客观因素，导致这种发动机不是当时的主流发动机，也没有进一步深入开发利用的潜质。准舰长塞缪·布朗于 1776 年出生，1811 年提升至准舰长，1842 年获得退役舰长（Retired Captain，与海军上校等同荣誉的官阶）头衔，1852 年去世。他是 19 世纪船用铁链和相关配件的开发者，青年时代就因在战舰上试验铁制锚链大获成功而崭露头角，继而成立公司向英国皇家海军特供铁链，后来又在斜拉索桥建造业取得了成功，社会影响很大。

6. 这位瑞典伯爵是海军出身的政治家，全名波尔查·冯·普莱滕（Baltzar von Platen），注意英文里北欧来源的"伯爵"一词为"Count"，英国本土的为"Earl"。

7. 这是火车头早期发展史上最重要的一幕。1829 年，在即将全线贯通的曼彻斯特—利物浦铁道上，5 台火车头进行了比赛，比赛赛段仅仅是兰开夏辖区内雨山附近一段一英里的水平轨道。5 台火车头中，只有史蒂芬森的"火箭"号完成了一英里的全程，且没有因为机械故障宕机，因此史蒂芬森成了永载史册的、发明出火车头的第一人。

8. 该艇是以驻朴次茅斯的美国时任领事的名字命名的。

9. 约翰·奥斯本·萨金特（1811—1891 年），他的名字今天一般拼写成"John Osborn Sargent"，美国记者、作家、社会活动家。而波士顿学园是波士顿一个致力于公共教育、提高国民素质的公益组织，会定期邀请知识界、报界人士发表公开演讲。

10. 海军总工程师即伊萨克·瓦茨，他后来打造了"勇士"号铁甲舰。

11. 这座建筑位于伦敦市中心，面朝泰晤士河，原本是都铎时期的皇宫，19 世纪时经过了大规模扩建，海军部就在这里办公。

12. 1. 自风帆时代以来，人们早在实践中发现，船舶尾舵损坏导致转向失灵时的一个有效应急措施，就是在船尾拖曳浮标、缆绳、帆布等物件来增强船尾的阻力，这样就能挽救船的转向功能，所以西蒙兹这样怀疑埃里克森，也是基于当时的航海基本常识。2. 明轮船加长了船头容易朝下风偏航，这更可能是桅杆位置的改变所造成的：当时的惯例是，加长了船体，桅杆必然需要调整位置，而加长船头，前桅杆就往前挪，结果前桅杆和明轮之间的距离就增大了；船偏航一般是绕着船身上受到水侧向阻力最大的地方偏，也就是明轮所在的位置，这样当风从舷侧吹来时，前桅杆上的帆受到侧风影响，就会产生比原来更大的力矩，更容易使船体自发绕着明轮旋转而不听舵控制。3. 今天来看，时人对船舵的认识是很欠缺的，他们对船舵工作原理的认识，都是从风帆时代的实践中积累出来的：风帆船自己没有动力，必须要船有一定的航速时，船舵周围才有水流，这样舵才管用；明轮船在这一点上几乎就等同于风帆船，因为明轮离尾舵也很远，因明轮转动而自发产生的水流并不能到达尾舵。但螺旋桨就不同了，即使船处于静止状态，螺旋桨刚启动时，虽然还不足以克服整艘船的惯性而使其开始前进，但尾舵周围却已局部产生水流，这样尾舵就能够有效工作了。因此根本不存在螺旋桨会使船转向失灵的问题，反而会大大提升舵的操纵性能。可以说西蒙兹是受到当时技术现状的局限，认识才显得偏颇。

13. 埃里克森特意设计出共轴反转螺旋桨，可能是他担心螺旋桨旋转产生的扭矩会带来技术问题。今天，除了安装共轴反转螺旋桨的直升机（常见如苏俄卡－50"蜗牛"），其他直升机均需要一个尾桨来平衡主桨旋转产生的扭矩，影视作品中也常见尾桨被摧毁后，直升机舱体开始失控旋转的画面。但水的密度远远大于空气，所以水对船体的侧向阻力非常大，可以对抗可能的扭矩，因此不存在这样的问题。

14. 明轮船的发动机无法这样设计，因为明轮的驱动轴在水线以上。

15. 关于当时大气压式低压蒸汽机的气泵见第 5 章开头中对瓦特蒸汽机的注释，双动式即阀门不管往哪头运动都能抽气。

16. 5 节的战术航速在今天看来简直是原地打转，但当时的舰队主力舰均为庞大笨重的两层和三层甲板的纯风帆战列舰，让它们能在顺风时长时间维持住 5 节航速，只有在全船几百号人训练有素、配合得当，并且天候和海况都很合适的情况下才能实现。

17. 当时的官员还没有"任期"一说。

18. 这里的"Farmer"并不是指实际从事一线农业劳动的人员，而是指农场主、牧场主、农业承包商。

19. 阿德莱德画廊当时常常用于展示各种新发明的机械，不久后就改成了皇家提线木偶剧院（Royal Marionette Theater）。

20. 见第 188 页"弗朗西斯·史密斯"号的图片，驱动轴因为是竖立着转动，所以叫"Z 轴驱动"；而螺旋桨轴水平，两者依靠带有 45°倾斜面的"伞轮"的咬合传递驱动力，即伞轮传动。

21. 英国首都伦敦东部、港口附近地区的一系列码头。

22. 左为侧视图，可见螺旋桨及其框架可以整个由上方的卷扬机吊到水线以上，这样设计的目的是在风帆航行时大大减少阻力；该侧视图左侧内插图为水平面图，展示了船尾木料的布局方式和螺旋桨框架提升井的位置。右边为船尾水平面图，图上部分水平面内的滑轮传动装置为操舵用的舵机；下半部分左边是螺旋桨和桨轴的连接部构造，右边是卷扬机的托架结构。

23. 该船设计师不是青史留名的著名人士，制造商威姆斯特尔厂则是 19 世纪有名有姓的造船商，该厂还发明了螺旋桨输出功率计。

24. 对于船舶螺旋桨而言，螺距即螺旋桨旋转一圈前进的距离，也就是船前进的距离。

25. 泰瑟尔是荷兰风帆时代以来的传统海军基地。

26. 当时英国建立了多弗尔—加莱邮船航线，共有 6 艘船，由一名海军上校充任总监。这里提到的时任总监为海军上校亨利·波特尔，但多弗尔所存的历史资料显示，波特尔 1841 年才上任，1840年在任上的似乎仍然是前任总监博伊斯上校（Captain Boys），因此此处存疑待考。

27. 西南偏西方向，即沿着英格兰岛东海岸南下，不跨越英吉利海峡。

28. 本书原著所参考的 19 世纪原始资料写的是 84 节，当属笔误，特此更正。

29. 这里说多弗尔—加莱航线"10 海里"，与第 4 条回航的"19 海里"数据矛盾，需仔细分辨。根据地图资料，目前测量多弗尔—加莱的最短航程约 18 海里，可见这里 1 到 4 号试验的两条航线，其长度都是比照当时多弗尔—加莱航线的长度来确定的。因此，这里的"10 海里"应为原著笔误。

30. 这里的"Fresh"（有"新鲜"之意）表示风刚刚开始增强，海面也刚刚起浪；当海上持续刮风，使海面波涛汹涌时，这样的海况称为"Old Sea"。

31. 因为后者是简易帆装，没带那么多帆。

32. 松垮的帆装，指桅杆周围的斜拉索数量少，张紧度低。

33. 注意维多利亚女王是 1837 年登基，所以前文埃里克森试验时仍然提到"国王陛下"，即威廉四世。

34. 邮船不可能只运送邮件，要盈利就还会有客房，所以早期的客轮都是从邮船发展而来，这时为了满足一定的舒适性要求，发动机噪音问题就必须要解决了。不过在战舰上，一开炮大炮的轰鸣声就完全盖过发动机的声音了。

35. 机帆并用这个问题今天看起来比较奇怪，但如同第 5 章以来所介绍的那样，当时发动机耗煤量太大，所以远程航行离不开风帆，这样就必须处理风帆和推进器之间的相互矛盾。如本报告前面罗列的测试结果显示的那样，蒸汽动力顶风航行时，帆会构成很大的空气阻力，所以第 5 章 99 页"凤凰"

号展示了顶风航行时落下风帆甚至桅杆的操作，以尽量减少风阻。同样的，单纯依靠风帆航行时，明轮的桨板也会构成很大的阻力，所以第 5 至第 7 章提到可以把桨板提升到水线以上来减少阻力。没有这种复杂功能的简易明轮，则只能把明轮桨板拆去，第 5 章就讲到了在恶劣天气条件下，很难安排人员到舷外去拆装桨板，第 7 章也提到"复仇女神"号正因为无法及时安装拆除的桨板而在风帆航行时遭遇迎头大浪以致船体严重损坏。而螺旋桨传动装置可以很方便地与发动机输出轴解挂，小小的螺旋桨在水中的阻力也要比明轮桨板低很多。如果需要进一步降低阻力还可以像"波莫纳"号一样采用可升到水线以上的螺旋桨，下一章将看到这在后来成了一种惯例设计。

36. 帆在风的影响下会使桅杆倾斜，继而造成船体横向倾斜。这时迎风一侧明轮若入水不足，会导致推力不足，背风一侧入水太多，则会造成推力损失，不管哪一侧推力损失更大，两舷明轮的推力都很容易变得不一样大，使船容易摆头跑偏。这时就需要打舵来纠偏，舵叶一偏转，便会在船尾造成额外的阻力。这一系列情况，最终就造成航速降低。

37. 当时已经进入蒸汽时代了，海军技术人员仍然在官方文件里提到"接舷战"，这成了后世批判当时海军部因循守旧的又一项证据。这其实是从风帆时代留下来的惯性思维：风帆时代的球形实心炮弹只能把实木船壳打个洞，主要靠崩落的破片在小范围内杀伤人员；所以在 18 世纪末英法风帆战舰的大战中，火炮对轰并不是决定环节，决定性的战果依然靠接舷白刃战来取得。到 19 世纪 40 年代初，这种情况并没有多少改善：第 8 章已经显示，薄铁皮会被传统的实心炮弹轰出大量致命破片；而能够把实木厚船壳轰烂的爆破弹，其引信又不太安全，不敢大规模列装。火力真正上了一个台阶的锻造火炮，要到第 12 章介绍的克里米亚战争期间才被陆续开发出来，所以可以认为 1840 年如果发生大规模海上决战，接舷战仍然是决胜的最后阶段。

38. 加长船体这个改装就已经使这两艘船截然不同了，即使其他型线完全一样。在发动机功率不变、船体其他形态不变的情况下，单纯加长船体（实际上也增加了排水量），就可以提高航速。加长船体时，船上重量最大的部件——动力机组只要保持不变，新船吃水将有所减少，这样新船的航速就会更高。

39. 实际上阻力由复杂的多种成因组成，其中摩擦—黏性阻力由船底接触水的湿面积决定。

40. 即上文提到的"响尾蛇"号，将在下一章进行介绍。

41. 所谓"Letter of Marque"，直译就是"私掠许可证"，是政府颁发给自费武装起来的战船的"官方抢劫许可"证书，上面规定这艘私掠船可以抢劫与本国交战之国的商船，但不可以抢劫本国商船和中立国商船，抢劫所得货品和船只需上交一定比例给国家。私掠是 16 世纪以来一种常见的海上活动。

42. 史密斯陷入财务危机，主要是因为英国皇家海军不提供资金支持，其深层原因是当时英、法、美战略地位不同：法、美海上力量处于劣势，国家宁愿自掏腰包资助高成本、高风险的新技术研发工作，以期在新技术变革中拔得头筹，从而以更少的战略资源投入，在对英博弈中获得比以往更占优的地位；英国坐拥技术上日益落后的世界第一海军，本就不欢迎技术革新。蒸汽动力、明轮、铁船壳甚至是螺旋桨这一系列新技术，在当时看来，似乎都不足以让技术领先的后发国家建造出高技术、低成本、高杀伤力的新型战舰，也不足以让这些新战舰对传统的三层甲板风帆战列舰造成决定性的击杀效果。螺旋桨蒸汽动力和传统风帆战列舰的结合反而还能让它们如虎添翼，因此当时"英国不需要大规模扶持一套全新武器系统的研发"成了一种共识，而和平时期的海军经费大量花费在保养既有的风帆战舰上了，这就更让新技术研发无法在预算蛋糕中得到合理的分配。"第三方自担风险探索新技术，海军部判明形势后及时跟进"，已经成了既定的工作路线；特别在海军预算屡屡成为国内政党攻伐的焦点时，海军部的大员们更不可能拿自己的政治生命去冒险。当然螺旋桨成功以后，史密斯个人仍然得到了海军和国家的奖励，使他的后半生能在平和宽裕中度过，如下一章将要介绍的那样。

第十章
"响尾蛇"号及其他早期螺旋桨船

"响尾蛇"号的建造

海军部收到关于"阿基米德"号的试验报告后不久，又收到了史密斯螺旋桨公司的凯德威尔发来的一封信，信中附上了"阿基米德"号与"爱丽儿"号和"河狸"号进行航速竞赛时的航行日志副本。[①]海军上校查普尔和机械师托马斯·劳埃德接到指令，到海军部委员会探讨他们所撰写的那份报告。海军上将爱德华·科德林顿爵士（Sir Edward Codrington）也在 1840 年 5 月 28 日致信海军部委员会，称："螺旋桨非常适合用在战列舰上。"[②]

海军部委员会似乎已经相信螺旋桨是英国皇家海军未来的发展方向，但他们不太确定如何迈出这一步，这也是可以理解的。1840 年 9 月，海军部终于迈出了意义重大的第一步：决定给海军学院（Naval College）的新教学辅助船"蜜蜂"号安装螺旋桨。11 月，总设计师接到指令，要他与查普尔海军上校以及沃维奇的首席机械师尤尔特先生（Mr Ewart）一起探讨"安装'阿基米德螺旋桨'[1]的最佳方式"。

11 月，明托伯爵（Earl of Minto）[2]指出，安装螺旋桨的试验船只有跟一艘与非常相似的明轮试验船进行竞赛，才能真正客观地对螺旋桨和明轮进行比较，而且"只有当传动问题[3]解决之后，才真正适合去开展这项试验"。想必，这个问题截至 12 月 14 日已经得到了圆满解决，因为这天海军部批准为明轮船"独眼巨人"号建造一艘姊妹舰，但安装螺旋桨。[③]第二天，西瓦德（Seaward）接到指令，投标一台标称马力 200NHP 的发动机，与"独眼巨人"号的一样，但带有增速传动装置以适应螺旋桨的转速要求。[④]西瓦德于 1841 年 1 月 8 日提交了设计图，在安装合适的传动装置问题上没有遇到任何困难。

3 月，海军部蒸汽机械事务方面的负责人爱德华·帕里爵士（Sir Edward Parry），建议海军部委员会可以听取伊桑巴德·布鲁内尔（Isambard Brunel）的建议。布鲁内尔当时写道，3 月 20 日他与帕里的会面"令人非常满意"。[⑤]帕里读了布鲁内尔用"阿基米德"号进行的那一系列试验的结果报告后，认为应该让布鲁内尔来督造这艘螺旋桨试验船。帕里让布鲁内尔"全权负责，任何政府官员都没有进行干预的权力，而且他将直接在海军部委员会上对帕里负责"。[⑥]虽然合理利用布鲁内尔的才能和干劲对海军螺旋桨计划的发展显然很有益处，但问题也有不少。让政府以外的人来当负责人总是容易出问题，特别是在涉及公共经

① 英国国家档案馆，编号 Adm 12/37。

② 英国国家档案馆，编号 Adm 12/375，1840 年 5 月 28 日的信件。

③ 英国国家档案馆，编号 Adm 12/375。

④ 参考英国科学博物馆库房相关藏品。

⑤ L.T.C. 洛尔特（Rolt），《伊桑巴德·金德姆·布鲁内尔》（*Isambard Kingdom Brunel*），1970 年 版（伦敦），第283—284页。

⑥ 《布鲁内尔手稿》，布里斯托尔大学收藏。这部手稿包括他的笔记和信件。如果后文引用这部手稿的文字没有明确标出日期，会在注释里附上这段文本的日期。注意，布鲁内尔、史密斯和海军部之间的交涉非常复杂。最开始的交涉总是充满误会和争吵，所以留下了不少彼此矛盾的记录，各家各执一词，现在很难整理清楚。针对这种内容，主要参考的原始资料是英国国家档案馆的信函摘要材料、布鲁内尔的手稿与洛尔特（n5）、伯恩（n16）的记录。一般来说，每摘录引用一次这些资料，都使用一个独立的自然段，给予一个引文编号，并注释该自然段的资料来源。我们主要应该记住的是，"响尾蛇"号的工程进度非常快而且很成功，并且这个项目主要的主导者——劳埃德、史密斯和布鲁内尔，后来似乎也都成了好朋友。

费支出的时候。而且，史密斯已经获得了技术顾问的职位。结果，这两位杰出的工程师之间产生了许多不必要的摩擦，再加上沃维奇蒸汽厂的总机械师托马斯·劳埃德——当时另一位杰出的工程师，三人之间闹了一些不愉快。

布鲁内尔的第一步动作是安排明轮船"独眼巨人"号进行试验，用来为将来和螺旋桨的版本进行比较打好基础，同时也是为船用螺旋桨的设计提供数据参考。这些试验于 5 月 2 日在南安普顿（Southampton）外海举行，布鲁内尔与"大不列颠"号设计团队的克拉克斯顿（Claxton）、古皮（Guppy）都参与了这次测试。"独眼巨人"号在三种不同的发动机输出转速下分别进行了试航，测试过程是在一海里的航程上往返一次。这一海里的距离是以岸上地标建筑为标志物，进行交叉定位（Cross Bearing）测量确定下来的[4]。[1]28 日，布鲁内尔写道，他计划用"转鼓和皮带"（Drums and Straps，即皮带传动）来驱动螺旋桨轴。

1841 年 7 月 28 日，布鲁内尔向帕里写了一封措辞强硬的信，抱怨官方对他工作的干扰。他知道他的设计图必须提交给总设计师，但强烈反对将这些材料附送给沃维奇方面[5]。然而另一方面，海军部委员会已正式要求总设计师对该计划做评估，但他在专业技术方面唯一可以咨询的就是沃维奇蒸汽厂。到 7 月 16 日，总设计师的班子已经完成了新船的绘图工作。

布鲁内尔于 7 月 3 日再次致函有关部门，指出有必要测试不同直径的螺旋桨，并且也很有必要研究螺旋桨在驱动轴上的安装位置的不同所带来的效果差异，即改变从"呆木"（Dead Wood）[6]后面到螺旋桨的距离。为了这个目的，就有必要在船尾部呆木上开一个尺寸非常大的矩形口，大约 10 英尺 6 英寸长、11 英尺 6 英寸高。为了能开出这样一个大口，船体去流段必须加长 6—10 英尺。在海军部的记录里，延长去流段的贡献归功于托马斯·劳埃德，布鲁内尔为此感到愤慨，因为他怀疑他的设计图被透露给沃维奇，而对方可能抄袭剽窃了自己的成果。但更有可能的是，劳埃德的提议是完全由他自己独立提出的，毕竟相比布鲁内尔，他对螺旋桨推进有着更多的经验，并且他还对船尾形态对螺旋桨推进效率的影响这一课题有非常浓厚的兴趣。把船尾开口设计成不仅可以用来试验不同直径的螺旋桨，还能改变螺旋桨位置进行试验，这种设计在当时，对像劳埃德和布鲁内尔这个层次的工程师来说，是完全能够办到的。他们两人对同一个问题，独立提出完全相同的解决方案，并不是没有可能。

接下来，布鲁内尔参与到了该船的船用蒸汽机选型工作中去了。最开始，在竞标的公司中他看中了三家——西瓦德的"蛇发女妖"号机组、莫兹利的双缸发动机以及福里斯特（Forrester）的塔式发动机（Steeple Engine）[7]。在发动机输出轴上安装一个直径达 12 英尺的转鼓，是选型时主要需要考虑的因素，如果可能的话，最好不用在上甲板上开口。

①《布鲁内尔手稿》中的笔记。

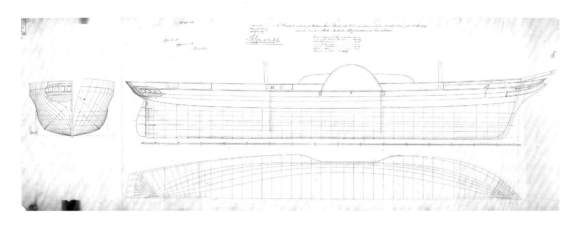

"独眼巨人"号的原始设计图,这艘明轮分级外炮舰被布鲁内尔拿来测试评估"响尾蛇"号所需的发动机功率。(© 英国国家海事博物馆,编号 J7829)

经过进一步考察,布鲁内尔排除了西瓦德的设计。7月22日,他邀请莫兹利和福里斯特竞标。9月收到两家的设计提案,其中莫兹利9270英镑的报价略微低一些,这让布鲁内尔很高兴,因为他个人是倾向于认为该厂的发动机比福里斯特的更好。

1841年晚些时候,布鲁内尔对螺旋桨所需开口的大小有了另外的想法,可能是由于"阿基米德"号试验的结果证明,长仅5英尺、从水线到龙骨的高度也只有5英尺的较小开口就能满足要求了。海军部委员会要求他提交新试验船的模型,但他拒绝了,说是不需要模型。那个时代的海军部委员会成员还不习惯看技术图纸,他们都指望着能通过模型做出判断。为此,有人根据他的图纸制作了一个模型,布鲁内尔看到后很生气,说这个模型不能准确代表他的设计意图。[①]

1841年底,有人建议把明轮船"黄泉"号(Acheron)改装成螺旋桨船,这样就可以节省不少时间和金钱,而不用再另造一艘新船。沃维奇造船厂先于11月接到指令,要为新螺旋桨船预留了一个船台,又于12月13日接到指令,说"黄泉"号将暂时除役以接受改装。在1842年1月5日的一次会议上,听到计划改变的布鲁内尔立即提出了反对意见,称改装将更加昂贵,而且并不会节省时间。几天之后的1842年1月17日,他向第一海务大臣科伯恩写了一封长信,说明了他所理解的本次试验的目标是什么,以及为什么他认为只有在重新建造一艘船的条件下才能实现这些目标。[②]

布鲁内尔首先指出,这次试验并不是用来证明螺旋桨在同样的推进功率下能够产生跟明轮大致相同的速度,这已经得到了证实。尚待验证的方面是,在使用或不使用发动机的情况下,以及在不停船解挂驱动轴的情况下,风帆航行的品质。[8]除此以外,需要验证的性能还包括螺旋桨在大浪中的工作性能,特别是在顶风前进的时候,通常这时的航速会降低2—3节。必须将螺旋桨汽船的性能在所有这些条件下跟明轮船进行比较,而且这艘螺旋桨试验船必须是专门为

①《布鲁内尔手稿》,1841年7月3日的信件;英国国家档案馆,编号12/375,1841年12月20日条目。
②《布鲁内尔手稿》,1842年1月10日、1842年1月17日的信件;英国国家档案馆,编号12/375。

螺旋桨设计的。"黄泉"号的船体形状被明轮的舷外突出部所扭曲，而且该船后部太丰满了，水流无法顺利地到达螺旋桨。在接下来的几天里，布鲁内尔还写信给巴罗和史密斯反对用"黄泉"号进行改装试验，而且螺旋桨公司（史密斯）也写信给海军部委员会，提出他们反对改装的意见。[①]

1月15日，莱尔德提出了另一种可能方案：他希望建造一艘铁制试验船，因为其结构更适合螺旋桨推进。[9] 这个提案于2月24日被海军部委员会驳回。不过在2月19日，总设计师接到指令：考察是否有可能改造一艘正在建造中的汽船，而不选择"黄泉"号，因为布鲁内尔"认为该船后部太丰满了"。14日，最终确定建造一艘新船。这艘新船将按照"普罗米修斯"级（Prometheus）的型线，在希尔内斯船厂开工建造，不过安装的是螺旋桨。该船据称用来"代替'响尾蛇'号"，并且尽可能地使用为原"响尾蛇"号准备的肋骨结构件。这艘新船还是叫"响尾蛇"号，这是历史上沿袭下来的小型船舶的惯用船名，并不是像有些地方讲的那样，是对该船的传动装置噪音的戏谑（"响尾蛇"号此时还没有配备传动装置）。

2月，海军部委员会让布鲁内尔去和史密斯沟通。在回复中，布鲁内尔说他看不出有什么理由要和史密斯打交道，但他表示他会接受后者的任何沟通[10]。他写给史密斯的信函简略到近乎无礼的地步。[②]

很遗憾，没有人告诉布鲁内尔，海军部委员会已打算新造一艘船了。3月，布鲁内尔写信给帕里，抱怨说他的信到目前为止没有得到任何回复。即使布鲁内尔这样，也没有证据表明，海军部委员会愿意做出正式回复，但肯定得有个口头回应。4月5日，总设计师将修改后的图纸批给希尔内斯，并指示该船厂的厂长朗跟史密斯配合工作。[③]

各方之间的关系仍然有些紧张。8月，轮到史密斯向海军部委员会抱怨布鲁内尔没有权利干涉他，而朗则在接下来的一个月写道，由于布鲁内尔不能按时提供技术信息，建造工作已被搁置。8月，海军部委员会命令莫兹利接受布鲁内尔的设计[11]。[④]

1843年3月，螺旋桨公司接到通知，将安装使用他们设计的螺旋桨，但他们需要配合布鲁内尔的工作。螺旋桨的实际制造交给了莫兹利厂，尽管有人担心这样是否会侵犯布里格斯（Briggs）的专利权。莫兹利厂的螺旋桨制造进度太过拖沓，到了9月布鲁内尔致信史密斯，说他将要求海军部正式下文催促莫兹利厂。这种示威似乎已经足够了，因为9月24日，整个发动机组在东印度码头开始测试。此时史密斯和布鲁内尔之间的关系似乎已经有了很大的改善，在布鲁内尔写于10月31日的一封信中，他虽然在技术层面上不同意史密斯的观点，但行文的口吻却非常友好。[⑤]

① 《布鲁内尔手稿》，1842年2月7日、1842年2月16日的信件。
② 英国国家档案馆，编号12/402。
③ 《布鲁内尔手稿》，1842年3月7日的信件；英国国家档案馆，编号95/88，1842年4月5日的信件。
④ 英国国家档案馆，编号8/58，1842年8月9日、1842年9月18日的信件。
⑤ 《布鲁内尔手稿》，1843年9月19日、1843年10月24日、1842年10月31日的信件。10月31日的这封信很重要，体现了他们关系的改善。

毫无疑问，"响尾蛇"号项目早期，牵涉其中的每个人彼此之间几乎都感觉不太舒服，这很大程度是因为负总责的蒸汽机械部和总设计师的班子，前者态度非常积极，后者却持怀疑观望态度。不过，尽管布鲁内尔经常对海军部给他的种种干扰感到恼火，但他留下的笔记却并不支持罗尔特（Rolt）在其著名的《布鲁内尔传记》中描绘出的那个画面：这位伟大的人物单枪匹马地与充满敌意且顽固不化的海军部做斗争。罗尔特是从布鲁内尔的儿子、另一个伊桑巴德的传记中抄录下了这个故事，而小伊桑巴德毫无疑问会想起他父亲当年怒火中烧时的咒骂。有趣的是，每个人都逃不了别人的怨愤，就连布鲁内尔当时也遭到了指责，说是他延误了项目的进度。当时，所有相关人士都迫切地希望"响尾蛇"号能早一天开到海上去。

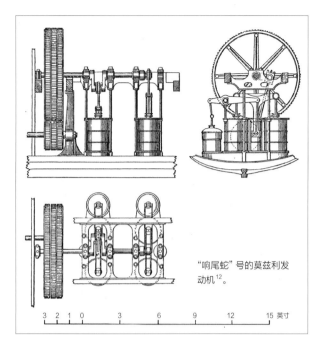

"响尾蛇"号的莫兹利发动机[12]。

3 2 1 0　　　3　　　6　　　9　　　12　　　15 英寸

"响尾蛇"号发动机机组和螺旋桨推进装置布局的原始设计图。（© 英国国家海事博物馆，编号 DR3617A）

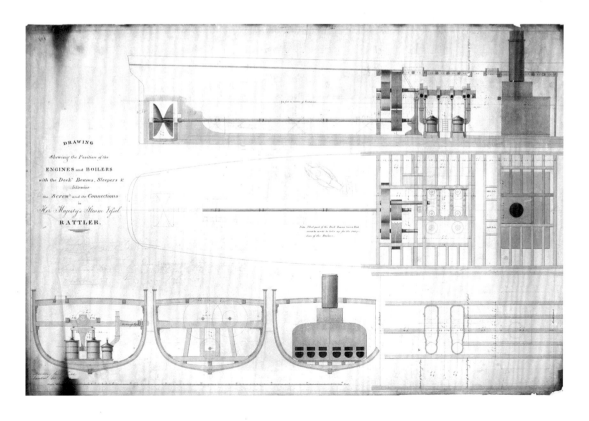

虽然把"响尾蛇"号的故事先讲完显得更加顺畅些，但必须要注意的是，在开发"响尾蛇"号的同时发生着许多其他跟螺旋桨推进相关的事件，不论是在海军内部还是在民间。这些将在后面讨论，但阅读下文"响尾蛇"号试验的时候，别忘了表10.1中的关键事件年表。

"响尾蛇"号试验

1843年10月30日，"响尾蛇"号离开布莱克沃（Blackwall）[13]，开往格林海斯（Greenhithe），做首次试航。史密斯设计的螺旋桨直径9英尺2英寸，升力螺距（Lift Pitch）[14]，螺旋桨长5英尺6英寸（相当于半圈螺旋）。试航当天，该船搭载了80吨煤和60吨压载物，没有安装桅桁帆索，船头吃水9英尺2英寸，船尾吃水11英尺2英寸。"响尾蛇"号发动机转速为每分钟22转，航速达到8节。布鲁内尔发现，发动机没有达到设计的运转速度[15]，于是决定把螺旋桨前端截短3英寸、尾端截短12英寸。[1]

11月4日，总设计师通知布鲁内尔和史密斯："响尾蛇"号将于翌日上午9点30分离开布莱克沃进行正式试航。11月5日，史密斯、布鲁内尔和劳埃德共同乘上该船，现在他们已经和睦相处了。航速是使用二次平均法测得的，在一海里的标准测速航线（"The Mile"）上来回航行6—8次，再将测得的速度进行平均，这样就消除了海潮对来去两个方向的不同影响。发动机转速为23—24转每分钟，以4.5∶1的增速传动比来驱动螺旋桨。11月8日和16日，"响尾蛇"号进行了进一步的试验，此时螺旋桨的长度已经削减到了3英尺。

这是1843年的最后一次试验。冬天，在布鲁内尔的建议下，"响尾蛇"号船底包裹上了铜皮，尾舵外缘也做了调整[16]。1844年2月3日，"响尾蛇"号开始了新一年的系列试验，布鲁内尔注意到"滑脱"（Slip）[17]减少了，这可能意味着铜皮对降低船体阻力产生了良好的作用。（事实上滑脱只有24%，仅略低于之前的一次试验数据）伯恩在记录中说，当天"响尾蛇"号和其明轮半姊妹舰"独眼巨人"号进行了竞速赛，"响尾蛇"号的航速达到了9.25节，而标定马力低得多的"独眼巨人"号明轮船也达到了8节以上的航速。[2]

1844年2月到1845年1月，"响尾蛇"号共在泰晤士河进行了28次官方试航，对不同制造商的螺旋桨进行了比较，这些螺旋桨桨叶数量和几何形状各不相同。那些较短的螺旋桨在螺旋桨开口内的位置也做了改变，并对其效果进行了观测，这类试验结果显示只要很短的螺旋桨开口就完全够用了[18]。伯恩对这些试验以及1845年"矮人"号（Dwarf）的类似试验一并做了相当详细的记录，呈现出了当时对螺旋桨推进的一个谨慎而颇有价值的技术鉴定过程。[3] 现在批评说这整整一年的测试反映出的是海军部的拖沓，不应该这样认识这个问题。

① 《布鲁内尔手稿》中的笔记。
② J. 伯恩，《螺旋桨推进器论》，1852年版（伦敦）；《布鲁内尔手稿》中的笔记；英国国家档案馆，编号95/88，1843年11月18日的日记。
③ 同作者伯恩的上一个参考文献。

表 10.1 螺旋桨推进关键事件年表

1840年9月	订造辅助船"蜜蜂"号
1842年	签署协议，批准购买游艇"美人鱼"号（Mermaid）
1842年10月	"蜜蜂"号试验
1843年5月	"美人鱼"号试航，6月购入海军，更名为"矮人"号
1845年1月	"大不列颠"号从布里斯托尔驶往伦敦，劳埃德同行，给出了利好报告
1845年4月	螺旋桨驱动的铁造船体——皇家游艇"仙女"号（Fairy）试航
1845年	"矮人"号测试了多种不同的螺旋桨
1856年	"矮人"号测试了多种不同的尾部船体型线

表 10.2 "响尾蛇"号螺旋桨试验，1844—1845 年

设计厂商	史密斯、伍德克罗夫特（Woodcroft）、桑德兰（Sunderland）、施坦曼（Steinman）以及霍奇森（Hodgson）
桨叶个数	2个、3个、4个
螺距	11—26英尺
直径	8英尺2英寸至10英尺
安装位置	螺旋桨开口中线前10英寸到开口中线后1英尺2英寸的范围内
传动比	4.5：1

① 英国国家档案馆，编号12/432；《布鲁内尔手稿》，1844年4月30日的信件；《机械学杂志》（1859年2月18日）。

螺旋桨原来就只相当于半个螺旋的长度，现在很明显还可以再减少到这个长度的三分之一，这大大方便了螺旋桨在船尾的安装，并使风帆航行时将螺旋桨升出水面成为可能。史密斯双叶螺旋桨直径10英尺、螺距11英尺、长1英尺3英寸，能达到的最高航速达10.07节，今（1989年）在朴次茅斯皇家海军博物馆（Royal Naval Museum）展出。

到1844年4月底，海军部委员会批准了劳埃德的提议，花费100英镑给"响尾蛇"号安装一个推力计。这是一个简单的机械天平，能测量螺旋桨产生的实际推力。几天之后，海军部委员会批准将皮带传动装置换装成在莫兹利厂订购的齿轮传动装置[19]。很有可能到1844年12月，推力计和齿轮传动装置都已经安装好了，但当时的记录在这一点上并不特别清楚。①

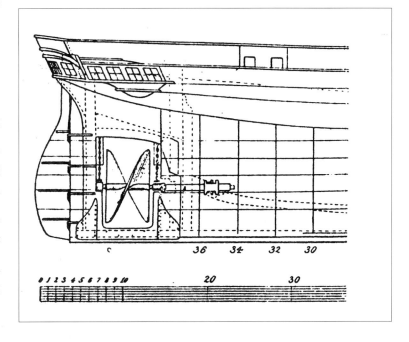

"响尾蛇"号的定稿线图，可见螺旋桨和很大的螺旋桨开口。螺旋桨的升降链在图中也表示了出来。

（"响尾蛇"号）试验中最成功的推进器就是史密斯设计的这个，现（1989年）展出于朴次茅斯皇家海军博物馆。（英国科学博物馆供图）

"响尾蛇"号用于安装双叶螺旋桨和升降装置的尾部开口模型，1844年。（© 英国国家海事博物馆，编号 L2541）

1845 年初，"响尾蛇"号与"维多利亚 & 阿尔伯特"号（Victoria and Albert）[20] 以及"黑鹰"号一起从朴次茅斯起航驶往彭布罗克（Pembroke）：

环绕兰兹角（Land's End）的时候是顶着强风逆风前进的，这两艘船[21]正如预期的那样，体现出了很大的优越性。比起航行阻力，它们的马力相对于"响尾蛇"号要大得多，并且它们的明轮桨板是依据摆动（顺桨）原理制造的。"响尾蛇"号的这种相对失败给公众留下了坏印象：螺旋桨在恶劣天候下缺乏迎风破浪的能力。这种印象至今仍然存在。

这段评论可能是劳埃德于 1850 年写的，显示出了在不懂螺旋桨推进原理的情况下采用螺旋桨推进器有多么困难[22]。[1]

"响尾蛇"号和"不安女神"号

从 1845 年 3 月开始，"响尾蛇"号与它的姊妹舰——明轮船"不安女神"号展开了一系列竞速赛和拖带航行试验，成功在历史上留下了浓墨重彩的一笔。[2]

①《布鲁内尔手稿》，1842 年 2 月 12 日的信件；英国国家档案馆，编号 12/449。
② 对这些试验的描述几乎完全是参照作者伯恩的上一个参考文献。

表 10.3 参数比较

	"响尾蛇"号	"不安女神"号
主尺寸	176英尺6英寸×32英尺8英寸	164英尺×32英尺8英寸
吃水（艏、艉、平均）	11英尺9英寸、12英尺11英寸、12英尺4英寸	12英尺、12英尺7英寸、12英尺3英寸
吨位（bm，造船旧计量吨位）	867	800
机组	莫兹利"暹罗人"立式发动机，直径10英寸，4缸，标称马力200NHP，标定马力360ihp，发动机输出转速为25转每分钟，航速为9.1节	西瓦德&卡佩尔直接驱动式发动机，双缸，汽缸直径一个21英寸、一个22英寸，标称马力200NHP，标定马力280ihp，输出转速为14或18转每分钟，航速为8.5节

两艘船上都装了示数器来显示蒸汽机的输出功率，而且"响尾蛇"号还用上了一台测力计[23]来测量推进轴上的推力。发动机、辅机和轴系中的功率损失使标定马力输送到推进轴上时已经减少了15%—25%。

1845年3月30日5点54分，这是一个风平浪静的早晨，两艘船离开诺尔（Nore）锚地，向雅茅斯（Yarmouth）进发，只使用蒸汽动力。差不多9个小时后的14点30分，"响尾蛇"号抵达雅茅斯水道，发动机关机，20分钟后，"不安女神"号也到了。"响尾蛇"号以平均9.2节的航速完成了这段航行，而"不安女神"号的航速也能达到8.8节。然而，"响尾蛇"号的平均标定马力为334.6ihp，而"不安女神"号的仅为281.2ihp。在两船的这种航速范围内，功率大致需要跟速度的立方成正比，根据这条规则可知如果"响尾蛇"号只有"不安女神"号的输出功率，其速度只能达到8.7节，还没有"不安女神"号快。

就这样，在第一次试验中，螺旋桨那看起来无可置疑的胜利变成了明轮的微弱优胜（对这些试验的技术分析参见附录10）。当天晚些时候，两艘船离开雅茅斯水路，向北航行。当时，从南面吹来了中等强度的风，海面平静，两艘船机帆并用。在这段34海里的航程中，"响尾蛇"号用2小时49分钟的时间领先对手13分半，平均航速达到11.9节，"不安女神"号的航速则为11.2节。

"响尾蛇"号和"不安女神"号之间那场著名的拔河赛[24]。早在这之前，海军部委员会就已经认可了螺旋桨的价值，并开始订造许多螺旋桨船。（© 英国国家海事博物馆，编号 PY0923）

第二天，两艘船再度出发，顶着强逆风和海浪，仅依靠蒸汽航行。9 点 22 分，两艘船全速行驶，并肩而行，展开了它们之间的第三场竞速赛。还未到 10 点钟，"响尾蛇"号蒸汽压力开始下降 [25]，"不安女神"号奋起追上，但到 10 点 44 分，"不安女神"号再次落后大约半海里。接着调整了航行方向，让风和海浪从左舷船头方向吹来，比赛一直持续到 17 点 17 分"响尾蛇"号发动机关机、下锚。大约 39 分钟后，"不安女神"号也回来了，该船以 7 节的航速航行了 60 海里，而"响尾蛇"号则达到了 7.5 节的航速。

这些都是平均速度，在航行期间，实际航速变化很大。最开始顶着强风航行时，"响尾蛇"号只能开到 5.5 节，而随着从左舷方向吹来的风势头缓和，该船跑出了 8.8 节的航速。顶风航行时，"响尾蛇"号发动机的标定马力能达到 364ihp，"不安女神"号的则达到了 250ihp。船舶在海浪中的起伏使得推力在 5.7 吨到 2.3 吨之间强烈波动 [26]，平均推力为 4.2 吨。当海况条件改变，航速上升到 8.8 节时，"响尾蛇"号发动机的标定马力增至 388ihp，平均推力为 4.1 吨 [27]。两船也短暂地有过一段顺风航行，只用蒸汽动力，所有帆桁、轻桅都降到甲板上。这时，"响尾蛇"号的航速达到 10 节，标定马力达到 369ihp，"不安女神"号的标定马力则为 292ihp。

随后又单独使用风帆航行，进行了三组系列试验。"不安女神"号拆除了其明轮的桨板，而"响尾蛇"号只是把螺旋桨保持在竖立状态，掩藏在呆木后面。第一次试验时，从船尾方向吹来中强度的风，"响尾蛇"号尽管在这趟航行中有一部分航程里不小心误将其螺旋桨旋转到水平位置上，但仍然在仅仅 2 小时里就领先了 1 海里半。螺旋桨摆放位置的错误似乎并没有造成多大的航速差别。

第二次航行试验是在中强风和海面平静的状态下进行的。在 5 小时的航行中，"响尾蛇"号经过一次了换舷 [28]，并短暂取得领先。在仅仅使用风帆的最后一次航行试验中，风从舷侧吹来，两船只挂出了"常帆"（Plain Sail）[29]。在 4 小时航行中，"响尾蛇"号领先 38 分钟，平均航速达到 8.5 节。

然后举行了一次拖带试验，两艘船分别拖着对方航行一回。首先，由"响尾蛇"号拖着"不安女神"号（拆除了桨板）航行，这时其标定马力达到 352ihp，航速大约为 7 节。接着，由"不安女神"号拖带"响尾蛇"号（螺旋桨旋转到垂直位置）航行，此时航速远远低于 6 节。"响尾蛇"号再次胜出，但这很大程度上要归功于该船更大的功率。

接着在 1845 年 4 月 3 日，两船进行了很多书上都要讲到的那场著名的航行试验。两艘船先是船尾相对，然后拴在一起，展开了一场拔河赛。当时有人认为，胜利必然要落到发动机首先发动的那艘船上，于是就让"不安女神"号占据了各种优势条件，该船首先发动，把"响尾蛇"号以 2 节航速拖在船尾航行。"响尾蛇"号直到这时才发动引擎，5分钟后，"响尾蛇"号改变了被拖着走的局面，很快就开始前进，把"不安女神"号拉得倒着走，尽管该船的明轮还在奋力地划着水。此时，拖带速度达到2.8节，"响尾蛇"号标定马力达到300ihp，而"不安女神"号在被拖着倒走时标定马力只有141ihp。很肯定的是，早在这场拔河赛之前，海军部委员会就已经决定采纳螺旋桨推进了，如下面将要讲到的那样。这很可能是一场讨好大众的表演，旨在让仍然存在怀疑的人们也能扭转态度。

这个噱头以后，"响尾蛇"号降低了发动机功率，与"不安女神"号进行了两次很有用的系列航行试验（见附录10）。在第10次试验中，顶着从右舷船头方向吹来的中强风，两船航行了72海里。其中，"响尾蛇"号航速达到9.07节，标定马力为324ihp；"不安女神"号只有8.19节的航速，标定马力为246ihp，前者领先后者50分钟。顶风迎浪航行时，"不安女神"号首次在7小时航行中击败"响尾蛇"号，领先了半海里。"响尾蛇"号损失了一些蒸汽压力，因为该舰不得不关闭发动机舱的舱盖，结果锅炉舱的通风变差了，影响了蒸汽压。这使该船的发动机输出转速降低到22转每分钟，航速降低到4.2节。"不安女神"号的蒸汽则有些过多了，不得不放掉一些。第12次也是最后一次试验是在从雅茅斯返航沃维奇的途中进行的，两船只依靠蒸汽航行，但"不安女神"号锅炉发生事故，试验中止，此时"响尾蛇"号处于领先位置。

约翰·富兰克林的探险船"幽冥神"号（此图展示的是该船1846年的样子）和"恐惧"号。它们是第一批安装螺旋桨的船舶之一，住舱里还有锅炉提供暖气。（© 英国国家海事博物馆，编号BHC3325）

这些试验结束后不久，1845 年 7 月，"响尾蛇"号拖带"幽冥神"号（Erebus）和"恐惧"号（Terror）（两艘配备了蒸汽辅助推进的探险船）前往奥克尼群岛（Orkneys），准备踏上约翰·富兰克林爵士（Sir John Franklin）北极探险的不归之旅。

"幽冥神"号装上了一台标称马力 25NHP 的发动机，这台发动机来自格林尼治铁路的一台火车头。其螺旋桨可以通过提升井，升出水面；锅炉里的热水可以循环到居住甲板和其他地方用于供暖；前部 20 英尺的船底包了铁皮，算是一种保护，而且这样一来该船就能破冰航行，顺便把船底上附着的那些藤壶刮掉[30]。事实上，藤壶等生物在低温下无法生长，而且现在还可以怀疑，在这样的低温下，铁皮能否长期抵抗得住冲击[31]。

进一步的发展和试验

为理解"响尾蛇"号试验的意义，有必要了解海军部是从什么时候开始采购实用化的螺旋桨汽船的（见表 10.4）。

表 10.4 螺旋桨船的订单

4艘铁造巡航舰	1844年2月到3月
"宙斯之子"号（Amphion）	1844年6月
"不惧"号（Dauntless）	1844年8月
"仙女"号以及3艘小船	1844年
"傲慢"号（Arrogant）、"凶悍"号（Termagant）	1845年2月

1845 年 1 月，劳埃德和准舰长克里斯平搭乘"大不列颠"号从布里斯托尔前往伦敦，并对该船做了利好报告。[①]

就在 1845 年 3 月"响尾蛇"号与"不安女神"号开始比较试验前，海军部刚刚订购了 4 艘螺旋桨船，包括"尼日尔"号（Niger），这艘船也将用来进行一系列的螺旋桨试验。"响尾蛇"号与"不安女神"号的试验结束后不久，第一批螺旋桨战舰（封锁防御船）于 1845 年 8 月至 9 月间获准建造。很明显，1844 年初"响尾蛇"号最初的试航——有时遭到批驳说是浪费时间的这次试航，已经说服海军部委员会认可螺旋桨所代表的海军未来发展方向。跟"不安女神"号的比较试验，既巩固了这个认知，又给未来的螺旋桨设计提供了一些必需的技术储备。

在讨论那些实际服役的螺旋桨战舰之前，仍然有必要再提到一些其他的试验工作。这些试验的必要性，不在于海军部对螺旋桨仍然存在质疑，而在于当时对螺旋桨的工作原理完全没有任何的理论认识。螺旋桨的每一个新设计都要经历不断尝试、不断犯错的过程，根本无法仅根据模型测试结果就能得到按比例放大的可靠船只[32]。

---

① 英国国家档案馆，编号 12/449。

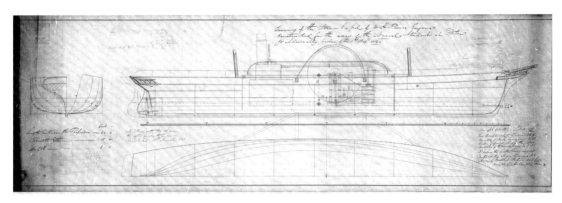

"蜜蜂"号的海军部设计图纸,显示其原本只有明轮设计,尾部型线是后来进行的修改,以便添加螺旋桨。(© 英国国家海事博物馆,编号DR6753)

"你推,我拉!"训练船"蜜蜂"号是海军订购的第一艘螺旋桨船。该船有由同一台发动机驱动的明轮和螺旋桨,而且这两个推进器可以朝相反的方向推进。这种时候往往都是明轮战胜螺旋桨,因为该船发动机驱动轴转得不够快,没法高效地驱动螺旋桨。(英国国家战争博物馆供图)

　　海军部订购的第一艘带螺旋桨的船是教学辅助船"蜜蜂"号,这艘螺旋桨船经历了长年的试验。为了教学目的,该船既有螺旋桨,也有明轮,靠同一台引擎来带动,并且可以同时发力朝两个相反的方向推进。该船于1842年2月28日在查塔姆下水。

表10.5 "蜜蜂"号

吨位	43
排水量	28吨
主尺寸	63英尺 ×12英尺2英寸 ×3英尺2英寸(平均吃水)
机组	横梁式发动机(Beam Engine),标称马力10NHP
螺旋桨	直径3英尺,螺距3英尺9英寸

　　1842年10月25日,"蜜蜂"号在泰晤士河上进行了螺旋桨性能测试,转速为48转每分钟,航速可达6.8节。后来,该船尝试了用明轮和螺旋桨朝相反方向推进,结果明轮拉着船前进,尽管螺旋桨还在提供朝尾部的推力。虽然有

5∶1的增速传动，但螺旋桨转速还是太低了，以致表现得很差劲。这在任何时期恐怕都能算得上是最离奇古怪的试验了！该船还试验了罗森（Rosen，试验未成功）、布洛克斯兰（Bloxland）等不同制造商生产的各种螺旋桨。

另一艘早期螺旋试验船是"矮人"号。该船本是约翰·伦尼于1840年设计的游艇"美人鱼"号（Mermaid），以试验盖罗维（Galloway）发明的一种转子发动机。"美人鱼"号由赖特银行贷款提供经费，在迪奇伯恩&马雷厂建造，但因为这种新型发动机存在种种问题导致该船延迟交付，结果，这个已经因"阿基米德"号财务困难而损失惨重的银行终于崩溃了。这种引擎的问题似乎在于转子的密封上[33]。

伦尼和他的兄弟试图说服乔治·科伯恩让海军买下"美人鱼"号，科伯恩提出，该船只有在试验中达到12节的航速海军部才会接收。这是一个极端苛刻的指标，因为1842年3月7日签署下这份合同的时候，很可能还没有一艘汽船能够达到这样一个速度。1843年5月15日，"美人鱼"号在泰晤士河上正式试航，当时它没有安装桅杆索具，6次跑下来平均速度只有10.5节。尽管未能达到合同规定的要求，但该船仍然于1843年6月22日被海军接收，成为"矮人"号开始服役。一份非官方报告称，在5月15日的试航中，该船航速达到了12.14节。也许这是顺着海潮跑出来的，用来表示海军接收该船属于合情合理。

"矮人"号的螺旋桨是用铸铁造的，用粘土模子直接浇注而成，没有使用样型。模子是用一个铁制样片造的型，这个铁制样片被切成立体的螺旋线型，而这个线型是用一根描线笔沿着旋转的圆锥表面描出来的。

1845年，"矮人"号进行了大约25次试验，希望确定螺距以及长度跟螺旋桨直径的适当关系。这些试验大多数使用直径5英尺8英寸的螺旋桨（其中有一个是4英尺5.5英寸规格的），有三种不同的螺距（8英尺、10.23英尺、13.23英尺），长度从1英尺到3英尺1.75英寸不等。结果表明，长度较短的螺旋桨效率最高，但不论当时还是现在，都无法再推断出其他什么有用的结论。安装了一个测力计来测量推力，但是可靠性太差，测量结果没法看。虽然这些试验并不特别有用，但从1845年当时的认识层面来看，海军部所做的这一切仍然值得称赞。

表10.6 "矮人"号 [①]

吨位	**164**（bm，造船旧计量吨位）
排水量	98吨（试航）
主尺寸	130英尺 x 16英尺6英寸 x 5英尺6英寸（平均吃水）
机组	约翰·伦尼制造，2缸，立式，带传动，汽缸直径49英寸，活塞行程2英尺8英寸，标称马力90NHP
试航	标定马力216ihp，航速10.54节，发动机输出转速为35.5转每分钟，蒸汽压力为8磅/英尺^2
推进器	直径5英尺8英寸，螺距8英尺，长1英尺

① 参见英国国家海事博物馆的一个模型。

海军采购游艇"美人鱼"号后，将其重命名为"矮人"号，用来试验不同的螺旋桨以及修改船尾型线对推进效率的影响。（© 英国国家海事博物馆，编号 D4391-001）

一个推进系统的整体效率是好是坏，不仅仅取决于螺旋桨，主要是由现代造船工程师称之为"船身效率"（hull efficiency）的、船体和螺旋桨彼此之间的相互干扰来决定的[34]。劳埃德和布鲁内尔都意识到了这些问题。1846 年，劳埃德设计了一个巧妙的试验，用"矮人"号研究改变船尾形状的效果。刚造好时，该船尾部型线非常瘦削；而在试验中，船尾被用三层木船壳填充得更加丰满，并注意保持流线型，排除一切可能增加阻力的粗糙不平或型线不连续的地方。在改成这种形态之前，"矮人"号在发动机转速 32 转每分钟的条件下，航速可达 9.1 节。当船尾用厚厚的船壳板补成丰满形态后，航速减小到 3.25 节，发动机输出转速无法超过 24 转每分钟。

拆除一层船壳板后，"矮人"号的航速增加到 5.75 节，发动机输出转速提升为 26.5 转每分钟；拆除全部三层船壳板后，航速恢复到超过 9 节。这次试验对早期螺旋桨战舰建造计划产生了重大影响，许多还在船台上建造的战舰都进行了改建，使船尾型线更加瘦削。但这是一个复杂而又困难的问题，这种浅显的解决方案不一定总是管用。完成试验后，"矮人"号在海军里几乎没有进一步的作用了，之后于 1853 年被卖了废铁。

1847—1848 年，又在两个准姊妹舰——"狙击手"号和"步枪手"号上研究了尾部形状的影响，其中前者船尾型线比后者要瘦削得多。两艘船装的都是标称马力 200NHP 的米勒＆莱文希尔公司带传动装置的发动机。这个比较试验的结果在当时看来，是强烈支持瘦削的船尾形态的，但今天重新审视就会发现，瘦削船尾的优势并没有伯恩认为的那么明显。在第一次试航中，"狙击手"号的航速比"步枪手"号快 1.7 节，但是在后来的试验中，当该舰安装了像"步枪手"号一样的桅杆索具后，航速优势就损失了 0.6 节。接着，"步枪手"号被改装成瘦削的船尾，在与"狙击手"号发动机功率相同的情况下航速达到 9.5 节。两艘船后来都换装了新发动机并进行了许多其他测试。

1846年，由威廉·费尔比恩设计用于"狙击手"号和"步枪手"号的带变速装置的螺旋桨用发动机（Geared Screw Engine）。由于螺旋桨需要比早期直接驱动式蒸汽机所能提供的输出转速转得更快，所以都采用了增速传动。在本模型上，带有内齿的大轮子与较小的木齿铁轮相啮合，比外置传动齿轮更能节省整个机组所占的空间。（© 英国国家海事博物馆，编号L2406-001）

之后又在拥有丰满船尾的"戏耍"号（Teazer）和拥有瘦削船尾的"荡妇"号（Minx）之间进行了进一步的比较。由于这两艘船的具体技术参数存在很大的差异，所以也难以得出有效的结论。不过证据似乎更支持瘦削的尾部型线，于是"戏耍"号改装了更加纤细的船尾。至少就"戏耍"号的具体情况而言，改装前后的比较还是很有价值的。

表 10.7 "戏耍"号试验

船尾形态	日期	航速（节）	标定马力（ihp）
丰满	1847年7月	6.32	176
瘦削	1848年10月	7.69	128

注：在第一次试验中，"戏耍"号安装的是标称马力120NHP的米勒＆莱文希尔发动机；而在第二次试验之前，该船更换了标称马力40NHP的宾摇汽缸式发动机（Penn Oscillating Engine）。在两次试验中，该船都没有安装桅杆索具。

"荡妇"号后来进行了一系列漫长的螺旋桨测试。一开始，它搭载了标称马力100NHP的米勒＆莱文希尔发动机，然后又换装了标称马力10NHP的西

瓦德 & 坎佩尔高压蒸汽机（蒸汽压力为 60 磅 / 英寸 ^{2}）。在这些试验中，最有趣的是把螺旋桨安装到方向舵后面的一个试验。正如现在所能预料的那样，这样做会让推进效率稍稍降低，因为桨前舵可以破坏掉螺旋桨的一部分滑流（Slipstream），能让没有桨后舵的情况下滑脱损失的部分推进能量得到回收。其实，作者也怀疑这两次试验是否具有足够的比较意义，有没有体现出真正存在的差异。

同样是在 1847—1848 年，在搭载着米勒 & 莱文希尔发动机的"荡妇"号上进行了大约 33 次试验。在第四组试验中，研究了改变桨叶叶片面积的影响，结果总体上证实了较小桨叶面积更有优势；但同时也证明如果把这种思路发展到极端，则会适得其反。在第一组系列试验的最后，为"荡妇"号更换上了其原本的螺旋桨，来测试航行 3 个月后船底污损的效果。结果损失了 0.25 节的航速，这在当时几乎是无法测量出来的 [35]。

此外，还测试了伍德克罗夫特（Woodcroft）的一种新型变距螺旋桨，其桨距从螺旋桨前端（桨梢）到后端（桨根）逐渐增加。这种螺旋桨能产生所有测试中的最大航速——8.1 节，此时螺旋桨为正转，标定马力达到 160ihp，但当它反转时则只能达到 6.8 节的航速。沃维奇的新任总机械师阿瑟顿（Atherton）设计了靠近桨轴处螺距减小的螺旋桨，这样就可以消除那里的离心效果，该设计在测试中取得了一定程度的成功。

在"荡妇"号的每一组试验中，都尝试了各种螺距，并且经常重新测试之前已经使用过的螺旋桨，这是为了看一看船底污损的影响。这些试验结果表明，螺旋桨形状的一点改变对整体效率并没有什么直接影响，这样下结论应该不算唐突。在"荡妇"号上还安装了一个测力计，结果表明标定马力中只有一半到三分之二可以转换成有用的推力，其余部分或用于传动，或用来克服发动机内部的摩擦、螺旋桨上的损失以及和船体的相互作用 [36]。

值得注意的是，各个螺旋桨设计者之间的竞争非常残酷，存在许多侵犯专利的指控。1851 年 9 月，海军部最终批准了一笔 2 万英镑的巨额奖金，平分给各个竞争对手，好来解决他们之间的各种争议。总体来说，这些人当中最突出、最成功的设计师是史密斯，但他在财务方面的境遇却并不好。①

史密斯在"阿基米德"号上已经损失了大量金钱，而他在各种专利诉讼中又都没有取得成功。有人说：

> 就像所有这种情况一样，双方来到法庭上，法官和律师对于争议事项的有关技术问题，都极端不了解，于是通常就是诉讼上的那一套诡辩被拿来证明史密斯先生没做出任何有价值的贡献。②

① 英国国家档案馆，编号 18/561，1851 年 9 月 29 日的日记。
② 1856 年 4 月 26 日 的《插图伦敦新闻》（*Illustrated London News*）。

史密斯自己在 1854 年写道：

> 用螺旋桨作为推进器的想法至少也有一个世纪的历史了，在这段时期内，这个创意有上百个痴迷者，每个人都把螺旋桨当成是自己那丰富的想象力所构思出的思维结晶，精心浇灌它。到头来，测试中不停的失败，终于让他们带着厌恶舍弃了这个想法……而我认真地相信，我自己是实用设计的第一个发现者。[1]

史密斯的故事最后还是有了一个相当幸福的结局。1855 年，他获得了每年 200 英镑的王室年度津贴（Civil List Pension）[37]，两年后，为他举办了一次国家募捐会（National Subscription）[38]，并授予他一枚勋章[39]以及 2678 英镑的奖金。许多参与了这次海军技术革新的人纷纷捐款，如劳埃德、布鲁内尔、阿瑟顿、斯科特·罗素、弗洛德、伊萨克·瓦茨等。1860 年，史密斯获任专利局博物馆（Patent Office Museum，即现在的英国科学博物馆）馆长，照看早期螺旋桨的丰富模型藏品。1871 年，他受封骑士。

"尼日尔"号和"鸡蛇"号

此后仍有许多螺旋桨试验。事实上，这种试验可以说一直持续到了今天，但在那个开创性时期，有一个试验很有必要被提及。"尼日尔"号是 1845 年初订购的螺旋桨船。1846 年 3 月，海军部委员会批准把"鸡蛇"号（Basilisk）造成明轮船，并尽可能的与"尼日尔"号相似，好再进行一次比较试验。试验最终于 1849 年 5 月至 8 月进行，并很好地体现了一个道理：一个测试项目一旦获得批准，要停下它，远远比当时争取批准它还要难。不过，这些试验进行得很严谨，试验人员热情高涨，留下了对当时最先进技术的珍贵记录。

"尼日尔"号的螺旋桨直径 12 英尺 6 英寸，螺距 17 英尺，长 2 英尺 10 英寸，直接由发动机以约 70 转每分钟的输出转速来驱动。"鸡蛇"号的明轮直径为 22 英尺 1 英寸，桨板宽 9 英尺 6 英寸、高 2 英尺 3 英寸。试验期间，桨板可以"收缩"，即朝明轮中心收紧起来，此时明轮的有效直径为 21 英尺。

"尼日尔"号与"鸡蛇"号共进行了三组系列试验：

1. 仅使用蒸汽动力。除了在三种不同吃水状态下进行试验外，还进行了减少发动机输出动力的试验、拖带试验以及拔河赛；

2. 机帆并用。在两种吃水状态下进行了试航；

3. 在三种吃水条件下只用风帆航行。

在这个系列的试验中，明轮驱动的"鸡蛇"号具有更大的马力，结果该船

---

[1]《机械学杂志》（Mechanics Magazine），1854 年 4 月。

在吃水深的时候只有 1%—12% 的航速优势[40]。如果把两船换成相同的马力进行计算，就意味着"尼日尔"号实际上占有 0.5%—3% 的航速优势，但这远低于当时的测量精度。在中等吃水深度的测试中，"鸡蛇"号的优势可以忽略不计，无论是在直接记录下来的数据上，还是换算为同等马力时的计算中。在负荷量最轻的状态下，即使是矫正了马力上的差别，"鸡蛇"号的航速也比"尼日尔"号快了 4.7%[41]。

机帆并用的情况下，很难在这两艘船之间做出选择，但当时风很轻所以不应该对这个结果做过分的解读。在只用风帆的情况下，"尼日尔"号能赢得所有竞速赛，无论风向如何，但都只是以微弱的优势领先。螺旋桨的真正优势在于，螺旋桨重量轻、布置方便。"尼日尔"号的船体比"鸡蛇"号的船体轻 95 吨，因为不需要特殊的加固件来支撑螺旋桨轴，而明轮轴及其舷侧耳台则需要相当大的支撑物。此外，驱动螺旋桨的机组也要轻 54 吨。螺旋桨的动力机组完全位于水线以下（发动机顶部在水线以下 4 英尺 2 英寸），而"鸡蛇"号的发动机顶部位于水线以上 6 英尺处。[①]

拖带试验

"尼日尔"号以 594iph 的标定马力拖带"鸡蛇"号时，航速达到 5.6 节，而"鸡蛇"号拖带"尼日尔"时，能以 572ihp 的标定马力达到 6 节的航速。"尼日尔"号的螺旋桨能够使用的功率似乎更多，但航速却较慢；而"鸡蛇"号在这两艘船中吨位却是最重的。拔河赛最终以"尼日尔"号以 1.47 节的航速拖着"鸡蛇"号倒

"尼日尔"号和"鸡蛇"号之间的一场拉锯战，这次测试没有证明任何问题。（© 英国国家海事博物，编号 PY0944 ）

① E.P. 黑斯特德（ Haisted ），《海军螺旋桨战舰》（ Screw fleet of the navy ），摘自《防务研究院院刊》（ Journal of the United Services Institution ），1850 年。

"尼日尔"号的四缸莫兹
利发动机。

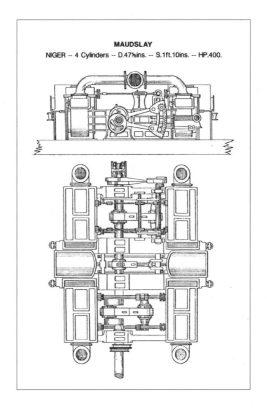

MAUDSLAY
NIGER -- 4 Cylinders -- D.47⅞ins. -- S.1ft.10ins. -- HP.400.

着走而结束，前者的标定马力比后者多 188iph。在第二次拔河比赛中，螺旋桨船能以 1.1 节的速度拖着明轮船前进，此时其标定马力为 530ihp，"鸡蛇"号的为 342ihp。"尼日尔"号的耗煤量似乎比"鸡蛇"号的高出约三分之一，但这是由于该船的发动机效率低下造成的。总而言之，这 33 项试验简直是白费力气。这个例子证明，除非经过精心策划，否则这种全面试验就能在没有明确试验结果的情况下浪费掉大量人力物力。"尼日尔"号、"鸡蛇"号试验在整个螺旋桨的发展过程中，是唯一一个白费力气的项目。

表 10.8 "尼日尔"号和"鸡蛇"号

	"尼日尔"号	"鸡蛇"号
吨位（bm，造船旧计量吨位）	1072	1031
排水量（吨）	1496	1710
长	194英尺4英寸	190英尺
最大宽	34英尺8英寸	34英尺5英寸
上述排水量下的吃水深度	15英尺3英寸、16英尺3英寸	15英尺4英寸、16英尺6英寸
发动机制造商	莫兹利	米勒
机组参数	400NHP，4缸卧式	400NHP，2缸摇汽缸
最大标定马力（1850年以前）	790	1033

1854 年还对螺旋桨和明轮进行了另一个比较测试，以确定哪种类型的推进器引起的振动更小。"喜马拉雅"号跟"维多利亚 & 阿尔伯特"号进行了比较，根据结果，新的皇家游艇"奥斯本"号（Osborne）安装了明轮[42]。[1]

对螺旋桨发展历程的反思

"阿基米德"号的试航结果，足以让布鲁内尔将他公司的未来押在螺旋桨推进与"大不列颠"号上。人们可能要问，总设计师西蒙兹是否也应该向海军部委员会推荐类似的方案？在进入技术层面的讨论之前，需要记住的是，"大不列颠"号是一个商业上的失败，部分原因是因为该船的马力与其体型和设计航速并不匹配。

1854年，英法舰队在波罗的海因无风而停航。画面中，英国螺旋桨船正生火发动蒸汽机，准备上前拖带法国的风帆战列舰。(© 英国国家海事博物馆，编号 PY8322)

　　在"阿基米德"号和"赤颈凫"号试验后的那段时间里，螺旋桨推进和明轮推进之间明显没有什么好选择的，双方性能差异并不是很大。(现代螺旋桨比最好的明轮都要好使得多)但有理由相信，还处在萌芽阶段的螺旋桨，会比已经为人熟知的明轮有更大的发展空间。螺旋桨的真正优点在于船的布局上。明轮壳的存在对于战舰来说是个很大的障碍，它们让舷侧火炮炮位数量减少，而且当时认为明轮面对火炮轰击时非常脆弱。(参见第6章，事实上它们的脆弱程度比预期的还要低)此外，明轮壳增加了风和海浪的阻力，遭遇舷侧上浪(Beam Sea)时，被海浪托起的明轮壳和船底很容易重重砸在海面上，导致明轮损坏。劳埃德和查普尔在他们的报告中已写到这些要点，他们甚至还不切实际地补充说明了跳帮明轮船的困难程度较高。

　　明轮对桨板的入水深度非常敏感，当位置最低的桨板其顶部刚好没入水中时，明轮才具有最佳性能。可是在实际操作中，很多方面都可能出问题。设计师可能会算错船体自身重量，结果吃水比预期的要深。再考虑到船首波浪会改变水线的位置，问题就更难解决了。此外，发动机的重量也会导致船体结构强度不足的船舯部变形并下垂几英寸[43]，这也会使明轮入水太深。当船横摇时，两舷明轮由于浸没程度不同，所导致的两舷推力差异会使船偏航摆头。

　　可另一方面，螺旋桨却有很多优点。它完全位于水线以下，很容易得到保护，免遭炮弹的轰击；其驱动轴的位置很低，这同样可以保护动力机组。螺旋桨船用风帆航行时要比明轮船用风帆航行简单得多，只需调整螺旋桨，一对桨叶就能隐藏在船尾呆木后方。（事实上，如果螺旋桨完全隐藏在呆木后面，会造成强烈的振动[44]，这是早期螺旋桨的一个缺点）在明轮船上，下部的桨板需要拆除掉，这个作业伴随着各种工作和危险，当然也可以安装桨板收缩装置，但这又增加了在航行中损坏的风险。最后，当螺旋桨船的烟囱完全降下来后，它看起来就像一艘帆船，这可能有助于把剩下的那些态度极为强硬的顽固人士也争取过来[45]。

那为什么海军部还是犹豫不决呢？螺旋桨推进器本身的设计肯定存在一些未解决的问题：直径、螺距和长度该如何选择尚不清楚，尽管当时特别对"荡妇"号进行了试验，但其结果可以解读为——该试验证明了在相当宽泛的范围内，几何尺寸的细节并不重要。更严重的问题是，为了让驱动轴通过而在船尾开口的这个操作和震颤问题搅和在了一起，可能会减弱尾柱的结构强度。正是这种情况导致1856年"皇家阿尔伯特"号（Royal Albert）差点因为从磨损坏掉的尾轴管压盖（Stern Gland）处进水失控而失事[46]。

19世纪40年代可用于军舰建造的经费并不多，所以，海军部不愿意将所有资源全投到像螺旋桨这样的新技术上，这也是可以理解的。毕竟商业航运界的巨擘塞缪尔·丘纳德（Samuel Cunard）直到1861年还在建造他的最后一艘明轮船"斯科舍"号（Scotia），该舰直到1879年才改装成为螺旋桨船。实际上，在采用螺旋桨的进程上有任何的落后，都没造成什么后果。1840年后新造的明轮船是5艘一等巡航舰、12艘二等巡航舰和21艘分级外炮舰。

这些螺旋桨船在克里米亚战争和其他地方都有良好的服役表现。总体而言，螺旋桨的发展计划是经过精心规划的，并以一种不脱离现实的紧迫节奏一步步实现。技术上的直接驱动力是劳埃德，以及支撑他的布鲁内尔和史密斯。遗憾的是，后人只记住了他们早期的矛盾与争执，而不是后来的友谊和成功。海军部委员会鼓励并强力推动了这个技术团队，这要归功于科伯恩、赫伯特（Herbert）和科里（Corry）。

译者注

1. "阿基米德螺旋桨"是当时对螺旋桨的一种统称。

2. 第三代明托伯爵,他是辉格党的一位政客。

3. "传动问题"是指,当时蒸汽机直接输出的转速比较低,只能满足明轮的要求。螺旋桨的直径由于比明轮的小很多,为了达到同样的推力,就要求螺旋桨的转速比明轮大上许多。因此,用当时的慢速蒸汽机驱动快速的螺旋桨,就必须使用增速传动装置,如上一章提及的"阿基米德"号上的木齿铁轮增速传动装置。

4. 即选定岸上距离已知的两栋地标建筑,通过三角函数法测方位角来确定航行距离,实际上并不准确。到 19 世纪六七十年代,试航中利用这种测量方法来作弊、套取航速奖励的案例屡见不鲜,为此规定沿着事先标定的固定浮标线(标准测速航线)航行,本章后面将提到这种更加准确的试航方法。

5. 这里的"沃维奇方面"主要指劳埃德。包括布鲁内尔在内,当时所有的工程师都担心其设计创新点在文牍交流中泄露,被有渠道的同行抄袭,这也促使了后来知识产权保护的诞生。

6. 原文这里用的是尾柱(Stern Post),但明显是用错了技术名词,"尾柱"应为"呆木"。尾柱是安装尾舵的那根立柱,螺旋桨及其可升降框架并不在尾柱后面,而是在尾柱前面。实际上,螺旋桨及其框架是在尾部呆木的后面,呆木即第 203 页图纸上螺旋桨框架前面的染色部分。图纸上再往前的部分未染色,代表从那里开始才有船内舱,而染色部分都是填实的木料,称为"呆木"。

7. "蛇发女妖"号发动机见第 114 页模型照片,为西瓦德直接驱动式,小而紧凑。莫兹利"暹罗人"式发动机见第 125 页照片,该型最终胜出。在第 203 页的"响尾蛇"号莫兹利发动机简图中,可见其标志性的双汽缸 T 形杆,这台发动机的突出优点同样是紧凑。这种发动机的框架非常高,适合明轮输出轴的高度,同时发动机设计也比较紧凑。到 19 世纪后半叶,"塔式引擎"一词开始指代高低压汽缸组合使用的复合蒸汽机(Compound Engine)中把多个汽缸叠罗汉的布局,高低堆砌的 3 个汽缸高高耸立,活像教堂的尖顶。这时,本书这种早期塔式引擎为了与之区别,就被称为"塔式回引连杆(Return Connecting Rod)式蒸汽机"。到此为止,19 世纪上半叶发展出来的主要船用蒸汽机类型都已经出现了,简要总结如下:第一种广泛使用的是侧杠杆式,见第 83、第 91 页的图,用于明轮推进;不久就产生了替代方案,如西瓦德的直接驱动式(114 页图)、莫兹利的双汽缸 T 形杆"暹罗人"式(125 页、203 页),又如莫兹利的摇汽缸式(104 页图),再如这里的塔式回引连杆式。在这么多种设计中,最终产生了最适合螺旋桨风帆战舰的引擎,这是一种改进型直接驱动式发动机,即约翰·宾(John Penn)的"空心活塞杆"式(Trunk Engine,直译为"桶式")发动机,见下一章的 233 页。

8. 在不使用发动只是纯风帆航行时,常常不把螺旋桨提升到水线以上,因为这种操作需要停船、停机,解挂驱动轴;而螺旋桨升离水面的船就跟帆船几乎完全一样了,只有尾舵前面的开口会影响尾舵的操纵品质。

9. 莱尔德是铁造船舶的先驱。铁船刚性的船体在发动机振动作用下不易变形;而木船结构件之间的错动会加大螺旋桨轴和相关部件的磨损,甚至造成灾难性后果。

10. 指如果史密斯情愿主动跟他联系,他布鲁内尔会接受联系。

11. 船体设计由总设计师决定,推测布鲁内尔负责确定锅炉、蒸汽机、螺旋桨等动力部件的整体布局方案,这些部件都位于船体底部,船是从底部开始建造的,所以建造初期就会涉及这些技术信息,因而上文说布鲁内尔不能按时提供技术信息导致工作搁置。

12. 本图为三视图。左上图为侧视图,其中右半部分的两个汽缸,它们的位置更靠近船头;左半部分实际上是上大下小两个齿轮——上部的大齿轮是发动机输出轴的飞轮,下部的小齿轮是螺旋桨驱动轴的增速齿轮,它们组成增速传动装置,位置靠近船尾。右上图为前视图,是从船头向船尾方向看的发动机外观,可见莫兹利"暹罗人"式发动机标志性的双汽缸驱动 T 形杆;其中最左侧的小汽缸是空气泵,这是早期低压蒸汽机必备的基本辅助部件;汽缸后面是发动机输出轴的大飞轮;汽缸将螺旋桨驱动轴的增速齿轮挡住了,故用虚线描出该圆。左下图为俯视图,与左上的侧视图一一对应,飞轮完全挡住了下面的增速齿轮。

13. 布莱克沃从 17 世纪开始就是泰晤士河上的一个重要船厂,一直为东印度公司承造大型远洋武装商船。19 世纪 30 年代,东印度公司垄断特许被废除后,布莱克沃船厂开始建造更大型的快速远洋货船,造型类似当时海军的巡航舰,称为"黑墙巡航舰"(Blackwall Frigate),该舰闻名一时,一直建造到苏伊士运河开通、蒸汽货轮开始大踏步取代风帆货船的 19 世纪 70 年代。

14. 升力螺距指当气流、水流流过螺旋桨时,螺旋桨桨叶的安装角度使螺旋桨能够产生朝前的推力或拉力。一般飞行器和船舶上的螺旋桨都是如此，否则无法推进。

15. 螺旋桨与水体接触面积太多，造成阻力太大，也就是发动机输出轴要克服的阻力增大，因而造成发动机不能达到设计的运转速度。

16. 参照 28 页图，尾舵后缘变成了弧线型。对照 17 页"圣约瑟夫"号西班牙战列舰所代表的 18 世纪标准设计，那时的尾舵后缘为竖直型，而这里的尾舵后缘在大约半吃水的深度呈弧形凸出状。这种新造型是从长期的实践经验中总结出来的，舵在这一深度效果最好，更浅的部位因为水深不够，结果水压强不足，舵力就不足；更深的地方受船体尾部突然变细的影响，水流中充满涡流，造成有效水压强不足，结果舵力也就不足。

17. "螺距"是理想情况下，螺旋桨旋转一整圈，螺旋桨前进的距离，也就是船体前进的距离。而实际上，水流阻力会让船体无法前进一个螺距的距离，这种理论和实际的差值就称为"滑脱"。在工程应用上，应尽可能地减少阻力与滑脱，因为滑脱越小，代表阻力就越小。包裹了铜皮后，铜皮光滑程度要比木头好得多，能够大大降低当时船舶的阻力，因为当时的慢速船舶主要阻力就来自船底表面和水体的摩擦阻力。这个基本知识，原著作者似乎没有弄清楚，原文的"滑脱增加"都应该是"滑脱减少"，对此译者已进行更改。

18. 见第 206 页模型照片的右半部分，可以看到开口过大的部分被填上了。

19. 这样才有了第 203 页"响尾蛇"号莫兹利发动机的最终形态。

20. 维多利亚为英国女王的名字，阿尔伯特为女王配偶的名字。

21. 指"维多利亚 & 阿尔伯特"号和"黑鹰"号。

22. 下文将会讲到，螺旋桨的推进效率由螺旋桨处水流和船尾水流的相互作用、相互干扰决定，这一点完全不同于明轮，因为明轮船并不需要船尾水下型线优化，而螺旋桨船则必须优化，当时的人已经开始认识到这一点了。

23. 测力计是一个扭力天平，可以测出螺旋桨轴上的扭矩。

24. 下文提到，"响尾蛇"号侧风航行时领先于"不安女神"号，这可能是因为该舰有三根桅杆，能够挂出更多适合侧风航行的纵帆。

25. 该船在大浪中上浪情况似乎比较严重，不得不关闭发动机舱舱盖，以致锅炉舱通风情况恶化，见下文。

26. 大浪的波峰和波谷通过船体时，水面形状的巨大改变会使船的航行阻力发生很大变化，并引起发动机推力的强烈起伏。

27. 阻力减小后推力相应减小，发动机运行的障碍变小了，功率就增加了。

28. 这里原文写的是"After a single tack"，但"Tack"一词用错，应为"Tacking"。"Tack"表示帆船迎风航行，"Port tack"表示左舷戗风航行，"Starboard tack"表示右舷戗风航行。如果"A single tack"表示维持原来相对风向的航行路线不变，那么"After"显然表示经过了某种操作，即换舷（Tacking），改变航向与风向的关系。譬如风从正北方吹来，此时帆船可以沿着东北偏东、西北偏西的航线前进，如果船本来沿着东北偏东方向前进，经过换舷机动，船便朝西北偏西方向前进，这就是换舷。

29. 常帆指风力比较强时，只挂出推力最大的几面帆，第 232 页"傲慢"号油画大致是这样的状态。风力不足而挂出全套风帆时，称为"满帆"（Full Sail）。大风时，不能满帆只能常帆，因为这时候满帆受风太大，容易折断帆桁甚至桅杆。

30. 当时的人们设想，船头部分包裹上铁皮后，船就有了保护，就可以破冰航行，而破冰航行还能把船底生长的藤壶都刮掉，起到清洁船底、提高航速的作用。

31. 当时的熟铁在 20℃以下就会脆变，遭到撞击后可能会产生长距离蔓延的裂缝，典型例子就是"泰坦尼克"号撞击冰山失事后断成两截的事故，第 7、第 8 章也都提到当时失事的两艘铁船同样是断成了两截。

32. 到 19 世纪后半叶，船舶设计师逐渐开始寻找从船体和螺旋桨的模型水池试验数据中放大得到实际船舶相应参数的比例规则，即试验流体力学的规则"相似定律"，并最终发展成为今天船舶设计的理论基础。

33. 直到 21 世纪才发展出可以走向实用的转子发动机概念设计。

34. 见附录 10。

35. 当时航速测量的误差使有效位数甚至不会超过十分位（小数点后第一位）。

36. 蒸汽机、传动装置在船体内的振动，也会损失功率。

37 这是英国的一种传统津贴，由财务部长提名、国王批准，1837 年立法确定，授予对象为那些在科技、艺术以及其他对社会和王室有益的方面取得成就的人。

38. 就是以国家的名义召集各界人士向史密斯捐款。当然，史密斯首先要向各界人士陈述他的贡献，与听证会的形式差不了多少。

39. "勋章"一词的原文为"A Service of Plate"，字面意思似乎不通，本书这里没有给出参考文献，史密斯年表等外文档案也以本书为参考文献照抄了这段话，只能推测是类似荣誉奖章的东西。

40. 吃水深的时候明轮桨板浸没过深，"收缩"的桨板造成明轮有效直径减少，这些都可能造成明轮发挥不出应有的作用，但这种情况下"鸡蛇"号仍有速度优势。

41. 明轮桨板不能浸没得太深，所以在浅吃水时更能体现出优势。

42. 游艇主要强调安静。

43. 第 8 章讲到熟铁造船遭到批判，所以当时大部分汽船都是木制的，因此仍然面临木材结构强度不足、龙骨下弯变形的问题，尤其是发动机这种沉重的部件，其重量集中在局部，很容易造成局部浮力不足，这就更容易使船体变形。

44. 双叶螺旋桨竖立起来与尾柱、呆木保持平行时，容易使船体结构和桨叶之间产生共振，结果放大了传动轴和发动机组的震颤。

45. 对风帆的执著一直持续到 19 世纪最后 10 年，那时三涨式蒸汽机已经让长距离动力航行变得十分可靠。以 19 世纪七八十年代的"不屈"号（Inflexible）铁甲舰举例，这是一艘宽短肥硕的万吨巨轮，海军部却坚持要求该舰从设计之初就必须搭载两根全帆装的挂帆桅杆，理由是磨炼水兵意志、不忘风帆时代的光荣传统。到 19 世纪 90 年代，美国海军巡洋舰的演习科目里竟然还包括在现代化的桅杆上挂风帆。当海军的老古董将领们看到身材修长的现代巡洋舰挂帆航行的雄姿时，不由让人想到 19 世纪中叶美国海上航运业那红极一时的"飞剪船"（Clipper），于是特意把令他们心动的这一幕拍照归档，成了独特的历史档案，可算是风帆在战舰上的最后一抹留影。另外，本书作者一直没有提到可升降式烟囱的专有名词，而这种可升降式烟囱是那个机帆并用的时代最显著、最有特色的外观特征。这种可升降式烟囱，英文称为"Telescopic Funnel"，其中"Telescope"一词后来指代潜艇上用的、可以升降的潜望镜。

46. 这是一艘加装螺旋桨蒸汽动力的木制风帆战列舰，其尾轴管压盖，也就是传动轴，是从呆木进入船底舱处的密封盖的。

第十一章

螺旋桨舰队：通向战争的造舰竞赛

引言

19 世纪 40 年代中前期是一个创新的时期。螺旋桨获得了巨大的成功，虽然铁造船体失败了。西蒙兹的极端做派已经让他失信于海军部，他就要被解雇了，但仍有很多正在建造的船只是按照他的设计来的。

埃伦伯勒伯爵（Earl of Ellenborough）领衔的新海军部委员会于 1846 年 1 月走马上任，但其寿命短暂，随着皮尔（Peel）这届政府班子在当年 7 月下台，乔治，也就是奥克兰伯爵（Earl of Auckland）接任了第一海务大臣。科里，这位技术变革的推动者，也被 H.G. 瓦德（H G Ward）所取代。新海军部委员会必须决定铁造船舶与总设计师西蒙兹的命运。此外，他们还要考虑那正在建造中的大量西蒙兹式战舰应如何处置。

虽然政府发誓要厉行节约，但海军预算仍高于前 10 年的水平（表 11.1）。

为了让这段时期不显得那么混乱，这里列了一份大事年表（见表 11.2）。

表 11.1　海军预算

年份	总额（百万英镑）	新建造计划（千英镑）	人员（千人）
1842年	7.0	194.5	43.1
1843年	6.4	234.9	40.2
1844年	6.5	298.9	38.3
1845年	7.3	486.4	40.1
1846年	7.9	526.8	43.3
1847年	7.7	559.6	45.0
1848年	7.9	688.6	43.0
1849年	7.0		40.0
1850年	6.7		39.0
1851年	6.5		39.0
1852年	6.7		39.0
1853年	7.2		45.5

表 11.2　大事年表

年	月	事件
1845年	4月	"响尾蛇"号与"不安女神"号进行拔河赛
	8月	订造封锁防御船
1846年	1月	埃伦伯勒接替哈丁顿，出任第一海务大臣
	6月	订造"宙斯之子"号

年	月	事件
	7月	皮尔政府下台，奥克兰出任第一海务大臣
	7月	铁造船舶的发展计划正式终止
1847年	6月	托马斯·劳埃德担任总工程师
	6月	西蒙兹辞职[1]
1848年	2月	鲍德温·沃克接任总设计师
	6月	伊萨克·瓦茨担任副总设计师
1849年	1月	弗朗西斯·巴林（Francis Baring）出任第一海务大臣
1852年	3月	诺森伯兰（Northumberland）出任第一海务大臣
1853年	1月	格雷厄姆（Graham）出任第一海务大臣

战略背景

1844—1845年发生的许多事，让英国和法国相信战争似乎已经无法避免。法国国王路易·菲利普[2]的儿子儒安维尔亲王写的一本小册子，里面的内容令英国人大为震惊。他的这本名为《法国海军现状评述》（*Notes sur l'état des forces navales de la France*）的小册子，认为采用汽船就可以帮助法国海军击败其历史宿敌。从某种角度来看，这本小册子就是重复了佩克桑（Paixhans）早在20年前就已经提出的想法，只是这位新作者的地位无疑为他的观点增添了权威。

儒安维尔表示，英国曾经的胜利归功于他们有更多的船和更多的人手，以及优越的英式航海技艺。他提议，法国应建造数量庞大、武备精良的小型快速汽船，并配备爆破弹加农炮（Shell-Firing Gun），这可以算是尤恩·埃科尔（Jeune Ecole）在19世纪末倡导的战略思想的早期雏形[3]。稍微思考一下英吉利海峡两岸这两个国家的实力对比，就可以发现这个论点的问题所在。当时英国的工业实力比起法国来，要强得太多，实施儒安维尔计划的任何尝试都很容易被英国通过造舰计划反制。第6章讨论过，当时的火炮远程射击，尤其是爆破弹射击，准确性很低，这也是儒安维尔计划可行度不高的一个因素。

对于俄国沙皇1844年6月访问伦敦这件事，法国人十分警惕；而英国则对法国在阿尔及利亚的行动，以及在塔希提岛（Tahiti）监禁一名英国传教士的行为，感到十分失望。[1] 法国于1844年8月22日轰炸丹吉尔（Tangier）之后，他们驻伦敦的大使说："现在，冲突大体上已是不可避免了。"10月，路易·菲利普作为维多利亚女王邀请的嘉宾访问了温莎（Windsor），紧张的局势有所缓和。然而1845年又出现了一场危机，次年，英美关系因为韦兰（Welland）运河的开通而变得紧张，该运河绕开了伊利湖（Erie）和安大略湖（Ontario）之间的尼亚加拉湖（Niagara）。

在这种紧张的政治氛围中，英国再次面临那历史上反反复复挥之不去的梦魇——法国汽船或许会在一夜之间向英国投送3万人的入侵力量！这是一种不切实际的恐惧，因为他们在后来的克里米亚战争中将会发现，部队的装卸很成

① C.J.巴特莱特（Bartlett），《大不列颠与海权》（*Great Britain and Sea Power*），1967年版（牛津）。

化解英法紧张局势的一次尝试：1844年10月法国国王路易·菲利普对英国进行了国事访问。搭乘明轮巡航舰"戈默"号（Gomer）到达朴次茅斯时，法国国王受到了"胜利"号升桅满旗礼[4]的欢迎，这也许是对上一次交锋的露骨提醒。（© 英国国家海事博物馆，编号PX9823）

问题，但当时两个国家的海陆军都缺乏经验老到的参谋官，所以这帮人相信能够在短时间内装卸大量的部队。

这种恐慌导致英国政府在 1844 年成立了一个海岸防御事务委员会（Commission on Coast Defences）。他们的主要任务是调查各个皇家海军船厂的防御水平，并对如何提高它们应对突然袭击时的防御水准提出建议。他们考察的每个地方，都存在严重的防御缺失："希尔内斯毫无防御可言，3 艘汽船就可以占领该港。泰晤士河从河口一直到蒂尔伯里（Tilbury）[5]，同样没有任何防御。"[1]彭布罗克也很脆弱，朴次茅斯和普利茅斯的防御统统都需要加强。虽然海岸防御事务委员会提出的大多数建议都是围绕着传统的海岸堡垒，但他们还提出了建立一批"可移动式炮台"（Mobile Battery）的建议。这类建议很快获得了重视，并直接产生了历史上第一批蒸汽战舰。

封锁防御船[2]

这些浮动炮台，很快就得名"封锁防御船"，其初始概念，是给那些老旧的三等战列舰和巡航舰加装最低水平的蒸汽动力以及简易桅杆（Jury Rig）[6]，如此一来这些船就可以在任何天气下移动到驻防位置，还能在不同港口之间转移部署。尽管"响尾蛇"号与"不安女神"号的比较试验还没有开始，但可以肯定的是，这些封锁防御船的改装从一开始就是按照螺旋桨船来规划的[3]。这些封锁防御船的航速为 5—6 节，搭载 3 个星期的食物和饮水，至于战备物资和武器则被相应地减少了。

这些船拟定的驻防位置见表 11.3。

① 《海岸防御事务委员会报告》（Commission on Coast Defences），1844年。该委员会的成员包括：海军上校托马斯·黑斯廷斯爵士（Sir Thomas Hastings）、皇家工兵上校乔治·胡斯特爵士（Sir George Hoste）和皇家炮兵上校墨瑟（Mercer）。
② D.K.布朗，《最初的蒸汽战舰》，出自《航海人之镜》（Mariner's Mirror），卷63（1977年）。后来研究发现该书有几个细节错误。
③ 《1847年特别委员会报告》（Select Committee 1847）。

表 11.3　建议（驻防）配属方案

索伦特和怀特岛（Solent and Isle of Wight）	2艘战列舰、4艘巡航舰
梅德韦河（Medway）	2艘巡航舰
普利茅斯	2艘战列舰、2艘巡航舰
彭布罗克	2艘战列舰

表 11.4　修改后的（驻防）配属方案

查塔姆	"霍格"号（Hogue，72炮）、"厄洛塔斯"号（Eurotas，44炮）
希尔内斯	"布伦海姆"号（Blenheim，72炮）、"霍雷肖"号（Horatio，44炮）
朴次茅斯	"爱丁堡"号（Edinburgh，72炮）、"阿贾克斯"号（Ajax，72炮）
普利茅斯	"海马"号（Seahorse，44炮）

也考虑过使用拖船拖带这些封锁防御船，而封锁防御船本身不具有任何自航能力，但为了追求快速反应能力和可靠性，这一提案最终被否决了，显然，有自航能力的船更能胜任。[1] 首批被挑中的船，其状况很快被发现十分不理想，于是在讨论了各种方案后，于1845年9月2日重新划拨了一批船用于改装（见表11.4）。几天之后，"最强音"号（Forte）44炮重型巡航舰[7]也加入到了这个改装序列中去。

这个时候，已经决定将这些封锁防御船装备全套风帆桅杆，只是规模略微缩水。约翰·艾迪[2]和芬彻姆（Fincham）[3]都曾提到，这项改进是在海军部第二秘书科里的倡议下实现的，而科里本人是蒸汽动力战舰的坚定拥护者。由于这些船计划改装成有远洋航行能力的战舰，因此自然需要挑选那些船体结构状况良好的船进行改装。

最后，决定给需改装的三等战列舰加装标称马力为450NHP的发动机，给巡航舰安装350NHP的发动机。当时没有靠谱的办法来确定螺旋桨应该具有什么样的技术参数，也不能确定把船尾改造得更瘦削一些会不会真能带来性能上的提升，尽管当时曾有人这样建议过。1846年1月，西蒙兹提出了一个谨慎而理智的建议：每一类改装船，都应赶在其他船的工程进展得太快、太深入之前，先造好一艘进行试航。最终决定"布伦海姆"号（Blenheim）和"阿贾克斯"号（Ajax）[8]提前完工，巡航舰改装封锁防御船的情况则要等待"宙斯之子"的试航结果。

芬彻姆认为，没有明确的证据能够表明，更加瘦削的船尾——这种改装会很昂贵——能给这些船舶的性能带来什么显著的提升[9]。因此，"阿贾克斯"号只是加装了发动机而没有改造船体型线，至于"布伦海姆"号只是船体加长了5英尺。所有这4艘战列舰[10]都是在商业船厂开始改装的，最后在海军船厂完成了全部改装。

[1] 同上。
[2] 同上。
[3] J. 芬彻姆，《战舰设计史》（A History of Naval Architecture），1851年版（伦敦）。

1855年在波罗的海作战的英国皇家海军第一批螺旋桨战舰中的3艘：从左到右依次是"康沃利斯"号（Cornwallis）、"宙斯之子"号以及"黑斯廷斯"号（Hastings）（2艘第二代封锁防御船和1艘螺旋桨巡航舰[11]）。（© 英国国家海事博物馆，编号 PU9050）

"阿贾克斯"号于 1846 年 9 月 23 日完工，获得了"世界上第一艘蒸汽战列舰"的殊荣，比"布伦海姆"号就早一天。不过"布伦海姆"号有幸成了这类战舰中第一艘开到大海上去的船，同样只领先"阿贾克斯"号一天。"阿贾克斯"号的改装比大修[12]一次的费用稍高：船体耗费 23000 英镑，动力机组耗费 21500 英镑。"布伦海姆"号的改装费用则还要贵得多：船体 43000 英镑，发动机 23600 英镑，桅杆部分 8200 英镑。

后者多出来的船体成本，应当被主要用于船尾形态的改建工作了。此外，两艘船船体结构的朽坏情况可能存在差异，这也将导致维修成本的不同。虽然经常有种说法——这个价格足够再造一艘新船了，但以专门设计的战列舰[13]的造价，预估新造一艘封锁防御船所需的成本大约为 12 万英镑。最开始对"浮动炮台"的估价是 11600 英镑，这是一个相当不切实际的数字，还没有船上机组的报价高，并且不包括任何用于维修这老旧朽坏的船体的花费。

"布伦海姆"号和"阿贾克斯"号的试航结果，证实了芬彻姆的简单认识。在第一次试验中，两舰使用相同直径和螺距的螺旋桨，在几乎同样的发动机功率下，"阿贾克斯"号跑出了 6.5 节的航速，"布伦海姆"号的航速则为 5.7 节。在"阿贾克斯"号螺旋桨的螺距减少了 2° 后[14]，该舰的航速达到 7 节。所有这 4 艘战列舰的其他试航数据见表 11.5。

表 11.5 封锁防御船试航结果

舰船	船体延长数（英尺）	机组	标定马力（ihp）	航速（节）
"阿贾克斯"号	—	莫兹利双缸卧式	931	6.8
"布伦海姆"号	5	西瓦德＆卡佩尔四缸直接连杆式	938	5.8
"爱丁堡"号	—	莫兹利	963	8.9
"霍格"号	8	西瓦德＆卡佩尔	797	8.3

　　需要注意的是，当时，试航速度的科学规范测量还处于起步阶段，所测的速度可能只能准确到 0.25 节左右的精度。标定马力和轴马力（Shaft Horsepower）[15]之间存在不确定且随时可变的差异，并且也没有记录下船底的污损程度。海潮、海流和风的影响是否已经剔除，这一点也是不确定的。即使把所有这些未知因素都算在内，那些船体加长了的船也没有显示出明显的优势来。根据今天的认识，很明显，这些船船体延长得太少了，所以没有任何作用。这 4 艘船的船尾形态都太丰满了，以致船尾后面都会有大量流动不畅的"死"水，影响螺旋桨的性能。许多年后，伟大的水动力学家威廉·弗罗德（William Froude）[16]描述了当一艘封锁防御船满帆航行时，青年时代的他如何在螺旋桨升降井里游泳。[1]

　　封锁防御船造好后，排水量约达 3000 吨[17]，搭载 212 吨煤、8 个星期的食物、5 个星期的淡水。机组占了很大的空间，于是搭载火炮的数量从 72 门减少到 60 门[18]，尽管这些炮的口径比以前要大得多。至于船员们，恐怕仍然住得非常拥挤。

　　炮甲板（Gun deck）[19]：28 门重 56 英担的 32 磅加农炮。

　　主甲板（Main deck）：26 门重 53 英担的 8 英寸爆破弹加农炮。

　　露天甲板：2 门重 95 英担的 68 磅回旋炮、4 门重 67 英担的 10 英寸爆破弹加农炮。

　　下层甲板炮（炮甲板）门下边缘位于水线以上 6 英尺[20]。

　　如果考虑到这 4 艘船设计之初的设定用途是多么有限，就必须承认对这 4 艘船的改装是非常成功的。要是把它们当成彻头彻尾的远洋作战船只，那"阿伽门农"号（Agamemnon）等快速战列舰的建造，就可以看成是它们的进一步发展了，并且所有这些封锁防御船在克里米亚战争期间都在波罗的海有良好的作战表现。

　　这场战争结束后，这些改装船所充当的角色就被人遗忘了。约翰·帕金顿爵士（Sir John Pakington）和查尔斯·纳皮尔爵士（Sir Charles Napier）批判这些船是不适合伴随主力舰队作战的可怜汽船，即使改用风帆航行，其表现同样不佳。帕金顿甚至说："这些船或许当作浮动炮台应该有些用处吧！"（这本来就是 14 年前改造这些船的初衷）。作为汽船，这些船经过近 20 年的服役生涯后，

① W. 弗劳德，《螺旋桨推进器的表观负滑脱现象》，出自《造船工程研究院通讯》（*Trans INA*）第八卷（1867）。

终于在 19 世纪 60 年代中期报废了。后面会讨论到的封锁防御巡航舰就不这么成功了。在克里米亚战争期间，还有 5 艘三等战列舰改装成了封锁防御船，但其战术角色是非常不同的（见第 12 章）。

最后的风帆战舰

英国从 19 世纪 40 年代初起，开工建造了一大批纯风帆战舰，从四等战舰到一等战舰不等，结果几乎没有几艘是以纯风帆船的形式完工的，大多数都经历了大规模改建。[①] 第一轮改建大约是在 1847 年，动机来自鉴定委员会（Committee of Reference）的调查工作，这次改建涉及船体形状和比例的改造。西蒙兹式过大的船宽有所缩减，船体长度普遍延长，并采用了更加丰满的艏横剖面形态。

实施这些改造的时候，约翰·艾迪仍然担任着第一副总设计师。他是一个复杂的人，现在已经找不到充足的材料来公正地评判他了。他对铁造船体曾提出过许许多多的反对意见，并且在他看来，螺旋桨推进发展得太快了，为此提出了很多的反对声音。他的反对意见并不是无知的言论，也无法被轻易忽视掉。他反对战舰设计学校，但他自己出版的作品中所包含的那些尺寸和重量表格，与该学校出版的大部分材料类似[21]。铁制对角线支撑肘虽然是由瑟宾斯提出并由朗践行的，但其大规模推广还要归功于艾迪。虽然他是西蒙兹的忠实支持者，但似乎一旦掌握了权柄，他就能立刻舍弃西蒙兹式设计的各种特征。从 1832 年起，英国海军每艘船的所有图纸都由艾迪负责绘制，并由他亲自厘定详细的技术参数。艾迪本人显然是谨慎的，他的工作能力很强，为英国皇家海军做出了不少贡献。

螺旋桨巡航舰

巡航舰的故事有三条线索：首先是铁造巡航舰的发展，它们大部分都是螺旋桨巡航舰；接下来是封锁防御巡航舰的发展；随后是"宙斯之子"号的设计。还是先讲完封锁防御巡航舰的故事，这样可以更顺当一些，尽管这个事情与"宙斯之子"号有很多交集。

1845 年 9 月，海军部最终确定要改装 4 艘巡航舰。"霍雷肖"号（Horatio）是其中唯一按照原本的改装计划完工的。该舰在查塔姆海军船厂接受改建，于 1849 年 12 月转移到东印度船厂以安装上该舰的西瓦德发动机。次年 5 月，该舰驶往希尔内斯，在机组设备稍稍过热的情况下，能够达到 8.5—9 节的航速。

"霍雷肖"号唯一能找到的设计草图显示，该舰外观丑陋，底桅[22] 很高，主桅杆和后桅杆之间是一个个头很大的烟囱。其他几艘巡航舰没有以封锁防御船的形式完工，而是在克里米亚战争期间做了另外的改装。

① 大卫·里昂（David Lyon）和里夫·温菲尔德（Rif Winfield），《机帆战舰名册：1815—1889 年 皇家海军的所有舰艇》（The Sail & Steam Navy List: All the Ships of the Royal Navy 1815-1889），2004 年 版（伦敦）。

表 11.6 "霍雷肖"号的武备情况

1852年	主甲板	8门32磅炮、12门8英寸爆破弹加农炮
	露天甲板	4门10英寸爆破弹加农炮
1853年	主甲板	18门8英寸爆破弹加农炮
	露天甲板	4门10英寸爆破弹加农炮

① P.H. 科 隆 布（Colomb），《海军上将阿斯特雷·库帕·基爵士回忆录》（*Memoirs of Admiral Sir Astley Cooper Key*），1898 年版（伦敦）。

有一种说法认为，这些船的发动机机组占用了很大的空间，以致没有放煤的地方了。这种说法是不能按照字面上的"没有放煤的地方"来相信的，因为"霍雷肖"号作为一艘汽船也是服役了一些年的，不过可能确实存在内部空间紧张的问题。"霍雷肖"号使用蒸汽和风帆行驶时都很方便操控，该舰舰长对它是比较满意的。

1830 年，瑟宾斯设计的 36 炮巡航舰"伏击"号（Ambuscade）在查塔姆开工建造。到 1844 年 5 月该舰还在船台上，这时海军部询问该船厂厂长朗：该舰有没有富余的载重量和空间用于安装一台标称马力 300NHP 的发动机？该发动机与埃里克森、罗森伯爵为法国护卫舰"波莫纳"号设计的发动机类似，将由米勒 & 莱文希尔厂制造。这是一台双缸、卧式、回引活塞杆式发动机（Return Piston Rod Engine）[23]，无传动装置，直接驱动螺旋桨。螺旋桨是由埃里克森设计的直径 15 英尺的双叶桨。发动机高度很低，完全位于水线以下。"伏击"号的船体同样接受了改装，延长了 18 英尺，船头形状也变了，能让 32 磅的船首追击炮直接朝前方发射。最后，该舰舰名由"伏击"改成了"宙斯之子"。

"宙斯之子"号的发动机标定马力达到 592ihp 时，试航航速为 6.8 节。该舰第一任舰长库柏·基（Cooper Key）经常抱怨该舰动力不足、螺旋桨螺距不足。[①]需要注意到的是，在该舰最初的设计规划中，蒸汽推进只是作为一种辅助动力，主要是为了在无风或逆风时使用。由于巡航舰需要长距离巡航，这在当时只能依靠风帆动力来实现，所以这种蒸汽辅助动力的概念并无不妥，特别是考虑到当时蒸汽机巨大的耗煤量。出于同样的理由，布鲁内尔在"大不列颠"号上也

90炮战列舰"汉尼拔"号（Hannibal）的设计图，艾迪绘于1847年。它是纯风帆战列舰最后一批设计之一，该舰在施工期间改装为螺旋桨战舰，于1854年竣工。（© 英国国家海事博物馆，编号 J1617）

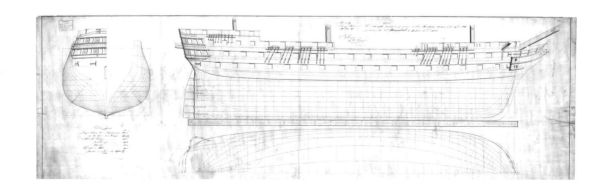

"霍雷肖"号和"厄洛塔斯"号蒸汽警卫船（Steam Guard Ship）的螺旋桨和升降架官方设计图，日期为1845年12月19日。（© 英国国家海事博物馆，编号J0693）

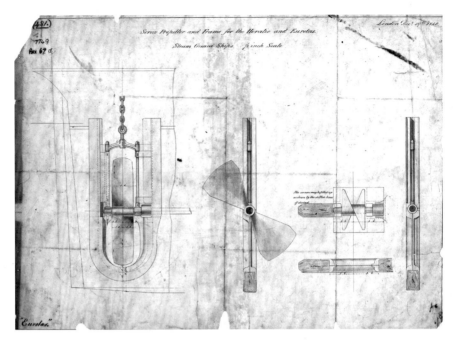

"傲慢"号，它是第一艘螺旋桨四等战舰[24]，也是第一批搭载宾空心活塞杆式发动机的两艘战舰之一。（© 英国国家海事博物馆，编号A8115）

强调了这一概念。1844年8月，总设计师接到指示，要求设计新的巡航舰，它可以是明轮推进的，也可以是螺旋桨推进的。虽然这时还没有开始"响尾蛇"号、"不安女神"号试验，但当时已经倾向于选择芬彻姆设计的一艘螺旋桨战舰了。这艘战舰被命名为"不惧"（Dauntless），本来是在德普特福德订造的，但1845年2月它被转移到朴次茅斯建造。该舰在1848年第一次试航时非常令人失望，仅仅能够达到7.4节的航速，于是决定将船体延长9英尺6英寸来改善螺旋桨的水流情况。乍看之下，这种改装似乎很成功，因为再次试航时达到了10节的航速。然而，这种速度实际上是使用远远高于第一次试航时的动力和转速才取得的。到1854年，在使用与1848年大致相同的马力时，该船的速度仍然只有大约7.5节。

宾空心活塞杆式发动机的同时代模型。（阿姆斯特丹国家博物馆，编号 NG-MC-528）

1845 年 2 月订造的"傲慢"号（Arrogant）是给风帆战舰提供一点辅助动力的又一次尝试。当时，海军部第二秘书西德尼·赫伯特（Sidney Herbert）热衷于快速增加海军中蒸汽战舰的数量，并希望降低单艘战舰的成本。"傲慢"号是最先安装新型的、非常成功的宾空心活塞杆式发动机（Penn

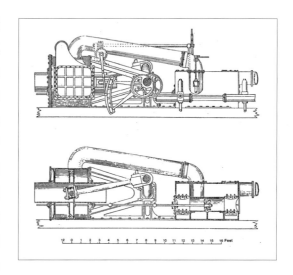

"傲慢"号螺旋桨巡航舰上安装的宾空心活塞杆式发动机线图，这是第一个非常成功的宾空心活塞杆式发动机[25]。

Trunk Engine）的两艘战舰之一，该舰的发动机是标称马力 360NHP 的型号。竣工后，该舰使用了 3 个不同的螺旋桨进行试航，螺旋桨的螺距从 15 英尺到 15 英尺 5.5 英寸不等。其实这种差异太小了，不会产生什么明显的差异。记录下来的几次试航的航速差异，跟当时试航速度测量的误差数值相当。

早期木制螺旋桨巡航舰的建造顺序如表 11.7 所示。大多数船最开始都是作为风帆战舰订造的，但在施工早期阶段就修改了设计，实际上这些船都相当于全新的设计了。

表 11.7 早期木制螺旋桨巡航舰（不包括封锁防御船）

舰船	订造时间（作为蒸汽船）	完工时间
"宙斯之子" 号	1844年5月	1846年10月
"不惧" 号	1844年8月	1848年8月
"警惕" 号（Vigilant）	1844年8月	取消
"傲慢"	1845年2月	1852年9月
"悍妇" 号（Termagant）	1845年2月	1853年
"辉腾" 号（Phaeton）	1845年4月	1859年 *
"柑桂酒" 号（Curacoa）	1850年11月	1854年
"保民平民官" 号（Tribune）	1851年2月	1854年

* 工程进度延误。

另外，"欧吕阿鲁斯" 号（Euryalus）和 "专横" 号（Imperieuse）这两艘船将在后续章节中与其姊妹舰一起介绍。

这个蒸汽螺旋桨巡航舰建造计划一开始表现得迅速而决绝，但最终没能建造出足够数量的战舰，特别是在考虑到同时期数量日益增加的蒸汽商船可能都需要加以保护的时候。

1849 年，由业界专业人士组成的特别委员会（Select Committee），着手"调查是否有可能利用本国的商业蒸汽船作为海军的预备蒸汽舰队，国防需要时即可出动"。[①]特别委员会的成员包括商船船东、海军军官以及态度积极的政治家，比如科里。

查德斯舰长非常有洞察力，他的言论清晰地表明了商船改装成战舰会面临怎样的难题。他指出，商船挂的帆不够多，所以依靠风力航行时难以伴随舰队行动；载煤量也不够多，蒸汽航行时的续航能力不能令人满意。[26] 比 32 磅炮更小的火炮已经几乎没什么价值了，可即使是 32 磅炮算上炮架，也会重 4—5 吨，而 8 英寸炮、68 磅炮全都重达 6—7 吨，10 英寸的回旋炮则重约 10 吨。

表 11.8 商业汽船

船只总吨位不超过（吨）	木制		铁制		合计	
	数量	吨位	数量	吨位	数量	吨位
100	498	29828	31	2059	529	31887
250	260	41637	12	2102	272	43739
400	127	39161	9	2710	136	41871
600	66	32845	5	2613	71	35458
1000	66	46777	1	798	67	47575
1000+	27	44324	8	10517	35	54841
合计	1044	234572	66	20799	1110	255371

① 《1849年特别委员会报告》（Select Committee 1849）。

朴次茅斯海军船厂的厂长认为，大约两周内就能够完成对一艘客轮的改装。可以把中甲板（Middle Deck）上所有客舱隔壁都拆除，而这层甲板的强度通常

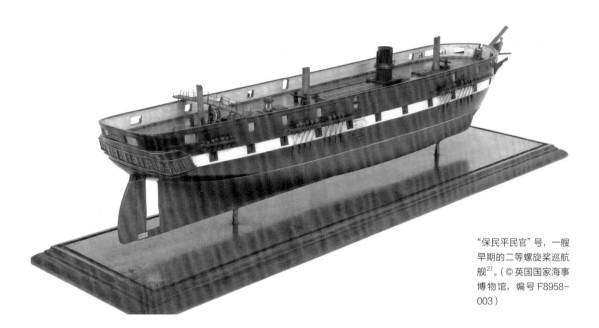

"保民平民官"号，一艘
早期的二等螺旋桨巡航
舰[27]。(© 英国国家海事
博物馆，编号 F8958-
003)

都能承受住在舷侧安装的重型火炮。桅杆可以满足需要，但船头船尾的回旋炮
炮位下面的甲板需要增加短纵梁（Carling）作为结构补强。最好拆除露天甲板，
但这也不是最关键的问题。

特别委员会似乎并没有深究到底能有多少艘船适合改装。由于表 11.8 仅列
出了 27 艘超过 1000 吨的船（因为委员会认为铁造船舶不合适），能改装成顶用
的巡洋作战舰艇的应该不多。[1]

螺旋桨战列舰

螺旋桨战列舰的第一个设计，是约翰·艾迪在 1846 年提出并于 1847 年 4
月在德文波特（Devonport）订造的 80 炮战列舰"大胆"号（Audacious）。11 月，
该舰改名"詹姆斯·瓦特"号（James Watt），设计图也在这个月送交鉴定委员会，
但事实上该舰当时并未开工建造。

1848 年 10 月，海军部决定对 1845 年在德文波特订造的"桑斯·帕雷尔"
号（Sans Pareil）进行改装。该舰船尾加长了 18 英尺，安装了"厄洛塔斯"号（Eurotas）
上替换下来的 350NHP 发动机[28]。这种博尔顿＆瓦特厂（Boulton & Watt）制造
的蒸汽机可以达到 622ihp 的标定马力，但其可靠性非常差，试航速度约为 7 节。
即使在 1854 年重新换装了新的发动机，但该舰仍然不能令人满意。

尽管 1848 年的时候，约翰·海耶和鲍德温·沃克都已经对特别委员会说明，
目前的蒸汽战舰只适合作为窄海上的浮动炮台使用，但海军部仍然认为有必要
将所有 40 炮及以下的战舰装上蒸汽动力。1848 年夏天，"布伦海姆"号的试航

① D.K.Brown,《武 装 商
船 历 史 回 顾》(Armed
merchant ships——a
historical review)，皇家船
舶工程学会"武装商船"
(Merchant Ships of War)
研讨会会议论文，1987
年发表于伦敦。

非常成功，这就进一步增强了推动蒸汽战列舰的信心。当时的第一海务大臣巴林（Baring）到1849年仍在呼吁开展更多的试验，用于比较明轮和螺旋桨推进器，但在时人看来，"布伦海姆"号的试航是具有决定性意义的，于是批准建造了一艘螺旋桨战列舰。1848年，伊萨克·瓦茨对特别委员会陈述道：

> 关于批准建造螺旋桨战列舰这个决策的主要动因，我脑子里能想到的，就是"布伦海姆"号的试航结果，当时在查德斯海军上将的指挥下，该舰从科克（Cork）出航，进行了一次试航。至少就我所知，他就该舰做了非常正面的汇报，这促成了战列舰安装螺旋桨推进系统。[1]

"桑斯·帕雷尔"号，它在建造过程中被改装为蒸汽战舰，但结果不是很成功。该舰只能搭载70门火炮，算是最小号的螺旋桨战列舰。[29]（© 英国国家海事博物馆，编号D1269）

"悍妇"号上的西瓦德蒸汽机。

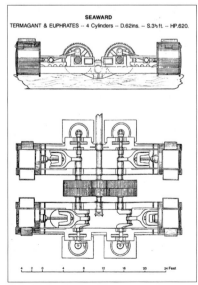

查德斯对1849的特别委员会陈述说："我现在自信地认为，没有一支舰队能没有它们这样的螺旋桨战列舰；它们为我们的整个战术体系打开了新局面，它们将改变未来海军的所有战术。"[2]

1849年7月3日，海军部下达了建造"阿伽门农"号的指令。瓦茨说，"设计于1847年12月15日完成"。这样就非常确定，该舰是按照艾迪最初设计的"詹姆斯·瓦特"号[30]的线图来施工建造的，尽管设计图上有艾迪和瓦茨的双重署名。瓦茨说，命令下达2个月内（实际上是4个月之内）就完成了放样并安放了龙骨，他还说：

> 该舰比当时的纯风帆战列舰要大得多、长得多，而且比起当时通常建
> 造的战列舰，该舰的舯横剖面要丰满得多，好让该舰能够容纳标称马力达
> 700NHP的大型发动机。这台发动机原是为"火神"号订造的，但"火神"
> 号没有安装这台发动机[31]。

今天的钢制战舰的设计者也会选择相同的菱形系数（Prismatic Coefficient）[32]，但会采用更长的船体（大约290英尺）；然而在那个时代，由于机组和木制船体本身都很沉重，并且这船体的结构强度和钢比起来很薄弱，所以像今天这样的船体长度是不可能实现的。在该舰所处的时代和其设计思路的局限之下，"阿伽门农"号的船型和比例设计得还是不错的。

艾迪在向1848年的特别委员会陈述时，对那个时候如何确定发动机的尺寸做了很有意思的注解："海军部会发给工程师一幅带比例尺标注的发动机舱剖视草图，然后命令他设计一台能够放进这个空间内的发动机，同时重量也不能超过给定的重量配额。"约翰·菲尔德（John Field）在他对特别委员会的陈述中，还补充到重心高和船的吃水也会给定，"所以我们必须让我们设计的机组满足这些技术参数，可是却一点也不知道船头、船尾长什么样"。这是一种粗暴的做法，但当时没有其他办法能够做得更好。设计是渐进的，每艘船都要比它的前身稍微大一点、航速稍微快一点，这样就能运用非常简单的设计规则[33]。

表11.9 "阿伽门农"号船体形态与一艘典型纯风帆三等战列舰的比较

	"阿伽门农"号	"前卫"号（Vanguard）[34]
长（L）	230英尺	190英尺
最大宽（B）	55英尺4英寸	56英尺9英寸
最大横剖面面积（A）	1060英尺^2	895英尺^2
排水量（W）	5080吨	3680吨
吃水（T）	23英尺4.5英寸	21英尺9英寸
长宽比（L/B）	4.16	3.35
中截面系数（Mid Section Area Coefficent）	0.82	0.73
$C_A=A/(B\times T)$		
菱形系数	0.73	0.76
$C_P=\dfrac{W\times 35(立方英尺)}{A\times L}$		

由于迪皮伊·德·洛梅的开创性工作，法国人在螺旋桨战舰上略占先机。他们的第一艘大型蒸汽螺旋桨战舰是1845年下水的36炮巡航舰"波莫纳"号，配

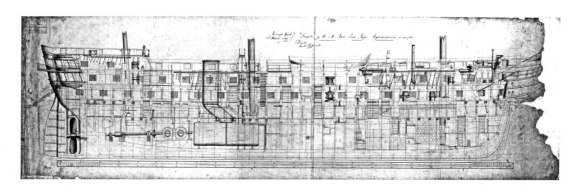

"阿伽门农"号的内部布局图图纸。[35]（©英国国家海事博物馆，编号DR7484）

备一台标称马力 220NHP 的埃里克森发动机和螺旋桨，航速约达 7 节。1847 年 4 月，迪皮伊·德·洛梅提出了一个大胆的战列舰设计：以蒸汽动力为主要推进力，风帆则降为辅助动力[36]。他这个过于冒险的提案刚开始是遭到否决的，但在儒安维尔亲王的力挺下，最终得以通过。1848 年 2 月 7 日，该舰开工建造，它最初被命名为"2 月 24 日"号（24 Février），到 1850 年 5 月 16 日下水前又改为"拿破仑"号。[37]1852 年 7 月，"拿破仑"号最终完工[38]，具备海上航行能力。[①]

1851 年，托马斯·劳埃德和伊萨克·瓦茨访问法国，他们回国后汇报了"拿破仑"号的工程进度。受此影响，"阿伽门农"号加快了建造速度，最终于 1852 年 5 月 22 日下水，当年 10 月最后完工，仅仅落后"拿破仑"号几个月。在建造过程中，"阿伽门农"号对原设计进行了一些修改，比如 1849 年 6 月 28 日就进行了一次修改。此外，该舰还订购了新的宾式发动机。该舰与"阿贾克斯"号、"桑斯·帕雷尔"号的机组布局方案相同，锅炉和烟囱位于主桅杆、后桅杆之间，结果该舰的船尾总是容易吃水较深。而其他新造螺旋桨战列舰[39]，其机组都布置在主桅杆前方。

表 11.10 "阿伽门农"号和"拿破仑"号的比较

	"阿伽门农"号	"拿破仑"号
吨位、排水量	3074、5080	不明、5120
长、最大宽、吃水	230英尺 x 55英尺4英寸 x 24英尺1.5英寸	234英尺5英寸 ×55英尺1.5英寸 x 25英尺4英寸
舯横剖面面积	1060英尺^2	1070英尺^2
稳心高[40]	不得而知	4.89英尺
锅炉	管式锅炉	8太箱型锅炉
标称马力、标定马力	600、2500	900、2200
航速	11.4节	12.1节（据称）

"阿伽门农"号搭载的是非常成功的宾式双缸发动机，汽缸直径为 70.75 英寸，活塞行程为 3 英尺 6 英寸，输出转速为 63 转每分钟，工作蒸汽压力为 20 磅 / 英寸^2（安全阀是照此压力设定的）。该舰的螺旋桨直径 18 英尺，螺距 20 英尺 6 英寸。"拿破仑"号最开始计划采用摩尔（Moll）卧式双缸发动机，该汽缸直径 98 英寸，活塞行程 5 英尺 4.5 英寸，输出转速为 27.5 转每分钟，使用增速传动

① R. 艾蒂安（Estienne），《迪皮伊·德·洛梅和"拿破仑"号》（Dupuy de Lôme et le Napoleon），出自《19世纪船舶工程技术》（Marine et technique aux XIXe siècle），1987年版（巴黎）。

"阿伽门农"号由约翰·艾迪设计，这艘船非常成功，成了后续绝大部分专门设计的蒸汽螺旋桨战列舰的母型。[41]（© 英国国家海事博物馆，编号 B1323）

装置，传动比为 1.8 : 1，工作蒸汽压为 15 磅 / 英寸^2。这型发动机不是很令人满意，于是在 1861 年换装了一台麦吉利（Mazeline）两缸发动机，其标称马力也是 900NHP。该舰的螺旋桨有 4 个桨叶，直径 19 英尺，螺距 24 英尺。

一般都说"拿破仑"号和"阿伽门农"号比较起来马力更足，因为前者的标称马力为 900NHP，而后者只有 600NHP。但 NHP 只是一种纸面功率，发动机的有效功率还得看标定马力（ihp）[42]，而事实上"阿伽门农"号的汽缸输出功率更大。螺旋桨上接收到的实际功率，还得从标定马力中扣除驱动辅机所需的功率，以及内部部件的摩擦与传动轴上损失的功率。很难说设计精良的宾式发动机的这类功率损失，会比显然不太成功且仍然需要传动装置的摩尔式发动机的更大。几乎能够肯定，"阿伽门农"号能输出更多的马力到该舰的螺旋桨上。

"阿伽门农"号和"拿破仑"号这两艘船的船型、比例非常相近。要让螺旋桨的几何形状能够与船体、机组的特性相匹配，既需要运气，也需要技术积累。而在这方面，英国人有更多的经验积累可资参考。

"阿伽门农"号在斯多克斯湾（Stokes Bay）里的标准测速航线上进行了几次试航（可能是 4 次），平均航速达到了 11.24 节，可以基本消除潮汐和风的影响。该舰的姊妹舰后来也达到了非常相似的航速，所以现在我们对这个结果的准确性是比较有信心的。"拿破仑"号没有在事先勘测好距离的航线上进行试航：1852 年 8 月 30 日，从土伦（Toulon）到阿雅克肖（Ajaccio）进行了单程航行。途中，该舰以平均 12.14 节的航速行驶了 119 海里，在 5074 吨的排水量下测得航速在 12.8—13 节的范围内。9 月 25 日，该舰测得一个颇高的航速——13.5 节，不过那个时候的测速法[43]并不十分准确（见表 1.11）。

表 11.11 法国早期一些螺旋桨战列舰的航速记录 [44]

船船	排水量（吨）	试航日期	试航路线	航行海里数	航速（节）
"阿尔赫西拉斯"号	5121	1856年8月5日至8日	土伦—阿尔及尔	193	13.01
"阿尔柯拉"号（Arcole）	5240	1856年9月18日至19日	土伦	12	

表 11.12 舰载武器

"阿伽门农"号（最初[45]）	1门68磅炮、34门8英寸炮、56门32磅炮
"拿破仑"号	8门22厘米口径爆破弹加农炮、14门16厘米口径爆破弹加农炮、58门30（法）磅炮

1856 年，"阿尔赫西拉斯" 号（Algesiras）[46] 在普罗旺斯外海沿着与 "拿破仑" 号相反的方向跑了一段 13.5 海里的试航航程，没有挂帆。该舰的某些试航，是在只有一半锅炉工作的情况下进行的，测得的最大标定马力为 1742ihp，航速达 11.66 节。不过即便是 13.5 海里，对于试航距离来说也显得太长了，因为每次试航时，海流和风都可能在一个小时里发生急剧变化。

考虑到英国战舰那更加强大的马力，"拿破仑" 号比 "阿伽门农" 号更快的证据缺乏说服力。"拿破仑" 号比 "阿伽门农" 号的航速声称为 12.14 节：11.24 节，即 1：0.8。对于相同的船型（两船船型并没有太大的区别）来说，所需发动机功率会随着速度的立方而发生变化，也就是说 "拿破仑" 号需要比 "阿伽门农" 号再多 26% 的马力，即大约 3150ihp 的标定马力，而不是当时能测得的 2200ihp 左右。

接下来，英国又建造了 3 艘 "阿伽门农" 号的姊妹舰，而在建第 4 艘时将船体延长了 4 英尺。该设计在当时显然是非常成功的，给后来许多螺旋桨战列舰奠定了基础，这是该舰设计者艾迪的极大荣耀。

到 1851 年，海军部委员会已经非常清楚地认识到螺旋桨战列舰的工程进展速度不够快，因此鲍德温·沃克提议对一些正在建造的纯风帆战列舰进行改装。他特别强调想要把螺旋桨推进的优势和一艘三层甲板战列舰那密集的火力整合起来。

1851 年 12 月，瓦茨和彭布罗克的海军船厂厂长詹姆斯·阿贝塞尔（James Abethel，1st SNA）视察了船台上的 120 炮战列舰 "温莎堡" 号（Windsor Castle）。该舰本来是依照西蒙兹式设计来建造的，但在 1852 年 1

"拿破仑" 号完工时的机组布局平面图。中间那两个间距很宽的、圆柱体之间的矩形，代表了那麻烦不断的传动装置[47]。发动机舱前后的圆圈代表锅炉进气口，这给了该舰双烟囱的外形。（《船舶工程图集》）

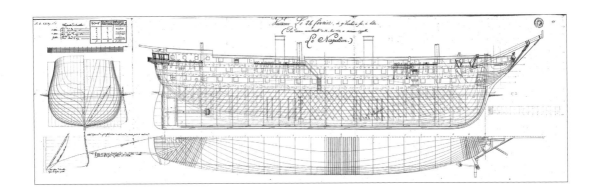

月 18 日该舰的改装方案与图纸获得批准，于是开始改装。该舰在船体中段切开，加入了一个长度为 23 英尺的新分段，而船尾不但重建了，还延长了 8 英尺。该舰于 1852 年 9 月 30 日威灵顿公爵（Duke of Wellington）去世当天下水，于是在这一年晚些时候，该舰获得了这个世纪最伟大的英国陆军战士的名字作为命名[48]。这个改装非常成功，于是后来就有相当多的战列舰改装成了类似的船体型线（第 13 章将要介绍）。

表 11.13 中给出了在克里米亚战争之前新建成的或改装好的螺旋桨战舰的数量，不包括那 4 艘封锁防御船。

"拿破仑"号的官方设计图。[49]（《船舶工程图集》）

"詹姆斯·瓦特"号。这是英国主力舰中唯一一艘用工程师的名字来命名的，不过该舰名不副实，其引擎非常不可靠。（© 英国国家海事博物馆，编号 BHC3423）

表 11.13 各年累计完工的螺旋桨战舰

1851年	1艘
1852年	2艘
1853年	7艘
1854年	8艘

在这段时期内，法国人造好了9艘蒸汽螺旋桨战列舰，其他国家的海军甚至都没有尝试开工建造任何一艘这样的战舰。

舰载火炮与炮术的进步

从滑铁卢战役到克里米亚战争爆发，这期间，英国皇家海军在火炮装备和海军炮手的训练方面取得了一些重大进步和许多细微的改进，其中最重要的包括：

1. 统一搭载 32 磅炮；

2. 爆破弹的列装；

3. 用旧战舰对各种炮弹的毁伤效果进行了测试；

4. 提升训练水平。

拿破仑战争结束时，大多数战舰装备的火炮，是一系列尺寸不同的加农炮和卡隆短重炮，它们发射尺寸不同的炮弹。当时一艘典型的三等战列舰，下层火炮甲板搭载 32 磅炮，上层火炮甲板上搭载 18 磅炮或 24 磅炮[50]，艉楼和后甲板上会露天布置一些卡隆短重炮，通常是 24 磅或 32 磅的。其他等级的战舰也是这样，搭载口径、型号混乱的火炮。

"埃德加"号（Edgar）。虽然在这张图里显示得并不明显，但就像"阿伽门农"号一样，该舰的烟囱和锅炉是也在主桅杆后面，这让船尾吃水特别深。（© 英国国家海事博物馆，编号 PU6214）。

19 世纪 20 年代，许多人提议搭载更加统一的火炮，使火炮口径保持一致，发射同样尺寸的炮弹。这样，炮管的长度就要有所变化，炮管最长、自重最重的炮安置在下层火炮甲板上，但即使是上层火炮甲板上身管最短的炮也要比旧式卡隆短重炮的炮管长。不过在本书涉及的整个历史时期内，卡隆短重炮都还没有完全被淘汰掉[51]。

第一个同时也是最著名的一个统一火炮的提议，是佩克桑在他 1822 年出版的《海军新力量》（Nouvelle Force Maritime）中提出的。这本书在英国引起了关注和讨论，《战舰设计论文集》（Papers on Naval Architecture）和《防务研究院院刊》（United Services Journal）上都刊登过关于这本书的评论文章。蒙罗（Monro）陆军上校也曾于 1825 年提出过一个类似的建议。大家对于各层甲板上火炮尺寸的统一似乎没什么太大的争议，但是要筹措到足够的经费和劳力来实施这个计划，却需要时间。[52]

由于布卢姆菲尔德于 18 世纪末在沃维奇皇家兵工厂推行了改进的铸造技术，许多库存的 18 磅和 24 磅炮可以把炮膛镗大[53]，发射 32 磅炮弹。[①]1830 年，英国又迈出了一步，把 800 门康格里夫 24 磅炮[54] 和大约相同数量的布卢姆菲尔德炮改成了 32 磅炮。但这些炮膛镗大的火炮，不推荐"双弹连发"，"三弹连发"[55] 更是直接禁止使用。经过仔细的火力测试，一炮打出多枚炮弹的打法除了在最近距离外，几乎没有什么战术价值。

自 1838 年开始，这些改装火炮逐渐被一系列炮重 42 英担、45 英担以及 50 英担的新型 32 磅短身管火炮所取代，尽管这样，这些老旧火炮中的一部分仍然又服役了很多年。到了 19 世纪 30 年代后期，所有现役战舰搭载的可能都是统一的 32 磅炮了。

英国从 1824 年开始就对爆破弹加农炮（Shell Gun）进行了测试，次年便在海军中试验装备了一些重 50 英担的 8 英寸爆破弹加农炮[56]，几年后一些明轮炮舰上又搭载了重 65 英担的 10 英寸爆破弹加农炮。对于在海上使用爆破弹，当时反对声不小，主要是因为，意外事故或遭敌方炮火轰击都有可能让己方的爆破弹在拥挤的火炮甲板上殉爆。爆破弹那球状的外形、形态不对称的引信，都造成其在长距离上射击时准度比实心炮弹低得多。[57] 最后一点，很明显早期的延时引信很不可靠，有时会爆炸得太早，但更多的时候根本就不爆。等到 1838 年的时候，这些担忧和实际存在的问题部分得到了解决，于是火炮甲板上开始出现了成规模的 65 英担 8 英寸爆破弹加农炮。

随着明轮汽船的日益大型化，一种新型装备被开发了出来。由于明轮及包围明轮的明轮壳限制了舷侧能够搭载火炮的数量，因此明轮炮舰更倾向于搭载更重型、杀伤力更大的火炮。特别是船的首尾部，搭载了能够发射 42 磅、56 磅、68 磅甚至更重弹丸的火炮。

① B. 贝克（Baker），出自《海军武器装备的危机》（The Crisis in Naval Armament），（英国国家海事博物馆单行本系列第56册），1983 年版（伦敦）。

① H. 道格拉斯（Douglas），《海军火炮技术》（Treatise on Naval Gunnery），1820年在伦敦出版，1855年、1860年再版。
② 同作者巴特利特的上一个参考文献。

"1812 年战争"期间，美国在一系列巡航舰双舰对决中取得了胜利[58]，尽管"香农"号击败"切萨皮克"号（Chesapeake）的战例中断了这一连胜战绩。英国的失败提醒了皇家海军，他们应该提高火炮射击训练的水准了，而且应该开发一些辅助机械装置以帮助瞄准。霍华德·道格拉斯于 1817 年出版了他的《海军火炮技术》的第一版，这本书很快就成了炮手的训练手册[①]。

人们逐渐认识到，需要成立一个专门的炮术训练学校。1830 年 1 月 19 日，待在朴次茅斯的"卓越"号被指定用于炮术训练和开展火炮试验工作。原本海员出身的炮手成了专业技术人员，并因此获得每月额外 2—7 先令的职业技术补贴。虽然有人怀疑军官的炮术课程太过理论化了，但"卓越"号的价值很快就体现在了 1846 年对阿克雷（Acre）成功而精准的炮击上。[②]

表 11.14 中那优异的成绩来自"卓越"号火炮的试射记录。

表 11.14 火炮射速

炮	炮组人数	发炮次数	耗时
重56英担的32磅炮	13	11	7分10秒
重65英担的68磅炮	15	11	7分40秒

1840年的三层甲板战列舰"女王"号的剖体模型。到这个时候，尽管也搭载一些8英寸爆破弹加农炮，但大多数战列舰都是搭载统一的32磅炮，只是炮的长度、自重有所不同。（© 英国国家海事博物馆，编号 D7870）

操作一门 32 磅炮，正常情况下需要一个 14 人的炮组。一艘船的船员数量只够应付单舷的火炮，所以战舰开始作战时，每舷的火炮都只有半数的炮组人员。[59]

作战中的炮击精准度很难确定。安装在陆上固定基座上的火炮，对陆上静止目标射击，在最远 3000 码的射程上，常常能够命中（见第 6 章），所以当时的人都认为海岸炮台面对战舰有很大的优势。然而，即使是非常轻微的海流，船身的运动也会降低火炮的准度，射程超过 1000 码后就更难命中了。

英国大约从 1829 年开始列装瞄准器[60]，有了这种改进的瞄准装置，再通过瞄准敌舰上已知高度的位置，就可以确定射程，至少在天气良好的情况下提高了射击准确度。从 1830 年开始，撞针（Percussion Lock）取代了旧式的燧石发火器（Flint Lock）。于是就可以通过提高火炮击发的成功率，来提高准确度。

除了上述提到的这些以外，火炮的其他方面也做了微小但意义重大的改良。弹药库的安全性和向火炮运输发射药的方法都有了改良。炮架的设计也得到了改良，可以方便火炮的水平回旋。

一门炮的标准重量（例如，56 英担）仅包括炮管的重量。在这上面，还必须加上炮架重量、弹药重量以及炮长（Gunner）[61] 负责的其他配套杂项设备的重量，才能理解火炮的重量对船舶设计的影响（参见附录 5）。

"乔治亲王"号（靶船火力）试验

当时经常进行的射击试验，是用炮弹击穿模拟船体侧面结构的各种靶子。但在 1835 年，对旧三层甲板战列舰"乔治亲王"号（Prince George，1772 年下水）进行了更复杂和更具有现实意义的一系列射击试验。[62] 多数射击都是用的实心和空心弹丸，也使用了一些爆破弹。

射击距离通常为 1200 码。在这个距离上，发现射击仰角在 2° 或 3° 的情况下，采用 6 磅发射药，使用重 42 英担的 18 磅炮射击，其炮弹的穿深可达 21—23 英寸[63]。如果用满装的 10 磅 10 盎司发射药，炮会后坐 11 英尺，弹丸出膛速度达 1680 英尺每秒，炮弹飞行到 1200 码时，速度会降低到大约 780 英尺每秒。[①] 此外，还用 68 磅炮发射了一些实心弹，穿深达 46 英寸；而一些空心弹穿深达到 25—56 英寸。

也进行了水漂弹射击试验（Ricochet Firing）[64]，就是让弹丸在水面连续打水漂。除了使用 32 磅和 68 磅炮进行射击测试外，还用了实心和空心弹丸。大体上，穿深都会有所降低，但仍然可达 30 英寸，甚至更多。

还进行了几次爆破弹试射，但只留下了非常少的记录。在第一次试验中，将两枚带延时引信的炮弹搁在靶船上并引爆。虽然它们造成了相当大的伤害，但没有引起任何火灾，这令试验委员会感到有点意外。[65] 一枚直径相当于 32 磅实心弹丸的爆破弹击中了船体的侧面，并击穿了水线部分的船壳，虽然这枚炮弹没有爆炸，但是造成了严重的进水。这次发射的所有 80 枚带延时引信的爆破弹中，有 38 枚未能爆炸。另外，炮弹在水面跳弹后五分之四的引信都丧失了功能，而三分之一的引信在击中靶船船壳时失效。如果爆破弹是引信先接触目标（这是通常情况），那么破洞周围残存的船体木料就会堵塞住这个破洞并熄灭引信。

这些试验得到了高层的认真对待，让爆破弹加农炮得以快速列装海军。时人基本不考虑保密问题，所以当时很多人应该都知道这些试验的结果，但令人

① R. 艾蒂安（Estienne），《迪皮伊·德·洛梅和"拿破仑"号》（Dupuy de Lôme et le Napoleon），出自《19 世纪船舶工程技术》（Marine et technique aux XIXe siècle），1855 年版（巴黎）。

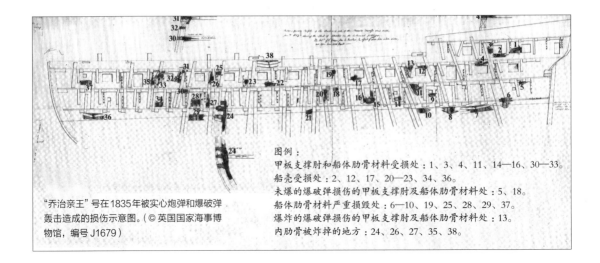

图例：
甲板支撑肘和船体肋骨材料受损处：1、3、4、11、14—16、30—33。
船壳受损处：2、12、17、20—23、34、36。
未爆的爆破弹损伤的甲板支撑肘及船体肋骨材料处：5、18。
船体肋骨材料严重损毁处：6—10、19、25、28、29、37。
爆炸的爆破弹损伤的甲板支撑肘及船体肋骨材料处：13。
内肋骨被炸掉的地方：24、26、27、35、38。

"乔治亲王"号在1835年被实心炮弹和爆破弹轰击造成的损伤示意图。（© 英国国家海事博物馆，编号 J1679）

在1853年的阅舰式上。明轮船比较显眼，而那些技术上更领先的螺旋桨船看起来却和纯帆船没有什么区别。（© 英国国家海事博物馆，编号 PW6120）

惊讶的是，后来在与俄罗斯的战争中，爆破弹的作战效果仍然让时人惊叹不已。

1853 年 5 月，对"约克"号（York）在 1200 码的射击距离上进行了一次试验，共打了 6 发直径等于 32 磅实心炮弹的爆破弹以及 6 发 8 英寸爆破弹，它们都装备了弗里本（Freeburn）碰炸引信（Concussion Fuse）。结果全部都能命中，其中 10 枚引信能够正常发挥功能，1 枚因撞击上一块铁造甲板支撑肘而变形破碎，1 枚失效。但另一方面，碰炸造成的伤害很有限[66]。

在一本讲述船舶历史的书中，几乎不可能用过多的笔墨叙述火炮的发展，主要参考资料即道格拉斯[1]和罗伯逊[2]的书，这两本书既不全面，也不像作者声称的那样完全可靠。我们早就在呼唤着一本讲述 19 世纪早期火炮发展的优秀历史著作了。

① R. 艾蒂安（Estienne），《迪皮伊·德·洛梅和"拿破仑"号》（Dupuy de Lôme et le Napoleon），出自《19世纪船舶工程技术》（Marine et technique aux XIXe siècle），1987年版（巴黎）。
② FL 罗宾森（Robertson），《舰载武器基础》（The Foundation of Naval Armament），1921年版（伦敦）。

1853 年阅舰式

1853 年 8 月在斯皮特黑德（Spithead），这支新螺旋桨海军接受了检阅。巴特利特（Bartlett）恰如其分地指出了这场阅兵在当时的重要性。[①]明轮汽船因其大型明轮壳以及高高的烟囱而特别醒目，但那些把烟囱降下后就几乎和纯风帆战舰别无二致的螺旋桨汽船才代表着未来。

当时没有铁造的战舰，而且也没有一艘船装备了装甲，但这些东西快就会到来。海军已经经历了很大的变革，而战争将会加快这一变革的步伐。

① 同作者巴特利特的上一个参考文献。

译者注

1. 关于西蒙兹辞职及后续故事详见第4章，其继任者鲍德温·沃克也非技术专家出身，他的职权仅限于管理事务，在技术上实际负总责的是副总设计师伊萨克·瓦茨。

2. 1789年法国爆发大革命，1791年国王路易十六被送上断头台。1814年，拿破仑统治的法兰西第一帝国解体，波旁王室复辟，国王为路易十六的弟弟，称为"路易十八"。1815年，拿破仑百日王朝复辟失败，路易十八继续执政。1824年，路易十八去世，由他的弟弟阿图瓦伯爵（Comte d'Artois）继位，史称"查理十世"。查理十世因尝试财政改革而失去支持，1830年"7月革命"爆发，他被迫流亡，从此波旁王室直系离开统治中心。这次政变后上台的就是路易·菲利普，他是波旁王朝旁系，因父亲为奥尔良公爵，其统治时期惯被称为"奥尔良王朝"。1844—1845年，路易·菲利普的统治岌岌可危，1848年法国再次爆发革命，路易·菲利普出奔。随后，拿破仑的侄子路易·波拿巴上台执政，他想办法把王冠戴在了自己头上，史称"拿破仑三世"，而他统治的时期被称为"法兰西第二帝国"。

3. 19世纪后期的法国海军，提倡使用鱼雷、潜艇等新技术抵消英国主力舰的优势，与儒安维尔的思路大致相同。

4. 图中黑白条纹的三层甲板战列舰即"胜利"号。1805年该舰担任旗舰，在特拉法尔加角海战中大败法—西联军，确立了英国海上霸权地位。三根桅杆的三道帆桁上站满了勇敢的水手，这就叫"升桅礼"。水手们在高出水面20米以上的帆桁上一字排开，面朝船头，背后有一根安全绳，双臂朝外张开，双手握紧安全绳，双脚站在帆桁上，而不是站在日常操纵风帆时的安全蹬绳（Foot Rope）上。水手们的姿势十分危险，却足以彰显勇气。挂满旗礼如图所示，悬挂国旗、军旗和海军旗，并通过桅杆从舰首到舰尾挂满通信旗。右侧近景是一艘封存的老旧风帆战舰，一般用作仓库、监狱等。

5. 蒂尔伯里大致位于伦敦到泰晤士河口的中点，到伦敦大约40公里。

6. "Jury Rig"原指风帆战舰在战损或因大风暴导致桅杆、帆桁、缆绳等损毁后，用船上搭载的备用木材临时搭建的救急桅杆、帆桁、缆绳，规模一般会比原桅杆系统小很多。比如，一艘战列舰的桅杆可能有30多米高，应急桅杆就只有十几米高，这样的矮桅杆自然没法让大帆船跑得太快，因此后来就用"Jury Rig"来表示大帆船配备的规模较小或简易的桅杆装置，其横帆数量较少，这样就不需要那么多人来操作。由于预备改装成封锁防御船的都是1815年左右建造的、舰龄三四十年以上的老船，船体结构已经不那么结实了，如果加装原本那高高耸立的桅杆，桅杆在风势作用下很容易让船底的木材松动、漏水，所以计划安装简易桅杆也是顺理成章。与此类似，功率太大的发动机重量太大、振动太大，也容易让这些风烛残年的老旧船体不堪重负，所以只得安装低马力的小型动力机组。

7. "最强音"级的几艘蒸汽螺旋桨巡航舰在后文还会涉及，这级巡航舰基本上是1850年前后的设计，原本计划建成风帆巡航舰，后决定加装螺旋桨蒸汽推进系统，因此在时间上似乎和1845年这个封锁防御船计划缺少关联。而在1850年的"最强音"级之前，只有1799年俘获的法国1794年造"最强音"号42炮重型巡航舰，1850年的"最强音"这个舰名也是继承该战利品舰的名字。因此，这里出现的1845年的"最强音"号存疑待考。

8. "布伦海姆"号和"阿贾克斯"号属于三等战列舰改装的封锁防御船。

9. 这在现代船舶设计上已经得到充分证实，但在当时，不足5:1的长宽比让船过于短肥，船头船尾突然变细反而会破坏流畅的水流，增加阻力。

10. "4艘战列舰"指当时同一批次接受改装的4艘风帆战列舰——"布伦海姆"号、"阿贾克斯"号、"霍格"号、"爱丁堡"号，它们都属于1809—1813年大量建造的量产型74炮风帆战列舰"无敌舰队"级（Armada）。

11. "宙斯之子"号是螺旋桨巡航舰，其余两艘是第二代封锁防御船。

12. 在风帆时代，大型木制船舶在海上活跃服役3—5年后就必须进入干船坞对船体进行整修，这就是"大修"。由于海上大浪的长期无规律拍打使得船壳多处船壳松动、漏水，船壳下面的肋骨也逐渐被海水腐蚀朽坏，所以往往需要大范围拆除船壳以暴露出船体深部的损伤情况。大修非常昂贵，甚至可达新船建造成本的四分之一乃至三分之一。

13. "专门设计的战列舰"，指本章后面以及后续章节将会提到的19世纪50年代专门设计建造的用蒸汽螺旋桨推进的风帆战列舰，其火力规模、生存能力以及机动性非封锁防御船可比。作者此处的意思是，根据这类新造蒸汽风帆战舰的造价，按比例缩小算新造封锁防御船的可能成本是12万英镑。

14. 即螺距减少了相当于螺旋桨旋转过2°时所前进的距离。

15. 轴马力是直接测量发动机输出轴上的输出马力。

16. 19世纪中叶以后，弗罗德通过测量船舶和螺旋桨的腊模在试验水池中的阻力，得到出了模型和实船之间受水体阻力的比例关系——"相似定律"，开创了现代试验水动力学。19世纪60年代以后，英国皇家海军的主力舰船体修形及螺旋桨选型，都由弗洛德的试验水池来决定。

17. 建成于1765年的三层甲板风帆旗舰"胜利"号（迎接法国国王的那艘）大约也是这个排水量，而到了19世纪中叶，搭载蒸汽机的两层甲板战列舰已经达到了这个排水量。

18. 这些船如果在1809—1813年建好时配备了武器，按照74炮双层甲板三等战列舰的标准，其火炮配置应为：下层炮甲板（即下文的"炮甲板"）28门32磅加农炮，上层炮甲板（即下文的"主甲板"）30门18磅加农炮，露天甲板混合搭载12—16门9磅加农炮与18磅、24磅、32磅卡隆短重炮。可以与下文封锁防御船的武备相对照。

19. 原著作者对甲板的用词混用了当代海军的习惯和风帆时代的习惯，在此只按照实际含义翻译，不再深究。可见封锁防御船下层炮甲板的火炮数量维持不变，上层炮甲板和露天甲板均搭载大口径可发射爆破弹的火炮，这代表了当时最强的火力搭配。

20. 这种炮门高度以19世纪上半叶的标准来看，不算太高，但比18世纪末19世纪初的战舰有较为显著的改善。

21. 参考第4章最后部分。毕业于该校的两个技术人才根据海军部的指令，在查塔姆成立委员会，对西蒙兹式舰船设计进行评判，并撰写了关于战舰设计的第一部公开出版的技术资料。同时期，艾迪也留下了类似的技术资料。

22. 风帆战舰的桅杆分三段，最下面一段最粗壮，称为"底桅"。

23. 即老式蒸汽机车头那种样式。

24. 所谓"四等战舰"就是当时的大型巡航舰，如"傲慢"号，备炮46门;而上面提到的战列舰"汉尼拔"号，备炮90门。

25. 约翰·宾（John Benn）设计的这种非常成功的发动机在当时大行其道，直到19世纪下半叶高压蒸汽时代到来才被淘汰。本书后续章节讲到的蒸汽风帆战舰便大量搭载这一机型。原著并没有对该发动机的创新设计做任何介绍，只是配了这样一张线图，因此这里借助这张清晰的线图，对这一设计独特、独具优势的早期船用发动机做一个简介。本图分为上下两部分，上部分为外部构造图，可见为卧式，整体布局非常紧凑，结合上面模型也可以看出来。下半部分为剖视图，展现了宾空心活塞杆式发动机的原理。可以看到，发动机主体实际上分成左右两部分，左边是汽缸，右边是空气泵。约翰·宾的独特设计集中体现在左边的汽缸上，可见躺着的汽缸中央，被一根圆筒贯穿，活塞的连杆被包在这根圆筒里。这根贯穿汽缸的圆筒就是 宾"桶"式发动机（宾空心活塞杆式发动机）这个名字的由来。这根圆筒和汽缸里那圆环形的活塞是铆固在一起的，甚至圆筒和活塞是整体铸造成型的。所以当蒸汽进入汽缸推动圆环形的活塞运动时，圆筒也跟着往复运动，从而推动连杆输出动力。这种设计在今天看来有点费解，为什么不直接把连杆改短一些呢？因为当时锻铁、铸铁制造的零件都没有今天钢那样优秀的机械特性，过短的连杆会导致它承受的应力太大，而且这个应力还不停地往复变化，导致短连杆很容易疲劳、损坏。在其他的设计中，这长长的连杆是导致发动机设计不容易紧凑的一个关键因素，约翰·宾就采用这个圆桶贯穿汽缸的办法，巧妙地在保留长连杆的同时缩小了发动机整体所占据的空间。但这种汽缸的气密性显然存在问题，这在低压蒸汽时代不构成真正的问题，然而进入高压蒸汽时代后就无法解决，只能淘汰了。右侧的空气泵也是低压蒸汽时代早期蒸汽机必不可少的辅助机器，用于造成负压，方便活塞往复运动。从图上可见，空气泵的活塞是和汽缸的活塞、圆筒依靠一根长长的细驱动杆连在一起的，即汽缸的一小部分输出功率用于驱动空气泵，这是瓦特以来的固定设计。这里的空气泵是前面章节曾提到过的"双动式"，即活塞往哪边运动都能抽气。

26. 当时的商船和战舰相比，船员数量要少得多，以尽量节约人力成本。操作风帆和给锅炉加煤，都是人力密集的劳动，而且还需要薪水标准很高的熟练工才能达到战舰要求的高效率，因此商船的桅杆、风帆都是简装，蒸汽机组的效率和维护水平也不高。当时商船一般没有固定的船期一说，因为当时为数众多的纯风帆商船是全靠天气情况来决定航线的，所以少数拥有蒸汽辅助动力的商船恐怕也没有后世动力船舶那样的固定船期。这种船无论是风帆还是蒸汽航行性能都达不到海军的标准。

27. 原著作者对当时巡航舰的分级也混用了风帆时代的传统分级和19世纪上半叶的分级方法。比如这里的"二等巡航舰"，就是指体形较小的巡航舰，从这艘船载的火炮数量就可以看出来。而第232页图中的"傲慢"号，作者描述为"四等战舰"，这是延续风帆时代的传统说法，用19世纪新的分级说法则应为"一等巡航舰"。这种19世纪的新分级方法将延续到19世纪下半叶的铁甲舰时代，而风帆时代一等到六等战舰的说法在1845—1850年的时候就已经要被废弃了。

28. 铁造船舶被决策层抛弃后，建造中的铁制巡航舰就被改装成了运兵船，因此换装了马力更低的蒸汽机，而原来的蒸汽机就替换下来改作他用。

29. 从 19 世纪中叶开始，出现了比较实用的照相技术。在本图右边远景的战列舰甲板上空与桅杆之间，可见挂了很多排白色的布片，那些是船员的吊铺和床单。后续章节的照片上常见这种战舰在港内晾晒吊铺床单的场景。

30. 也就是 1846 年艾迪提交的"大胆"号（后改名"詹姆斯·瓦特"号）设计。"詹姆斯·瓦特"这个舰名到此还没有实际采用过，直到 1854 年，这艘"詹姆斯·瓦特"号才作为"阿伽门农"号的姊妹舰完工。

31. 铁造巡航舰"火神"号也被降级为运兵船，因此不再安装原来的大功率发动机。

32. "菱形系数"显示了一艘船水下部分的丰满程度。菱形系数是两个体积的比值，分子是船体排水体积，分母是船长 × 舯横剖面面积。由于船的形状是首尾尖、中间丰满，所以船的水线面近似一个菱形，而船长 × 舯横剖面面积则代表了一个刚好包含这个菱形的长筒，所以这个比值被叫作"菱形系数"。

33. 指简单地按比例线性放大。当两艘船之间差别太多时，即使以原船的主尺寸按照简单放大的方式估算出新船的尺寸，新船所需的发动机推进功率等参数也不可能简单地按照比例放大得到正确的结果。

34. "前卫"号是 1835 年西蒙兹任总设计师时设计的一艘双层甲板战列舰，代表了 19 世纪上半叶量产型风帆战列舰，跟这里的"阿伽门农"号以及法国的"拿破仑"号在武器配备上可以类比。

35. 注意该舰的主桅杆（中间那根桅杆）没有竖立在船底，而是竖立在锅炉的上方，而前桅杆仍然像风帆时代一样，竖立在船底龙骨上。这是因为这种木制船体总长度不够长，主桅杆和动力机组又都需要布置在船体最丰满、浮力最足的地方，于是就彼此冲突了。

36. 这是 19 世纪中叶的工业水平难以达到的。

37. 这一系列命名和改名都是当时法国高层政权更迭的产物。该舰最初是在奥尔良王朝的王子儒安维尔的推动下才决定建造的，但原著却说"最初命名为'2 月 24 日'号"，这是因为 1848 年 2 月 24 日是推翻奥尔良王朝的二月革命即将成功的日子——这一天路易·菲利普宣布退位并开始流亡，显然奥尔良王朝的王子不可能拿这个来命名该舰。实际上，该舰的第一个名字，很自然地被称为"儒安维尔亲王"号，但二月革命胜利后就被更名为"2 月 24 日"号，以庆祝路易·菲利普倒台。后来在 1848 年革命中，拿破仑的侄子路易·波拿巴当上了法兰西第二共和国的总统，所以该舰于 1850 年下水前改为"拿破仑"号，可以说充满了象征意义。

38. 从那时候至今，大型战舰都是在船台上建造好整体结构后，再下水到其他厂房栖装各种船舱内配件设施的，所以从下水到最终完工总需要一些时间。

39. 当时既有从设计之初就按照螺旋桨战舰来规划的战舰，即所谓的"新造螺旋桨战舰"，也有在船台上改装、加装上蒸汽螺旋桨动力系统的，这种改装有时在建造的初始阶段就开始了，实际上也和新造差不多。

40. 稳心高一条可以看出，当时英国船舶设计仍然没有进入近现代科学设计的范畴，而法国早在 18 世纪后期就开始要求在设计时必须计算船舶的初始稳定性了。

41. 该舰虽然代表了划时代的技术革新，但外形跟 18 世纪的主力舰几乎看不出区别，只是装饰更加朴素一些。它仍然有三根竖立的桅杆和船头伸出来的复杂首斜桁。最下层炮门下面的一排黑点是这层火炮甲板所在的位置，黑点是甲板两舷的流水孔。

42. 标称马力前面解释过，只代表汽缸的尺寸大小，而宾式发动机的优势就是布局紧凑，它体积虽小功率却高。此外需要注意的是，标定马力是测量汽缸里的蒸汽压力，要比标称马力更准确一些，但仍然不是发动机输出轴上的功率。

43. 指风帆时代的"抛绳计节"法，即将一根缆绳每隔一海里的距离就打一个结，并在缆绳末端固定一个浮标，然后投出去。最后通过缆绳上的节来确定航速，因此航速单位才叫作"节"。这个办法显然非常粗略，根本没法与用标准测速航线测得的数据相比较。

44. 这些舰船的名字都是 18 世纪末 19 世纪初拿破仑取得辉煌战绩的一些战役名称，这时正是拿破仑的侄子路易·波拿巴执政的法兰西第二帝国时期。

45. "阿伽门农"号的"最初"（Initial）不知何意，最初设计的时候？最初服役的时候？按照当代权威的里夫·温菲尔德（Rif Winfield）所著的《风帆时代英国战舰》（*British Warships in the Age of Sail*）这本书的数据汇编，"阿伽门农"级设计之初预备搭载 80 门火炮：下层火炮甲板搭载 36 门重

65 担的 8 英寸炮，上层火炮甲板搭载 32 门重 56 英担的 32 磅炮与 2 门重 95 英担的 8 英寸重型炮，后甲板（即露天甲板后部）和艏楼甲板（即露天甲板前部）共搭载 2 门重 95 英担的 8 英寸重型炮、8 门重 85 英担的 10 英寸炮。1852 年 3 月 7 日，正式确立的标准武备为 91 门炮：下层炮甲板搭载 34 门 9 英尺长、重 65 英担的 8 英寸炮，上层炮甲板搭载 34 门 9.5 英尺长、重 56 英担的 32 磅炮，露天甲板共搭载 22 门 8.5 英尺长、重 45 英担的 32 磅炮和 1 门 10 英尺长、重 95 英担的 68 磅炮，最后这门炮显然是回旋炮位上的。这样可以看出，表格所列的"阿伽门农"号的武备是 1852 年确定的，而不是最初设计时计划搭载的，所以这个"最初"的含义欠准确。另外这里提到的当时测量的炮长多少英尺不是全长，没有包括炮尾和炮口的一些部分，全长要再长几十厘米。在一般资料中，"拿破仑"号的 80 门炮分布明细如下：下层炮甲板搭载 32 门 30 磅炮与 4 门 22 厘米炮，上层炮甲板搭载 26 门 30 磅炮与 4 门 22 厘米炮，露天甲板搭载 14 门 16 厘米炮。法磅比英磅大，所以 30 法磅炮几乎等同于 32 英磅炮。

46. "阿尔赫西拉斯"级是"拿破仑"号大型双层甲板战列舰的直接衍生型，但目前坊间资料都给"阿尔赫西拉斯"级配了 120—130 炮三层甲板战列舰的照片，应该有误。

47. 这里的"传动装置"，原著写的是"减速齿轮"（Reduction Gearing），而前文讲的是增速传动，因为当时原始的发动机通常都输出转速不足，需要增速传动，因此这里可能是原著笔误。

48. 1815 年，威灵顿公爵在滑铁卢战役中击败拿破仑，终结了 18 世纪 90 年代以来英法相持 20 多年的争霸战。他逝世后，这艘船被更名为"威灵顿公爵"号（HMS Duke of Wellington）。

49. 注意"拿破仑"号带有三层炮门，但最上层炮位是露天的。所以按照不算露天炮位的"英式"分类方法，该舰仍然和前文英国的"阿伽门农"号、"前卫"号等战列舰一样属于双层甲板战列舰，而非更大型的三层甲板战列舰，因为三层甲板战列舰有四层炮门，露天甲板以下还有三层火炮甲板。这个时代的双层甲板战列舰最多可以搭载 90 门火炮，如这里的"拿破仑"号以及"阿伽门农"号。这一时期的三层甲板战列舰可搭载 120—130 门火炮，如法国后来改装的蒸汽螺旋桨一等战列舰"布列塔尼"号、英国专门设计建造的螺旋桨一等战列舰"维多利亚"号等，对此第 13 章会有所介绍。本图上可以数出来的炮门，从船头到船尾，有 50 多个，但船首附近的炮门安装了窗户，即作为军官住舱，平时不布置火炮，船头的炮门平时也不布置火炮，因为担心火炮的重量会渐渐压得船头船尾变形，如第 4 章所讲的那样。所以"拿破仑"号可能在平时巡逻值班时只搭载 80 门火炮，一旦到了真正作战时，才配备 90 门火炮，甚至还能在首尾炮位布置火炮，从而达到 100 门火炮。当时英法的战舰都是这样设计和安排，可算是一种战略整合状态，三层甲板战列舰也是如此，实际带有 140 个炮门，但只搭载 120 门火炮。本书对这些大型战舰所列出的舰载武器数据往往缺乏出处，可信度一般，因此只能把当时火炮搭载的一般规律在此略作介绍。最后对照"拿破仑"号线图和前面"阿伽门农"号的照片，可以发现英国战列舰露天甲板的中腰部分仍然遵循风帆时代的惯例不布置火炮，船帮也不开炮门。

50. 基本都是 18 磅炮，搭载 24 磅炮的"大型"74 炮三等战列舰，英国似乎只建造过 2 艘，其他都是从法国俘房的战利品，包括 74 炮乃至 80 炮大型双层甲板战列舰。

51. 根据 19 世纪 40 年代的火力测试，当时的卡隆短重炮从船帮高度（8 米左右）平射，炮弹可以飞出大约一公里远才落到水面上。

52. 下层甲板的长炮射程远，露天甲板的短炮和卡隆炮在海战中只有不到几百米的有效距离；但在统一口径的情况下，上层不得不搭载短身管的火炮，否则船会重心不稳。同时，18 世纪末 19 世纪初英国奉为圭臬的火炮近战战术到此时仍然占据着多数高层人士的脑袋。

53. 见导言最末和第一章最末，这种高质量的火炮镗后仍然不会炸膛。

54. 康格里夫 24 磅炮是 18 世纪末康格里夫开发的短身管 24 磅炮，用于武装老旧的战列舰。这些双层火炮甲板的旧战列舰拆除一层甲板，装备上康格里夫 24 磅炮后，就变成了火力很猛的重型巡航舰。

55. "双弹连发""三弹连发"即一次发炮装填两颗或三颗炮弹，这是 18 世纪末英国近距离（100 米左右，甚至更短）轰击法国战列舰时的常用战术。一般开战首轮齐射往往采用这种办法，可以造成大规模的破坏，甚至一击打垮敌人的斗志。

56. 关于这些以炮弹口径命名的火炮，现在来看显得比较混乱。8 英寸的实心炮弹重 68 磅，因此当提到 68 磅炮时，一般指发射实心炮弹的火炮，这种炮比 8 英寸爆破弹加农炮更重，但后来也可以用这种发射实心弹的 68 磅炮通过减少发射药装药量，来发射 8 英寸爆破弹。而专门用于发射 8 英寸爆破弹的 8 英寸炮，其炮膛尾部的火药室比炮膛内径要小很多，就像当时攻城用的臼炮一样。所以 8 英寸和 68 磅这两种炮并不一样，而 68 磅炮又有身管长度不等的几种规格。这里根据上下文，应指专用的 8 英寸爆破弹加农炮。

57. 当时的爆破弹引信就是凸出炮弹球壳的一个矮圆柱。炮弹飞行时很容易因翻滚而失速乱飞，以致命中率不高。

58. "1812 年战争"是英美在 1812—1815 年间在北美海域和五大湖上，发生的冲突。当时英国所有战列舰舰队都在本土盯防法国战舰，只能出动巡航舰与美国在北美对抗。但美国早在 18 世纪末正式独立不久就依照国力条件和国防需求，提出了一套独特的装备发展理念，即追求质量而不追求规模，单舰对英国要实现全面超越。18 世纪末的美国没有发展战列舰的财力和战略需要，因为不想挑战英国的海上霸权，但美国逐渐扩展到全球的远洋贸易需要保护，所以当时的美国只建造巡航舰。美国独立后不久，其自造的巡航舰就曾到北非阿拉伯海盗城邦前进行舰炮外交。到 18 世纪末，美国仰赖北美相对廉价的巨木原材料和相对低廉的人工费，用较低的成本建造了比欧洲战列舰还大的重型巡航舰，其抗战损能力比起一般的巡航舰要高一个层次，所搭载的火炮也不是当时英国巡航舰统一搭载的 18 磅炮，而是 24 磅炮，其射程更远、杀伤力更大。这样的战舰目前美国仍保留着一艘作为纪念舰，即停靠在波士顿港的"宪法"号（USS Constitution）。在"1812 年战争"期间，英国的普通巡航舰面对这样的重型巡航舰自然难以取胜，而且美国配属这些军舰的船员也不像同时期法国经过革命后临时拼凑起来的那样士气低落、缺乏训练。结果英国全军乃至全国上下都因为这一系列战略意义不大甚至战术上也没什么重大失误的失败，而感到自尊心受伤。这也是上文开发康格里夫 24 磅炮等武器的一个原因，即把老旧的战列舰改装成美国重型巡航舰的对手。虽然这种胜利主要是船只实力之间存在的差距造成的，但英国人仍然做了深刻检讨。况且，当时英国上下也呼唤一个挽回面子的胜利。于是英国的"香农"号 18 磅炮普通巡航舰就封锁了纽约港，给港内的"切萨皮克"号 18 磅炮普通巡航舰下了战书。两艘船在规定的日期来了个海上骑士般的捉对厮杀，双方非战船只甚至抵近观战。两艘船经过短时间的近距离炮击后就接舷跳帮，用短暂的白刃战分出了胜负。最后，美国"切萨皮克"号舰长战死。因为英国人太渴望胜利了，以至于真的胜利后"香农"号上未成年的实习军官都获得了嘉奖，这人后来凭借年资累官至海军上将，并且再也没有经历过实战。

59. 风帆时代火炮的具体操作和配用的各种配件，见附录 5。风帆时代典型的英式 74 炮战列舰，长 50 米左右，只能搭载不到 400 人，因为底舱放不下够更多人喝 3 个月的淡水，而且战舰只有两层全通的炮甲板，上层炮甲板中腰露天、后部供军官居住，而唯一一层供船员居住的下层甲板也因为空间有限，一次只能供 200 人挂吊铺睡觉，船员还得两班倒着休息。而一艘 74 炮的典型战列舰单舷每门炮需要 10—14 人才能最快速度地进行操作，单舷 30 门炮便需要 300 多人操作。

60. 瞄准器即炮口上的一个凸起装置，瞄准时一般使炮尾、炮口、目标三点处于一条直线上，而这个突起修正了炮身从炮尾到炮口逐渐变细这个可能造成偏差的因素。由于当时开炮距离只有几百米，可以清晰地看到对方战舰的桅杆和船体的轮廓，于是远距离便瞄准桅杆开炮，到 100 米上下则瞄准船身开炮。18 世纪末已经在试验这种瞄准方法了，当时英法的战舰规格都很相似，只是法国的稍微大一些。通过测量停获的法国战舰，英国确定了桅杆高度等信息。

61. "炮长"是当时风帆战舰上专门负责管理火炮弹药等相关物资的负责人，不是战时指挥火炮射击的负责人。炮长也不是军官出身，而是地位卑微的普通水手经过长期努力逐渐获得的一种终身职务，相当于今天的"兵王"，即士官长。炮长是当时一艘战舰上三个常备士官长之一，这三个士官长是水手长（Boatswain）、炮长和木匠（Carpenter）。

62. 注意这些试验比前面第 8 章铁造船体的火力测试时间要早。

63. 指对该舰舰体的橡木材料造成的穿深。

64. 水漂弹是风帆时代的一种炮术操作，可以增加射程，并且一般都会击中敌舰水线附近的位置，从而更具破坏力。

65. 对木制帆船来讲最可怕的杀伤形式就是火灾，因为木船的船体和缆绳、帆布等为了抵抗海水的侵蚀而涂抹了大量易燃的松树油等物质，遇到火星就会燃烧，并且大火往往能借助缆绳、帆布和风势迅速蔓延，以致失控。

66. 因为碰炸时爆破弹就会在船壳外面爆炸，对船壳和内部肋骨结构只能造成有限的破坏，这一规律直 20 世纪的现代战列舰上仍是如此。必须使用可靠的延时引信才能让爆破弹、穿甲弹钻入船体后再爆炸，从而取得可靠的战果。

第十二章
1854—1856年的对俄作战

引言：技术的发展①

　　19世纪没有发生大规模的全面冲突，这一点令人欣慰，于是，这场战争——通常叫作"克里米亚战争"——见证了蒸汽战舰在英国皇家海军中最终取代纯风帆战舰。因此，这场战争几乎就成了检验前面那些技术实战价值的唯一一次机会。克里米亚战争，不仅见证了蒸汽战舰的大规模作战运用——它们组成了整支整支的蒸汽舰队；还见证了铁甲舰（Armoured Ship）、爆破弹、线膛炮和水雷的初次作战运用。此外，在这场战争中，英国还通过"批量建造"技术，开展了一个规模庞大的造船计划¹。鉴于以上这些原因，安东尼·普雷斯顿（Antony Preston）就曾把这场战争说成是"陆军的最后一场旧式战争，海军的第一场现代战争"。

　　对于海军来说，这是一场全球范围内的战争，主要海上冲突集中在波罗的海海域，此外也在中国海、白海²以及黑海开展过相当规模的作战活动。此间，既没有舰队决战，也没有任何大规模的公海遭遇战³，因此，对于这场冲突中获得的经验教训，必须加以谨慎对待。这场战争的来龙去脉非常复杂，加上又缺少好的参考资料，以致很多海军史研究者也对其感到陌生。②本书虽然也会在必要的时候大体描述一下作战的具体情况，但这里没法写成一部对俄交战的战史。所以本文准备了表12.1这样一份大事年表，罗列了在波罗的海和黑海区域中，海军作战行动的日期，及其与陆军作战行动时间的对应关系。

表 12.1　1853—1856 年对俄作战事件年表

	日期	黑海（含陆军作战行动）	波罗的海及其他海区
		先期行动	
1853年	5月31日	俄罗斯对土耳其发出最后通牒	
	6月8日	英国舰队抵达达达尼尔海峡	
	7月2日	沙俄入侵摩尔达维亚（Moldavia）	
	10月5日	土耳其宣战	
	10月28日	土耳其军队跨过多瑙河	
	10月30日	英国舰队进入博斯普鲁斯海峡	
	11月30日	锡诺普之战（Battle of Sinope）	
1854年	1月3日	联军舰队进入黑海	
	3月3日		英国波罗的海舰队从斯皮特黑德出发
	3月19日		英国波罗的海舰队抵达温戈湾（Wingo Sound）
	3月26日	舰队抵达巴尔齐克（Baltchirk）	

① D.K. 布朗（Brown），《克里米亚战争中的皇家海军》（The Royal Navy in the Crimean War），出自《19世纪的船舶技术》（Marine et technique au XIXe siècle），1987版（巴黎）。注意：这篇论文是根据本书的一份早期草稿写成的，而本章则在此基础上又有所改进拓展。

② 1903在伦敦出版的W.L. 克劳斯爵士（Sir W L Clowes）所著的《皇家海军：从发端到现今》（The Royal Navy. A history from the earliest time to the present），是迄今为止对这场战争中海军作战的最好叙述。

	日期	黑海（含陆军作战行动）	波罗的海及其他海区
	3月27日	（英法）宣战（消息4月9日送达邓达斯[4]处）	
	4月6日	"暴怒"号（Furious）在敖德萨（Odessa）[5]遭炮击	
	4月17日	法国陆军抵达加利波利（Gallipol）[6]	
	4月27日	炮击敖德萨	
	4月28日	侦察塞瓦斯托波尔（Sevastopol）	
	5月		温戈湾冰面完全解冻
	5月12日	"虎"号（Tiger）失事	
	5月12日	3.2万法国陆军、1.8万英国陆军在加利波利完成卸载	
	6月1日	封锁多瑙河河口[7]	"闪电"号侦察了博马顺（Bomarsund）海岸堡垒附近的水文地理情况
	6月13日		法国舰队前来增援（英国波罗的海舰队）
	6月21日		炮击博马顺海岸堡垒
	6月21日		英法舰队到达喀琅施塔得（Kronstadt）外海
	7月6日	接到指令，入侵克里米亚	
	7月24日	邓达斯和布吕阿（Bruat）[8]进行侦察；霍乱流行	
	8月8日		对博马顺炮台展开登陆行动
	8月16日		博马顺海岸炮台投降
	8月21日		科拉（Kola）炮台投降
	8月30日		彼罗巴甫洛夫斯克（Petropavlovsk）炮台投降
	8月31日	法国陆军部队登船（9月5日起航）[9]	
	9月7日	英国（陆军）从瓦尔纳[10]起航	
	9月14日	（在塞瓦斯托波尔附近）登陆	
	9月20日	阿尔玛之战（Battle of the Alma）[11]	
	9月23日	俄国堵塞了塞瓦斯托波尔港湾入口	
	9月26日	联军海陆军在巴拉克拉瓦（Balaclava）会师	
	9月27日		波罗的海舰队撤退、越冬
	10月17日	炮击塞瓦斯托波尔	
	10月25日	巴拉克拉瓦之战[12]	
	11月5日	英克曼之战（Battle of Inkerman）[13]	
	11月14日	大风暴	
	12月22日	里昂（Lyons）接替邓达斯	
	12月24日	布吕阿代替哈梅林（Hamelin）	
1855年	2月2日	再次封锁多瑙河河口	
	2月22日	阿纳帕（Anapa）[14]巡航	
	3月28日		波罗的海舰队从英国起航、出动
	4月	对一系列海岸炮台趁夜进行了突袭	
	5月3日	刻赤（Kertch）突袭舰队出发，不久后通过有线电报[15]召回	
	5月22日	刻赤突袭舰队再次出发	
	5月22日	占领刻赤、耶尼卡（Yenikale）	
	5月26日	舰队派出一些分队进入亚速尔海（Azov）	
	5月31日		波罗的海舰队抵达喀琅施塔得外海
	6月9日		"默林"号（Merlin）、"萤火虫"号（Firefly）中了水雷
	6月18日	英国陆军对塞瓦斯托波尔要塞的"大凸堡"（Redan）[16]进行了不成功的突击	

	日期	黑海（含陆军作战行动）	波罗的海及其他海区
	6月28日	拉格伦（Raglan）子爵[17]战死	
	7月19日		英法舰队抵达赫尔辛基（Helsingfors）外海
	8月9日		英法舰队炮击斯维德贝格（Sveaborg）[18]
	9月8日	法军占领塞瓦斯托波尔要塞的马拉科夫（Malakov）	
	9月9日	俄军放弃塞瓦斯托波尔	波罗的海舰队撤退
	10月17日	炮击金伯恩要塞（Kinburn）	
1856年	2月25日	和谈	
	2月29日	克里米亚停火	
	3月30日	《巴黎和约》签订	
	4月23日	英国举行海军凯旋阅舰式	

参战力量

克里米亚战争，简单来说，就是当时世界上规模最大的两支舰队——英、法舰队，一同对抗第三大舰队——沙俄舰队的战争。相比之下，英法联合舰队的整体实力看起来简直就是锐不可当。

表 12.2　1850 年交战海军规模对比

	英	法	英法联军	沙俄
战列舰	86	45	131	43
巡航舰	104	56	160	48

1854年6月12日，英法舰队在波罗的海成功会师，双方旗舰相互用对方的国旗彼此致意。其中，英国皇家海军的多数战舰都配备了蒸汽动力，而法国的战线中仍然包括一些纯风帆战舰。[19]（© 英国国家海事博物馆，编号 PY8240）

由于英法联合舰队被部署到远离本土母港的波罗的海和黑海海域，其在目标海域的实际优势事实上远远低于上表所示的样子。但另一方面，俄国舰队没有蒸汽战列舰，且蒸汽巡航舰的数量也很少。正是联合舰队在蒸汽战舰上的巨大优势令其完全掌握了制海权，几乎没有遭到敌方任何形式的抵抗。英国政府最开始并没有意识到这种巨大的优势，他们还担心波罗的海区域那规模更加庞大的沙俄海军说不定就能击败英法联合舰队，并对英国本土发动入侵。

战争爆发以及早期行动

克里米亚战争的起因很复杂，但主要原因是沙俄试图获得能够自由进出地中海的出海口。当时，奥斯曼土耳其的羸弱似乎提供了这样一个机会，而所谓"奥斯曼帝国境内信奉东正教的少数民族遭到宗教迫害"，正好为沙俄提供了一个借口。英国和法国都不愿意看到沙俄将触须伸到地中海，于是就力挺土耳其。[1]

1853 年的最初几个月里，俄、土之间充满了谈判，更确切地说，是威胁、欺骗与反欺骗，最终沙皇于 5 月 31 日向土耳其苏丹发出了最后通牒。7 月 2 日，经历了徒劳无果的谈判之后，俄罗斯军队横渡普鲁特河（Pruth），入侵摩尔达维亚地区。10 月 5 日，土耳其对俄宣战。

英法最初的应对措施是比较谨慎的。英国地中海舰队早在 6 月就已经部署至达达尼尔（Dardanelles）海峡，但直到 10 月 22 日英法联合舰队才沿着海峡上溯到伊斯坦布尔[20]。其中有些战舰进一步上溯至博斯普鲁斯（Bosphorus）海峡，但没有进入黑海，因为英法这一对盟友此时都还没有对俄宣战。

锡诺普之战

土耳其和俄罗斯之间的冲突，看起来似乎只局限于多瑙河公国（Danube Principalities）地区，于是，当土耳其海军上将、奥斯曼帕夏（Osman Pasha）在 1853 年 11 月初将他的巡航舰小舰队下锚在锡诺普（Sinope）海域的时候，他认为在这片海域上双方处于某种心照不宣的停战状态。他麾下有 6 艘纯风帆巡航舰，而他的指挥旗挂在旗舰——60 炮的"阿维尼·伊拉"号（Avni Illah）上，此外还有 3 艘分级外炮舰（Corvette）和 2 艘小型的明轮汽船。这些船搭载的最大号火炮是 24 磅炮，船上土耳其官兵的训练水平并不高，完全没有做好应对战事的准备。该锚地能够得到 84 门海岸炮的保护，其中一些炮可能是从该舰队的船上卸载到岸上的。

俄罗斯侦察船报告说发现了土耳其船只，于是纳希莫夫（Nakhimov）海军上将决定让他麾下的舰队出击，而他的舰队无论在数量、单艘战舰的大小还是在搭载的火炮尺寸方面都大大凌驾于土耳其舰队之上。

① R.L. 弗兰奇-布雷克（Ffrench-Blake），《克里米亚战争》（The Crimean War），1971年版（伦敦）。

表 12.3 俄罗斯舰队规模 [21]

120 炮战列舰	3
84 炮战列舰	3
巡航舰	2
汽船（小型）	3

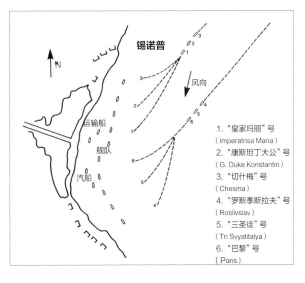

1. "皇家玛丽"号
（Imperatrisa Maria）
2. "康斯坦丁大公"号
（G. Duke Konstantin）
3. "切什梅"号
（Chesma）
4. "罗斯季斯拉夫"号
（Roslivslav）
5. "三圣徒"号
（Tri Svyatitalya）
6. "巴黎"号
（Paris）

锡诺普之战。[23]

这些 120 炮战列舰中有 2 艘各列装了 14 门 60 磅爆破弹加农炮 [22]，而其他船只上总共搭载了 10 门这种武器。

11 月 30 日 12 点 30 分，纳希莫夫带领他的战列舰呈两列纵队接近土耳其战舰并开火。射击大约从 13 点 30 分开始，战斗一直持续到夜幕降临，这时土耳其的大部分舰只都已经被摧毁了。土耳其损失了 3000 人（75%），其中唯一一艘得以逃脱的船是明轮汽船"塔伊夫"号（Taif）。俄罗斯方面的战损情况是 37 人战死、229 人负伤。对于此战的突然爆发与一边倒的结果，各国在猝不及防的同时，又感到震惊和恐怖。煽动性文章充斥一时，纷纷批判俄罗斯率性开火、不宣而战（事实上当时没有维持停战状态的任何协议），甚至朝落水的幸存者开火。时人认为，此战令人惊愕的毁伤效果主要是由俄罗斯方面的爆破弹造成的，尽管有关这方面的证据现在来看远远不够充分。道格拉斯引用过佩克桑陆军上将的一封信，信中他（佩克桑）说俄罗斯的报告特别指出是其爆破弹摧毁了土耳其人的巡航舰。[①] 佩克桑与驻土耳其的法国大使馆的通信证实，土耳其大型战舰的损失是由爆破弹爆炸所引发的大火造成的。

锡诺普之战在国际上引发了剧烈的反应。这幅法国版画引用了约翰·罗素（John Russell）的话："以'胜利'之名粉饰屠杀。"（© 英国国家海事博物馆，编号 PU5897）

① H. 道格拉斯爵士（Sir H Douglas），《海军火炮技术》（*A Treatise on Naval Gunnery*），1860 年版。

英国舰队进入波罗的海。从左往右依次为："豹"号（Leopard），"秃鹫"号（Vulture，远景），"圣让达克"号（St Jean d'Acre），"皇家乔治"号（Royal George），"威灵顿公爵"号（打头阵的三层甲板战列舰），"摄政王"号（Princess Regent），"克莱西"号（Cressy），"专横"号（Impérieuse），"傲慢"号，"爱丁堡"号，"霍格"号，"布莱克"号（Blake），"阿贾克斯"号，"欧吕阿鲁斯"号（Euryalus），"不惧"号，"海王星"号（Neptune），"君主"号（Monarch），"宙斯之子"号（前景），"牛头犬"号（Bulldog，远景）。（© 英国国家海事博物馆，编号 PY8333）

① H. 道格拉斯爵士，《海军火炮技术》，1855年出版，1982年再版于伦敦。

② J.P. 巴克斯特（Baxter），《铁甲舰的诞生》（The Introduction of the Ironclad Warship），1933年版（哈佛）。

③ F.L. 罗伯特森（Robertson），《海军火炮的发展》（The Evolution of Naval Gunnery），1921年版（伦敦）。

当时的大多数学者，都没注意到"乔治亲王"号打靶试验[①]以及法国在加夫尔（Gavre）进行的类似试验[②]，已经客观验证了爆破弹的真正毁伤效果。可能连土耳其人自己也还没有注意到，早在1788年，就有一支俄罗斯的划桨炮艇（Oared Gun Boat）队，在英国陆军上将塞缪尔·边沁的指挥下，使用爆破弹，在利曼河（Liman River）毁坏了土耳其的一个舰队（Squadron）。[24][③]

在锡诺普发生的这场遭遇战，产生了远远大于其战术意义的巨大影响。[25] 拿破仑三世令他的战舰总设计师（Chef du materiel）[26] 迪皮伊·德·洛梅，开发使用蒸汽动力、带装甲防护的海上浮动炮台。而政治上，现在已经不可避免地要开战了，于是英国和法国都在1854年3月27日对俄宣战。宣战消息于4月9日送达驻扎在黑海巴尔齐克（Baltchirk）[27] 的邓达斯（Dundas）海军上将处，而驻扎波罗的海的纳皮尔海军上将则于当月4日收到消息。

1854年的波罗的海战事

海军部委员会面临的第一个问题是选择舰队总司令。当时的英国，晋升全凭服役年限，而且已长期和平无战事发生，再加上高龄退役的制度也很局限，结果产生了一大批年事已高的现役海军将领。[28] 黑海舰队的舰队司令邓达斯[29] 是1785年出生的，而波罗的海舰队司令的最终人选查尔斯·纳皮尔（Charles Napier）只比前者年轻一岁。所以，这是一场由老年人指挥的应用了新技术的战争。另外，寻找足够的人手来操作整个舰队很成问题，因为能开出的薪酬条件并不足以引来足够数量的高水平水手志愿参战，这个时候"抓壮丁"虽然仍然是"合法"的[30]，但已经不能被这个时代的大众所接受了。因此，海军招募到的人主要是旱鸭子和失业人员。

表 12.4 波罗的海舰队规模

蒸汽动力战列舰	9
蒸汽动力封锁防御船[31]	4
纯风帆战列舰	7
螺旋桨巡航舰	4
明轮巡航舰及小型汽船	11

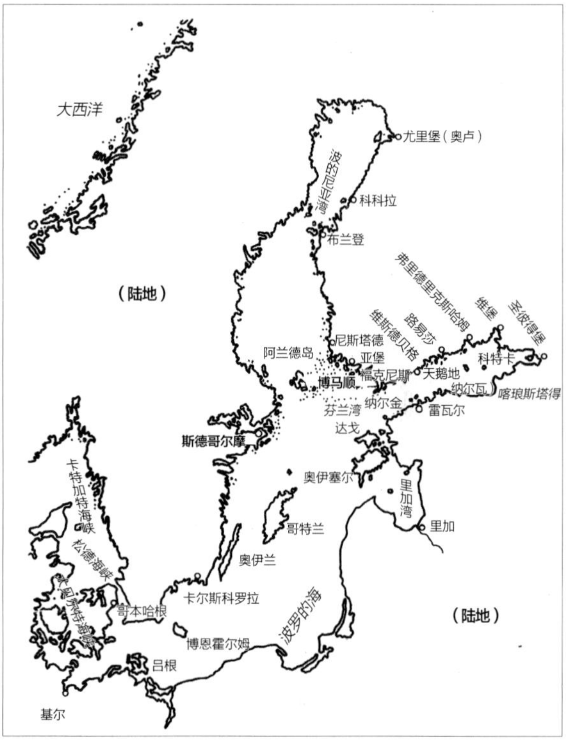

1854 年 2 月，新募水兵在仓促地进行着训练，舰队集结待发。11 月 11 日，维多利亚女王搭乘游艇"仙女"号检阅了这些军舰，然后，女王的游艇领着第一分队开到海上，一直领着它们航行到圣海伦斯（St Helens）。16 点，舰队消失在地平线外。3 月 16 日，科里海军上将指挥的第二分队也由女王亲自送到海上。

1854年波罗的海形势图。

纳皮尔海军上将获得的指示可归纳如下：

1. 防止任何俄罗斯战舰逃出波罗的海；

2. 侦察阿兰德岛（Aaland islands）[32]，条件允许则尝试攻占；

3. 避免和丹麦、瑞典发生冲突；

4. 侦察雷瓦尔（Reval）[33]和其他要塞据点。

詹姆斯·格雷厄姆爵士（Sir James Graham）修书一封给纳皮尔，强调了以上这几点。他在信中说道："我相信你是谨慎理智的指挥官，不会在准备不充分的时候就拿脑袋去撞石头墙，更不会在没有完胜的把握下这样做。"[①] 接到宣战通告时，纳皮尔舰队正在哥本哈根下锚。随后，他的纯风帆分队前来和他会合，帕斯瓦尔 – 迪赛恩（Parseval–Deschenes）海军中将指挥的，由 1 艘蒸汽动力战列舰、8 艘纯风帆战列舰和 9 艘更小的舰只组成的法国舰队也前来会合。

表 12.5 波罗的海上的力量对比

	英	法	英法联军	沙俄
蒸汽动力战列舰	13	1	14	—
纯风帆战列舰	6	14	20	27
合计			34	27

①《詹姆斯·格雷厄姆爵士的生平和信件》（*Life and Letters of Sir James Graham*），海军档案协会藏。

联合舰队随后进入波罗的海，封锁了里加湾（Riga），并袭击了沿海村庄和航运。这些攻击几乎没获得什么有军事价值的战果，而且还疏远了一些态度友好的当地居民。[①] 在这些行动中，为了训练那些缺乏经验的官兵操作火炮和操帆驾船的能力，费了相当大的功夫，甚至弄到弹药出现短缺的地步。新兵的船舶操纵水平很差，发生了几次事故，有的船几乎彼此相撞。即使是最小号的船，他们也需要 4 分钟才能把帆缩起两道（Take in Two Reefs）[34]，而且经常使用蒸汽动力航行来克服船员糟糕的操帆驾船水平。[②]

波罗的海舰队的水文测绘官，是一位名叫苏利文（Sulivan）的优秀舰长，他饶有兴趣地对当时该舰队各个舰只的风帆操作水准做了一点描述，就像所有这类说法一样，这些评价既反映了舰长的指挥技能也反映了船舶本身的品质。据他说，"威灵顿公爵"号依靠风力航行得非常漂亮，特别是在顺风情况下，而封锁防御船即使满帆，想要跟上战列舰，尤其是"威灵顿公爵"号，也有困难。还有一次，当"吹来一阵不算小的'极顶帆风'（相当于蒲福风级 5—6 级、风速 15—20）"[35] 时，"爱丁堡"号和"霍格"号（Hogue）封锁防御船能够跟得上战列舰舰队，"圣让达克"号（St Jeand'Acre）则几乎和"公爵"号一样快，"海王星"号则快得"令人惊讶"。"海王星"号是当时舰队里航速最快的船之一，配备的是过去已经接受过良好训练的职业水兵，所以该舰算是整个舰队里最棒的那艘船。"博斯科恩"号（Boscawen）也很快，苏利文把这归功于西蒙兹，尽管该舰经过了多次改造，早已和原本的西蒙兹式风格相去甚远。"克莱西"号表现并不出色，虽然比其中几艘封锁防御船要好。"霍格"号不太容易把控航向，但它和"爱丁堡"号封锁防御船看起来要比剩下的两艘更好操纵。苏利文对"奥斯特里茨"号（Austerlitz），即法国唯一的一艘蒸汽动力战列舰的评价并不算高，他将该舰描述为"一条笨重的破船，不如我们的 90 炮战列舰操作灵活，这艘船看起来更像是我们封锁防御船的放大版"。

6 月，苏利文作为水文测绘官，乘坐"闪电"号（Lightning）侦察了博马顺（Bomarsund）海岸堡垒。当月晚些时候，他派了 3 艘明轮巡航舰对博马顺堡垒进行了炮击——苏利文说给敌人造成的打击，远远低于发射的弹药成本！这个时代海岸炮台的有效射程大约为 1500 码，而英国 68 磅炮偶尔还可能打中 4000 码开外的目标。（但从船上开炮的命中率很低，结果没能给炮台造成任何实质伤害）

扔下纯风帆动力战列舰封锁斯维德贝格（Sveaborg）后，蒸汽舰队上溯芬兰湾，来到喀琅施塔得。苏利文和随行人员爬上托尔布津岛（Tolbukin）西端的灯塔，发现俄国人在该港内有 16 艘战列舰和一些巡航舰。这些舰只得到了大型花岗岩造海岸炮台的保护，炮台上装备了 3 排甚至 4 排炮门，所以眼下对于喀琅施塔得，还完全奈何不了。

① B. 格林希尔（Greenhill）和 A. 吉法德（Giffard），《英国对芬兰打击史》（The British Assault on Finland），1988 年在伦敦出版。
② H.N. 苏利文（Sulivan），《海军上将 B.J. 苏利文爵士的生平和信件》（Life and Letters of Admiral Sir B J Sulivan），1896 年版（伦敦）。

博马顺

　　奥兰（Aaland）群岛有大约 280 个大小岛屿，博马顺炮台就在奥兰本岛上。这座巨大的花岗岩炮台朝着主水道（Sound）[36] 布置了 80 门炮，还有一些炮朝向内陆布置。此外，该炮台得到了附近两个更小的炮台和火炮阵地的支援。苏利文勘探出一条之前本地人没有画在海图上的可通行航道，于是引着 4 艘封锁防御船外带 2 艘螺旋桨巡航舰绕到敌人后方发起攻击。9000 人的法国陆战队和一支规模小一些的英国陆战队随后发起了登陆作战。8 月 13 日，"基" 炮台（Fort Tzee）向法国投降;两天后，"诺特维克" 炮台（Fort Nottich）向英国投降。[37] "布伦海姆" 号的一门 10 英寸炮被卸载到陆地上使用，这门炮连同整个舰队于 8 月 16 日朝主炮台开火。虽然并没有造成什么太大的实际破坏，但驻军投降了。这次行动证明了蒸汽动力舰队在机动性上的价值，特别是它可以从敌人意想不到的方向发起攻击。而许多大型火炮的集火射击对敌方士气的打击也体现了出来，当然这也体现出，舰载火炮不足以对海岸防御工事构成实际威胁。

　　除了留下一排 7 个炮台来测试舰载火炮的威力外，其余炮台皆被破坏[38]。测试中，"爱丁堡" 号从 1606 码外向炮台开炮，一共打了 390 炮。

"闪电" 号引导舰队通过安戈（Ango）水道，前去炮击博马顺要塞（1855 年）。"闪电" 号后面跟随着的依次是："阿贾克斯" 号、"布伦海姆" 号、"阿尔班" 号（远景），"宙斯之子" 号。岛后面可见 "霍格" 号和 "爱丁堡" 号的桅杆。在这幅画里，既有皇家海军早期的明轮汽船，也有第一批的那 4 艘蒸汽战舰（封锁防御船），还有第一艘螺旋桨巡航舰，可以说基本代表了本书描述的全部技术发展。（© 英国国家海事博物馆，编号 C0716）

表 12.6 "爱丁堡" 号炮击测试 [①]

兰开斯特 95 英担炮（Lancaster 95cwt）[39]	100 磅长型爆破弹（Elongated Shell）
重 95 英担的 68 磅炮	球形实心弹
重 56 英担的 32 磅炮	球形实心弹
10 英寸爆破弹加农炮	84 磅空心弹
8 英寸爆破弹加农炮	56 磅空心弹

① 道格拉斯，《海军火炮技术》（1860 年）。

炮击博马顺炮台的战场
鸟瞰图，1854年8月。

黑海示意图。

这些炮击只造成了很轻微的破坏，或者可以说就没造成什么破坏，于是"爱丁堡"号开进到只有 480 码的地方，又打了 250 炮。这次在一片施工质量不太好的地方轰开了一个小缺口，还对其他许多地方如垛口等处造成了相当的破坏。尽管已经用 640 发、总重达 40000 磅的实心炮弹和爆破弹集火轰击了这块范围很有限的目标区域，所造成的坍塌和缺口仍然不够大，没法让一支突击队冲进去。兰开斯特炮显得非常没有准头，而且所有的爆破弹，不论用的是碰炸引信还是延时引信，都会在击中工事外壁时立刻爆炸，只能造成非常轻微的破坏。

9 月份，舰队离开波罗的海返回英国，纳皮尔海军上将遭到解职，这让他显得有些灰头土脸、颜面扫地，尽管他已经超额完成了向他下达的任务，但他的下属和上级都对他不再看好了。

1854 年的黑海战事

英法联合舰队于 1854 年 1 月进入黑海，其领受的作战指令是阻止沙俄海军进一步攻击土耳其海军。巡航舰"报应"号（Retribution）挂着休战旗开到塞瓦斯托波尔，向沙俄通报英法联合舰队所奉的新指令，以示警诫。该舰在雾中抵达该港，完全没有被人察觉。邓达斯和法国海军上将哈梅林（Hamelin）很快就意识到，现在月份还太早，此时的黑海对于纯风帆战列舰进行长时间作战巡航来说，还是太危险了[40]，于是迅速把它们撤出黑海，把作战任务全留给了蒸汽舰艇。4 月，明轮巡航舰"暴怒"号（Furious）造访了敖德萨（Odessa），接走了英国驻此地的领事，并正式通知封锁该港。该舰虽然挂着休战旗，但仍然遭到了炮击。在未能获得俄国人的道歉后，海军将领们决定炮击该据点的军事设施。

由 5 艘英国、3 艘法国的蒸汽巡航舰，以及纯风帆巡航舰"阿雷图萨"号（Arethusa）组成的小分队，于 4 月 22 日对敖德萨开火，这是英国皇家海军的纯风帆战舰最后一次参加成一定规模的作战行动。最开始，这些战舰在大约 2000码外一边绕圈机动一边开炮。这种炮击对岸上目标造成的破坏很小，而且法国战舰"沃邦"号（Vauban）[41] 还被岸上发射的红热弹引燃大火。红热弹虽然是一种非常古老的武器，但看起来仍然比当时的爆破弹有效得多。之后，这支小舰队下锚停航，于是炮击就变得更有效起来，轰出的炸弹点燃了港内的仓库和船只。混乱中，几艘英法联盟这边的商船逃离了该港。

5 月发生了一些小规模冲突，主要是在黑海东部，此外，明轮巡航舰"虎"号（Tiger）在雾中搁浅后遭岸上火炮摧毁。

1854年4月22日炮击敖德萨。（© 英国国家海事博物馆，编号 PU5899）

炮击敖德萨期间，整个舰队的舰载艇都划向法国蒸汽战舰"沃邦"号准备进行救援，该舰遭红热弹击中起火。（© 英国国家海事博物馆，编号 PU9640）

入侵克里米亚

5 月，联合舰队驻扎在卡瓦尔纳（Kavarna），此地今属保加利亚。蒙兹（Mends）海军上校接到指令，由他制定入侵克里米亚的作战计划。蒙兹与他的法国同僚们一起制定了该计划，而相关准备工作一直持续到了 8 月份。此计划投送的陆军规模空前庞大。

表 12.7 入侵克里米亚的力量

	英	法
步兵	22000	25000
骑兵	1000[42]	—
工兵等	3000	2800
火炮	60	68

英国使用了 52 艘纯风帆运输船和 27 艘汽船，外加 350 艘小艇，而法国动用了 200 艘小型帆船、3 艘汽船，并且在他们的每艘战列舰上塞进了 1800—2000 人[43]。由于人满为患的战列舰没法使用舰载火炮，这使沙俄手中的 14 艘战列舰、7 艘巡航舰的力量暂时比英国那 10 艘战列舰、2 艘巡航舰的舰队略占上风。英国战列舰中有 2 艘为蒸汽动力，即"阿伽门农"号和"桑斯·帕雷尔"号，虽然后者的蒸汽机一直靠不太住。

　　英法联军的登陆行动受到了霍乱疫情的干扰，特别是那些法国船。当时的人们还是能够正确估计这次军事行动的风险的，因为在没有合适的港口、天气又比较恶劣的情况下，要在敌方的海岸上驻屯并维持一支相当规模的部队，是十分困难的。不过将军们还是相信，战争能够在秋天的劲风刮起之前结束。

　　法国人从 8 月 31 日开始装载部队，花了 3 天时间才装满他们的船只，而英国人直到 9 月 7 日才装载妥当。英国人之前的恐慌（今后还会有更多这样的恐慌）——害怕法国人一夜之间入侵英格兰，从当时的实际条件来看，恐怕是不现实的。整个运兵船队搭载着 5.2 万名士兵，分作 6 支分队出航，每艘汽船都拖曳着 2 艘帆船。护航部队是 3 艘战列舰、2 艘巡航舰和 11 艘汽船。

　　这支运兵船队起航时，计划登陆地点是卡恰（Katcha）河的河口，但指挥官们认为这样做风险太大，于是决定靠近耶夫帕托里亚（Eupatoria）登陆，尽管这里跟塞瓦斯托波尔要塞相距较远。9 月 15 日开始登陆，当天约有 2.8 万名士兵卸载上岸。到了 19 日，所有人员登陆完毕。阿尔玛（Alma）之战获胜后，大军开始朝着塞瓦斯托波尔方向开进，但他们绕过了塞瓦斯托波尔，选择从南面对其进行侦查。英国的补给不得不卸载到狭窄的巴拉克拉瓦（Balaclava）湾，而法国人则在卡米什（Kamiesh）和卡扎克（Kazach）占领了更好的锚地。

　　俄罗斯海军上将科尔尼洛夫（Kornilov）想要攻击联军舰队，但在 9 月 21 日召开的舰长议事会上几乎没得到麾下舰长们的任何支持，于是决定把 7 艘最大型的战列舰在塞瓦斯托波尔港的入口处放水自沉，将其封堵住，同时还能让船员尽量解放出来用于陆上作战。剩余舰只则排成一条纵队，其舰载火炮的射界能够覆盖该港的北面。

表 12.8　塞瓦斯托波尔的炮台群

炮台名称	备炮总数	可以打到舰队的炮的数量
"亚历山大"（Alexander）	56	17
"君士坦丁"（Constantine）	94	23
"阔伦廷"（Quarantine）	58	33
"黄蜂"（Wasp）	12	3
"电报"（Telegraph）	17	6

英法联军计划于 10 月 17 日对塞瓦斯托波尔展开一个大规模攻势，并要求舰队攻击那些海岸炮台，好牵制敌人的注意力。最初的计划是让舰队在近距离内一边行驶一边炮击，但是法国海军上将康罗贝尔（Canrobert）坚持要求英国人同意在距离目标 1500—2000 码的地方下锚开炮。英国船发现了一个距离"君士坦丁"炮台和附近的火炮阵地只有约 750 码的深水水道，于是准备组织一支小规模的近岸袭击队。2 艘土耳其船只加入了这支英法联合攻击舰队。至于这些炮台面向海岸方向具体布置有多少门炮，资料数据各不相同，不过这里罗列的数字至少在数量级上也能算是正确的。

英法两支舰队由于卸载了很多人员和火炮来支援岸上作战，加上疾病侵袭损失了相当多的人，剩下的船员数量只够操作一舷的火炮，其中有些船的上层火炮甲板炮位就没有人，当然这也有助于减少人员伤亡[44]。当天早上 6 点 30 分，陆军开始了行动，交火一直持续到 9 点，这时法国陆军的主弹药库被击中殉爆了，不久之后这次攻势就被迫取消了。

联合舰队并不了解这一情况，他们从 12 点 30 分左右开始炮击，法国舰队攻击南部的炮台，英国舰队则稍后炮击北面的炮台。由 2 艘蒸汽战列舰和一些纯风帆战列舰组成的近岸分队，其每艘风帆战舰都在舷侧绑着一艘汽船，依靠汽船拖带进入战斗阵位，开始与"君士坦丁"炮台和另外两个称为"电报"和"黄蜂"的炮台交火。

对堡垒本身的实际破坏可以忽略不计，尽管"君士坦丁"炮台除了 5 门炮之外其他炮都无法继续战斗了，这主要是因为"恐怖"号[①]打出的一发爆破弹引起了炮台弹药库爆炸。幸存的炮组人员纷纷奔向掩体，这让炮台沉默了下来。第二天，一名记者近距离乘坐汽船经过，他说，每个炮台"从地基到顶部完全为弹痕所覆盖"。可是除了"阿伽门农"号近距离炮击的地方，其他位置所受到的伤害"实际上微乎其微"。

造成的破坏如此轻微，这一点也不奇怪，因为即使是距离炮台最近的船也在 750 码开外，而大部分船则在更远的地方。旗舰"不列颠尼亚"号（Britannia）是如何炮击的呢？道格拉斯[②]说得很有意思：该舰在 2000 多码外开炮，可是这个距离对当时的炮弹来说太远了，不会有杀伤力。倘若开炮距离再近一些，那该舰的 56 英担炮以发射药最大装药量所发射的那 710 枚 32 磅实心球形弹丸应该能产生相当的毁伤效果。至于那 785 枚减少发射药装药量（只有 6 磅或 8 磅黑火药）来发射的实心球形弹丸和那 320 枚空心弹丸以及一些爆破弹，怎么都不可能造成任何毁伤效果。

对船只的毁伤效果

这场战争包含了极少数的几个木制船体被爆破弹轰击的战例，也因为这个

① A. 西顿（Seaton），《俄国眼中的克里米亚战争纪实》（*The Crimean War – A Russian Chronicle*），1977 年版（伦敦）。
② 道格拉斯，《海军火炮技术》（1860）。

原因，这些战例很值得研究一下。除了火力测试之外，克里米亚战争之前的唯一一个爆破弹轰毁木制船体的战例是 1849 年 4 月 5 日的埃肯弗尔德（Eckenfjorde）之战（见附录 11）。当时，丹麦的"克里斯蒂安八世"号（Christian Ⅷ）战舰跟普鲁士的海岸炮台发生交火，这些炮台使用爆破弹的时候杀伤力显得非常差，但后来改用红热弹便摧毁了该舰。在塞瓦斯托波尔，唯一遭受相当程度的破坏的英国战舰是"阿尔比恩"号。该舰被"君士坦丁"炮台的 4 枚爆破弹击中了水线附近，其中 3 枚在最下甲板的后部（Cockpit）[45] 爆炸。该舰两次起火，不久后就封闭火药库，停止了作战，以防止火势蔓延到火药库。该舰有 11 人战死，桅杆也因受损严重而不得不由"纵火者"号（Firebrand）明轮汽船拖离战场。

炮击塞瓦斯托波尔的全景图。风帆战列舰舷侧绑着汽船，依靠汽船拖带进入战斗阵位。（© 英国国家海事博物馆，编号 C0715）

塞瓦斯托波尔攻击行动结束后的场景。左边是"柏勒罗丰"号（Bellerophon），其舷侧绑着"独眼巨人"号明轮汽船，准备将该舰拖离开；"喷火"号（Spitfire）明轮汽船（画面中央）正准备对后面的"罗德尼"号（Rodney）也进行这一作业；最右边的是"阿伽门农"号蒸汽动力风帆战列舰。（© 英国国家海事博物馆，编号 PX9167）

1854年10月17日，战斗后受损的"阿尔比恩"号正在被拖带。可以看到，下层甲板炮门的下面以补丁封堵的、炮弹打出的破洞。[46]（© 英国国家海事博物馆，编号 X2045）

巡航舰"阿雷图萨"号也受了伤，一枚爆破弹在其火炮甲板上爆炸，炸翻了两门炮的炮组人员，另一枚爆破弹炸烂了 3 个舱室的隔壁，还点燃了一个铺位，而这个铺位靠近一个装有 300 发爆破弹的弹药库[47]。第三枚在水线以上、距离水线不远的位置爆炸，把 7 块船壳板炸得凹陷进去，第四枚在水线处厚厚的船壳板上爆炸。如果当时海况较高，那么该舰恐怕就会有沉没的危险，但应该注意到，这只是一艘巡航舰，本来就不是用来和炮台要塞对垒的。这两艘是第二天仍然不能参战的唯二战舰，但它们经过战地抢修，能够自行前往伊斯坦布尔进行临时整修，然后再前往马耳他进行全面维修。

"阿伽门农"号和"桑斯·帕雷尔"号的桅杆帆缆受损严重。"阿伽门农"号中弹 214 次，其中包括 3 枚爆破弹和 1 支火箭。3 枚爆破弹中的 1 枚在火炮甲板上爆炸，另外 2 枚在桅杆处爆炸，并且其中一枚在主桅杆主帆的帆桁（Main Yard）[48]上引发了火势，不过立刻就被扑灭了。科尔（Coles）[49]说，几乎没有一根缆绳是完好的，露天甲板上到处都是各种破片。[①] 幸运的是，露天甲板通常都是海军陆战队员们的战斗位置，而他们恰好早已经随着海军旅上岸支援作战去了，所以这些露天炮位都没有人。火箭落在水线以下 6 英尺处，造成了很大的震颤，但实际损伤微乎其微。一名水手潜入水下，发现火箭的外壳卡进船壳里、伸到船壳外面来。"阿伽门农"号 4 人战死，25 人负伤。

"伦敦"号（London）的船体被"电报"炮台的实心炮弹和爆破弹多次击中，在两小时内起火三次。"女王"号被一发红热弹命中后起火，不得不退出战斗，而"罗德尼"号（Rodney）搁浅[50]并受了一些表面伤。"巴黎城"号（Ville de Paris）是法国舰只中唯一受到严重破坏的，一枚可能是用臼炮发射的爆破弹

① G.P. 比德尔（Bidder），《国防》（The national defences），《民用工程研究院院刊》（Trans Institute of Civil Engineers），1860 年版。此文也有 C.P. 科尔（Coles）上校的贡献。

在该舰的艉楼甲板（Poop）[51] 下面爆炸，造成了大范围的破坏，杀伤了不少船员。该舰船体上总共遭实心炮弹和爆破弹命中 41 处，其桅杆和风帆缆绳也遭同样数量的炮弹击中。该舰舰员一夜之间就抢修好了这些损伤，并在第二天的状态报告中说它可以继续战斗。

硝烟[52] 大大影响了俄国炮手的战场能见度，他们有时只能朝着敌舰炮口的火光开炮。英国的近岸作战分队处于炮台多门炮的射界盲区，为了打击到这些目标，一些炮台的火炮必须使用最大射程，越过整个港区进行跨射。俄国人打了 1.6 万发炮弹，付出了死伤 138 人的代价，可对英法战舰造成的破坏和这比起来，就并不特别令人印象深刻了。[①]

战斗结束后，法国海军上将哈梅林对"阿伽门农"号和"拿破仑"号这两艘船评价道说："'阿伽门农'和'拿破仑'都很棒，是的，就是'棒'这个词。"[②]

① 同作者西顿的上一个参考文献。
② 《詹姆斯·格雷厄姆爵士的生平和信件》。

大风暴

海军旅在陆上的作战确实英勇异常，但这部分内容超出了本书的范围。总共大约有 5000 名水手、海军陆战队员带着 140 门大炮登陆作战。值得特别一提的，是他们和陆军士兵相比，罹患传染病和各种其他疾病的情况要好得多[53]。10 月、11 月期间，海军进行了多次小规模对岸炮击，但他们的主要任务是继续确保海上补给线的畅通。

1854 年 11 月 14 日的巴拉克拉瓦湾大风暴。画面左前方的，是被闪电劈中的明轮巡航舰"报应"号[54]。（© 英国国家海事博物馆，编号 PY0929）

1854年10月在塞瓦斯托波尔外海测距试射的"箭"号（Arrow），它是新造的这批铁制炮艇中的第一艘[55]。（© 英国国家海事博物馆，编号 X2046）

1854年11月14日，意料之中的灾难[56]还是来了。早晨，空中无云，海面平静，风很轻，气压计读数为29.5英寸。[57]巴拉克拉瓦湾和卡特查（Katcha）湾都没有采取任何防御措施，而一部分战舰就停泊在这两处。到了10点，从西南方向刮起一阵势不可挡的狂风。巴拉克拉瓦湾损失了32艘运输船，其中包括"王子"号（Prince），这艘大船装载着为陆军准备的冬装。"维苏威"号（Vesuvius）和"热心"号（Ardent）也在这场只持续了两个小时、午后便缓和下来的暴风中严重受损。

卡特查湾损失了14艘运输船。其中一艘撞上了"桑普森"号（Sampson），折断了其全部两根桅杆[58]，"伦敦"号也遭到严重破坏。在耶夫帕托利亚港，法国纯风帆一等战列舰"亨利四世"号（Henri Ⅳ）虽然下了四支锚，但四支锚不是走锚（Drag）了，就是直接折断（Snap）了[59]，结果该舰失事。"冥王"号（Pluton）也失事了。该地至少还有4艘英国运输船失事。后来对这些失事船只的调查表明，很多都是由于劣质的锻铁锚链断裂造成的，于是之后便提高了锚链的制造和质检标准。

克里米亚行动中运输人力和物资的困难，对当时商业界蒸汽商船的发展产生了巨大的推动作用。政府情愿为蒸汽船付更高的船租，并保证12个月内付清造船成本[60]。阿尔弗雷德·霍尔特（Alfred Holt）写道："这自然增加了商人们对汽船的资金投入。"①

① A. 霍尔特（Holt），《本世纪最后25年蒸汽船舶发展历程回顾》（*Review of the progress of steam shipping during the last quarter of a century*），出自《民用工程研究院院刊》（*Trans Institute of Civil Engineers*），1877年版（伦敦）。

12 月 22 日，邓达斯降下了他的指挥旗，交班给更受欢迎、更得人尊敬的埃德蒙·里昂（Edmund Lyons）[61]。①

炮艇的批量建造

在正式宣战之前，时人已经清楚地认识到，海军需要装备大量高航速、浅吃水、重火炮的蒸汽舰艇。他们需要拿这些船来执行封锁和紧急外派通信任务，对沿岸目标进行突袭和炮击，以及开展水文测绘活动。此外，还需要使用重型火炮来攻打塞瓦斯托波尔、斯维德贝格和喀琅施塔得那些巨大的工事堡垒。

1854年12月15日，围攻塞瓦斯托波尔要塞的海军旅以及68磅兰开斯特线膛前装炮[62]。这门炮是从六级舰"钻石"号（Diamond）上卸载下来的。这一型炮在陆地上用时的准确性非常高，但选择这种炮作为那些身形很小、海上稍微起浪就容易剧烈晃动的炮艇的主武器，效果就显得差了。（© 英国国家海事博物馆，编号BHC0643）

现役的炮艇都不合适参战，因为它们吃水都太深了，这在很大程度上归咎于西蒙兹一直以来对尖底船的执迷。这些现役炮艇的舰载武器全是一些中口径的火炮，而不是攻击堡垒所需的超重型火炮。似乎在任何一场重大战争之初，小船的短缺都是不可避免的。面对和平时期锱铢必较的经费使用规范，把能争取到的经费全花在需要很长时间才能建造起来的大型战舰上面，是完全正确和恰当的。因此，他们寄希望于在临战的时候能够迅速建造出那些"小鱼仔"（Small Fry）们。

① B.S. 孟德斯（Mends），《海军上将 B.R. 孟德斯的生活》（ Life of Admiral B R Mends），1899 年 版（伦敦）。注：一直以来都有一个说法，说里昂向当时失势的邓达斯发送道别信号时弄出了一个"错误"：本来想要发送"快乐伴你"（Happiness attends you ），结果发送成"绞刑伴你"（Hanging attends you）。孟德斯证实了这个说法，因为当时他在场。

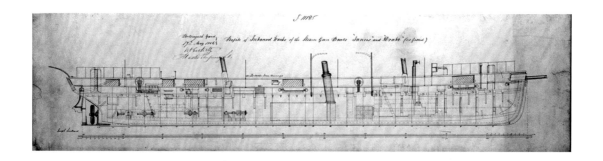

"小丑"级（Clown）炮艇"亚努斯"号（Janus）和"德雷克"号（Drake）完工时的存档纵剖图。（© 英国国家海事博物馆，编号 DR11185）

海军部委员会迅速决断，于1854年3月找来泰晤士河上的8家船厂竞标6艘炮艇的建造，但只给了各个船厂9天的时间来做出回应。4月11日，马雷厂中标了4艘，格林厂（Green）中标了2艘。这6艘船最开始在官方文献里称作"速遣蒸汽炮艇"（Despatch Steam Gun Vessel），后来简称为"炮艇"。这些早期的炮艇和后来的不同，都是有独立指挥官的，后来的炮艇只算作一艘更大的战舰支援辅助船来加以管理，而这些早期的炮艇刚开始由海军中校指挥，后来则由候补舰长指挥。

表12.9 "箭"级炮艇

排水量	550—600吨
主尺寸	160英尺 x 24英尺 4英寸 x 船头吃水10英尺、船尾吃水11英尺8英寸
武备	2门重95英担的68磅兰开斯特前装线膛炮、4门12磅榴弹炮

这些炮艇上安装的动力机组及其试航速度差别很大。在实际服役中，它们的速度大约能达到9节，主要用于送信，经常不搭载它们那68磅重炮。当"箭"号于1854年8月24日在尼德斯（Needles）礁[63]向维多利亚女王展示其火力时，小船扛重炮的问题很快凸显出来。当时，"箭"号在相当恶劣的天候中下锚，朝4000码外一个充当靶子的旧灯塔开炮。然而头两发爆破弹刚一出膛就炸裂了，而后来的三发则正好从灯塔矗立的岩角（Promontory）的头顶飞过去了，只有最后一轮炮击击中了三枚"针岩"（Needle）中的一个。尽管兰开斯特炮在陆上使用的时候，能够命中5000码开外的目标，表现出惊人的准头，但这无法在一艘在海上不停横摇和埋首的小艇上（见第6章）复制出来。

到了9月，新建的6艘炮艇全部开赴战场，其中"牧马人"号（Wrangler）来到波罗的海战区，其余的则去往黑海战区。"箭"号和"小猎犬"号（Beagle）刚刚抵达，其舰载重炮就卸载下来交由海军旅使用。到10月底，这4门炮中的3门就已经炸膛了[64]。邓达斯和海军部委员会之间就炮艇问题起了相当激烈的争执，后者不愿意接受这些炮艇在波涛之中发挥不出什么战斗力的这一客观事实。"牧马人"号在波罗的海战区也卸下重炮成了通信艇（Despatch Vessel）。

这 6 艘炮艇算是朝着正确的方向迈出了第一步，但还需要更多的船只以及更浅的吃水。作为应急措施，海军购买了斯科特·罗素（Scott Russel）为普鲁士订造的 2 艘明轮炮艇 ["新兵"号（Recruit）和"威悉河"号（Weser）]。这两艘船是铁制船体的双头船[65]，在两舷明轮壳前后共安装了 4 门重 65 英担的 8 英寸爆破弹加农炮。有人指出，船首舵基本没用。由于其吃水仅 7 英尺，两船在军中很受欢迎，"新兵"号后来成了亚速海分遣队的重要一员。1855 年 11 月，海军部又在斯科特·罗素厂订造了以上 2 船的 2 艘缩水版船，吃水只有 4 英尺，配备 2 门 8 英寸爆破弹加农炮，每艘成本 11400 英镑。这 4 艘明轮炮艇，是多年以来海军重新订造的唯一一批铁制海船。此外，海军部也试图雇用商船充作炮艇，但无法成功，因为适合改装的商船很少能有足够浅的吃水，而吃水足够浅的船其船体又太脆弱，禁不住搭载和使用重型火炮。

真正的解决方案很快就出现了。1854 年 6 月，总设计师手下一名叫作 W.H. 沃克（W H Walker）的设计师成功设计出了"拾穗者"级（Gleaner）炮艇，其吃水只有 6 英尺。于是，海军部马上订造了 6 艘。这一型炮艇之后，海军部于当年 10 月订购了改进的"达普"级（Dapper）炮艇的首批 20 艘，之后又于 1858 年订造了 98 艘。后来，沃克又设计了吃水更浅的"愉悦"级（Cheerful）和"小丑"级（Clown）。

设计

这四级炮艇基本大同小异。[①] 它们都是平底船，带有一根突出船底 2—3 英寸的外龙骨（False Keel）。其船头和船尾部分比较丰满，中间用很长的平行舯体（Parallel Body）连接起来，这部分的船体舷侧竖直，舭部转弯比较突然，还安装了面积很大的舭龙骨（Bilge Keel）。[66] 首柱的底部略作弧形，没有安装装饰性的船艏肘（Knee），两级较小的炮艇采用圆形尾，而较大那两级则采用带翼艉梁（Transom）的方形尾。[67]

露天甲板是水平的，只是朝向船头的地方稍稍随着舷弧（Sheer）而翘起。军官的卫生间在船尾，高出那 4 英尺高的舷墙；而船员们要想上厕所，则需要借助船头舷外的一块木板[68]。

这层甲板以下，锅炉舱、发动机舱以及两舷能载 25 吨煤的煤舱，就占据了整艘船舯部一半的长度。炮弹库和火药库各位于动力舱的前后方，两者都能得到布置在其外侧的水箱[69]的保护。船体前部剩余的空间就是水手们的住所，这里有一个炉子，可以为他们供暖，此外，这个空间还可以作为艇上厨房使用。指挥官在船尾居住，非常奢侈地能用上一个洗脸盆。

① G.A. 奥斯本（Osbon），《克里米亚战争中的炮艇，第 1 和第 2 部分》（The Crimean gunboats, parts I and IF），出自《航海人之镜》（Mariner's Mirror）卷 51，1965。（译者注：原文写"IF"，代表"38"，但经查证，此文只有两部分，可见是笔误）；A. 普利司顿（Preston）和 J. 梅杰（Major）的《快来一艘炮艇！》（Send a Gunboat），1967 年版（伦敦）。

表 12.10 英国炮艇

级别	建造数	吨位 （bm，造船旧计量吨位）	主尺寸	武备	标称马力 （NHP）
"拾穗者"	6	216	100英尺 × 22英尺 ×7英尺	2门68磅炮	60
"达普"	118	233	106英尺 × 22英尺 × 6英尺9英寸	2门68磅炮	60
"愉悦"	20	212	100英尺 ×22英尺10英寸 ×4英尺6英寸	2门32磅炮	20
"小丑"	12	233	110英尺 × 21英尺10英寸 ×4英尺	1门68磅炮、1门32磅炮	40

"新兵"号，斯科特·罗素设计建造的铁制明轮炮艇。

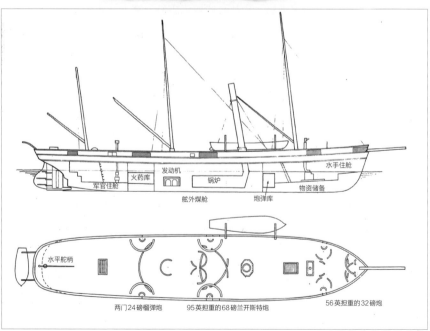

"灯塔"级（Beacon）"金枪鱼"号（Albacore）的图纸。[70]（作者绘制）

在战争期间，这些炮艇名义上属于更大型战舰的辅助船，这意味着这些炮艇的人员和武备配属可以根据所需执行的任务进行调整。通常情况下，一艘炮艇配备 2 名军官与 30—36 名水手。"拾穗者"级炮艇的舰载武备变化很大，"吝啬鬼"号（Pincher）作为"布伦海姆"号的支援辅助船，搭载 3 门 68 磅炮，可这一级和"达普"级炮艇的通常舰载火炮是 1 门 68 磅炮、1 门 32 磅炮和 2 门 24 磅黄铜榴弹炮[71]。24 磅炮安装在四轮炮架上，而更大的那些炮则安装在铁制的滑块（Slide）上，这些滑块可以在甲板上铺设的弧形滑轨上旋转、调整水平射界[72]。

这些重型 68 磅火炮安放在船体中线上，在烟囱前后。使用时，把这些炮绕着炮架后部枢轴（Pivot）旋转，直到炮架前端的"作战枢轴"（Fighting Bolt）卡进所需进入的炮位的凹槽（Socket）里。舷侧的炮门（Port）[73]允许大炮朝左、朝右各旋转 56° 射击，此外还有一个舰首炮门。一门 68 磅炮，连同炮架一起，重约 6 吨，当两门这样的重炮都在同一舷，船体会产生相当大的横倾（横倾角可达 6°，相当于减少了大炮的仰角，降低了大炮的最大射程[74]）。炮弹库存放着兰开斯特炮弹（每枚采购价 20 英镑）或 68 磅实心炮弹共 25 枚。这些舰载火炮的选择是着实费了一番功夫的。为了和可能的俄国炮艇作战，特别是在高海况、重炮无法使用的情况下，数量众多的小型火炮就成了更加奏效的武器。而那些

"拾穗者"级炮艇——"红宝石"号，本图描绘了该艇1855年9月参加炮击弗雷德里克斯哈姆（Fredrickshamm）的行动。艇身背后是明轮巡航舰"魔术师"号（Magicienne，注意该舰并列的双烟囱）、"宙斯之子"号螺旋桨巡航舰以及分级外炮舰（Corvette）"哥萨克"号（Cossack）。"哥萨克"号原本是皮彻厂（Pitcher）为俄罗斯建造的"骑士"号（Witjas），但在发货前被英国皇家海军强行征用了。另外，注意画面左边舰载艇上的火箭发射管。

① 道格拉斯，《海军火炮技术》（1855）。

重炮对于攻击要塞堡垒又是不可或缺的，而且可以不无理由地假设，这种对岸作战行动通常都会在比较封闭、不受风浪影响的水域中展开。

动力机组

所有动力机械的制造合同只在两个制造商之间分享，即格林尼治的约翰·宾厂（John Penn）[75] 和兰贝斯（Lambeth）的莫兹利父子 & 菲尔德厂（Maudslay, Son and Field）。这些设计使用了"高压蒸汽"，这在当时是非比寻常的，工作蒸汽压因此达到 35 磅 / 英寸^2，汽缸安全阀的设定也随之提高。其锅炉与用于机车头的锅炉很类似，但由于它们不得不使用海水，因此只敢让它们产生机车头锅炉那 70 磅 / 英寸^2 的蒸汽压的一半。有些报告提到这些锅炉存在问题，主要是管板（Tube Plate）[76] 很快就烧坏了。道格拉斯不是这种炮艇的支持者，他说道："这些炮艇太糟糕了，甚至在它们发动机试用的时候，锅炉就已经用得不成样子，需要大修了。"① 这些锅炉是圆柱形的，在"拾穗者"级和"愉悦"级上，火管从前端通到位于锅炉后端的烟囱；而在另两级上，火管则从后端通到位于锅炉前端的烟囱。除了所谓的"60 马力"炮艇有 3 个锅炉外，其他的都只有 2 个锅炉[77]。

克里米亚战争结束后，停泊在德文波特的"长鳍金枪鱼"级（Albacore Class）炮艇。（© 英国国家海事博物馆，编号 N05384 ）

1854 年 10 月，两个发动机制造商各自收到了 10 套机组的订单，随后又在第二年接到 49 套机组的订单。似乎很多工作都是分包出去的，例如，泰晤士铁制品公司（Thames Iron Work）就锻造了宾厂很多发动机的曲轴（Crank Shaft）。[1] 发动机驱动一具不可升降的双叶螺旋桨，在最小号的炮艇上，这种螺旋桨直径 4 英尺，在较大型的炮艇上则是 6 英尺。发动机转速很快，造成了一些润滑问题，并使轴承容易快速磨损和过热。

① 《铁特别委员会报告》（*Special Committee on Iron*）。
② 《1859 年船用蒸汽机组委员会报告》（*Committee on Marine Engines, 1859*）。

表 12.11　发动机详细参数

标称马力（NHP）	标定马力（ihp）	汽缸个数	汽缸直径（英寸）	活塞行程（英寸）	发动机转速（转/每分钟）	航速（节）
20	92	1	15	12	225	6.75
40	145	1	21	12	220	8
60	270	2（宾式）	21	12	190	7.5
		（莫兹利式）	15.5	18	190	7.5

注：标称马力 20NHP 和 40NHP 的宾厂造发动机是单活塞杆设计，而不是具有代表性的桶式发动机。该厂总共制造了 97 套炮艇发动机。②

炮艇的生产建造

这个炮艇项目最引人瞩目的地方，是这些炮艇订造和进入服役的速度之快（见表 12.12）。

除了 10 艘炮艇是海军船厂建造的之外，其余都是在民间船厂订造的，其中许多厂家之前甚至从未碰过军舰建造项目。签订合同的造船商只负责造好一个单纯的船体，发动机由发动机制造商来安装，这花不了很长的时间。宾厂给"箭"号安装引擎只用了 44 个小时，该艇在下水后的第三天，其机组就能够产生蒸汽开始工作了，次日就能进行试航。之后，这些新造成的炮艇会驶入

"磁石"号（Magnet），一艘"长鳍金枪鱼"级炮艇。（© 英国国家海事博物馆，编号 neg 5385）

炮艇订单图。

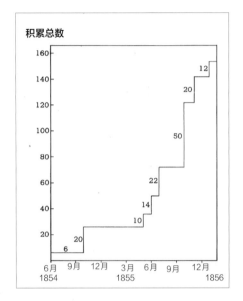

积累总数

一个干船坞，进行船底包铜、桅杆栖装和舰载武器安装等工作。很多情况下，这些工作是在专门设立在哈什拉尔［Haslar，靠近戈斯波特（Gosport）］的炮艇船坞进行的。在那里，炮艇会被拖到一条入水的斜坡（Slip）上，沉坐在一架布鲁内尔设计的船底托架（Carriage）上，然后移动进入到那几座大型天棚中的一个里面去。[78]这些天棚仍然存留至今（1989 年），尽管经过了一些改造。

英国皇家海军战舰上安装的"莫兹利父子＆菲尔德"厂造卧式蒸汽机的剖面模型，1860 年制造。(© 英国国家海事博物馆，编号 L2287-002）

付款方式是分期付款，造好发动机框架[79]后开始付第一笔款，船舶下水后开始付第二笔款，最后交付时银货两讫。拿"达普"级来说，每次分期拨付的款项数额都是 1600 英镑。这个造船项目很快就给造船厂家带来了困难，因为战争导致原材料价格和劳动力成本迅速攀升，这种情况在劳动力稀缺的泰晤士河沿岸尤为严重。从一家船厂到另一家船厂，罢工运动"慢慢扩散"，就这样，工人们将工资从每小时 7 先令推高到 9—12 先令，最后达到 15 先令。新招募的劳力很快使劳动纪律恶化。吃饭时间——通常是在附近的酒吧里度过——延长了 10—20 钟，而一些长期酗酒的人后来就难以当作整劳动力来使用了。①

① 《1860 年炮艇和臼炮船特别委员会报告》（Select Committee on Gun and Mortar boats, 1860）。

这是"蛇"号（Snake）炮艇在 1855 年克里米亚战争中，搭载的 68 磅兰开斯特线膛前装炮。（© 英国国家海事博物馆，编号 PW6072）

哈什拉尔的炮艇天棚。画面右侧的蒸汽动力运输托架是伊桑巴德·布鲁内尔设计的。

表 12.12　炮艇的生产建造情况

下订单的时间	订造数量	级别	平均成本
1854 年 6 月	6	"拾穗者"	8200 英镑
1854 年 10 月	20	"达普"	9500—10000 英镑
1855 年 5 月	10	"达普"	
1855 年 6 月	14	"达普"	
1855 年 7 月	24	"达普"	
1855 年 10 月	50	"达普"	
1855 年 11 月	20	"愉悦"	7000 英镑
1856 年 1 月	12	"小丑"	9500—10000 英镑
合计	156		

注：在附录 12 中按照建造厂商列出了明细。

失窃是家常便饭，很多时候发现，铆钉只剩那个黄铜的钉子帽还在原地，整个钉体都被偷偷切掉拿去卖废铁了。厂家为了能够赶上合同上严格规定的交付日期，就把1854—1855年、1855—1856年那两个严寒的冬天都安排上了夜班。由于只有油灯，而且还没有防寒措施，即使这些劳动力本身情愿去上工，他们的工作也会很困难。

建造这些炮艇时缺乏充分风干的木料。造船合同上规定：

龙骨：由橡木或榆木制造；

首柱（和尾柱）：由橡木制造；

船壳板：由3—5英寸厚的橡木制造；

甲板：由普通松、杉木板制造。

施工质量不可避免地放了水，而且因为没有足够数量的监工，一些没有充分风干的新木料也被放进了船体结构中。几年之内，有32艘船还没有服役，就已经朽烂得无法修复了。可是另一方面，也有许多炮艇在后来的和平时期也服役了很长时间，许多年后仍然在役。

那些烂掉的炮艇其发动机后来在双螺旋桨的"灯塔"级（Beacon）炮艇（1867—1868年）上重新使用，原发动机制造商负责翻新这些机组，然后给每个船体都装上了两套这样的机组。

工资和原料价格的爆发式增长对一些公司来说是灾难性的。承接了54个订单的皮彻厂到1857年就已经处在破产保护状态了，承接了6个订单的马雷厂也如是。弗莱彻厂似乎从此以后就再也没有造过新船，其他公司也多陷入了困境。

这场金融风暴同时也是斯科特·罗素厂在"大东方"号（Great Eastern）[80]上出问题的主要原因，这场风暴标志着泰晤士河上的造船业开始走向终结。[①]由于鲍德温·沃克的高度重视和密切关注，海军部破天荒地向制造商们额外支付了一些抚恤款。J.T.菲尔德（J T Fields）说："这点钱杯水车薪，但我们也知道这是在原合同之外的、出于人道考虑才付给我们的抚恤款，我们本来也是

莫兹利为"警戒"级（Vigilant）炮艇"游弋者"号（Wanderer）制造的回引连杆式发动机（Return Connecting Rod Engine）。

① L.T.C. 洛尔特（Rolt），《I.K. 布鲁内尔》（I K Brunel），1970版（伦敦）。

无权要求海军部支付这种款项的。"[①] 另一位造船厂船东则说：

> 那场对俄战争，对许多建造过炮艇的人来说，算是一个非常痛苦的回忆。破产的灾难降临到两家厂商头上，而其他厂家也都受到了严重的经济损失。在这场灾难中，唯一闪现出一丝光芒的，就是鲍德温·沃克他那大度的风范和对我们的同情之心，这在我们心底留下了一种不可磨灭的印象，当然还有他的下手们设计出来的炮艇身上那种恰如其分的美感。

这些炮艇的设计赢得了普遍的赞誉。美国海军上校达尔格伦（Dahlgren）称这些炮艇，"造得特别适合执行作战任务，远比任何其他设计都要好"，爱德华·里德（Edward Reed）也写道："只要参观过当时法国人设计的作战舰艇的人，而他又恰好懂得炮艇的设计是要求尽量同时具备航速快、船身轻盈、海浪中适航性高、搭载重火力等优点，而且他也明白，要把这些方面全都结合在一起有多么困难，那么他对这型炮艇就应该不会再提出什么质疑了。"[81]1854 年订造的所有炮艇都赶上了这场战争，但 1855 年订造的炮艇，没有几艘能够见证这场战争，不过这些炮艇的大多数都赶上了 1856 年的胜利阅兵式。对于许多炮艇来说，这是其唯一的一次"服役"经历。

炮艇作战和 1855 年黑海上的战事

1855 年 2 月，海军再次在黑海上展开了一系列行动，行动地点就选在黑海东端的阿纳帕（Anapa）附近。4 月开始，海军又针对塞瓦斯托波尔要塞进行了一系列单舰夜袭行动，这些炮击骚扰想来给对方造成了相当大的困扰。在某一次这样的袭击中，巡航舰"勇敢"号（Valorous）一侧的明轮中弹，尽管造成机组严重振动，但该舰最后还是完成了这次行动。（参见前面章节讨论过的法国"富尔顿"号的类似经历）

刻赤和亚速海分遣行动

克里米亚俄军的食物供应依赖于围绕着亚速海的富饶农场。据说每天都有 1500 辆满载物资的大车从刻赤出发。[②] 早在 1854 年，英法海军的指挥官们就曾试图攻击该地区，但当时还腾不出足够的陆军力量来支援这一计划。1855 年 4 月，土耳其和撒丁岛派来的增援力量到达克里米亚，这样一来就能为突袭刻赤安排出人手。冬季的大风已经帮忙清除了敌军布置在刻赤海峡里的障碍物，但那里的水深仅仅只有 18 英尺，因此必须使用吃水很浅的作战舰艇，比如新造好的炮艇。

① 《1860 年炮艇和臼炮船特别委员会报告》。
② H. 威廉姆斯，《不列颠海权》（*Britain's Naval Power*），1898 年版（伦敦）。

泰晤士河沿岸的战舰与
发动机制造商。

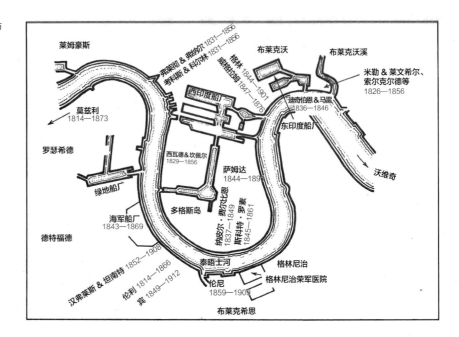

1855 年 5 月 3 日，由 40 艘船组成的分遣队搭载着 1.1 万人（主要是法国陆军）出航，但法国皇帝拿破仑三世用新近铺设的有线电报暂时取消了这一行动——这算是历史上第一回远在本土的中央政府能够直接干预前方行动。然而，这种推迟只是暂时的，分遣队于 5 月 22 日再次出航，这次搭载了 7000 名法国陆军士兵、5000 名土耳其士兵以及总计 3500 人的英军和撒丁岛军[82]。他们于 5 月 24 日在刻赤附近登陆，几天后攻降了耶尼卡堡（Yenikale），这让这支联军缴获到了 100 门大炮和 1.2 万吨意义不可估量的煤。

正如威廉姆斯（William）写道：

> 亚速海的大门现在向我们敞开了，14 艘英国蒸汽舰艇、外加四五艘法国战船忘乎所以地涌入了这片我们几乎一无所知的大海。这感觉起来就仿佛一头扎进了一座堆满了无价之宝的巨大宝库一样。沿着这片海的海岸线前进，一连几公里都是数不清的粮食仓库，里面堆满了俄国产粮大省丰收的粮食。从这里派发的粮食物资供养着前线的俄军，正在遭到围困的塞瓦斯托波尔城中的百姓们仿佛能从这里看到解脱的希望，希望能从咄咄逼人的饥馑之势中解脱出来。

地图上标明的所有城镇和其他许多城镇都遭到了攻击：仓库被烧掉，炮台被摧毁。就像谢尔曼（Sherman）穿越佐治亚州（Georgia）的行军[83]那样，这次行动捣毁了敌军的后勤补给中心。[①]

① 同作者西顿的上一个参考文献。

1855年5月28日 埃德蒙·穆雷·莱昂（Edmund Moubray Lyons）海军少校率领下的亚速海分遣袭击队炮击阿拉巴特（Arabat）要塞的战场速写，作者当时在螺旋桨动力分级外炮舰"米兰达"号（Miranda）上。（© 英国国家海事博物馆，编号 PU9034）

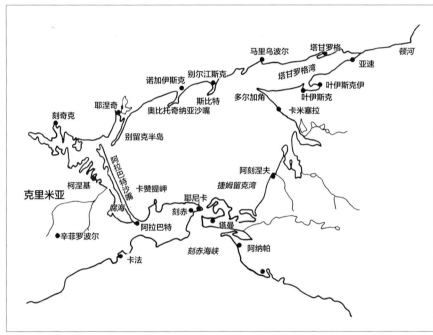

亚速海分遣突袭行动。图上标注的所有沿海城镇都遭到了炮艇攻击，有的甚至遭到好几次攻击。这次行动干扰了克里米亚俄军的物资供应。

　　一个月之后，6艘"达普"级炮艇加入了这支分遣舰队。"贾斯珀"号（Jasper）是这次分遣突袭行动中唯一损失的船，当时该艇仅有的指挥官在经过连续几天的作战后，实在太累睡着了，留下了晦暗不明的指令。该艇在塔甘罗格（Taganrog）附近英国人称为"蜿蜒沙嘴"（Crooked Spit）的地方搁浅，遭到哥萨克骑兵的围困。"燕子"号（Swallow）冲上前来接走了船员并放火烧毁了该船。无论是这个小插曲，还是该分遣队的原指挥官里昂上校（即黑海舰队指挥官里昂海军上将的儿子）的死亡，都没能让这场破坏行动停下来，在奥斯本（Osborn）上校的指挥下，行动继续进行。直到 1855 年 11 月 24 日，亚速海开始结冰封冻，分遣队才撤了回去。

塞瓦斯托波尔的战事于 1855 年 9 月结束。9 月 5 日开始，联合舰队进行了为期 3 天的炮击，当晚将一艘残存的俄军双层甲板战列舰引燃，7 日另一艘也起火了。9 月 8 日 12 点，法国陆军突袭了马拉科夫（Malakov），此地是整个俄军防御体系的关键之处。尽管英国陆军没能拿下大凸堡（The Great Redan），俄军仍然放弃了塞瓦斯托波尔要塞的南部，自毁了弹药库、炮台，并将最后剩下的 6 艘战舰和另外 7 艘辅助舰艇放水自沉。俄国海军在塞瓦斯托波尔总共损失了：

5 艘 120 炮战列舰、4 艘 60 炮战列舰、8 艘 84 炮战列舰、3 艘 20 炮炮舰、1 艘 80 炮战列舰、2 艘 18 炮炮舰、6 艘大型汽船、6 艘小型汽船。

由于遇到一阵强大的西北风，英法海军在这最后的攻势中仅仅发挥了微弱的作用，只有"奥丁"号（Odin）和驻扎在斯特雷勒茨卡（Streletska）湾的一些臼炮船（Mortar vessel）参加了炮击。[84]

占领军的军官们看到塞瓦斯托波尔船厂时，感到有些意外。船台上有一具由英国工程师厄普顿（Upton）设计的大型船排（Ship Cradle）[85]，船厂里还有一间铸造厂。各个干船坞排列得像一条运河一样，其"上游"高出海平面 20 英尺，最"上游"有 3 个船坞并排而列，紧接着是一个大港池（Basin），然后又是 3 个干船坞，之后是一系列通往大海的船闸，每个船闸尺寸大约为 270 英尺 × 60 英尺。据说整个船厂设施花费了 2000 万英镑。

让英军军官大开眼界的塞瓦斯托波尔的一片干船坞。[本图出自特雷德里亚（Tredrea）和索扎伊夫（Sozaev）所著的《风帆时代的俄国战舰》（*Russian Warships in the Age of Sail*）一书]

1855 年波罗的海上的战事

臼炮船、装甲浮动炮台和水雷

全部由蒸汽战舰组成的英国波罗的海舰队于 3 月底在唐斯（Towns）集结，5 月初在雷瓦尔同法国舰队会合。[86] 舰队指挥官们于 5 月 11 日乘坐苏利文的新侦察舰"默林"号（Merlin）对斯维德贝格重新进行了侦察，发现土筑的阵地上布置了 60 门新炮。到 5 月底，舰队抵达喀琅施塔得外海，发现那里的防御也得到了加强。

水雷

在先前爆发的普鲁士和丹麦的冲突[87]中，遥控爆炸的水雷装置曾被使用，由岸上的观测站控制起爆。在之后与俄国的作战中，类似的水雷装置偶尔也被使用。然而就在 1854 年，一则谣言甚嚣尘上，说俄军使用了一种跟之前不太相同的触发式"地狱神火机"（Infernal Machine）[88]。

1854 年还没有在实战中遭遇到过这样的水雷，但是到了 1855 年 7 月 9 日，当"默林"号、"萤火虫"号、"龙"号以及法国炮舰（Corvette）"达萨斯"号（d'Assas）正在一同侦察喀琅施塔得东北面的水域时，"默林"号遭到远方一艘俄国炮艇的炮击。在追击中，"默林"号被引诱至距离喀琅施塔得岛只有大约 2.5 海里的地方：

> 突然，船体遭到一发猛击，这一猛烈震动可比任何冲上浅滩搁浅时的情形都来得严重，而且感觉也不一样。我当时觉得发动机或锅炉舱的一大部分恐怕已经损毁了，于是赶紧跑到发动机舱。当发现发动机运作良好时，我停了机，但我舰仍然在快速前进，船底下仍然有 5 英寻（Fathom，一英寻约合 1.8 米）的水深，我知道本舰并没有撞到水下障碍物。有人说这是爆炸，我舰刚刚撞中了一枚"地狱神火机"。当我舰停船并开始微微倒退的时候，厄斯金（Erskine）从左舷的明轮壳那边朝我喊话，说他能看到一块石头。于是我跑到左舷来，发现就在明轮壳下面、水线以下 3 英尺的地方似乎有一大堆冒尖的障碍物。我们瞧着这堆障碍物到了水深测量员（Leadsman）[89]所在位置，他测得的水深仍然是 5 英寻。就在这时，又遭到了第二次猛烈得多的爆炸冲击，爆炸位置正好在右舷明轮壳的前方。这第二次爆炸激起了一道水墙，高出船帮上的吊铺网（Hammock Netting）[90]3 英尺，造成了剧烈的摇晃。我舰似乎猛地朝一侧蹦了一下，然后又轻轻地摇摆回来，桅杆也摇晃了起来，那些在桅杆底下的人都赶紧跑散了。一股强烈的硫黄气味传来，无疑确证了这的确就是一个"地狱神火机"！①

① 同作者苏利文的上一个参考文献。

1855年6月9日（译者注：这是博物馆藏品上标示的时间），"默林"号和"萤火虫"号成为首次被水雷击中的船只，这是海战中的一个重要日子。（© 英国国家海事博物馆，编号PU6154）

水雷造成的唯一一处进水渗漏，是船上工程师浴室的一根排水管炸裂后导致的，"但是这一击至少在眼下没有进一步维修的情况下，使我舰的船壳凹陷了进去，每舷侧都有好几英尺那么大的范围，这里任何跟船壳接触的东西都遭了殃"。一个重达1200磅的牛油罐，本来是固定住的，却被爆炸冲击力扯了下来，所有工程师的饭碗、饭盆和食品储存罐都碎了。爆炸的地方，其船体内壁刚好是一根粗大的木制对角线支撑肘和一根铁制纵梁的结合部，爆炸炸裂了木肘、炸弯了铁梁。船体内壁一道沿着舷侧纵贯船头船尾的甲板横梁支撑材被炸得劈裂，隔舱壁被炸得从船体侧壁上撕裂开来，船底的铜皮也被炸掉了，下层甲板的甲板条之间填入的防水捻缝料同样被震了出来。这段描述算是预见了后来两次世界大战中非接触式水雷的破坏力。"萤火虫"号也中了雷但没有受到严重的损毁。

俄国人当时使用了两种类型的水雷：一种是电击发式的遥控水雷，由在俄国定居的德国人雅各布（Jacobi）设计；另一种是诺贝尔家族设计的触发式水雷。[1]诺贝尔水雷被用得更多，也更有效。它们的外形是用锌皮做成的一个锥形，约2英尺长，锥形底宽15英寸。锥子尖是水雷的底，里面装填了约8磅的黑火药，在后来的水雷中火药量增加到35磅，锥子底在上头提供浮力。水雷的平底上横着一对用弹簧拽紧的触发杆（287页图中的A），它们连接到平底中心的起爆管（287页图中的D），起爆管向下一直通到水雷尖部的装药室，起爆管外面还有一个外套管（287页图中的B）。起爆管在其长度的中点处有一个转轴，能够在外套管内略微摆动[91]。如果触发杆受到触碰，可以摆动的起爆管就会摆动起来，打碎一小瓶硫酸，硫酸会落到少量的氯酸钾上，引起猛烈的化学反应，最终将主

① 同作者格林希尔、吉法德的上一个参考文献。

装药起爆。

俄国海军和英国皇家海军都发现，这些武器是非常棘手、不容易操作的。俄国人在布雷作业中因误爆损失了 17 人，结果很多水雷在敷设的时候，安全帽（Safety Cap）[92] 都还仍然待在上面。

6 月 26 日，"火神"号（Vulcan）在斯维德贝格附近触雷，但没有造成什么毁伤，于是第二天开始了扫雷作业。这些水雷很接近水面，通常可以直接看到然后用抓钩[93] 回收。在这持续了 72 小时的世界上第一次扫雷行动中，总共回收了 33 枚"地狱火神机"。海军少将西摩尔（Seymour）和金 – 霍尔（King–Hall）舰长在扫雷现场把玩了一枚水雷，然后他们把这枚水雷带到旗舰上，又在露天的后甲板上再次把玩，结果这枚水雷爆炸了，炸躺了所有人。除了西摩尔炸瞎了一只眼，没人被炸死，而且受的伤后来都痊愈了。

水雷对这场战争没有产生什么重要影响，但

1. "地狱火神机"的侧面和底面
2. 安全帽
3. 起爆管结构拆分图
4. "地狱火神机"在水下 3 英尺处悬浮的姿态
5. 起爆管组装起来的外观

诺贝尔触发式水雷。它最初只有 8 磅装药，几乎没有任何杀伤力。这种水雷布放的时候不太安全，导致俄国海军折损了不少人员。

水雷的初次使用标志着海战迎来了一个转折点，这可能比开发出船体装甲更加重要[94]。这些装置设计得巧妙而实用，只不过当时的装药量太小才阻碍了其实战价值的发挥。这里还有必要简略地提及当时正在开发的另一种武器，这种武器要等到遥远的未来，才能对海战造成影响。当时英国和俄罗斯都在致力于潜艇（Submarine）的设计开发，而且俄国潜艇在这场战争期间已经开始了测试。

1853 年 11 月，阿尔伯特亲王（Prince Albert）说服德国发明家威廉·鲍尔（Wilhelm Bauer）前往英国，由海军部资助他建造一艘潜艇。该艇在斯科特·罗素的船厂里动工建造，但似乎没有最终造好。斯科特·罗素当时也正在建造他自己设计的一款潜水器（Submersible），鲍尔担心他的想法遭到剽窃，而且觉得合同没有给他公平的回报。斯科特·罗素设计的细节尚不清楚，但基本上它只是一个潜水钟（Diving Bell），所搭载的两名成员可以操作它在海底移动，其测试是在阿斯特利·库帕·基爵士（Sir Astley Cooper Key）的指挥下进行的。

鲍尔后来离开英格兰去了圣彼得堡，并于 1855 年 11 月完成了一艘潜艇。这艘"鲛鳒"（Seeteufel）号[95] 主尺寸为 16.3 米 ×3.45 米，船壳厚 13 毫米，设计潜深 47 米。该艇于 1856 年 5 月开始在喀琅施塔得进行试航，到 10 月份已经下潜了 134 次。一系列小毛病导致该艇后来沉没，不过没有造成生命损失。该艇后来虽然又被打捞了起来，但没有再重新进入军中服役。

① G.A. 奥斯本，未出版手记，现存于世界船舶协会（World Ship Society）。

臼炮船

经过一系列小规模进攻和港口封锁行动后，波罗的海舰队决定对斯维德贝格进行一次大规模攻击。这次行动的动机是多方面的：邓达斯在政府的压力下，必须弄些名堂出来；而苏利文力促这次袭击行动，似乎是要给他当时正在计划的喀琅施塔得攻击行动来一次预演，至于这个计划后面还会再讨论。这次袭击的主要特色是，使用臼炮（Mortar）[96] 发射的爆破弹摧毁了船厂设施和兵营。为了搭载这些臼炮，英国专门设计建造了一种特种作战舰艇。①

在之前的战争中人们就已经开始使用臼炮船（Bomb Vessel）[97] 了，其中有些在1815年之后仍在服役。由于它们的船体结构十分结实，后来拿来参加极地探险活动，不过到1854年的时候，已经没有一艘仍然在役了。1841年3月，在一艘10炮双桅杆炮艇"鹬"号（Curlew）上测试了一门13英寸臼炮，但好像不太成功。

1854年10月，海军部决定将2艘服役年龄已有20年之久的港务平底驳船（Dockyard Lighter）[98] 进行改装，搭载臼炮。与此同时，海军订购了10艘专门制造的臼炮船，10—12月又陆续增订了44艘。之后，又于1855年11月订购了50艘臼炮驳船，其设计大体和之前的相似，只是船体为铁造。前22艘参加了斯维德贝格作战的臼炮船都获得了艇名，但1855年10月以后改用单纯的数字代号，后来的臼炮船和那些臼炮驳船从未获得过艇名。

海军部存档的铁制臼炮驳船图纸。这些船没能及时完工，因此没有赶上参战。[99]（© 英国国家海事博物馆，编号 DR08042）

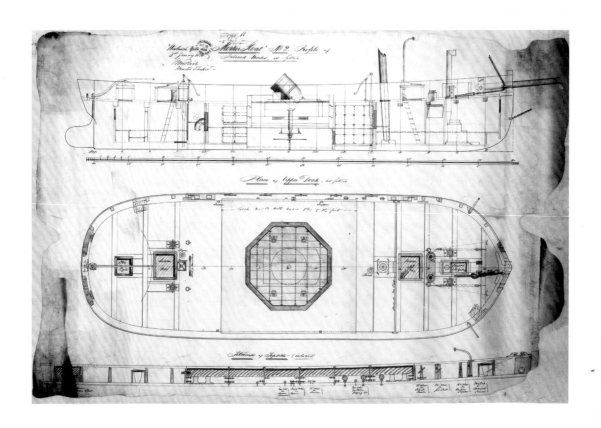

这些新造[100]的臼炮船形如平底驳船，事实上，其中很多战后确实被拿来充作平底驳船了。这些船都是平底，其两舷竖直，舭部几乎呈四方的直角拐弯。船体中部的平行舯体占了整个船长的四分之三，船头船尾丰满钝圆，彼此几乎无法区分。单独的一门臼炮安放在船中腰的一道环形铁板上，连臼炮带铁板的这整个炮位位于 4 英尺 6 英寸深的八角形陷坑中，而且臼炮周围的甲板都覆盖着铅皮以作为防火的预备措施。臼炮下方的空间用坚固的木材填实，以吸收火炮发射时的后坐力。炮弹库位于整个臼炮炮座的下方，火药库则位于其后方。有两个火药包装填室（Handling Room）[101]，一个位于臼炮炮座前方，一个位于炮座后方。船员们住在船头。

这些船没有发动机所以通常都是依赖拖带航行。臼炮炮座前方有一根前桅杆竖立在龙骨上，而在船体非常靠后的位置处一个插槽里竖立着一根小得多的后桅杆[102]。船头船尾每舷都有锚缆孔（Hawse Hole），在桅杆前方还有一个绞盘，用于收放锚缆来操作船体移动（Warping）[103]。

1855年8月轰炸斯维德贝格的臼炮船，最近的那艘船是"泡菜"号（Pickle）。注意船中腰的13英寸臼炮，左舷船体外可见捆扎固定好的帆桁，帆桁和船体之间夹着的是披水板[104]。可以清晰地看到正在上空拖着白烟飞行的炮弹。（© 英国国家海事博物馆，编号 PX9261）。

表 12.13 臼炮船和臼炮驳船

组别	建造数	吨位（bm，造船旧计量吨位）	长	最大宽	吃水	船体深
I	2	109	60英尺	21英尺	5英尺	—
II	10	117	65英尺	20英尺10英寸	—	7英尺
III	10	155	70英尺	23英尺4英寸	8英尺6英寸	9英尺4英寸
IV	34	166	75英尺	23英尺4英寸	—	9英尺4英寸
驳船	50	100	60英尺	20英尺	5英尺8英寸	6英尺6英寸

当时的 13 英寸臼炮以 45° 的固定仰角发射，通过改变发射药的装药量来改变射程。臼炮自重 5.05 吨，发射一枚 196 磅的爆破弹时，内装 6.75 磅的黑火药，发射药的最大装药量为 20 磅。

表 12.14　13 英寸臼炮

发射药量（磅）	射程（码）	炮弹飞行时间（秒）	延时引信长度（英寸）
2	690	13	2.7
8	2575	24.75	5.09
12	3500	29	6.02
20	4200	31	6.44

陆上试射的结果显示，这种武器的精准度非常高，最大射程时，约有 50%的炮弹会落进一个边长 50 码的方形范围内[105]。可是从一艘驳船上发炮的话，即使是在风平浪静的天气里，准确度也会差得多。[106]

在这场战争中涌现出的新发明还包括麦利特臼炮（Mallet Mortar）[107]，该炮内径 32 英寸，分块建造。麦利特臼炮最初是计划造好后作为对付塞瓦斯托波尔要塞的陆上火炮，但也曾考虑过其在海上的使用。在沃维奇兵工厂的军官食堂，可以看到存留至今的该炮样本，而炮弹的空壳则在蒂尔伯里要塞（Tilbury Fort）展出。

战争期间，海军部决定将原来的 4 艘封锁防御巡航舰连同"狐"号（Fox）巡航舰一并改装成臼炮巡航舰。虽然这些船都安装上发动机进行了试航，但似乎只有"霍雷肖"号真正安装了臼炮武器。具体武器搭载情况的记录各不相同，可能计划搭载的武器装备是：

露天甲板：2 门 95 英担重的 68 磅炮；

主火炮甲板：2 门 13 英寸臼炮、8 门 42 英担重的 32 磅炮。[108]

"狐"号最终以运输船完工。

斯维德贝格

斯维德贝格要塞靠近今赫尔辛基，要塞构筑在由狭窄的水道隔开的 5 座岛屿上，配备了约 800 门大炮。其中一些水道已经被障碍物封锁，其他的则由 4 艘战列舰和一些更小的战舰控制着。苏利文海军上校于 1855 年 8 月进行了一次细致的侦察，确定下来参加这次炮击的臼炮船的部署位置。① 参战的主要船只是 13 艘英国臼炮船和 5 艘法国臼炮船，每艘都搭载 2 门 12 英寸臼炮，外加亚伯拉罕滩岩（Abraham Holmrock）上由法军的 4 门 10 英寸臼炮构成的火炮阵地。最开始，臼炮船在距炮台 3900 码的距离上展开阵列，后来逼近至 3600 码。4 艘蒸汽巡航舰充当了这些臼炮船的供应船。

---

① 同作者苏利文的上一个参考文献。

参加炮击斯维德贝格行动的一艘炮艇,此时岸上恰巧发生了一场爆炸。(© 英国国家海事博物,编号 PU5906)

　　一支炮艇分队参与了支援,其搭载的重炮也算增强了炮击的火力。1855 年 8 月 9 日一早,臼炮船开进战斗阵位,刚过 7 点就开火了。2 艘装有兰开斯特线膛炮的炮艇炮击了一艘停泊在古斯塔夫斯瓦德(Gustavsvard)炮台外海的战列舰"俄罗斯"号(Russian),炮艇发射的跟 68 磅实心球形弹丸相同口径的爆破弹命中了该舰好几次。[1]该舰的幸存,再次证明当时的爆破弹在面对训练有素的木制战舰时,伤害颇为有限。双方的射击都非常激烈,但明显没有什么效果,直到上午 10 点,瓦根(Vagen)炮台发生了剧烈爆炸。一小时后,古斯塔夫斯瓦德炮台火药库爆炸,引发了一场剧烈爆炸。火势逐渐吞没了炮台的物资仓库,特别是瓦根炮台。

　　日落时分,炮艇撤离,换上 30 艘舰载艇在接下来的 3 小时里以火箭进行轰炸,并引发了新的火灾。10 日白天,联军重新展开臼炮炮击,并且一直持续到第二天晚上。臼炮轰炸到 12 日黎明时分被叫停,因为不少臼炮的炮管出现了裂缝甚至炸膛了。据称,英国臼炮船总共消耗了 100 吨发射火药、打了 1000 吨的炮弹(这似乎不太可能,因为这意味着总共消耗了大约 1.3 万枚炮弹,即平均每艘船 1000 发。其他报告则称每门臼炮打了 200 发)。法国人发射了 2828 枚臼炮炮弹,外加其他船、其他炮发射的炮弹 1322 枚。

　　炮击到底造成了多大的损坏,仍然不详。博格(Borg)将军说:"东大斯瓦尔多(Great East Svarto)这个地方的所有船厂、建筑、车间和仓库都遭到毁坏,

[1]《1855 年在波罗的海的对俄作战》(The Russian War 1855, Baltic),海军档案协会(Naval Records Society)藏。

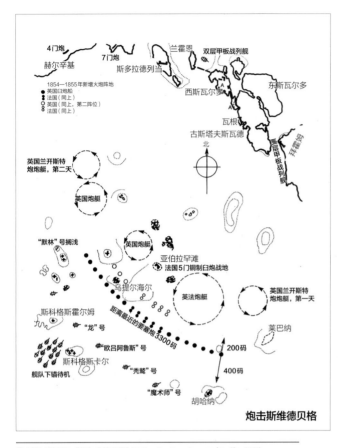

图中文字：

4门炮
赫尔辛基
7门炮
斯多拉德列当
兰霍恩
双层甲板战列舰
东斯瓦尔多

1854—1855年新增火炮阵地
● 英国臼炮船
⚓ 法国（同上）
○ 英国（同上，第二阵位）
◐ 法国（同上）

西斯瓦尔多
瓦根
古斯塔夫斯瓦德
北
双层甲板战列舰
拜霍恩岛

英国兰开斯特
炮炮艇，第二天
英国炮艇

"默林"号搁浅
英国炮艇
亚伯拉罕滩
法国5门铜制臼炮战地
英法炮艇
英国兰开斯特
炮炮艇，第一天

斯科格斯霍尔姆
距离最近的黑霍炮3300码
乌提尔海尔
"龙"号
"欧吕阿鲁斯"号
"秃鹫"号
200码
400码
莱巴纳
斯科格斯卡尔
舰队下锚待机
"魔术师"号
胡哈纳

炮击斯维德贝格

其他地方所受损伤比较小。"[1] 没有炮台和大炮因为遭到炮击而不能继续参与作战行动，但它们也不是英法联军炮击的目标。俄国方面的损失是55人战死、199人受伤，尽管赫尔辛基方面有另外的资料显示出更高的数字。考虑到有限战争的背景，这次袭击也算对敌人造成了破坏，而且也给英法联军提供了有益的经验教训。

斯维德贝格之战标志着波罗的海作战的结束。冬季的风暴和冰封正在逼近，到了回家的时候了。波罗的海作战一个鲜为人知的特征是，大量使用运煤船（Collier）和仓库船（Store Ships）来对海上作战的舰队进行补给。当时没有尝试今天的航行中补给，供应船和军舰是一起停泊到一处风平浪静的海湾里，然后转移质量上好的威尔士无烟煤等物资。

① 博格（将军），《赫尔辛基时报》（Helsingfors Times），1855年8月29日刊。

克里米亚战争期间的海上补给。从左到右依次是："荷里路德"号（Holyrood）[109]商船、"君主"号（Monarch）、"坎伯兰"号（Cumberland）、"博斯科恩"号（Boscawen）以及"专横"号（Imperieuse）。（© 英国国家海事博物馆，编号 PY8343）

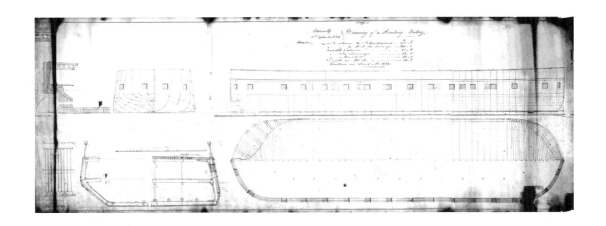

流星"号（Meteor）装甲浮动炮台船的海军部存档图纸。横截面图显示了木制船体的结构。[114]（© 英国国家海事博物馆，编号 DR7279）

装甲浮动炮台船

锡诺普之战后，法皇拿破仑三世下令为法国海军设计建造带装甲的、蒸汽推进的浮动炮台船[110]。最初计划在舷侧设置装满球形炮弹的盒子来作为防御，但托马斯·劳埃德访问巴黎时建议使用铁板来替代。后来测试表明，该提案的防御效果更好，于是就被采纳了。皇帝希望能够在 1855 年的战事开始时，造好 10 艘这样的铁甲船，但发现法国的制铁厂和船厂最多只能够造好 5 艘，于是要求英国建造另外那 5 艘。

该项目被时任英国第一海务大臣的詹姆斯·格雷厄姆爵士推迟了。他脑子里还装着前一个 10 年里那种铁造船体、无装甲防护的巡航舰及其所存在的种种问题，结果把这些问题船和这里提出的木制船体的装甲浮动炮台船[111] 相混淆了。尽管有总设计师的保证和法国万塞讷（Vincennes）的火力测试结果，但格雷厄姆依然坚持要于 1856 年 9 月在朴次茅斯进行更多的测试进行验证。测试中，用 7 块 4.5 英寸厚的铁板[112] 拼成了一个 9 英尺见方的靶子，背后用 4 英寸厚的普通松、杉木板作为背衬，整个靶子背后还有结实的支撑结构。

在第一次装甲试验中，靶子被 300 码外发射的 32 磅球形炮弹击中了 10 次，所用发射药量为 10 磅，没有造成什么重大的破坏。[113] 然后，这个靶子成功抵御了 68 磅炮弹的两回远距离射击，尽管靶子上有一块铁板开裂。接着，又在 400 码的距离上用 68 磅炮进行了更多次的射击，结果严重毁伤了靶子。后续进行的 7 轮射击则让装甲板迸裂出一些小碎片，飞进了背衬里。此外还测试了厚度更小的铁板：空心弹打在 0.5 英寸厚的铁板上，铁板就会破裂变形，而 0.625 英寸厚的铁板却能使爆破弹无法击穿。格雷厄姆要求的这些测试证实了之前法国万塞讷试验的结果，但却也让英造装甲浮动炮台来不及参战了。

1854 年 10 月 4 日，英国订造了 5 艘装甲浮动炮台船。① 这些船的船体为木制，舷侧壁几乎直上直下，船底为平底，船头船尾非常丰满钝圆。装甲板名义上都

---

① G.A. 奥斯本的手稿。

是 4 英寸厚，但实际上很多位置的装甲板都辊轧得薄了 0.25—0.5 英寸，这些装甲板以楔榫槽接在一起。在"幽冥神"号（Erebus）上，只有水线装甲带（Waterline Strake）是 4 英寸厚，其余部位都是 3.5 英寸厚，其他几艘船上可能也是这样。露天甲板虽为木制，但厚达 9 英寸，也算能提供一些保护。船上有两个指挥塔（Conning Tower）[115]，它们被 0.625 英寸的装甲板覆盖。这些船的 14 门 68 磅炮能够通过船体上尺寸为 34 英寸 ×40 英寸的炮门来开火，这么大的炮门应该被看作是一个弱点[116]（参见导言中的"雷霆"号图片）。

在这 5 艘装甲浮动炮台中，"安泰"号（Aetna）在下水前遇到失火事故，结果在斯科特·罗素的船厂中焚毁，于是只好在查塔姆海军船厂建造了一个设计略有不同的替代舰。

1855 年 12 月，海军部追加了 3 艘铁制船体的装甲浮动炮台船，这些船成了第一批铁造船体的装甲舰。其外观与那些木制船体的装甲炮台船不同，这些新舰具有 30° 的舷墙内倾[117]，以提高装甲的抗弹性能，结果这些船的露天甲板只有 35 英尺 3 英寸宽（水线宽达 48 英尺 6 英寸）。

表 12.15 装甲浮动炮台船

	英国			法国	美国内战中的南方军
	"格拉顿"号（Glatton）	"安泰"号（Ⅱ）	"幽冥神"号	"熔岩"号（Lave）	"弗吉尼亚"号（Virginia）[118]
长	172英尺6英寸	157英尺10英寸	186英尺	170英尺	279英尺4英寸
最大宽	45英尺2.5英寸	44英尺	48英尺6英寸	38英尺	39英尺
吃水深	8英尺8英寸	6英尺	8英尺10英寸	8英尺6英	22英尺4英寸
船体深	14英尺7英寸	16英尺	15英尺6英寸	—	—
武备	14门68磅炮*	14门68磅炮	16门68磅炮	16门50（法）磅炮	2门7英寸后装线膛炮、6门6.4英寸后装线膛炮、6门9英寸滑膛炮
装甲	4英寸	4英寸	4英寸	4英寸	4英寸
航速	4.5—5.5节		5.5节	3.5节	5节

★原本计划搭载 16 门炮，后来减少到 14 门，以保持吃水深度低于 8 英尺 8 英寸。

"流星"号在试航中依靠一支直径 6 英尺、螺距 12 英尺 6 英寸的螺旋桨，航速达到 5.7 节，在发动机输出转速达到 139 转每分钟时，消耗标定马力 530ihp，锅炉安全阀的压力上限设定为 60 磅 / 英寸[2]。仅仅 12 天后又进行了第二次试航，这时该舰改装成了三轴驱动，两翼的两个螺旋桨直径虽然依旧是 6 英尺，但螺距只有 7 英尺 6 英寸。在发动机输出转速达到 113 转每分钟时，标定马力达到了 498ihp，航速达 5.25 节。三轴驱动这种安排有可能从一开始就已经作为一种替代方案而存在了；驱动两翼螺旋桨轴的方法尚不清楚，但考虑到极短的改装时间，最有可能是使用了传动皮带，这在当时很常见。

法国的装甲浮动炮台船也存在问题。使用 150 马力的施耐德（Schneider）高压蒸汽机，设计的预期航速应达到约 6 节；但在试航中，发现这些发动机容易

过热，通风也不好，再加上船体难以转向，航速只有 3—4 节。经过各种试验后，给这些船装上了 3 支舵、2 支披水板[120]。时至今日，丰满船型的船体在推进和转向操作中都会遇到一系列的困难和问题，所以 19 世纪中期的设计师们在没有水池模型试验辅助的情况下，不能正确处理这一难题，也就不足为奇。[①]

这些装甲浮动炮台船是有史以来建造出的最具创新和变革性的战舰，它们在英法设计师们的脑海中种下了正规装甲战舰的种子。上文的表格将这些炮台

① P. 德·杰弗里（P de Geoffrey），《克里米亚战争与法国——用于近海作战的浮动炮台船》（*La guerre du Crimée et la France——les batteries flottantes aux garde-côtes*），出自《19世纪船舶工程技术》（*Marine et Technique aux XIXe siècle*），1987年版（巴黎）。

船与那艘更为著名却要逊色一些的美国内战中南方军的铁甲舰"弗吉尼亚"号[前身为"梅里马克"号（Merrimack）巡航舰]进行了比较。

到 1855 年，英国的装甲炮台船中只有"格拉顿"号（Glatton）和"流星"号整备完毕，但这两艘船到达黑海的时间太晚了，没有赶上作战行动。冬季，这两艘船暂时封存起来。等次年春天签署完和约后，两艘船返回祖国，参加了那场盛大的凯旋阅兵式。

金伯恩

法国的装甲浮动炮台船在炮击金伯恩（Kinburn）的作战中留下了一笔精彩记录。金伯恩要塞位于第聂伯河河口湾（Liman of Dneiper）最南端的沙嘴尖端，只要控制了金伯恩要塞和奥塔霍克（Otchakof）要塞之间的水道，就可以让第聂伯河和布格河（Bug）无法用于俄国的物资运输[121]，这样就能威胁到在多瑙河流域作战的俄国陆军的后方。

这座金伯恩要塞用石头筑成，外面有土垒的胸墙，要塞石墙上的炮廊里架设了 60 门火炮，要塞顶部露天的炮座里有大约 20 多门大炮。此外，还有 2 座火力强大的露天火炮阵地。英法联军的舰队，包括法国的 3 艘装甲浮动炮台船、10 艘战列舰、17 艘巡航舰和分级外炮舰（Sloop）、3 艘分级外炮舰（Corvette）[122]、4 艘通信船、22 艘炮艇、11 艘臼炮船和 10 艘运输船，由英国的里昂和法国的布吕阿海军上将指挥。这支力量于 1855 年 10 月 14 日抵达金伯恩，黄昏时分，9 艘炮艇从炮台眼皮底下溜过，锚泊在要塞所在的沙嘴背后。第二天由于海上风浪很大，联队并没有发动攻击，只有一些臼炮船在入夜时分，发了几炮来估计射程。

17 日早上 8 点，海面平静，刮着从北方吹来的轻风，3 艘法国装甲浮动炮台船——"蹂躏"号（Devastation）、"熔岩"号（Lave）和"雷鸣"号（Tonnant）依靠蒸汽动力进入到距离要塞 900—1000 码的射击阵位。12 点，俄军的炮火减弱了，这时又有 9 艘联军的战舰靠蒸汽动力通过炮台前的水道，来到要塞背后发起攻击。战列舰的炮火非常猛烈，不过也可能没有什么效果，因为是从 1600 码外开炮的。俄军于 13 点 15 分投降，有 45 人战死、130 人战伤，英军有 2 人轻微受伤。

炮击到底给要塞造成了何种程度的破坏，至今也弄不清楚，而且也说不好要塞的投降，到底是由于从要塞背后发起的近距离猛烈炮击，还是

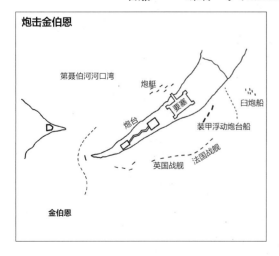

炮击金伯恩

第聂伯河河口湾

炮艇

要塞

炮台

臼炮船

装甲浮动炮台船

英国战舰

法国战舰

金伯恩

由于浮动装甲炮台船的炮击，或者是因为战列舰如骤雨般的猛烈轰击。我们只需知道，又一次，从海上发起的猛烈炮击逼降了一座要塞，而这座要塞本身几乎没有受到什么严重的毁伤。

　　装甲的成功已经非常清楚了。"蹂躏"号的装甲被击中了 29 炮，打中它的可能是 24 磅炮，其露天甲板上还留下了炮弹犁出的 35 道沟槽。一枚炮弹通过露天甲板上的主舱口（Main Hatch）[123] 飞进船体内，两枚炮弹从炮门飞进船体内，造成 2 人死亡、13 人受伤。"熔岩"号无人伤亡，"雷鸣"号有 9 人因为从炮口飞入的炮弹爆炸后四散的破片而负伤，该舰的装甲被击中 55 次，露天甲板被击中 10 次，舵被击中 1 次。从技术上来说，4 英寸的装甲在 1000 码的距离上完全能够抵挡住 24 磅炮弹的轰击，所以这其实证明不了什么，但这却象征着一个新时代的开始。

凯旋阅兵式

　　1856 年在斯皮特黑德举行了一场盛大的海军阅兵式，庆祝和平条约的签署。在阅兵式上，维多利亚女王检阅了 240 艘作战舰艇，其中大部分都是在这场战争期间建造的：

　　蒸汽动力战列舰：24 艘；

　　螺旋桨巡航舰、分级外炮舰：19 艘；

　　明轮桨巡航舰、分级外炮舰：18 艘；

　　纯风帆巡航舰：1 艘；

1855年10月15日　早上，"达普"级炮艇"高手"号（Cracker）在离金伯恩炮台600码的距离上通过了炮台前的海岸。（© 英国国家海事博物馆，编号 PW4907）

装甲浮动炮台船：4 艘；

炮艇：120 艘；

臼炮船和浮动炮台船：50 艘；

弹药供应船：2 艘；

医务船：1 艘；

浮动制铁作坊船：1 艘。

共计 240 艘。

这是一支技术先进的强大力量，其蒸气动力的战列舰可以组成火力和机动能力都很强大的蒸汽战列线（Steam Battle Line），并且这支力量还装备了可以用来攻打海岸防御工事的精良特种火炮。不过就在接下来的短短几年之内，这些船全部都会过时。

这场战争的经验教训

机动性

这场战争无可置疑地向人们证明了蒸汽战舰能够在规定的时间内抵达指定的目标海域。这种更加可靠的机动性让蒸汽舰队的战略部署比过去的纯风帆舰队更加准确，例如，纳尔逊当年一路追击法国舰队到西印度群岛然后再返回的整个航程中，其舰队的平均航速只有 4 节。[124] 而且实践证明，与风帆战舰相比，

1856年4月23日的凯旋阅兵式。在这次阅兵中，一个出彩的特殊环节就是由集结成群的炮艇队对南海堡（Southsea Castle）进行了一场模拟攻击。这是大多数炮艇唯一的一次"服役"经历。（© 英国国家海事博物馆，编号 PY8273）

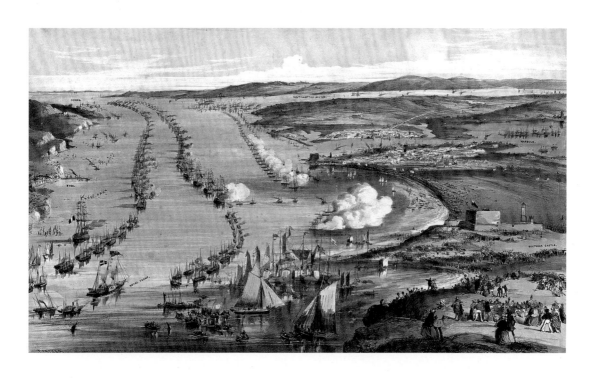

蒸汽战舰在恶劣天候下安全航行的可靠性明显更高。

这些优势同样适用于蒸汽商船，蒸汽商船可靠的船期让它们能比风帆货船赚取更高的船租。这样一来，就引发了蒸汽商船总规模的快速膨胀。[125]

工业生产

宾厂和莫兹利厂从战时的大规模订单中体会到了大批量建造的优势，尽管战后萎缩的少量订单无法发挥这一优势。另一个教训则是惨痛的：在战时物价上涨时期签订价格固定不变的合同导致几家船厂都关门倒闭了，并加速了泰晤士河上的造船业不可避免地走向衰落。时至今日，造船业依赖的都是廉价劳动力，因此船厂常常迁移到劳动力更加便宜的地区去。

对陆攻击

长期以来，人们一直认为战舰是无法攻克海岸要塞的，但这场战争中涌现出了许许多多与这一观点相反的战例。博马顺和金伯恩要塞都投降了，亚速海入口处的防御工事也是如此。斯维德贝格同样遭到重创，而发动炮击的海上力量几乎没有遭受什么损失。塞瓦斯托波尔围攻战算是打了个平手，交火的任何一方都没有遭受严重损失。不过这只是战争早期，当时还没有对陆攻击的专门手段。附录 13 中介绍的 1856 年对喀琅施塔得的攻击计划，表明近现代技术应用在专门设计的浅吃水的战舰上，就能让战舰有相当大的机会击败要塞堡垒。

脆弱的舰艇何以能够击败堡垒，其原因还不完全清楚。金伯恩和博马顺之战，守军的士气都崩溃了，于是要塞没怎么受到破坏就投降了。在几年后的美

1866年利萨海战后的奥地利木制战列舰"国王"号（Kaiser）。该舰中弹60处，包括一枚300磅爆破弹，不仅如此，该舰还撞上了一艘意大利铁甲舰[126]。尽管该舰有100人伤亡，但到第二天就能开到海上继续参加战斗了。看来没有装甲的木制战舰并不像我们认为的那样脆弱。

1854年5月13日 在沃维奇下水的"皇家阿尔伯特"号（Royal Albert），这是在这场战争期间下水的为数不多的战列舰之一。前景中那些战舰辨认不出来是哪几艘，但可能包括"阿尔班"号，"黑鹰"和"猴子"号（Monkey）。（© 英国国家海事博物馆，编号PY0960）

国内战中，类似这样的投降案例也多次出现。交战双方都能在战场上奋勇地拼杀，但是堡垒却常常在遭到舰队一阵突如其来的弹雨洗礼后就弃守了。19世纪早期，埃克斯茅斯（Exmouth）对阿尔及尔的袭击和对圣让阿克雷（St Jean d'Acre）的炮击表明了精心策划的、准确迅速的炮击对击败岸上防御工事的价值所在。

（木制）战舰的脆弱性

时人觉得从这场战争中吸取到的主要教训是，木制船体面对爆破弹时那令人震惊的脆弱性[127]。这可能是在长期没有经历战争之后，遭遇火炮轰击时，人的一种正常反应［可供比较的是，在1982年福克兰群岛（Falkland）之战中，公众记住了"谢菲尔德"号（Sheffield）遭到"飞鱼"（Exocet）导弹命中而沉没，但没人记住"格拉摩根"号（Glamorgan）同样中弹，却幸存下来并继续参战］。事实上，"阿尔比恩"号、"阿瑞梭莎"号（Arethusa）、"巴黎城"号、"俄罗斯"号以及其他舰艇遭到爆破弹轰击后在战场上成功地生存了下来，人员损失也较小，这说明19世纪50年代中期的爆破弹还不是一种非常有效的反舰武器。在1866年的利萨（Lissa）海战中，奥地利的"国王"号（Kaiser）木制螺旋桨战列舰遭受猛烈炮击，其中还包括一枚300磅的爆破弹，但该舰在24小时内就抢修完毕再次整备出战，这一案例也增强了这一认识（即当时的爆破弹对木制船体并没有巨大的杀伤力）。另一方面，旧时代的红热弹仍然是一种非常有效的反舰武器。[128]

"果敢"号上的明轮的战损情况也再次印证了巴拉那河之战中"富尔顿"号

的战例，也就是说，即使明轮遭到很大的破坏，也不太可能让明轮汽船完全丧失机动能力。

当时，大炮的最大射程大约是 4000 码，但那个时代缺乏任何有效的火控系统，并且大炮俯仰、水平回旋的速度都很慢，所以即使是在风平浪静的情况下，要想击中 1500 码以外的目标战舰，成功率也非常低。某种程度上，科尔发展出的以动力驱动的旋转炮塔可以看作是对这个问题的有效回应，但也只能部分解决这一问题。

未来

装甲的价值得到了高度认可，甚至可能向大众宣传得太过了，但要想把它安装到已经被沉重的动力机组所累的远洋作战舰艇上去，并不是一件容易的事情。水雷和其他水下威胁在当时似乎还没有被人们充分认识，尽管必须指出的是，在往后的许多年里，这些新技术都并不能构成什么实质性的威胁。

总体而论，参加这场战争的舰队的组织构成还算是不错的，只是缺少浅吃水的作战舰艇。1856 年的舰队是一架精良的战争机器，它具现了海军高层支持新技术的意志，这种意志在高层占有相当的分量，尽管不是所有决策者都具有这种意志。

译者注

1. 即按照同一图纸来大量建造分级外炮舰（Sloop）这种小船。实际上，在18世纪末的英法全面交锋中，就已经采用了这种做法，只是当时粗略的测量技术使船体构件的尺寸误差达到几十厘米甚至半米以上。19世纪40年代初，杰出的工程师约瑟夫·威沃斯（Joseph Witworth）最先提出了现代化的精密测量标准，从此现代意义上的批量生产、零件可互换才开始成为可能。威沃斯也是当时英国政府最先指定开始研究线膛炮技术的人。

2. 白海即俄国北部面向北冰洋一侧被大陆包围的一片窄海，19世纪的当时似乎只能从北冰洋方向到达，到20世纪开通了运河，可以从波罗的海方向到达。

3. "舰队决战"指从17世纪中叶到18世纪末，交战双方动辄出动几十甚至上百艘战舰，单艘战舰最大排水量可达两三千吨、舰队总人数可达几万人，在海上展开少则几个小时、多则连续数日的对决。舰队决战主要是为了争夺关键贸易路线的制海权，因此胜负往往具有深远的战略意义。"公海遭遇战"则是双方成规模的舰队、分遣舰队在争议海区不期而遇，从而展开的作战，一来规模没有决战大，二来双方的舰队往往都没有接到战略目标明确的作战指示，而是由舰队司令随机应变、自主决定交战。

4. 英国舰队的前线指挥官。

5. 该地在黑海北岸。

6. 达达尼尔海峡附近地区。

7. 多瑙河河口在黑海西北海岸。

8. 布吕阿是法国前线指挥官。

9. 在黑海西海岸登船，预备到塞瓦斯托波尔附近登陆，以入侵克里米亚。

10. 今属保加利亚。

11. 陆战。

12. 陆战。

13. 陆战。

14. 该地在黑海北岸，连通亚速尔海和黑海的刻赤海峡附近。

15. 当时没有无线电，电报通过临时架设的海底电报电缆来传送，有专门的船携带电缆并接收电报。

16. 当时陆地堡垒都采用棱堡（Bastion）防御体系，整体呈星形，因而包括许多三角形的突出部（Redan）。在这次战斗中，英军伤亡惨重。

17. 费兹罗伊·萨默塞（FitzRoy Somerset），18世纪末19世纪初威灵顿时代留下来的陆军元老。

18. 今属芬兰，当时属于沙俄。

19. 画面右侧排成整齐纵队的是法国战列线，其战舰前桅杆挂了一面较小的法国三色旗，主桅杆则挂着一面向英国致意的英国海军军旗。画面左侧，烟囱喷吐着黑烟、呈散乱冲锋队形朝法国战列线"冲"来的是英国蒸汽螺旋桨战列舰。这幅画的构图不是随意安排的，这种法国人严阵以待、英国人打乱阵形奋勇冲锋的场面，实际上是代表了18世纪后期英国对法国舰队进行决战时屡屡采用的战术队形。

20 连通黑海和地中海的那条海峡被定义为欧亚大陆的海上分界线，这条海峡从地中海到黑海方向，依次分成达达尼尔海峡、马尔马拉海、博斯普鲁斯海峡三段，因此原著把从广阔的地中海驶向内陆湖一样的黑海的航行称为"上溯"，当时奥斯曼土耳其帝国的首都伊斯坦布尔在博斯普鲁斯海峡的西岸（欧洲一侧）入口处。

21. 120炮战列舰在露天火炮甲板下有三层火炮甲板，84炮战列舰在露天甲板之下有两层火炮甲板。这里俄军的小型汽船以及上文土耳其的小型汽船，都可以参看第5章介绍的英国早期明轮拖船，应当相差不多。

22. 即直径等于60磅球形实心炮弹的爆破弹，这种爆破弹只是一个球壳内装黑火药，重量必然小于60磅。

23. 根据表12.3，图中排成两列纵队的6艘俄国战列舰中，有3艘84炮、3艘120炮。其中，序号1—3为上风分队，为首的"皇家玛利亚"号为84炮，中腰的"康斯坦丁大公"号为120炮，殿后的"切什梅"号为 84 炮;序号 4—6 为下风分队,为首的"罗斯季斯拉夫"号为 84 炮,后两艘均为 120 炮。原著图中对这些俄国战舰名字的英文拼写,不太符合现在的标准。实际上,俄国战舰的名字原本是用西里尔字母拼写的,这里是用罗马字母进行了音译,但后三艘船的名字,与今天一般英语音译的拼写不太一致,现将今天英文的习惯音译列出于下:"罗斯季斯拉夫",Rostislav;"三圣徒",Tri Sviatitelia;"巴黎",Parizh。

24. 所谓"划桨炮艇",在地中海被称为"Galley",其船身细长,两舷布置有很多划桨,形似蜈蚣,船头船尾布置火炮。沙俄在对土耳其和北欧各国的战斗中,善于使用这种船只,因为这类船吃水浅,方便在黑海和波罗的海近岸封闭海域活动,而且不受风向的制约,遇到无风天气还可以突袭大型风帆战舰,靠人力划桨机动到这些战舰首尾的火力盲区对其进行打击。对于"舰队"的称呼,英语有三种。其中,"Fleet"指主力舰组成的决战舰队,在当时就是 20 艘以上的风帆战列舰组成的战阵。"Squadron"指十几艘甚至更少的战列舰、巡航舰、分级外炮舰组成的海上巡航力量,可以翻译成"派遣舰队""分舰队",但不一定真是决战舰队分拨派遣出来的一部分,而往往只是为了相应的战略战术目标而组建的低冲突力量,所以也可以翻译成"小型舰队""小舰队"。当时除非爆发大规模全面冲突,比如 18 世纪末英法之间的大战,一般国家不会拿出钱来组建决战舰队,所以战舰一般以"Squadron"的规模行动,这时把"Squadron"翻译为"小舰队"就会更加贴切。"Flotilla"指数量很多的小型炮艇组成的"炮艇队"。

25. 今天一般把这战笼统地视为木制风帆战舰的丧钟,似乎因为此战,历史就不可逆转地走向了近现代蒸汽铁甲舰。通过本书前面章节的介绍,能够知道整个海上武器系统平台的发展演变,并不是这样简单、突然的过程,而是 19 世纪上半叶,整整半个世纪技术进步的自然结果。但同时,在半个世纪没有经历过实战的海军、政府乃至平民心中,这场作战都造成了很大的冲击,客观上助推了铁甲舰的诞生。注意在这次冲突中被摧毁的几乎都是巡航舰和炮舰,真正船壳厚达半米乃至一米的战列舰,能否经受住爆破弹的考验,还未可知。

26. 字面意为"装备总长"。

27. 本书涉及的黑海周围地名本为斯拉夫民族的西里尔字母拼写,进入英语后用罗马字母进行了音译,但本书原著作者所采用的音译在 20 世纪末已不再通用,这给今天的读者带来了不便,对这样的英文地名拼写,译者尽量列出今天通行的英文拼写。上面俄国战舰的名字,同样也是依照这一原则进行翻译。这里的"巴尔齐克"是今保加利亚东北部一个海港城市、旅游之地,保加利亚语为"¡‡Î˘Í",英文一般拼写成"Balchik"。

28. 当时沿用 17 世纪以来固定的年资排序制度,一旦一个人当上海军上校可以单独指挥一艘正规军舰,他只需要健康长寿,就一定能当上海军上将。而且,这一制度下没有退役、退休一说,除非身体状况不允许出海服役。结果到 19 世纪中叶,一批现役将官都已年近古稀,却因经历了长期和平而没什么战斗指挥经验。

29. 1854 年时,邓达斯 69 岁,考虑到当时的营养和卫生条件,即使是上流人士,年过五旬也会明显显出老态,古稀老人的状态更是可想而知。

30. 18 世纪末 19 世纪初和法国爆发全面冲突时,英国海军在人手不足的时候,由战舰上的水手长等军官组成"拉夫队"(Press Gang)到各个港口强行征募水手,即便是毫无海上活动经历的旱鸭子同样被强征入伍。

31. 注意这里不再标明是"螺旋桨蒸汽动力"了,因为根据第 11 章及第 5 章的介绍,蒸汽动力的战列舰和战列舰改装的封锁防御船必然只能是螺旋桨推进的,因为战列舰舷侧不适合安装遮挡炮位的明轮。

32. 该岛扼守波罗的海深处的波的尼亚湾(Gulf of Bothnia)入口,见波罗的海形势图。波的尼亚湾在今瑞典(西)和芬兰(东)之间,当时被沙俄占据。该岛今天虽然属于芬兰,但岛上说瑞典语,而且属于非军事化的争议地区,可见该岛为兵家必争之地,控制下来就可能有效遏制沙俄在波罗的海的行动。

33. 见波罗的海形势图。该地今称"塔林"(Tallinn),是爱沙尼亚的首都。塔林扼守着芬兰湾,位于芬兰和沙俄本土之间的海湾入口处。沙俄重要的海军基地喀琅施塔得以及首都圣彼得堡都在该海湾深处。

34. 关于"缩帆"(Reefing),可参考第 255 页英法波罗的海舰队会师的版画。图中为首的法舰前桅杆中层帆(Fore Topsail)张开呈梯形,帆上可见三道点,那些即是用于缩帆的"缩帆绳"(Reef Point)。该船上其他桅杆上的帆以及其他战舰上的帆,同样有这个特征,可见这是当时以英法为代表的战舰的"标配"。再看第 258 页英国波罗的海舰队油画,打头阵的"威灵顿公爵"号上,同样是前桅杆中层帆张开,只是成了矮梯形,而且已经看不见那三道缩帆绳——这就是"缩帆"的效果,可以让船的中层帆变"矮",减小其受风面积。这样做是为了什么呢?通过对照这两张画的海况，可以发现，第二幅画海况更高，说明风也更大，由此可知，为了保护桅杆不被大风吹坏，就要缩帆。梯形的中层帆（Topsail）带有三道缩帆绳，也就是可以缩帆三次，第 258 页图就展示了三次缩帆后扬帆的情形。缩帆的具体操作是：每一面中层帆，都需要 30 多个身形矫健、手上灵巧的熟练水手爬上挂帆的横桁上去，然后人力把帆布拉抱到帆桁上来，再用缩帆绳紧紧地绑在帆桁上，这是风帆时代非常考验操作和集体配合的战术动作之一。说是"战术动作"，是因为当时商船根本没有这么多人手，所以很少会"缩帆"。

35. "极顶帆风"指不算太强、极顶帆仍然能够挂起来的风力。极顶帆位于海面以上 30 多米的高空，因此没法使用粗大沉重的桅杆、帆桁来张挂它，所以极顶帆的桅杆、帆桁都比较纤细，遇到过强的风，就可能被风势摧折，只能降下来收帆。当时战舰的各个帆用什么样尺寸的帆桁、桅杆来张挂，以及用什么型号的麻绳来编织，都是固定的，所以就用战舰的极顶帆尚且能够承受的风力，来代表当时推力最强劲但又不会损坏风帆和桅杆的"最大风力"。

36. "Sound"一词缺乏对应的中文翻译，常常宽泛地翻译为"海湾"，实际是指任何水文条件凶险，需要一边测水深一边航行的危险航道。用铅锤抛入水中来测量水深的作业称为"Sounding"（测量水深），于是危险、陌生的水道，以及水中危险的浅滩，都常常被人称作"xx Sound"。实际上，北海通往波罗的海的咽喉要道"松德海峡"就是根据英文"Sound"音译的，在英语里，这个海峡太重要了，所以只要简单地说"那条海峡"（The Sound），指的就是该海峡。英国风帆战舰上那高耸入云的桅杆，全部都是用瑞典和里加湾的松树制成的，并涂抹了瑞典松树油作为防止海上盐雾腐蚀的防护涂料，所以控制"那条海峡"，对于风帆时代的英国海军乃至英国的存亡具有战略意义。

37. "诺特维克"炮台的名字今天一般拼写为"Notvik"。关于"基"炮台，可以寻找到 1855 年的报纸配图，图中该炮台被描绘成几层楼高的石制圆形塔楼。当法军从陆上包围了这座炮台后，炮台守军因内讧而投降。

38. 从 18 世纪以来，占领了敌方要塞又不准备据守，便在工事的墙基上安放火药把它爆破掉，不给敌人再次占领的机会。

39. 兰开斯特炮外观见第 271 页图，该炮是英国最早的线膛炮，它的炮管内膛不是圆形而是卵圆形的，炮弹也是这种形状。该炮不太可靠，容易炸膛。

40. 1 月份黑海上的风力可能还是太大了，大帆船本就不容易快速转弯调头、规避危险，而英法舰队对黑海沿岸的水文地理情况也并不熟悉，如果贸然行动，大帆船会有搁浅甚至触礁的危险。

41. 沃邦是 18 世纪法国著名的陆军和要塞工程师，他发明的棱堡防御体系和针对棱堡的堑壕战术盛行于整个 18、19 世纪，并影响至今。

42. 注意英国的 1000 骑兵。在黑海地图中克里米亚半岛下方特别标注出了"巴拉克拉瓦"这个地名，虽然本书只讲了海战，但当时克里米亚战争却以该地发生的"巴拉克拉瓦之战"及战斗中英国陆军的两场英勇无谓的作战而闻名于当时的英国大众舆论。这场战争，第一次能够通过电报手段来及时报道前线战事，于是战地记者初次登上了历史舞台，他们对陆地战场上惨烈的交火进行了集中报道，以博取大众的关注。在这场"巴拉克拉瓦之战"中，有近七百人多名轻骑兵，向一个严阵以待的沙俄炮兵阵地发起了冲锋，阵亡 100 余人，伤残 160 余人，被称为"死亡冲锋"（Charge of the Light Brigade）。该冲锋虽然展示出了战士的毅力和勇气，但实际上是战场传令失误造成的。指挥官原本要求这支轻骑兵去占领一个已经被压制、快要被攻占的沙俄炮兵阵地，以停虏火炮和辎重，但传令过程中弄错了攻击目标，于是这近七百人冒着炮火冲入一个戒备森严的沙俄炮阵，虽然也驱散了沙俄炮兵，但依靠骑兵（骑兵主要武器是砍刀、长矛）没有办法占领这个阵地，于是只好又放弃、撤退，结果并没有斩获什么实际战果。"巴拉克拉瓦之战"中英国陆军的另一次突出表现，是所谓的"细细的红线"（Thin Red Line）：200 名苏格兰第 93 高地步兵团（Argyll and Sutherland Highlander，上身着英国步兵的红色外套，下身穿苏格兰短裙）士兵排枪射击，击退了 400 名俄罗斯骑兵发起的冲锋。因为这些兵缺乏训练，没有排成更加复杂、需要变阵的四排人墙，而是排成了仅仅前后两排的人墙，所以显得纤细、单薄，又因为英国陆军着鲜艳的大红色军服，所以称为"细细的红线"。沙俄骑兵发起冲锋后，英国人墙两翼 300 多人的伤亡和土耳其仆从军大多一哄而散，这 200 名苏格兰高地士兵在 600 码、300 码和 150 码的距离上齐射三次，成功逼迫俄国骑兵调头撤退，而没有让他们冲锋到白刃战的距离内。

43. 18 世纪末的一艘典型法国风帆战列舰，常备 500 人，可塞进上千人。

44. 上层甲板不仅中部露天，而且船壳也比较薄，这两个因素都使在这里的船员容易暴露、受伤。

45. "Cockpit"这个词当年不是指飞机的狭窄座舱，因为当时还没有飞机，而是指战舰最下甲板（Orloop）后部的一片区域。现以一艘典型的双层甲板风帆战列舰为例介绍"最下甲板"。战舰在露天甲板以下还有两层连续的火炮甲板，上面搭载沉重的火炮，其中下层火炮甲板距离水线只有不到一米半的高度，而在下层火炮甲板以下、水线附近，还有一层最下甲板，其作用跟船的底舱差不多，堆放各种后勤物资，但是更加集中地存放常用的后勤物资。在英式战舰的最下甲板上，前部存放风帆、缆绳及维修火炮、炮架等的工具和配件，中部存放战舰的粗大锚缆，甲板后部四周是后勤物资的配发室、某些低级军官以及军官候补生的住舱。后部中间部分即"Cockpit"，这里主要是一张桌子，有三个用途：一是船上的随军牧师给十来岁的军官候补生们上文化课，二是军官候补生们娱乐和进餐场所，三是在作战的时候作为船医给负伤船员做截肢手术的手术台。最下甲板后部这张桌子及附近的区域就被当时人称为"Cockpit"。

46. 注意该舰的船头前方是"纵火者"号明轮汽船，可见其船尾和右舷的明轮壳。

47. 作战中，战列舰的甲板上不可能有隔舱壁、铺位这种东西，因为作战时这些东西都必须拆除转移到底舱里，目的是为了防止这些家具起火或产生破片等二次伤害。而巡航舰只有一层火炮甲板，火炮甲板下则是居住甲板，这里不布置火炮，于是居住甲板的隔舱壁、铺位通常不会在作战时拆除。这样看来，当时爆破弹也是临时存放在这层甲板上的，结果却构成了极大的安全隐患。

48. 当时的战舰有三根竖立的桅杆，每根桅杆上用帆桁挂着三四道帆，中间那根"主桅杆"（Main Mast）最下面那道帆的帆桁就叫"Main Yard"。

49. 皇家海军上校考珀·菲普斯·科尔（Cowper Phipps Coles），因为力推旋转炮塔（Turret）而在铁甲舰的早期历史上留下了浓墨重彩的一笔。实际上，他是旋转炮塔在英国的发明人。发明了螺旋桨但在英国遭到冷遇的埃里克森，后来在美国获得重用，于美国内战中为北方军设计建造出了历史上第一艘参加了实战的炮塔式铁甲舰"莫尼特"号（USS Monitor），成为炮塔在美国的发明人。科尔也因为献身于自己的发明而名留史册。1869 年，他搭乘用他亲自设计督造、安装了两座科尔式炮塔的铁甲舰"船长"号（Captain）出海，结果遇到强风舰船倾覆沉没，科尔和他的儿子均葬身鱼腹。翻船的原因是因为炮塔太重，而为了避免重心过高，炮塔位置太低，结果导致该舰干舷太低。当船体在大风中横倾时，海水大量上浪，从甲板上的舱盖涌入船体，导致一侧船体进水失控。这场悲剧的根本原因，还是跟本书作者不断批判西蒙兹总设计师一样，是任由缺乏理论知识的业余爱好人士来发展技术密集的近现代武器系统带来的无穷后患。

50. 风帆战舰不能灵活地快速转向，又是在陌生的浅海近岸活动，搁浅在所难免。不过在风帆时代并不把搁浅看作非常危险的情况，遇到大潮就能重新浮起来，而到了本书这个时代，用蒸汽船拖带便能使其迅速脱困。

51. "艉楼甲板"即在船体后半部分的露天甲板——"后甲板"（Quaterdeck）的尾部加盖的一层轻甲板，这两层甲板之间一般是舰长住舱。

52. 双方大炮当时使用的黑火药爆炸燃烧后都会在空气中形成长时间无法散去的白色浓烟，如同烟幕一样，特别是在海面上空气潮湿的情况下。

53. 海军在卫生习惯方面更加注意，当时的英法海军通常安排每周的星期天下午等空闲时间，作为全体人员洗衣服、刮胡子、整理个人物品的时间。

54. 当时，战舰都有接地（即连通海水）的避雷针装在桅杆顶端，雷击很少引发大火。

55. 见第 8 章。早先，铁造战舰遭到海军部委员会的否决，那些在建的铁造巡航舰都降格为运兵船。这是第二次重开铁造战舰项目，因为铁船建造成本在当时比质量上乘的木船要低得多，更能够满足战时批量建造的需要。测距试射即该舰用其 68 磅重炮朝塞瓦斯托波尔要塞开炮，看能打多远以及能否击中目标。

56. 冬天容易刮大风，甚至起风暴。

57. 大风暴降临之前出现的气压低、无风等征候。

58. 不一定是运输船直接撞断了"桑普森"号的两根桅杆，可能是运输船撞击"桑普森"号时的瞬间冲击力过大，撞得"桑普森"号的船体猛然一颤，造成桅杆剧烈震颤，以致超出其结构强度范围，最终拦腰折断。

59. "亨利四世"号同时下四支锚来抵御大风的做法，在风帆时代的船舶操作规范中，就是比较错误的，至少不推荐这样做。正确的做法是把四支锚的锚缆全连接在一起，只下一支锚。现简单介绍一下风帆时代下锚和对抗大风的基本原理与操作。帆船没有动力，如果在港湾内遇到大风，若不下锚，风朝外海吹好，风要是朝陆地吹，船就有可能失控地撞向陆地，轻则搁浅，重则失事。其实直到使用动力船舶的今天仍然如此，墨西哥湾刮飓风的时候，美国的航母只能带着舰队开到公海上，这样一来，不管大风把船往哪边推搡，都不会撞到障碍物。所以帆船在港内遭遇大风，必须下锚，风帆时代海船的大锚有一对锚爪、一根横木，两者彼此垂直，锚沉底后躺倒，横木横在海湾底，这样就能保证一个锚爪铲进海底。可见，只有当锚缆很长，达到港湾水深至少三倍以上，锚缆对锚的拉力才更加接近水平方向，不至于把锚爪从海底拽起来。起锚时，不停收回锚缆，直到船头几乎位于锚的正上方，此时锚缆对海底的锚基本上就只有朝上的拉力，使用人力绞盘轻轻一提，就能把锚爪拉出海底。可见，风帆时代的锚要想抓地力强，锚缆必须长。需要对抗的海潮和风势越强，锚缆就要越长，好让锚缆上的拉力更接近水平，这样铲入海底的锚爪才能更好地发挥抓地作用。这样来看，同时下四个锚，四个锚上的受力肯定无法平均，结果实际上全部负担都被其中某一两个承担了，剩下的都没有用，而不堪重负的那个锚，在风势拖带之下最终会被锚缆拉出海面——即所谓"走锚"。如果锚爪抓地力足够，还没等走锚，锚爪就可能直接折断，这是因为当时几吨重的大铁锚其实是把许多铁条烧至红热再锻打成型的，这样的结构本身强度并不太高，再加上工艺和成本的局限，一对锚爪都是直的而不是现代船舶上的圆弧形，结果两个锚爪相接处就形成了一个角，从而容易在局部聚集应力导致折断。

60. 战时政府只能调用商船来满足运需求，但不是无偿征调，而是向船东租赁。政府为了征调到船期更准的汽船，出台了租金更高甚至是在一年内由政府付清该船建造成本的优惠政策。

61. 埃德蒙·里昂出身海军世家，其家族在西印度拥有富庶的种植园，其兄在18世纪末曾参加了纳尔逊那一系列彪炳史册的海上远征，后来官至海军中将，而其他兄弟也都供职海军，甚至为国捐躯，可见他的家族在海军中颇具影响力。邓达斯虽然年龄更大，是18世纪末那场战争的老兵，还当过第一海务大臣，但他就下文炮艇的实际使用效果问题和伦敦的海军部高层发生了争执和对抗，于是遭到撤换。

62. 除了这门巨大的火炮，图中士兵的衣着样式也能看出是海军旅。因为海军的普通水手没有陆军和海军陆战队士兵们那样的标准军服，他们的衣服都是登船之后而在战舰上用船上供应的布料临时制作的，这些布料主要是海军的蓝色，做成的成衣如图中多数人身上穿的那种。只有炮口旁边手拿望远镜、蓄着胡子的指挥官以及他身后昂首站立的助手，其上衣外套袖口的织带显示他们是有制服（自费定做）的海军军官。

63. "尼德斯"是怀特岛（Isle of White）外海排成一列的三座巨岩，每座都有30米高，质地为当地常见的白垩石，作为靶子的灯塔或许就在这排礁岩的一端，因为今天这排礁石的一端就竖立着一座灯塔。

64. 可能因为兰开斯特炮采用卵圆形内膛，导致炮身所受的火药燃气压力容易不均匀。

65. 双头船的明轮反转便能直接朝反方向前进，不需要拐弯。风帆时代的近海和内河小船很多也都是双头船。实际上，船舶最先出现的时候，大都是双头船，欧洲直到中世纪后期才出现了拥有固定尾舵、分出首尾的大船。

66. 这种炮艇的船体形如一个浴缸，首尾突然变细，这种船型不可能航速很快。所谓平行舯体，即船体中部横截面形态完全一致的部分，当时战舰的平行舯体最多只有四五米长，而根据"灯塔"级炮艇的图纸，这些30米长的炮艇有近三分之二是平行舯体，可以大大简化造船时放样和加工船体肋骨结构的程序，有利于战时批量建造。平行舯体的横截面几乎呈箱型，水平的船底和竖直的舷侧在两舷底部突兀相接，相接处称为"舭"。为了减小这种小船在风浪中的摇摆，特意安装了巨大的舭龙骨，这样做虽然能够减摇，但也增大了阻力，降低了航速。

67. 船头底部略作弧形，使船头朝前翘起，这在"灯塔"级炮艇图纸上可以看得很清楚。这种设计是风帆时代风格的延续，后来在战舰设计上被抛弃，所以19世纪后半叶的铁甲舰多呈竖立舰首，不如这样美观，而且缺乏外飘的舰首在北海的大浪中上浪情况比较严重。这些船，船头、船尾的构造有风帆时代的遗风，以第270页的"箭"号油画为例，该艇船头朝前方伸出，显得很飘逸，其实这并不是船头的船体结构本身，而是单独在船壳外安装的一个装饰性的外飘船首（Beak Head）。前面章节提到，所有风帆战舰，大到战列舰，小到分级外炮舰，其油画、印刷品和模型上都能看到这一结构。这一结构的主体支撑物是一根弧形的肘材，带有这样装饰舰首的船头称为"具肘艏"（Knee Bow）。"翼艄梁"是第4章讲的赛宾斯式改良圆形船尾出现之前、古典风帆船舶的传统船尾结构，即在水线以下的圆形船尾结构上安放一根粗重的横木，这根横木就是"翼艄梁"。接着以此为全部的基础承重材料，在上面搭建华丽的阳台、游廊、飘窗等艉楼结构，看起来很美但实际结构强度很脆弱。

68. 船头舷外固定着一块木板，上面开上洞，作为水手的简易厕所，这样借助船上浪就很容易冲干净。

69. 即"减摇水柜"（Bilge Tank），用来注水、排水，以此来调整吃水，减轻横摇。

70. 由下面的平面图可见，该船的95英担重68磅炮显然只有1门，船员可以通过图中复杂的滑轨，将其人力推动到两舷进行射击。32磅和24磅炮在两舷各有一门，其滑轨主要是方便旋转炮身，增大射击角度范围。注意船头尖头处的甲板上还有滑轨，也就是说32磅炮可以人力挪到船头这里，作为追击炮使用。上面侧视图可见船帮有五块阴影，表示那里的船帮舷墙可以放倒，对此，第270页"箭"号油画给出了直观印象，第272页下方"小丑"级的设计图也可以看到同样描阴影、可以放倒的舷墙。大炮只有在这些舷墙放倒时才方便开炮射击。这样设计的目的是因为这些船太小了，大炮位置不能太高否则船体重心将会太高，但另一方面，这样设计后大炮位置就太低了，于是像航渡等不需要操作大炮的时候，就可以通过加高的舷墙来阻挡上浪、改善船舶的抗浪性，而作战只能选择在海况较低的时候放倒舷墙，让大炮射界之内没有障碍物。

71. 当时，一般海军加农炮都是铸铁制造的，铜铸大炮从 17 世纪后期开始已陆续退出历史舞台。

72. 简单介绍一下当时重型海军炮使用的这种"枢轴炮架"（Pivotal Mount），炮架形态可参考第 338 页"不朽"号船头回旋炮的绘画作品。这种炮架分为上下两半——"下炮架"（Lower Carriage）与"上炮架"（Upper Carriage），下炮架为比较长的长方形，上炮架比较短，直接承载火炮，并能在下炮架上滑动，因此也简称为"滑块"。上炮架上带有"压擦器"（Compressor），大炮发射前，只要把压擦器的扳手扳下来，压擦器的摩擦片就会紧紧地贴着下炮架的上表面，其摩擦力足以吸收发炮后的巨大后坐力。狭长的下炮架，其前后两端各有一个"枢轴"（Pivot），即一枚长钉（Bolt）。只要身强力壮的水手用撬杠把炮架微微抬起，其他炮组成员用撬杠、滑轮组微微挪动炮架，使枢轴能够落进甲板上特别挖出的凹槽（Socket）中，枢轴便会在大炮自重下紧紧卡进凹槽里；再人力拉动下炮架两侧固定的滑轮组（Tackle），下炮架便能绕着枢轴、沿着滑轨左右旋转，从而调整水平射界。第 274 页图纸上，如果仔细看，可以看见各个弧形滑轨的圆心都有一个点，这是代表安插枢轴的凹槽。下炮架前端的枢轴用于大炮调整射界，而后端的枢轴则用于大炮在两舷之间变换炮位。关于炮位如何变换，可参考第 274 页的图纸。在该页图纸上，船中腰 68 磅炮的各条滑轨中，可见两道最大的弧形主滑轨，实际上一门 68 磅重炮的长度就几乎能赶上这主滑轨的长度，炮架长度与炮身长度相仿，可见确实是小船扛大炮，大炮长度几乎有艇身宽度三分之二长。68 磅重炮在不使用的时候，沿着船体纵中线（Central Line），即沿着船头—船尾方向安放妥当。需要进入一舷炮位时，把下炮架的后端枢轴卡进第 274 图纸中主滑轨后方、船体中间那一对小的圆形滑轨中的一个圆的圆心凹槽里；然后操作滑轮，让炮架前端绕着主滑轨旋转，炮架便运动到对准一舷的炮位；再把前枢轴对准一舷的凹槽卡进去，就做好这一舷的战斗准备了。由于炮很大、船很小，炮架前端要对准左舷炮位，炮架后端的枢轴就要卡在中央那一对小圆形滑轨中的右舷那个的圆心凹槽里。这套复杂的变换炮位操作，单是拉动滑轮组让大炮沿着滑轨转动，就需要近 20 人，而用撬杠抬起炮架使枢轴卡入凹槽，更需要多名身强力壮且手上很有分寸的水手和其他人灵活、熟练的配合才能完成。根据此讲解，原著下文简略描述的炮位调整作业就容易理解了。

73. 虽然原著作者把这个炮位称为"炮门"，但实际上根据对第 274 页图纸的研读，并对照前几页的图纸和油画，把高出来的船帮舷墙放倒，便算是一个"炮门"。另外，船首的"炮门"是供 32 磅炮使用的，沉重的 68 磅炮没法使用，那样将造成严重的埋首、上浪。

74. 肯定是朝有大炮的这一舷倾斜，使炮口指向水里，所以在炮艇甲板呈 6° 横倾的情况下，大炮要相对已经倾斜的甲板仰起 6°，这样才能相当于在水平的甲板上平射。使用 68 磅大炮平射，如果是从战列舰高出水面 8 米多的露天甲板上发射，弹丸可飞行近 2000 米才落到水面高度；仰角 6° 时，可以用抛物线弹道，把弹丸打到 4000 米以外去。而在小炮艇这横倾 6° 的甲板上，仰角 6° 只相当于平射的大炮，此时炮口距离水面不足 2 米，弹丸恐怕只能飞行 1000 米就会落到水面上，可见确实降低了大炮的射程。

75. 约翰·宾即第 11 章介绍的早期低压蒸汽机的划时代新设计——"宾空心活塞杆式发动机"的发明人。

76. 当时使用的是"火管锅炉"（Fire Tube Boiler），水装在炉子内的一个大水箱中，水箱里插入许多密封管道，炉膛内的火焰通过这些管道来加热水箱中的水。在水箱一端固定这些管道的密封板材，就称为"管板"，板子被大量这样的火管穿透。

77. 见表 12.11。

78. 这里说的其实是帮助小型船舶进入干船坞的一种"升船机"，当时颇为流行，后来在洋务运动中福建船政局等造船部门都有采购和安装。天棚，指的是盖有天棚的干船坞，如 279 页下图所示。这一排天棚的前面可见几条滑轨，滑轨上停放着的就是船底托架。滑轨一直延伸到画面外的河道里，呈一个入水的斜坡。炮艇来了之后开到适当的位置靠岸，接着托架滑行至艇体下方将艇体托举起来，然后艇就坐在托架上沿着滑道来到天棚前，按需进入各个位置停放。

79. 当时的蒸汽机振动很强烈，需要一个外部框架来让蒸汽机不把自己晃散，如本书各个蒸汽机模型所示。

80. "大东方"号是伊桑巴德·布鲁内尔生前设计的最后一艘船，他为了造好这艘船，呕心沥血，英年早逝。这是当时身形最庞大的船，同时带有桅杆、明轮和螺旋桨，因为个头太大，斯科特·罗素等建造商成本收不回成本，该船最后由国家征购，铺设了第一条跨大西洋海底的电报电缆。布鲁内尔一生的三艘大船"大西方"号、"大不列颠"号、"大东方"号，代表了那个工业革命蓬勃上升的时代。

81. 达尔格伦开发的大口径重型滑膛炮后来在美国内战中大显身手。爱德华·里德是铁甲舰时代头 10 年（1860—1870 年）的总设计师。

82. 可见拿破仑三世应该是不满单纯抽调法军，同时也可能担心大批抽调作战素质确实较高的法国陆军离开克里米亚包围圈，并不是上策。

83. 指美国独立战争期间英军深入佐治亚州的行动。

84. "奥丁"号是1846年服役的一等明轮巡航舰，搭载2门68磅炮、10门32磅炮、4门8英寸爆破弹加农炮。白炮船是为了炮击海岸要塞、城镇等设计建造的特种船舶，出现于17世纪末，本章后续部会专门讲到。

85. 船排是船台上用来夹固船底，使船底和龙骨腾空，从而方便船舶下水或者进入船坞维修等作业而用的设备。

86. 唐斯是英格兰东海岸泰晤士河口南岸的一大片浅滩水域，历来是英国舰队的集结地。雷瓦尔则是今波罗的海东端爱沙尼亚的首都塔林。

87. 1864年，普鲁士向丹麦宣战，争夺石勒苏益格－荷尔斯泰因地区，迈出了兼并整个德意志地区的第一步。

88. "Infernal Machine"一词是17世纪以来时人对海战中使用的纵火装置的统称，包括纵火船、火箭、水雷等，因为当时还没有水雷"Mine"这个词。同时"Infernal Machine"这个词从现代英语的语境看，文学性较强，因此按照明清时期对火器的命名风格来进行对应翻译。

89. 水深测量员是站在前桅杆附近的一块舷外木板上，通过铅锤来测量水深的。

90. 见第322页"维多利亚"号照片，可见船舷最高处围着一圈粉刷成白色的船帮，这就是吊铺网，船上所有水手的吊铺洗净晾干后都要打好包、放入这些围绕船帮的网兜中。在18世纪末的近距离交战中，这些吊铺网可以起到抵挡步枪子弹的功能，但到了19世纪中叶还有没有效果就不得而知了。这基本算是对18世纪后期优良传统的一种继承。

91. 见287页图中的第3图。

92. 见287页图中的第2图。

93. 挂钩锚，即反应大航海时代和海盗的影视作品中常见的跳帮、勾住对方战船所用的四爪小锚，一人便可操作。

94. 指水雷是一种低成本的"不对称"武器。在1905年的日俄战争中，俄国在旅顺口外布下的雷阵让日本联合舰队瞬间就损失了两艘战列舰，此后直到20世纪90年代的海湾战争，水雷的效费比都高得惊人。

95. 鮟鱇是一种深海鱼，喜好底栖，所以用来作为潜艇的名字，这里是这个鱼的德文名词。

96. 今天，用于轰炸石筑要塞的所谓"臼炮"早已退出了历史舞台，"Mortar"一词开始指代步兵携行作战的一种小炮——迫击炮，因为迫击炮和臼炮打出的都是大仰角弧形抛物线弹道。但事实上，两者战术角色截然不同。虽然英文里的"臼炮"和"迫击炮"的名词都是"Mortar"，但臼炮的形态如288页臼炮船图纸所示，身管短粗，固定在45°的仰角，其管壁很厚，形如研钵、蒜臼，跟今天迫击炮的形态截然不同。

97. 这里出现了臼炮船的另一个名字"Bomb Vessel"，直译过来就是"炸弹船"。这样命名，是因为在19世纪30年代开发出爆破弹加农炮以前，正规的战舰都不敢在颠簸的海浪中使用爆破弹，只有用于轰炸海岸要塞炮台、攻击时下锚固定不动的臼炮船才使用装填了火药的爆破弹。当时不称其为"Shell Vessel"，而称为"Bomb Vessel"，主要强调弹丸爆炸的毁伤效果——因为臼炮准头很差，主要是借助爆炸的范围伤害来引发火灾。风帆时代传统臼炮船的帆装跟19世纪中叶克里米亚战争时的不太一样：克里米亚战争中，臼炮船在臼炮前方竖立一根桅杆；而整个18世纪的臼炮船在臼炮之前没有桅杆，但在臼炮后方有两根桅杆，这是为了避免阻挡臼炮的射界。这种特色的桅杆帆装样式英语里称为"Ketch"，因此臼炮船在当时的海军行话中叫作"Bomb Ketch"，这种样式的臼炮船在《拿破仑：全面战争》（Napoleon: Total War）当中得到了比较符合史实的再现。臼炮船最早是在17世纪末开发出来的，其基本设计与第288页的设计大同小异。最开始是由一位法国工程师提出的，目的是为了对抗北非沿海那些臣服于奥斯曼土耳其帝国的"巴巴里海盗"。这些北非城邦主要依靠劫掠和贩奴为生，扣押了大量欧洲白人水手甚至贵族作为人质，长期骚扰地中海北岸的贸易路线。巴巴里海盗善于使用"地中海纵帆快船"（Xebec），这种船体轻盈，一般配备前后共两三根可以放倒的短桅杆，上挂两面大型拉丁三角帆，两舷配十几支到二十几支桨，不论有风无风都往来如飞，跟明清活跃于浙江福建外海的海盗船相仿。这样的小船快速接近笨重的大船，以当时火炮的射速和精确度来说，基本上无法命中，因此这种船以跳帮白刃战为主，持续的海上火炮对射并非其所长。为了给巴巴里海盗直接打击，当时的法王路易十四决定出兵远征北非，但他手中现有的风帆战船和划桨战船虽然能够扫荡海盗舰队，却都不能给海岸堡垒以直接打击，于是就产生了臼炮船。首先由风帆和划桨战船打败北非海盗的快船队，夺得制海权后，再把臼炮船开到这些城邦的海岸炮台要塞跟前，直接对其炮击。因此可以说白炮船的战术角色类似于二战中出现的战略轰炸机，是在确保了战场控制权后再对敌方关键据点设施进行压制的特种工具。

98. "Lighter"在当时海军行话里不是今"打火机"的意思，因为当时还没有出现打火机，而是指平底驳船。这种船用于在港口内运送货物，主要是给即将出港的远洋大船运送补给品和预备装船的货物。

99. 上图为纵剖侧视图，下图为甲板平面布局图，最下一条为船帮的舷墙、挽缆桩布局图，船体中腰打阴影的舷墙挡板和前面炮艇图上画的一样，可以放倒，给白炮提供清晰的射界。

100. 这里的"新造"，是相对于前面介绍的 17、18 世纪的白炮船。那时候可以自航的白炮船要大得多，跟当时的分级外炮舰差不多大，只是没有前桅杆而只有主桅杆、后桅杆，即"Ketch"帆装，但可以依靠风力自主航行。

101. 前面讲过，风帆时代为了安全、防火防爆，发射大炮用的火药都是用布料密封成小包，包裹好后再运输到各层甲板的炮位上去。这种发射药包只能作战时现制现用，事先制作好备用的发射药包数量很少，因为火药在布包里容易受潮失效，火药平时都成桶成桶地存放在火药库里，作战时小心取出，在装填室里现场制作发射药包。

102. 通常是在船尾舷墙板的内侧固定一个竖立的插槽，里面可以插像旗杆一样小的桅杆，这很难被称作"后桅杆"，最好称作"临时桅杆"（Jigger Mast）。原著这句话是出自《风帆时代的英国战舰 1817—1863》（British Warships in the Age of Sail, 1817–1863）一书。

103. "Warping"在船舶业中指操作缆来移动船体，比如在风帆时代的港口中，许多泊位附近都会有牢牢固定在水中的粗大木桩，把缆绳固定在木桩上再收放缆绳，船体就可以不需要帆来做比较精确的位置移动。这些白炮船没有帆也没有螺旋桨，在被拖带进入作战位置（通常都是近岸浅滩附近）后，想要微调船头的方向，就需要在船头船尾两舷下锚，然后收放这 4 个锚缆来使船体转向。在本页图中，可以看到白炮船上的锚缆伸入水中的样子。

104. 按照风帆时代以来的习惯，备用帆桁和桅杆都捆绑在船舷外或者码放在露天甲板上，但这里为了方便操作白炮，不能放在甲板上。拔水板在过去世界各国的近海和内河小船上都能看到，是小船中腰处两舷外挂着的梨形薄木板，不用时挂在水线以上。当风从一舷侧吹来时，就把另一侧的批水板放入水中，较大的那一头入水。这样就能增加背风侧的船体的侧向阻力，从而使船头不容易被风带偏。注意左舷后部船帮上的"22"代号。此时船头船尾的两舷共放下四根锚缆入水，用于在下锚的状态下，借助绞盘来收放锚缆，从而调整船体的方向。

105. 该精度对于打击要塞这种尺寸的目标基本已经够了。

106. 炮弹通过炮管时，即使炮管再短，那一瞬间后坐力已经传递到船身上，船身因此晃动，反过来给出膛的炮弹增加了一个未知的船体晃动速度。即使是在平静的水面中，这个效果也难以排除。

107. 原著作者对这种大型白炮的一些介绍和描述，不敢苟同。首先，原文将炮称为"Mallock Mortar"，但根据对该炮的具体描述，可以确定，实际上讲的是著名的麦利特白炮。这种超重型白炮是爱尔兰的地震学家、号称"地震学之父"的罗伯特·麦利特（Robert Mallet）提出的，当他得知塞瓦斯托波尔要塞久攻不克后，就提出了这样一个攻城炮设计。设计目标是炮要大，要达到当时的技术极限，这样敌人的要塞挨上一炮，就会像发生了地震一样。该炮炮管内径按照现在的资料记载是 36 英尺，也就是 0.9 米多，炮身自重 40 多吨，一枚炮弹的重量就超过一吨，这样的巨炮在当时的技术条件下，是不可能在船上搭载、使用的。虽然数千吨的战列舰能够搭载该炮，但是战列舰作为制海重器，改装成特种船的可能性非常低，更不要说在船上搭载、使用它了。即便是在陆地上运输该炮，也会很困难，因此该炮不得不分块建造。该炮的炮身像木板箍成的木桶一样，由 6 片铁板拼成，这样才能实现各个分块的海陆运输，否则该巨炮根本不可能部署到前线。这种不太契合实际的设计，刚开始没有得到任何理智的工程技术负责人的回应，于是麦利特上书当时的首相，终于获得批准，建造了样炮。试射证明，分块拼接成的炮管可靠性不高，几次试射都以炮管损坏而告终。其实当时海军实际使用的 13 英寸白炮，在口径上已经很大了，对比一下海军加农炮：普遍列装的最重型加农炮的是 68 磅炮，实心的球形弹丸直径 8 英寸，此外少数明轮巡航舰还搭载了 10 英寸口径的爆爆弹加农炮，弹丸没有实心弹丸那么重。海军大量搭载的是统一口径的 32 磅炮，发射的 32 磅球形实心弹丸直径只有 6 英寸，合 15 厘米多一点。

108. 主火炮甲板在露天甲板以下，说明白炮巡航舰的设计是这样的：露天甲板只存在于船头船尾，在两处分别布置 1 门 95 英担重的 68 磅重炮，船体中腰没有露天甲板；下面的主甲板直接露天，其上承载的两门白炮可以直接以 45° 仰角对空射击。两门白炮前后是前桅杆、主桅杆。主甲板除了中部的白炮炮位之外，首尾两舷各还搭载 2 门中短身管的 32 磅炮（全长的 32 磅炮重 56 英担，这里的只有 42 英担），合起来共计 8 门 32 磅炮。

109. "荷里路德"号即画面中左边那艘船体黑色、向画面右边行驶、身形低矮的小蒸汽船。

110. 按照当时蒸汽船的航速标准，也就是10节乃至13节左右的航速来看，所设计的铁甲舰航速过慢，只有5—7节，因此被称为“浮动炮台船”。

111. 早期锻铁太脆，作为建造船体的材料时厚度不能太大，结果无法承受炮弹的轰击。但如果铁板只覆盖水线附近及炮门周边有限的一片区域，面积就可以小得多，就能做得很厚，达到防御炮弹、不令其击穿的程度，这就是装甲板。当时依靠木制战列舰那厚重的橡木船体，再在水线和炮门附近增加装甲板，全船就能达到很好的抗弹性能。

112. 当时的制铁工艺只能辊轧出最大约半米宽、一米长的铁板，所以9英尺（2.74米）见方的靶子需要7块拼接。4.5英寸是当时英国辊轧机所能制出的最大厚度的铁板，代表了当时世界上首屈一指的工业技术水平。背衬采用松、杉木板，可能是临时措施，造船时使用橡木、柚木作为背衬，能够赋予熟铁板更高的抗弹性能。

113. 10磅发射药几乎是发射32磅炮弹时的最大装药量，300码则是非常近的交战距离。

114. 注意左下连续两幅横截面图，其中左边的表示船头船尾的形状，带有舭部升高；右边的是平行舯体的形状——几乎呈方箱型，略微带有舷墙内倾。

115. 此后直到二战时期的现代火炮主力舰，如战列舰和重型巡洋舰，都在船头船尾位置各布置有一个装甲防护的指挥塔。

116. 炮门太大，一来会削弱附近船体的结构强度，二来容易在近距离交战时增大敌军炮弹飞进船体内的机会。按照当时火炮射击的精确度来看，风帆战列舰上大约半米见方的炮门在300码以外的颠簸海上很难被火炮瞄准和击中，但这里装甲浮动炮台的炮门约有一米见方，更容易被瞄准击中。

117. 舷墙内倾见293页“流星”号图纸，就是从水线到露天甲板，舷墙越来越往中间收，30°的内倾算是很极端、很大的倾斜角了。

118. 将1862年美国建成的“弗吉尼亚”号拿来做比较，是因为该舰知名度更高，参加了所谓的“第一次铁甲舰对铁甲舰的交锋”。1862年，美国内战爆发，工业化程度较高的北方在本书中介绍的螺旋桨发明人——瑞典工程师埃里克森的指导下，建成了“莫尼特”号（Monitor）旋转炮塔式铁甲舰。该舰的船体形如几乎没入水下的浮筏，其上承载着一座旋转炮塔，内置2门重型火炮，可以360°无死角开炮，不论船体如果机动，炮口均能对准敌舰开炮。可见“莫尼特”号的设计相当大胆前卫，这里的舷侧列炮式装甲炮台船的设计完全不能与之相比，因此只把“莫尼特”号的对手、美国内战中南方军的炮廓（Casemate）式铁甲舰“弗吉尼亚”号拿出来做比较。“弗吉尼亚”号原本是1855年下水的木制风帆螺旋桨巡航舰，它在1861年弗吉尼亚州退出美利坚联邦、准备开战的时候，被撤退的美军焚毁并凿沉。开战伊始，北方节节败退，控制了今诺福克海军船厂的南方军将已经焚毁到水线处的完好船体打捞出水，发现动力机组完好无损，遂临时拼凑了一些武器，将其改装成铁甲舰。该舰水线以上没有完整的船体，因为已经被焚毁，因此不能算作舷侧列炮式，只能算作炮廓式——在船体中段大部分长度上建造了舷墙内倾的甲板室，里面布置上一些炮位，通过甲板室上的炮门开炮。因为大炮是临时搜罗的，所以比较杂乱。装甲防护也不是单纯的4英寸厚度，只有甲板室装甲厚4英寸，水线装甲带要薄得多，为1—3英寸，因为该舰船体也跟“莫尼特”号一样，几乎完全没入水中，但临时改装无法精确控制水线位置。实际上，“弗吉尼亚”号跟英法的浮动炮台船也没有可比性，如果英法的浮动炮台船和“弗吉尼亚”号、“莫尼特”号开战的话，似乎英法的炮台船一定能够胜出。因为当时美国的工业能力和英法是没法相比的，当时的英国已经实现了工业化，而法国正开始工业化，美国北方工业化程度接近法国，美国南方则完全是种植园农业经济。因此不要说南方临时改装的“弗吉尼亚”号，就是北方创新设计的回旋炮塔式铁甲舰“莫尼特”号，在装甲防护上和英国的铁甲舰也无法相比：美国制铁厂能够辊轧的装甲板厚度不足，只能用多层1英寸厚的铁板叠加铆固在一起构成装甲板，其抗弹性能和英国4英寸厚均质装甲板不能相提并论。更何况，英法的炮台船干舷很高，可以在海上活动，而美国的2艘铁甲舰都只有内河航行能力，“莫尼特”号后来更是在近海航渡时遭遇风暴而沉没。

119. 船头中央高处的圆洞是为了安装首斜桁预留的。下面可见左右一对方形的船头炮门，炮门之间小的方框圆孔为锚缆孔。

120. “2支披水板”这个描述很可疑。披水板总是成对安装的，任何船装披水板都是一下装一对、“2支”。按照上下文语境，这里应该是强调该船因操作笨拙，无法快速转向、保持航向，所以多加了舵和披水板，所以原著这里恐怕是装了“两对”披水板的意思。

121. 见262页黑海地图，布格河和第聂伯河入海口处的海盆在黑海的最北端，只要控制了这个海盆入口处的金伯恩要塞，俄国运输船就无法从海上进入内河，再从内河水道向黑海西岸的多瑙河地区的俄国军队运送补给。当时连英国、美国、法国的内陆还都没有遍布铁路网，陆路运输只能依靠未硬化的土路和牲口拉的平板大车，其效率和水路运输没法比。

122. 前面提过，"Sloop"和"Corvette"都指备炮较少的轻型战舰，都可称为"分级外炮舰"。两个词的含义并没有特别明确的划分，这里原著作者也只是抄录历史档案。

123. 主舱口是每艘船露天甲板上都有的货舱口，不仅露天甲板上有，下面的各层甲板上都有，它就像一道竖井，直达底舱。船上的饮用水等大宗后勤物资都是通过该舱口运输进入底舱的，因此当战舰近距离对抗要塞这样居高临下的目标时，主舱口便成了防御的弱点。

124. 1805 年，拿破仑像指挥陆军部队一样，对法国舰队做了战略部署，要求他们首先向西印度群岛佯动，甩开英国追兵后再返回法国本土，以暂时的数量优势，突破西班牙主要军港的英军封锁，从而和西班牙舰队会师，组成在数量上占有压倒性优势的联合舰队，然后避免与英军展开队列决战，暂时控制英吉利海峡，进而把战无不胜的法国陆军送上英格兰岛。由于当时的风帆战舰没有动力船舶那样可靠的机动性，拿破仑的这一海上战略部署几乎半途而废，在诺曼底集结的大兵也成了虚晃一枪。而且漫长的追击—逃窜消磨了海军上下的士气，最终，数量上略占优势的法—西联合舰队在西班牙的特拉法尔加角外海，被下定决心拼死一战的纳尔逊及其麾下将士在一个下午的时间内杀了个完败，可见风帆舰队缺乏可靠的战略部署能力。

125. 实际上情况并不是这样简单，19 世纪中叶，大部分跨越大洋的航行，对于当时那些蒸汽机效率低下、耗煤量惊人的汽船来说，仍然必须主要依靠风帆来完成。蒸汽商船真正全面胜过风帆商船，还要等到 1869 年苏伊士运河开通，英国本土和印度次大陆之间的直接中程航运成为可能，这样整个欧亚大陆的航运都可以使用船期准确的汽船。而跨越大西洋、太平洋的大宗廉价货物运输，此后仍然长期依赖大型风帆货船。

126. 该舰前桅杆和首斜桁全部损毁，这是风帆战舰撞击敌舰后常见的状况，首斜桁伸在船头外面，撞击时损毁也很自然。前桅杆倒塌则是因为船体惯性很大，突然撞停在敌舰的舷侧，前桅杆就会由于巨大的惯性而朝前方倒塌。该舰主桅杆和后桅杆并不是折断，而是将这两根桅杆的上段和中段都降落到下段桅杆头部的高度，想必这些桅杆也受了一些损坏，甚至开裂了，再也禁不住大风的摧折。

127. 主要是在锡诺普海战中。

128. 实际上，从 19 世纪中叶爆破弹开始成规模列装起，它的引信不可靠的问题就一直存在，并持续到 19 世纪末 20 世纪初。因此 19 世纪 60 年代以后的整个铁甲舰时代（约 1860—1890 年）都缺乏击沉对方主力舰的有效手段，当时主力舰主炮发射的主要炮弹是带头锥的穿甲弹，实际上跟风帆时代以来的实心球形炮弹一样，单纯依靠炮弹的动能在对方主力舰的水线装甲带上打出破洞，以令其进水沉没，即使装有少量黑火药，也不是可以依赖的主要毁伤方式。可以说，在 19 世纪后期研制和推广高爆炸药之前，19 世纪 60—80 年代，英法那些木制船体的铁甲舰在面对实心炮弹和爆破弹的轰击时，仍然具有相当高的生存力。红热弹对木制船体则具有高效的毁伤能力，因为灼热的铁能够瞬间烧穿木制船壳，还能在桅杆、缆绳、帆布之间引发火灾。1860 年英国第一艘铁甲远洋战舰"勇士"号上就搭载了一座蒸汽动力带动的鼓风炉，可以制造"现代"版的红热弹——将铁烧化成铁水，灌入空心铁弹中。铁水的温度将外壳加至红热，内部则是灼热的铁水，这样的炮弹对于木制战舰及其桅杆、索具乃至人员，都具有恐怖的杀伤力。本书第 14 章讲到"勇士"号的时候，对这个"秘密武器"也会有所介绍。

第十三章
最后的木造舰队

克里米亚战争刚一结束，英法之间那长期存在的相互不信任与彼此间的敌意就又重新冒头，于是再次引发了历史上那种军备竞赛。竞赛中，双方都愿意相信甚至鼓励那种刻意夸大对方实力的宣传。整个 19 世纪 50 年代，英法双方建造出了大批木制螺旋桨战列舰、巡航舰以及更小型的舰艇，所有这些战舰很快就会被时代淘汰。

在刚过去的那场战争里，尽管英国海军船厂也建造或者改装了一批蒸汽战列舰，但因形势所迫，不得不将建造能力主要集中在桅装炮艇和其他小型作战舰艇上。结果 1856 年法国拟定的一项雄心勃勃的造舰计划，似乎就能令他们赶上甚至于超越英国皇家海军。

表 13.1 是两国当时实际的战列舰年建造进度情况。两国的造船计划都混合了新造和改装两个方面，其中新造的战舰其设计建造水平都不错，但改装战舰的质量就良莠不齐了。对那些还在船台上建造的战舰，进行的是深度的改建，实际上跟新建一艘没有什么区别了；而其他有限的改装则单纯是将发动机组吊放进已经服役了有些年头的现存船体里面，其改装效果显然要差得多。两国的改装情况大致都是如此。这些新造或者改建的战列舰所搭载的火炮数量不一而足，从 80 炮到 130 炮不等。这里还要提到的是，当时人们了解到的英法双方实力对比情况，根据我们今天掌握的资料，数据并不正确。1858 年，英国皇家海军将其了解到的双方实力对比情况，以报告的形式提交给了当时的财务委员会（Treasury Committee），[1] 如表 13.2 所示。

表 13.1 英法战列舰建造情况（单位：艘）

年份	该年建造 +（改装）数量		累计建造 +（改装）数量	
	英	法	英	法
1850年	无 +（4）[a]	1	0	1
1851年	1	1	1	2
1852年	2	1	3	3
1853年	7	2	10	5
1854年	8	4[c]	18	9
1855年	6+（5）[a]	4	24	13
1856年	无	5	24	18
1857年	4	6	28	24
1858年	6	4	34	28
1859年	11	2	45	30
1860年	8	4+（3）[d]	53	34
1861年	5	—	57[b]+（9）[a]	34+（3）[d]

注：a. 封锁防御船；b. "征服者"号（Conqueror）沉没；c. "迪盖克兰"号（Duguesclin）沉没；d. 3 艘战列舰改装成了运兵船。[1]

①《财政部海军预算委员会报告，1852—1858》（Committee appointed by the Treasury to inquire into the Navy Estimates, 1852-8）。

表 13.2 当年统计的英法海军总实力对比（单位：艘）

舰种	英		法	
	已完工	建造中	已完工	建造中
蒸汽动力				
战列舰	29	21	29	11
封锁防御船	9	—	—	—
螺旋桨巡航舰	17	8	15	12
明轮巡航舰	9	—	19	—
螺旋桨分级外炮舰	38	9	9	4
明轮分级外炮舰	35	—	9	—
螺旋桨炮舰	29	—	17	10
明轮炮舰	24	—	66	—
浮动炮台船	8	—	5	—
炮艇	161	1	28	—
杂项	62	—	22	4
纯风帆				
战列舰	38	—	10	—
巡航舰	70	—	28	—
分级外炮舰	43	—	11	—
杂项	125	—	61	—

图为"威灵顿公爵"号（Duke Of Wellington），它在建造过程中加长了船体、加装了蒸汽机组。（© 英国国家海事博物馆，编号 neg 6819）

　　这些数据和今天认为正确的数据对不太上，不过也算是当年一种诚恳的尝试吧。当时也有一些作者，比如汉斯·布克（Hans Busk）[1] 做了更加谨慎、保守的统计数据。

　　表 13.3 把英法舰队的战列舰实力，按照战舰的建造方式和搭载的火炮数量分别进行了比较。

　　此外，两国海军中战舰舰龄的情况也很值得深入研究（表 13.4，改装的战舰舰龄从安放龙骨开始算起）。

① H. 巴斯克，《世界海军》（The Navies of the World），1859 年出版、1871 年再版（伦敦）。

表 13.3　英法双方螺旋桨战列舰的实力比较 [2]

	英	法
新建	18艘（平均舰龄5.8年） 2艘121炮舰 3艘101炮舰 12艘91炮舰 1艘88炮舰	9艘（平均舰龄10.2年） 1艘130炮舰 8艘90炮舰
在船台上建造时加长船体	22艘（平均舰龄24.4年） 5艘131炮舰 14艘89/91炮舰 2艘86炮舰 1艘81炮舰	4艘（平均舰龄15.8年） 4艘90炮舰
加装蒸汽机组	18艘（平均舰龄18.3年） 2艘120炮舰 1艘102炮舰 4艘90/91炮舰 11艘80/81炮舰	25艘（平均舰龄34.1年） 4艘114炮舰 11艘90炮舰 9艘80炮舰 1艘70炮舰
封锁防御船	9艘（平均舰龄50.2年） 9艘60炮舰	

表 13.4　英法舰队中的战舰舰龄统计 [3]**（单位：艘）**

	不足10年	10—20年	20—30年	30—40年	40年以上
英	2	22	8	8	1
法	—	5	8	11	4

　　这两个表格清晰地表明：英国皇家海军相对法国，保有更多数量的新造战舰和深度改建战舰，而且这些战舰搭载的火炮数量也更多。两国海军中老旧战舰所占的比例有很大差别，如果这些战舰不像后来那样迅速过时的话，那这种区别将会在战舰的维修保养费用及战舰的出动能力上产生很大的差异化效果。法国战舰发动机的标称马力常常很大，但就像之前针对"阿伽门农"和"拿破仑"号探讨过的那样，这个数值算不上一个很好的参考。尽管英国把蒸汽称为"辅助动力"，但实际上双方战舰安装的动力机组其马力并没有什么区别。除了一两个例外，英国发动机组都是相当可靠的。

　　单纯从表 13.3 中的数字来看，也许还会低估英国海军整体实力上的优势。而除了法国之外，其他只有寥寥几个国家建造过蒸汽动力战列舰。

表 13.5　其他国家海军装备蒸汽战列舰的情况

国别	战舰数与备炮数
俄国	1艘111炮舰、2艘135炮舰、4艘86炮舰、2艘74炮舰
土耳其	1艘110炮舰、1艘94炮舰、1艘90炮舰
瑞典	1艘68炮舰、1艘86炮舰
奥地利	1艘91炮舰
丹麦	1艘64炮舰
意大利	1艘66炮舰

巡航舰

　　螺旋桨巡航舰的数量和实力对比就更难准确地进行比较了。表 13.7 是英国巡航舰建造和改装情况，这张表的数据与法国巡航舰总数统计情况，都跟 1858 年委员会的报告非常吻合。注意，作为"独眼巨人"号衍生型的 7 艘小型二等巡航舰，在当时仍然算作分级外炮舰，所以当时只有 6 艘一等、3 艘二等明轮巡航舰。那 4 艘臼炮巡航舰实际战斗力非常有限。

　　以今天的视角来看，螺旋桨巡航舰数量不足，比英法双方战列舰实力对比不平衡更令人担忧。和法国相比，英国对于远洋贸易的依赖程度要高得多，其殖民帝国在全球的范围也要大得多。19 世纪 30 年代，英国商业航运在废除了"航海法案"（Navigation Acts）后发展迅猛，特别是在刚过去的战争中还获得了政府的补贴（表 13.6）。

"特拉法尔加"号，船尾可见其姊妹舰"海王星"号。这一级的5艘纯风帆一等战列舰中有2艘在改装成蒸汽动力时，加长了船体，并削甲板成了89炮双层甲板战列舰。（© 英国国家海事博物馆，编号 D2164）

表 13.6　1858 年英法商船总数对比

	英			法		
	数量	大于800吨的商船数	吨位合计	数量	大于800吨的商船数	吨位合计
纯风帆	24406	763	4075245	14845		980465
蒸汽动力	1813	119	416132	330	30	72070

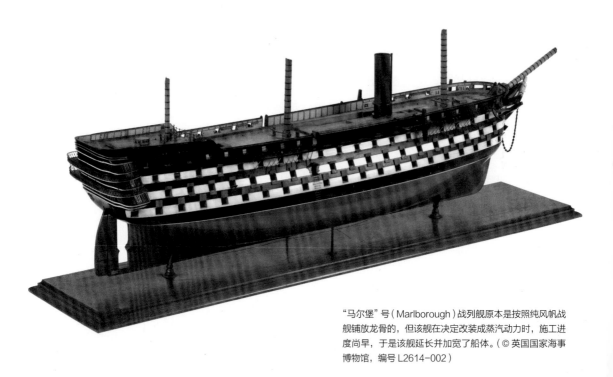

"马尔堡"号（Marlborough）战列舰原本是按照纯风帆战舰铺放龙骨的，但该舰在决定改装成蒸汽动力时，施工进度尚早，于是该舰延长并加宽了船体。（© 英国国家海事博物馆，编号 L2614-002）

表 13.7　英国螺旋桨巡航舰的建造情况（单位：艘）

年份	当年订造、改装数量	当年完工数量	累计总数
1844	2	—	—
1845	3+4（封锁防御巡航舰）+4（铁制船体巡航舰）	—	—
1846	1+1（铁制船体巡航舰）	1	1
1847	—	—	1
1848	—	1	2
1849	—	—	2
1850	3	—	2
1851	2	—	2
1852	2	2	4
1853	4	2	6
1854	3	2	8
1855	2	—	8
1856	6	1	9
1857	1	2	11
1858	4	1	12
1859	3	8	20
1860	3	6	26
1861	5	31	
1862	2	33	
1863	1	34	
1864	—	34	
1865	1	35	
1866	1	36	

注：其中有两艘 1870 年才完工，一般 1874 年才完工。

表 13.8 英国战舰全球部署情况（单位：艘）

区域	1852年	1858年
东印度、中国、澳大利亚	20	49
好望角	8	8
西非	20	18
巴西	8	9
太平洋	8	12
北美 & 西印度	16	21
地中海	18	22
总计	98	139
本土港口驻防	34	45
海岸警卫队	—	26
海峡舰队	8	7
特殊用途	63	58
总计	203	267

表 13.9 几艘船的年拨款情况

1852年		1858年	
"不列颠尼亚"号	26643英镑	"马尔堡"号	35248英镑
"阿瑞塞莎"号	14585英镑	"香农"号	19241英镑

当时，蒸汽动力巡航舰数量不足，但舰队保有的更小型的舰艇可以部分弥补这一不足。舰队保有约 70 艘蒸汽动力分级外炮舰，其中一半安装的是螺旋桨，一半安装的是明轮；此外还有超过 50 艘炮舰，这之中有一些炮舰的个头还不小，具备相当的火力。这些舰艇搭载的火力，比当时任何改装商船能够立刻搭载上的火力都要强得多。

1858 年，时任海军部第三把手的海军上将米尔恩（Milne），向政府主管贸易保护的大臣（Minister on Trade Protection）提交了一份备忘录，结果一直没有回信。[①] 即使后来米尔恩当上了第一海务大臣，他也仍然争取不到足够的经费来提升海上贸易路线的防卫水平，这个方面就这样一直被忽视到了 1917 年 [4]。

单纯的战舰数量，并不能体现出战备水平的提升。在几个海外部署区，巡航舰逐渐被战列舰取代，特别是旗舰一定是战列舰。与此同时，舰队运营成本的攀升变得更加显著：熟练水手的薪水从每天 16 先令涨到 19 先令；而新造的战舰需要招揽大量人手，以 1852—1855 年为例，军官和水手的总数从 40671 人增加到了 55500 人，工资开销增加了一大笔。

这些因素汇集到一起，对财政拨款的压力非常大。由于海军 1852—1855 年的总预算从 583.5 万英镑增长到 885.1 万英镑，财政部决定成立一个海军预算委员会（Committee on the Navy Estimates）来专门调查其中的具体因由。

① B. 蓝 夫 特（Ranft），《英国海上贸易路线的保护，1860—1906》（*The protection of British seaborne trade 1860-1906*），选自《技术进步与英国海上策略的发展》（*Technical Change and British Naval Policy*），1977年版（伦敦）。

战舰发展详情

木制螺旋桨战列舰的发展历程已经在兰伯特（Lambert）的那本著作中有了完整详细的阐述，因此这里只对其做简单的概述。[1] 新造战列舰大多都是"阿伽门农"号的衍生型。第一批5艘战列舰几乎和"阿伽门农"号别无二致；后续订造的5艘中有4艘的船体都加长了15英尺，并安装了标称马力800NHP的发动机，成了所谓的"声望"级（Renown）。尽管标定的发动机功率高达3000ihp以上，但这些战列舰的航速比"阿伽门农"号只高出半节，其搭载的武器数量都是一样，皆是91门炮。["挑衅"号（Defiance）[5] 的情况基本与此类似]

"邓肯"级（Duncan）是"声望"级的改进型，其船体更宽，安装了101门火炮。"邓肯"级中只有2艘船按照原来的设计完工，7艘以木体铁甲舰[6] 的形式完工，5艘在船台上拆毁。

这些战列舰的武备几乎一成不变：

下层火炮甲板：34门65英担重8英寸爆破弹加农炮；

上层火炮甲板：34门56英担重32磅炮；

露天甲板：1门95英担重68磅炮、22门45英担重32磅炮。

这些战舰的造价在13.5万到17.6万英镑之间。

此系列战列舰设计的稳步演进与发展（规划中至少要建造24艘），清晰地体现了艾迪原设计的可靠与合理性。1851—1855年，英国又订造了3艘"阿伽门农"号后续改进型，其船体继续略微加长，备炮101门。

当时，出现了两艘专门设计建造的三层甲板战列舰——"维多利亚"号（Victoria）和"豪"号（Howe），它们由瓦茨设计于1854年。1855年2月，两

① A.兰伯特（Lambert），《转型中的战舰》（*Battleships in Transition*），1984版（伦敦）。

"盖勒提"号（Galatea）原本设计为快速分级外炮舰（Fast Corvette），但以巡航舰的规格完工，其搭载的武器更加强大，但是安装的发动机功率有所降低。后面是螺旋桨分级外炮舰"挑战者"号（Challenger）。[出自澳大利亚维多利亚州立图书馆藏的艾伦·C.格林（Allan C Green）[7] 藏品集]

船的设计稿被通过。1857 年 12 月，瓦茨认为该型战舰的型线应该更加流畅瘦削，于是在船台上把船体前部加长了 15 英尺。瘦削的身形与高达 1000NHP 的标称马力（标定马力约 4500ihp），使该型战列舰能达到 12.5 节的航速[8]，在当时的木制战列舰中航速最快。

当这两艘战列舰将它们那两座烟囱落下来后，对门外汉来说，它们看起来就跟纳尔逊的"胜利"号别无二致，于是再次引发了一些缺乏事实依据的批评指摘，说海军缺少技术进步。[9] 从表 13.10 可以看出，排水量几乎翻倍，一次舷侧齐射所投送的炮弹总量也发生了同样的变化。"维多利亚"号的蒸汽动力赋予该舰的机动性，以及该舰那可以发射爆破弹的重炮，都令该舰的战斗力比单纯的数据所反映出的要强大得多。

表 13.10 "胜利"号与"维多利亚"号的对比[10]

	"胜利"号	"维多利亚"号
排水量（吨）	3500	6959
长度（英尺）	186	260
火炮搭载（原设计）	30 门 42 磅炮	32 门 8 英寸爆破弹加农炮
	28 门 24 磅炮	88 门 32 磅炮
	30 门 12 磅炮	1 门 68 磅炮
	12 门 6 磅炮	
一次舷侧齐射炮弹总重（吨）	1.182	2.372

博尔顿 & 瓦特厂（Boulton and Watt）制造了两组发动机，但都不太令人满意。其余发动机由莫兹利厂（9 台）和宾厂（7 台）供应。

"阿伽门农"号在远海上航行时，依靠蒸汽动力航速可达 11 节，该舰在良好天候下的蒸汽续航能力为 2000 海里。[11]该舰可携带足够 850 名船员消耗 55 天的饮用水和 80 天的食物，后续型在物资储备规格方面跟该舰类似。海军对"阿伽门农"号的反应普遍不错（除了瓦特厂的蒸汽机以外），连续订购的后续衍生舰也能印证这一点。这些"阿伽门农"型战列舰品质优良，船体耐久度很高，其中有几艘船一直作为训练舰保留到 19 世纪晚期。

大幅度改装舰

这些战舰几乎都是还在船台上建造的时候就进行了船体加长的改装，所以这种大改装的效果非常显著，因此这些船在海军中受到了几乎同等于新造军舰的重视。实际上，许多改装的船只，原本的设计几乎已经分毫没有保留了，比如"马尔堡"号的船体除了加长了 40 英尺外，还加宽了整整 1 英寸[12]。而"威灵顿公爵"号的船体则在两处切开——船体舯部和船体后部，前者插入了一段 23 英尺长的新分段，后者插入了一段 8 英尺长的新分段。

"托帕泽"号（Topaze）木制螺旋桨巡航舰，该舰于1859年完工，1884年拆毁。[13]（© 英国国家海事博物馆，编号 D2178）

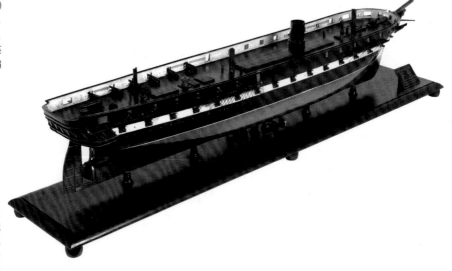

"不朽"号（Immortalite），和当时许多木制巡航舰一样，其诞生的过程也是一波三折。该舰于1848年批准建造，原计划建成纯风帆巡航舰，但到1856年仍未完工，遂于此年批准安装蒸汽机组。1858年，该舰仍未完工，于是又对船体进行了加长。最后，"不朽"号于1860年完工，搭载52门重炮[14]。（© 英国国家海事博物馆，编号 F7868-21）

　　90炮的"阿尔及尔"（Algiers）型战列舰由于拥有西蒙兹式的尖船底，在安装发动机组时遇到了一些困难，这可能是该型战舰改装性能不太可靠的原因之一。但另一方面，同样属于西蒙兹式设计的80炮"猎户座"号（Orion）战列舰，表现却很出色，尽管这可能是因为该舰在改装时其建造进度刚刚进展到安装肋骨的阶段，于是该舰就加长了40英尺，这样恐怕就没有多少西蒙兹式的船体形态得以保留了。

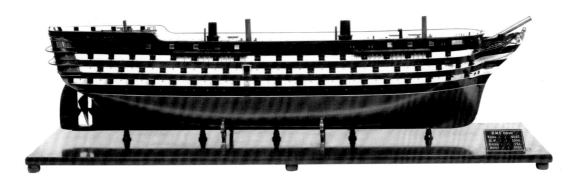

很显然，沃克和他手底下的设计班子当时相信加长船体直接就能提升航速，尽管现在来看，对于如此丰满的船型来说，就算延长整整 40 英尺，这种船体加长本身恐怕也很难让航速提高超过半节。[1] 这种加长真正的作用是为更大功率的大型发动机提供了更加充足的安装和人员操作使用空间。这些大幅度改装舰的试航速度比起新造舰来说浮动更大一些，但是基本在 10—10.5 节的范围内，而蒸汽航行的续航力则跟新造舰处在同一个数量级。

伊萨克·瓦茨设计的"豪"号是有史以来建成的规模最大的木制船舶。该模型显示出了"豪"号的两座烟囱、共架设 121 门炮的炮门[15] 和螺旋桨。(© 英国国家海事博物馆，编号 F7867-001）

有限改装舰

把发动机吊装进现成的船体里，这算是快速增加蒸汽战列舰数量的一种简易办法。这种改装的效果赶不上大幅度改装，但若简单地认为这种改装舰就是"不值钱的破烂"，却也过于武断。这些有限改装舰用蒸汽动力驱动时航速要慢一些，只有 9.25 节，因为它们的发动机功率较低，续航力也差，内部空间非常紧张。

"塞弗恩"号（Severn）[16]，它是芬彻姆设计的一艘纯风帆巡航舰，也是英国皇家海军建成的最后一艘纯风帆巡航舰。1860 年，该舰加装了蒸汽动力机组，这次改装属于 1859—1860 年间的 50 炮巡航舰改装项目。(© 英国国家海事博物馆，编号 N05333）

[1] D.K. 布朗（Brown），《风帆战舰的航速》（Speed of sailing warships），会议论文，1988 年发表于在朴次茅斯召开的"和平与冲突中的帝国"（Empires at Peace and War）会议。

"声望"号是第二批"阿伽门农"衍生型战列舰的首制舰。(© 英国国家海事博物馆，编号 neg 3838)

"豪"号的姊妹舰——"维多利亚"号，这是一艘战斗力在当时极其强大的木制三层甲板战列舰。[17] (© 英国国家海事博物馆，编号 A4197)

　　没有这些战舰的加入，英国海军蒸汽战舰的实力恐怕无法跟法国持平乃至超越，并且，很多法国蒸汽战舰的水平还赶不上这些战舰。

改装还是建造？

　　1861 年，海军预算委员会的任务之一，是评估战列舰蒸汽动力改装项目效果如何。[①] 调查获得的某些证据含糊得令人摸不着头脑，德文波特船厂厂长詹姆斯·皮克（James Peake）对委员会作证称："我没法说这种改装经济划算，它也许能节约时间，但我对这个项目的经济性表示怀疑。"然后他又说了很长一段话，

① 《财政部海军预算委员会报告1852—1858》（Committee appointed by the Treasury to inquire into the Navy Estimates, 1852-8）。

认为经费应该花在新造项目上，那些船原本就是纯风帆战舰设计，仅仅加装蒸汽机组对它们而言是不够的，而且这些改装船的剩余寿命也很有限。这些都是非常合理的意见，但他最后的评论却也道出了如此改装的个中原委——新造战舰所需的木料无法充足供应！

表 13.11 新造蒸汽战列舰项目在各个船厂间的分配（单位：艘）

船厂	建造数	取消建造数
德文波特	5	1
彭布罗克	5	1
查塔姆	3	2
沃维奇	3	—
朴次茅斯	2	1

注：这些战舰建造项目在各个船厂之间得到了合理的均匀分配，而朴次茅斯则是当时一个后起的新造船基地。

表 13.12 改装蒸汽战列舰项目在各个船厂的分配

改装舰	数量（艘）	发动机	数量（台）
德文波特	12	宾	13
查塔姆	9	莫兹利	11
朴次茅斯	9	莱文希尔 & 索尔克尔德	8
彭布罗克	4	纳皮尔	2
希尔内斯	4	汉弗莱斯 & 坦南特	2
沃维奇	1	费尔比恩	1
德普福德	1	斯科特 & 辛克莱	1
		伦尼	1
		瓦特	

改造项目的意图本就是在短时间内快速制造出蒸汽战列舰来，同时节约经费、木材以及船厂的造船劳力。海军部提交给委员会的数据足以说明，这些目标已经达成了。

耗时

改装项目平均耗时 12—16 个月，令人奇怪的是，大幅度改装和有限的小改装，耗时几乎没有什么差异，而新造战舰需要耗时 2—3 年才能完工[18]。

海军预算委员会的数据（表 13.13）比较了大幅度改装和有限改装这两种情况，以及这两种情况各自与假想中的新造之间的成本差异。这类比较从来都是困难的，表中各舰之间假设的新建成本和实际的改装成本的比例相似度太高，令人怀疑。还要注意，所有例子都没有把发动机的成本计算在内。就像很多"官方"数据一样，这些数据也代表了真相，但不一定是全部的真相。不过仍然能清楚地看出来，改装项目的成本要低得多。

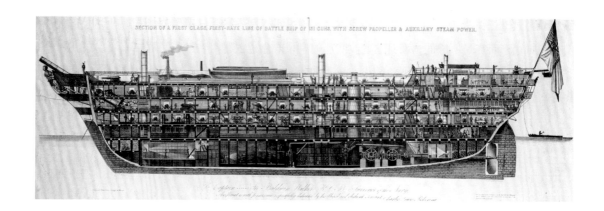

这张剖视图显示出了末代木制战列舰体量的庞大和内部的复杂。[19]（© 英国国家海事博物馆，编号 neg 9351）

表 13.13　成本比较

	假设新造项目成本		实际改装项目成本		改装成本与假设新造成本比例	
	英镑	木料担数	英镑	木料担数	英镑	木料担数
有限改装						
"皇家乔治"号	78480	3800	23716	247	0.3	0.065
"巨像"号（Colossus）	77700	3750	23743	280	0.3	0.075
大幅度改装						
"皇家阿尔伯特"号（Royal Albert）	111780	4140	57343	960	0.51	0.23
"摄政王"号	93870	4500	38981	525	0.42	0.117
"尼罗河"号（Nile）	78660	3800	23903	593	0.3	0.16

木料

（表 13.13）该表还列出了项目所需的木料，改装无疑能节省大量的木料。充分风干的木料很难采办到，而且非常昂贵。可以很肯定地说，如果当时战舰新建项目在实际实施的规模上扩大许多的话，那必将找不到足够的木料。由于木料日益稀缺，其价格也迅速飙升。非洲橡木从 1852 年的 11 英镑涨到了 1858 年的 12.4 英镑[20]，同期，英国橡木涨价约 10%，其他许多造船材料也是如此。

造船劳力

大幅度改装所需劳力约是新造一艘战舰所需劳力的八分之五。[1] 当时可能并不缺造船技术工，但是对允许加入这些项目的人有一定的限制。

结论

总体而言，为了能够有效对抗英国人臆想出的法国方面的潜在"威胁"，这些改装项目非常有必要进行。而木材短缺的现状，导致英国实际上只能实施改装项目。改装项目节约了经费，虽然这种节约事实上可能没有海军预算委员会认为的那么大。假如这些战舰不是很快就被后来铁造战舰的技术革新所淘汰，

① J. 斯科特·罗素，《现代战舰设计体系》（*A Modern System of Naval Architecture*），1865 版（伦敦）。

那么这些战舰中的大多数，它们那非常短暂的活跃服役寿命、服役期间高昂的维护成本，都能把上述任何的经费节约完完全全抵消掉。

法国人的威胁"大"到当时的英国决策者认为，有必要改装所有船体状况还凑合的战舰，让它们的船体都塞进一台蒸汽机。船用蒸汽机委员会（Committee on Marine Engines）说，西蒙兹设计的"女王"号战列舰的底舱容积比"尼罗河"号（Nile）还少 1300 立方英尺[21]。那些老旧的、身形不够大的战舰，其改装价值值得怀疑，不过它们至少跟许多类似情况的法舰不相上下，甚至比有些法舰的情况还要好些。

当时海军部似乎根本就没有对改装装甲战舰这一问题做过任何研讨。实际上，当时出现了数不胜数的提案，希望建造装甲战舰，其中包括斯科特·罗素提出的几个方案，但所有这些提案都遭到了海军部的否决，理由还是那些老生常谈的东西：英国不应当最先引发战舰的更新换代。

新造战舰和改装战舰的项目基本全靠海军船厂和少数几家专业的船用发动机制造商，这些制造厂家管理得当并都具有承接这些工程必需的设备设施。

"圣乔治"号（St George）完工前也经历了加长船体与相关改装。（© 英国国家海事博物馆，编号 neg 6152）

加拿大哈利法克斯（Halifax）海军地基（约1862年）。该驻地驻扎的主力舰均为螺旋桨驱动的91炮双层甲板战列舰，不过这些船的经历各不相同："尼罗河"号改装了蒸汽动力但船体没有加长；"阿伽门农"号、"埃德加"号（Edgar）是专门设计建造的蒸汽战列舰；"英雄"号（Hero）则是"阿伽门农"型的改进型。（© 英国国家海事博物馆，编号 A7854-019）

海军船厂的发展与进步

海军船厂的发展与进步这部分内容，和当时海军的技术创新密切相关，所以这里有必要概略地介绍一下，毕竟完全呈现它，那需要一整本书才行。尽管整个19世纪上半叶（拿破仑战争结束以后）海军预算一直都保持在相当低的水平，海军部仍然在船厂的现代化和扩建方面有着很大的建树：建造了更多的新船台，旧有的船台也都加盖了天棚，而且最重要的是，还设置和运营了用于维修甚至偶尔还能建造蒸汽机械的"蒸汽厂"（Steam Factories）——这是当年对蒸汽机械车间的称呼。

为了避免木制船舶的船体过早地发生霉腐，木造战舰必须在船台上经过风干处理。风干的最好办法是让船长期地在天棚遮盖下搁置，先不加装内外船壳板，让肋骨直接暴露着。处在这种状态下的战舰能够在相对短的时间内完工并栖装出海。表13.14说明，法国海军相比英国海军，船台数量更多，而且大多都盖有天棚。英国的船台数量已经可以满足和平时期的造船项目，这让海军部委员会难以争取到经费来建造更多的船台。

这一时期带有天棚的船台，有些一直保存至今，算得上是非常了不起的建筑工程了，其中一些还是历史上跨度最大的木制无支撑顶棚结构。有些令人遗憾的是，海军部率先采用了波纹铁板，从1840年起，船台天棚都是用铁做骨架并以铁板覆盖。[22] 蔻德（Coad）评价说，海军部当时算是站在了建筑技术的前沿，1861年希尔内斯船厂建成的艇棚（Boat Shed）是历史上第一座铁骨架结构的多层建筑。[①] 同时，对建筑的防火性能也下了很大的功夫，因为船厂储存了大量易燃材料，比如缆绳、涂料、油脂以及木料，这些都是引发火灾的隐患。尽管采取了很多防火措施，大火还是发生了。1840年9月27日，一场大火烧毁了德文波特船厂相当大一片的厂区，"塔拉韦拉"号（Talavera）74炮战列舰、"伊莫金"

① J. 蔻德，《皇家海军的历史古建》（Historic Architecture of the Royal Navy），1983版（伦敦）。

号（Imogene）28 炮巡航舰[23] 也葬身在这场大火中。[1] 朴次茅斯船厂那座铸铁骨架救火站[24]，是当时人们重视防火和巧用新材料的又一个例子。

表 13.14　1858 年的船厂情况[25]

船厂	面积（英亩）	船台数	干船坞数	在建船台数
朴次茅斯	115	5	9	2
德文波特	71	6	5	
基汉姆（Keyham）	73	—	3	
查塔姆	95	8	4	
希尔内斯	57	1	5	
沃维奇	56	6	3	
德普福德	38	5	2	
彭布罗克	77	13	1	
总计	866	44	32	2
法国总计 *	865	73	17	7

注：法国船厂包括：瑟堡（Cherbourg）、布列斯特（Brest）、洛里昂（Lorient）、罗什福尔（Rochefort）、土伦（Toulon）。

铁轨开始慢慢在各个船厂出现。到 1828 年，朴次茅斯已经有了一条投入运营的轨道[26] 了，1835 年该铁轨经过进一步扩建后，能直接把桅杆运送到栖装栈桥（Sheer Jetty）[27]。[2] 另外，蒸汽港池（Steam Basin）[28] 扩建工程还包括修筑一条标准铁轨，1849 年这条铁路和主干线接轨了。直到这时，蒸汽机才能直接运进船厂来，但也只能卸载到接收区，因为船厂内铁轨的转台（Turntable）和道路是呈直角设置的。当时有人批评海军部委员会在漂亮的厂房上浪费了太多经费，本来只用波纹铁板就够了。这种观点有一定的事实依据，但总的来说，花在船厂基建上面的经费也算是比较明智的前瞻性投资了，而且还给后代留下了一些漂亮的房子。

劳力

很快，战舰就变得越来越庞大复杂，于是造船所需的劳动力也紧跟这一趋势，规模变得越来越庞大，技术也越来越专精。表 13.15 的数据说明，1838—1859 年劳力规模翻了一倍。与此同时，传统造船部门的劳力规模也增长了不少。除此之外，蒸汽厂也雇用了 2000 名技术工人（表 13.15）。

通常，工人分成大约 20 人的上工小组，每个小组有一名组长。而每过一段时间都要将各个小组重新洗牌，由各个主任造船师轮流选人来组成他所负责的那些小组，这样就能避免出现从前那种情况：老资格的主任造船师总是把最优秀的工人挑进自己的小组里去，然后，他们必然会抱怨那些资历尚浅的同行手下的小组工作进度慢。这种情况后来尽管有所改善，但在行业里仍然存在尊卑次序，最棒的小组总是干船体尾部的活。这套体系虽然很僵硬，但也培养出了工人踏实肯干的品质。

① G. 迪克（Dicker），《德文波特海军船厂小史》（A Short History of Devonport Royal Dockyard），1980年德文波特船厂博物馆（Devonport Yard Museum）出版。

② R.C. 瑞 利（Riley），《朴次茅斯海军船厂船坞和厂房建筑的发展》（The Evolution of the Docks and Industrial Buildings in Portsmouth Royal Dockyard），出 自1985年的朴次茅斯市议会（Portsmouth City Council）。

表 13.15　船厂和蒸汽厂人员分配情况（单位：人）

年份	官员	固定工	临时工	劳教人员[29]	蒸汽厂	总计
1840年	384	6301	680	1100	—	8469
1850年	445	9630	2498	876	1856	15305
1859年	475	10850	1365	1279	2360	16334

　　一个监工负责监管三个小组长的工程进度。在朴次茅斯船厂，共有 8 个监工向 3 名主任造船师以及船厂副厂长汇报。船厂厂长负责船厂的日常管理，铁匠领班和铸造厂的负责人等则相对独立，但也在船厂的协调范围内。

表 13.16　大约 1860 年时的薪资情况[30]

职务	年工资总额（英镑）	职务	年工资总额（英镑）
船厂厂长	500—750	监工	150
船厂副厂长	400	小组长	120
主任造船师	250		

　　表 13.16 中的薪资，在当时算是相当高的报酬了，而且船厂厂长往往还在民兵组织中挂着陆军上校的军衔。当时的技术工人都领日薪，一般每天能挣 5 便士 6 先令（"计件日薪"则平均为 5 便士 9 先令左右），加班的话一天能挣到 12 便士，但是和平时期很少能有这样的工作机会。劳教人员一天只有 6 先令，而且一般都是做建筑工。日工作小时数并不是非常长，彭布罗克船厂早上从 7 点 40 工作到 12 点，下午从 13 点 15 分工作到 16 点 45 分。和外面相比，船厂工人的收入属于较低的工资水平了，但是有能力的工人可以争取到"固定编制"，从而获得一个相对稳定的工作岗位。表 13.7 展示了船厂里各式各样的工种及其劳力分配情况。

　　表 13.18 罗列了造船工人在船厂各个部门的分配情况。1860 年时，大约三

19世纪中叶时的德文波特船厂，可见新建的基汉姆和皇家威廉（Royal William）厂区。

分之二的劳力都用在了新造战舰或者将风帆船改装成蒸汽动力的项目上了。巴里（Barry）是当时的一名记者，在他的一本后来常常被引用的著作中，他称明明薪水要求更低的非技术工的数量那么多，船厂仍然只雇用技术工；他还说，有些船厂的工作，明明只需要几个人就能完成，却要雇用一整班的工人去做。[1] 整个 19 世纪，议会都时常向船厂问询、了解情况，不过收到的回执里只有非常轻微的不满声，所以可能巴里是把几个不要紧的个案做了夸大。[2]

表 13.17 船厂各种工种在大约 19 世纪 40 年代的劳力分配情况（单位：人）[31]

工种	德普福德	沃维奇	查塔姆	希尔内斯	朴次茅斯	德文波特	彭布罗克	总计
滑轮制作匠	—	1	1	2	3	3	—	10
童工　贫民习艺所	—	—	20	—	20	20	0	60
捡麻絮	—	3	6	3	8	8	2	30
人力动轮	—	—	—	—	—	12	—	12
铜皮、铁皮匠及徒弟	2	4	6	4	8	8	—	32
砌砖匠及徒弟	—	6	8	6	12	12	—	44
砌砖小工	—	2	3	3	4	4	—	16
捻缝匠及徒弟	—	16	30	40	50	50	14	200
箍桶匠	1	1	1	4	1	1	—	9
发动机维修工	—	3	—	—	—	—	—	3
铸造匠	—	—	—	—	2	—	—	2
梳麻匠	—	—	—	—	—	16	—	16
装修木工及徒弟	—	44	80	43	106	100	40	413
制绳厂门卫	—	—	1	—	1	1	—	3
仓库劳力	19	11	14	10	14	14	3	85
船厂劳力	4（专门作为小艇划桨手）	40	80	40	100	100	40	404
纺线匠	—	—	—	—	—	14	—	14[32]
锁匠及徒弟	—	1	2	1	2	2	—	8
石匠及徒弟	—	—	2	4	10	10	10	34
送信员	2	4	5	4	6	6	2	29
水轮机长	—	2	2	2	—	2	—	8
水管工及徒弟	1	2	4	2	4	4	—	17
墙壁粉刷、玻璃安装技工及徒弟								
打磨技工	1	6	14	16	20	20	4	81
装修小工								
松树焦油熬制工	—	1	1	1	1	1	1	6
帆装技工	—	20	20	40	50	50	—	180
帆装小工	—	6	6	12	13	13	—	50
制帆匠及徒弟	20	1	36	1	36	36	1	131
缝线匠	—	60	80	60	100	100	60	460
管道清洁工	1	10	10	10	20	20	—	71
造船木工及徒弟	3	200（其中两个干室内装修）	500	300	650	650	200	2503
铁匠及徒弟	1	50	80	50	110	120	50	461
缆绳制作技工及徒弟	—	—	136	—	136	136	—	408
管教	3	10	13	18	20	20	6	90
水轮技工	—	1	2	1	2	2	1	10
劳力　木料切割水轮机	—	—	—	—	20	—	—	20
金属加工水轮机	—	—	—	—	40	—	—	40
水轮机长工作间	—	—	—	—	40	—	—	40
合计	58	505	1163	675	1610	1555	434	6000

[1] P·巴里（Barry），《船厂运营与海军实力》（*Dockyard Economy and Naval Power*），1863 年版（伦敦）。

[2] 同上。

① G. 戴森（Dyson），《19 世纪英格兰的战舰设计学教育事业的发展》（Development of Instruction in Naval Architecture in 19th Century England），社科学硕士论文，肯特大学（1978）；A.W. 约翰斯（Johns），《船厂职业学校和第二战舰设计学校》（Dockyard Schools and the 2nd School of Naval Architecture），出自《工程学》（Engineering）杂志（1929 年 2 月到 6 月）。

船厂的工人队伍都受到过良好的培训。1843 年，海军部委员会在各个船厂设立了船长职工夜校，夜校由船厂荣誉海军上将、船厂厂长和船厂牧师组成负责委员会。① 船厂所有学徒都要完成前两年的课程，学徒每周工作 3 个晚上、2 个下午，剩下的时间都要上课，上课时间一半在上工时间内，一半在业余时间里。成绩最突出的小孩可以完成整个四年的学业，接受完整的工程师训练，这放到 20 世纪几乎就等同于大学本科文凭（Pass Degree）[33] 了。

螺旋桨巡航舰"利菲河"号（Liffey），它原本是按照纯风帆战舰批准建造的，但最终以蒸汽战舰完工。[34]（© 英国国家海事博物馆，编号 F89885）

表 13.18 1860—1861 年的船厂劳力分配情况（单位：人）

	德普福德	沃维奇	查塔姆	希尔内斯	朴次茅斯	德文波特	彭布罗克	共计
新造战舰								
战列舰	—	143	137	—	186	202	214	882
巡航舰	87	138	131	—	287	154	125	921
大型分级外炮舰 （Corvette）	22	111	108	87	—	—	—	326
小型分级外炮舰 （Sloop）	154	18	45	—	70	84	80	457
炮舰及炮艇	45	—	—	—	20	—	55	120
改装战舰								
战列舰			117	128	178	178		601
巡航舰			160	160	160	160		640
总建造及改装数	308	410	696	375	901	778	474	3946
维修及栖装	33	119	44	182	299	404	7	1088
桅杆作坊		20	40	36	65	40		201
小艇作坊		20	30	8	45	40	1	144
绞盘作坊		3	5	6	20	20	2	56
杂项	39	45	95	63	120	118	36	519
总计	380	620	910	670	1450	1400	520	5950
固定工人数	300	500	550	450	1900	900	400	4000
合同工人数	80	120	360	220	550	500	120	1950

下图为"司曲女神"号（Melpomene）巡航舰，它在建造期间加装了螺旋桨推进系统。这种改装是个复杂的过程，需要把船体从中间切成两半，插入一段52英尺长的新分段，以容纳标称马力达600NHP的发动机。（© 英国国家海事博物馆，编号 N05334）

三层甲板战列舰"女王"号在基汉姆进入干船坞，这是这座新船厂落成后接纳入坞的第一艘战舰。（© 英国国家海事博物馆，编号 P39667）

通过工程师资格认证考试，是晋升船舶绘图员（Draughtsman）和监工的前提条件。由于船厂晋升名额非常有限，船厂夜校里竞争极端惨烈，于是很多学徒只好流入人力资源市场，去别处一显身手。

针对其中最优秀的尖子，1848 年海军部再次在朴次茅斯开设了"中央数理与造船学校"（Central School of Mathematics and Naval Construction），[通常称为"第二战舰设计学校"（Second School of Naval Architecture）]。该校跟那第一战舰设计学校颇为类似：学时很长，工作非常艰辛，但毕业生都很杰出[35]，他们将引领海军部和相关工业领域开启下一个技术革新。就像更早的那个学校一样，这个学校不久后也被关停——1851 年詹姆斯·格雷厄姆（James Graham）关停了该校。他称该校毕业生赶不上同时期那些参与实际劳动的同行们，不具备他们那样高的手艺水平。格雷厄姆对他的这一决策没有太多质疑，1861 年他曾对委员会说："现在回头看，如果再碰到一次这种事，我不确定我还会不会建议（关闭）该校……到市场上买一样东西，只要出得起价，总有供货商的。"事实上，他的决策在今天来看就是个错误。

表现"女王"号1853年在基汉姆船坞的一幅绘画作品。

　　传统的造船行业中慢慢地出现了机械的身影。到1850年的时候，皮克，德文波特厂的厂长，列出了该厂的一些机械：

　　3架肋骨切割锯（Frame Saw）、1架弧线切割锯（Curvilinear）、2架圆锯（Circular Saw）、50—60个传统的地坑式切割作坊（Saw Pit）[36]，还有两座蒸汽吊机和一台蒸汽机用于起吊木料。

劳力预算

　　各个船厂连续多年仔细记录着完成各项工作各自所需的工作日数，于是到1830年，瑟宾斯建立了一套工时标准。表13.19展示的就是一个典型的例子。此外还有建造和栖装一艘战舰所需要的工时数。[1]

表13.19　一艘204英尺长的三层甲板战列舰的建造工时分配情况[37]

建造事项	工作日数
安放和固定龙骨墩	60
修正、拼接和固定临时龙骨	78
将首柱修正、拼接、钉上钉子，然后把它安装到位、固定好	164
船首船尾的呆木和船体肿部的船底中央肋骨分段修正、拼接、钉上钉子，然后暂时部分固定	179
将船底和舭部肋骨分段修正；制作榫卯和船底中央肋骨分段，然后扣着、钉在一起	560
将舷侧部的肋骨分段修正，和舭部肋骨分段以平头或扣榫方式拼接、钉在一起	512
在呆木和船底肋骨分段上刻出安装船底、船壳板用的浅槽，把支撑船体的木杆子的头卡在槽子里，从而把船底肋骨结构架起来	67

注：头七天约有20名工人上工，之后逐渐增加到30人。30天工期一过，工程进度就会放缓，以保证工程进度能够和分期拨付的工程款相一致。

① G.哈维（Harvey），《战舰设计学》（Naval Architecture），1849版（伦敦）。

表 13.20 建造成本

战舰搭载火炮数	120	80	74	46
消耗木材（担）	5880	4339	3600	2372
12个月完工所需工人数量（人）	200	153	122	92
20人完成帆装栖装所需时间（小时）	300	285	250	

注：每个船厂工作习惯并不完全一样，总结于附录14。

机械

1860 年，议会又组织了一个委员会调查船用蒸汽机[1]，主席是 W. 拉姆西（W Ramsay）海军少将，詹姆斯·内史密斯（James Nasmyth）和约翰·瓦德（John Ward，基汉姆厂的首席机械师）具体协助。他们的结论相当冗长，值得特别注意的问题主要总结为以下两点：

1. 战舰发动机的设计跟商船的不一样，所以更贵；

2. 几乎所有发动机订单都给了泰晤士河上的厂家，其中绝大部分都给了莫兹利厂和宾厂。

他们的报告冗长且措辞模棱两可，集中讲了一些早期并不很严重的失败案例，但也包含几点比较合理的观点。

他们认为战舰用发动机应当满足以下几点要求：

1. 发动机必须位于水线以下；

2. 发动机结构应当简单，只要不影响发动机效率，应该尽量简单；

3. 发动机各个零件必须容易拆装，这样需要维修的时候才容易更换配件。

[1]《1860年船用蒸汽机特别委员会报告》（Committee on Marine Engines, 1860）。

1868年5月，停泊在希尔内斯的"卡德摩斯"号（Cadmus）。这是一艘21炮螺旋桨分级外炮舰，该舰火力跟小型的巡航舰差不多，完全足够对付任何改装商船。（© 英国国家海事博物馆，编号 C2438）

第一条显然只适用于战舰，对于后两条，委员会认为战舰应当更严格地符合这些标准，因为它们需要离开船厂长时间在外活动。

他们批评早期为明轮配套的直接驱动式发动机，但却没有提到，是海军部的蒸汽机械部决定淘汰过时的侧杠杆式蒸汽机的。他们认为宾厂设计的摇汽缸式发动机和莫兹利厂的双汽缸式发动机对明轮最合适。

对于螺旋桨战舰，委员会推荐三型发动机。对于低功率的发动机，可以选择汉弗莱厂（Humphrys）、坦南特厂（Tennant）和迪克厂（Dyke）采用的单活塞杆式发动机，而且宾厂和莫兹利厂在后来那些低功率的炮艇上都采用了这一类型的发动机。对于高功率的发动机，宾空心活塞杆式引擎"表现特别棒"。在上述结论中，委员会对蒸汽机械部内定几个厂家的做法表示赞同，尽管也批评了该部的簿记程序存在不足。战舰发动机的确需要和普通的发动机有所区别，只挑选几个技术水平达标的厂家来投标，是合理的做法。

和料想的一样，汤姆斯·劳埃德对委员会的证词很值得玩味。发动机制造合同并不公开向所有厂家招标，而只向几家表现最令人满意的厂家招标。海军并没有想要，也没有形成习惯去固定采用某一特殊型号的发动机；每个厂家用的都是他们自己的设计，因为他们最熟悉自己的设计。他对合同生产厂家的表现表示满意，而且觉得供应给海军的发动机"基本上全面优于供应给商船的"。

"奥兰多"号（Orlando）及其姊妹舰"摩尔西"号（Mersey）是英国海军有史以来建造的最长的木体战舰，当时正在力推的"新铁船计划"预见了它们必将遭遇到结构强度问题。[38] 等到这两艘船进入海军服役的时候，海军部早已决定建造"勇士"号了。（© 英国国家海事博物馆，编号 neg 9077）

宾厂的锅炉车间，约 1863年。（© 英 国 国 家海事博物馆，编号 H4782）

鲍德温·沃克的观点也很对，他指出：

在考虑将某套发动机机组的生产合同授予某个厂家的时候，最需要关心的是该厂家的业务水平及相关背景情况……一定要确保，在发动机建造期间，该厂机械部门的管理层不换人，或者一直是由有能力的管理者组成。

委员会补充道："上述评论不仅对考察私企很重要，对考察海军内部的专业技术部门同样也很重要。"

劳埃德继续列举了海军部在船用蒸汽技术方面走在时代前沿的一些方面。例如：

1. 从烟道式锅炉改进到管式锅炉；

2. 用直接驱动式引擎替换了摇臂式引擎；

3. 用螺旋桨代替明轮；

4. 以快速动作式发动机代替齿轮传动的慢速发动机。[39]

"大部分改良发动机和锅炉的技术提议，效果都不大。"所有锅炉都是管式锅炉，其加热和过火面积都在合同中做了明确规定（锅炉栅面积为每标称马力0.69平方英尺；加热面积为每标称马力18平方英尺）。蒸汽压固定在20磅/英寸^2，但炮艇上烧海水的高压锅炉造成了不少的麻烦。

船厂不仅要负责制作替换的锅炉，还要基本能满足发动机机组的维修与保养。劳埃德认为，船厂自己也应该制造几套发动机，形成固定的产能，以保持这些专业技术性工作的连续性。

并不令人意外，那几家受到青睐的厂家都跟他们的主顾持同样的观点，就算是那些不那么成功的厂家，对劳埃德的评价也提不出太多议论。

所有发动机制造商一致认为，管式锅炉是战舰的唯一选择，尽管在锅炉的材料是选择铜、铁还是钢上存在争议。烧海水的锅炉，蒸汽压不能高于 20 磅/英寸²；烧淡水并用冷凝器回收淡水的锅炉，则可以使用更高的蒸汽压，但在当时，冷凝器的测试还没取得成功。海军部要求使用比商船上更多的铜配件，这能够提高机组的可靠性，但也抬高了造价。在机组建造合同中，海军部还要求厂家多准备一具备用螺旋桨。

委员会似乎没有考虑过当时螺旋桨严重的震颤问题，尤其是尾部厚厚的呆木后方的一具双叶螺旋桨[40]。1855 年 10 月 30 日"傲慢"号螺旋桨轴的折断，可能就跟桨轴上加载的推力和推力力矩的不规则波动有关。[1] 船尾螺旋桨轴套管的铜制支撑组件(Brass Stern Tube Bearing)的快速磨损，也跟震颤有关。在"马拉加"号（Malacca）的一次试航中，这个组件的铜磨损率达到每小时 3.5 盎司；约翰·宾和佩蒂特·史密斯于是换了一个铁力木（lignum Vitae）[41] 支撑件，使用 1.5 万小时后仍不见磨损的痕迹。真正的解决办法是使用结构强度更高的铁造船体，这样就能把船尾型线造得更加流畅，螺旋桨也就可以采用多桨叶的设计；但这样一来，也就没法设计成可升降式螺旋桨[42] 了。

震颤和支撑件磨损看起来是无足轻重的小问题，但却产生了严重的后果。1856 年，战列舰"皇家阿尔伯特"号不得不冲滩搁浅，就是为了避免该舰因为一个支撑件的磨损而进水失控、沉没。兰伯特还列出了其他几艘由于尾舵、尾柱和这一区域漏水而暂时失去战斗力的战列舰。[43][2]

目前还没有一本对船用动力机械技术及该工业的发展史进行全面介绍的著作（见本书开头参考资料介绍），这确实很遗憾。海军发动机的发展要大大归功于莫兹利厂和宾厂这两个厂家，而且这两个厂家的功劳，比它们生产出来的发

① 《对俄作战》（ The Russian War ），海军档案协会（ Naval Records Society ）藏。
② 同作者兰伯特的上一个参考文献。

"顽强"号（ Undaunted ）51 炮螺旋桨巡航舰[44]的内部结构图纸。其内部构造是最后一代大型巡航舰的典型布局。该舰将成为最后一艘木制旗舰。（© 英国国家海事博物馆，编号 DR07026 ）

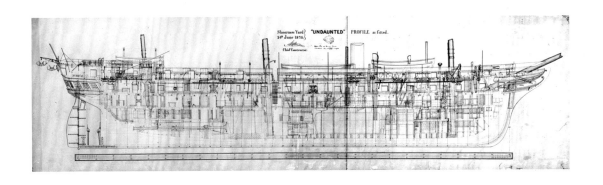

宾厂的蒸汽机车间，约1863年。（© 英 国 国 家海事博物馆，编号H0642）

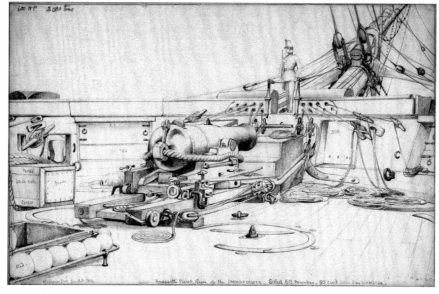

"不朽"号船头的一门95英担重的68磅回旋炮。船头两舷各有两个炮门，甲板上还有炮回旋用的滑轨。这个时期的炮架已经比纳尔逊时代的要复杂很多了。[45]（© 英国国家海事博物馆，编号 PV6162）

动机的数目所能代表的还要大，因为很多其他厂家的创始人都是先从这两个厂家学习技术的。莫兹利和菲尔德（Field）两人都把自己的家建在紧邻厂区的地方，约翰·宾同样住在离自己厂区很近的地方。然而在 19 世纪末泰晤士河上造船业衰落的时候，这两个厂家也跟着消亡了。

火炮

当时的大型舰船（战列舰）搭载三种口径的火炮：95 英担重的 68 磅炮作为船头的回旋炮，而且通常还会在船尾布置一门这样的炮；95 英担重的 8 英寸爆破弹加农炮 [46] 往往布置在最下层炮甲板；其他甲板上则搭载 58 英担、45 英担重的 32 磅炮 [47]。这些在当时都是威力巨大的武器，可以在任何能够保证射击精确度的射击距离上 [48]，击穿没有装甲的战舰的船壳板。

当时，据说能够达到每分钟一发炮弹的射速，但这只不过是理想条件下的特殊表演。至少对实际条件下的持续开火来说，每两分半钟开一炮还差不多。1842 年开始引入撞针式击发器 [49]，这样一来火药起爆的时间点就能精确控制，从而提高了射击准确度。

木体蒸汽螺旋桨战列舰自 1846 年开始建造 [50]，10 年后它们就使纯风帆战舰成为过去式，但这些蒸汽战列舰只当了寥寥几年的"海上皇后"。1861 年"勇士"号的竣工，标志着木制战舰走向了终点 [51]。

译者注

1. "征服者"号大型双层甲板蒸汽螺旋桨战列舰，备炮 101 门，大炮数量跟 18 世纪末的一艘三层甲板战列舰一样多。该舰于 1852 年订造，1856 年服役，1861 年在巴哈马因为导航失误而失事，舰上 1400 人全部获救。"迪盖克兰"号是 1848 年下水的纯风帆 90 炮大型双层甲板战列舰，1859 年加装了蒸汽螺旋桨推进系统，但是在试航时搁浅，各种营救努力尽皆枉然，只得将其发动机吊装出来，用在后来的 90 炮战列舰"让·巴尔"号（Jean Bart）上。

2. 英国战舰备炮数量为奇数的，即在船头露天甲板的回旋炮位上增加了一门 95 英担重 68 磅重炮。另外，英国的 9 艘封锁防御船是用 19 世纪头 10 年建造的 74 炮战列舰改造的，所以到 19 世纪中叶，其舰龄已经 50 年了。

3. 原文此处并未表明是何舰种，根据上下文，似乎是战列舰，但又与表 13.3 的数据并不相符，有待细考。

4. 1917 年，第一次世界大战尚未结束，当时德国对英国展开了"无限制潜艇战"，力图用潜艇对英国进行封锁，给英国造成了一定的压力。

5. 该舰是"声望"级的最后一艘船，它加长了船首，于 1861 年下水、1862 年完工，是英国海军建造完成的最后一艘纯木制无装甲战列舰。

6. 进入 19 世纪 60 年代后，以本书最后一章介绍的"勇士"号为标志，世界海军迈入了铁甲舰时代。为了让之前大量建造的木制螺旋桨战列舰物尽其用，不少都被改装成了木体铁甲舰，即将原本双层炮甲板的船体拆掉上层炮甲板，变成像巡航舰那样只有一层炮甲板，再将舷侧炮位直到水线位置，都以 4 英寸厚的装甲板覆盖。有人可能会问：其船头船尾暴露的木制部分，会不会比较脆弱？按照前面章节介绍的情况，面对 19 世纪中叶的火炮，这样厚厚的木制船体也许比当时"勇士"号那用薄熟铁板建造的船体抗弹能力更强。然而，铁甲、大炮、发动机的沉重负担很快让这些木制船体不堪重负，大多数改装为木体铁甲舰后都只有 10 年左右的寿命，而且服役期间维护费用高昂。

7. 艾伦·查尔斯·格林（1878—1954 年），澳大利亚船舶摄影师、画家，毕生作品及收集的印刷品收藏于墨尔本的亚维多利亚州立图书馆。

8. 以今天的标准来看，这种航速确实可以称为"蒸汽辅助动力"，这也是译者看过的中文材料中常常声称的。然而历史研究往往需要站在当时的视角来看。当时英国把蒸汽称为"辅助动力"，更多是为了让风帆时代的老古董、海军高层的决策者更能接受。从技术角度看，这些蒸汽战列舰依靠风帆最高只能达到 10 节航速，而且持续时间不稳定；更何况，排水量 6000、7000 吨的战舰能够开到 10 节航速时的风势和海况，恐怕都已经达到当时小型船舶不敢出海的程度了。当时的风帆战舰，其比较客观的平均航速，按照本书作者在前一章节中曾经提到的，应该在 4—6 节。和这种航速相比，蒸汽机组提供的连续数个小时稳定的、10 节以上的航速，显然更应被看作"主动力"，尽管这种"主动力"在跨越大西洋的时候靠不住。不过，当时这种主力舰主要留在海峡舰队跟法国对峙，或者派往地中海担当旗舰。以当时战列舰的蒸汽续航能力，加满一次煤，足够单次从英国本土完全用蒸汽航行到地中海舰队的驻地直布罗陀。这样，即使是依靠当时效率并不高的蒸汽动力，这些主力舰也能够在欧洲海域范围内不受天气的影响准时完成部署，只是部署的弹性不大，欧洲海域外的机动性仍然比较受限。可以说这些蒸汽螺旋桨战列舰已经接近于"蒸汽战舰"了。而那些蒸汽螺旋桨巡航舰还只是"蒸汽辅助动力"的巡洋舰，因为作为巡洋舰，它们的主要功能体现在跨越大洋的远距离机动能力上，而这在当时的技术条件下依然是完全依赖风帆来完成的。

9. 这两艘三层甲板战列舰在主桅杆一前一后各有一座烟囱，烟囱升起时的外观可以参见第 321 页的"豪"号模型，烟囱落下后的外观见第 322 页"维多利亚"号的照片。纳尔逊的"胜利"号，即 1805 年英国在特拉法尔加角外海大胜法国—西班牙联军时的舰队旗舰。1805 年时，该舰舰龄已经接近半个世纪，到 1855 年时该舰已经是艘百年老舰了。由于该舰一直保持粉刷一新的状态，作为海军精神的标杆，所以在 19 世纪中叶仍然能够被公众看见停泊在军港里。该舰也是一艘三层甲板战列舰，拥有三根桅杆，外观上和 19 世纪中叶的三层甲板战列舰几乎看不出任何区别，只有两舰并排停放，才能看出后者比前者大出整整一圈。

10. 表中"胜利"号的火炮搭载情况，自上而下，是按照下层火炮甲板、中层火炮甲板、上层火炮甲板、露天甲板的顺序来罗列的。而关于"维多利亚"号的数据似乎和今天的一般认知有所出入。译者这里根据里夫·温菲尔德（Rif Winfield）所著的《风帆时代的英国战舰，1817—1863》（British Warships in the Age of Sail, 1793–1817）补充如下："维多利亚"号下层火炮甲板搭载 32 门 65 英担重 8 英寸爆破弹加农炮，中层火炮甲板搭载 30 门 65 英担重 8 英寸爆破弹加农炮，上层火炮甲板搭载 32 门 58 英担重 32 磅炮，露天甲板搭载 26 门 42 英担重 32 磅加农炮，船头露天甲板上一座回旋炮位上安装 1 门 95 英担重 68 磅炮。也就是说，温菲尔德认为下面两层火炮甲板全部安装了威力似乎更大的 8 英寸加农炮。

11. 在描述航速和续航力时都强调天气条件，是因为当时蒸汽机和螺旋桨的技术都还不成熟，一旦遇到大浪，航速损失很大，发动机负担也会骤然增加，耗煤量必然发生波动。至于 2000 海里是个什么概念？英吉利海峡最窄处只有 10 多海里；从泰晤士河口航行到英国的传统欧陆盟友葡萄牙的首都里斯本有近 1200 海里；从泰晤士河口航行到英国地中海舰队的驻地直布罗陀岛，有 1500 多海里；从泰晤士河口航行到梅诺卡（Minorca）岛——地中海西部一个可以同时监视法国和西班牙的岛屿——有 1900 多海里。可见当时的蒸汽战列舰加满一次煤，只足够完成在欧洲海域内战略机动的需要，而到达战区后必须再次加煤才能参加作战行动。之所以"短腿"，是因为发动机动力不足、效率太低。即使"维多利亚"号上安装了标称马力达 1000NHP 的发动机，它的"标定输出功率"也只有 4500ihp。标定功率是计算汽缸内的蒸汽压换出的理论马力，其中至少有三分之一的功率会被耗损掉，因此发动机输出轴上输出的马力不足 3000，而这些战列舰的排水量均在 5000—7000 吨之间。如果和 20 世纪初的现代技术相对比，以排水量比较接近的战舰为例，比如 20 世纪初开发的"镇"级轻型巡洋舰（Town Class Light Cruiser），排水量近 5000 吨，发动机轴的输出马力有 2 万多 shp，最高航速 25 节，10 节航速下的续航里程为 4500 多海里，动力机组为水管锅炉＋汽轮机（Turbine）。由此可见，19 世纪后半叶，尤其是 19 世纪 90 年代以来技术经历了大踏步式的前进。

12. 当时的战舰是在龙骨上安装许许多多副肋骨，所以加长比较简单，只要插入形状差不多的肋骨、龙骨分段就行了，不涉及大量的重新设计工作。但是船体整个加宽却不一样，这意味着从船头到船尾的所有肋骨形状都要重新确定，不仅需要重新设计，肋骨构件也要修整甚至重新制作。

13. 照片中，该舰有对比明显的一粗一细两根烟囱，前面那根细的可能是废蒸汽排放口。后桅杆处船体两舷扬起的前后一对杆子是舰载艇架，船尾向后方水平伸出的是吊艇架。沿着船帮一圈用白布包裹着的是船员们的吊铺。

14. 该舰火炮甲板上搭载 30 门 65 英担重 8 英寸爆破弹加农炮，露天甲板上搭载 20 门 56 英担重 32 磅加农炮以及 1 门 95 英担重 68 磅回旋炮，这些炮的规格和三层甲板战列舰上的完全一样，相当于三层甲板战列舰的下层炮甲板与露天甲板上的火炮。而在 18 世纪的纯风帆时代，巡航舰的火力往往还比不了三层甲板战列舰其中一层火炮甲板的火力。在该舰的模型上，其露天甲板的火力则更加强大，船头船尾各有 1 门 95 英担重的 68 磅炮，总共搭载 52 门炮。

15. "共架设 121 门炮的炮门"，并不是说全船就只有 121 个炮门，比如船头露天甲板的 95 英担重 68 磅回旋炮，它的炮门就有 4 个，在该模型的船头船尾舷墙上可以看到这几个炮门，呈长方形，可以增加水平射界。另外，每层甲板每舷靠近船头的两个炮门平时也不布置火炮，需要朝船头方向射击时，才从船头第三个炮门处把大炮拉过来使用，所以船体两侧共有大约 140 个炮门。

16. 该船烟囱呈落下状态，桅杆的横桁以及船首的首斜桁上站满了手握安全绳的水手，他们正在进行"升桅礼"，这是专为迎接国内外要员参观检阅而设的礼节。可见帆桁两端没有站人，因为那里比较细，而且还存放了扩展主帆面积、张挂翼帆用的辅助帆杆，不太安全。该型巡航舰原计划搭载与"不朽"号相同的的武备，实际搭载武器有所减轻：火炮甲板搭载 8 门 65 英担重 8 英寸爆破弹加农炮和 22 门 56 英担重 32 磅加农炮，露天甲板仍搭载 20 门 56 英担重 32 磅加农炮和 1 门 95 英担重的 68 磅回旋炮，火炮数量是 51 门。

17. 这幅照片较为清晰，借此对 19 世纪上半叶的主力战舰的外观细节做一些介绍：

[1] 该舰烟囱完全落下，只能看到在主桅杆的前后各有一个烟囱帽突出在船帮高度以上。

[2] 前桅杆下段前方，可见挂着白幡一样的东西，这是当时战舰停泊时常用的甲板上通风装置，称为"风斗""风旗"（Wind Sail）。风斗用帆布做成烟囱型，口上延长出一片帆布来，这样可以将风导引到甲板上，这是动力风扇出现以前，封闭空间通风的方法。

[3] 在船帮最高处刷成白色的一圈细带上，有一条黑色沟槽，在这里可以看到一个挨着一个整齐地斜着码放的、紧紧打成捆的水手吊铺卷。

[4] 该舰船体粉刷成黑白条纹相间状，这是 18 世纪末以来标准的黑黄条纹的一种发展，其中三道白条对应三层炮门的位置。这里的船体虽然粉刷成白色，炮门盖却是黑色，这样不论炮门关闭还是打开，都能从很远处看到战舰上数量众多的大炮——当时跟一战以后的干扰色涂装、伪装色涂装不同，涂装是为了突出战舰战斗力的强大，以图在交战前先从心理上打击对手。

[5] 战舰露天甲板的船帮上，并没有像下面的炮甲板一样，在炮位的高度处粉刷上一道白条。此外，露天甲板的船帮，其中腰部分没有开炮门，只有船头和船尾的船帮开了炮门。这两个特点是前面章节所有战列舰和巡航舰都遵循的一种习惯。因为从哥伦布地理大发现以来，船舶的露天甲板就一直分成相互割裂的船头、船尾两部分，直到 19 世纪 30 年代以后，因循守旧的英国海军才承认了全通露天甲板的既成事实，但仍然规定露天甲板中腰处不得布置火炮，好保留"三层甲板战列舰"、"双层甲板战列舰"这两个已经具有了某种神圣含义的技术名词——按照英国风帆战列舰死板的命名规则，有几层连续布置火炮的甲板，便算作几层甲板的战列舰。实际上，把露天甲板的火炮集

中布置在船体中腰附近，对于船体结构均匀承重更有好处。纵观本书，只有 241 页法国"拿破仑"号的图纸、241 页英国首批蒸汽战列舰之一的"詹姆斯·瓦特"号的绘画上，在露天甲板中腰处的船帮开了炮门。实际上，美国早在 18 世纪末便在其重型巡航舰上建造了全通的露天甲板，连续布置了露天炮位，而 19 世纪初的法国也不再拘泥于传统。虽然原著作者贯穿本书的主旨是，破除 19 世纪以来英国公众对英国海军形成的守旧保守的印象，但从这一点上足以看出，当时英国海军确实对一些毫无实际意义的过时传统十分执着。直到今天，英国海军仍然把战舰的露天甲板前后分开，分别称为"艏楼甲板"和"后甲板"。

[6] 对照 17 页"圣约瑟夫"号图纸的装饰舰首，可见 18 世纪末的黑黄条纹装饰并不延伸到弧形的装饰舰首上，但 19 世纪 30 年代以来则把黑白条纹延伸到装饰性船头上，使 17—18 世纪的装饰美感荡然无存。

[7] 该船除了船头的粉刷风格之外，对当时的普通大众而言，完全看不出跟 18 世纪末 19 世纪初那些功勋卓著的老旧帆船，有什么区别。

[8] 船头左舷可见通体黑色的主锚，其实左舷还有一支备用主锚，眼光犀利的读者也许可以发现：找到船体第一道白条即上层炮甲板的位置，从船头往后数到第 5、第 6 炮门之间，再从第二道白条即中层炮甲板位置，从船头往后数到第 6 炮门，可以看出有一道突起于船体之外但船体粉刷成同样黑白相间形式的竖杆，那就是备用主锚的锚杆，黑色的锚体本身和锚爪则横躺着朝后方水平顺倒在舷外。

[9] 放备用锚的这个舷外小平台叫作"侧支索承板"。照片上可见，三根桅杆都有朝侧后方的抗风斜拉索，这叫"侧支索"，固定斜拉索的就是这种舷外小平台，在露天甲板的高度。前一章克里米亚战争中战舰在雷区航行，测量水深时，水手就是站在舷外的这小平台上，水手方便时也往往在这里解决。侧支索及其承板也是本书所有挂帆战舰都有的特征。

[10] 该舰三根桅杆上各有四道挂帆的横桁，帆桁中点处有一个三角形的鼓包，那就是紧紧收叠和捆扎好的风帆，这样折叠好的帆既能在需要时迅速开张挂，还能被收纳得十分稳安，不怕风雨的侵蚀。这种方便的收纳方式是法国人在 18 世纪末 19 世纪初开始采用的，于是英国和当时欧美其他国家的海军也引以为标准，被称为"法国高帽"式纳帆法。

[11] 由本照片和 321 页"豪"号模型可见，这型一等战列舰在中层炮甲板从船头往船尾方向数，大致第 12 个炮门的位置，其左右两舷各有一个军官登舰舱门。本照片显示了从左舷舱门到水面附近，沿着船身舷墙内倾的倾斜度度设置的舷梯。上层炮甲板从这个舱门的位置往后，直到船尾游廊的位置，内部空间都是舰队司令主舱、会客厅及其参谋人员的居住、办公空间。舰队司令往往年事已高，直接攀爬舷梯到上层炮甲板，有些困难，而舱门开在下层炮甲板又占用那里安放重型主炮的空间，因此从 17 世纪以来，舷梯习惯性设置在三层甲板战列舰的中层炮甲板上，两层甲板战列舰没有舰队司令登舰舱门。

[12] 中层炮甲板后部供该舰的军官居住。露天甲板后部加盖有"艉楼甲板"作为天棚，这里供旗舰的舰长居住，所以可见该舰从后桅杆附近往后的船体要多一层，本章以及前面所有章节的两层、三层甲板的战列舰均是如此。艉楼两侧的三层游廊分别对应露天甲板和上层、中层炮甲板的高度。前面章节已经提及，尾部后方的游廊用于军官观景，两侧的游廊是军官厕所。

[13] 下层炮门下面，船体黑色的部分有一排白点，那个高度对应下层炮甲板的位置，这些白点是下层炮甲板的流水孔。由于这层甲板只有一人多高，在大浪中很容易从炮门上浪，所以需要流水孔及时排水。

[14] 根据背景建筑的风格，拍摄地可能是在地中海的马耳他岛。

18. 18 世纪末，建造一艘双层甲板战列舰需要 2—3 年，而三层甲板战列舰工期漫长，断断续续需要 5—8 年。

19. 这是"皇家阿尔伯特号的剖视图。322 页的"维多利亚"号照片展示了当时战列舰的外貌图，这里便展示了其内部布局。实际上，除了底舱后部多了锅炉房、蒸汽机舱、螺旋桨轴之外，其他的内部布局和 18 世纪甚至是 17 世纪的三层甲板风帆战列舰大同小异：

[1] 装饰舰首最前端的舰首像，为维多利亚女王的配偶阿尔伯特亲王的胸像。

[2] 可见该舰有三层连续的炮甲板，相邻两层甲板的炮门错开布置，这样能够避免连续切断某一根肋骨而减弱该处船体的结构强度。

[3] 最下层炮甲板的下面还有一层甲板，刚好在水线位置，这层甲板称为"最下甲板"，这层甲板的前部和后部可见内部舱室，后部舱房供舰上的军官候补生、医生、随军牧师居住，前部舱房供水手长、木匠等士官长居住，同时也兼作他们的作坊和仓库，存放备用的缆绳、帆布、木料及相关工具。最下甲板舯部有篱笆围起来一样的专用空间，用于存放战舰主锚的锚缆。最下甲板船头

处没有布置舱室，这里描绘了船壳内部结构，即瑟宾斯式对角线支撑材。

[4] 露天甲板后部（从后桅杆稍稍往前的位置开始）搭建有一个天棚，即艉楼甲板，这样，船尾部就多出来一层，这可以和前面出现的战列舰图纸、模型、绘画、照片相印证。艉楼甲板下面是舰长舱，本图可见舰长舱里有各种豪华的设施。

[5] 水线以下的空间均为底舱。从船头开始，第一个长方形的舱室，是悬挂式的，刚好位于前桅杆后方，里面有许多小格子，这是火药库。火药库之所以悬挂于船底，是为了有效隔绝船底的潮气。火药库后方紧接着的是火药装填室，用于作战时现场手工填大炮发射用的发射药包。后方是各种食品和饮水等后勤物资的仓库。仓库后方似乎是蒸汽驱动的抽水泵，蒸汽动力出现以前，这种水泵是人力的，位置也比图中更靠后。水泵后面是长长的锅炉舱，这里是船底部最宽敞的位置。锅炉舱后部竖立起来一座烟囱，为了隔绝锅炉废气的废热，烟囱用隔热瓦包裹起来。烟囱在露天甲板以上的部分呈折叠状态。锅炉舱后方就是蒸汽机、轴隧等装置。紧跟着两个舱室，是后部火药储藏和装填室。船尾最后部翘起来的部分，画了很多椭圆形的东西堆码在一起，这是水手们的主食——一种当时被称为面包的食物，今天看来更像是脱水的饼干，又干又硬，无法直接食用，必须加水煮烂成泥状。

[6] 中层火炮甲板最后部分可见一长溜舱门，前景则是一张长桌子，这就是"军官统舱"（Ward Room）。舰上除舰长以外的所有军官都居住在这里，中间是一张长桌子，两边全是小舱。

[7] 上层炮甲板后部是舰队司令主舱和办公地，图上表现了该区域布置火炮的情景。实际上，下方的军官统舱区、上方的舰长区同样布置了火炮，只是没有表现出来。

[8] 露天甲板上，前桅杆前面布置的是95英担重的68磅回旋炮。上层炮甲板则在船身存放了一门陆军野战炮，带可拆卸的前后两个两轮炮架，船头的炮门一般不布置固定的海军炮。中层炮甲板的船头是医务室和病号铺位，在前桅杆的位置可见药柜。

[9] 船体前部、前桅杆后方：上层炮甲板上的是厨房，伸出一根细烟囱到露天甲板以上；中层炮甲板和下层炮甲板之间，可见一前一后两根粗壮的黑色立柱，两舷共四根，这是战舰下锚后带缆用的带缆桩，从这个位置往船头看，可以看到下层炮甲板上有黑色的铁链锚缆，这是19世纪初开始采用的。

[10] 下层炮甲板第6、第7个炮门之间可见一座矮圆柱状的转鼓，中层炮甲板上也有一个形制类似的东西，这是船上的绞盘。在18世纪的三层甲板战列舰上甚至有上、中、下三座绞盘，三座绞盘共轴，可以让200多人一起操作，主要作用是收回战舰主锚的锚缆。

[11] 露天甲板船帮上描绘出了一个挨着一个倾斜堆码的水手吊铺。

[12] 整个水线以下的船底都描绘了很多长条形材料，这就是船底包裹的铜皮，在当时是对抗海洋生物附着等船底污损的最有效手段，见附录7。

20. 这里指的是一担的价格。

21. "尼罗河"号是1827年西蒙兹上台之前设计并开工建造的90炮双层甲板战列舰，比三层甲板的"女王"号更小。作者在此再次批判了西蒙兹错误的尖底式船型，批判西蒙兹也是本书的主要线索之一。

22. 原著作者对此的遗憾并不清楚从何而来，也许是和第8章介绍过的铁造船体的早天相比？

23. 这两艘都是1815年拿破仑战争结束后遗留下来的18世纪末19世纪初的老旧战舰。

24. 这是保存至今的最早的铁骨建筑物。这座救火站大约于1844年落成，为两层仓库建筑，其第二层为灭火蓄水池，大型铸铁件铆接而成的骨架结构承担着水池中水的重量，其墙体为波纹铁板，并不承重。

25. 可见英国船厂干船坞方面胜过法国。船台用于造船，干船坞用于维护船舶，战时大规模造船需要更多的船台，而大规模船舶维修也离不开干船坞。法国的瑟堡船厂为19世纪新建船厂，其他四个从17世纪起就成为法国的四大海军船厂，其中土伦船厂在地中海，剩余三个船厂都面向大西洋，于是后来建设了面向英吉利海峡的瑟堡船厂。

26. 这里指简易铺设的铁轨，常常没有枕木，有时不用火车头而是用马拉货柜车。

27. "Sheer Jetty"中的"Sheer"指的是起重吊臂，但不是今天起重机、吊车一样的结构，因为当时还没有任何动力机械。这种起重臂是A字形门架，顶端设置滑轮，依靠人力、畜力转动绞盘来起吊重物。在船厂，一般起吊的是桅杆：新造好的战舰开到栖装栈桥一侧停泊，栈桥上架设的起重臂将桅杆吊装到战舰上。

28. 港池是港内围成的相对避风避浪的水域，船舶造好后从船台下水进入港池，进行栖装。所谓"蒸汽港池"是岸上配备了蒸汽厂和蒸汽动力设备的港池。

29. 劳教人员沦作船厂、军港的苦力是当时的社会习惯，比如前文提到的吊装桅杆的起重机，通常都以苦力转动绞盘提供动力。工业时代以前，这样的船厂劳教场所，最著名的就是法国马赛的划桨船基地，从 17 世纪后期开始，法国国王路易十四便将大批宗教和政治异见者迫害到马赛作为大型划桨船的划桨奴，这一习惯一直持续到了 18 世纪。

30. 当时，个人拥有上万英镑的财富就属于富裕的上流人士，舰队指挥官在战时的年收入为一两千英镑。

31. 此表的原始资料出自 1845 年的一本书《城镇大全》（*Encyclopædia Metropolitan*）。当时海军部上报这张表，是为了精简机构，从而将各个船厂雇用的劳动力从总体上压缩到 6000 人的规模，所以做了这样一张人员分配情况汇总表。表中部分名词在 19 世纪就已经是不用的词汇，自然在今天的字典中无法找到，因此部分名词的解释参考了 18 世纪的一些资料。各个工种名词的中英文对照及含义解释如下：

[1] 滑轮制作匠（Block Maker），"Block"即滑轮的套壳，船上的滑轮都装在一个木制的套壳里，壳上刻有凹槽，可以固定其他缆绳，这样就能把滑轮壳固定在某一位置使用。滑轮壳外观见 338 页"不朽"号船头大炮的图，图中炮架右侧可见一对滑轮组成的滑轮组，实际上能看到的只是滑轮壳，滑轮藏在壳里。

[2] 童工（Boy），即未成年的小男孩、少年，该项下又细分作三处。

一是"贫民习艺所"（House），这个"House"在 1845 年的原文中就是这样的简称，对照 18 世纪以来的情况，推测应当是"Work House""Poor House"的简称，即当时收容孤儿、无家可归者、丧失劳动能力的中老年人的一种社会福利设施。说是社会福利设施，实情如同狄更斯笔下描写的一样，形同监狱，残疾人、孤寡老人和孤儿在里面劳动，以此换取食物和居住场所。

二是"捡麻絮"（Ocham），这个"Ocham"在多数 19 世纪的资料中就已经查不到了，于是参照了一本 18 世纪（1732 年）出版的资料，叫《贫民习艺所纪实》（*An Account of Several Work-Houses for Employing and Maintaining the Poor*）。该书提到了上述收容站里老弱病残们力所能及的劳动种类，主要就是"捡麻絮"，这里的原文是"Picking Ocham"，这个短语在 19 世纪时的拼写是"Picking Oakum"，于是可以推测：表示"麻絮"的"Ocham"一词，经过长期的传抄错误，到了 19 世纪以后，拼写演变成了"Oakum"。所谓"麻絮"就是船厂及其他行业已经报废的旧麻绳碎屑，以废品的价格回收来之后，受救助的人员把没有霉烂掉的部分挑拣出来，再卖给下文中的"纺线匠"重新捻成制作缆绳的原料细绳。表中把"贫民习艺所"和"捡麻絮"单列开来，或许可以理解为："贫民习艺所"做的是其他一些简单工作。

三是"人力动轮"（Wheel），该词在 1845 年的原文中也是这样一个简称，推测是"Thread Wheel""Thread Mill"的简称，这是 1818 年一位英国工程师为当时的监狱、劳教场所设计的一种可以多人一起踩踏的长筒型动力轮，输出的动力可以用来切割板材、磨面粉等。资料称当年的贫民习艺所有时也配有这样的体力劳动工具。

综合来看，贫民习艺所中的童工可能做着"捡麻絮""人力水轮"以及其他一些劳动。

[3] 铜皮、铁皮匠及徒弟（Brazier, Tinman, Apprentice），当时船上和船厂中都有很多设备需要防潮、防火，于是这些技工将铜、铁原料打磨成薄片，然后敷设到所需保护的设备表面，固定妥当。这项工作跟下文的打铁、铸造工艺不一样。

"徒弟"（Apprentice）跟中国古代的情况很类似。一个出身低微的青少年作为徒弟，需给师父（Master）白干 5—7 年，期间师父包吃住。出师后，徒弟起先不能在师父占据的本地市场中另起炉灶，而是以熟练工的身份游走各处，积累人脉和主顾资源。因此，出师后的下一个阶段，就称为"熟练工"（Journey Man），直译就是"四处游走的人"。有了多年行商经历的熟练工，终于在一个新的地方落脚，开设固定门面，加入本地的同业公会（Guild），成为在本地获得认可的业主，这时就成了可以招收徒弟的"师父"。今天的"硕士学历"（Master Degree）一词，便是从工业时代以前手工艺人的同业公会中的"师父"一词衍生而来。

[4] 砌砖匠及徒弟（Bricklayers, Apprentice），指建筑技工，他们的工作包括磨砖对缝、找平等等。

[5] 砌砖小工（Labourer），在 1845 年的原文中，这里未直接指出是砌砖小工，但后面又单列了船厂以及库房的劳力，可见这里是建筑所需劳力。

[6] 捻缝匠及徒弟（Calker, Apprentice），表示捻缝匠的"Calker"一词，今天一般拼写为"Caulker"，这也是中西方在木造船舶时代都有的一个技术工种，而且是当时船舶安全航行必不可少的一个重要工种，即为木船做防水处理。关于捻缝作业，译者在第 4 章做过注释，这里再简单重复一下。由于木船的船壳板会在海浪的拍击下相互错动，因此板材间的缝隙很容易漏水。在漫长的木船航海历史中，东西方文明都找到了类似的防水、控制漏水的措施，即将树胶、树油混合植物、动物纤维塑化填入船壳板缝隙之间，使其渗入木材表层，从而像强力胶一样把木材的接缝粘接在一起。这种操作，

在中国明清时代，就叫"捻缝"。中国使用的植物胶是效果特别好的桐油，西方使用的是松树油。北欧波罗的海国家是松油的主要产地，因此英国在克里米亚战争期间将主要舰队力量部署在波罗的海周围，甚至找上门堵死沙俄的军港，目的就是为了保证这一战略资源供应路线的畅通。

[7] 箍桶匠（Cooper），现今海上大宗货物运输采用各种型号的标准货柜集装箱，当年采用的则是各种型号的木桶。淡水、酒、火药、腌菜、咸鱼、腌肉等物资统统装桶，然后通过港务驳船运送到整备出海的大船旁边，再依靠大船的桅杆、帆桁、滑轮组作为起重设备，吊放到大船的底舱里。到19世纪中叶，虽然饮用水已经开始采用更加卫生的铁制水柜来存放，但其他物资仍然主要以木桶存放。这些木桶就是今天"木桶原理"中提到的许多木条箍成的木桶，因此需要箍桶匠。

[8] 发动机维修工（Engine Repairer），第三章已经讲到，从18世纪末19世纪初开始，虽然蒸汽机还不能直接拿来驱动船舶，船厂已经开始有了蒸汽动力的水泵了，因此需要配套的技术人员，这些技术人员很多是发动机制造商长期外派的。

[9] 铸造匠（Founder），指船厂铸铁车间、铸造厂的负责人和技师等。战舰上数量最多的铸铁部件就是那几十门乃至上百门大炮，但这些一般是沃维奇的皇家军火库国营铸造或者交给私企合同铸造的。船厂的铸造厂负担并不重，因为战舰上其他的铁制品主要是锻造件，比如战舰的主锚、副锚、备用锚等。不过瑟宾斯式铁件加固木体造船法发展起来之后，长条形铸铁加固件便开始用在船舶上，但这些也逐渐被辊轧工艺所取代。

[10] 梳麻匠（Hemp-Dresser），用耙子将产麻植物的纤维从植物茎叶中梳理出来。麻纤维是制作缆绳和帆布的原料。19世纪中叶，一艘排水量达数千吨的、带蒸汽螺旋桨的风帆战舰，如果依靠风力航行和操作转向，需要上百人拉动船上总计几十公里长的缆绳，去操控数千平方米的帆布。产麻植物质量最好的是马尼拉麻。将植物的茎放在水中浸泡，使其霉烂，这一工序俗称"沤麻"。沤麻可以使肉质部分发酵降解、松散，这样麻纤维就变得容易跟肉质部分分离，然后就需要由梳麻匠用耙子把麻纤维梳理出来。

[11] 装修木工及徒弟（Joiner, Apprentice），由于当时船体都是木造的，有造船技工这一工种，也就是木工，所以这里特别提到的装修木工，是当时室内装潢用的木制脚线、木门、窗框等设施的营造工匠。

[12] 制绳厂门卫［Key-bearer (Ropery)］。制绳时，需先把麻纤维纺织成细麻线，再在制绳厂里把麻线缠绕成比较粗的绳子股，再按需将不同数量的绳子股缠绕成各种直径的粗细缆绳。粗的如战舰主锚的锚缆，一人有时都不能合抱，细的不足手腕粗。缠绕缆绳所需的设备并不复杂，就是将多股细缆缠绕在一起的设备，今天称为"绕线机"。

[13] 仓库劳力和船厂劳力（Labourer, Store House, Yard），即仓库（Store House）和船厂（Yard）使用的非技术劳力。

[14] 纺线匠（Liner and Twine Spinner），如 [12] 条所述，麻纤维不能直接进入制绳车间，而是先由纺线匠用纺车纺织成细线。

[15] 锁匠及徒弟（Locksmith, Apprentice）。

[16] 石匠及徒弟（Mason, Apprentice），西方建筑地基及附近部分通常为石砌。

[17] 送信员（Messenger）。

[18] 水轮机长（Millwright），主要负责水轮机的运行。水轮机不是一般的"磨坊"，用来磨小麦粉，而是用于带动圆盘锯切割船壳板，或者用于金属件的延展加工，如 [3] 条所需的薄铁皮、铜皮，以及制作铁丝、铜丝等。

[19] 水管工及徒弟（Plumber, Apprentice）。船厂许多作业，如上文提到的沤麻，以及木材的保存、火药颗粒的制作等都需要水供应，因此船厂的基础设施少不了水道。

[20] 墙壁粉刷、玻璃安装技工及徒弟（Painter, Glazier, Apprentice），他们既为船厂官员的住家服务，也为战舰上军官主舱的内部装修服务。

[21] 打磨技工（Grinder），负责木制和金属家具的抛光。

[22] 装修小工（Labourer）。

[20]~[22] 三项，在表中为三项的合计人数，在打磨技工一栏。

[23] 松树焦油熬制工（Pitch Heater）。如 [6] 条所述，船底防水需要松树胶和焦油，而且不单单是船体防水，缆绳也需要浸泡和涂满这类物质。船体内所有木结构件的接触面全部需要涂满这种易燃物质，因为它可以防止海上湿气和盐雾腐蚀木料和麻绳。只有麻编织成的帆没法刷涂这些会逐渐结硬的材料，于是帆的使用寿命只有两三年。当时用松树加工出的胶类物质有三种，一是树脂、

树胶（Resin），二是相当于树胶浓缩物的胶油（Tar），三是相当于树胶终极浓缩物的焦油（Pitch）。"Pitch"和"Tar"两种物质，目前国内往往混淆翻译，但其制作工艺和产物属性是不太一样的。首先，树胶就像割取天然橡胶一样，在活体的松树上开口，然后在夏秋季节木材能大量分泌树胶时收集。这种物质呈褐黄色透明胶状，一般用作胶油和焦油的调配剂，令其不容易快速凝固结硬。胶油（Tar）是对松木进行破坏性蒸馏所得的树胶浓缩物，即将砍伐下来的松木树干闷炉烘烤，隔绝氧气加热，这样树干不会焚毁，其中的树胶则膨胀溢出。高温浓缩的树胶就成了胶油，常温下也能保持黏稠的油状，但颜色偏黑，这是用来保护船上缆绳的主要材料。使用时，将缆绳用浸透这类胶油的碎布片、细绳层层缠绕，于是，前面各个章节中的油画和照片上，麻绳编成的黄白色缆绳反而呈黑色。而焦油（Pitch）则是将松木焚毁后得到的树胶残留物，类似于铺路的沥青，高温下呈胶状，常温下固化，这是船底捻缝所需的主要材料，因为其冷却后会固化而且不吸水。捻缝时为了方便将这种材料楔入船壳板材的缝隙之间，需要先将其烧热熔化，再趁热操作，这样热焦油会有部分渗入木料表面，增加焦油对相接的两片木材的接合力。热制焦油需要专门的技工。

[24] 帆装技工（Rigger）。前面章节曾多次提及，不论大小船只，造好后都要安装桅杆、缆绳和风帆，这样才能依靠风力航行。这个栖装过程相当复杂，以战列舰为例。一艘战列舰有三根桅杆和一根船头斜伸的首斜桁，这四根桅杆都由三截到四截分节拼接而成，那么如何吊装底部的粗壮分节？如何以底部的分节作为起重装置，安装高处的纤细分节？桅杆安装到位后，为了让桅杆能在海上对抗风力，还要设置许多道朝各个方向的斜拉缆绳。三根桅杆各需要几对缆绳？如何才能均匀分布，从而使各个缆绳受力均衡？桅杆和固定缆绳设置成功后，在桅杆、帆布、帆桁上需要安装数百个型号不一的滑轮，再依靠这些滑轮组设备，将帆吊装到位，并且能够根据风势、风向的变化，灵活调节帆的收放以及姿态。有关于这些知识，在当代，由格林尼治博物馆（即本书插图的主要出处"英国国家海事博物馆"）一位馆长负责编纂成了200多页的专著。而在19世纪中叶的当时，配发给军官的风帆战舰航行操作技术指南，比如《青年海军军官的必备知识》（*Young Sea Officers' Sheet Anchor*），篇幅则近400页，每页有千余单词，可见这部分知识的庞杂。战舰上桅杆、帆桁、缆绳、风帆等部件，安装的先后顺序不能乱，必须由专门的技术人员指导完成。由于当时的普通人普遍文化程度很低，除非有长年安装和使用风帆的经历，否则很难在短时间内记住和学会全船的全部风帆设备。在战列舰上，每当战舰要从封存中解冻，重新加入战备时，就需要再次安装桅杆、帆桁、缆绳等设备。这时，就有两三名厂专业帆装技工调配到这艘战舰上，他们会在该战舰的一位士官长（即"水手长"）的指示下，安排和监督船员以及船厂劳工完成各个部件的吊装工作。水手长和帆装技工一般都是老水手，文化程度不高，但多年和船舶、海洋打交道，让他们谙熟帆装这门艺术，懂得根据实际情况和习惯传统来为战舰配备最合适的帆装。

[25] 帆装小工（Labourer），指专门配属帆装安装工作的劳力，实际上各艘战舰安装帆装时，主要是依靠战舰上新招募来的水手来出力，因为吊装大型部件时往往需要几十人一起配合劳动，表中所列的人数明显不足。

[26] 制帆匠及徒弟（Sailmaker, Apprentice），把麻线编织成帆布，再缝制成风帆的技术工种，在当时算高级技工。帆布条一般用固定规格的织布机纺织，宽度大约在半米左右，但纺织成的帆布有不同的规格。有的用比较粗的麻线纺织成，这样的帆布自然结实耐用但重量很大，用于缝制桅杆上挂的下面两道帆；而其他的帆布用的麻线比较细，甚至在纺织方式上经纬线也比较疏松，这样的帆布用于缝制桅杆高处的轻帆。因此当风力太大的时候，轻帆就必须降下来，否则可能被大风扯烂。将长长的帆布条一道一道平行排列起来，然后缝制在一起，就形成了帆。在全船二十几面常用帆中，大多数帆的布条，在帆挂起来的时候，都是一条挨着一条竖着排列的，没有布条横行排列的帆。制帆匠的主要技术在缝制风帆。风帆，特别是桅杆下部的主要帆，宽30米，高10米上下，重数百公斤，帆布非常厚实，用一般的顶针无法让铁杆一样的大针穿透这样的帆布，必须手戴皮制的大顶针，用手掌推动针鼻。除了把帆布条缝制成帆，帆的四周和帆面上还需要固定许多条缆绳，这样才能在甲板上拉动缆绳来操作高空的风帆。在风帆上固定缆绳，又需要很多特殊的缝制工艺。这些就是当时制帆匠的主要工作。

[27] 缝线匠（Sawyer），这是制帆匠之外的缝制手工艺人。战舰上除了专门的缝帆匠，也需要缝制服装、布料的手工艺人。发射大炮所需的火药，为了安全，都用法兰绒布装成火药包来运送和装填进大炮炮膛里，因此作战时显然需要手艺高明的缝线艺人现场不停地缝合这样的法兰绒火药包。此外，当时的水手没有制服，他们日常穿的蓝色卡其布工作服，是在船上用政府采购的蓝色布料制作的，也需要裁缝。

[28] 管道清洁工（Scavelman），"Scavelman"是一个古英语单词，今天早已不再使用。

[29] 造船木工及徒弟（Shipwright, Apprentice）。

[30] 铁匠及徒弟（Smith, Apprentice），这里的铁匠指打铁手艺人，即用人力或者水力驱动锻造锤，将烧至红热的铁条加工成所需的形态，或者经过与木炭的反复捶打，减少杂质量、降低生铁条原料的含碳量，降低其脆性，从而形成比较有韧性的熟铁，但还无法大量制造出含碳量更加合适的钢。

上面提到的铸造匠人，制作的是含碳量过低、缺乏韧性的铸铁。

[31] 缆绳制作技工及徒弟（Spinner, Apprentice）。制作缆绳就是转动一个简单的机械，将三股、四股细缆紧紧缠绕成一体，因此缆绳制作工的名字，直译是"转动者"。

[32] 管教（Warder），负责监管船厂里的劳动改造人员。

[33] 水轮技工（Wheelwright），负责维修水轮机的水轮及相关设备。

[34] 木料切割水轮机、金属水轮机以及水轮机长工作间的劳力（Workmen at Wood Mill, Metal Mill, and Millwright's Shop）。

根据 1845 年原文对此表的解读，表中需要重点关注的是"装修木工"这一项。这一项所占比例相当高，可以认为是把富余的造船技工以这种方式养活起来，以备大规模造船时需要。如果让这些人流向社会，那么遇到大规模造船项目时，这些人就可能凭借一时的技工短缺而抬高身价，从船厂角度来看，损失可能会更大：不止造成一时的劳力成本升高，更重要的是战舰无法如期完工。

除了表中提到的工种之外，当时船厂还有一些其他的技术工种：

a. 船底清洁工。本书多次提到，19 世纪末以前，没有研发出奏效的船底防污损涂料，因此大船小船的船底，一年半载总需要清理一次。当时的战舰大多包裹了铜皮，但铜皮也有被腐蚀和脱落的时候，而其他没有包裹铜皮的小型舰艇，船底则往往涂覆了胶油混合物。总而言之，船底都需要定期维护。大型的战列舰必须进入干船坞维护，小型舰艇则可以靠近某个码头的岸壁，然后在岸上用滑轮组拉动桅杆，将船只拉倒，让一侧的船底露出水面。固定妥当后，专门的船底清洁工就会将船底的涂料点燃，将附着在涂料层上的海洋生物烧死，然后重新涂上树胶、松油、石灰、鬃毛、麻絮混合而成的涂料，其颜色是令人不悦的褐黄色。

b. 板材弯曲工。由于船头船尾呈弧形，而直接用木料雕刻出弧形，不仅浪费太大，结构强度还不足，这时就需要把近半米厚的木板弯曲成弧形，这样木纹本身才能呈现弧形，从而保证结构强度。弯曲木材时，需使用专门的大型蒸汽熏蒸设施，以蒸汽浸透木料，然后使其冷却弯曲成所需的形态。

c. 各种物资仓库的管理人员。战舰封存期间，大炮、缆绳、帆布、火药都需要入库，其保存状况和防火措施需要专人长期监督。最主要的储备物资管理员，是备用造船木料的管理员。随着木料匮乏，这一岗位的责任日益重大，暂时用不上的木料，往往浸泡在水池中保存，以尽量隔绝氧气，制作桅杆的松树往往整棵浸泡在水池中。这些木材的质量必须由具备常年伐木经验的老技工来监督，实际上船厂木工中必须有一两位经验老到的木料鉴定专家，为新战舰采伐木料时，此人也必须到现场选择适合采伐的树木。

d. 后勤、会计。每艘战舰出航时，船上都会配备一名船厂派遣的会计，此人负责用海军部拨发的经费为全体船员采购食物、淡水、布料等一切生活资料。

此外，消防、勤杂等人员不一而足。

32. 此处原著为"4"，而其依据的 1845 年原书就已经出现了印刷错误，印成了"_4"，不知何意，现已更正。

33. 本科学位统称为"Bachelor's Degree"，但英国日常提到的本科学历，一般分两种：一种是"一般本科"，即"Pass Degree"；一种是通过了如名校那些比较难学的科目和课程，这种被称为"特优本科"(Honours Degree)。

34. 该舰水线下暴露部分展示了船体的结构，这是模型制作的一种样式、风格。可见沿着船头—船尾方向敷设的内外船壳夹着垂直方向的肋骨。

35. 主要指爱德华·詹姆斯·里德（Edward James Reed）。里德，1830 年生人，1845 年进入该校，1863 年接替 20 世纪 50 年代的副总设计师伊萨克·瓦茨，出任英国海军总设计师，成为铁甲舰时代头 10 年的技术领军人物。在他的提携下，他的小舅子萨缪尔·巴纳比（Nathaniel Barnaby）出任里德的设计部部长。里德任期结束后，巴纳比继任成为总设计师，他也在朴次茅斯的第二战舰设计学校深造过。二人在铁甲舰时代饱受争议的头 20 年里，担当了总设计的职务，负责设计了 19 世纪 60 到 80 年代英国的主要铁甲舰。

36. 地坑式切割作坊似乎不是蒸汽动力驱动的机械，这是 17 世纪以来传统的船材切割作坊，即一个地坑，把需要切割的船体肋骨横于坑上，一名木工骑坐在木料上，一名木工站在坑底，二人拉动一柄大锯条，沿着事先画好的木板样型把木料切割成大致的形状。这是英国造船业节省劳动力的一种做法。法国则采用大木头框架把待切割的木料架起来切割，这样就需要先把肋骨用起重机吊起来，这是耗时耗力的做法，因为肋骨安装到龙骨上时还需要再起吊一次。但英国这种做法也有缺点：工人常常在地坑角落里挖洞，埋藏下脚料，然后偷偷夹带出去卖或者盖房子，实际上，造船木料被工人偷偷切割已经是人尽皆知的行业秘密了，于是船厂特别给地坑垒砌上砖墙，但依然难以完全防止这类偷盗行为。

37. 本表罗列的事项是当年木造船舶工艺中的一些具体施工过程：

[1] 如图 1，首先在船台上安放一列龙骨墩，船的龙骨就将数设在这列龙骨墩上。

[2] 船舶建造时间可长达 5 年，等完工后，这条龙骨就几乎承担了船体全部重量 3—5 年。船舶下水后，龙骨几乎不承担船体的重量了，因为存在浮力。可见，在建造过程中，这条龙骨可能早让船体重量压得陈旧甚至变形了，因此表中提到了"临时龙骨"：船体完全造好后，用桁架结构把即将下水的船舶先托起来，让龙骨腾空，然后再把这条龙骨砸掉，更换上一根薪新的龙骨，因此建造时的这条龙骨叫"临时龙骨"，并不用钉子和船体紧固在一起。龙骨以及下面所有的木料，都已经在上文的切割作坊大体加工成图纸上所画的形态，因此只需进一步用斧子修正，然后把拼成龙骨的三五段榆木分段以榫卯形式拼接成一整根，就可以暂时固定了。

[3] 如图 2，在船舶首尾两端开始架设首尾柱，这两个部件对于三层甲板战列舰而言，肯定也跟龙骨一样，是由多个分段拼接制作的。这两个部件竖立在船头船尾，高十几米，所以需要特别吊装到合适的位置。这些部件最终靠龙骨承重，因此不需要在船下水时更换，可以直接固定，用钉子钉死。

[4] 如图 3，建造船底最底处的部分，在龙骨上铺设所有肋骨的船底中央分段以及首尾呆木。

[5] 如图 3，在肋骨的船底分段两侧，加上船舷和舭部拐角处的分段。

[6] 如图 3，在拐角分段以上加上第一副肋材分段。

[7] 如图 4，船底最底层船壳板称为"龙骨翼板"（Garboard Strake），它依靠一道浅槽，卡在龙骨和首尾柱上，这时还不需要铺设外船壳板，所以用长木杆，斜着把肋骨从这个位置撑起来。

表中罗列的其实是木船施工中早期阶段的工作：水线以上的肋骨还没有铺设，更没有铺设内外船壳板和内部的甲板以及甲板条。

38. 这两艘船船体长达 100 米。"奥兰多"号跨大西洋到美洲航行一趟后，似乎发现了结构疲劳问题，可见它们已经超过了木体船舶的尺寸极限，尽管船体内部有悉宾斯式的铁制对角线支撑材料。"维多利亚"号、"豪"号这两艘当时最大的蒸汽战列舰似乎也遇到了类似的问题。

39. 见第 9、第 10 章提到的早期发动机输出转速不足，只能用增速齿轮进行增速传动的情况。螺旋桨推进器与明轮推进器相比，驱动时需要更高水准的转速。

40. 见第 10 章，这样会产生共振，增大震颤。

41. 铁力木是一种热带硬木，当时风帆战列舰上的滑轮，其外壳用橡木制作，里面安装的真正转轮则用耐磨的铁力木制成。

42. 可升降式螺旋桨对于当时机帆并用的战舰有很大价值，可以消除风帆航行时螺旋桨转动造成的阻力。

43. 这些都说明了木制船体结构无法承受发动机的震颤。

44. 该舰 1861 年建成后立刻封存，1875 年进入服役，在东印度部署区当了 5 年舰队旗舰。

45. 实际上，当时战舰上的大炮炮架，只有这个分为上下两半的回旋炮架比较复杂，甲板下的舷侧炮架，基本上仍是 17 世纪以来的简单四轮炮架。这种回旋炮架的详细介绍，以及它如何在甲板上回旋，见第 12 章的译者注。上炮架后部左右两侧有一对可以拧动的螺杆，那就是控制上炮架在下炮架上后坐用的压擦器，1830 年开始逐渐投入使用，能够大大减少重炮的后坐距离。

46. 这里原著作者弄错了，该炮的额定炮重是 65 英担，95 英担就太重了，当时的战舰无法搭载几十门之多。

47. 双层甲板战列舰在上层炮甲板搭载 56 英担额定炮重的 32 磅炮，在露天甲板搭载 45 英担重的 32 磅炮，58 英担可能也是原著笔误。

48. 海面平静时，有效距离通常不大于 1500 米，而在波涛起伏的情况下，有效距离只有 1000 甚至几百米。

49. 之前采用的燧石击发器不仅机构复杂，而且扣动扳机后，炮管外面火盘里的火药粉末引燃炮管里的发射药，还需要一段间隔时间；并且每次发射，从扣动扳机到炮管内火药起爆的时间间隔可能都不一样，因为每次向火盘里散入的引火火药量难以保证完全一致。这样，即使炮长在他认为的最佳时机扣动燧石击发器的扳机，大炮击发也有一个不确定的延迟，所以这种情况下，对大炮进行瞄准的意义也不大——燧发器的引爆时间太难把握了。

50. 见第 11 章，即"封锁防御船"，也就是第一批蒸汽螺旋桨木制战列舰。

51. 实际上这个终点拖得很长。19 世纪 60 年代，第一批铁甲舰有许多就是这些木制螺旋桨战列舰改装成的，法国由于熟铁工业发展规模长期落后于英国，直到 19 世纪 70 年代还在大量新建专门设计的木体铁甲舰。

第十四章
"勇士"号

　　1857 年，迪皮伊·德·洛梅获任法国海军总设计师，之后他开始设计建造一艘可以开上公海、实现远洋作战的铁甲舰，即"光荣"号（Glorie）。如前面章节所述，迪皮伊·德·洛梅是铁造船体的热诚支持者，但是法国的工业水平在当时还造不出这样一艘铁制的大船，于是"光荣"号只得采用木制船体，尽管内部有很多的铁加固件。[①]

表 14.1 "光荣"号

排水量	5630 吨
主尺寸（水线长 × 最大宽 × 最大船体深度）	255 英尺 6 英寸 ×55 英尺 9 英寸 ×27 英尺 10 英寸
动力机组	1 轴推进；表定马力达到 2500ihp 时，航速为 12.5 节
装甲	4.7—4.3 英寸厚的装甲带 [1]
舰载武器	36 门 6.4 英寸前装线膛炮

① J. 尚特里奥特（Chantriot），《装甲巡航舰光荣号》（*La Frégate Cuirasse la Gloire*），出自《19 世纪船舶工程技术》（*Marine et Technique au XIXesiècle*），1987 版（巴黎）。

　　该舰于 1858 年 3 月开工建造，1859 年 11 月 24 日下水，1860 年 8 月完工。

　　法国订造"光荣"号的消息让英国方面警惕了起来，并迅速做出了回应。1858 年，鲍德温·沃克指令伊萨克·瓦茨设计一艘 5600 吨的大型铁甲分级外炮舰（Armoured Corvette）[2]，要求搭载 26 门重型火炮。结果当月，政府换届。到了 6 月，总设计师（鲍德温·沃克）致函当时的第一海务大臣帕金顿（Pakington），阐述了本书导言中引用的那段经典言论。鉴于其重要性，这里再次引述：

"一种搭载 36 门火炮、功率为 1250 马力的铁造巡航舰设计，该舰船体长 214 英尺，上面覆盖 4.5 英寸厚的装甲。"这是 1859 年 3 月 1 日的一份设计图纸，从这天起，该舰就成了"勇士"号。[3]（© 英国国家海事博物馆，编号 J8608）

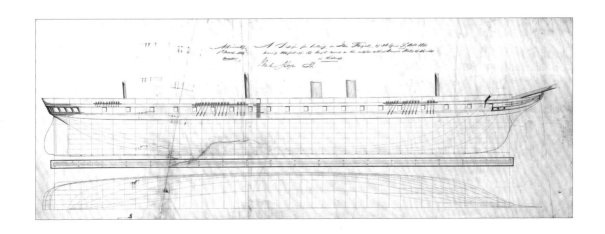

尽管，我曾屡次提及，鉴于英国旗下庞大的舰队，从英国的利益出发，我们反对在战舰的建造中采用任何重大的技术革新，因为这些革新可能会强迫我们采用全新的、更加昂贵的战舰，除非等到外军率先采用了新型的、更加强大的战舰，而为了对付它们英国不得不这样做。然而，等到这个时候，这种革新就不是一时权宜之策，而是绝对的必要了。[1]

诞生

1858 年 7 月，海军部委员会特别拨出了一笔款项，用于建造一艘装甲螺旋桨巡航舰。11 月 27 日，总设计师接到指令：设计一艘 "木体蒸汽战舰（Wooden Steam Man of War），身披 4.5 英寸厚的熟铁装甲"[4]。1859 年，海军在预算中特别设置了一笔总额 25.2 万英镑的经费，用于与厂家订立合同建造两艘这样的战舰[5]。[2]

尽管海军部委员会的记录显示，当时确定要建的是一艘木体战舰，但总设计师的班子似乎从未考虑过木头这种材料。伊萨克·瓦茨的第一个设计提案便是一艘铁造船舶，只是装甲后面有厚厚的木制背衬。今天已经找不到清楚的资料来显示到底是哪一位决定采用铁造船舶了，但恐怕当时所有人都知道，那些比过去船体更长、火力更强的木体战舰已经开始显露出一些船体结构不足的征兆了[6]，而 "勇士" 号动力机组和装甲的重量，以及动力机组那强劲的震颤力，都需要一座结构更加强大的铁制船体才能够承担得了。

① 《1861年特别委员会报告》（Select Committee 1861）。
② J.P. 巴克斯特（Baxter），《铁甲舰的诞生》（The Introduction of the Ironclad Warship），1933 年哈佛大学出版社出版，1968 年再版。

"勇士" 号刚竣工时的照片。图中，该舰两根烟囱升了起来，挂红色海军军旗[7]。（© 英国国家海事博物馆，编号 N00298）

1859 年 2 月，海军部委员会收到了瓦茨的设计方案，然后将其派发给 8 家熟悉铁造船舶工艺的民间企业，并分发给各个海军船厂的厂长，让各方对照瓦茨的设计来提出他们的备选方案。他们接到的设计指令是：带 4.5 英寸厚的装甲；能够搭载 36 门火炮，炮口距离海面至少要有 9 英尺高，相邻炮口间距不低于 12 英尺（后来增加到 15 英尺）；速度至少要达到 13.5 节，载煤量需能够保证全速航行 7 天；不管是在满载的情况下，还是在煤和后勤物资全部消耗干净的情况下，船舶的稳定性都要得到保证。[8]

主要考虑设计铁制船体，但也可以兼顾木制船体的战舰。对于木制战舰，装甲带必须从船头延伸到船尾，而铁制船体，装甲只需要覆盖船体中段的舷侧炮位就可以了，装甲带的两头用横过两舷的装甲横隔壁封闭，同时船头船尾要密集分舱[9]，并且船头的结构强度要满足撞击作战的要求。在海军部给出的设计指标中，指定的船体装载能力如下所示：

装载物品	重量（吨）
水	124
食物和布料	119
军官、水手及他们的随身物品（合计550人）	75
桅杆、缆绳、滑轮设备、帆	189
锚和锚缆	121
武器	388
军需品、配件等	145
合计	1161

载煤量是按照每小时每标称马力消耗 10 磅煤来确定的。

投标方应当明确列出：

1. 船体自重；

2. 装甲重量；

3. 蒸汽机、锅炉、备用零件等的重量。

一共有 15 个方案提交了上来。1859 年 4 月，这些方案呈送给了海军部委员会，附带瓦茨对这些提案的详细评价。他认为所有这些设计中没有一个能够和他原本的设计相提并论，他附上的详评说服了海军部委员会。瓦茨的反对意见非常详尽，而且从今天造船工程学的角度来看是完全站得住脚的。其中有一两个方案把船体设计得太巨大了，一些则低估了船体本身的重量或船体稳定性不足，还有些对机组的动力水平估计不足。[1]瓦茨的反对意见可以算得上是一篇非常专业的评述文章，从中可以看出，瓦茨、他的助手拉热（Large，1st SNA）以及劳埃德，都非常明白，需要怎样的设计才能满足海军部委员会的设计指标。

①《1861年特别委员会报告》（ Select Committee 1861 ）。

斯科特·罗素自称他也是"勇士"号的共同设计者之一。[1] 他的根据是，他在1855年提交给鲍德温·沃克的一份设计提案中提出了一艘铁造船体的装甲战舰设计，还有就是他参加了1859年的上述这次设计竞赛。[2] 瓦茨认为，罗素后来的设计结构强度不足，而且船尾型线太丰满了，不容易让水流流畅地流过螺旋桨推进器。斯科特·罗素的贡献应该获得更高的历史评价，因为他一直在坚持提议和推广装甲战舰，但"勇士"号确实不是他的设计。海军部在1859年6月17日正式发函驳斥了他自称自己也是共同设计者的这种说法。拉热对"勇士"号的设计贡献不明，但设计图纸大部分都是由他签字而不是瓦茨签字的，这有点不同寻常。这也许仅仅反映出瓦茨此时身体不适，但也可能意味着拉热在这项设计中扮演了主要角色。拉热是第一战舰设计学校的最后一个毕业生，他也是新成立的造船工程协会的早期副会长之一。

伊萨克·瓦茨

伊萨克·瓦茨，时任海军总造船师（Chief Constructor of the Navy），是"勇士"号设计的主要负责人，不过今人对其知之甚少。他生于18世纪末，1814年进入第一战舰设计学校学习，1833年晋升为朴次茅斯海军船厂的主任造船师。在1847年5月升任希尔内斯船厂厂长之前，他可能一直都留在朴次茅斯船厂工作。升任厂长12个月以后，他成为副总设计师（Assitant Surveyor），后来又成为总造船师。

1861年，瓦茨向议会委员会解释他的设计方案时[3]，是这样描述的：

> 在完成设计图纸的过程中，我反复地跟海军部财务负责人就该设计进行沟通。我在建造过程中也多次咨询了他；而且遇到不符合惯例的问题时，还和属下的造船师（拉热）沟通交流，有时还要询问总机械师（劳埃德）。例如，在建造铁甲巡航舰"勇士"号时，我们反复就各种需要具体安排的事项进行了磋商。

瓦茨似乎对自己的设计非常有自信，当然，那些最杰出的设计师通常都是这样的。他告诉委员会，向那些"船厂干活的"征求意见，意义不大，而外行的建议就更没什么参考价值了。该委员会还向各个船厂的厂长征询了意见，这些人中多数都是第一战舰设计学校的毕业生，但他们的回复清晰地表明，他们都不想对瓦茨的设计发表什么评论或者提出什么修改意见，因为瓦茨显然不愿意接受！

劳埃德说这艘新战舰的设计，"由总造船师绘制草图，他可能会向我咨询一

① J. 斯科特·罗素，《现代战舰设计学》（A Modern System of Naval Architecture），1865版（伦敦），第652页。
② G.S. 埃莫森（Emerson），《约翰·斯科特·罗素》（John Scott Russell），1977版（伦敦）。
③《1861年特别委员会报告》（Select Committee 1861）。

些问题，不过整个过程中会一直跟财务负责人保持沟通，最后也是他把相关信息呈递给海军部委员会的"。对于他和瓦茨的沟通交流，劳埃德说："我们俩一天碰两次头，探讨所有需要探讨的事项。"

瓦茨和拉热逐渐细化并完成了"勇士"号的设计。1859 年 4 月 29 日，海军部委员会批准了该设计。直到最后一刻，仍有决策者在为这艘船那非常高昂的造价而担忧，但 5 月 6 日他们还是订造了两艘战舰[10]。被海军部选中的制造商是设计竞赛中水平最高的那两家，即泰晤士制铁厂（Thames Iron Works）和纳皮尔厂。

瓦茨特别申明，该舰那极长的船体长度是为了满足武器搭载的需要，而不是为了达到高航速：炮甲板上要有 19 个炮位，炮门必须高出水面 9 英尺，相邻炮门间距 15 英尺，好方便火炮操作，于是整个炮阵的长度便达到 285 英尺长（合86 米）[11]。靠近船头船尾的炮位没有装甲保护，因为当时的人们相信船头船尾重量过大会导致其在大浪中造成严重的埋首。这种认识在理论上站得住脚，但首尾炮位装甲防护的重量在今天来看应不会在埋首问题上造成什么显著的影响。带有装甲防护的舷侧炮阵，其两头用 4.5 英寸厚的装甲横隔壁封闭，而舷侧装甲在船头船尾稍稍超出横隔壁所在的位置，覆盖了船体总长度中长达 213 英尺的部分，从水线以下 6 英尺一直延伸到水线以上 21 英尺的高度。

"勇士"号侧剖视图（上）、露天甲板平面图（中）、火炮甲板平面图（下）。[12]

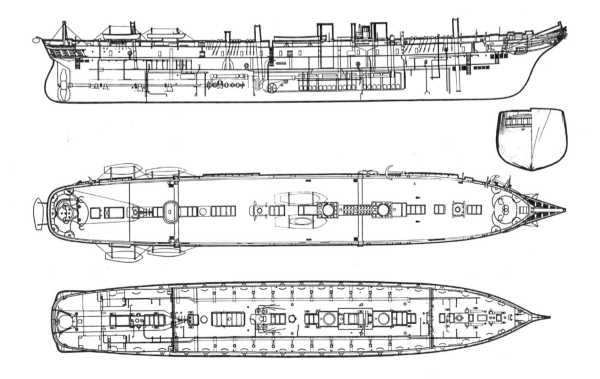

1860年完工时的"光荣"号，帆装还只是简单的纵帆帆装。该舰后方是一艘两层甲板的木制战列舰"杜拿崴"号（Donawerth），对比之下，可见该舰的形态是多么标新立异。[13]（© 英国国家海事博物馆，编号 PY0973）

在有装甲防护的炮阵之外，每舷侧一头一尾各有两门炮没有得到装甲防护，当然露天甲板上还有两门重炮和一些40磅炮，也都没有防护。当时普遍认为，没有装甲防护的铁造船体面对炮弹轰击非常脆弱，这种情况下仍然采用这种武器布局，显得非常奇特。

没有装甲防护的船头船尾细化分舱，前装甲横隔壁前有四道横隔壁，后装甲横隔壁后面有两道[14]。船头船尾如果完全进水，进水量将达到1070吨，船体吃水将加深26英寸（后来测算出的吃水深度是43英寸，残存的稳心高度是2.6英尺）。[①] 这种船体浸水对该舰的战斗力不会造成什么严重破坏，但舵机没有装甲防护，这是一个弱点。装甲覆盖了两座锅炉舱、炮弹舱以及发动机舱，而整个动力舱段前后的两座火药库则得到了水箱的保护[15]。

表 14.2 "勇士"号

排水量	9180吨
主尺寸	全长420英尺、垂线间长[16]380英尺 x 最大宽58英尺 x 船头吃水26英尺4英寸、船尾吃水26英尺10英寸
动力机组	单轴，宾空心活塞杆式引擎，10座锅炉；标定马力为5270ihp 时，螺旋桨转速为50转每分钟，航速达到14节；载煤量为853吨
建造武器	最初设计：40门68磅滑膛炮 完工后实际搭载：10门110磅后装线膛炮 　　　　　　　　26门68磅滑膛炮 　　　　　　　　4门40磅后装线膛炮
定员	705人

① W.E. 史密斯爵士（Sir W E Smith），手稿和工作记录，现存于英国国家海事博物馆。

"勇士"号有部分是双层底，且船体两舷还有纵隔壁（Wing Bulkhead）[17]，它们都能增加该舰对水下破坏的抵抗能力，但纵隔壁上有不少位置很低的水密门[18]，这大大降低了这些细分舱的水密效果。

"勇士"号装甲的发展

"勇士"号是螺旋桨蒸汽推进、铁造船体和装甲这些因素发展达到顶峰的产物，而在这些新因素中，最具创新性的是装甲。[①]克里米亚战争结束后，英国在船上和岸上防御工事中开展了一系列测试装甲抵抗实心炮弹和爆破弹毁伤效果的试验。1856年和1857年，海军部在沃维奇对各家制造商生产的装甲板的抗弹性能进行了测试，看一看各个厂家的产品是否存在性能差异。[②]这一系列测试用的大炮都是一门95英担重的68磅炮，使用16磅的全发射药装药，在400码以及600码的射程上进行射击。炮弹方面，既使用了铸铁炮弹，也尝试了锻铁炮弹，甚至还试验了一枚马丁弹（Martin's Shell），里面灌入了熔化的铁水。1856年的系列测试，使用的装甲板由保龄制铁厂（Bowling Iron）、帕克海德锻造厂（Parkhead Forge）、马雷厂、比尔厂（Beale）等厂家供货。

打完22发测试弹后，重达30吨的靶子被向后冲击出去3—4.5英尺。所有铸铁炮弹全都在击中装甲板时化作碎片，这些碎片侧向飞散出去100—150码远，也有的碎片朝后方飞散出去约50码远。锻铁炮弹则没有因为击中装甲板碎裂，而是反弹回来几码的距离，装甲板被打出了裂纹，有些地方已经凹陷进那厚厚的木制背衬里面，但是整个靶子都没有被击穿。

1857年的系列测试使用的装甲板由斯万菲尔德厂（Swanfield）、比尔厂以及查塔姆海军船厂制作供应，此外还一并测试了贝格比厂（Begbie）供应的一块钢板，这块钢板只有熟铁板的一半厚，即只有2英寸厚。打了38发68磅炮弹后，整个靶子成了一团破烂，并向后冲击出去14英寸的距离。一枚锻铁炮弹击穿了靶子，靶子上还有其他的破洞，但这些均为多发炮弹击中同一处造成的[19]。当时的报告认为，锻铁炮弹与铸铁炮弹的毁伤效能比为3∶1。[20]面对铸铁炮弹的轰击，所有装甲铁板都能在600码开外展开有效防御，但在400码的距离上就会被击穿。

该报告还指出："试验结果清楚地表明，贝格比厂的钢板完全比不了熟铁装甲板，提供不了有效的抗弹防御，炮弹贯穿了钢板和背衬，留下了边缘整齐的破洞。"不过，这个结论有失公允了，因为钢板的厚度只有熟铁板厚度的一半，而且还总是击中同一位置。

1858年，在旧战列舰"阿尔弗雷德"号（Alfred）上安装了一块4英寸厚的装甲铁板，让炮艇"鲷鱼"号（Snapper）对其进行了一系列的射击测试。测

① D.K. 布朗，《"勇士"号装甲的诞生》（Developing the armour for HMS Warrior），出自《战舰》（Warship）第40期（1986）。
② 《1862年铁特别委员会报告》（Special Committee on Iron 1862）。

试结果显示，5 发 32 磅炮弹几乎击中同一个位置，这种炮击对这块装甲板所造成的伤害，也就刚刚能赶上一发 68 磅炮弹对该装甲的毁伤效果，而且相比之下 68 磅炮弹对后面的船壳和肋骨的毁伤效果还更大。6 发 32 磅炮弹全部击中一小片 32 英寸 ×32 英寸的区域[21]，没有给装甲板造成太多的毁伤，而单单一发 68 磅炮弹就能击穿这块装甲板，并钻入背后的木船体中 2 英尺深，还损坏了船体的一根肋骨。报告原文对此说得更加明确、生动："毁伤效果的差异主要不在贯穿能力上，而在对船体舷侧结构带来的大范围震荡上，（68 磅炮弹）甚至把船体侧壁轰击得凹陷了进去。"

最后，"鲷鱼"号靠近到距离靶船舷侧只有 20 码处，打了一枚 32 磅炮弹、一枚 68 磅炮弹和一枚 72 磅炮弹，前两个为铸铁炮弹，后一个为锻铁炮弹。铸铁炮弹即使是在如此近的距离上依然不能击穿装甲板，而锻铁炮弹则轻松地贯穿了舷侧的船体结构，还制造出了一阵破片雨，甚至透体而出击中了对侧的船体侧壁。因此可以得出结论：带有足够背衬的 4 英寸装甲板，足以在实际交战距离上抵御绝大部分类型的炮弹的轰击。

1858 年 10—11 月继续进行了一系列的测试，对两艘浮动装甲炮台船——铁造船体的"幽冥神"号（Erebus）和木制船体的"流星"号（Meteor）进行了射击试验，意图比较铁和木这两种不同材料在抵抗弹丸冲击力方面的性能差异。"幽冥神"号的装甲板名义上厚 4 英寸（实际上可能辊轧得更薄，不足 4 英寸），带 5.5

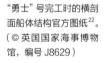

"勇士"号完工时的横剖面船体结构官方图纸[22]。（© 英国国家海事博物馆，编号 J8629）

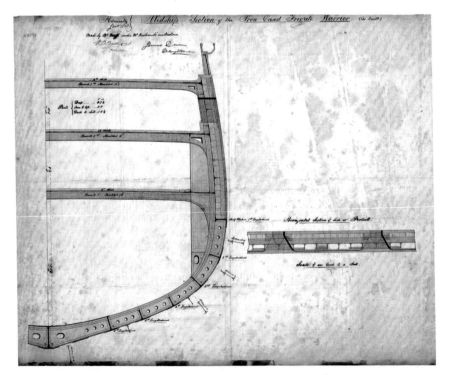

英寸的橡木背衬。这一装甲防御结构的效能,因为装甲与垂线呈30°角倾斜安装,而得到很大的增强。木制背衬后面是一道 0.625 英寸厚的铁皮,铁皮靠船体的铁条肋骨结构支撑着(从图纸来看,这些肋骨的厚度为 4.5 英寸,可能由两根规格为 3 英寸 ×3 英寸的直角拐铁条背靠背拼接成 Z 字形)。发炮的船还是"鲷鱼"号,在费勒姆(Fareham)一条校准过射程的 1200 码标准射击河道里举行了这次试射,射击距离为 400 码。射击时,瞄准的点是水线以上 2 英尺高、船体主桅杆附近两个炮门之间的位置。

第一炮使用 10 磅发射药装药量,打出一枚 32 磅炮弹,在装甲上造成了一个凹痕与一些小裂纹。而以 16 磅发射药装药量发射的一枚 68 磅炮弹,打掉了一片 11 英寸 ×12 英寸大小的区域[23],但是没有贯穿。中弹的船体舷侧,有 3.5 英尺 ×3 英尺的区域凹陷下去 1.25 英寸深。第二发 68 磅炮弹打坏了这块装甲板的下角[24],炮弹也变形破碎了,其碎片贯穿了舷侧船壳。里面的薄铁皮船壳有 2 英尺 ×14 英寸大小的一块地方被撕掉,这枚炮弹还打坏了一根甲板横梁下的支撑肘材,并且使其发生错位,向船体内凹陷了 2 英尺深,另外还有两根肋骨被打出了裂缝。好多铆钉和栓钉[25]都被打断了,火炮甲板上能见到 700 多块铁碎片。

"流星"号面对炮击时,生存表现则要好得多。该舰的装甲名义上厚 4 英寸,背衬为 6 英寸的橡木。背衬后面是 10 英寸厚的木制船体肋骨,每两根肋骨之间相距 4 英寸,并且这空当也用橡木碎块填实。在这层肋骨和填块后面,还有一层橡木内船壳,这层内船壳舷侧厚达 9 英寸,到船底逐渐减薄到 4 英寸。装甲板是用栓钉固定的,钉头埋进装甲板的内部,钉身贯穿装甲板后面的木制内衬和船体的木制侧壁,以垫圈(Washer)和螺母(Nut)[26]在船体内侧加以固定。"鲷鱼"号开的第一炮也是打的 32 磅炮弹,没有造成明显的毁伤。接着,它打了三枚 68 磅炮弹,其中一枚还是锻铁炮弹,造成了一些装甲板材的开裂,而且还有几片装甲板被打得脱落了。炮弹全都在击中时变形破碎了,但没有一发贯穿了船体侧壁。两三个栓钉松动了,但没有钉子断掉。第二天又先打了两发 32 磅炮,没有造成太大毁伤。两发 68 磅炮弹造成了更大范围的装甲板开裂和脱落,还打断了一根栓钉。炮弹均在击中时变形破碎,但没有穿透船体。最后,又用一枚 68 磅的爆破弹弹壳灌满沙子[27],以 12 磅的发射药装药量,在 300 码远的距离打了一炮,没有造成任何伤害。

测试结果报告称:

前述试验结果,使"流星"号装甲炮台船相对"幽冥神"号装甲炮台船所具有的优势,得到了充分的确证。对前者进行的所有测试中,即使船体内部受损,这种损伤也没有达到令船员无法操作火炮的程度;然而在对后者进行的测试中，不仅有一枚炮弹偶然地击穿了该舰的舷侧船壳，让整个火炮甲板被四处飞散的破片笼罩，而且每一枚击中目标的炮弹，即使没击穿船壳，也让钉子头和钉子帽在甲板上四处乱飞，所造成的潜在杀伤力就跟葡萄弹[28]齐射没什么区别。

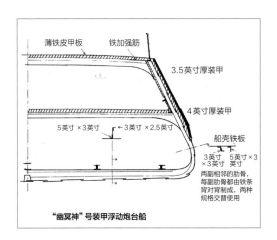

"幽冥神"号的舯横剖面图，该舰曾被用于测试装甲防御效果。[29]

薄铁皮甲板　铁加强筋

3.5英寸厚装甲

4英寸厚装甲

5英寸×3英寸　←3英寸×2.5英寸

船壳铁板

3英寸　5英寸×3
×3英寸　英寸

两副相邻的肋骨，每副肋骨都由铁条背对背制成，两种规格交替使用

"幽冥神"号装甲浮动炮台船

以上结果清晰地表明了厚木料背衬的价值，因此设计"勇士"号的装甲防御体系时，自然也对这个因素给予了应有的重视。1858—1861 年，英国对船用和堡垒用装甲进行了多次测试。1858 年 10 月，用一门内膛形状为六边形、刻有膛线的"威斯沃斯"（Whitworth）68 磅炮[30]，对固定在"阿尔弗雷德"号舷侧的一块 4 英寸熟铁装甲板进行了试射。对铸铁和锻铁炮弹都进行了测试；前者击中装甲板时变形碎裂，没造成什么伤害；后者不仅贯穿了装甲板，还贯穿了后面 6—7 英寸厚的舷侧船壳板。该测试在第 7 次试射时，因为这门炮"剧烈炸膛损毁"而被迫终止。

1861 年 1 月，"鹳"号（Stork）[31] 对舷侧挂了一块熟铁装甲板的巡航舰"天狼星"号（Sirius）进行了测试射击，测试用的是一门 80 磅威斯沃斯炮。这块装甲板是泰晤士制铁厂制造的，跟用在"勇士"号上的属于同样的规格。"鹳"号开了三炮，但只有一发命中了装甲板，炮弹的冲击力将这块装甲板震得开裂，而炮弹则被完好地反弹掉了。这次测试因为炮管开裂最终终止。

接着，又在巡航舰"顽强"号（Undaunted）船体侧面安装了装甲板，进行了更多的测试。还有一种新型的测试方法是，用"琼斯角撑"（Jones' Angular Butt）将 3.5 英寸厚和 4.5 英寸厚的装甲板以与垂线呈 52° 的倾斜角安装在一艘旧船的舷侧。这个设计的意图是确保炮弹能被反弹掉而不是直接贯穿装甲板。这种倾斜装甲是现代装甲防御体系的重要特征，而且当时在朴次茅斯所做的测试也证明了这种原理的效果。熟铁装甲板能够抵抗贯穿，但是钢板却无法抵挡。在这种情况以及传统的装甲布局情况下，木制背衬材料的受损情况都比较类似。1859—1860 年，在舒伯里内斯（Shoeburyness）对"可信"号（Trusty）进行了更多的测试。测试结果证明，薄铁板就能使爆破弹变形破碎，而 4 英寸[32]厚的装甲板能抵挡一切实心弹丸，不让其贯穿。

铁特别委员会

1861 年，战争部（War Office）为要塞和船用铁材成立了铁特别委员会（Special Committee on Iron）。委员会的成员有：出任主席的皇家海军上校达林普尔·海斯（Dalrymple Hays）、皇家工兵少校杰维斯（Jervois）、皇家炮兵名誉上校 W. 亨德森（W Henderson）、地质博物馆的帕西（Percy）博士、造船商 W. 费尔比恩（W Fairbairn）以及著名的民间工程师 W. 泊尔（W Pole）博士。

该委员会的任务是进行一系列测试，"对每一种按照某种成分配比和制造工艺生产出来的装甲铁板（进行测试）。当指定形状、重量、材质的炮弹，在指定的飞行速度下，垂直击中或以指定的角度击中该装甲板时，明确该种装甲板抵抗侵彻所需的厚度、尺寸和重量"。委员会应当弄清制造工艺、理化属性，了解前人试验结果并开展新的试验测试，探寻和记录历次射击试验的目击证据等。委员会开展了一系列非常完整的研究，即使今天来看，这项研究也挑不出毛病，而且其报告中也很少遗漏必需的东西。

铁特别委员会的工作，是从测试各个生产厂家的铁板样品的物理属性开始的。对铁板的抗张性能和抗压性能，都从沿着铁板表面和垂直于铁板表面的两个方向进行了力学测试，并且用突然猛烈的冲击来打断铁条，以测试所需的冲击能量[33]，此外还标定了铁板样品的化学组成。委员会寻访了射击测试的目击证人，这些人目睹了过往的旧测试，但他们并不能再提供更多有价值的东西了，这说明过往那些不太严格的测试已经算是较为充分完整的了。当时，大家基本认同，在装甲材料的成分组成上和装甲板材的安装方法上，都没有什么奇巧的秘诀，最好的装甲防御手段就是强度高而软[34]的厚铁板，不论它是动力锤锻炼出来的，还是辊轧机辊轧出来的。

之后，铁特别委员会开展了一系列大规模测试。最开始，测试针对的是要塞装甲，后来则是为了验证船舶装甲的不同安装模式。一共测试了包括"勇士"号最终采用的安装模式在内的四种备选装甲安装形式。在详细介绍最终采用的装甲安装结构之前，先简单介绍一下那

展示"勇士"号结构与装甲的横剖半体模型。（© 英国国家海事博物馆，编号 L0290-002）

三个不太成功的备选设计（"勇士"号上安装的装甲结构，其详细介绍见作者所著的《"勇士"号装甲的诞生》）。

罗伯茨靶

罗伯茨靶由 2 英尺宽的 V 形装甲板一张张拼接而成[35]，重量上相当于总厚度 5 英寸的传统装甲板，不过这种安装方式比较昂贵。装甲板质量上乘，遭受轰击后几乎没有开裂过，但是**装甲板下面的支撑材**断裂了，导致装甲板脱落。

费尔比恩 1 号靶

费尔比恩不认为必须要依靠木制衬里，于是设计了两个没有木材背衬的试射靶子。第一个靶子是用 5 英寸厚的铁板采用榫槽工艺拼接在一起。这个靶子承受了大约 13 发炮弹的轰击，最大的一枚是 200 磅炮弹，所有炮弹总重 1024 磅。装甲板本身以及装甲板后面的肋骨、薄船壳板都没有受到太大的损伤，但几乎所有"固定用的钉子"都断掉了，于是整个靶子解体了。

费尔比恩 2 号靶

这个靶子用四块 4 英寸厚的铁板拼成，较大的铁板用 15 枚 2 英寸直径的钉子固定，小的铁板则用 8 枚类似的钉子固定。这个靶子总共承受了 18 炮，最大的炮弹是 200 磅[36]，炮弹总重 1958 磅。只有一发炮弹击穿了靶子，是用一门阿姆斯特朗 100 磅后装线膛炮发射的，但这一次试验跟前面一次一样，所有"**钉子都断了**"，靶子也废掉了。

"勇士"号靶

这个靶子对"勇士"号的船体侧壁结构在材料和建造方法上进行了一模一样的复制，该靶于 1861 年 10 月在舒伯里内斯进行了测试。"勇士"号靶长 20 英尺，高 10 英尺，中间有一个炮门。制造这个靶子使用的铁材跟"勇士"号上的一样，都是泰晤士制铁厂生产的。炼制这种铁的原料，三分之二是从伦敦购买的上好废铁，三分之一是刚刚搅炼好的约克夏铁[37]。废铁首先要洗净并烧掉表面的涂料层，然后再辊轧成截面为边长 5 英寸的正方形的铁条。把这些铁条和新铁条交叉排放在一起，就可以在高温下锻打成一块 12 英尺 ×3 英尺的铁板。接着继续在高温下锻打一定数目的铁板，使其成为更大幅的铁板，然后锻压成厚 4.5 英寸的装甲板。锻压使用的是可产生 4 吨锻压力的内史密斯（Nasmyth）蒸汽锤。

这些装甲铁板后面，用横截面为边长 9 英寸的正方形的柚木方条一个挨一个密集排列，码成两层，两层柚木方条的排列方向彼此垂直，装甲板和这两层木条用栓钉固定成一体。这层结构后面就是 0.625 英寸厚的薄铁皮船壳，而船壳里面的肋骨之间，又用更多的柚木块填实[38]。栓钉直径 1.5 英寸，钉头为沉头（Countersunk）[39]，另一头在船体内侧用两个钉帽固定，钉子之间间距 15—18 英寸。

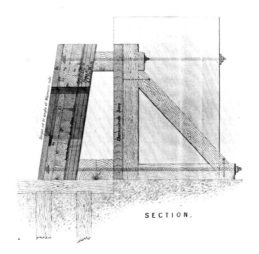

SECTION.

　　该靶总共承受了 3229 磅实心炮弹和爆破弹的轰击。其中，三门 100 磅炮打了两次齐射，并发射了三枚 200 磅实心炮弹[40]，这些炮弹几乎击中了装甲板的同一个位置，这极大地增加了火力测试的猛烈程度。所有这些炮弹中没有一发击穿靶子，但第 29 发即最后一发几乎就要击穿了。一枚 109 磅钢造炮弹击中了之前被三枚 200 磅炮、三枚 100 磅炮弹、三枚 100 磅爆破弹和两枚 49.5 磅爆破弹弹击中的部位，所有这些炮弹的落点都在一片 3 英尺 ×1.2 英尺的范围内[41]。这枚 109 磅钢弹打坏了一根栓钉，把它冲击得凹陷进去了一些；装甲板也被打出了 3.3 英寸深的凹坑，但没有被击穿。

　　委员会的报告指出：

　　　　现在我们还不准备给这套装甲安装方法的优势下定论，不过我们必须肯定，这个靶子承受住了相当猛烈的火力打击，而它也比之前我们测试过的任何其他安装方式，所受的损伤都要小。但是就像之前我们已经提过的一样，我们觉得不应该继续使用榫槽接头了。

　　委员会反对榫槽接头的理由是，这样容易让一块装甲板所受的炮弹冲击力传递到相邻的那块装甲板上去，而且更换损坏的装甲板也会更困难。许多年以后，泊尔博士评价该委员会的工作道：

　　　　他们刚开始调查的时候，人们对这个领域还知之甚微，而他们的调查与测试工作，最后让战舰和海岸要塞的装甲防御体系得到了充分且成功的验证……

　　很少能有一个委员会把工作做得这样完满。

爱德华·里德曾在 1866 年说，"勇士"号的防御体系设计并不是"一堆东西随便拼凑在一起"，而是与此相反：[43]

是一个针对所需达到的设计指标，在科学原理和制作工艺上都仔细斟酌过的设计……哪怕是当代工程学最前沿、难度最大的问题，只要这个问题有立刻解决的必要，我们的国家就马上有这个能力来解决它，"勇士"号的设计便彰显了这种能力。①

表 14.3 "勇士"号装甲靶中弹情况[44]

火炮	炮弹（磅）	弹药	发射药（磅）	中弹次数
120磅前装线膛炮（带"偏转"膛线系统）	140	实心弹丸	20	2
100磅阿姆斯特朗后装炮（BL）	110	实心弹丸	14	6
100磅阿姆斯特朗后装炮（BL）	104	爆破弹	12	6*
100磅阿姆斯特朗后装炮（BL）	200	实心弹丸	10	6
100磅阿姆斯特朗后装炮（BL）	109	钢制实心弹丸	16	1
95英担、112英担68磅滑膛炮（SB）	66.25	实心弹丸	16	4
95英担、112英担68磅滑膛炮（SB）	49.5	爆破弹	16	4

注：3枚装填了沙子，3枚装填了火药。

这样，"勇士"号装甲防护系统的防弹能力就得到了充分的验证。不过在今天看来，其中有几点还可以做得更好。当时，大量的测试表明，厚重的木制背衬是非常有必要的，但仅仅几年以后，便发现薄得多的木制背衬就能够充分满足需要。问题实际出在用来把装甲板固定在船体上的那些栓钉上，而且从前文引用的试验结果报告中那些加粗的句子中，应该能够清楚地看出是这个点上出了毛病。而且，在更早的"幽冥神"号的试验中，也能直接看出是这里存在问题，因为当时栓钉的头都是凸起在装甲板表面外的[45]。

在使用动力强劲的蒸汽锤捶打钉子的时候[46]，也会遇到跟装甲板上的钉子被炮弹击中时同样的问题。如果一根钉子，或者说就是一根铁棒，它的一头突然受到一记猛击，冲击力就会顺着整根铁棒传递下去，形成一道冲击波，于是铁棒就在冲击力下被压缩了。当冲击波到达另一头的时候，它就会反射回来，又顺着棒体逆行而上，但这个时候，铁棒本身已经受到应力了，于是和反射波的力量一起把钉子震断了[47]。而木制背衬只是给了钉子一些缓冲，降低了冲击波的强度。

法国人早就意识到了这个问题，"光荣"号上就是用木螺钉把装甲固定到其

① E.J. 里德爵士，《"柏勒罗丰"号、"沃登爵士"号、"海格力斯"号》（*The Bellerophon, Lord Warden and Hercules targets*），《造船工程研究院通讯》（*Trans INA*）第7卷，1866版（伦敦）。

木制船体上的。最好的解决办法
是将螺钉打进装甲背后去，这样
钉头就不用暴露在外遭受到冲击
波的打击了。正是因为后来采用
了这种安装方法，木制背衬就大
大减薄了。

　　当时，另一个没有认识到的
问题就是温度的影响。第 8 章曾
经介绍过，熟铁在低温下如果受
到猛烈冲击，就会变得很脆（详
见附录 9）。温度对金属脆性的
影响，直到二战结束才得到充分

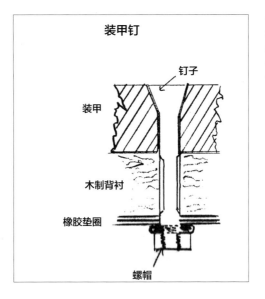

装甲钉

钉子

装甲

木制背衬

橡胶垫圈

螺帽

钉子固定装甲的详细示
意图。许多早期装甲安
装方法的弱点就是钉
子，如果直接遭到炮击
钉子很容易先断掉。

认识，所以我们对于委员会在这一点上的疏忽，也没什么可以指摘的。"勇士"
号的装甲可以说能堪大任，但现在来看，它太重了，造价也太昂贵了。

武备

　　最初设计的时候，"勇士"号预备搭载统一的 68 磅滑膛炮，这也是当时水
平最高的火炮，尽管火力测试表明，这种火炮无法击穿"光荣"号的装甲。该
舰建造期间，出现了阿姆斯特朗 110 磅后装炮，而且这种炮看起来火力更猛。
于是，露天甲板上的 68 磅炮被这种炮取代了，火炮甲板上也有 6 门 68 磅炮换
成了 4 门这种炮。[48] 后来的测试表明，这种阿姆斯特朗炮的穿甲能力还不如 68
磅炮。[49]

　　"勇士"号上面充满了新技术。用蒸汽驱动的强制通风扇能够保持舷侧炮
位附近的气压比外面稍高，这样火炮发射后产生的烟气就能散到舷外去。锅炉
舱里面配备了一台小型鼓风炉（Blast Furnace），用来熔化铁水，装填马丁弹。
这种弹是一个空心铸铁球壳，内衬马毛。注满铁水后，炮弹就沿着通风竖井
（Ventilation Shaft）吊上火炮甲板，并且在注满铁水后四分钟内必须发射。不
过"卓越"号（Excellent）上的测试表明，马丁弹里的铁水能保持红热状态一
个小时[50]。在"鹳"号炮艇上，对旧巡航舰"顽强"号使用马丁弹进行了试射，
毁伤效果非常突出。斯科特·罗素和其他人士后来都说，其实是马丁弹真正终
结了木制战舰。该舰上的鼓风炉可以在一个小时内灌满 30 枚 8 英寸马丁弹[51]，
每颗灌注 26 磅铁水（32 磅规格的炮弹装填 16 磅铁水，10 英寸炮弹则装填 45
磅铁水）。

"勇士"号露天甲板上的阿姆斯特朗110磅炮。[52]（© 英国国家海事博物馆，编号 A7087-019）

动力机组

"勇士"号装备了一台宾空心活塞杆式双缸蒸汽机，船用蒸汽机委员会认为，这是当时最好的大功率蒸汽机。该蒸汽机的每个汽缸都配备了喷淋冷水的冷凝器，还配有用汽缸活塞带动的双动式空气泵。其 10 座锅炉都是箱型的管式锅炉，安全阀的蒸汽压力设定在 22 磅/英寸^2。每个锅炉可以装 17 吨海水，火门（Fire Gate）面积为 900 平方英尺，总加热面积为 22000 平方英尺。锅炉舱温度可达 85 ℉—90 ℉，加煤舱的温度则达到了 100 ℉—115 ℉。

表 14.4 动力机组详细参数

（汽缸）直径/活塞行程	112/48英寸
最大输出转速；活塞往复速度	54.25转每分钟；434英尺每秒
标定马力（ihp）	5469
标称马力（NHP）	1250
续航力	12.25节航速下，续航1420海里 11节航速下，续航2100海里

耗煤速度：每马力每小时消耗 3.75—5 磅煤。（另一种数据：风力 6 级时每小时烧掉 1.75 吨煤）

　　烟囱和废蒸汽排放管道都是可升降式的，在使用风帆航行时可以降下来。完工后发现锅炉通风不够，于是将烟囱加高了6英尺。（该舰作为文物修复好后，烟囱又改成了最初较低的高度）

风帆航行性能

　　"勇士"号耗煤量如此大，因此越洋航行仍离不开风帆。"勇士"号装备的常用帆，帆面积达21400平方英尺，加装翼帆后帆面积达到48400平方英尺。刚开始的时候，人们觉得这样一艘大船，这点帆可能不够，于是要求加装四根、五根桅杆，但服役以后发现，"勇士"号风帆航行的速度很快。在1868年的海试中，该舰是当时所有铁甲舰中只挂常用帆侧风航行航速最快的，据称，该舰曾单纯依靠风帆航行就达到了13节的航速。该舰太长，单纯依靠风帆，进行迎风和顺风转向操作时速度都很慢。

　　风帆航行时，该舰烟囱可以降下来，而且该舰的螺旋桨是用齿式离合器（Dog Clutch）跟桨轴相连的，风帆航行时螺旋桨可以解挂下来，吊出水面。该舰26吨重的格里菲斯（Griffith）双叶螺旋桨是那时候建造出来的最大号的可升降式螺旋桨，需要600人利用四重起重滑轮（Fourfold Purchase）才能把它升起来[53]。

船型、所需推进功率以及适航性

　　和当时绝大多数的船舶设计师一样，瓦茨也深受斯科特·罗素的"波形"学说[54]影响。尽管这个学说并不正确，但它推广了尖头尖尾的使用，而这种形态的首尾恰好跟"勇士"号的高航速和长长的船体很匹配。瓦茨很可能使用了海军部系数[55]来估计所需的发动机推进功率，这个系数的取值是以一艘船型相近、装备了同型号发动机的战舰的实测海军部系数作为基准的。这套测算方法，是海军部下属的蒸汽机械部（Steam Department）约在"勇士"号设计的同一时期发展出来的。虽然现在找不到证据，但很有可能，海军部系数就是为了设计这艘新颖的"勇士"号而开发出来的，开发者很可能就是劳埃德。

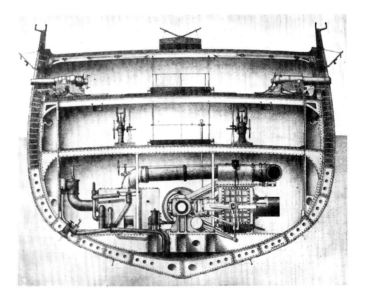

"勇士"号发动机舱横剖图。注意宾空心活塞杆式引擎的细节、固定装甲所用的密集栓钉以及一舷的68磅炮，而另一舷则错误地画了一门110磅后装炮。[56]（英国科学博物馆供图）

尽管早先有安装4根或者更多根桅杆的呼声，"勇士"号完工时仍是传统的三桅杆帆装，而且风帆航行的品质还很不错。（© 英国国家海事博物馆，编号 PU6222）

$$海军部系数 = \frac{(排水量)^{2/3} \times (航速)^3}{标定马力\ (ihp)}$$

调查了安装宾空心活塞杆式发动机的巡航舰后，估计"勇士"号的海军部系数在 200 左右，这时要达到的航速为 13 节、标称马力为 5200 ihp。

"勇士"号的实际航速达到了 14 节，这可能是良好的船体型线带来了一点加分。

今天，用计算机测算了该舰在大风大浪中的适航性[1]，结果，比起同样长度的现代船舶，该舰在遇到埋首和垂荡（Heaving）时性能[57]要差一些，恐怕是因为舰首舰尾太细了。当时的记载也称，该舰船头浮力不足，在大浪中上浪比较严重。这一部分要归咎于船头那古意盎然的装饰舰首，它太靠近海面，容易击打水面产生浪花和飞沫。该舰有一对不太大的舭龙骨，应该起到了一定的减摇作用，因为当时没有留下关于横摇状况的抱怨之词。

"勇士"号很长，船体很深，因此相对来说舵显得比较小，而类似尺寸的现代船舶会具有两倍于此的舵面积。舵由人力操作，偏转到最大的 25° 角需要一分半钟，天气恶劣的时候需要 4 个人使用滑轮组来辅助操作[58]。该舰转弯直径约 1000 码。

[1] D.K. 布朗与 J.G. 威尔斯（Wells），《关于"勇士"号的设计》（HMS Warrior-the design aspect），出自《造船工程研究院通讯》（Trans INA）第128卷，1986年版（伦敦）。

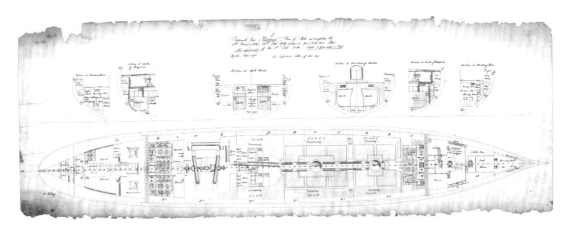

1863年完成栖装时的"勇士"号底舱布局图，显示了锅炉和蒸汽机的布局。

"勇士"号模型，该舰瘦削的型线一览无余。该舰带有舭龙骨，船尾流线瘦削，有一具桨叶面积很大的双叶螺旋桨。（© 英国国家海事博物馆，编号 L2328-003）

结构设计

"勇士"号体现了那个时代优良的铁造船舶工艺，船体使用一系列纵向和横向框架结构拼接而成。[1]该舰在当时仅仅比"大东方"号要小，是最大型的装甲战舰。该舰整体概念上是新颖的，因此在具体细节上非常谨慎，瓦茨这样做也是正确的选择。利用现代材料力学方法，可以计算出该舰露天甲板的支撑梁，可以承受 3.5 吨 / 英寸 ^{2} 的最大压强而不发生永久变形，其抗弯系数（Buckling Factor）[59] 达到 4。由于熟铁是一种性能不稳定的材料（后来进行文物修复的时候，发现这艘船上很多板材刚造好的时候，上面就已经带有了不少细小的裂纹了），加之在设计建造它的 19 世纪 60 年代，仍没有办法明确地知道，这样长的一艘船，船体结构将会承担多大的应力，因此这些结构强度参数看起来是非常合理的[60]。

费尔比恩在设计建造不列颠大桥（Britannia Bridge）的时候，对弯曲变形问题的研究，开始让那时候的工程师们意识到了这个问题的存在，但当时还没有发展出计算所需抗弯强度的办法。瓦茨在"勇士"号露天甲板上使用了对角线型的铁连接件，这显示出他对铁造船工艺的生疏。这些斜着的连接件，在大型木体战舰上，可以赋予甲板更高的刚性（增加抗剪切应力的结构强度），但"勇士"号的铁制甲板，本身刚性就很高，根本不需要这样的组件。[61]

比较后发现，"勇士"号船体自重和主尺寸相比，显得有些太重了，后续战舰在减重方面有所提升。不过，多数现代的设计者恐怕都能理解瓦茨在设计如此富有创新元素的一艘战舰时，所采取的谨慎态度吧。

居住性

按照之前的战舰标准来看，"勇士"号上的居住空间极其宽敞。水手们住在火炮甲板上，这层空间有 7 英尺高[62]，每两门炮之间有 15 英尺的空当可以用来安排饭桌。广阔而没有布置什么设备的露天甲板，在天气好的时候就成了很好的娱乐场地。该舰恐怕是第一艘拥有舰载洗衣房（手摇曲柄驱动的洗衣机）的军舰，就算到了二战时期的英国战舰上这也是一种非同寻常的设备[63]。今天，参观该舰的游客们都会注意到，当时为了方便船员们的生活起居，该舰在设计上花了不少脑筋，于是人们不禁在心里提了一个大大的问号：船员们的这种高标准生活怎么能和当时仍然在使用的鞭刑共存呢？[64][2]

军官们在"勇士"号上的日子也很不错，长官舱和军官统舱都很宽敞，只是照明不佳。

建造过程

"勇士"号的船体由泰晤士制铁厂建造，每吨报价 31 英磅，总共花费

[1] 同上。
[2] J. G. 威尔斯，《不朽的"勇士"号》（*The Immortal Warrior*），1987版（埃姆斯沃思）；A. 兰伯特（Lambert），《"勇士"号》（*Warrior*），1987年版（伦敦）。

190255 英磅；发动机组则由宾厂制造和安装，费用是 74409 英磅，这些资金分成五期拨付。"勇士"号的建造合同中，还拟定了该舰不能按时交付时厂家需支付的违约金，但后来发现建造这艘大船所面临的实际困难比预期的要大，这些违约条款似乎也就取消了。

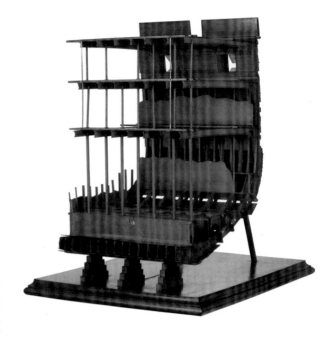

"勇士"号的船体结构是那个时代工艺水平的最高代表。双层船底上是粗重的纵向梁。（© 英国国家海事博物馆，编号 L0417-002）

1859 年 5 月 25 日，"勇士"号在布莱克沃船厂安放龙骨。1860 年 12 月 29 日，该舰下水，比合同规定的日期延迟了 8 个月。发动机是在河对岸的维多利亚船坞（Victoria Docks）中安装的，桅杆则是在查塔姆海军船厂栖装的。8 月 8 日，该舰顺流而下，第一次用自身的动力系统航行，于 9 月 21 日抵达朴次茅斯。在这里，该舰进入干船坞，在船体刷涂了一层海耶的抗污损涂料，并最终在斯多克湾进行了海试。海试的结果可以和 1883 年海军部实验室（Admiralty Experiment Works）进行的模型水池试验相比较。试航结果证明，该舰中规中矩的常规设计表现良好，没有让人大跌眼镜的意外出现[65]。在无风的天气里依靠蒸汽动力航行时，该舰的桅杆、帆桁和缆绳、滑轮等大小配件，其风阻占到整艘船风阻的 15%，这和本书前面章节曾经提到过的由于桅杆等设备的存在，造成蒸汽航行航速损失的报告相一致。[1]

1987 年 6 月，"勇士"号返回朴次茅斯时的场景。该舰将本书中各个主题集于一身：蒸汽动力、螺旋桨推进、铁造船体以及装甲防护。而设计该舰的两位工程师——瓦茨和劳埃德，也用他们的设计水平，证实了设立战舰设计学校的正确性和必要性。[威廉·摩尔（William Mowll）摄]

① 同作者布朗和威尔斯的上一个参考文献。

不朽

"勇士"号是一艘锐意创新的战舰，同时该舰也给本书介绍的一系列技术发展画上了一个句号。铁造船体、螺旋桨推进和装甲防护终于综合到了一起，形成了一个同时兼顾这三个要素，并具备有效战斗力的战舰设计。该舰搭载的火炮，和1793—1815年那场战争中常用的火炮相比，要重得多，而且还能发射多种不同类型的炮弹[66]。可该舰也正是因为它本身这种翻天覆地的创新性，只能拥有非常短暂的活跃服役寿命。该舰的成功迅速引发了更具创新性的后续技术进步，于是很快该舰就跟不上时代的步伐了。1872年的时候，该舰基本上只能充作港口警戒船了。直到一个世纪之后的1979年，在大英文物保护基金会（Manifold Trust）[67]的慷慨帮助下，该舰才得以修复，重现其当年的荣光，成为一座纪念碑，纪念让海军工业革命得以实现的所有海军军人、政治活动家以及工程师们。

海军部，不论它的军职还是文职系统，都不像历来我们常常认为的那样，是一个保守僵化的组织机构。瑟宾斯的努力，在朗和艾迪的继承与发扬之下，让木制战舰的个头翻了个倍[68]。这一技术进步先是让艾迪的"阿伽门农"级战列舰成为可能，而这级战舰，在古往今来的所有设计中，都能算得上是一型非常成功的设计；同时也让巨大的"维多利亚"级成为可能，其设计者瓦茨，在设计铁造的"勇士"号之前，也设计了多艘大型木体巡航舰。[69]蒸汽推进系统的发展，主要是依靠民间的商业力量，但海军部一直保持兴趣，并密切注视着这一技术的发展。当蒸汽机的自重和耗煤量降低到实用水平后，海军部立刻就开始建造蒸汽船了。

各个舰队司令基本都能积极接纳手中这些明轮推进的新玩意，于是这些船后来发展成了真正的战舰。就像劳埃德曾经说过的那样，海军部积极推动了蒸汽动力机械许多方面的发展和进步。佩蒂·史密斯的螺旋桨推进系统正是这样发展起来的，当然埃里克森没有成功，因为他没找对门路。

正是由于海军部牵头解决了铁造船体对导航罗盘造成的磁偏，铁造海船才有了实际应用的可能。在抗弹测试证实熟铁薄板存在严重问题之前，海军以有些过头的热情采用了无装甲的铁造船舶。这些测试和后来的一系列测试，计划周密、执行严格，最终催生了装甲战舰。

不管是克里米亚战争期间的大规模造船项目，还是战后的蒸汽战列舰建造项目，海军部的规划水平都很高，可以说既高效又侧重经济性。我们今天常常忘记，在本书谈到的除克里米亚战争期间之外的历史时期里，海军的经费和其他资源一直都捉襟见肘。当然，错误也是存在的，一些守旧顽固的个别人士也是存在的，但是一个组织、一个整体，它能从1815年的旧式舰队，成功过渡到1860年的"勇士"号铁甲舰，那么这个组织从整体上来看，肯定没有什么大问题，反而工作能力很强且工作热情很高。

特别要说的是，我愿意把"勇士"号看作对战舰设计学校迟来的一个肯定。该舰的设计者瓦茨、拉热以及首席工程师劳埃德，都是那所学校的毕业生，当时许多海军船厂的厂长也是该校的毕业生，该校毕业生中还有不少人在海军之外获得了职业生涯的成功。

译者注

1. 表中称"光荣"号的装甲为"装甲带"，但这道装甲带有多宽？覆盖了船体舷侧多大的一片面积？由于没有给出具体数据，因此对于一般 19 世纪的铁甲舰，单单使用"装甲带"一词显然不够具体明确。

   1860 年进入铁甲舰时代以后，一直到现代战列舰开始被航母取代之前，标准的主力舰船体装甲防御，可分为三部分：一是水线装甲带，即从船头到船尾包围水线的一圈装甲裙边；二是保护舷侧炮位的舷侧装甲带；三是进入 20 世纪，特别是一战以后开始强调的装甲甲板。随着 20 世纪初无畏舰时代的到来，前两种船体装甲逐渐不再分开制作和安装，水线装甲带的宽度越来越宽，舷侧装甲、副炮炮廓装甲的重要性则日益丧失，以至于在美国无畏舰上最先发展出"全或无"的装甲防御体系。在这种新情况下，便不需要再区分水线装甲带、舷侧装甲带，而可以统称为"装甲带"。

   然而在 19 世纪的铁甲舰时代，"装甲带"一词主要指水线附近的那一条窄窄的水线装甲带。比如，法国 19 世纪 70 年代典型的远洋作战型铁甲舰，它的装甲防御是这样的：除了水线附近有一条窄窄的装甲带，即水线装甲带，来保证船体的不沉性之外，舷侧的所有炮位都没有装甲防御，而且船体往往还是木制的，跟大型木体巡航舰似乎没有太大区别。仅有的区别之处在于：这些法国铁甲舰在露天甲板上布置了三四座圆形或梨形的露天炮座，小小的炮座带有一圈装甲胸墙，重型火炮可以在里面自由回旋；而且，露天炮座位于水面以上 6—9 米的高度，即使在大风大浪中仍然可以使用，而舷侧炮位距离水面一般只有 3 米的高度。显然，对于这种 19 世纪带有一定典型性的铁甲舰设计，船体装甲必须分成两部分来描述：有水线装甲带，没有舷侧装甲带。

   这里为什么要强调"装甲带"这个概念的含义演变呢？因为本书作者作为战舰历史研究的巨擘，必然非常清楚"装甲带"这一概念的演变过程，所以他把一艘 19 世纪的战舰用 20 世纪装甲战舰上配套使用的名词来加以模糊描述，看似漫不经心，实则可能有隐含意义，这里稍作探析。

   首先，根据法国海事博物馆（分布于法国的几个博物馆，如凡尔赛宫中的海事模型、绘画资料展区等）中展览的"光荣"号模型，该舰除了带有水线装甲带之外，水线以上整个船体的舷侧，从船头到船尾，都配备了舷侧装甲，只是其厚度要比水线装甲带小一些。只有露天甲板以上的船舷没有装甲防护。可以说整个船体的舷侧都是 360° 无死角防御。

   与此相比，本章介绍的英国"勇士"号铁甲舰，船体过长，所以水线装甲带和舷侧装甲带都只覆盖了船体舯部大半的长度，船头船尾则完全没有装甲。根据本书介绍的当时的技术发展情况来看，特别是第 8 章介绍的、制作"勇士"号船体所用的薄熟铁板，其抗弹性能非常糟糕，因此实际上"勇士"号的船头船尾相当脆弱。而"光荣"号虽然要小得多、慢得多，但舷侧 360° 无死角防御。当然，"光荣"号的木制船体不能长期承载装甲、大炮和发动机的重量以及螺旋桨、发动机的震颤，因此只有熟铁打造的"勇士"号得以作为历史文物保存至今，而木造的"光荣"号 1879 年退役后没几年就被拆毁了。

   对于英法两国第一艘铁甲舰在防护性能上的这种差异，作者巧妙地使用了单单一个"装甲带"，而不再加以详细说明。在 20 世纪的语境看来，这是一种泛称，指战列舰的舷侧装甲防护；而放到 19 世纪的语境下，则在暗示法国的第一艘铁甲舰"光荣"号只有非常局限的一圈水线装甲，火炮则全部暴露在外，和"勇士"号的防御相比，显得有些劣势。译者认为，本书言简意赅、内涵深厚，这样的揣测也许并非过度解读。本章展示了"勇士"号的大量图片资料，这艘船和全书中的风帆战舰、蒸汽动力风帆战舰比起来，唯一不同的地方，就是它有装甲，可是本书却没有列出专门的装甲区划示意图，似乎对于这第一艘现代主力战舰的装甲防护设计简陋之处，也不愿细谈。

   虽然"光荣"号是舷侧全方位防护，但后来法国的许多铁甲舰确实只有很窄的水线装甲带，而没有舷侧装甲带，但这看似薄弱的防御在当时就可以保证战舰不沉性。这是为什么？当时火炮要能在海上比较准确地命中敌舰，交战距离只能保持在一千米左右。为了让炮弹不会飞得更远，火炮就只能保持水平发射。当时铁甲舰舷侧主炮的炮口高度大约在海面以上 3 米左右，炮弹平射出去后，需经过上千米的飞行，在这个过程中炮弹不断在地心引力的作用下降低高度，当将要击中敌舰时，炮弹已经下降到接近水线的高度了。但同时，入射的角度还跟出膛时差不多，也很接近水平方向。因此当时只要是海上交战，而不是和海岸炮台对战，就不会有高空抛物线弹道落下的炮弹砸穿战舰的甲板，当然当时也还没有飞艇、飞机。因此当时只需要防御敌舰以水平弹道飞来的、快要接近水线的炮弹，也就只需要在水线附近铺设一条装甲带即可。这样就可以保证战舰的不沉性，但裸露的舷侧炮门在数百米的交战距离上仍会被打得体无完肤。

   这种设计的弱点一直延续到 19 世纪末法国为沙俄设计建造的一系列前无畏舰上。而凑巧的是，在 1905 年的对马海战中，日军为了追求决定性战果，冒险采用了中近程射击的战术，结果日军用 19 世纪末新发明出来的速射副炮，给舷侧装甲防御薄弱的俄军法式前无畏舰带来了灾难。尽管这些法式战列舰几乎没有因为水线装甲带被击穿而进水沉没的，但是水线以上船体上的破洞，却在大风大浪中随着船体横摇而逐渐上浪，最终导致多艘战舰进水过多、稳定性丧失而倾覆沉没。

2. 这么大的新技术战舰仍然称为"分级外炮舰"，是因为当时法国人给"光荣"号的定义就是装甲分级外炮舰，英国不愿意在颠覆性技术上迈出第一步，于是也不希望把新舰升格成"巡航舰"。当然，这之中也有不情愿正式开始铁甲舰造舰竞赛的意味。

3. 该舰在当时所有主力舰中显得特别细长，长宽比超过 5：1。该舰船体全长（包括图中船头翘出来的弧形装饰舰首）128 米，在之后的近 30 年里，英国几乎再也没造过比这更长的铁甲舰。实际上，直到 19 世纪 90 年代的前无畏舰——"君权"级（Royal Sovereign）才再次开始接近这个长度（全长 110 多米，没有装饰舰首）。该舰后续的几艘姊妹舰、衍生舰，越造越长，目的是追求高航速，但也导致了转向操作特别不灵活的问题，同时装甲防御的范围太大，以致装甲厚度不足。

4. 当时海军使用的技术名词，在泛指"战舰"而不方便界定"分级外炮舰""巡航舰"还是"战列舰"的时候，便使用"Man of War"一词，直译是"战斗者"，实际上泛指任何大型战舰，与小型炮艇相对。4.5 英寸是当时熟铁能够辊轧的最大厚度。

5. 选择跟民间厂家签订合同，建造这样两艘船，是因为海军船厂一直拘泥于建造旧式木体战舰，到 1859 年时还没有制作装甲铁板的设备、工艺和技术人员，而此项目意在和法国竞争，工程的进度最为关键，因此只能委托具有现成技术储备的专业铁造船舶厂家。

6. 指上一章改装、加长和新造的大型木体战舰，尤其是长达百米的"奥兰多"级巡航舰。

7. 海军军旗分红、白、蓝三色。底色为红、白、蓝中的一种颜色，左上角在 19 世纪为联合王国旗（即"米字旗"）图案。三种颜色的品级有高低之分，红色最高，蓝色最低。

8. 依据这些参数就可以设计出战舰的主尺寸来。首先，36 门炮，即每舷 18 个炮门，炮门尺寸按照当时的惯例来厘定，再加上 17 个炮门间距，即可得到战舰舷侧炮阵的总长度。然后找出一艘当时的大型巡航舰作为设计母型，譬如"奥兰多"级巡航舰，根据所需达到的炮门高度，从"奥兰多"型的排水量和吃水，按比例放大，可简单估算出该舰的排水量和吃水。实际上，"勇士"号跟"奥兰多"级确实很类似，但因为增加了铁甲，导致上部重量更大，为了保证炮门高度不降低，就不得不加深吃水。同样宽度的船，吃水越深，稳定性越差，因此为了让稳定性达到设计母型即"奥兰多"级的指标，船宽必须增加。同时，铁制船体比木制船体自重轻，所以即使铁制船体吃水加深，船体本身的重心也不一定变得更低。但另一方面，还增加了水线和舷侧装甲，因此新船的整体重心位置必然升高，于是船体的稳定性指标必须比母型的稳定性指标定得更高，以抵消重心的必然升高。所以，新战舰的吃水要加深、宽度要增大，但宽度和吃水也有上限，受干船坞和造船船台的设备局限。这样就估算出了新战舰的最大宽度和吃水。船体的长度则跟设计航速有很大关联。在 1859 年，螺旋桨战舰的设计经验只有 10 年，为了设计"勇士"号，海军部对这 10 年间建造的螺旋桨战舰的发动机功率与排水量做了总结，即所谓的"海军部系数"（Admiralty Coefficient），见本章后文。据此大致上可估算出在上述吃水深度和排水量指标下，需要多大马力的发动机，才能达到设计航速。如果现有的发动机功率不足或者动力机组自重太大，导致达不到设计航速，可以把排水量适当增加，用于拉长船长。同样的船宽，船长越长，在相同发动机功率下，航速就会越高。但这样一来，总排水量就会增加，装甲区划的长度也会跟着拉长，导致装甲重量增加，这两项增加到一定程度，就会抵消加长船体所提升的速度，仍然需要更大功率的发动机才能达到设计航速。这便是 19 世纪末开始，战列舰设计当中遇到的"面多加水、水多加面"的难题，这在 20 世纪 30 年代"海军假日"时期的条约型战列舰和重巡洋舰的设计中体现得尤为突出。设计团队往往要经过痛苦的反复测算和权衡，才能最终确定合适的船体长度，继而提出几个航速、火力、装甲防御、续航力等诸多性能比较平衡的备选设计方案来。但"勇士"号这第一艘现代装甲战舰的设计，还没有这般困苦，因为该舰的排水量和长度甚至于经费预算，都没有什么严格的上限，只要保证"世界第一"就足够了。

9. 如 353 页"勇士"号内部构造线图所示，铁船的装甲形态就如同四面围墙，两侧是从水线附近一直延伸到舷侧炮位高度的装甲带，前后两面是装甲横隔壁，这一来船头船尾暴露无遗，毫无装甲防御。于是为了控制这部分船体战损后的进水速度，就需要密集分舱来延缓进水。同时，装甲防护区域的浮力应保证船头船尾完全破损后，船体仍有足够的浮力和稳定性来保证不会倾覆沉没。

10. 首制舰"勇士"号，姊妹舰"黑王子"号（Black Prince）。

11. "勇士"号舷侧原定搭载的火炮是 19 门 95 英担重的 68 磅炮，即上一章讲到的战列舰船头露天甲板上搭载的火炮，这几乎就是当时舰载的最大型号的加农炮。这种炮是否确实需要每门炮将近 5 米的操作空间才能达到高射速？退一步来说，如果考虑到当时缺少机械辅助操作的现实情况，沉重的 95 英担（含 4.8 公吨）炮可能本身就难以实现快速操作，那么炮位间距再大、可以同时操作一门大炮的水兵再多，似乎都没有办法加快火炮的操作，因此该舰如此长的长度恐怕不是没有高航速的要求在里面。此外，如果把 19 门炮集中布置在船体中段二分之一长度的短炮室里面，当时的人很可能会觉得从审美习惯上不符合 17 世纪后期以来舷侧均匀分布所有炮门的惯例，因此就在舷侧全长上分散布置了 19 个炮位。

12. [1] 从侧视图可以看出，"勇士"号内部有三层贯通首尾的甲板：最上层是露天甲板；其下是布置主要火炮的火炮甲板，也供人员居住；再下面是水线附近的一层甲板，相当于战列舰上的"最下甲板"，用来存放物资、供部分人员居住。"勇士"号的底舱大半部分都被锅炉舱和动力舱占据。

[2] "勇士"号的露天甲板平面图上，可见首尾各布置了一门回旋炮，除此之外露天甲板再无火炮。而当时其他的巡航舰，还在露天甲板上布置了一些短身管的 45 英担 32 磅加农炮。

[3] "勇士"号在露天甲板后部两舷布置了前后两对小艇架，前一对小艇架之间架设了一道横跨两舷的"舰桥"，方便指挥官在上面瞭望，了解战场形势。露天甲板平面图上，在舰桥下方的船体中央位置，有一个卵形的结构，对照保存至今的"勇士"号原船实物及其模型（见 367 页模型照片），这是一座突出露天甲板的甲板室，即"指挥塔"，是指挥官作战时指挥的位置。注意，"勇士"号的指挥塔没有天盖。这个结构在侧视图上被小艇遮挡，表现得不太清楚。在侧视图上，前烟囱后方可以看到明显类似指挥塔的结构，但露天甲板平面图上只画出了前舰桥。在"勇士"号的实物以及保存至今的博物馆模型上，都没有类似前指挥塔的结构，因此这里选用的侧视图的具体来源有待考证。

[4] 本书对"勇士"号火炮布局的演变这一内容几乎没有明确的正面说明，特此简单讨论。"勇士"号原计划在火炮甲板搭载 38 门 68 磅炮，在露天甲板船头船尾搭载同样型号的 68 磅炮各一门。因此，表 14.2 列出设计时计划搭载 40 门 68 磅重炮。按照这个数字，图中露天甲板首尾各一门 68 磅回旋炮，火炮甲板两舷各 19 个炮位全部布置 68 磅炮。然而实际完成后，火炮甲板只搭载了 34 门火炮，每舷侧首尾各有一个炮位闲置。

更加复杂的是，首尾有一些炮位在装甲防护之外。火炮甲板平面图上标出了前后装甲横隔壁的位置，据此来看，有 13 个炮位位于前后横隔壁之间，能够得到舷侧装甲和装甲横隔壁的保护。这样在装甲隔壁之外，每舷前后各有 3 个炮位没有得到装甲防护，但书中行文称"在有装甲防护的炮阵之外，每舷侧一头一尾各有两门炮没有得到装甲防护"。那么，作者这里说的到底是原设计在火炮甲板搭载 38 门炮的情况，还是实际竣工后只搭载 34 门炮的情况呢？

可以分别计算验证。首先，假设作者说的是搭载 38 门炮的情况，那么前后装甲横隔壁外紧接着的第一门炮也得算是能够得到装甲防护。这也不是不可能，因为行文中还说到"舷侧装甲在船头船尾稍稍超出横隔壁所在的位置"，那么也许装甲横隔壁外的第一门炮尚且能够得到舷侧装甲的侧面保护，虽然得不到装甲横隔壁的前后保护，这样完全没有装甲保护的就只有每舷侧首尾各两门炮了。于是可以根据炮门数量和炮门间隔，计算这种情况所需装甲带的长度。"勇士"号设计炮门宽度 46 英寸，可以让 68 磅重炮朝左右各旋转 26°，炮门间隔 15 英尺，则得到舷侧装甲保护的 15 门炮和 14 个炮门间隔的总长度达 267 英尺，而实际舷侧装甲带长度只有 213 英尺。因此很可能是，实际施工中根据现实情况进行过一些重大调整。实际情况确实是这样，在施工中炮门宽度被缩小了，由原来的 46 英寸缩小到 24 英寸（2 英尺）——将 68 磅炮的炮架前端和炮门下边框直接用粗大的铁杆固定，这样就可以让 68 磅炮的炮口在尺寸更小的炮门里，实现跟原来一样的左右各旋转 26°。即便是这样，15 个 2 英尺宽的炮门、14 个 15 英尺的间距，总长度也达到 240 英尺，仍然超过实际装甲带的长度。这就说明，作者虽然没有明确说清楚，但他所谓的首尾各两门炮没有得到防护，不是设计时的情况，按照设计，将有首尾各 3 门炮没有得到防护。

再看实际的武器搭载情况，根据表 14.2，首先包括 10 门阿姆斯特朗新开发的 110 磅后装线膛炮，根据现存于朴次茅斯的"勇士"号实物，其中 2 门占据了露天甲板首尾回旋炮位，那么火炮甲板上搭载了 8 门阿姆斯特朗炮和 26 门 68 磅炮，共 34 门，每舷只有 17 门，比实际炮门数少 2 座炮，即最头最尾各一个炮门空闲。此外，行文中和表 14.2 都提到了 4 门 40 磅炮，根据"勇士"号实物和模型，这 4 门露天火炮显然是竣工时添加的，主要用作礼炮。这样可以确定，火炮甲板上每舷侧有 13 个大炮位于首尾装甲横隔壁以内，装甲隔壁的外面，首尾各有 2 门炮没有得到装甲防护。这种情况下，13 门 2 英尺宽的炮门和 12 个 15 英尺的间距的总长度为 206 英尺，仅仅稍小于 213 英尺的装甲带总长度，装甲带在首尾各超出横隔壁外 3 英尺多，根本不足以再遮挡一门火炮，但也刚好和行文中提到的装甲带稍稍超出首尾装甲隔壁的描述相符合。就此可以下结论说，行文中描述的是"勇士"号实际竣工后的情况，而且这张线图也应当表现的是竣工后的实际形态，因为炮门不再是 349 页初始设计图中那样传统的方形，而是宽度缩减后的竖立矩形。

13. "光荣"号满帆时的形态见画面左面远景，从船体外观可以看出画的同样是一艘"光荣"号，表现的是挂帆的形态。这种帆装比较接近当时法国内河和近海小船常用的一种帆装形式，学名称为"Lugger"，只需很少的人手便可轻易操作，和右边战列舰那一道道挂满缆绳的帆桁形成了鲜明的对比。这是一幅套色印刷的版画，其原作者是法国海军画家路易·勒·布雷顿（Louise Le Breton，1818—1866 年）。他原本是一名医生（或许是海军培养的军医），后来参加了"天文星盘"号（Astrolabe）的远洋科考。科考旅程中，原随队官方画师病故，于是由他顶替。1847 年后，他开始主要为法国海军绘制作品。

14. 353 页线图中没有体现出船头船尾任何的细化分舱。

15. 对照 353 页线图，可见两个装甲隔壁之间的长度，覆盖到了锅炉舱和发动机舱。但火药库的布局方式应该还是延续风帆战舰上的惯例，布置在船头、船尾，因此它们没有得到装甲防护，不过它们舷侧有一对减摇水箱。

16. "垂线间长"在 349 页设计图纸上已经标出，即图上船头船尾相距最远的那两根竖线，大致分别对应船的首柱和尾柱的位置。

17. 见第 367 页的船体结构模型照片，以及第 356 页、第 365 页的船体舯横剖面图。

18. 根据 19 世纪后期一些事故的经验教训，这种水密门在实际使用中很难牢靠地关闭，因为煤灰、煤渣很容易落入门的滑槽中，让门无法完全关闭。

19. 在实际作战中，以当时火炮的精准性，在上千米之外轰击数十米、上百米长的一艘船，炮弹连续击中同一位置的可能性几乎为零。

20. 这里简单介绍一下铸铁、锻铁（熟铁）和钢材在战舰上的应用。

在 17—18 世纪传统风帆时代，海军加农炮和炮弹都是铸铁制造的，因为铸铁是人类第一种能够成规模生产的钢铁制品，但也是机械性能最差的钢铁制品。铸铁跟没有经过冶炼的生铁类似，含碳量过高，导致延展性太差，因而容易在应力作用下发生塑性形变，不能承受长期、反复、多变的应力载荷，所以铸铁不能用来建造船体结构。而用铸铁制造火炮，也是一种低效的选择，为此铸铁炮的炮壁非常厚，以增加厚度这种方法来吸收火药爆炸的冲击力。19 世纪中叶，战舰上最大型的铸铁件，是发动机的框架，如本书第 5 至第 7 章各种发动机模型照片所示。虽然 19 世纪中叶铸铁炮仍然是海军的主要装备，但锻铁、铸铁混合炮和全锻铁炮已经开始蓬勃发展，比如"勇士"号上实际搭载的阿姆斯特朗 110 磅后装炮。铸铁炮弹强度太差，因此才会在击中装甲板后化作碎片，但锻铁炮弹则不会。

锻铁是用动力锤（人力、畜力、水力、蒸汽动力）反复锻炼而成的，工艺一般是将铁块烧至红热，然后和木炭一起锻打，除去碳杂质，产生含碳量低、延展性高的熟铁。但是熟铁含碳量太低，和钢比起来又显得硬度不足，往往强度也不足。熟铁装甲板既容易在局部被炮弹击穿，也容易在炮弹击中下发生大范围凹陷变形或者脱落掉大块碎片。因此铁甲舰的熟铁装甲板背后还需要加上厚厚的橡木、柚木作为背衬，以此增加柔韧性。这样一来，坚硬的铁板能吸收炮弹的冲击，让炮弹不能贯穿，而柔韧的厚木板则传递和扩散冲击波，防止冲击波在铁板上反复冲击，对装甲板造成二次伤害。这种抗弹机理其实已经为 19 世纪末出现的克虏伯表面硬化渗碳钢装甲（即现代战列舰的装甲）奠定了基础。

19 世纪 70 年代中后期以前，铁甲舰的装甲均为均质熟铁板，因为还没办法大规模生产钢材。19 世纪 70 年代，经过近 10 年的发展，英国的西门子、法国的马丁先后开发的平炉炼钢设备终于规模化，能够以缓慢控温的方式精确控制产物的含碳量，终于能够大规模生产含碳量不高不低的高性能铁、碳复合材料，也就是钢。从此，船体、装甲、锅炉、蒸汽机、火炮、炮弹都开始了新一轮材料革新，铁甲舰也开始向现代战舰演变。不过，早期钢材性能比熟铁还不可靠，常常像玻璃一样：虽然很硬，但却很脆。

21. 虽然没有注明射击距离，但 32 磅炮能够击中不足一米见方的一面区域，射击距离当在百米以内。

22. [1] 此图纸的标题为 "Midship Section of the Iron Cased Frigate Warrior (As Built)"，即"包裹着铁甲的巡航舰'勇士'号横剖面图（建成时状态）"，可见 1861 年该舰竣工时，"铁甲舰"（Ironclad）一词还没有出现。而到 1869 年里德（Reed）撰写《我国铁甲舰》（Our Ironclad）的时候，这个词已经是业界和公众公认的了。另外，虽然多层甲板的木制战列舰刚刚在一夜之间过时，但"勇士"号此时仍然还没有取代"战列舰"，被海军的领导者们接纳为海军的顶梁柱，依然被称为"巡航舰"，即并不是用来决战的主力战舰。

[2] 左半部分主图可见三层甲板，中层为火炮甲板，上层为露天甲板，下层甲板位于水线附近。三层甲板的横梁是熟铁，上面铺装着木制的甲板条。舷侧壁从下甲板以下到稍高于上甲板的高度，最外层为装甲铁板，里面是内外两层木头背衬，最里面是铁条肋骨。水线以下，厚度相当于舷侧装甲和背衬的，是带有三个减重孔的铁板肋骨。359、369 页剖面结构模型对船底结构展示得很清晰。

[3] 内插图的标题为 "Horizontal Section of Side at Portsill"，即"过炮门下边缘高度处的船体侧壁水平剖视图"。该图上可见两个窄梯形区域，每个窄梯形的右侧边缘都被重描黑了。这两个窄梯形代表"勇士"号的炮门——炮门在船体壁外面开口小，在船体壁内面开口大，这是为了方便 68 磅炮粗大的炮口在窄小的炮门里左右回旋——那时的前装炮炮管短，炮口不像后来的现代战舰上那样伸出舷外很远。船体侧壁的结构对照左半主图，也是共四层：最外面的装甲板，里面依次两层

木制背衬，最里面一层是铁条肋骨，而且对应炮门位置的铁条肋骨之间用木料填实，以增强局部强度。

[4] 内插图下方为比例尺："Scale：1/2 an inch to a foot"（图上半英寸代表实际一英尺）。

23. 原文为"Broke Out"，应当是使这片铁板变形脱落，但也可能是造成严重毁伤、变形，虽并未脱落，却无法承受下一枚炮弹的轰击。

24. 每块装甲板基本都呈长方形，用长钉贯通装甲板、背衬、肋骨，固定到船体肋骨上。钉子会减弱装甲的防御效果，所以装甲板的钉子都在板材的边缘。因此如果击中装甲板的角，这里的应力就会比较集中，再加上钉子也在这里，很容易把装甲打坏。

25. 铆钉是连接两块铁件用的短铁棒，栓钉是把装甲、木材背衬固定在铁结构上用的长铁棒，二者都不是今天有螺纹的螺栓。

26. "Nut"在这里，严格来说不应该叫作"螺母""螺帽"，因为当时还没有普遍应用带螺纹的钉子以及配件。

27. 这种灌沙子的作法在今天看来有点奇怪，却是那个时代测试爆破弹的惯常手法。灌沙子是为了配平炮弹的重心，使其与装填火药的时候差别不太大。而且，当时的爆破弹对于装甲板是没有实质伤害的，第8章至第12章介绍的历次火力测试和克里米亚战争的实战结果表明，当时的碰炸引信，会使爆破弹在厚厚的铁装甲板外爆炸，对船体内构不成伤害，而延时引信又非常不可靠。这种状况下用爆破弹打装甲板，也只能撤去炸药来测试其毁伤效果。为什么没有造成一点明显的毁伤呢？因为单纯的爆破弹外壳，相对炮弹体积而言太轻，因此保存动能的能力太差，炮弹飞行过程中不仅受到的空气阻力更大一些，而且炮弹也容易因为重心不平衡甚至不固定而翻滚，结果击中目标时末端余速不足，不足以对厚厚的装甲板造成任何明显的伤害。值得注意的是，用沙子配平直到19世纪后期仍然是常见的做法。有时，沙子不仅是测试时的配平手段，甚至炮弹列装部队时仍然灌沙子，而不再使用炮弹最初开发时自带的装药和引信，因为当时的引信不可靠。

28. 葡萄弹就是把10多枚核桃大小的散弹弹丸用布包裹起来，然后用麻绳缠紧放进大炮里发射，出膛后就成为四处乱飞的一阵散弹，是18世纪风帆海战时，两船相距只有几十米的时候，常用的人员杀伤弹种。

29. [1] 图上整体呈梯形的是整个船体的横剖面。这艘船的水下部分特别宽大，因为它是浮动炮台船，即第12章后半部分介绍的、为了对抗海岸要塞而专门设计的特种船舶，需要浅吃水，方便靠近岸边活动，所以船水下部分比水上部分还要宽。

[2] 该舰只有两层甲板，下层甲板上布置火炮，上层则是露天甲板。两层甲板之间的船体侧壁，描绘出了四层结构：最外层涂黑的，代表熟铁装甲板；装甲板后面打阴影的部分为木制背衬；再里面留白的，即船体的铁条肋骨；最里面打阴影的是木制的内船壳板。由于当时的人们对冰冷的铁面还不太习惯，因此甚至有将木屑调配成涂料刷涂铁制内船壳的例子。

[3] 打阴影的木制背衬和留白的铁条肋骨，它们的边界线，是覆瓦状凹凸交替排列的线条，这就是上文说的0.625英寸厚的薄铁皮，也就是这艘铁船的船壳。水线以下没有装甲和背衬的船体以及船底，都只描绘了这层凹凸交替的船壳薄板。

[4] 图右下标注的是舷侧水线以下位置处的连续两根铁条肋骨的结构简图，这是用直角拐铁条拼成的铁条肋骨。所谓"直角拐铁条"，如同门轴的合页，有相互呈直角的两个叶片，只是整体上很细长，呈条形。这个长条合页那两个叶片的宽度，就代表了这种铁条的规格，如3英寸×3英寸，就是指两个叶片的宽度都是3英寸。将两个这样的铁条背靠背，用钉子铆接在一起（当时还没有现代焊接技术），就成了铁条肋骨。两根铁条各出一片叶片，它们有1.5英寸的位置彼此重叠，另一片合片，一个朝前、一个朝后，就拼成了如图的Z形结构。该船的一根肋骨用3英寸×3英寸的两个直角拐铁条制作，相邻的下一根就用一个5英寸×3英寸的和一个3英寸×3英寸的规格制作，如此交替。这两种肋骨的厚度应该一样，都是4.5英寸。而5英寸×3英寸的直角拐铁条，5英寸的一面应该是固定在船壳上的。

[5] 图上还对船底肋骨的加厚部分给出了结构简图，即把9英寸厚的铁板作为肋骨，上下分别用图示规格的直角拐铁条和外船壳板、内船壳板固定在一起，也就形成了双层底，因为担心薄铁板外壳容易被水底异物划伤，双层底可以有效控制进水，防止沉船。

[6] 船底板上，每舷还有两道沿着船头—船尾纵向排列的工字铁纵梁，以此作为加强船体结构的内龙骨。

30. "威斯沃斯"六角炮是约瑟夫·威斯沃斯（Joseph Whitworth）设计的早期线膛炮，此人是英国官方指派的第一批开发线膛炮的工程技术人员之一，以制定出钉子的精密测量标准、开现代标准化配件制造之先河而名留史册。这种形制奇特的早期线膛炮也在洋务运动期间列装了中国海军。

31. "鹲"号是第 12 章介绍的"达普"级炮艇中的一艘,设计搭载 2 门 95 英担重的 68 磅重炮。

32. 原文为"44 in"(44 英寸),应该是笔误。

33. 这一项测试可能是针对船体的肋骨结构。

34. "强度高而软"似乎自相矛盾,这里对装甲材料的机械性能简单介绍如下:

[1] 强度,即本段开头测试的抗张、抗压这两个性能。举例来说,一根横截面直径 10 厘米的钢柱,用 1000 吨的压力可以缓慢地把它压得永久变形,那么抗张性就是用这个千吨的压力除以钢柱的截面积所得的压强。同样,用拉力使钢柱变形,也可以用压强代表这根钢柱抵抗这种拉伸形变的能力。这些被称为"强度"。一块装甲板的强度,代表了这块板材上需要施加多大的外力,才能使其发生整体的弯曲、翘曲等形变。强度越高,越不会出现前文描述的试射测试中装甲板出现几十厘米见方的大范围凹陷。当时使用的熟铁是含碳量极低的铁材料,延展性非常好,可以比较容易地抽成铁条、铁丝,但强度却很差。这听起来好像熟铁这种材料很"软",但文中的"软"不代表这个意思,而是指硬度不能太高。

[2] 与强度所代表的材料的整体结实程度不同,硬度代表的是金属材料局部的结实程度。硬度越高,装甲板的局部在遭受弹头的突然冲击时,就越不容易被打穿。硬度最高的常见材料是玻璃、陶瓷,因此金属没法用来切割玻璃,必须用钻石制成的玻璃刀才能切割玻璃,因为钻石的硬度比玻璃还高,这样才能在玻璃材料的局部给它造成永久的变形。这里说的"软"即要求装甲板不能脆得像玻璃一样,韧性太低。前文测试失败的早期钢材料就像玻璃一样硬而脆,又因为厚度太薄,面对炮弹轰击时被直接洞穿了。熟铁材料由于含碳量低,硬度并不高,面对锻铁炮弹,没有足够的木料背衬时,也很容易被击穿甚至整体变形。

[3] 韧性与强度的区别是,韧性高代表材料在遭受瞬间猛击时,不容易产生永久的整体变形。韧性是强度和延展性的综合反映,二者均高的金属材料,韧性就高。熟铁虽然延展性高,但强度差,因而很容易永久变形。和熟铁相反,今天制作飞机用的铝材料韧性就很高。当飞机的机翼遇到突然的气流改变时,必然会随之发生形变,但这是弹性的、可逆的形变,环境条件稳定之后又能恢复原有的形状,这就体现了铝材料的韧性很高。铝材料在强大的外力作用下,会发生很大的弹性形变,因为延展性好;但形变之后仍然能恢复原来的形状,因为强度高。熟铁装甲板的韧性是不足的。当炮弹击中装甲板时,材料中会瞬间产生以音速扩散的冲击波,在冲击波的作用下,装甲板会先发生弹性形变,当冲击波的能量超出了装甲板的强度上限时,便会发生永久的变形。冲击波从装甲前表面扩散到装甲背面,又会反射回来,这种反复叠加的冲击波,很容易超出熟铁装甲板的强度上限,使装甲板被撕裂,产生永久形变。如果装甲板背后有木制背衬与装甲板紧紧相贴,冲击波就会大量向木料中扩散,装甲板中反射的回波大大减弱,装甲便不会整体发生形变或被撕裂。这就是木制背衬大大增强装甲防弹性能的原因所在。

[4] 韧性(或强度)和硬度不可二者兼得。比如玻璃和陶瓷就不能产生肉眼可见的弹性形变,而能用于制作弹簧的各种金属合金材料,其硬度又比不上玻璃。但为了保证炮弹无法击穿装甲板,就需要高硬度的装甲表面;可同时,为了保证炮弹不让装甲板大范围凹陷变形,又需要装甲板整体具有高韧性、高强度。于是在 19 世纪末期出现了以德国克虏伯表面硬化渗碳钢装甲为代表的现代钢装甲技术,将高硬度的表面和高韧性的装甲板结合在了一起。首先将厚钢坯进行反复锻压,赋予钢体韧性,然后对装甲板的前表面进行淬冷处理,单纯使前表面硬度更大。装甲前面硬度高,可以抵挡炮弹的猛烈冲击而不被击穿,背面的高韧性层可吸收冲击波而保证装甲板不发生整体变形。最后在高温下使碳元素渗入钢板的前表面,使最表面的那一层形成玻璃一样的高硬度、高脆性的硬化组织,以对抗同样经过淬冷硬化处理的穿甲弹头。

[4] 当时的熟铁装甲板经过辊轧和锻炼,获得了更高的韧性,硬度也足够崩坏炮弹,但又不像早期的钢一样脆,容易直接碎裂,这就是文中"强度高而软"的含义。

[5] 注意测试装甲用的 68 磅滑膛炮,其球形炮弹的直径达 10 英寸,而受限于当时的辊轧技术,装甲板的厚度只有 4 英寸半。当装甲厚度远小于炮弹直径时,装甲更像一张薄板,而不像一块厚重的装甲砖,也就是说这时候装甲本身的材料性能再高,也比较容易被炮弹击穿,因为炮弹直径太粗。但由于当时的滑膛炮炮管太短,炮弹在炮管中加速的时间太短,所以炮弹个头虽然大,但是炮弹的出膛速度无法和后世相提并论,因此直径 10 英寸的弹丸也不能在 1000 米的距离上击穿 4 英寸的均质熟铁装甲。

35. 一组组 V 形装甲板的具体朝向不得而知,可能类似于现代主战坦克炮塔前面的倾斜装甲,该设计的意图应该也是采用倾斜装甲来减少装甲厚度实现减重,但结果不如人意。

36. 原文这里写的是"20",可能是笔误。

37. 这里的"约克夏铁"即第 7、第 8 章介绍铁造船舶时提到的"低沼铁",其产地便在约克夏。这里的铁矿原料品味高,煤炭含硫量又低,炼出的铁质量很高。可见泰晤士制铁厂是将少量高质量铁和多量回炉的废铁混合在一起，生产出性能尚可、造价相对较低、可供大规模应用的铁产品。

38. 如 356 页图所示，并不是所有肋骨之间都填实，只是将各个炮门对应的肋骨之间的空隙填实。

39. 详见 363 页的装甲钉图，沉头钉的钉头仍然与装甲的前表面齐平，处在暴露状态。当时固定木制战列舰的船壳使用的是埋头钉（Ragged Bolt），钉头带有许多倒钩，钉入船壳中不露头。铁装甲板没法使用埋头钉，于是后来就采用了埋头螺钉（Tapped Bolt），即以螺纹代替倒钩。埋头钉和埋头螺钉的钉头不外露，不会遭到炮弹的直接轰击，比沉头钉更好。

40. 100 磅炮为何发射的是 200 磅的炮弹？因为当时还没有按照口径来命名火炮的习惯，而是用该口径的球形炮弹的重量来命名火炮。这里的 100 磅炮是前文"费尔比恩 2 号靶"中提到的阿姆斯特朗 100 磅后装线膛炮，发射的不是球形弹，而是类似今天的圆柱形带头锥炮弹，因此其直径虽然和 100 磅的球形弹丸相同，实际弹重则达到 200 磅。

41. 炮弹落点分布比较集中，说明射击距离不太远，可能在几百米远的位置上。

42. 只有左侧的倾斜多层结构是"勇士"号船体侧壁的复制品，右边全是靶子的支撑结构。左侧"勇士"号船体侧壁可见四层结构：最外层为 4 英寸厚的装甲板；内侧为两层 9 英寸厚的柚木背衬，外层背衬的柚木条竖直排放，内层背衬的柚木条水平排放；最内层是直角拐铁条拼接成的肋骨；在内层背衬和肋骨之间是 0.625 英寸厚的薄铁皮船壳，图上没有表现出来。整个结构和 358 页讲解的"幽冥神"号船体结构类似，只是背衬加厚了，有内外两层柚木。使用柚木而不用橡木，主要原因恐怕是英国橡木资源稀缺，价格昂贵，而柚木虽然是从印度运输回本土的，但价格仍然不如英国的橡木高。两层柚木排放方向彼此垂直，木纹方向就彼此垂直，这有利于耗散炮弹击中甲板时产生的冲击波。船体侧壁复制品上还有一个炮门，在图中以加重的颜色标出。把复制品固定到后方支架上的，是长达 10 英尺以上的长栓钉，图上上下各有一根。

43. 里德之所以在 1866 年为"勇士"号辩护，是因为这时正赶上技术飞速进步，特别是火炮性能的提高和辊轧工艺的进步，让"勇士"号的装甲很快显得过于薄弱，而且其搭载的火炮也仍然是过时的铸造火炮，再加上该舰船体过长，转弯能力比过去的木制战列舰还差，这些都让议会和公众产生了质疑，质疑战舰设计部门的能力，时任总设计师的里德于是出面辩护。

44. 火炮类型的英文缩写与全名对照如下：

滑膛炮：Smooth Bore（SB）；后装炮：Breech Loader（BL）；前装线膛炮：Rifled Muzzle Loader（RML）。

当时的火炮用两个标准来划分。

一是前装、后装，即"Muzzle/Breech Loader"。过去传统的火炮都是从炮口装入发射药和炮弹的，再用大通条杆到炮尾，这称为"前装炮"。19 世纪中叶开始出现的试验火炮，炮尾可以拆卸，能直接从炮尾装填炮弹，这就是今天的后装炮。但在当时，它还是技术很不成熟的试验品，炮尾气密不严，使用起来并不安全且影响火炮威力。英国直到 19 世纪 70 年代还在坚持使用前装。

二是滑膛炮 / 线膛炮，即"Smooth Bore/Rifled"。19 世纪中叶，大炮开始出现膛线，配套使用今天所熟悉的、带头锥的圆柱形弹，这样的炮弹飞行更加稳定，射击精准度和有效射程都得到了大大提高。因此今天除了膛压太高的坦克炮之外，所有火炮都是线膛炮。

表中仅仅标明 BL 的阿姆斯特朗炮是线膛炮，仅仅标明 SB 的 68 磅炮是传统的滑膛炮。68 磅炮当时共铸造了 88 英担、95 英担、112 英担三种型号，战舰上通用 95 英担，海岸要塞则使用最重型的 112 英担型号。

当时把传统的前装炮也刻上了膛线，发射锥形弹头的炮弹，以提高其性能，但前装炮从炮口装填弹丸，膛线会干扰弹丸的装填，为此，阿姆斯特朗开发出了"偏转"膛线。这种膛线被英国海军一直用到 1865 年，它在靠近炮口处比较宽。所谓"膛线"，就是火炮内壁上的浅凹槽，"偏转"膛线的凹槽特意设计成一侧深、一侧浅。装填弹丸时，弹体表面的螺旋形铜制导条（Stud）进入膛线凹槽比较深的那一侧，这样弹身导条和凹槽之间仍有一点空隙，不会让炮弹卡住，方便了装填。而大炮击发后，炮弹上的导条驱使炮弹在炮膛内沿着膛线旋转前进，到达接近炮口、膛线较宽的部分时，炮弹在离心作用下，其铜导条卡入膛线较浅的那一侧，这样膛线就又能发挥出稳定炮弹旋转方向的功能，保证炮弹飞出炮口时保持正确的飞行方向。这样，炮口部分的膛线，深的一边可以方便从炮口装填，浅的一边则仍能像一般膛线一样发挥功能，这就是"偏转"膛线。

45. "勇士"号用的沉头钉钉头虽然跟装甲板外表面齐平，但也暴露在外。

46. 当时铆接铁板，是把烧至红热的钉子，用大锤砸进事先打好的孔中，再趁热把钉头砸扁。而厚重的铁板需要力道更大的锤子，于是就用上了蒸汽锤。

47. 由于钉体本身和周围装甲之间的接触面会反射冲击波，使这种效应增强，因此暴露在装甲表面的钉子头就使得钉子成了装甲板的"阿喀琉斯之踵"。

48. 原文这里出现了疑似错误的描述。按照文中的意思，总共只有6门新炮，实际上表14.2已经明确列出，有10门新炮，其中8门在火炮甲板上，取代原来的12门旧炮。因此，原著说的只是火炮甲板上单舷的情况，火炮甲板上一舷原本的6门68磅炮，现在换成4门110磅炮，于是两舷一共有12门68磅炮换成了8门110磅炮，再加上露天甲板首尾的回旋炮也替换成了新炮，就符合10门新炮的记载了。

49. 阿姆斯特朗炮是排水和液压工程专家威廉·阿姆斯特朗（William Armstrong）在19世纪中叶发明的一种早期后装线膛炮，其炮尾就像带有螺纹的瓶塞，可以整体拆卸下来，拆掉炮尾便能实现后膛装填。这种整体可拆卸式炮栓气密性不好，造成发射时容易泄露火药燃气，结果炮弹出膛速度不足，以致穿甲能力还不如传统的68磅滑膛前装炮。后装炮的炮栓气密性问题，在当时还需要十多年的时间才能解决。单从磅数上来看，110磅炮似乎比68磅炮更重，但实际上阿姆斯特朗110磅后装线膛炮并不比68磅滑膛炮更重，"勇士"号上的68磅炮重95英担，阿姆斯特朗110磅炮则只有82英担，因此减少火炮搭载量的原因并不是因为新炮太重。

50. 实际上，四分钟之后，内部热量就会充分传递到炮弹表面，造成表面温度太高，发射时容易提前引燃炮管中的发射药，危险性太高。

51. 马丁弹需要鼓风炉，鼓风炉需要蒸汽机驱动的鼓风装置才能达到所需的送风量和炉温。因此只有"勇士"号这样装备大量锅炉和大马力蒸汽机的战舰才能提供所需动力。马丁弹只能现灌铁水现用，可是在实际作战时，战舰的蒸汽机主要还是用来驱动螺旋桨，以让战舰能够保持机动能力，因此战舰也只能装备小型的鼓风炉，不能大量占用蒸汽机的输出功率。

52. 该炮上空的长杆是后桅杆上安装的斜四角帆（Gaff）的帆杆，用来把帆的下半部分迎风张开。因此这是"勇士"号船尾部安装的露天回旋炮。图中前景蹲坐者制服外套袖口有刺绣的织带，表明他是军官。注意回旋炮架分成上下两个，上炮架的小轮在下炮架上滑动。军官右腿边的滑轮固定在上炮架上，作用是人力把后坐的上炮架朝前拉到火炮待发位置。滑轮大铁钩上方可见一个铁框架，框架中央安装着一个带转柄的螺杆，这套装置就是1830年后开始使用的压擦器，可以有效减少重炮的后坐距离。

53. 今天看来也许不可思议，但在当时的大型战舰上，依靠大量人力来完成大型操作，早已是一种上百年的习惯。不管工程师能否设计出动力机械来升降螺旋桨，当时人们脑海中没有使用蒸汽动力来完成战舰上日常作业的这种想法。依照惯性思维，人们认为这些劳动应该并且完全可以由水兵们来完成，蒸汽机似乎只是用来推动战舰前进的，别无他用。

54. 罗素早先想要找出阻力最小、航速最快的快艇艇体形状。他在运河上观察快艇的运动时，发现了一种今天称为"孤波"（Soliton）的现象，即一种似乎永远不会被其他波融合的独立波形。这种现象在整个19世纪，都无法用经典的波动理论解释，直到1965年，两位美国科学家用计算机数值模拟，重现了自然存在的这一现象，其复杂的成因才得以阐明。而在19世纪的当时，罗素提出了所谓的"波形"学说，该理论预测，船体型线呈正矢函数曲线时，遇到孤波的时候阻力最小。该学说当然是不正确的，但在当时，客观上促进了流线型船头船尾的推广，因为西欧在过去漫长的三个航海世纪里，大小木船的船头都是丰满钝圆形，非常不利于航速的提高。

55. 海军系数见下文公式，它是排水量、设计航速和所需标定马力之间的一个比例。要估计新船所需功率，便以一艘母型船实测已知的系数作为基准，因此母型船和新船不能差别太大。当时，和"勇士"号比较类似的战舰，就是"奥兰多"级大型木体巡航舰，其船长超过了100米。

56. 火炮甲板下面那层甲板上安置的是水泵。宾空心活塞杆式发动机的原理见第11章该发动机示意图的译者注。两舷画不一样的炮，不一定是一时疏忽的错误，更可能是为了展示该舰的两种主炮而故意这样画的。注意这两种炮的炮架都只有前轮，没有后轮，也就是让炮架尾部的方木直接和木制的甲板摩擦，从而限制火炮发射时的后坐距离。从图中可以看出，如果火炮后坐超过一个炮身长度的距离，"勇士"号的船宽就不足以让大炮安全操作了。

57. 埋首和垂荡简单地说就是船头在大浪中剧烈起伏。

58. 在风帆时代，即便是大型战舰，由于没有蒸汽动力，同样是人力操舵，一般情况下由4—8个人转动一个舵轮。而在大风大浪中，为了避免舵轮突然运动，把操舵人员打飞，便安装了滑轮组来缓冲舵轮下面的舵杆运动。

59. 抗弯系数越高，一根长棍两头受到压力的时候，越不容易被压弯。

60. 按照今天的标准来看，结构超重了。

61. 木和钢铁的这种结构性能差异见第4章及附录6、附录9。铁板、铁条铆成的船就像一个受力的整体，木块组成的船仍然像许多积木块在有限的几个位置上连接在一起，遇到大风大浪，木船船体的各个部件就会相互错动。

62. 在传统的风帆战列舰上，甲板层高常常不足 2 米，这里已经超过了 2.1 米了。

63. 一战到二战期间，英国战舰的船员居住条件和美国相比，显得简陋很多。

64. 风帆时代使用今天看起来非常残酷的鞭刑作为惩戒水手的手段，抽鞭子的次数从 25 下到上百下不等。所用的鞭子以 9 股细绳缠绕两次而成，被称为"猫的九条尾巴"。犯了大错，比如擅自脱队被抓回来的，还要被绑在两根船桨捆成的 X 形架子上，用小艇划着，到整个舰队的每艘战舰旁边，抽上 25 鞭子，以儆效尤。水手在 17—18 世纪都是目不识丁、拿了钱便挥霍一空的莽汉，使用体罚似乎没有什么问题。进入 19 世纪后，随着整个社会大众生活水平的提高，海军的水手逐渐变成了水兵，即当时专业技术素质最高的一类普通士兵，体罚就逐渐被关禁闭代替了。

65. 这在缺乏可靠的理论与计算手段来预测船舶设计性能的当时，是非常了不起的一件事，可以说是 17 世纪中叶到 1860 年匠人式的纯经验积累结出的硕果。在 17 世纪，大型战舰经常在下水后发现吃水太深，炮门距离水面太近，不得不重新进入干船坞，在船体两舷钉上厚厚的木板，以增加浮力和稳定性。到了 18 世纪，这种情况仍然屡见不鲜，船舶的排水量依然不能精确地测算出来。

66. 比如球形和锥形的实心炮弹、空心炮弹与装填火药的爆破弹、装填铁水的马丁弹。

67. 该文物保护基金是约翰·史密斯（John Smith）于 1962 年提议创设的，主要保护英国的古建筑。

68. 主要见第 2 至第 4 章。瑟宾斯在总结前人的基础上，发展出一整套加固木船结构强度的新施工工艺，使大型木体战舰的长度可以超过 70 米，最后发展到接近百米，而 18 世纪末的最大型木船，船体也只有 60 多米长。

69. "阿伽门农"级、"维多利亚"级大型木体螺旋桨战列舰的相关信息见第 13 章。"阿伽门农"级可以看作蒸汽动力和过去 200 余年发展起来的风帆战舰这一成熟作战系统的完美融合，这种大型双层甲板战列舰，火力不弱于半个世纪前、18 世纪末的三层甲板一等战舰，同时又可以实现量产。两艘"维多利亚"级三层甲板蒸汽战列舰，是大型木体战列舰的绝唱，它在那个时代，将不弱于"勇士"号的火力、木造战舰的最高生存力以及蒸汽机的性能集于一身。"维多利亚"级除了装甲之外，均不次于"勇士"号，当时也只有"勇士"号上的马丁铁水弹能够击破"维多利亚级"的船壳，而一般的重型滑膛炮发射的实心弹丸和引信不可靠的爆破弹，都无法在短时间内使该舰瘫痪。这些终极木造战舰的实现，都离不开 19 世纪 30 年代以来推广开的瑟宾斯造船法。

附录

附录 1：马力

功率就是做功的速率。一个 200 磅体重的人往高处爬 10 英尺，他就做了 2000 英尺·磅（ft·lb）的功。如果他只用了 5 秒，那么他爬高时所发挥出来的功率就是 2000 除以 5，即 400 英尺·磅每秒（ft·lb/sec）。詹姆斯·瓦特规定，一匹挽马（拉车的马）能够发挥出来的功率是 550 英尺·磅每秒（约相当于一个人持续做功功率的 20 倍）。当时，其他发动机制造商也有他们自己的定义，但到 1815 年，瓦特这个版本已经被业界广泛接纳了。他这匹马好像有点羸弱，不过马匹代表的功率数值越低，就越容易让他们的蒸汽机显得更出色一些。

标称马力（Nominal Horsepower）

在 19 世纪早期，还很难测定一台蒸汽机实际的输出功率，于是，就有了"标称马力"（NHP）这个定义，它所依据的是一台蒸汽机的几何尺寸。对于船用蒸汽机，当时标称马力的经验公式是：

$$NHP = \frac{7 \times 活塞截面积 \times 等效活塞往复运动速度}{33000}$$

计算明轮汽船蒸汽机活塞的运动速度，当时的经验公式为：

$$129.7 \times (活塞行程)^{1/3.35}$$

按照该公式，计算出的活塞行程和运动速度，呈现出如下的变化关系：

行程（英尺）	活塞运动速度（英尺/秒）
3	180
4	196
5	210
6	221
7	231
8	240
9	248

如果一台蒸汽机的标称马力和它的实际功率相等，那必然意味着，该蒸汽机汽缸里的蒸汽压力，在活塞往复运动期间，平均保持在 7 磅/英寸²的水平，而且活塞的运动速度也跟上表中的一样。对于那些早期蒸汽机，以上这些经验公式，大致上还是相当准确的，但随着蒸汽机的日益发展与进步，特别是活塞运转速度变得越来越快，真实功率也就跟着越来越偏离标称马力了。标称马力是根据蒸汽机的尺寸得出来的，因此它对于蒸汽机的报价，倒是一个很好的反映。[1]

标定马力（Indicated Horsepower）

19 世纪头几年，一种叫作"指示器"的装置[2]被发明出来，它可以描绘出一根曲线，代表汽缸内蒸汽压力随着活塞往复运动的变化关系。在这张图上，汽缸中的蒸汽在理论上所蕴含的最大功率，可以通过测算曲线下的面积得出来。这种蒸汽中所蕴含的最大功率，称为"标定马力"（ihp）。（现在，我们习惯用小写字母表示各种功率单位，如 ihp、shp。而在 19 世纪，则习惯用大写字母表示功率单位，所以这里为标称马力保留了大写字母缩写 NHP，以和其他实际功率显示出区别）

轴马力（Shaft Horsepower）

轴马力（shp）是发动机实际输送到推进器驱动轴上的马力，远远低于标定马力。蒸汽的压力，除了需要克服蒸汽机本身零件之间的摩擦力外，还要用来带动蒸汽机的辅机，比如空气泵。弗洛德[①]和怀特[②]曾先后将摩擦力归结为两类：一是"静载摩擦"（Dead Load Friction），它在船舶以各种航速航行时都不变，因为这种摩擦是各个活动部件的自重、活塞与汽缸之间的密封性、驱动轴轴承上的摩擦等导致的；二是"工作摩擦"（Working Friction），它会随着发动机实际输出的推力、船舶的航速和发动机的运转速度而改变。

弗洛德曾在 1876 年写道：两种摩擦力，约各占轴马力的 14.3%。1900 年，怀特根据更多的测试结果，针对发动机效率已经提高了很多的新船舶，提出：静载摩擦占标定功率的 5%—9%（"鸢尾花"号以 18 节航速航行时，静载摩擦占标定功率的 8%，而以 9 节航速航行时，要占到 30%[3]）。怀特没有对工作摩擦给出直接的数据，他继承了弗洛德的说法，认为在全速航行的情况下，工作摩擦和静载摩擦是同一数量级的数字。

整体来说，怀特认为，当时的新船舶，轴马力大约可达标定马力的 80%—85%，但他没有把驱动空气泵的功率消耗也算在内。"勇士"号使用的宾空心活塞杆式蒸汽机，其轴马力或许能达到标定马力的 75%。如下文所述，我这个估计，可能对早期那些效率不高的蒸汽机而言，稍微有点太高了。

推进马力（Thrust Horsepower）

这是推进器实际发挥出的推进功率，扣除了从轴马力到推进马力的损失，包括推进器本身的水动力损失，以及螺旋桨推进器和船体水流彼此干扰造成的损失[4]。

标定马力和标称马力之间的关系

早期船舶的数据很难找得到，而能找到的数据，也显示不出什么一致的变化趋势。

① W. 弗洛德，《论邓尼先生在标准测速航道上变航速航行中测得的标定马力与有效马力之比》（On the ratio of indicated to effective horsepower as indicated by Mr Denny's measured mile trials at varied speeds），出自《造船工程研究院通讯》（Trans INA）卷 17（1876）。
② WH.怀特《战舰设计手册》（Manual of Naval Architecture），1900版（伦敦）。

表 A1.1 早期蒸汽机功率比较

船名	发动机制造商	NHP	ihp	Ihp/NHP
"迪"号（Dee）	莫兹利	200	272	1.36
"拉达曼迪斯"号（Rhadamanthus）	莫兹利	220	400	1.82
"蝗虫"号（Locust）	莫兹利	100	157	1.57
"豪猪"号（Porcupine）	莫兹利	132	285	2.16
"杰克尔"号（Jackall）	纳皮尔	150	455	3.03
"哈皮"号（Harpy）	宾	200	520	2.6
"喷火"号（Spitfire）	巴特利（Butterly）	140	380	2.7

　　莫兹利发动机的标定马力与标称马力的比值看起来比较小，对此并不需要过分解读，这基本上反映了早期那一代蒸汽机的真实情况，同时也说明莫兹利厂很早就采用了这种蒸汽指示器。

　　至于早期的螺旋桨船舶，数据就更丰富一些，因为海军部常常公开发行这些船的试航结果与数据。大部分的宾空心活塞杆式发动机，标定马力与标称马力的比值是 3.8（标准误差 0.45）。克里米亚战争时期炮艇的高压蒸汽机，其数据往往不拿来做比较，因为它们的发动机是 4 汽缸的。而有些早期空心活塞杆式发动机的这个比值很低，这些案例也常常不被海军部拿来公布。在所有发动机中，越大型的比值越高，而表现得最明显的，是那些标称马力在 400—800NHP 之间的型号。炮艇发动机的标定马力与标称马力的比值能达到 4—5。

　　同一时期的 34 台莫兹利发动机，其标定马力与标称马力的比值，平均约为 3.8（标准误差 0.67）。其他厂家发动机的数据太少，不足以进行充分比对，但有资料认为，其比值跟莫兹利和宾空心活塞杆式发动机的应至少在同一个数量级上。海军部向 1859 年的船用蒸汽机委员会报告说，各个发动机龙头企业制造的发动机，它们之间的性能差异非常小，没什么好挑选的，这看来也是有一定道理的。

　　　注：法国对标称马力的定义跟英国一样[①]，但很可能，法国的早期蒸汽机至少在"拿破仑"号诞生前，比具有同等标称马力的英国发动机，实际产生的轴马力要小。

附录 2：博福伊陆军上校的研究工作 [5]

　　战舰设计促进会赞助了博福伊上校开展一项长期模型测试项目，旨在理解船舶航行阻力的本质，寻找到阻力最小的船型。博福伊早前已经用小比例模型船测试过不同形状的浮体的阻力。1793 年，该协会成员威廉·威尔斯（William Wills）将德普特福德的绿地船厂开辟出来，以便可以对比例非常大的船模进行测试（该船厂位置，见第 282 页的地图）。刚开始试验的时候，模型拖曳航行长度是 300 英

① 出自迪皮·德·洛梅未发表的《1855 年英国考察报告》，感谢 M.R. 艾蒂安（Estienne）提供给我这个文件的一份副本。

尺，而在后来的试验中缩减到了 160 英尺，船模本身有 30—42 英尺长。船模是依靠自由下坠的重物牵动一根绳索来拖曳的，这样就能产生恒定的拖曳力；再通过一台设计精妙的仪器，测量出航速达到稳定后的数值。

1793—1794 年，博福伊进行了大约 173 次拖航试验，但他认为数据不可靠，于是这些数据被全部抛弃不用。到 1795 年 11 月，他又开展了许多次试验，其中试验成功的有 776 次。然后在 1796 年 9 月到 1798 年 10 月期间，博福伊进行了 895 次成功的试验。1800 年协会发表了他的研究工作，后来到 1814 年，博福伊又在汤姆森（Thomson）的《哲学年刊》（Annals of Philosophy）上再次发表了这些结果。博福伊去世后，1834 年，其子出版了一份完整翔实的报告。

科学博物馆的汤姆·赖特（Tom Wright）博士重新研究了博福伊的研究工作，发现他的试验技巧水平很高，而且他所测得的摩擦阻力跟 70 年后弗洛德测得的结果非常接近。博福伊的数值分析是在查尔斯·赫顿（Charles Hutton）[6]的数据方法基础上进行的，看起来这些分析也是可靠的。他对船舶阻力的分解，依据的是 1795 年斯坦霍普伯爵提出的观点：

1. 水和船体表面的摩擦阻力；
2. 船头船尾水压的代数和[7]。

尽管这个分解方法已经比较合理，但是它没有明确地体现出由于船体产生波浪而造成的水压变化。博福伊对兴波阻力这个成分，已经有所认识，但他后来的测试却尝试消除掉这一因素，因而使用完全浸没入水中的模型进行了这些测试。博福伊是否知道怎么用他的数据来推算一艘实际尺寸的船舶的阻力？在这一点上，他没有留下只言片语以供推测。正是因为这样，他的工作即便再美，也是一个死胡同，就像 1775 年达朗贝尔（d'Alembert）、孔多赛（Condorcet）和伯素特（Bussut）那不太令人满意的试验[8]一样。

博福伊后来继续用验证了布盖的小角度稳定性理论和乔治·阿特伍德的大角度横摇理论，结果发表于 1816 年。

（这篇附录基本上参考的是赖特博士的博士论文，感谢他准许本书使用这部分内容。）

附录 3：成本

介绍

即使是今天，也很难准确地界定一艘战舰真正的成本有多高。计算成本的时候，哪些组成部分计入，哪些不计入呢？核算成本的时候，把船上储备物资和弹药的成本算进去了吗？货币的币值是随着时代的发展而不断改变的，我们现在司空见惯的是通货膨胀，但本书涉及的大部分历史时期，却经历了非常严重的通货紧缩。1810—1845 年，价格指数（Price Index）几乎下跌了一半。那个时候的人们，对于这种货币实际价值的变动，不像今天的人们这样敏锐，所以很多当时留下来的文献资料，要么把不同来源的、彼此不能契合的数据资料混为一谈，要么就没明确指出文中列出的数据是哪一年的。最后，最棘手的问题就是间接经费了。另外就是，应该把船厂及车间运营的总费用，拿出多少加到一艘战舰的直接建造经费上去呢？

成本随时代的变化

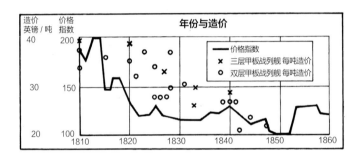

此图上的实线，显示了 1810—1860 年间英国平均价格指数的变化。实线上方的点，代表这个时期，三层和双层甲板战列舰每吨建造成本的变化，这是从《1847 年特别委员会报告》中选取出来的。可以清楚地看出，战舰造价的变化，是跟全社会整体价格指数的变化趋势紧密相关的。而且，一般三层甲板战列舰，比一般两层甲板战列舰，每吨造价要稍微昂贵一些，下文将会针对这一点略作解释。瑟宾斯和西蒙兹设计的战舰，并不比一般趋势所示的价格更昂贵，尽管他们的反对者都曾声称他们设计的战舰太贵了。报告中并没有对上图所引的那些名词做明确定义，但通过和报告中其他图的比较，似乎可以确定，成本是指船体本身的造价，而重量是船体的自重，而不是造船旧计量吨位给出的粗略估算。

战舰造价明细

现在能找到的当年的一些出版资料中，有按照船体各个部分细分出来的造价明细。A3.1 就是一份这样的表格，表中标注了时间，以示严谨。该表出自 G. 哈维（G Harvey）在 1849 年出版的一份资料，[①] 可以认为适用于 19 世纪 40 年代后期，而且这份资料中很多表格都来自《查塔姆委员会报告》。但是，在这本书中，有一些表格里的数字是从约翰·艾迪 1829 年出版的一本书[②] 中照搬来的，这些数据到哈维那个时候，早已失去了时效性。

① G. 哈维，《战舰设计学》（Naval Architecture），1849 年版（格拉斯哥）。
② J. 艾迪，《造船指南》（A Constructor's Guide），1829 版（伦敦）。

表 A3.1 1929 年造舰成本明细（造价单位：千英镑）

搭载火炮数量	工人工资	建材	整个船体建造费用	桅杆和帆桁	帆装用滑轮	"内部设施和航行储备物资"	各项共计	每门炮平摊造价
120	15.6	77.8	（93.4）	3.9	3.0	16.8	117.1	0.98
80	12.0	58.3	（65.3）	3.5	3.0	15.1	86.9	1.09
74	9.6	48.8	（58.4）	3.0	2.7	12.4	76.5	1.03
52	7.1	29.6	（36.7）	2.6	2.0	9.5	50.8	0.98
46	5.9	22.2	（28.1）	1.5	1.7	7.9	39.2	0.85
28	3.5	12.1	（15.6）	0.7	0.8	4.4	21.5	0.77

表 A3.2 螺旋桨战舰造价明细（造价单位：千英镑）

船名	船体造价	桅杆索具造价	动力机组造价	总计	年运营费
"勇士"号	286	21	76	383	
"威灵顿公爵"号	106	19	46	172	70
"阿伽门农"号	91	16	37	144	58
"奥兰多"号	104	17	66	188	46
"欧吕阿鲁斯"号	56	13	26	95	37

注："奥兰多"号大型巡航舰造价很高，而"勇士"号的造价也有一个突然的跃升。

有可能，造价中各个组成部分的相对比例，不怎么随着时代的变化而变化。其他还有一些更复杂的问题，比如船体常常会在建造好以后，封存搁置许多年才栖装下水，这样栖装时的价格指数就跟船体建造时的不一样了。看起来，"内部设施和航行储备物资"似乎包括船上的火炮以及炮架设备，尽管我也不太确定是不是真的如此，而这造价是否还包括弹药，就更不得而知了。

斯科特·罗素在 19 世纪 60 年代给出过一些造价数据，是螺旋桨战舰的，其中包括了"勇士"号，其明细分类与此表类似[9]。①

船厂上报的造价明细

表 A3.3 船体造价（造价单位：千英镑）

舰种	吨位	建造费用		栖装费用		合计
		工人工资	建材	工人工资	建材	
战列舰	3716	22.5	65.6	5.6	10.9	104.6
蒸汽巡航舰	3353	21.5	53.5	5.4	8.9	89.3
分级外炮舰（Corvette）	1623	11.5	25.5	2.9	4.3	44.2

船厂上报的船舶造价，细分为劳动力成本，即直接参与造船工作的工人的薪酬，以及造船消耗的木料等建材的成本，包括加工过程中产生的下脚料。斯科特·罗素的书里也包含了船体造价按照这种方式细分的一些数据。

当时的习惯是，每艘船分级不同，支付给造船工的薪酬也不同，这体现在战舰每吨位造价里的薪酬部分上。艾迪 1829 年给出的一些数据具体体现了这一点：

① J.斯科特·罗素，《战舰设计学》（Naval Architecture），1862年版（伦敦）。

表 A3.4 每吨位薪酬水平 [10]

搭载火炮数量	120	80	74	52	46
造船工	4.67	4.13	4.36	4.00	5.55
捻缝工	0.25	0.20	0.20	0.17	0.19
内部装修工	0.63	0.55	0.55	0.31	0.37
铁匠	0.37	0.33	0.32	0.32	0.38
粉刷匠	0.09	0.08	0.08	0.07	0.08
总计	6.01	5.29	5.51	4.87	6.57

间接经费

如果建造成本只包括直接花费在船上的劳力和使用的造船物料，那么造船过程中产生的其他一些开销就不可避免地没有包括进造船成本里去了。对于海军船厂建造的战舰，这些开销全要上报到国会，只是在名目上另起一项。尽管几乎所有战舰都是在海军船厂建造的，但当时的人们并不刻意把每艘船的这部分经费都算清楚，不过在比较海军船厂和民间船厂造船成本的时候，这个问题就突显出了它的重要性。针对这一问题，议会议员西利（Seely）先生在1867年跟海军部展开了争论。[①]

本附录最后罗列了这些间接费用的详细构成，但大概来看，这些费用包括：没有直接在船上劳动的人员的薪酬，如经理们、仓库管理员们以及病休人员；船厂内建筑、机械设备的成本；以及一些港内服务，如锚泊作业的成本。西利以1860—1861年为例，罗列了以下项目：

船厂资产	千英镑
维修中的战舰	5000
厂房、机组	2000
在建战舰	3516
改装中的战舰	772
合计	11288

利率为5%的情况下，该总资产的利息是每年564000英镑[11]。从当时出版的预算目录中，还可以找到其他间接费用，一起罗列如下：

间接经费	千英镑
利息	564
主任造船师的工资、租金、燃气费	328
退休金	60
海军部官员工资	80
锚泊、缆绳、浮标等费用	311
合计	1343

① 议员西利的短讯《海军部薪资》(*Salaries Admiralty*)，议会记录文档（1867年）。

造船的直接费用达2966千英镑，那么间接费用与直接费用的百分比就是

1343 除以 2966，达 45%。如果让一位现代会计师来测算，恐怕他还要煞费苦心地去计算资产的折旧率，但他所得的结果应该在数量级上没太大差别。海军船厂建造船体的直接成本是 35 英镑每吨，而其完全建成时成本将达到约 50 英镑每吨。西利说民间船厂建造的战舰，其全部成本只有 32 英磅每吨，但他拿出来的这个数字是 19 世纪 40 年代早期的，应该适当增加，因为克里米亚战争期间通货膨胀了。即便是这样，海军船厂的造船费用似乎还是要高得多。其中有一部分原因是，海军船厂需要保存大量的物资和维持很多的产能，用于备战。

巴里曾比较偏颇地指摘海军船厂工作效率低下。[①] 他声称，船厂在不需要技术工的岗位上使用薪水很高的技术工。不过，某种程度上，这也可以说是一种战略储备，为了备战而储备技术熟练工。巴里还声称，船厂有固定班组的习惯，有时候一个活只需要两三人就可以完成，船厂却需要 20 个人组成班组来干这个活。不过这段时间，议会组织了好几次非常深入的调查，除了极个别例外，议会总体上对船厂还是比较满意的。

总结

造舰成本的具体构成、随着时代发生的相应变化以及计入或不计入的间接经费，都容易让研究者大意地落入陷阱。几乎不可能对各艘船的真正成本做一个比较，但是通过上文已经非常清楚，战舰的成本往往比常常引用的那些数字要高出来 50%。

注：构成间接经费的项目包括[12]：

缆绳、浮标、锚泊用的缆绳；

打开船闸闸门的作业；

卸载和配发物资的作业；

回收老旧木材的作业；

木材保存工作；

起重机以及独轮车；

灭火设备；

船厂内小教堂；

小艇划桨手、各个师傅手下的徒弟、治安人员等的工资，受伤人员的赔偿，过节费；

烟囱清扫服务费；

物资仓库、船台、螺旋桨等设施设备；

船厂管理人员等的薪金。

① P·巴里，《船厂运营与海军实力》（*Dockyard Economy and Naval Power*），1863 年版（伦敦）。

附录 4：历年来纯风帆战舰的建造情况统计表

在下面这个统计表里，每一年下水的战列舰，都列出了它们的舰名（括号里是该舰搭载的火炮数），后面附带了当年下水的巡航舰和分级外炮舰（Corvette）的数量（蒸汽战舰的情况在相关章节中已经列出）。这张表里的数据，需要谨慎对待，特别是后面那几年的数据。我尽量只列出了那些最后建成时没有安装发动机的。从一个等级的战舰改装成另一个等级的战舰，比如 74 炮战列舰削甲板改装成巡航舰这种情况[13]，本表就不作统计了。（详见里夫·温菲尔德的《风帆时代的英国战舰，1817—1863》）

1815年	"豪"（Howe, 120）、"圣文森特"（St Vicent, 120）、"剑桥"（Cambridge, 80）、"防御"（Defence, 74）、"海格力斯"（Hercules, 74）、"可畏"（Redoutable, 74）、"卫斯理"（Wellesley, 74）、1-52[14]
1816年	"黑王子"（Black Prince, 74）、"米诺陶"（Minoraur, 74）、"皮特"（Pitt, 74）、"威灵顿"（Wellington, 74）、2-46、1-44、1-26[15]
1817年	"阿金科特"（Agincourt, 74）、"梅尔韦"（Melville, 74）、1-46、1-26
1818年	"柏勒罗丰"（Bellerophon, 80）、"马拉巴"（Malabar, 74）、"塔拉韦拉"（Talavera, 74）、1-26
1819年	"比利岛"（Belleisle, 74）、1-50、4-46
1820年	"不列颠尼亚"（Britannia, 120）、"坎伯当"（Camperdown, 106）、"胡克"（Hawke, 74）、1-52、3-36、1-28
1821年	"恒河"（Ganges, 82）、3-46、1-28
1822年	2-52、2-46、2-28
1823年	"摄政王"（Prince Regent, 120）、"卡纳提克"（Carnatic, 74）、1-5，2-46、3-28
1824年	"亚洲"（Asia, 84）、"复仇"（Vengance, 84）、1-46、1-28
1825年	"可怖"（Formidable, 84）、1-44、1-28
1826年	"强力"（Powerful, 84）、1-44
1827年	"克莱伦斯"（Clarence, 84）、2-44
1828年	"皇家阿德莱德"（Royal Adelaide, 120）、"孟买"（Bombay, 84）、3-46
1829年	1-52、4-46
1830年	4-46
1831年	"加尔各答"（Calcutta, 84）、"雷霆"（Thunderer, 84）、1-28、1-26
1832年	"海王星"（Neptune, 120）、"君主"（Monarch, 84）、1-50、1-36、2-28
1833年	"皇家威廉"（Royal William, 120）、"滑铁卢"（Waterloo, 120）、"罗德尼"（Rodney, 82）、1-46、1-26
1834年	1-36
1835年	"前卫"（Vanguard, 80）
1836年	1-36，1-26
1837年	1-28
1838年	—
1839年	"女王"（Queen, 100）、"尼罗河"（Nile, 92）、"印度河"（Indus, 80）
1840年	"圣乔治"（St George, 120）、"伦敦"（London, 92）、1-46、1-26
1841年	"特拉法尔加"（Trafalgar, 120）、"科林伍德"（Collingwood, 80）、"印度斯坦"（Hindustan, 80）、1-36、1-26
1842年	"阿尔比恩"（Albion, 90）、"歌利亚"（Goliath, 80）、"无上"（Superb, 80）、"坎伯兰"（Cumberland, 70）
1843年	2-50、1-26
1844年	"百夫长"（Centurion, 80）、"博斯科恩"（Boscawen）、1-36、2-26
1845年	1-50、1-36、2-26
1846年	1-50、1-36
1847年	"狮"（Lion, 80）、1-36
1848年	3-50
1849年	2-50

附录 5：木制风帆战舰的设计流程

介绍

《查塔姆委员会报告》，加上当时的一些其他参考资料，就成了一套完整的"19世纪木制风帆战舰设计指南"，而如果再补充上一些现代造船知识，还能给整个设计过程的某些方面，带来一些提升。收集整理出准确的数据，对船舶设计至关重要，战舰设计学校的毕业生们把这项工作完成得非常出色。当然，约翰·艾迪也不例外。

船体重量

一般来说，当时的战舰下水时都是一副空空的船壳，没有桅杆、火炮和其他设备。如果测量一下战舰下水时的吃水，就能简单地测量出来水下浸没船体的浮力，尽管这种计算非常费时费力。由于重力等同于浮力，空船体的自重也就知道了。查塔姆委员会的两位设计师拿这种方法测量出来的几艘船的船体重量作为参照，通过比例换算的方式，来估计新设计船只的船体重量。

测出来的船体重量，似乎跟船体主尺寸乘起来所得的结果存在比例关系，即：

$$W_H = 常数 \times L \times B \times D$$

其中：

W_H= 空船体的重量

L= 长度

B= 最大船宽

D= 船体深度

T= 吃水

以上公式，只有在新设计的船舶尺寸非常接近所测船舶的情况下，才能获得满意的估算结果。如果今天仿造这样的木船，可以使用一个更加准确的估算公式：

$$W_H = \frac{L \times B + B \times D + L \times D}{a} + b$$

其中 a、b 是经验常数。随文的图示中把大量当时战舰的重量按照上述公式的形式，做了函数曲线，然后估计出这两个常数的值。

对于双层甲板战列舰，a=8.7，b=100。

对于巡航舰，a=8.7，b=215。

注：

1. 用松、杉木建造的巡航舰，其数据点落不到本图巡航舰的曲线上[16]。

2. 三层甲板战列舰数据不足，这类船的系数可能是：a=8.7，b=446。

3. 这些战舰的数据能够跟（L×B+L×D+B×D）的形式相符合，这本身就说明了这些战舰的结构强度不足[17]。

4. 瑟宾斯和西蒙兹设计的战舰，船体重量不见得比其他战舰重，尽管他们的反对者都曾这样声称。

5. 加德纳（Gardiner）著文说法国战舰要比英国战舰船体轻得多，然而当时的法国关于战舰设计的经典著作中，无一提到船体的重量，这给法国那所谓的"科学"舰船设计法，增添了一丝令人怀疑的不确定性。瑟宾斯曾说过：一艘法国的三等战列舰会比英国相应等级的战舰轻约380吨[①]。总重量才1500吨左右的船体，就能有这么大的重量差异，看起来是不大可能的。

6. 从统计学上看，图中数据的相对误差（误差/实测数据），其标准偏差（Standard Deviation）为0.05，即三分之二的数据点其误差都在5%甚至更小的范围内，这是相当好的数据重复性。

7. 那些削甲板改装成巡航舰的原双层甲板战列舰，船体深度采用了新数值，但其数据点仍然落在双层甲板战舰的曲线上，这反映了这些船船体木料尺寸非常厚重。

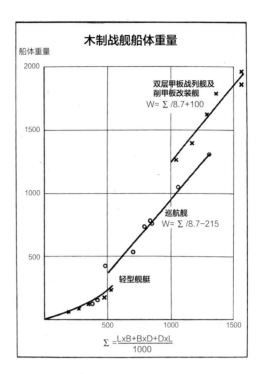

木制战舰船体重量

船体重量

双层甲板战列舰及削甲板改装舰
$$W= \sum /8.7+100$$

巡航舰
$$W= \sum /8.7-215$$

轻型舰艇

$$\sum = \frac{L×B+B×D+D×L}{1000}$$

船体用料

船体基本是用木材制成的，但并不一定全部都是。艾迪在1829年列出了如表A5.2所示的船体各种材料的重量明细划分。[②]

让今天的人们惊讶的是，当时从来没有尝试把构成船体的各个部件的重量全部加起来，来计算船体的自重。这个计算很简单，但也很耗时，需要一个人花费几个星期的时间，才能计算出来。[18] 表A5.1[③]列出了不同木材种类的重量。

表 A5.1 不同木材的重量 [19]

木材品种	新采伐		充分风干	
	磅	盎司	磅	盎司
英国橡木	71	10	43	8
旦泽橡木	49	14	36	0
非洲柚木	63	12	60	10
印度柚（新采伐的和充分风干的重量基本没变化）　印度马拉巴	—	—	52	15
缅甸仰光	—	—	26	4
印度桅杆胡杨（Indian Mast Peon）[20]	48	3	36	0
雪松	32	0	28	4
落叶松	45	0	34	4
里加杉	48	12	35	8
新英格兰杉	44	12	30	11
榆木	66	9	37	5
山毛榉	60	0	53	6
水曲柳/白蜡木	58	3	50	0

① R. 瑟宾斯的通信，出自《防务研究院院刊》（*Journal of the United Services Institution*），1830年。
② J. 艾迪，《造船指南》，1829版（伦敦）。
③ G. 哈维，《战舰设计学》，1849版（格拉斯哥）。

A5.2 不同战舰、炮艇船体各组成部分的重量 [21]

火炮搭载数	120		80		74		50（削甲板改装成的巡航舰）		52		46		26（削甲板改装成的分级外炮舰）	
重量单位	吨	英担	吨	英担	吨	英担	吨	英担	吨	英担	吨	英担	吨	英担
木材	2197	10	1653	11	1406	2	1255	10	904	0	690	13	615	6
铁件	136	0	119	10	109	4	96	13	67	0	53	7	39	0
铜钉	47	14	40	0	37	13	36	13	23	0	15	0	13	10
铜皮	17	19	14	12	12	14	11	18	11	7	9	4	7	14
合金钉	2	18	2	5	2	2	1	14	1	18	1	12	1	10
铰叶、支撑拐铁等	2	11	2	3	1	15	1	15	1	15	1	9	1	0
各类铅制品	9	0	8	9	8	0	7	10	7	2	5	4	4	9
麻絮	16	1	13	10	11	10	9	7	6	10	4	18	4	1
桶装松树胶油	5	7	4	6	4	12	3	18	3	17	2	18	1	17
桶装松树焦油	11	13	11	7	11	5	11	5	7	0	4	13	4	2
铅白等白色涂料	9	10	6	12	6	8	6	8	4	12	2	2	2	7
亚麻籽油	1	5	1	5	1	5	1	1	1	0	0	18	0	16
船体上的三层涂装漆料	9	10		16	4	5	4	2	3	10	2	15	2	8
战舰下水时的重量	2466	18	1882	6	1616	15	1447	18	1042	12	795	3	698	0

火炮搭载数	28		18（分级外炮舰，Corvette）		18（纵横帆双桅杆炮舰）		10（纵横帆双桅杆炮艇）		纵帆炮艇		单桅杆炮艇	
重量单位	吨	英担	吨	英担	吨	英担	吨	英担	吨	英担	吨	英担
木材	358	14	238	0	175	4	132	18	89	10	68	12
铁件	23	5	16	15	15	10	8	0	7	10.5	5	1.5
铜钉	8	5	5	2	4	17	3	11	2	15	1	17
铜皮	5	10	5	2	3	19	3	3	2	12	2	1
合金钉	0	18	1	1	0	12.5	0	10.5	0	8.75	0	6.75
铰叶、支撑拐铁等	0	11	0	11	4	0	54	0	0	4.75	0	4.25
各类铅制品	4	10	4	7	4	2	3	0	2	3	1	2
麻絮	4	0	3	12	3	0	2	0	1	12	1	8
桶装松树胶油	1	5	1	3	1	4	0	15	0	15	0	11
桶装松树焦油	2	7	1	18	1	15	0	15	0	11.25	0	10.25
铅白等白色涂料	2	4	1	12	1	5	0	15	0	13	0	5
亚麻籽油	0	6	0	4.25	0	3	0	2	0	1.5	0	0.75
船体上的三层涂装漆料	2	2	1	15	1	13	0	13.5	0	9.25	0	7.5
战舰下水时的重量	413	17	281	3	213	10	156	8	109	6	82	7

舰载武器的重量

战舰下水之后，需要承载的最主要的设备，同时也是最重的设备，就是武器。每型舰载火炮的参数介绍中，总要包括这门火炮炮身的重量，比如"56英担重的32磅加农炮"（1英担缩写为"cwt"，等于1/20吨），但整备好、可以随时战斗的大炮，还少不了炮架以及操作火炮所需的工具、设备，炮架和这些部件的重量为大炮重量的20%，或者更多。对于一门56英担重的32磅炮来说，其相关设备如下：

表 A5.3 炮架及相关工具、设备 [22]

工具、设备	重量（磅）
炮架、垫块和楔块	923
炮机防潮、防水罩	13
铜质炮机	2
撬杠、炮膛清洁杆、装填杆	47
缆绳及杂项	151
合计	1148

除了大炮的配套设备之外，还要再加上弹药的重量，现将一些典型的示例数据列于表 A5.4。

对于一艘一等战列舰，还需要再加上 18 枚 8 英寸葡萄弹、180 枚 32 磅葡萄弹。

表 A5.4 弹药

示例船	火炮总重（吨）	火药总量（吨）	炮弹数量 56磅空心弹	32磅实心弹	8英寸爆破弹	炮弹总重（吨）
"女王"号	319	86	400	8000	240	140
"罗德尼"号	291	80	400	6560	400	119
"爱丁堡"号	194	75	160	5140	160	91
"波特兰"号（Portland）	131	70	160	3680	160	67
"贝尔维德拉"号（Belvidera）	83	58	80	2880	80	54
"柑桂"号（Curacoa）	53	42	30			

桅杆、帆以及帆装

前面讨论那些笨重而庞大的蒸汽机时，我们常常忘了一艘风帆战舰的帆装是多么的沉重——一艘一级舰的帆装大约可达 180 吨。

在风帆时代的最后阶段，海军学院船舶设计专业的学生学习的是下面这个公式，以此来计算战舰所需的风帆的面积。虽然 1840 年似乎还不太可能用上这种公式，但当时的使用经验应该也能得出类似的数值关系来：[23]

所需推力 = A/(排水量)$^{2/3}$　　　挂帆能力 = (排水量×m)/(A×h)

公式中：

A= 帆面积

h= 所有帆作用力的合力点距离水面的高度

m= 稳心高

这两个公式 [24] 得出的计算值的推荐数值范围见表 A5.5。

表 A5.5 风帆的推力情况 [25]

舰种	舯横剖面面积（英尺^2）	推力	挂帆能力
战列舰	40—50	100—120	20—30
巡航舰	35—40	120—140	15—20
纵横帆双桅杆炮舰	30—35	140—160	10—15

注意，上述"推力"是假设推力随着帆面积增加而增加，这是一个近乎合理的推测，但同时假设船体阻力跟舯横剖面面积呈正比，这就不对了 [26]。上述公式也隐含着假设：随着航速的增加，风帆所受的推力和船体的阻力，是同步增加的。这对

于航速在 10 节以内的情况，是基本上正确的，但航速超过 10 节，就不正确了[27]。

《查塔姆委员会报告》对每一级战舰上的每一面帆的尺寸都给出了非常具体的数据，表 A5.6 就是一个示例。

表 A5.7 更有用一些，列出了每面帆的帆面积、这面帆的风力作用力合力点等数值，这些是计算上面"挂帆能力"公式中"h"这个数值所必需的。这些数值也都列在菲利普·瓦茨绘制的示意图中了，如图所示。

表 A5.9 列出了桅杆和帆桁的尺寸。

表 A5.9 中的总结部分，列出了战舰上帆、桅杆桁材以及静支索、动支索等缆绳的重量。由于船上各类帆装、栖装品的重量是参照船的吨位来按比例换算的，因此当把这些东西的重量和船舶吨位绘制成比例图的时候，就会呈现出一根直线，这也是顺理成章的，没什么奇怪的。此外，锚的重量和锚缆的重量，也是跟吨位直接成比例的。

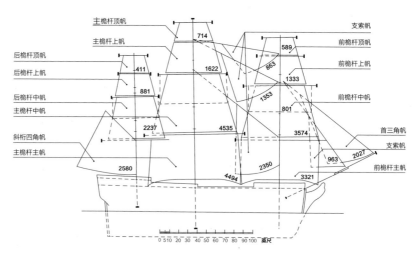

摘自菲利普·瓦茨[28]所著的《特拉法尔加之战中的皇家海军》里的"典型战舰的帆装样式"。上图为一艘三层甲板一等战列舰的帆装，下图为一艘巡航舰的帆装。[29]

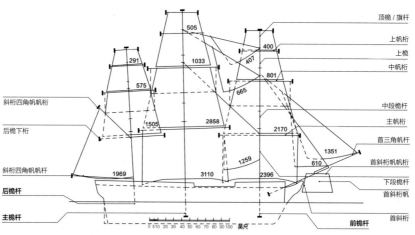

表 A5.6 战舰上主要帆的尺寸 [30]

帆名称	一等战列舰 上边宽 英尺	英寸	底边宽 英尺	英寸	帆高 英尺	英寸	80炮战列舰 上边宽 英尺	英寸	底边宽 英尺	英寸	帆高 英尺	英寸	70炮战列舰 上边宽 英尺	英寸	底边宽 英尺	英寸	帆高 英尺	英寸	削甲板50炮重型巡航舰 上边宽 英尺	英寸	底边宽 英尺	英寸	帆高 英尺	英寸
首三角帆	—	—	52	6	81	6	—	—	51	0	78	0	—	—	50	0	78	0	—	—	50	0	82	0
前桅杆主帆	81	6	78	6	40	0	80	0	77	0	45	0	75	0	71	6	42	9	75	0	71	0	50	0
前桅杆中帆	51	6	82	0	53	6	51	2	82	0	54	3	50	3	77	6	50	6	50	3	77	6	50	6
前桅杆上帆	38	6	54	9	28	8	34	8	54	9	27	0	35	9	51	3	26	4	35	9	51	3	26	4
支索帆	—	—	—	—	—	—	—	—	—	—	—	—	—	—	—	—	—	—	—	—	—	—	—	—
主桅杆主帆	93	10	97	0	45	6	92	9	96	7	52	0	86	0	90	6	48	9	86	0	90	6	56	0
主桅杆中帆	60	9	96	0	60	9	60	9	94	10	60	6	57	6	87	6	57	3	57	6	87	6	57	3
主桅杆上帆	43	8	63	6	32	6	40	1	63	6	32	6	40	3	59	0	30	0	40	3	59	0	30	0
斜桁四角中帆	—	—	—	—	—	—	—	—	—	—	—	—	—	—	—	—	—	—	—	—	—	—	—	—
后桅杆中帆	41	9	63	6	43	6	41	9	63	6	44	0	38	6	57	6	41	0	38	6	57	6	41	0
后桅杆上帆	32	6	43	2	22	0	30	3	43	2	22	0	27	6	40	0	22	0	27	6	40	0	22	0
斜桁四角帆	47	0	62	6	32	6	47	0	62	6	36	6	45	0	60	0	32	0	45	0	60	0	36	6
			63	6	63	6					63	6					54	0			58			6

表 A5.7 帆面积和风合力点在帆上的位置

帆名称	帆面积 英尺²(120炮)	高出满载水线 英尺/英寸(120炮)	在浮心前 英尺/英寸(120炮)	在浮心后 英尺/英寸(120炮)	帆面积 英尺²(80炮)	高出满载水线 英尺/英寸(80炮)	在浮心前 英尺/英寸(80炮)	在浮心后 英尺/英寸(80炮)	帆面积 英尺²(74炮)	高出满载水线 英尺/英寸(74炮)	在浮心前 英尺/英寸(74炮)	在浮心后 英尺/英寸(74炮)
首三角帆	2132	73/0	135/0	—	1989	73/0	131/0	—	1950	67/0	118/0	—
前桅杆主帆	3210	52/0	76/0	—	3537	50/6	73/0	—	3120	45/9	67/2	—
前桅杆中帆	3577	98/0	77/3	—	3600	98/0	73/0	—	3221	91/6	67/2	—
前桅杆上帆	1334	141/0	77/9	—	1205	141/0	73/0	—	1144	131/0	67/2	—
主桅杆主帆	4305	53/6	—	11/0	4914	50/6	—	12/0	4300	47/6	12/—	12/0
主桅杆中帆	4740	104/6	—	11/6	4704	105/6	—	13/0	4140	99/6	12/—	12/4
主桅杆上帆	1761	152/0	—	12/6	1682	153/0	—	14/0	1469	143/0	12/—	12/8
后桅杆中帆	2300	92/6	—	70/6	2314	92/6	—	65/6	1962	84/6	65/—	65/0
后桅杆上帆	836	126/6	—	71/6	806	126/6	—	67/0	737	116/4	65/—	65/9
斜桁四角帆	2457	60/6	—	102/3	2825	53/0	—	95/0	2243	49/0	94/—	94/6
帆面积总计	26652				27576				24286			
所有帆作用力的合力点，位于浮心前方	英尺 11 英寸 9.625				英尺 9 英寸 1.625				英尺 英寸 7.25			
所有帆作用力的合力点，位于满载水线上方	英尺 87 英寸 1.25				英尺 83 英寸 10.875				英尺 78 英寸 5.5			
满载水线 舰首	英尺 24 英寸 7				英尺 21 英寸 9				英尺 20 英寸 11			
满载水线 舰尾	英尺 26 英寸 0				英尺 25 英寸 0				英尺 23 英寸 9			

表 A5.7　帆面积和风合力点在帆上的位置

帆名称	削甲板改装的50炮巡航舰							52炮巡航舰							46炮巡航舰						
	帆面积	该面帆上风合力点的位置						帆面积	该面帆上风合力点的位置						帆面积	该面帆上风合力点的位置					
		高出满载水线		在浮心前		在浮心后			高出满载水线		在浮心前		在浮心后			高出满载水线		在浮心前		在浮心后	
	英尺²	英尺	英寸	英尺	英寸	英尺	英寸	英尺²	英尺	英寸	英尺	英寸	英尺	英寸	英尺²	英尺	英寸	英尺	英寸	英尺	英寸
首三角帆	2100	65	0	120	0	—	—	1850	58	0	117	0	—	—	1280	48	6	103	0	—	—
前桅杆主帆	3654	45	0	67	2	—	—	2993	39	9	65	0	—	—	2457	37	6	56	0	—	—
前桅杆中帆	3221	93	0	67	2	—	—	3221	85	0	65	0	—	—	2241	76	4	56	0	—	—
前桅杆上帆	1144	132	6	67	2	—	—	1144	125	0	65	0	—	—	738	108	9	56	3	—	—
主桅杆主帆	4928	47	0	—	—	12	0	3971	40	0	—	—	11	0	3075	37	6	—	—	10	0
主桅杆中帆	4140	102	0	—	—	12	4	4140	90	0	—	—	11	6	2790	81	8	—	—	10	3
主桅杆上帆	1469	145	0	—	—	12	8	1469	133	6	—	—	12	0	972	118	3	—	—	10	6
后桅杆中帆	1962	83	0	—	—	65	0	1962	74	6	—	—	62	0	1369	68	9	—	—	55	0
后桅杆上帆	737	116	0	—	—	65	4	737	106	4	—	—	63	0	549	96	9	—	—	55	9
斜桁四角帆	2421	44	0	—	—	92	0	2243	40	6	—	—	90	3	1783	38	0	—	—	67	6
帆面积总计	25776	—	—	—	—	—	—	23730	—	—	—	—	—	—	17254	—	—	—	—	—	—

	英尺	英寸		英尺	英寸		英尺	英寸
所有帆作用力的合力点，位于浮心前方	10	2.375		9	0		8	1.75
所有帆作用力的合力点，位于满载水线上方	76	6.875		71	0.375		62	6
满载水线　舰首	20	3		21	5		17	6
满载水线　舰尾	21	6		25	5		19	2

表 A5.8 战舰搭载物重量概览 [31]

（表中展示的是各型战舰整备到能够去海外驻派服役时，以下搭载物的重量：桅杆、帆桁、备用桁材、帆装缆绳、滑轮、帆、锚缆、锚、饮用水、食物、水手、火药、炮长、水手长、木匠的储备物资、大炮、炮弹以及舰载艇等）

搭载物	120炮战列舰			80炮战列舰			74炮战列舰			削甲板改装的50炮巡航舰			52炮巡航舰			46炮巡航舰		
	吨	英担	夸脱	吨	英担	夸脱	吨	英担	夸脱	吨	英担	夸脱	吨	英担	夸脱	吨	英担	夸脱
下段桅杆及首斜桁	52	12	1	51	18	2	36	14	0	38	14	0	43	2	0	21	12	3
中段桅杆及所有帆桁	37	1	3	37	1	3	27	11	0	27	11	0				18	12	3
备用桅杆桁材	16	11	3	16	11	3	12	12	0	12	12	0	12	12	0	7	10	2
静支索	29	6	0	28	6	0	26	19	0	28	10	0	25	4	0	14	13	0
动支索	18	2	0	17	4	0	16	18	0	17	15	0	16	5	0	11	7	0
滑轮	12	3	0	11	2	0	10	12	0	10	12	0	10	0	0	5	8	0
帆	6	19	3	7	5	3	6	0	2	6	14	0	6	1	0	3	15	3
备用帆	4	4	0	4	7	0	3	14	1	4	5	0	3	14	0	2	5	2
亚麻制锚缆	32	10	0	29	15	0	25	4	0	25	4	0	25	4	0	13	1	0
铁制锚缆	37	3	0	36	11	0	30	17	0	30	17	0	30	17	0	26	2	0
锚	20	16	2	17	8	0	15	5	0	15	5	0	12	10	2	10	1	0

搭载物	吨	英担	吨	英担	吨	英担	吨	英担	吨	英担	吨	英担
压舱铁和水柜	373	0	247	0	196	0	100	0	187	0	107	10
饮用水	410	15	385	0	260	9	175	0	220	0	110	0
煤和劈柴	100	0	78	0	52	0	45	0	38	0	32	0
食物、酒和做衣服用的布料	296	4	241	15	214	18	134	3	113	0	69	4
船员及随身物品箱等	102	6	78	0	65	0	48	0	45	0	27	3
炮长储备物资	39	12.5	27	2	22	2	18	0	16	0	12	11
水手长和木匠储备物资	54	0	51	15	48	0	46	0	39	0	31	0
大炮等	329	18	224	5	178	7	150	18	125	4	80	7
火药等	33	5	25	0	20	16.5	18	12	13	18	11	18.75
实心炮弹和散弹	125	14	98	12	79	17	80	12	58	2	45	10
舰载风帆大艇	5	8	5	2	5	2	5	2	4	3.5	4	3.5
	2艘		2艘		2艘		2艘		2艘		2艘	
舰载单桅杆风帆小艇	1	3	1	3	1	3	1	2	1	3	1	3
											支队司令（Commondore）	
军官过驳艇	1	10	1	10	1	10	1	10	1	10	1	10
大划艇	1	10	1	10	1	10	1	10	1	5.25	1	10
小划艇	—	—	—	—	—	—	0	10.75	—	—	—	—
舰载小艇	0	9.75	0	9.75	0	9.75	0	9.5	0	9.75	0	9.75

削甲板改装的26炮分级外炮舰			28炮分级外炮舰			18炮分级外炮舰			18炮双桅杆炮舰			10炮双桅杆炮艇			单桅杆炮艇（Sloop）			单桅杆炮艇（Cutter）		
吨	英担	夸脱	吨	英担	夸脱	吨	英担	夸脱	吨	英担	夸脱	吨	英担	夸脱	吨	英担	夸脱	吨	英担	夸脱
21	5	1	9	2	0	9	2	0	7	9	2	4	5	2	6	8	0	5	9	2
18	12	3	8	15	2	8	15	2	7	3	1	5	15	1	1	18	2	2	12	0
7	10	2	4	2	0	4	2	0	3	0	2	2	4	3	1	3	0	—	—	—
14	13	0	12	10	0	12	18	0	5	0	0	3	5	0	2	2	0			
11	7	0	6	10	0	6	16	0	4	10	0	2	16	0	1	8	2	3	13	0
5	8	0	4	4	0	4	4	0	2	0	0	1	0	0	0	6	3			
3	17	0	2	2	3	2	5	1	1	11	3	1	4	2	1	5	0	1	17	0
2	6	0	1	9	3	1	13	1	1	5	2	0	17	1	0	16	1	0	5	1
9	13	0	6	19	0	6	19	0	4	1	0	1	16	0	0	8	1	—	—	—
26	2	0	15	18	0	15	18	0	10	8	0	7	1	0	6	6	3	3	9	0
8	11	0	4	5	2	4	5	2	3	10	2	2	14	0	2	2	3	1	7	2

吨	英担	吨	英担	吨	英担	吨	英担	吨	英担	吨	英担	吨	英担
84	0	81	55	77	0	47	0	25	0	30	0	32	0
106	0	55	5	50	0	32	0	19	0	11	0	4	5
21	0	15	0	10	0	8	10	6	0	4	0	2	0
59	0	31	15	28	10	23	14	6	10	6	8	3	2
20	0	18	2	14	7	14	7	8	14	4	12	2	15
11	10	7	10	6	5	5	17	2	2	1	8	0	18
31	0	16	0	14	10	12	5	8	7	4	2.25	4	12
68	8	31	3	21	17	21	17	8	2.25	4	7	3	8
9	5	4	18.75	2	15	2	15	1	10	0	11.5	0	11
38	15	30	3	22	2	22	2	6	0	2	5.5	2	10
—		—		—		—		—		—		—	

2艘 （第一列组）　　　　　　　　　"爵尔"（Yawl）式帆装（10炮双桅杆炮艇）

吨	英担	吨	英担	吨	英担	吨	英担	吨	英担	吨	英担	吨	英担
1	3	0	14.75	0	10.75	0	10.75	1	3	0	16	0	16

单桅杆小艇　　　2艘单桅杆小艇，一些小划艇

吨	英担	吨	英担	吨	英担	吨	英担	吨	英担	吨	英担	吨	英担
0	14.25	1	6	0	8	0	8	—		—		—	
1	10	1	5.25	1	5.25	1	5.25	—		—		—	
0	9.5	—	—	—	—	—	—	0	9	0	13	0	13.25
—	—	0	9.75	0	7.75	0	7.75	0	9.75	0	7.75	0	4.5

表A5.9 桅杆和帆桁的尺寸 [32]

桅杆和帆桁名称		120炮战列舰			80炮战列舰			74炮战列舰			50炮削甲板巡航舰			52炮巡航舰		
		长度		直径	长度		直径	长度		直径	长度		直径	长度		直径
		码	英寸	英寸	码	英寸	英寸	码	英寸	英寸	码	英寸	英寸	码	英寸	英寸
下段桅杆	前桅	36	28	36.75	36	0	36	32	30	31.25	32	30	33.5	30	6	31
	主桅	39	32	40	39	22	39.75	36	0	36	36	0	36	33	6	34.5
	后桅	27	8	24.5	27	8	24.75	24	23	21.625	26	16.5	24	24	0	22.5
首斜桁		25	1	36.875	23	35	36	22	0	34.125	22	0	34.125	21	18	31.5
前桅杆	中段桅杆	20	34	20.625	20	26	20.75	19	8	19.25	19	8	19.25	19	8	19.25
	上段桅杆	10	12	10.75	10	0	10	9	22	9.625	9	22	9.625	9	22	9.625
	主帆桁	30	13	21.5	29	33	21.5	28	4	19.625	28	4	19.625	28	4	19.625
	中帆桁	21	18	13.75	21	20	13.875	20	18	12.75	20	18	12.75	20	18	12.75
	上帆桁	14	8	8.625	12	34	8	13	12	8.5	13	12	8.5	13	12	8.5
主桅杆	中段桅杆	22	34	20.625	23	0	20.75	21	22	19.25	21	22	19.25	21	22	19.25
	上段桅杆	11	17	11.625	11	18	11.375	11	0	11	11	0	11	11	0	11
	主帆桁	34	28	24.625	34	15	24.75	32	8	22.625	32	8	22.625	32	28	22.625
	中帆桁	24	20	15.5	24	27	16	23	18	14.625	23	18	14.625	23	18	14.625
	上帆桁	16	9	10	15	12	9.375	15	10	9.25	15	10	9.25	15	10	9.25
后桅杆	中段桅杆	16	17	13.75	16	28	13.75	15	32	13	15	32	13	15	32	13
	上段桅杆	8	8	8.625	8	8	8.5	8	0	8	8	0	8	8	0	8
	后桅下桁	24	20	15.5	24	27	16	23	18	14.625	23	18	14.625	23	18	14.625
	中帆桁	16	12	10.125	16	12	10.125	15	13	9.625	15	13	9.625	15	13	9.625
	上帆桁	12	3	6.5	11	12	7	10	21	6.125	10	21	6.125	10	21	6.125
斜桁四角帆帆桁		23	7	13.75	23	13.5	13.875	22	27	12.75	22	27	12.75	22	7	12.75
斜桁四角帆帆桁		17	6	12.625	17	13	12	16	35	11.625	16	35	11.625	16	35	11.625
首三角帆桅杆		17	18	15.25	16	24	14.5	16	0	14.125	16	0	14.125	16	0	14.125
首斜桁帆帆桁		21	18	13.75	21	20	13.875	20	18	12.75	20	18	12.75	20	18	12.75

船员和他们的随身物品

这些战舰需要数量众多的水手，这些人的重量，以及他们随身物品存放箱的重量，加在一起同样是不容忽视的（见表 A5.8）。这些船员还得有饭吃，所以表里面除了人员和物品重量外，还有两个星期内每人配给的食物重量。船上搭载的饮用水的量，是按照每人每天一加仑（10 磅）来确定的。最后，引用哈维 [①] 的一张表格（表 A5.10）来体现一下当时木制风帆战舰的庞大体积和结构复杂。

表 A5.10　各级战舰所需各种后勤物资量选录 [33]

舰种		120炮战列舰	80炮战列舰	74炮战列舰	削甲板50炮巡航舰	52炮巡航舰	46炮巡航舰	削甲板26炮分级外炮舰	28炮分级外炮舰	18炮分级外炮舰	18炮双桅杆炮舰	10炮双桅杆炮艇	纵帆炮艇	单桅杆炮艇
船体铜皮（张）	每平方英尺28盎司	1166	1800	1472	1329	1350	1000	850	790	850	797	580	652	550
	每平方英尺32盎司	3572	2050	1734	1706	1650	1170	1130	600	613	301	200	80	—
木钉个数		64458	35103	27019	25380	23500	20826	17300	14540	13050	11193	8316	7100	3250
松树胶油（桶）		50	45	43	37	36	25	18	12	11	11	7	7	5
松树焦油（桶）		109	106	105	105	66	44	39	22	18	16	7	5.75	5
亚麻籽油（加仑）		400	400	400	400	320	282	256	96	60	48	32	23	11
周长从0.75英寸到18英寸的各类缆绳的总长度（英寻）		30250	32400	27152	29200	28700	20728	21370	19031	19350	10709	7335	—	—
滑轮个数		940	940	934	934	934	893	893	848	848	576	399	—	—
船帆所需帆布总长度（码）		12517	12947	10784	11130	10824	7307	7381	4796	5096	3547	2740	2790	4140
备用船帆所需帆布总长度（码）		7584	7844	6650	6876	6690	5066	5140	3322	3720	2847	1916	1750	589
第一个数字是常用锚配备的缆绳根数，第二个数字是中型锚（Stream Anchor）配备的缆绳根数														
麻制缆绳		5　1	5　1	5　1	5　1	5　1	5　1	4　1	3　1	3　1	3　1	2　1	1　1	1　0　1　—　—
铁链缆绳		3　1	3　1	3　1	3　1	3　1	3　1	3　1	3　1	3　1	3　1	2　1	3　0	3　1

船舶稳定性和水静力学特性

当时的人们对稳定性问题认识得很清楚：只有稳定性足够高，才能挂更多的帆，并且在遇到横风时船体横倾才不会太大。这一点对于一支把抢占上风位置当成习惯战术的海军来说 [34]，是尤为重要的。因为横倾角度过大，不仅会让背风这一舷大炮与水面的仰角减少，而且会让炮门太靠近水面。

他们还认识到，稳心高（GM）是船舶稳定性的一种指标，至少小角度情况下的稳定性，是可以用它来衡量的。稳心高是可以直接计算出来的，毕竟只是一些加法运算，但在没有计算机的时代就非常累人了。那 19 世纪上半叶为何没有尝试过进行这种计算呢？今天已经不得而知了。稳心高还可以通过横倾试验测得，在这项试验中，人们会把一块重物在甲板上移动一段已知距离，然后测量船体的横倾角度。现在的一般说法是，19 世纪上半叶，只进行过很少几次（两次到四次）这样的试验，但由于当时的资料中提到了不少十分准确的稳心高数据，所以当时很有可能不止进行过这么几次试验。

[①] 同上。

以下数据能让读者对当时各种等级的战舰的稳心高有一个大致印象：[35]

战列舰	4—6.5英尺
巡航舰	4—6英尺
分级外炮舰（Sloop）、双桅杆炮舰	5—6英尺

附注（涉及船舶设计专业知识）

利用莫里什（Morrish）公式可以计算出浮心的位置：

浮心到水线的距离=1/3（T/2+船体体积÷水线面面积）[36]

只要忽略掉船底外龙骨，即可套用这个公式。

稳心在浮心以上的高度，可以通过下列公式得出：[37]

$$BM=I/V=k \times B^2/T$$

式中，k 针对各种风帆战舰的典型取值如下：

船名	大炮数量	k
"纳尔逊"号（Nelson）	120	0.18
"喀里多尼亚"号（Caledonia）	120	0.17
"博伊奈"号（Boyne）	98	0.16
"巨像"号（Colossus）	80	0.15
"圣多明戈"号（San Domingo）	74	0.18
"阿贾克斯"号（Ajax）	74	0.19
"欧吕阿鲁斯"号（Euryalus）	36	0.20
"革命者"号（Revolutionnaire）	38	0.20
"莱达"号（Leda）	36	0.20

稳心高并不足以保证大角度横摇时船舶的稳定性，尤其是风帆战舰。"船长"号（Captain）的稳心高不低，但该舰的复原力矩（Righting Moment）并没有随着船体倾斜角的增加而增加，反而在倾斜角并不大的时候，就完全丧失掉了。[38]

怀特[①] 用一张 GZ（代表复原力矩 ± 排水量）[39] 与横倾角关系图描述了当时一艘巡航舰的稳定性。

在这张巡航舰复原力矩曲线图上：

1. 主尺寸 131 英尺（长）×40 英尺 7 英寸（最大宽）×17 英尺 4 英寸（吃水），GM 6.2 英尺，满载排水量 1055 吨。

2. 主尺寸 131 英尺（长）×40 英尺 7 英寸（最大宽）×16 英尺（吃水），GM 4.1 英尺，轻载排水量 887 吨。

3. 主尺寸 111 英尺（长）×38 英尺 8 英寸（最大宽）×16 英尺 7 英寸（吃水），GM 4.5 英尺，满载排水量 1075 吨。

① W.H. 怀特，《战舰设计手册》，1900年版（伦敦）。

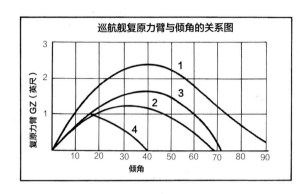

4. 同 3，但炮门打开。

　　注意，轻载情况下的复原力矩要比满载情况下小得多，因为船上搭载的水
和其他物资等都存放在底舱，这些东西一旦消耗掉，重心就会升高。以今天的标
准来看，这个稳定性曲线似乎已经很令人满意了，而且当时的实践经验也验证了
这一点，因为很少有船因为恶劣天气而失事[40]。然而当战舰炮门保持打开状态时，
稳定性就让人没法接受了，而且即使是今天的船舶，靠近水线位置如果有没有
关闭舱门，也是很危险的。怀特这张曲线图中的 3 号、4 号曲线有可能就是 1817
年针对"欧吕阿鲁斯"号失事而展开的调查中绘制出的曲线（上面标注的船舶主
尺寸跟"欧吕阿鲁斯"一致），该舰失事是因为炮门敞开而被大风吹得倾覆了。

表 A5.11　载重增加与排水量增加之间的对应关系[41]

舰种		轻载情况下，吃水增加1英寸增加的排水量		满载情况下，吃水增加1英寸增加的排水量		轻载情况下，船体中段增加1英尺吃水，对应增加的排水量		满载情况下，船体中段增加1英尺吃水，对应增加的排水量	
		吨	英担	吨	英担	吨	英担	吨	英担
120炮战列舰		20	12	24	0	16	10	29	17
80炮战列舰		17	12	21	11	15	18	26	13
74炮战列舰		15	5	17	17	12	7	21	3
削甲板50炮巡航舰		14	6	17	2	11	14	18	4
52炮巡航舰		12	18	16	2	8	9	17	6
46炮巡航舰		9	6	12	5	8	4	14	4
削甲板26炮分级外炮舰		8	18	11	10	6	10	12	15
28炮分级外炮舰		6	12	79	51	97			
18炮分级外炮舰		5	13	7	0	3	10	7	5
18炮双桅杆炮舰		4	10	5	13	3	11	6	10
10炮双桅杆炮艇		3	10	4	7	2	10	4	8
纵帆炮艇		2	13	3	10	1	13	3	6
单桅杆炮艇		2	4	2	17	2	4	3	5
新型战舰									
"伦敦"号（London）	92炮	20	4	23	9.75	16	0	27	2
"蓖麻"号（Castor）	36炮	11	12	14	7.25	9	14.75	12	12
"弗农"号（Vernon）	50炮	14	15	18	10.5	10	14.75	19	12
"漫游者"号（Rover）	18炮	5	4	7	5	4	2	7	2
"蛇"号（Snake）	16炮	4	8	5	14.25	4	0	6	12.5

表 A5.12 浮态变化

舰种	满载时，船尾比船头多吃水		轻载时，船尾比船头多吃水	
	英尺	英寸	英尺	英寸
120 炮战列舰	1	5	2	4
80 炮战列舰	3	3	4	7
74 炮战列舰	2	10	4	1
52 炮巡航舰	1	0	2	10
46 炮巡航舰	1	8	4	9
28 炮分级外炮舰	0	5	2	2
18 炮分级外炮舰	0	7	1	10
18 炮双桅炮舰	3	3	4	10
10 炮双桅炮艇	1	1	2	5
10 炮纵帆炮艇	2	6	2	11
单桅杆炮艇	6	10	6	6

　　表 A5.11 所列的增加 1 英寸吃水所需增加的载重这样一个关系表，是一个非常有用的数据。

　　表 A5.12 罗列了在轻载和满载两种情况下，船体存在的浮态差异。满载时，载重水线很少和龙骨平行，轻载时也是一样。在表 A5.12 中，第二列列出了满载情况下，船尾吃水比船头吃水多出来的数据，最后一列则列出了轻载情况下的数据。

　　除了单桅杆炮艇之外，其他舰种轻载情况下首尾吃水的差别都比满载的时候要大。

　　有了本附录（及附录中引用的 19 世纪材料），再加上康威海事出版社（Conway）出版的古德温（Goodwin）、利兹（Lees）以及莱维里（Lavery）三位先生关于木制风帆战舰的大作，我想就能够设计和建造出来一艘品质上乘的木制战舰。然后，就可以以哈兰德（Harland）先生的大作作为指导，来操作这些战舰。

　　我觉得这肯定是一桩非常有意思的事情。[42]

附录 6：“复仇女神”号的结构强度

（参见第 7 章该舰的舯横剖面图）

　　以下的计算只是面向专业工程师读者的，使用的现代结构强度分析方法是莱尔德（Laird）建造东印度公司的“复仇女神”号时所不具备的。

　　“复仇女神”号在海浪中航行时，船体的挠矩可以按照下面的理论来假设估算。

　　挠矩（BM）等于排水量 × 船体长度 ± 常数，其中常数的取值，龙骨上弯（海浪的波峰经过船体舯部）时是 25，龙骨下弯（海浪的波谷经过船体舯部）时为 30。[43]

"复仇女神"号，排水量 620 吨，船长 184 英尺，常数值则借鉴怀特书中的数据。①

该舰舯横剖面图是根据克鲁兹的描述来绘制的。② 利用这张截面图，可以计算面积二次矩（代表船体结构的强度）。44 根据参考资料③，下面的计算中使用了如下一系列假设：

1. 船体木材对抗挤压应力时的等效厚度算作实际厚度的八分之五，船体木材基本都处在只承受挤压应力的条件下；

2. 木材的结构强度相当于熟铁的十六分之一；

3. 熟铁的结构强度按实际板材厚度的八分之七来计算，因为存在铆钉孔，减弱了其强度。这是过去铆接战舰强度计算的一种惯例，不过后来的研究表明这种估算方法低估了其强度。

计算得出的面积二次矩（I）是 9200 平方英寸·平方英尺，不过由于克鲁兹对设计的具体细节也不是完全清楚，很多结构件可能他也没有提到，所以下面的计算就用了 10000 的 I 值45。算得，中性轴在露天甲板以下 6 英尺、龙骨以上 7.5 英尺。

于是：

$$\frac{应力（压强）}{到中性轴距离} = \frac{挠距}{面积二次距}^{46}$$

	龙骨上弯时	龙骨下弯时
挠矩（吨·英尺）47	4560	3800
应力（吨/平方英寸）		
甲板	2.7	2.3
龙骨	3.4	2.9

这些数据跟当时铸铁建筑结构上测得的非常类似。如果"复仇女神"号不是为了支撑明轮壳的过梁而在船体上开了四方形的洞，结果造成局部应力过大，该舰的船壳就不会开裂。船体上形成这样的裂缝，会极大地减弱船体的结构强度，并进一步增加船体结构受到的应力，而该舰在这种情况下挺过了一场大风，实属幸运。

附录 7：船底污损和腐蚀

许多种类的海洋动植物都会附着在海面漂浮物上生长。船舶在海上航行时，附着在船底的藤壶和海草等附生物会大大增加航行的阻力。即使是 20 世纪，比如二战时期，在温暖海域活动时，船底污损也会每天增加 0.25% 的船体摩擦阻力，而在赤道水域则高达 0.5%。

① W.H. 怀特，《战舰设计学手册》，1900年版（伦敦）。
② A.F.B. 克鲁兹，《关于"复仇女神"号》（On the Nemesis），出自《防务研究院院刊》（Journal of the United Services Institution），1840年5月刊。
③ 同作者怀特的上一个参考文献。

18 世纪后期，船底包铜法的出现，在很大程度上解决了这个难题。这种工艺可以保护木制船底免遭蛀蚀蠕虫[48]的攻击，同时也是一种有效对抗船体污损的手段，因为铜材料会缓缓地降解在海水里，产生对大多数船底污损源有杀伤力的生物毒性盐。通常情况下，经过几个月海上服役而没有进入船坞清理维护，一艘船底包铜的战舰能比没有包铜的速度快上 1.5 节。由于当时的英国皇家海军比其他国家的海军[49]提早很多年开始采用船底包铜技术，因此皇家海军在这许多年里，保持住了这一颇具意义的航速优势。例如 1780 年，英国皇家海军就在直布罗陀外海抓获了 6 艘西班牙战舰。[1]

对于木制战舰而言，船底包铜在技术上没什么太大的问题，但海水对船底铜皮的冲刷，尤其是那些靠近船头部分的铜皮，会造成铜皮的快速损耗，而若要替换，成本会十分高昂。海军部邀请科学家汉弗莱·戴维来调查铜皮损耗问题，他发现在铜皮上固定锌块可以阻止铜皮的腐蚀，因为锌代替了铜皮逐渐腐蚀损耗。然而不幸的是，这种办法同时也让铜没法再杀死船底的污损生物，于是 1828 年在"三宝垄"号（Samarang）[51]上试验过之后，就没有投入实用。

两种金属在盐水中彼此接触，就会构成一个原电池，这样其中一种金属就不会遭到腐蚀，代价则是另一种会迅速腐蚀，这就是戴维研究工作的基本原理。这个电化学腐蚀问题随着明轮蒸汽船的出现而变得愈发严重，比如"小精灵"号（Elfin）、"间歇喷泉"号（Geyser）和"羚羊"号（Penelope）都遇到了明轮铁框架快速腐蚀的问题，因为它们和船底包铜靠得太近了。[2]

这种电化学腐蚀，放在当时就清楚地意味着，船底包裹铜皮的技术是没法应用在铁制船体上了。最后，到了 19 世纪 60 年代晚期，开发出了一套工艺，即把铁制船体先紧紧地包裹上一层木皮，再在木皮上包铜，包铜时注意钉子不要接触到铁船体。这套办法管用是管用，但是船体重量不轻而且代价昂贵。当把铜管安装到铁制船体上的时候，也会遇到同样的问题，这可能就是"抓钩"号（Grappler）寿命很短的原因，也可能是造成"嫉妒女神"号失事的原因。

铁材料本身就会在海水中逐渐锈蚀。铁船体投入实用后不久，人们发现如果仔细刷涂上红铅涂料，就能保护熟铁船体免于锈蚀，但是这层涂料对于防止海洋生物的污损没有作用。在英国本土海域活动的铁制船必须至少每 12 个月就入坞维护一次，以刮掉船底上一整层的附生贝类和海草。[3]在地中海和黑海海域，则需要每 6 个月就入坞养护一次，而在印度洋，每 4 个月就要养护一次，除非把这些船舶开到淡水里去待一段时间[52]，这样就可以杀死船底的大部分附生污损物。库赛吉（Cursetjee）首席工程师，就职于东印度公司在孟买开设的船厂，曾报告说他曾从入坞的"印度河"号（Indus）船底剥下一大块 12 英寸粗、10 英寸长的藤壶附生群。

① R.J.B·奈特（Knight），《皇家海军 1779—1786 年间船底包铜技术的发展运用》（The introduction of copper sheathing into the RN 1779–86），出自《航海人之镜》（Mariner's Mirror）[50]。

② W.J. 海耶，《铁船体对氧化和污损的防护》（The protection of iron ships from oxidation and fouling），出自《造船工程研究院通讯》（Trans INA）第四卷（1863）。

③ J. 伯恩（Bourne），《螺旋桨推进器论》（A Treatise on the Screw Propeller），1852 年版（伦敦）。

铁行船运公司的"北京"号（Pekin）于1847年2月从英格兰本土出发，10月抵达孟买入坞。格里卜（Gribble）船长说："本船的船底完全成了一块潮间带的礁石。藤壶已厚达9英寸，而且长了满满两层，每一簇藤壶附生群都还有呈羽毛状的珊瑚从中伸出来。"北京"号原本的航速不低，但由于船底污损，航速下降至6节。

当时涌现出了很多发明家，他们都声称自己找到了对抗船底污损的有效化学物质。1848年1月，铁行公司把公司所属的一艘"里彭"号（Ripon）汽船的船底上，用10位发明家的抗污损涂料刷上了10块补丁。几个月以后该船入坞维护，这时候明显看得出来，没有一个人的涂料是管用的。

皇家海军对W.J.海耶的工作最为重视，他是位于朴次茅斯的皇家海军学院的一位讲师、化学家。海耶把氧化铜用亚麻籽油调配成涂料，这种涂料最先于1845年5月在"火箭"号上进行测试，接着又于当年9月在"仙女"号上进行试验，最后于1847年5月在"水元素女神"号（Undine）上进行了测试。"水元素女神"号在涂覆该涂料的五六个月后入坞查看情况，当时的报告称，该舰刷涂了红铅的右舷船底"污损很严重，附着满了海草和污泥"，而用海耶涂料粉刷的左舷船底则能保持干净，只有局部几处因为涂料剥落而污损了。在当时那艘独一无二的铁制风帆船"新兵"号上也进行了类似的试验。该舰航行到西班牙的塔霍河（Tagus）后返航，用海耶复合物涂料粉刷的那一侧船底能够保持干净，而另一侧则已经长满了"大群大群的茗荷（Lepus Anatifra）[53]"。[①]

后来，海耶曾评价说，终结早期铁制船舶项目的主要原因不是抗弹性，而是船底污损问题。[②]他这种观点和视角，肯定是比较夸张与偏颇的，但从西蒙兹和海军部委员会的文牍交流中也可以看出，海军部委员会对铁制船体的污损问题是相当重视的。海耶继续坚持他的研究课题，并说服海军部在朴次茅斯船厂给他设立了一座实验室，他以海军部化学家的名头在那里运营了这个实验室很多年。这座实验室的头衔一变再变，至今仍留在该船厂。等到以"勇士"号为代表的第二代铁制战舰建造好的时候，海耶的复合物已经成了当时标准的船底抗污损涂料了。

附录8：关于迪皮伊·德·洛梅的备忘录

迪皮伊·德·洛梅于1844年在巴黎出版的《铁造船舶备忘录》（*Mémoire Sur La Construction Des Bâtiments en Fer*）是一份非常详尽也很有帮助的报告，但是在英国很难弄到这份资料。这份资料在本书中已有大量引述，不过这里要引述的是其中一些关于造舰成本的比较有意思的信息。

该报告的作者指出，格拉斯哥比起利物浦来造船价格更加低廉，因为工人工资更低，而且用的铁的质量更次一些。

① 同作者海耶的上一个参考文献。
② 同上。

表 A8.1 工资

	利物浦			格拉斯哥		
	英镑	先令	便士	英镑	先令	便士
工头月薪	9—10			7		
木匠日薪		5			4	
铁匠日薪		5			4	
镀板匠日薪		4	9			
铆匠日薪		3	6		3	
打孔匠日薪		3			2	
徒弟小工周薪		2—5			2—3	

表 A8.2 铁成本

	斯泰福厦 （Staffordshire）	低沼 （Low Moor）	煤溪谷 （Coalbrookdale）	克莱德 （Clyde）
板材（英镑/吨）	10	20—10	11	10
角铁	10			10
铆钉	11	16		10
焦煤	利物浦21英镑每吨，格拉斯哥14英镑每吨			

总的来说，莱尔德的报价是每吨船体成本 40 英镑，而格拉斯哥则是 33 英镑。在莱尔德的总报价中，12 英镑是材料费用，剩下的 28 英镑是工人工资、下脚料浪费、间接费用和利润部分。他说船体 830 吨重的"大不列颠"号，下脚料损耗达 24 吨。

附录 9：船舶的结构强度——木制和铁制船体

纳尔逊那个时代的战舰，构成了一道护卫国家的海上"木制长城"（Wooden Wall），它们确实可能拥有一颗所谓的"橡木之心"（Heart of Oak）[54]，但它们在结构上是比较脆弱的。在大浪中，这些船的船体会弯曲变形，这在当时称为"错动"（Working）。摩根说（1827 年），一艘巡航舰在换舷的时候，船体会弯曲 1.5 英寸。船体各个结构件之间会发生相互错动，这样会进一步让木结构件之间的连接处变得脆弱，很快海水就会从这些地方渗漏进来，造成木材的腐朽和更大程度上的松动和错动。当时有人声称，正因为木制船体在海浪中会变形，所以它们在结构上是强壮的，而且一些当代作家还继承了这种观点。这种认识与客观事实偏差得不能再偏差了——正是木制船体结构件之间的错动让木船显得结构赢弱，早早地就需要维修养护。

船体上主要的应力荷载来自船上重量和浮力分配的彼此不平衡。在静水中，船首船尾部分的重炮及火炮支撑结构的重量会比这些位置的浮力更大，于是船的首尾就容易弯曲——龙骨上弯。因此设计者会尽力让这些位置的荷载不超出一定的范围，也就是采用非常丰满的船头和船尾形状，这比追求航速的设计要丰满得多，而且还会保持船体比例比较短粗。在龙骨上弯的情况下，甲板会受到张力影响——甲板被拉开，而船底则被压缩，船体侧壁被挤压变形，原本的方形框架现在变成平行四边形。

在大浪中，情况就会变得更加的复杂。当大浪的波峰经过船体舯部，船体首尾恰好在波谷位置时，船体也会龙骨上弯，可这个时候应力的不平均却要严重得多，将会让船身扭曲变形。如果船头船尾恰在海浪的波峰中，就会增加这两处的浮力，而此时船舯部遇到波谷则会减少这里的浮力，这让船体容易在舯部龙骨下弯。这种交替的龙骨上弯和下弯运动就会让船体松动。

木制船舶的主要结构问题是船体侧壁的变形。瑟宾斯把传统木船的船体侧壁比喻为五根木条拼成的门板，但是缺少对角线支撑，这个比喻很贴切。抵御船体侧壁变形的力量，只是船壳板之间的摩擦力，船壳板之间缝隙里那些硬化了的捻缝材料也可以在一定程度上增加这种抵抗力。瑟宾斯的对角线支撑系统对于这种传统情况是一个很大的改善，但舷侧那一排排炮门仍然会减弱船体侧壁的结构强度。

铁制船体能够克服上述的大部分问题，因为这种材料本身强度就很高，而且铁材料可以加工成特殊的形态，可以说强度高而且轻巧。最重要的是，铁板之间铆接处的结构强度几乎就跟铁板本身的结构强度一样大。

重量和强度

弹性模量（Modulus of Elasticity）代表了结构对抗应力荷载而发生弹性形变但不发生永久形变的能力，因此体现了材料的刚度（Stiffness），在这方面铁材料相比木材料的优势是非常明显的。

表 A9.1 重量和强度

材料种类	每立方英尺重 （磅）	抗张强度 （1000磅/英寸^2）	抗压强度 （1000磅/英寸^2）	弹性模量 （1000000磅/英寸^2）
英国橡木	54	8—10	7.6—10	1.45
但泽橡木	52	4—13	6.8—8.7	1.19
但泽杉木	36	2.2—4.5	7—9.5	1.96
榆木	35	5.5—13.5	5.8—10	0.7
脂松	40	4.6—7.8	6.5—9.8	1.23
柚木	48	3.3—15	6.3—12	2.4
熟铁	480	21	28	

上表所列的数据是19世纪后期还在应用的数据标准，所以可能跟19世纪早期以来就已经认可的标准相比没有太大变动，而且比今天材料的结构强度规格要求要高得多。第一个需要注意的点是，所有种类的木材其结构强度属性变

化范围都很大。一块精挑细选的测试木料可能能够达到表中的上限，但一个整体结构的总体强度取决于其中最脆弱的那一环，也就是表中的最小值。

一根横截面为一英寸见方的结构木料，可以承受 4 吨的拉力而不被拉断，但一根横截面为一英寸见方的铁条可以承受 21 吨的拉力。二者密度的对比是：木料的 54 磅 / 英寸^{2}对铁的 480 磅 / 英寸^2。所以铁的强度大约是木料的 5 倍，但重量却达到同等木料的 9 倍，于是在简单抵抗拉力的条件下，木料比铁材相对更轻便一些。

实际上，这样的比较是不准确的。实际应用中永远不可能一直将一种结构材料暴露在最大耐受条件下，对于承受着不断改变的应力荷载的材料尤其如此。考虑到材料本身的质量缺陷以及材料的实际使用情况，经验表明，铁材料可以用到它最大强度的五分之一的水平，而木头只能用到它最大强度的十分之一的水平。用来抵抗压力，木头又比熟铁显得性能更好，一块橡木块可以抵抗 0.5 吨 / 英寸^{2}的压力，而铁块可以达到 3 吨 / 英寸^2。

一根承力梁的弯曲，会让梁的一侧受到挤压而另一侧受到拉力，所以上面的指导性数据对于一根截面为方形的承力梁也是适用的。但是，铁材料可以加工成能够更好地承担荷载的形状。一根横截面为工字形的承力梁，工字高 12 英寸，上下两片宽 6 英寸，工字所有分支厚度均为 0.5 英寸，这个梁每平方英尺重 40 磅，能够承受 1192 吨·英寸的挠矩。承受同等挠矩所需的橡木梁，则需要 14.5 英寸的横截面积，每平方英寸重 75.6 磅，几乎是熟铁的两倍重。（如果采用现代高效黏合剂，黏合木板制成的承力梁也可以做成轻便的形状，但成本也会随之走高）

在计算铁结构的强度时，当时的习惯是在材料实际抵抗张力的有效截面积中减去八分之一，算作铆钉孔造成的结构强度损失（后来研究表明这种估算把强度算低了）。木船船壳板的两头都没有和相邻的船壳板有任何形式的固定（只有木船的龙骨是用多块木料以扣榫的形式拼接起来的），而且首尾相接的两片船壳板的接缝位置也是有讲究的，每隔三道船壳板，接缝位置才重复一次，所以每四道船壳板中只有三道能够有效地承担应力荷载[55]。木船结构强度又进一步被铆钉和木钉的孔所削弱，所以木材的承力有效厚度只能按照实际厚度的八分之五来计算。

总体而言，一艘铁制船舶的船体承力结构件的重量，大约是相对应的一艘木船的三分之二。由于一艘战舰的船体材料中有相当部分并不承担重量荷载（比如船上的小隔舱壁），实际上铁造战舰船体所节省的重量比理论上要少，可能也就 15%—20%。此外，铁船上的过梁和船体肋骨所占空间更少，于是搭载空间能最多增加 20% 左右。铁船体也更加耐用，虽然铁船体确实会锈蚀，但这和木船体会腐朽相比就是个小问题了。而对于大功率的螺旋桨汽船而言，铁船体的结构刚度就很重要了，这主要归功于铁件之间的连接非常牢固可靠。

但是，铸铁这种材料本身属性常常浮动且不太可靠，就像位于邓弗姆林（Dunfermline）的海军部研究所（Admiralty Research Establishment）的约翰·博德（John Bird）在"勇士"号修复期间对从该舰上取下来的熟铁样本所做的测试结果显示的那样。

表 A9.2 板材强度——沿着长度方向

样品编号	0.2% 名义屈服极限（Proof Stress），牛顿 / 毫米^2	极限抗张强度（UTS），牛顿 / 毫米^2	样品拉长度（%）	样品横截面积缩减率（%）
1	220	284	11	1
2	212	253	8	2

接着以和板材呈直角的方向测量了上述属性，样品是 12 块 4.5 英寸厚的装甲板。

样品	0.2% 名义屈服极限（牛顿 / 毫米^2）	极限抗张强度（牛顿 / 毫米^2）	样品拉长度（%）	样品横截面积缩减率（%）
平均	121	149	5.1	2.25
范围	170—99	195—111	10—3	1—3
最离群值	（40）	（43）		

注：括号内是一块质量特别次的测试样品的结果。

表 A9.3 展示的是，在样品上击打出一道尖锐的 V 形槽来使样品折断时所需的冲击能量，以此代表样品的耐冲击强度（Impact Strength）。这个属性对于抵抗炮弹的轰击非常关键。

表 A9.3 耐冲击强度

温度（°C）	−20	0	15	40	100	140
吸收的能量（焦耳）	11	11	17	24	26	25

以上数据表明了为什么熟铁材料能够在温暖环境中抵抗炮弹的轰击但在寒冷环境下不行。

熟铁不是特别适合建造战舰的材料，但在 1880 年前钢比熟铁更加不可靠。

附录 10："响尾蛇"号和"不安女神"号对比测试的技术讨论[56]

（注：下文中给出的数据信息，仅仅足够让专业的船舶设计师运用现在的一般计算方法得出文中的那些计算结果）

本附录是从水动力学的角度来审视这些航行测试的结果的，而这个视角几乎和螺旋桨推进器本身毫无干系，因为螺旋桨推进器在当时的巨大优势主要体现在其他方面。一名船舶水动力学工作者，会从以下三个方面来看待这些测试：

1. 数据可靠性；

2. 将数据结果和今天的理论预测相对比；

3 如何评价该舰的船体、螺旋桨及动力机组的性能优劣。

测试结果

在伯恩所列的测试结果中，有意义的是第 1、第 9 和第 11 号试验。

试验序号	航速 V（节）	螺旋桨转速 N（转/分钟），四台蒸汽机	标定马力（ihp）	推力（吨）	推进功率（thp）[57]
1	9.2	95	335	3.89	214
9	8	84	205	2.75	185
11	6	68	127	2.15	108

以 T/N^2 和 N 分别对基础航速 V 做关系图，得到的皆呈一根直线[58]，这就证实了数据的可靠性，尽管低航速时测量出来的推力偏小，可能是测力计有点动作不畅。

当年海军部档案中能够找到一些证据，证明即使是当时的早期螺旋桨，其推进效率也能赶上今天尺寸相当的现代设计。于是从 AEW1953 螺旋桨设计系列中挑选出一套桨叶、桨盘面积比（Blade Area Ratio）为 0.2、半径为 10 英尺的升力螺距设计。[59]

以上数据可以推算出该螺旋桨推进器的伴流特征值：[60]

$$伴流分数 \quad w = \frac{V_s - V_a}{V_s} = \frac{J - J'}{J'}$$

其中，J 是跟该船的推力系数对应的进速系数。

"响尾蛇"号伴流分数

航速（节）	9.2	8	6
伴流分数 w	0.13	0.07	0.12

可以从泰勒—格特勒（Taylor–Gertler）船舶阻力系列中推算该船的船体阻力，虽然非常不准确，所需要的基本数据有：

$C_p=0.78$，$C_V=0.003$，船体浸水面积 =6790 英尺^2。[61]

推力实际上比船体阻力要大得多，这是受船体与螺旋桨相互干扰（即推力减额）、船体表面粗糙以及测量误差这些因素的共同影响。

如果只考虑船体和螺旋桨的相互干扰，那么推力减额因数可以推算出来是0.36，这个数据很高但也不是不可能。

船身效率是0.73，同样也不是不可能。很显然，"响尾蛇"号船体与螺旋桨的相互作用效率并不高，因为该船赢"不安女神"号赢得不是那么彻底。当"响尾蛇"号拖曳着船头向前的"不安女神"号前进时，螺旋桨的推力是4.6吨，这个推力需要克服"不安女神"号的阻力再加上"响尾蛇"号的阻力。这样还会推算出比这更大的数字，说明"不安女神"号的阻力在这种情况下增大了很多，这是由于"响尾蛇"号的螺旋桨滑流都冲击到了该船的船体上。在那个闻名于世的两船拔河赛中，螺旋桨的滑流将直接冲击"不安女神"号，但是明轮的水流则会从"响尾蛇"号两侧过去，这样就会给"响尾蛇"号更多的优势。

> 注：本附录所依据的完整计算过程已经备案在英国皇家造船学会（RINA）、科学博物馆、海事博物馆、位于哈斯拉尔（Haslar）的弗洛德博物馆（Froude's Museum）、海军图书馆（Naval Library）、世界船舶学会（World Ship Society）。

附录11：1849年埃肯弗尔德之战

1849年4月5爆发的埃肯弗尔德（Eckernförde）之战是克里米亚战争前，为数不多的几个在海上使用爆破弹的战例之一。丹麦海军的纯风帆战列舰"克里斯蒂安八世"号，准备在两艘蒸汽炮舰"间歇喷泉"号和"赫克拉火山"号（Hecla）的辅助之下，攻打普鲁士的两座海岸炮台。这两座炮台中北边的那座，装备了2门8英寸炮和2门24磅炮，而南方那座则装备了4门18磅炮，可以发射红热弹。

战斗在早上8点打响，"克里斯蒂安八世"号跟北面那座炮台展开le交火。该舰被爆破弹命中从而引发火情，但火很快就被扑灭了。该舰的回击非常无力，因为炮门尺寸太小了，这让该舰的大炮不能朝着有利的方位上开火。当天晚些时候，两艘汽船中的一艘因右舷明轮中弹而丧失动力，于是把"克里斯蒂安八世"号困住无法机动，该舰的船头朝向北面炮台，船尾朝向南面炮台。18点，该舰尾部被红热弹命中再次引发火情，火势很快失控。

这个例子显示，在当时，红热弹仍然是比爆破弹管用得多的武器。此外，这也是当时唯一一个汽船因为明轮遭到战损而丧失机动能力的例子。

以上皆出自保存在沃维奇的皇家炮兵研究院（Royal Artillery Institute）的一份目击证据，目击者是英国皇家陆军军官学校（Royal Military Academy，RMA）的陆军中校史蒂文（Stevens）。[62]

附录 12：炮艇建造商统计表

建造商	"拾穗者"级（Gleaner）	"达普"级（Dapper）	"大青花鱼"级（Albacore）	"愉悦"级（Cheerful）	"小丑"级（Clown）	合计
皮掣（Pitcher）、诺斯弗利特（Northfleet）	4	12	34		4	54
德普福德海军船厂	2	2		1		5
格林（Green）、布莱克沃（Blackwall）		2	12			14
怀特（White）、考斯（Cowes）		2	2			4
汤普森（Thompson）、罗瑟希德（Rotherhithe）		2				2
莱尔德（Laird）、伯肯黑德（Birkenhead）			10	4		14
威格拉姆（Wigram）、布莱克沃			14			14
马雷（Mare）、布莱克沃			6			6
帕特森（Patterson）、布里斯托尔（Bristol）			2			2
史密斯（Smith）、北希尔兹（North Shields）			6		2	8
弗莱彻（Fletcher）、莱姆豪斯（Limehouse）			5			5
希尔（Hill）、布里斯托尔			3			3
布里格（Briggs）、桑德兰（Sunderland）			4	2		6
德文波特海军船厂				2		2
希尔内斯海军船厂				1		1
威斯布鲁克（Westbrook）、布莱克沃				2		2
彭布罗克海军船厂				4	2	6
乔伊斯（Joyce）、格林尼治（Greenwich）				2		2
杨（Young）、莱姆豪斯				4		4
米勒（Miller）、利物浦					2	2
合计	6	20	98	20	12	156

附录 13：喀琅施塔得作战计划

苏利文制定的喀琅施塔得攻击方案，可以算作是二战时该地遭受的混成打击的一次很有意思的预想。就像更早时候一样，1856 年时，南面的深水航道，得到了这座巨大花岗岩要塞的保护，很难从那里展开攻击。苏利文计划从北边的浅水区对要塞进行轰炸。

俄国人对这种攻击做了几手准备。他们的第一道防线是炮艇群。他们装备了 23 艘 "不错的螺旋桨炮艇，我觉得比我们的都大，有的艇上装备了 3 门重炮，其射程跟我们最重型的舰载火炮一样远，不过俄国人只能弄到火车头的发动机组来装在这些炮艇上"。（苏利文说）这些炮艇的发动机是美国火车头制造公司

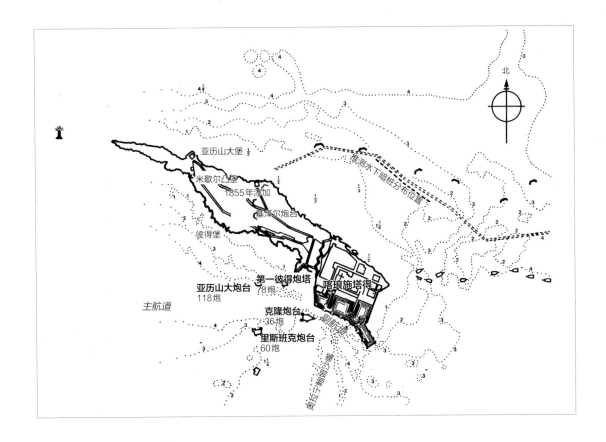

地图标注：
北
亚历山大堡 ½
米歇尔凸堡
1855年添加
基泽尔炮台
彼得堡
第一彼得炮塔
78炮
喀琅施塔得
亚历山大炮台
118炮
主航道
克隆炮台
36炮
里斯班克炮台
60炮
推测水下暗桩分布位置
副航道
（American Locomotive Co）生产的，原本用于驱动圣彼得堡到莫斯科的铁路机车头。（盖因当时在俄国的英国工程师贝尔德拒绝合作，不提供技术支持）其他关于俄国炮艇的描述，就不会说这么多好话了。

苏利文有足够的信心认为英法联合炮艇队能够让俄国炮艇不敢靠近。但是俄国设立的水下障碍物却非常令人生畏。这道水下屏障由大量20英尺×8英尺的围堰沉箱组成，沉箱为木制，里面填满石块，每个沉箱之间留下15英尺的空隙。苏利文和他的兄弟，也就是后来的G.L.苏利文海军上将（Admiral G L Sulivan），计划对沉箱区域开展一次详细的水文测绘工作：由G.L.苏利文驾驶一艘双桨划艇，身穿特殊设计、带有防寒衬里的油布外套，外套口袋里装上铅锤和线绳。G.L.苏利文之前当过潜水员，他在亚速尔海作战期间曾在搁浅的炮艇"贾斯珀"号（Japser）身下安放过自毁用的炸药，在喀琅施塔得也可以使用类似的作战方式。

"隼"号和"纵火者"号触雷的情况，说明通向喀琅施塔得的水道得到了水雷防御，不过1855年的扫雷作业是比较成功的。一旦扫雷作业清理出一个缺口，装甲浮动炮台船就可以开进去，摧毁防御喀琅施塔得北侧的火炮阵地。喀琅施塔得岛两头的要塞堡垒会一直遭到战列舰的火力压制，也可能有第二批次的封

喀琅施塔得防御布局图。苏利文海军上校制定了一套精妙的作战计划，准备运用当时所有的新武器、新技术来拿下这座令人生畏的防御体系。

锁防御船参战，这些船本来就是为对陆轰击作战而改装的。

等到敌军所有炮台要塞都被压制，大量的臼炮船就可以开进，跨过喀琅施塔得岛进行超越射击，轰炸船厂、火药库和停泊中的战舰。苏利文也曾暗示要调动一些装甲浮动炮台船对南部的要塞进行直射火力打击，让这些船锚泊在要塞的射界盲区里。苏利文认为攻击所需的力量如下：

装甲炮台船	8
臼炮船	30
炮艇	30
蒸汽巡航舰	4

一旦俄国防御崩溃，就需要一支规模不小的地面力量登陆并占领喀琅施塔得，但似乎苏利文没有考虑过这种可能性。总体来看，苏利文的作战计划能够对当地的基础设施造成严重破坏。苏利文说，正是因为他的作战计划不慎泄露给了俄国人，他们才投降，这有点言过其实了。现在也几乎完全不清楚，苏利文的这个计划在军中的接受度如何。这算是当时行伍出身的海军军官们欢迎在战争中采用新技术的又一个例证。

附录 14：各个海军船厂情况简介

朴次茅斯

朴次茅斯在本书涉及的历史时期内，是占地面积最大、雇员最多的海军船厂，被称为"海军之家"。在边沁的干船坞项目和马克·布鲁内尔的机械滑轮壳加工作坊项目之后，船厂又开展了给船台加盖天棚的工作。1814 年开始加盖的天棚为木制，1844 年以后则开始应用铁制天棚。1843 年，占地 7 英亩的蒸汽港池和蒸汽工厂开始施工建造，并于 1848 年 5 月提前 14 天竣工。该项目一共使用了1050 名雇工和 1200 名劳教人员。这座港池的出口有一架费尔比恩建造的 81 英尺长的船型沉箱式闸门。但后来发现港池的出口太窄了，于是这座港池就被填埋了，直到 1984 年才被重新发掘出来。[①]

船厂里有两台人力起重机，各能起吊 7.5 吨、15 吨的重物，此外还有一台"天鹅颈"式蒸汽驱动起重机，能够起吊 15 吨的重物。船厂里有两座比较特殊的干船坞：一个是 7 号船坞，它特别宽，可以容纳带有明轮的船只，这座船坞后来和10 号船坞打通了，这样就能够接纳更长的战舰，比如"勇士"号；另一个是 8号船坞，这个船坞比较瘦长，适合接纳螺旋桨船舶。

当时这座新落成的港池最主要的设施就是蒸汽厂，今天这里已是 2 号船

①《蒸汽港池沉箱式闸门的发现》(Discovery of the Steam Basin Caisson)，发表于 1985 年的朴次茅斯市议会 (Portsmouth City Council)。

舶配件作坊，它有 600 英尺长、两层楼高。第一层分布有重型车床车间、发动机框架搭建车间、冲床与剪床车间、锅炉车间及配套拓展区域。楼上是轮机车间、轻型车床车间、配件车间和模具仓库。1848 年还设立了一座铁 / 铜铸造厂，1852 年又设立了新的锻铁车间，用了当年首届世博会的一些建筑材料。虽然这些新设立的工厂计划主要针对船舶的维修工作，但现在的资料清晰地显示，当年至少在船厂里建造出了两套完整的动力机组。1838—1845 年间，朴次茅斯船厂先后共建造了 5 座新船台，全都带顶棚。[1]

船厂厂长名录[2]

名字	任职时间
N. 迪达姆（N Diddams）	1802年11月
J. 诺洛斯（J Nolloth）	1823年1月
R. 布莱克（R Blake）	1835年2月
J. 赫本（J Hepburn）	1836年7月
J. 芬彻姆（J Fincham，1st SNA）	1844年10月
R. 阿贝瑟尔（R Abethell,1st SNA）	1852年7月
R. 克拉多克（R Cradock）	1862年4月
首席机械师（Chief Engineer）	
A. 默里（A Murray）	1846—1862年

普利茅斯、基汉姆和德文波特

把普利茅斯湾包围起来的防波堤是在 1810—1838 年间建成的。在如此围成的这样一座规模宏大的港湾里，最初只有一个船厂，即当年的"普利茅斯船厂"，也就是今天的"南部船厂"（South Yard）。围绕船厂形成的这个市镇，于 1824 年更名为"德文波特"，但直到 1843 年 8 月女王驾临该船厂的时候，船厂才正式更名成了这个名字。

19 世纪 40 年代，该船厂现有的设施已经显得太小，不足以接纳新近服役的大型船舶，而且船厂需要配备一座蒸汽工厂。于是，船厂在基汉姆地区购买了 72 英亩的土地，建筑承包商 G. 贝克（G Baker）于 1844 年开始沿着河道修建一道 1600 英尺长、26 英尺宽的围堰。施工中使用了一台内史密斯（Nasmyth）蒸汽打桩机将最长达 66 英尺的木桩打进河底，花了 4 个月才完成了全部打桩作业。1849 年给这座港池铺设了基石。1853 年 10 月，也就是"女王"号战舰进入该港池的时候，它才算正式投入运营。[3]

船厂有两座港池，南部的这座尺寸为 650 英尺 ×560 英尺，北部的那座比它更长、更窄。南部港池里设置了三座 318 英尺 ×80 英尺的干船坞，岸壁上布置有各种常用设备，包括蒸汽驱动的起重机，其中有一台起吊能力是 40 吨，还有两台可以起吊 20 吨。整套港务基建项目最终耗资 150 万英镑，为预算造

① E.C. 雷利（Riley），《朴次茅斯海军船厂厂方和工业设施发展史》（*The Evolution of the Docks and Industrial Buildings in Portsmouth Royal Dockyard*），发表于1985年的朴次茅斯市议会。
② 海军史部负责人 J. 大卫·布朗（J David Brown）向我提供了这些船厂厂长的名录。
③ K.V. 伯恩斯（Burns），《德文波特船厂的故事》（*The Devonport Dockyard Story*），1980年版（利斯卡德）。

价的两倍。[①]

船厂的蒸汽工厂是 C. 巴里（C Barry）设计的，沿着北部港池的岸壁建造，整个建筑呈"回"字形，围绕一块 780 英尺 ×350 英尺的空场而建，直到今天仍是一座引人注目的建筑。该蒸汽厂内设有办公管理区、绘图区、仓库，以及锅炉车间、铁铸造车间、发动机框架搭建车间、机床车间、配件车间，地下还建造有这座船厂的劳教人员牢房。基汉姆船厂和德文波特船厂是各自独立的，甚至它们的排班表也不一样。1857 年，一座隧道将两个船厂连接在了一起，但直到 1876 年两地才正式合并为一个船厂。

船厂厂长名录

名字	任职时间
T. 罗伯茨（T Roberts）	1813年6月
E. 丘吉尔（E Churchill）	1815年9月
T. 罗伯茨（T Roberts）	1830年6月
T.F. 霍克斯（T F Hawkes）	1837年7月
W. 艾迪（W Edye）	1843年12月
J.P. 匹克（J P Peake, 1st SNA）	1859年1月

彭布罗克

这个海军船厂跟英国本土的其他海军船厂不一样，因为这是一座专为造船设立的船厂，没有维修船舶的功能。该船厂于 1815 年开设，当时叫作"佩特船厂"（Pater Yard），设施也都是临时性的，后来才逐渐发展成规模更大和更永久性的形式，而且直到 1830 年才正式得名"彭布罗克船厂"。该船厂最开始的劳动力有相当一部分是从普利茅斯和朴次茅斯抽调来的，因为拿破仑战争结束以后，这两个地方对人员规模进行了一些缩减。

虽然从 19 世纪上半叶到第一次世界大战爆发这期间，彭布罗克船厂建造过很多很多的船舶，但它从未扩建成足以容纳更大型船舶的规模，于是在 1923 年关闭了。

船厂厂长名录

名字	任职时间
T. 罗伯茨（T Roberts）	1813年6月
J. 匹克（J Peake）	1830年6月
T.F. 霍克斯（T F Hawkes）	1832年10月
W. 艾迪（W Edye）	1837年9月
F.J. 莱雷（F J Laire, 1st SNA）	1844年2月
R · 阿贝瑟尔（R Abethell, 1st SNA）	1844年10月
W. 赖斯（W Rice, 1st SNA）	1852年7月
O.W. 朗（O W Lang）	1853年4月
H. 克拉多克（H Cradock, 1st SNA）	1859年1月

① G. 迪克（Dicker），《德文波特船厂小史》（*A Short History of Devonport Dockyard*），1980年版（普利茅斯）。

查塔姆

1810—1813 年，塞缪尔·边沁聘请马克·布鲁内尔对查塔姆船厂进行现代化改建，这让该船厂在后来的许多年里都拥有全国一流的设施设备。查塔姆船厂和其他泰晤士河上的船厂一起，承建了不少早期的蒸汽船。查塔姆是第一个建造装甲战舰的海军船厂，建造了"埃特纳"号（Aetna），后来该厂又是第一个建造铁制船体战舰的海军船厂，建造了"阿基里斯"号（Achilles），尽管很多民间船厂早就开始建造铁制船体的船舶了。⁶³1848 年，查塔姆船厂建成了三座带有铁框架天棚的船台，并且很快又建造了第四座带有瓦楞铁天棚的船台。它和朴次茅斯早些年建成的类似天棚，是历史上第一批大跨度的铁造建筑，比后来耳熟能详的火车站天棚要早得多。[①] 今天，这座船厂早已经关闭了，但船厂中那许许多多 18、19 世纪的建筑保留了下来，这既是对现代海军初创阶段的一种纪念，同时也是对蒸汽时代光辉岁月的一种悼念。

船厂厂长名录	
名字	任职时间
G. 帕金（G Parkin）	1813年6月
W. 斯通（W Stone）	1830年2月
J. 芬彻姆（J Fincham，1st SNA）	1839年4月
F.J. 莱雷（F J Laire，1st SNA）	1844年10月
S. 雷德（S Read，1st SNA）	1848年5月
O.W. 朗（O W Lang）	1858年10月

希尔内斯

1810 年，约翰·伦尼（John Rennie）对希尔内斯船厂制定了大规模现代化改建计划。这一计划直到 1823 年才完成，耗资 250 万英镑。改建后，该船厂的最主要设施是一座 300 英尺×150 英尺的港池。希尔内斯船厂修建了一座新海堤、新的桅杆浸泡保存水池和三座干船坞。厂区里还新造了很多建筑，一般都用废旧战舰上的木料打地基。希尔内斯船厂建造了不少早期的蒸汽船，克里米亚战争期间，这里还设立了一座小规模的蒸汽工厂。

船厂厂长名录	
名字	任职时间
H. 坎纳姆（H Canham）	1813年8月
J. 诺洛斯（J Nolloth）	1817
O. 朗（O Lang）	1823年1月
J. 西顿（J Seaton）	1826年7月
J. 芬彻姆（J Fincham）	1835年4月
J. 阿特金斯（J Atkins）	1839年2月
W. 亨伍德（W Henwood，1st SNA）	1859年1月

① P. 麦克杜格尔（MacDougall），《查塔姆船厂的故事》（The Chatham Dockyard Story），1981年版（罗切斯特）。

420 英国皇家海军战舰设计发展史：铁甲舰之前

沃维奇

这座船厂在1869年关闭以前一直都有稳定的造舰项目。要注意，这座船厂当时有两个奥利弗·朗（Oliver Lang）厂长，他们是父子关系，二人都很优秀。其中，父亲是第一战舰设计学校的强力支持者，而他也用类似的教育方法培养他的儿子。

沃维奇船厂最著名的是它的蒸汽工厂，这是当时海军船厂中首座被建造出来的蒸汽工厂。这栋建筑很庞大，也很引人注目，展现出了海军部对维修蒸汽船舶的重视。蒸汽厂首席机械师在地位上仅次于船厂厂长。1843年，蒸汽厂的领导人员组成及年薪情况如下：

首席机械师	T. 劳埃德（T Lloyd）	650英镑
助理机械师	A. 马里（A Murray）	400英镑
工头	J. 金斯顿（J Kingston，发明了金斯顿通海阀）	225英镑
	J. 迪恩（J Dinnen）	225英镑

这座蒸汽工厂在培训海军机械师方面扮演了重要角色［见 E.M. 史密斯（E M Smith）所著《机械师的扣子》（*The Engineer's Button*）一文，载于1944年2月28日的《工程学》（*Engineering*）杂志］。这里离海军部和萨默塞特宫都很近，所以能够和海军上层的领导们保持密切接触。由于船用机械的制造中心在泰晤士河上，因此那里和沃维奇之间也存在不少设计思路和设计人员的交流。当费尔比恩的船厂关闭后，马里就来到了沃维奇，而汉弗莱斯（Humphrys）则离开沃维奇去创办他自己的产业。另一位名叫阿瑟顿（Atherton）的首席机械师，是毕业于剑桥的高才生，和当时工程师在人们脑海中的一般印象有不小的差距。总体来说，这座蒸汽工厂让海军能够一直走在技术发展的前沿。

船厂厂长名录	
名字	**任职时间**
E. 西森（E Sison）	1801年7月
H. 坎纳姆（H Canham）	1817
O. 朗（O Lang）	1826年7月
N. 提芒斯（N Tinmouth）	1836年7月
W.M. 赖斯（W M Rise, 1st SNA）	1853年4月
G. 透纳（G Turner）	1859年7月
首席机械师	
P. 尤尔特（P Ewart）	似乎在一次事故中殉职
T. 劳埃德（T Lloyd）	1842年
C. 阿瑟顿（C Atherton）	1847年
E. 汉弗莱斯（E Humphrys）	1849年
C. 阿瑟顿	1851年
J. 特里克特（J Trickett）	1862年

德普福德

德普福德船厂在奥利弗·朗的领导下，建造出了海军的第一批蒸汽船舶，即"刚果河"号（Congo）和"彗星"号（Comet），但该船厂位置离海太远了，结果于1832年关闭。5年后，该船厂作为物资储存站再次投入运营。从1843年到1869年该厂最终关闭，这里一直是一座繁忙的造船船厂。[64]

船厂厂长名录	
名字	任职时间
W. 斯通（W Stone）	1813年8月
（C. 隆，C Long）	1830年1月
C. 威尔科克斯（C Wilcox）	1848年5月
H. 查特菲尔德（H Chatfield，1st SNA）	1853年10月
J.I. 芬彻姆（J I Fincham）	1860年5月

注：威廉·斯通转到查塔姆船厂以后，德普福德船厂厂长的职务就一直空缺，由副职的查尔斯·隆一直代管到1848年。

海外船厂

唯一建造过船舶的海外船厂是马耳他船厂，建造了"迈利泰"号（Melita），其余海外船厂都只用于维修和养护。以下这些海外船厂有资格指派一名船厂厂长：

马耳他	科克（Cork）	孟买
牙买加	安提瓜（Antigua）	魁北克（Quebec）
直布罗陀	好望角	亭可马里（Trincomalee）
百慕大	新斯科舍的哈利法克斯（Halifax, NS）	安大略的金斯顿（Kingston, Ontario）

译者注

1. 说明当时这些机械的价格，主要是金属原料成本和加工制作过程中的人力成本，而没算上工程师、设计师的设计构思等附加值。

2. 关于这个蒸汽压力示数计是谁发明的、在什么时候发明的，到今天还是一桩历史悬案，因此原著作者没有多费笔墨，只是一带而过。过去有一种通行的说法，说这种示数计是瓦特在 1785 年发明的，不过根据今天种种资料推测，这个小仪器很可能是 18 世纪最后几年，博尔特 & 瓦特蒸汽公司里的一位姓"Southern"的工程师发明的。这个小仪器很简单，就是让汽缸中的蒸汽，随着活塞的往复运动，同步驱动一个小杠杆上下摆动，而杠杆另一头的铅笔，就能在滚动的纸带上描出一条曲线。其中横坐标代表时间，即活塞往复一个周期的时间，纵坐标代表实时的蒸汽压力。蒸汽压力变化越快，这个曲线也就越陡峭，代表实时功率变化得越大。曲线下的面积是整个活塞往复运动周期内，各个时刻功率的总和，用这个数值除以时间，就得到了活塞一个往复周期里，能产生的平均功率的理论最大值。这是一个理想状态，实际发动机运行时，各个零件之间的彼此摩擦等，会让实际输出的功率低于该值，详见下一条"轴马力"。该仪器开发出来后，博尔特 & 瓦特厂将其视为代表核心竞争力的技术机密，秘不外传，甚至没有申请专利，直到 19 世纪末 20 世纪初，关于该仪器发明情况的历史资料才逐渐开始浮现。

3. 因为高航速时，发动机的输出功率要大得多。

4. 螺旋桨推进器的水动力损失，见第 8、第 9 章的译者注释及附录 13，即螺旋桨桨叶受到水流的阻力而造成的损失，因此螺旋桨的"螺距"，只是螺旋桨旋转一圈、在水中能够前进的一个理想距离，这个数字要大于螺旋桨实际能够在水中前进的距离。螺旋桨和船体水流的相互干扰，见第 9 章及附录 13，这个问题当时已经被工程师们认识到了，并成了螺旋桨船船体尾部修型的关键。

5. 简单介绍一下博福伊其人与当时实验研究的一般方法，以及今天理解的船舶阻力及相关流体力学的基本常识。

   马克·博福伊（Mark Beaufoy，1764—1827 年）与他父亲同名，他的父亲在伦敦附近开办了一座酿醋厂，他的孙子也跟他同名，后来他的孙子通过酿醋产业的成就跻身政界。这位陆军上校博福伊，是英国当时著名的登山家，他是第一个登上阿尔卑斯山的英国人。此外，他在天文观测和实验物理方面造诣颇深。

   当时实验研究的一般方法，是尝试寻找经验公式，使公式计算的预测结果能够符合实验获得的数据。这个过程，今天称为"拟合"。经验公式，如附录 1 提到的标称马力计算公式，以及附录 5 将提到的船体自重估算公式，往往不能从物理学基本原理上直接解释出，但却能符合实验观测事实。经验公式可能是许多基本物理公式叠加的结果，但在当时缺乏计算机硬件辅助的情况下，基本上不可能阐明其中的机理。这种公式便是经验公式，其中各种参数的具体数值，往往需要根据观测结果来确定，而且对于不同类型的船舶，参数取值范围往往也会有所区别。即使在计算机数值模拟已经高度发达的今天，实际船舶的工程设计过程，往往仍主要依赖经得住实践检验的各种经验公式。

   博福伊上校实验研究的目的，是寻找船舶航行阻力的经验公式，即找到如何从船只的长、宽、深、吃水，以及风速、风向与海潮的速度、方向等可测量数据中，比较准确地估算阻力的方法。这体现了当时实验研究的一般思路：船体形态对阻力肯定有很大的影响，但如何影响，看起来非常复杂、难以阐明，因此希望通过准确测量阻力或者和阻力等效的其他物理量，来建立阻力和影响因素之间的对应关系，从中寻找经验公式。为了保证数据的可靠性，还要用数理统计的方法（最基本的比如附录 1 提到的标准偏差）对观测数据进行测验，以保证不是偶然因素造成的偶然现象，而是确实观察到了真实存在的变化。

   博福伊上校的研究，虽然循着这条实证科学的正确道路一路走下去，但最终并没能成功地用于指导船舶的设计，这是因为他没能解决一个关键的问题：模型船所受的阻力，是否能够通过简单直接的按比例放大，就可以准确地代表实际尺寸的船舶所受的阻力？后来实验研究证明，并不是这样简单，水体阻力并不随着模型尺寸的放大而简单同步地等比例增加。更为复杂的是，阻力可以明显分成几个主要的组成部分，每种不同来源的阻力，随着船舶尺寸变化而变化的规律，也都各不相同。博福伊上校虽然已经发现了阻力的组成，但还不够完善充分，他对模型的阻力如何正确放大得到实际船舶的阻力缺少探讨，因此没能成为船舶阻力研究的开山鼻祖。

   当时船舶的阻力问题，给人的一般印象，是让人困惑，比如大家都知道尖尖的船头船尾，航速肯定更快，但战舰主要是因为首尾也像中腰一样搭载了重炮，为了减少在大风大浪中埋首而使用了丰满的形态。事实上，流线型的船体确实更能让阻力降低，可当时一些实践经验，却与流线型船体能降低阻力的观念，明显矛盾。比如，船厂运输松木、杉木制作的桅杆时，往往直接拖在小艇后面，桅杆比重轻，可以漂浮起来（若是橡木制作的则浮不起来）。桅杆一头大、一头小，那么小头朝前阻力小，还是大头朝前阻力小？似乎是小头，但实际却是大头朝前阻力小，当时没有人能够给出别人无法反驳的解释。

1810 年出生的威廉·弗洛德（William Froude）通过更加精细的模型水池研究，找到了船舶阻力的几个主要组成部分，并给出了由模型到实船的正确比例换算方法"相似定律"，成为现代船舶试验流体力学的祖师爷。接下来简单介绍一下船舶阻力的基本理论，以及当时船型短粗的老式风帆船舶所受的主要阻力。

水不像胶水那样有明显的黏性，但也是有黏性的，所以总是有一些水，会黏附在船体表面，形成很薄的一层表面层，这层表面层逐渐剥离，最后融合到水体本身中去，这就是"层流"现象。此外，表面层还会出现局部、微观的涡流现象，这些都增加了周围水体对船体的压力。由于船体的形态，这些微观压力的总和，沿着船头船尾方向，不能完全抵消，于是在水体和船体之间，产生了摩擦阻力（Friction）和黏性阻力。但水体的摩擦，或者说黏性，根据我们从日常生活获得的了解，远远没有胶水那么大；可是如果观察水上生活的昆虫等个体非常微小的动物，就会发现水的表面张力对它们有很大的影响。表面张力来源于水的黏性，因此可以知道，模型和实际船舶的摩擦阻力，也不是等比例放大，越小的模型，相对来说，受到的摩擦阻力越大。

这正是弗洛德在模型试验中观察到的现象，同样形态的船模，比例越小，受到的阻力似乎越大。在弗洛德以前，直到博福伊，水池试验的目标，都是寻找到某种"最小阻力体"。从 17 世纪的牛顿以来，这一直是流体阻力实验研究者的最终目标。从 17 世纪后期开始，阻力水池模型试验就在英法等国断断续续地进行着，测量过了各种船模和规则几何形体的阻力。但牛顿的阻力模型是错误的，因为他计算的只是没有黏度的理想流体。过去的一个世纪中寻找最小阻力体的失败，也许让弗洛德猜想到，黏性阻力应当是阻力的重要组成部分，而船也可能在不同航速时，受到不同的阻力，且阻力的各个组成成分，在不同航速时，所占比例不同。

船模在拖曳过程中，会产生波浪。于是弗洛德拖曳一些浸水面积跟船模一样的平板。平板很薄，拖曳起来基本不产生波浪，弗洛德就将所测得的平板阻力假定为船舶的摩擦阻力，然后从测得船模的阻力中扣除这部分，剩下的阻力，他本着一个实验科学家的严谨态度，仅仅称为"剩余阻力"（Residual Resistance）。实际上，弗洛德知道，这部分阻力，至少有相当一部分，是属于兴波阻力（Wave Making Resistance）。因为他对船模进行了仔细的观察，发现船模航行时，会自己产生波浪，也就意味着有一部分推进动力，被浪费在产生波浪上了。不幸的是，航速越高，船体产生的波浪越大，直到产生的波浪，波长刚好和船长一样，如要产生波长更长的波浪、达到更高的航速，所需克服的兴波阻力将不成比例地迅速提高，所以当船体产生的波浪，跟船长一样长的时候，出于船舶经济性能的考虑，也就达到了实际上的最高航速。

这就是弗洛德发现的船舶阻力的两个主要组成成分，即摩擦阻力和兴波阻力。他给出了模型和实船摩擦阻力的正确比例换算公式，还给出了船长与航速在兴波阻力中的关系式：越长的船，所能达到的最高航速也越长，可是兴波阻力增长得也很快，而航速超过 20 节的船，其兴波阻力便开始占到阻力的大部分。

但弗洛德没有把话说死，实际上他的剩余阻力中，还包括一种主要的阻力成分，即涡流阻力。这种阻力在今天船体细长、长宽比达到 7∶1 到 10∶1 的船舶上，基本已经很小了，但在 19 世纪当时船体短粗、只能达到 5∶1 长宽比的老式船舶身上，却很常见。第 11 章、第 13 章介绍的蒸汽螺旋桨风帆战舰，船体长宽比还不足 5∶1，基本上像一个澡盆：船舯部非常丰满，船头船尾突然变细，尤其是船尾水下部分，突然变细，因为当时认为这样能促进水流到尾舵上，让尾舵更听话。事实是，水流的确能更快地流到尾舵上，但是太猛、太快了，结果产生了涡流，涡流处的水压急剧降低，于是船尾和船头水压差增大，产生了船头水压高的现象，也就是有一股水，压着船头不让它前进。今天船体细长的现代船舶，就像一把薄薄的利刃，轻轻划开水面，水流又在船尾轻轻地合拢在一起，因此涡流阻力很小。经过 19 世纪后期以来的模型试验和实船试验可知，老式木制风帆战舰的涡流阻力可达 20%—30%，剩下的基本都是摩擦阻力，因为其航速很低，低于 10 节，相对于船长而言，兴波阻力不那么明显。

19 世纪大型木制风帆战舰的长度在 70—80 米之间，根据弗洛德的兴波阻力公式，最大航速也只能达到 10 节左右。更高的航速所需的推进功率，当时舰船上几千平方米的帆布和原始的蒸汽机，都无法提供。因此对于排水量万吨的"勇士"号，很多人觉得三根桅杆不够多，但该舰水线长110 多米，长宽比达到 5∶1，航速接近 14 节，这在当时是史无前例的高航速，而这都是该舰细长的船体的功劳。

总结：直到 19 世纪上半叶，船舶还是身形短粗的造型，航速常常低于 10 节，阻力大部分是摩擦阻力，小部分是涡流阻力，还有少量兴波阻力。不过到 19 世纪中叶，这种现象开始得到专业船舶设计人员的深入理解和实际运用。

6. 查尔斯·赫顿是一名 18 世纪的应用数学家，他最著名的成就，是根据天文观测推算了地球的密度。

他主要负责计算这部分工作，出版了不少实用的表格，如指数计算表、三角函数计算表等。查尔斯·赫顿的成果应当和手工计算尺一样，大大方便了博福伊的计算分析。

7. 即朝前方和朝后方的水压差。

8. 这里对 1775 年达朗贝尔、孔多赛和伯素特进行的试验做一个简单讲述。当时法国北部计划开凿一条具有战略价值的地下运河，把巴黎和法国北部、比利时连接起来，这样一旦英法在海上开战，英国封锁法国海港以后，法国南部的葡萄酒等高价值货物就仍能通过运河运往比利时、荷兰装船卖往别国。然而由于地下运河的技术难度不小，又正好赶上高层管理部门人员更替，本来就对运河持怀疑态度的孔多赛便在高层支持下发起了质疑和声讨行动，后来更是成立了三人委员会。他们通过在运河河道中试验小艇的航行阻力，力图证明运河的运营成本太高，项目无法成功。实际上，当时的地下运河在今天看来运营条件确实极其恶劣，说是"运河"不如说是"下水道"，宽度只能容纳一艘小艇通过，河道两侧有半人宽的走道，可以供童工帮助拖曳小艇。

9. 指本附录表 A3.2 中的数据近似于表 A3.1 中的。

10. 这里的造价单位应当是英镑。举一个例子，比如表 A3.1 里面 120 炮战列舰总工资支付额度为15600 英镑，120 炮战列舰吨位约为 4000，则平均每吨薪酬就是 4 英镑多。

11. 政府需要为这些总资产支付利息，因为这些资产是从国家银行发行的公债中筹集到的，全国的债权持有人需要按照利率获得利息。

12. 当时干体力活的普通劳动者的工酬，常常日结，而文化程度较高的管理者的薪水，则按照月、季度或者年来发放。

13. 1815 年以前，英法仍然在交战，因此英国在 1805—1810 年间批量建造了几十艘 74 炮双层甲板风帆战列舰，其中两艘参加了第一次鸦片战争。到 19 世纪中叶，这些船已经明显陈旧，不少已被拆毁，但为了充分利用其剩余价值，有一些拆除了上层火炮甲板，改装成巡航舰。这是风帆时代对老旧列舰的一种常用处理方法。

14. 1~52，其中 1 指一艘巡航舰，52 指搭载了 52 门炮，下同。

15. 这里的 1~26，指的是一艘搭载 26 门炮的分级外炮舰，下同。

16. 松木、杉木比水密度低，而橡木、柚木比水密度高。

17. 每两个主尺寸相乘，就代表一个截面的结构强度，例如长度乘船体深度，就代表纵剖面的面积和强度。如果船体加长，纵剖面面积也必须随之加大，即船体深度也要加大，不这样的话龙骨就容易变形，如第 2、第 4 章所述，这就证明船体纵向强度不足。当时木制战舰的船体重量能够符合三个主尺寸两两相乘再相加的估算公式，就说明战舰在长、宽、深三个方向上全都强度不足。

18. 当时已经有了能做四则运算的机械计算机，只需要两人配合，相互检查校验就可以了。

19. 各种木材在造船上的具体用途罗列如下：

[1] 榆木用于建造龙骨。

[2] 橡木、柚木用于建造船体的肋骨结构、内外船壳及甲板。整艘船的承力结构主要就是用橡木、柚木制成的。

[3] 松木、杉木是用来制作桅杆的。品质比较差的松木、杉木只能使用 5 年左右，有的甚至维持 3 年就不堪使用了。而像柔韧性很好的里加杉，就经久耐用，是英国制作桅杆的传统材料。

桅杆分成三段，最下段很粗，中段则长而柔韧，上段非常轻细。

于是上段一般用质量较次、耐久度不太高的裸子植物制作，目的是节约经费，因为上段桅杆本身在战舰执行任务的时候，就容易突遇强风而折断，也就是说它本身的损失率就较高，使用高价、高质量的木料，不经济。

中段桅杆提供了战舰的主要推进力，而且这段桅杆的位置也较高，因此中段桅杆必须轻而柔韧，而里加杉就是制作这种桅杆的理想材料。

下段桅杆直插龙骨，粗大沉重，承担整个桅杆帆缆系统的重量，并需要在大风中挺立不倒，因此需要生长时间长的粗大木材。英国本土的高龄松树、杉树早已采伐殆尽，后来美国独立，英国又失去了美国的木材供应，于是只能指望加拿大地区的供应，这就是新英格兰杉。这样的巨木仍然不能整根制作成桅杆，因为大型战舰的桅杆下段实在是太粗，只能用木料拼接而成。

[4] 艾迪之所以介绍印度胡杨，是因为它的性能接近里加杉，而且使用寿命看起来能比里加杉还要长。

[5] 山毛榉可以在一定程度上代替橡木和柚木，但很有限。

[6] 水曲柳不能用来作为结构材料，只能用于内部装修。

20. 这份表格最早出自哪里，已经不得而知了，不过译者在 19 世纪上半叶发行的《英国皇家海军军官手册》（Naval Officer Manual）中找到了它。表中各种树的英文名字，基本都跟今天通用的一样，只有印度胡杨，有点问题。这里胡杨的名字是"Peon"，这个词从未在英语里面指代过"胡杨"，实际上这个名词根本不是植物的名字。通过查阅文献，译者发现，这个"Peon"是照搬自约翰·艾迪一份受到广泛引用的报告，这份报告介绍了印度马拉巴地区的海港及附近的资源情况。其中提到了一种特别适合用来制作桅杆的木料，即印度胡杨。在该报告中，艾迪将当地的胡杨分为"Peon""Puna"，并具体分出来五个品种。艾迪使用的这种名词恐怕代表是当地人的发音。在今天通行的英语中，胡杨称为"Poon"，即便是在 19 世纪当时，胡杨的英文名词，也已经固定为"Poon"。此外，1862 年一本介绍印度和亚洲实用木材的书将艾迪文中的"Peon"指正了为"Poon"。

21. 表中船体各组成部分的中英文对照及用途解释如下：

[1] 铁件（Iron）：根据其他事项进行推测和排除，这里的铁件包括（按照总重量排序）：铁制的船锚以及锚缆锁链、固定和连接船体各个木结构件的铁钉、安装船尾舵用的多个大型合页和转轴、船上给船员和军官做饭用的大小炉子（也有铜制的，不过铁制的更为常见）、铁制的各种工具。

[2] 铜钉（Copper Bolt）、铜皮（Copper Sheet）:用来包裹船底，减少海洋生物附着，提高航速。此外，火药库的火药桶为了安全，不产生火花，也用铜箍制作、铜钉固定。

[3] 合金钉（Mixed Metal Nail）：用来固定船底铜皮，主要为铜锌合金钉，因为铜钉强度不足。

[4] 铰叶、支撑拐铁（Pintle & Brace）：主要是大炮炮门上的炮门盖需要安装铰链、合页；而每层甲板下面都有支撑拐铁，钉在甲板下的木头支撑肘上面，作为结构补强。

[5] 铅制品（Lead）：用得最多的地方是底舱里的火药库，作为地板和墙壁的防水防潮材料。此外，下层火炮甲板两舷还有很多流水孔，流水孔里面也是用铅皮做的防水。

[6] 麻絮（Oakum）：用于船体木构件的捻缝防水和船上缆绳的保护。

[7] 松树胶油（Pitch）以及焦油（Tar）：用于船体木构件的捻缝防水和船上缆绳的保护。

[8] 铅白（White lead）和亚麻籽油（Linseed Oil）：调配白色颜料，用于粉刷船体内部。18 世纪时，船体内部习惯漆成大红色，这样作战的时候血流满地也不显得突兀。19 世纪则漆成白色，可以改善船舱里的照明条件。

这张表格看似事无巨细，把船上所有零部件重量都统计在内，实则挂一漏万。首先，这张表格所列的很多组成部分，并不是船舶下水时船上已经有了的。可是表格中列出了"下水时战舰的重量"这一项，而且没有包含大炮和桅杆等的重量，于是给人一种误解，以为这张表是船舶下水时除去船体木质结构，其他物件重量的统计。但细看之下并非如此：

船舶下水时肯定没有完全涂装好。

船舶下水时，船底肯定没有包裹铜皮，当时的船都是在完全安装好火炮设备和桅杆帆缆后，再进入干船坞包裹铜皮。

船舶下水时，船上很多大小木制组件没有安装，比如船的尾舵，再比如军官舱室内装修用的木料。

船舶下水的时候，也不会在船上储存麻絮、松树油制品和涂料。

这说明上表所列应当是船完全造好后，直接安装在船体上的各种零件的重量，不包括船上搭载的火炮、炮架、桅杆、帆装以及出海航行所需搭载的淡水、食物、衣物、备用帆缆等物资。但这样来看，原著中桶装储存的油漆和麻絮、松树油等也应该算作后勤物资，不应被统计进来。

另一方面，有一些东西应该被统计进来。比如，本表连船体粉刷的油漆的重量都算上了，但船体上还有一些皮革制的栖装品（主要是为了耐磨），其重量却没有被统计进来。

总的来说，此表是比较混乱的，并不代表任何时候船体本身的真实重量。实际上，船体的"自重"可以限定为三大部分的重量：

a. 木头的重量:船体龙骨、肋骨、船壳板、甲板的木料重量，加上固定船体木结构件的木钉的重量；

b. 铁的重量:固定船体木结构件的铁钉的重量，加上船体上铁件的重量；

c. 铜和铜合金的重量:船底包铜用的铜皮，加上固定铜皮用的铜锌合金的重量。

22. 本表中的工具、设备涉及当时火炮的具体操作使用方法，现简单描述一下。

当时的火炮构造很简单，就是一头开口、一头封死的铸造铁管。开口即炮口，堵死的一头即炮尾，由于炮尾堵死，所以炮弹和火药都要从炮口装填，这就是"前装炮"。炮管从炮尾向炮口逐渐变细，因为炮尾需要承担黑火药爆炸时的巨大燃气压力。

炮管是架在炮架上的。炮架是一个四轮小车，只有炮管长度的一半长，用结实的橡木板和粗大的铁条固定而成。在英国海军中，这个小车就是左右两块厚木板架在前后两根轴上，轴上安装四个小轮。轮子直径不能太大，否则大炮发射瞬间产生的后坐力会让炮架后退距离过远。只有炮管长度一半的四轮车炮架，只能接纳炮管的后半部分，炮管前半部分则伸在炮架前面，由于炮管的炮尾部分最粗，所以大炮重心偏后，因此仍然可以安稳地保持住平衡。

炮管在铸造的时候，会在炮身中部稍稍偏后的地方，铸造出左右一对炮耳轴（Trunion），大炮就靠这一对炮耳，固定在炮架那左右两块厚木板上。这样大炮就可以做上下俯仰运动。可见原始的四轮小车炮架不能做水平回旋运动。由于英国炮架小车没有底盘，炮尾就没地方搁，所以需要一块垫块（Bed），垫住炮尾。呈这种姿态时，炮口稍稍扬起，最大约能达到10°—15°的角度，这就是大炮的最大仰角。平时火炮都是放平了发射的，所以又在垫块上再垫上一到两块被称为"楔块"（Quoin）的楔形小垫块，把炮尾垫高，这样炮口就能保持水平状态了。如果需要增加炮口仰角，则由两名身强力壮的水手，一左一右站在炮尾两侧，用撬杠翘起炮尾，其他人员把楔块再向后抽出来一些，甚至是直接拿掉一个楔块。之后把炮尾落下，炮口的仰角就增加了，可见操作很原始。

四轮炮架那左右两块厚木板上，固定着一些缆绳和滑轮，组成滑轮组。英国的炮架上有左右一对滑轮组，称为"火炮滑轮组"（Gun tackle）。火炮准备停当，预备发射之前，先由这门炮的炮组成员，拽着左右这一对滑轮组的缆绳，让大炮的炮口伸到炮门外去，这样发射火炮时炮口的火焰，能够离开船体一定距离，免得把船上的缆绳、帆等易燃物点着。

大炮发射后会产生强大的后坐力，为了减少后坐的距离，英国火炮装备了一根制退索（Breeching），即一根粗大的缆绳，它一头牢牢地固定在大炮右边船体的内壁上，另一头牢牢固定在大炮左边船体的内壁上，中点则在炮尾的"炮钮"（Cascable）上打一个结。炮钮即炮尾堵死的那一头上面铸造出来的一个蘑菇形凸起。英国大炮还在炮钮上铸造出一个环，方便打结固定制退索。

制退索和拖拽火炮滑轮组的绳索就是一门大炮上主要的缆绳设备。

关于大炮的使用和操作：

一门大炮发射完毕后，它会在后坐力的作用下，退进船舱来。这时，一名炮组成员立刻拿出炮管清洁杆（Sponge），即一根跟炮管一样长的大通条，从炮口伸进去，一直捅到炮尾。这根通条的一端绑着包裹着帆布的木块，使用前将它用海水打湿，这样就可以清洁炮管，最重要的是把上一次发射中，没有燃烧干净、还在冒着火星的黑火药熄灭掉，否则下次发射容易提前引燃火药，造成严重事故。

然后装填弹药。首先装填火药包，即法兰绒缝制的圆筒形布包，里面是黑火药。由一名装填手用装填杆（Rammer）把火药包一直杆到炮膛最底部，压实。再装填炮弹，炮弹是漆成黑色的球形铸铁弹，也用装填杆一直杆到底。但是，为了装填方便，炮弹比炮管内径稍稍小一点，但由于它是球形，很容易随着船体摇摆而从炮管里滚落出来。为了防止这个问题，装填完弹丸后，还需要装填一块圆饼形的木塞（Wag）盖在炮弹上，防止它移位。木塞是用旧麻絮缠绕在一块圆形木片上制成的，可以很好地适应炮弹球形的表面，将它紧紧"抱住"。有时为了保险，炮弹前后各装填一个木塞。木塞在发炮瞬间随着火药燃气的产生而被焚毁。

装填完毕后，使用撬杠抬起炮尾，调整楔块位置与火炮仰角，这些一般是在该门火炮的炮组组长的指挥下进行，算是当时比较原始的瞄准步骤。

接下来就是击发火炮。全炮组人员奋力拉动火炮滑轮组，让炮口尽量伸出炮门去，远离船体上的易燃物。然后大家躲避到两侧，由炮组组长站在火炮的左后方或右后方，拽一根细绳，来扣动炮机（Gun Lock）上的扳机（Trigger）。炮机位于炮尾位置，炮尾的炮膛里是发射药包，这个位置有一个专门的名词，叫"火药室"（Chamber）。炮机背部正中央的外壁上有一个小孔，称为"火门"（Vent），这个孔一直通到炮膛里。炮组组长首先拿出一根细铁签，顺着火门下的细孔道一路扎下去，刺破发射药包的法兰绒外皮。然后炮组组长拿起肩膀上斜挎的一根水牛角来，把尖头对准火门，这根水牛角里面装的是颗粒比较细的步枪用火药，更容易燃烧，其尖头可以插进火门里，这样火门下面的整条细孔道都将灌满火药，和"火药室"里面的火药连成一体。

炮机其实就是当时步枪上使用的燧发器（Flint Lock），只是更大一些。燧发器是弹簧控制的一颗燧石，拉动扳机后，燧石就在弹簧驱动下，猛烈撞击一片金属片，从而打出火花。大炮的燧发器安装在火门附近，炮组组长会把水牛角里的火药从火门一直撒到燧发器附近，这样当他拉动细绳驱动扳机后，燧石打出的火花就可以一路引燃火药室里的火药。

可见，一门炮的炮组组长主要负责指挥瞄准和击发火炮。此外，在刚开始清洁炮膛的时候，他还要用戴着皮制护具的大拇指堵住火门，以防止清洁杆在炮膛内的活塞运动引起炮管中残余火药燃气突然从火门中冲出，伤到附近的其他炮组成员。

上表中各个工具、设备名词，这里都提到了。

23. 如果帆面积过大，遇到大风时，受风面积就会过大，导致船稳定性不足，就可能翻船，所以存在一个"挂帆能力"。低于其下限，则船遇到大风会变得不稳定。

24. 现对两个公式进行解读。

第一个公式：该式中的"所需推力"不是绝对推力，绝对推力和帆面积以及"甲板相对风速的平方"成正比，所以一艘战列舰受风的绝对推力，远远大于一艘小炮艇，因为前者帆面积可达后者的数倍。这里的"推力"是一种相对推力，用帆面除以船的排水量，得到一个比例，即平均每吨船重量，获得了多大的推力。这里根据实际经验，又进行了修正，不是用帆面积直接除以排水量，而是除以排水量的三分之二次幂。这样做是为了体现出"越小的船，行动越灵活"这样一个特征。参照表 A5.5 中的"推力"一项，可见这种相对推力，从战列舰到巡航舰，再到双桅杆炮艇，是越来越大的，这就跟大、中、小三型作战舰艇的航速越来越高、机动性越来越好相吻合。

第二个公式：船的挂帆能力，与排水量、稳心高成正比，与帆面积和所有帆作用力的合力点距离水面的高度成反比。一艘战舰桅杆越高，挂出来的帆面积越大，分母上这两项的乘积就越大，船的挂帆能力就越低，越容易被大风吹翻。相反，船的排水量越大、稳心越高，则船在水中的"根基"越扎实，可以竖立更高的桅杆，挂更多的帆，相应数据见表 A5.5 中的"挂帆能力"一项。可见越小的船，越容易在大风大浪中翻船，因此小船只能在天气良好的情况下体现出其高航速，狂风恶浪时只能回港口躲避，因为稳定性太差，这也符合当时的实际情况。

25. 根据原著用词推断，原著上表里战列舰和炮舰的"舯横剖面面积"一栏的数据彼此颠倒了，现已更正，因为当然是战列舰的舯横剖面面积最大。另外，表中舯横剖面面积没有单位，已根据常识添加，而推力和挂帆能力都是一种相对参考数值，没有强调单位。

26. 实际上阻力如前面附录 3 中所注释的那样，随着航速和船体的浸水面积而变化，而不是随着舯横剖面面积变化。

27. 航速超过 10 节以后，按照当时船的船体长度，兴波阻力会快速增加。

28. 菲利普·瓦茨是 20 世纪初英国海军的总设计师，他主持设计了进入无畏舰时代以来，参加了第一次世界大战的多型英国战舰。配图选自他在 20 世纪头 10 年里写的一篇论文，当时他负责主持对 1805 年特拉法尔加大决战时英国的旗舰"胜利"号进行文物修复，于是查考了 18 世纪、19 世纪初风帆战舰的外观形态等问题，最后整理出了这样一份报告。

29. 原图没有标注各个风帆的名称，特此标注，方便与后面表格中提到的这些帆的各个部分相对照。另外译者添画了"首斜桁帆"，因为表 A5.9 提到了这个帆的帆桁。

30. 对照第 394 页的配图，可以发现桅杆上挂的帆都是梯形的，因此按照上边、底边和高三个尺寸来体现一面帆的尺寸。而支索帆和斜桁四角帆，是不规则四边形，不应该按照梯形的尺寸来描述，这是此表的第一个缺陷。

另外，此表未注明代表哪个年代的风帆战舰，加上许多细节的不自洽，使此表的质量不高。

同时，这里配的菲利普·瓦茨的风帆战舰帆装示意图，可以作为整体了解风帆战舰帆装的一个参考，但图上所画的一些细节，同样和该图的标题不符合。

对于菲利普·瓦茨的这张图和本表存在的一些问题，以及需要解释的地方，罗列如下：

[1] 该图称表现的是 1805 年特拉尔加之战时风帆战舰的帆装样式，图中每根桅杆都有主帆、中帆、上帆和顶帆一共四道，但表 A5.6 只提到了下面三道，顶帆没有提到，这是怎么回事？因为 1805 年的时候，顶帆还不是制式风帆。当时主要是巡航舰这种轻型战舰，常常由舰长自己决定，临时装备顶帆，因为巡航舰需要高航速来追击商船、私掠船和敌人的巡航舰。而当时的战列舰一般不装备顶帆，因为战列舰桅杆太高，高处风速太快，顶帆容易损坏；同时，战列舰也不追求高航速。因此该图若要严格反映 1805 年时的历史实际状况，那么战列舰就应该只有三道帆，巡航舰有四道帆。

[2] 表 A5.6 分了 4 个舰种，除了第一个"一等战列舰"之外，其他三个都有点问题。80 炮战列舰、70 炮战列舰、削甲板的 50 炮重型巡航舰这三个舰种，不论是在 18 世纪末 19 世纪初，即法国大革命——拿破仑战争时期，还是在本书主要描述的 1815—1860 年蒸汽海军的初创时期，都不是当时英国海军的代表性战舰类型，而是边缘化的"个例"，把它们拿来代表典型的、海军中大量装备的战舰，不太合适。

80 炮战列舰是 18 世纪后期法国开发的一种大型双层甲板战列舰。在 18 世纪末的英国海军中，这种战舰凤毛麟角，主要是从法国俘获的。19 世纪上半叶，英法争相建造的大型双层甲板战列舰，可以看成是 80 炮战列舰的后继者，但这些主要是 90 炮战列舰。

70 炮战列舰是英国于 17 世纪末定型的量产型三等战列舰。不过从 18 世纪中叶开始，英国开始借鉴法国的 74 炮大型量产型三等战列舰，于是到 18 世纪末 70 炮战列舰基本已经被英国海军完全淘汰了。

50 炮削甲板重型巡航舰是 18 世纪末 19 世纪初，英法处理老旧战列舰的办法，比如将 70 炮战列舰、64 炮战列舰拆除上层火炮甲板，改装成单层甲板的重型巡航舰。这种船数量非常稀少。在 19 世纪上半叶，50 炮几乎是英法巡航舰的标准配置，但这些巡航舰是专门设计建造而不是削甲板改造而成的。

真正能代表 18 世纪末 19 世纪初英国海军主流装备的分级应当是：100 炮一等战列舰、90 炮二等战列舰、74 炮三等战列舰、38 炮巡航舰（五等战舰）。

其中，一等、二等战舰有三层火炮甲板，三等战列舰有双层火炮甲板，38 炮巡航舰有一层炮甲板。当时，现役的一等战舰不超过 10 艘，现役的二等战舰不超过 30 艘，现役的 74 炮三等战舰超过 100 艘，现役的 38 炮巡航舰数量众多。

[3] 表中"斜桁四角中帆"不是当时战舰上的标配，主要见于商船和军队的辅助船，战舰上几乎看不见。

[4] 最后一项"斜桁四角帆"有两列帆高度，意思是可以根据风力条件做出调整，用两种不同规格的帆替换使用。

31. 第一，本表见于 1845 年的《大百科全书》（Encyclopedia Metropolitana）中"战舰设计"（Naval Architecture）一节。

第二，关于表中表示舰种名称"单桅杆炮艇"的"Cutter"和"Sloop"：

此表反映的是接近 19 世纪中叶时的情况，这时"Sloop"这个名词开始转向今天的含义——"单桅杆小帆船"。之前，"Sloop"在海军中是"Sloop-of-War"的简称，跟从法国引进的"Corvette"一词一样，指最小号的三根桅杆舰。到 19 世纪中叶以后，民间对"Sloop"这个词松垮的界定开始变得明确，随着风帆赛艇运动的发展，轻盈、快速的单桅杆风帆赛艇，开始被称为"Sloop"，而海军传统上称呼这样的快艇为"Cutter"。最终，"Sloop"几乎又成了"Cutter"的同义词，即单桅杆快艇。当时或今天的很多资料，都试图去界定这两者的区别，基本上没有取得实质性的成功。而"分级外炮舰"开始完全用法语单词"Corvette"来指代了。

第三，表中各搭载物的中英文名词对照及说明如下：

[1] 下段桅杆及首斜桁（Lower Mast and Bowsprit），具体位置见前面的帆装图。

[2] 中段桅杆及所有帆桁（Top Mast and Yards Aloft），中段桅杆见前面的帆装图，桅杆上挂着的每面帆，其上边都是挂在一根帆桁上的，就像挂窗帘一样。

[3] 备用桅杆桁材（Spare Rear and Booms），上段桅杆及以上的桅桁材料都非常纤细，大风中容易折断损毁，因此需要备用。

[4] 静支索（Standing），全称"Standing Rgging"，是用来固定桅杆的一些从桅杆顶端斜拉到甲板上的斜拉索，可以帮助桅杆对抗大风，这些缆绳都很粗大，因此重量不小。

[5] 动支索（Running），全称"Running Rigging"，是用来操作帆桁和风帆的。操作的时候，往往用这些缆绳和滑轮组成滑轮组使用。

[6] 滑轮（Blocks）。

注意，[1]、[2] 单纯指木杆子。而不论是固定这些木杆子，还是把帆挂在木杆子上，或操作木杆子上悬挂的帆，都需要缆绳，[4]、[5]、[6] 即固定桅杆、帆桁以及操作风帆用的缆绳和滑轮组的重量。

[7] 帆（Ship's sails），制式常用帆见前面的帆装图。

[8] 备用帆（Spare Sails），由于帆常常遇到恶劣天气而损坏，所以准备了备用帆。

[9] 亚麻制锚缆（Hempen Cables），原著用词不是本书那个时代的专业名词，当时的锚缆应称为"Ground Tackle"。

[10] 铁制锚缆（Iron Cables），原著用词不是本书那个时代的专业名词，当时的铁制锚缆应称为"Chain/Chain Cable"。现在用"Cable"这个词专指"锚缆"，就是从当时开始的，但当时"Cable"还不能说专指"锚缆"，其他粗大的缆绳，比如静支索，也可以称为"Cable"。

[11] 锚（Anchors），一艘风帆战舰携带四支主锚，每舷各两支，分为常用锚和备用锚。

常用锚称为"Bower"，"Bows"即指船头，因为左右两舷靠近船头的地方，各挂着一个常用主锚，所以这样命名。主锚在战舰整个任务航行期间，基本总是挂着锚缆的。左右两个常用锚都有各自的名字，右舷的常用锚称为"Best Bower"，即"最好使的常用锚"，左舷称为"Small Bower"，即"小一点的常用锚"。实际上，左右两支常用锚，后来是一样大的，备用锚也和常用锚规格一致。这样命名，首先是因为早期右舷锚确实比左舷锚重一些。其次，由于科里奥利力的效果，南北半球风鼓和气旋的旋转方向是固定的，为了在已经放下一舷主锚，又需再放下另一舷主锚时，两个锚的锚缆无法彼此缠绕在一起，在北半球航行习惯先下左舷主锚，只有在情况太危险的时候，再放下右舷主锚，因此右舷主锚就成了"双保险""再上一个保险"的角色。在今天的英语里，"Best Bower"就是这样的一个比喻，相当于"再加一把锁"。

备用锚称为"Sheet Anchor"，"Sheet"指的是操作风帆的一种动索，中文翻译成"帆脚索"，因为帆被风鼓起来以后，就会像窗帘一样飘起来，为了兜住风，就需要从甲板上把帆的下角拉住。存放备用锚的位置，在前桅杆两侧后方，正是前桅杆主帆帆脚索所在的位置，因此就把备用锚称为"Sheet Anchor"。备用锚平时一般是不挂锚缆的，常常将备用锚的锚缆和常用锚的锚缆接在一起，供主锚使用，因为更长的锚缆可以抵御更加恶劣的天候。

备用锚是在天候特别恶劣的时候才使用的，可以说是战舰最后一道生命保险杠，因此英语里"Sheet Anchor"一词在今天就比喻为"最后的办法、最后的希望"。

除了四支主锚之外，战舰上搭载的小艇也有跟它们尺寸匹配的船锚。此外，战舰上还往往装备有跳帮接舷作战用的四爪抓钩，这也算作锚。

[12] 压舱铁和水柜（Iron Ballasts and Tanks），这种提法再次反映了19世纪中叶的情况。

压舱铁和水柜是船底舱最底层的搭载物，重量很大，可以有效降低重心。现代船舶很少再使用这样的压舱来物降低重心，但在19世纪，当时的设计和计算能力都很落后，战舰装载上各种武备、人员和物资之后的排水量、重心，都很难在设计的时候精确计算出来，因此在当时，压舱物仍然没法废除使用。

19世纪的压舱物，是生铁条，截面呈方形。它们一排一排，从船头摆到船尾，码放在船底板上。如果是在19世纪中叶以前，特别是在17、18世纪，习惯在这些沉重的生铁条上面，再铺上两三层鹅卵石。大鹅卵石在下面，小鹅卵石在上面，这样整个底舱就铺满了鹅卵石。

在鹅卵石上，可以码放饮用水、酒等桶装物资。饮用水用大号的水桶盛装。首先把水桶吊放进底舱鹅卵石层上，然后用长长的水管子从甲板上的舱口一直伸到底舱里，给这些水桶注满水。注满水的水桶很重，最底层的水桶因此会陷入鹅卵石层中一些，从而不会随着船体的摇摆随意滚动。底舱的水桶层层码放，分成很多层。每层水桶之间用木楔子挤紧，不让它们彼此错动。

这就是传统风帆时代，底舱存放饮用水的办法。缺点有很多，特别是鹅卵石不卫生，容易给老鼠和病原微生物提供栖息地。因此传统风帆时代的船底舱最底层，非常肮脏，散发着恐怖的气味。到19世纪30年代以后，开始尝试用水柜取代传统的木桶，水柜可以占据更小的体积，这意味着重心将更低，不再需要鹅卵石压舱。水柜用铁皮铆成，可以做成适合船底形态的任何形状，布置在压舱铁条的上面。水柜采用水泵给排水系统供水，也省去了过去要把木桶一个一个吊到甲板上来使用的复杂操作。

[13] 饮用水（Water），盛放在水柜里。

[14] 煤和劈柴（Coals and Wood）。在一艘木船上提到"Wood"，专指可以用来烧火做饭的劈柴。煤和劈柴这两样东西一般存放在船头底部的尖细区域，因为这里不好布置任何其他设备。用途是作为燃料，供船上的厨房生火做饭。

[15] 食物、酒和做衣服用的布料（Provisions, Spirits and Slops）。这些都是船员日常消耗的生活物资。自17、18世纪以来，在远洋上活动的水手，他们的日常食物和饮品，开始逐渐固定下来。本书涉及的19世纪上半叶，仍然没有太大的改变，因为食品冷藏技术还没出现，罐头这个时候虽然已经出现，但还没能普及到普通大众。

水手的主食是"Bread"，即一种烘烤后充分风干的烤面包，更像是今天的饼干。这种"面包"是大块面团用脚和下肢的力量反复揉搓折叠成的，即使经过发酵和烘焙，质地仍然非常细密，充分风干后，硬得就像砖头一样，无法直接食用，需将它们打碎，熬成粥食用。这种"面包"一般存放在船尾底部的尖细区域。船上的"面包"受潮、发霉，长出各种蛀食昆虫，在当时是非常常见的事。

水手从事重体力劳动，攀爬桅杆、拖曳缆绳，因此必须补充足够的蛋白质，而水手的蛋白质来源是腌牛肉干。这种食物并不是直接用牛肉腌制而成，而是先将牛肉炖至稀烂，再将肉汤风干。熬制过程中，需加入了大量的盐，这样就可以在存放时有效扼杀微生物。这种腌牛肉干硬如岩石，微生物很难侵蚀，保存时间特别长，例如克里米亚战争时期，配发部队的牛肉干还是18世纪末法国大革命时期生产的，足足保存了半个世纪之久。牛肉干同样没法直接食用，一般用工具刨成薄片、细丝后和"面包"煮在一起。煮好后的糊糊如同烂泥，让人没有食欲，这就是水手的日常食物了。煮牛肉干时，里面的油脂会漂浮出来，厨子会撇掉这层油，用来作为船上设备的润滑剂。

海上生活，物资极度匮乏。水手的上述食物，非常缺乏维生素，特别是维生素C。水手只有在靠岸的时候，才能从新鲜的蔬菜水果中摄取这些关键的微量营养物。水手平时能吃到的蔬菜，只有各种容易保存的腌制豆类。结果，离开陆地最少三个月、最多六个月，维生素C的缺乏，就会开始让水手表现出"坏血症"。虽然用豆子发豆芽可以产生维生素C，但西方人一直没有发现。不过在17世纪，就已经发现荷兰人发明的一种酸菜（类似泡菜）可以防止坏血症，但是泡菜需要的存放空间太大，即使是并不追逐商业利润的战舰，都没有足够的空间来存放。

水手并不是每餐都有肉，一般只有午餐和晚餐有肉，早餐没有。一个星期也不是天天有肉，一般只有4—5天有肉吃，剩下几天里用腌制的鳕鱼代替。

关于水手的饮品。当时没有有效的水体消毒净化措施，携带的饮用水，一般只够全船所有人三个月饮用，再长时间以后，水中生长的藻类和其他病原微生物，就会让水完全无法饮用了。可见当时船上的淡水不能直接饮用，里面的大肠杆菌必定超标，这样的饮用水很可能会引起急性消化道疾病如痢疾。所以水手不喝水，而和酒勾兑在一起，因为酒精可以杀灭病原微生物。18世纪最著名的海上用酒，是西印度即加勒比海岛上盛产的甘蔗酿成的朗姆酒，它口味甘甜且度数不那么高，一度是英国海军的制式饮品。

水手的衣服是使用战舰上储备的、国家统一采购的蓝色卡其布料，在战舰上制作的，衣服的制作费用从水手的薪水中扣除，但布料和水手的日常食物、饮水一样，都由国家免费提供。

总体上，水手的食物虽然外观可怕，但热量和蛋白质都比当时社会上的大众水平要高一些。然而因为远离陆地，这样的食谱维生素匮乏，加上又缺少干净的饮用水，且需要面对烈日的暴晒、风雨的洗礼，还需要干重体力劳动，有得疟气的危险。因此水手的健康水平和寿命往往堪忧。

[16] 船员及随身物品箱等（Men, Chests, etc）。水手的随身物品箱是当时水手唯一的家当。由于工作的特殊性，许多水手可能连妻子儿女都没有，常年在海上漂泊。在战舰上，水手的随身物品不能放在水手的铺位附近——当时的水手也没有固定铺位，一般存放在一个帆布袋或者一个箱子中，里面值钱的物品就是一点刀具和一套上岸时穿的干净衣服和皮鞋，一般水手在战舰上都不穿鞋。一艘一等战舰上800多人，体重加在一起可达60吨左右。

[17] 炮长储备物资（Gunner's stores）。

[18] 水手长和木匠储备物资（Boatswain's and Carpenter's stores）。

以上两条提到了战舰上的三位"士官长"。这三位士官长都是有丰富海上服役经验的老水手，分别负责船上的大炮弹药、帆装索具和船体结构的日常维护管理。在战舰维修和封存期间，他们需定期检查和维护战舰。这三位士官长的储备物资为：备用的炮架配件、操炮工具，备用的帆布、缆绳，备用的堵漏木材、桁材以及木工工具等。

[19] 大炮等（Guns, etc），包括大炮本体及炮架、操炮工具等。

[20] 火药等（Powder, etc），包括火药和存放火药的木桶，制作法兰绒火药包的工具材料等。

[21] 实心炮弹和散弹（Shot and Cases）。炮弹主要是球形实心铸铁弹丸，另外配有少量的特种弹，如这里的散弹就是在一个铁壳里面装填许多小号的实心球形弹丸。

[22] 舰载风帆大艇（Launch）。

[23] 舰载单桅杆风帆小艇（Cutter）。

[24] 军官过驳艇（Barge）。

[25] 大划艇（Pinnace）。

[26] 小划艇（Gig）。

[27] 舰载小艇（Jolly-boat）。

[22]~[27] 都是舰载艇，每种都有自己的用途：

a.46炮巡航舰以上的战舰都配备了舰载大艇，大艇在17世纪，可以接近战舰本身长度的三分之一。历史上的大艇有两种，一是这里的"Launch"，另一种叫"Longboat"（"长舟"）。两者似乎也没有严格的区别，本表做了统一称呼。大艇艇身宽大，可以搭载上百人，还可以装载船上盛饮用水的大桶。主要依靠风帆航行，可以竖立两根甚至三根桅杆，一般采用纵帆帆装。大艇的作用很多，比如靠岸寻找河流入海口，为战舰采集淡水补给。此外，遇到无风的天气，战舰无法行驶，还可以让水手人力划桨驱动大艇，用大艇搭载战舰的主锚，划到一定的位置下锚，然后战舰再人力收回主锚的锚缆，战舰就能拉着锚缆前进一段距离。

b. 战舰上还配备了两艘称为"Cutter"的单桅杆风帆小艇，但从保存至今的模型上可以一眼看出，表中名为"单桅杆炮艇"的"Cutter"比"舰载风帆小艇"这个"Cutter"要大得多，单桅杆炮艇有十几米甚至二十米长，而舰载的风帆小艇则只有几米长。舰载单桅杆小艇也可以续航，搭载少量的人员物资，甚至可以脱离战舰，到内河进行较长时间的活动，这在当时的殖民活动中是必不可少的一种行动。

c. [24]~[27] 都是划桨的舰载小艇，一般船型比较细长，方便划桨前进。其中"Barge"和"Pinnace"都类似于"Cutter"，也不是舰载艇的专有名词，一般指代近海和内河中一些跑运输的风帆小货船。作为舰载艇时，这两个均指专门用来过驳人员的大型人力划艇，一般作为舰长和舰队司令的交通艇，艇上配备十几名桨手，艇尾打起遮阳棚，里面坐着军官、舵手和乐手。"Barge"一词常常指军官交通艇，如"Admiral's barge"（舰队司令过驳艇）；而来自荷兰语的"Pinnace"一词则不这样固定使用，因此仅翻译为"大划艇"。"gig"只有舰载风帆小艇那么大，船身细窄，也常常供舰长过驳使用。"Jolly-boat"这种舰载小艇就像公园里湖上的小艇。这些划桨小艇，几乎都不能在风大浪高的海上长期航行，因为人会很快疲劳，通常都作为军官过驳艇使用，比如有些命令太过于复杂，于是舰队司令就会派出旗舰的第一副官或者其他资历稍低的副官，带着亲笔信去受命的军舰上当面讲解清楚。

d. 表中"舰载单桅杆风帆小艇"一条中的"支队司令"等原附注，译者不知何意。1845年的原表即是如此，表格上下文也未作解释，因此本书作者也照搬原标。至于"爵尔"式帆装，就是在单桅杆小艇的船尾，竖立一根轻巧的临时后桅杆。

32. 表中最后一项"首斜桁帆帆桁"是一种18世纪的制式帆装，到19世纪30年代，已被完全淘汰。

33. 表中各项名称的中英文对照及注释如下：

[1] 船体铜皮（张）：Number of Sheets of Copper Sheathing。

每平方英尺28盎司：28 oz。

每平方英尺32盎司：32 oz。

船底的铜皮自1779年开发成功后，一般有三种厚度规格：32盎司每平方英尺、28盎司每平方英尺、22盎司每平方英尺。这三种铜皮都呈长方形片状，大小一样，但厚度不同。靠近船头部分由于磨损最快，所以采用32盎司的厚铜皮；靠近船尾处磨损最慢，采用22盎司规格；中段船体则采用28盎司规格。

[2] 木钉个数：Number of Treenails。英国战舰相比法国战舰，更多采用木钉。木钉一般用橡木制成，遇水膨胀，也不会锈蚀。在18、19世纪的木制战舰上，木钉和铁钉的数量几乎平分秋色，通常，先在建造中对船体结构使用木钉进行暂时固定，最后再用铁钉进行最终固定。

[3] 松树胶油（桶）：Number of Barrels of Pitch。

[4] 松树焦油（桶）：Number of Barrels of Tar。

[5] 亚麻籽油（加仑）：Number of Gallons of Linseed Oil。

[6] 周长从0.75英寸到18英寸的各类缆绳的总长度（英寻）：Number of Fathoms of Rope from 3/4in to 18in in Circumference。

当时习惯上不用直径而是用周长来代表缆绳的粗细，因为当时没有游标卡尺，测不出缆绳的准确直径。

[7] 滑轮个数：Number of Blocks。

[8] 船帆所需帆布总长度（码）：Number of Yards of Canvas in Ship's Sails。

船帆用固定宽度的帆布条一条一条平行排列拼接缝制而成。帆布条的宽度固定为24英寸和18英寸两种尺寸，因此可以用帆布条总长度，代表帆的总量。

[9] 备用船帆所需帆布总长度（码）：Number of Yards of Canvas in Spare Sails。

[10] 麻制缆绳：Number of Hempen Cables。

[11] 铁链缆绳：Number of Iron Cables。

所谓"中型锚"（Stream Anchor），即战舰临时停泊和下锚机动的时候，常常使用的一种锚，比主锚要小得多，但又比舰载艇的锚要大一些。

34. 作者这里自然是指英国海军。英国从 17 世纪后期开始，便逐渐以优秀的船员整体素质，在历次海上冲突中先后击败法国、西班牙。到 18 世纪末，英国水手整体素质大大高于法国和西班牙，屡战屡胜，几乎每次行动，都能抢占战场上的战术主动权。在风帆时代，海战的主动权，就是占领上风位置。这样，我方就可以随意向下风加速追击敌人，而敌方却无法逆风加速，主动攻击我方。可见，抢占了上风位置就能够按照自己的意图决定交战还是脱离接触，强迫对手在最有利于己方的战场条件下开战。但抢占上风，就意味着敌舰在我舰下风方位。我舰由于被风吹得船体横倾，于是指向敌方的那一舷一定是背风的那一舷。这样一来，背风一舷的大炮炮口就会因为船体朝着敌舰向下风方向倾斜而指向水中，这时这些大炮就不得不抬高炮口仰角，才能保持炮口水平，但这增加了炮组人员的操作负担，且打出去的炮弹容易在没有击中敌舰之前，先砸在水面上。而且，这种情形下，炮门的上浪情况也很严重，上涌的浪潮往往会沿着火炮甲板中央的甲板舱盖隔栅漏到底舱去，如果上浪的水太多，不能及时被船上的人力水泵排除，积水会在底舱随着船体摇摆来回晃荡，降低船舶的稳定性，甚至会引发翻沉事故。

35. 这些舰船的稳心高均在 2 米到 3 米之间。作为对照，二战时期的战列舰"大和"级（Yamato）试航时测得稳心高 2.88 米，航空母舰"约克城"级（York Town）根据图纸计算，即使在任意一个大型舱室完全进水后，稳心仍然有 2.5 米。可见不管船舶大小，只要是能够出海航行的海船，采用的又是传统的船体形态设计，那么稳心高应该都相差不多。

36. 这是一个经验公式，其中 T 代表吃水深度，该公式中的系数 1/3、1/2 并不固定，还有其他取值形式。

37. BM 代表稳心高，即稳心在浮心以上的高度。

I 是"惯性矩"。通俗地解释，假设船上有一扇舱门，面积 2 平方米，这扇门距离船体中央有 15 米，那么这扇门的惯性矩就是 15 米 ×15 米 ×2 平方米。当这扇门随着船体摇晃而摇晃时，舱门面积越大，离船体中央越远，舱门的惯性也就越大，越不容易停止摇晃。这就是 I 的含义。

V 代表船体体积。

B 代表船体最大宽度。

T 同上式，代表吃水深度。

该式的含义是船舶设计的基本原理"初稳性"，第 3 章介绍稳心高时译者已在注释中提及，并将在下文再次简略介绍。

38. 简单介绍一下船舶稳定性和"船长"号的悲剧。

当船体横摇角度小于 5° 时，可以通过在甲板上推动重物，来测量船体的横倾角，计算出稳心高，这个高度能很好地评估船体横摇角度不大的时候，船舶是不是容易快速地从倾斜状态中回复回来。稳心越高，小角度摇摆的稳定性就越好。

当船体横摇角度大于 10° 时，就明确属于大角度横倾的范畴了，此时的稳心高已经不能很好地代表船体从倾斜状态中回复过来的能力了。随着一侧船体浸没程度的加深，这一侧船体的浮力和浮力力矩就会跟着加大，从而产生越来越大的"复原力矩"，最终保证船不会倾覆。

举个具体的例子，一般长江客轮，虽然甲板以上的客房有四层楼高，但客房并不是水密的，开有很多窗户，同时露天甲板以下没有舷窗的水密船帮只高出水面两米不到。于是当这艘 10 米多宽的客船突然遭遇 12 级强风的时候，江水就很容易漫上甲板，从客房的窗户中灌进船体里，这样客船就会在短时间内丧失复原力矩而倾覆沉没。这有些类似 403 页中 4 号曲线的情况：巡航舰的炮门处于打开状态时，一旦船体倾斜达到 15°，海水就会开始从炮门灌进来。

1869 年的"船长"号铁甲舰也遇到了类似的问题，不过"船长"号并不是舷侧炮门忘了关闭，而是因为该舰的船帮太低了，而且船帮以上的露天甲板也没有使用水密的舱盖，再加上该舰还有高高的桅杆，上面挂着许多面帆。结果，当该舰遇到一阵骤起的狂风时，大风推着桅杆上的帆，把船体推得猛烈倾斜，就让海浪漫上了露天甲板，又从甲板上敞开的舱口灌进船体内，迅速使船体稳定性丧失。

在这艘船失事前不足一年，海军总设计师里德刚刚在英国战舰设计上推广应用了最初的现代船舶稳定性理论，并据此为"船长"号测绘出了如 403 页图一样的稳定性曲线，预测了该舰大角度稳定性不足的技术缺陷。

"船长"号这样一艘新锐铁甲舰，作为国之重器，为何竟然会存在这么严重的设计和建造缺陷，并最终失事呢？里德作为总设计师，不应该为此负责任么？

该舰是最后一艘由"业余爱好者"设计、海军军官主导建造的战舰，该舰的失事和所导致的重大生命损失以血的教训告诉英国皇家海军和英国公众：战舰设计已经进入到技术密集的专业科学阶段，没有经过专业训练的业余人士，仅凭一腔热血，不仅虚掷国帑，而且容易酿成悲剧。

这艘铁甲舰，还尝试将装甲旋转炮塔和高耸的桅杆结合起来，但因为设计者缺乏船舶稳定性和重心控制的知识，只能采用低干舷的设计，造成海水很容易漫上露天甲板。低干舷的设计也可以使船非常稳定，但最好不要和高高的桅杆结合在一起，因为大风容易让高耸的桅杆把船体推得非常倾斜，此时低干舷就比较危险了。同时期里德设计的"君主"号（Monarch）铁甲舰，同样将装甲旋转炮塔和挂帆桅杆结合在一起，但他采用了高干舷，虽然使该舰装甲防护性能上有一定的牺牲，但船舶稳定性却得以保证。

而后两列比较不容易理解。当时设计战舰，一般是把战舰从船头到船尾，切成十几个到几十个分段，然后分别确定每个分段的横截面形态。表中单独列出的是船体舯部的那一个代表性分段，这是全船造型最丰满的分段。假想单独把这个分段船体浸没入水中，再在上面搭载货物，需要增加多少载重，才能让这个分段的轻载和满载水线分别增加1英尺，就是表中这两个数据的含义。

39. 原文如此，其实 GZ 代表复原力臂的长度，所以单位是英尺。

40. 也不能一概而论，因为遇到恶劣天气时，船只更多会选择在港内或海上躲避，而不会冒险航行。当时船舶失事的主要原因，是缺乏可靠的导航，尤其是经度测量和计算装置，以致常常因导航失误进入浅滩或者礁石密布的未知海区而触礁失事。

41. 该表中，舰种后的前两列，代表的是轻载水线及满载水线分别增加1英尺时，船上搭载的重物相应增加的重量。这两者之所以会有差别，是因为船体水下形态不是规则的立方形，而是流线型，而且越接近船底的部分，船体形态越纤细。轻载时，船底纤细的部分更加接近水面，增加同样的排水体积，吃水深度变化很大；满载时，水线附近的船体基本呈直上直下的垂直状，没有什么弧度，这时增加同样的排水体积，吃水深度变化就小很多了。

42. 布朗先生的遗志在 20 世纪末和 21 世纪初终于得到了许多欧美国家的践行：澳大利亚为 18 世纪后期库克（Cook）船长发现东澳大利亚时的探险船"奋进"号（Endeavour）建造了一艘复原船，瑞典复造了 18 世纪来华的东印度武装商船"哥德堡"号（Göteborg），加拿大复造了巡航舰"玫瑰"号（Rose），法国则复造了巡航舰号"赫敏"（Hermione）。这些复原船每年夏秋都要举行航行活动，招募风帆航行志愿者参与其中。

43. 计算结构强度的简易方法，是把船体看成一根可以弯曲的长棍，看在船体自重的压迫下，船体会不会弯曲变形。如果不会，当船下水得到浮力支撑后，就更不会被自重压迫得完全变形。在建造船舶的时候，船是在船台上的，因此船体结构强度必须能承担静止的船体自重带来的压迫而不变形。当船入水以后，很少有海浪施加给船体的应力能够超越船在船台上时船身自重对船体结构施加的应力。只是海浪的应力虽小，却连续不断，而且不停地改变大小和方向，容易让船体结构疲劳。船在海上遇到的最大动态应力变化，就是穿越大浪时落差数米高的大浪经过船体的时候，船体的一部会接近腾空，另一部分则受到海浪的过分托举，从而可能出现龙骨上弯、龙骨下弯的趋势。如果船体强度不足，就可能会断裂，这在 20 世纪发生过不止一次。

44. 面积二次矩也就是"惯性矩"，它既可以代表惯性的大小，也可以代表结构抗弯曲形变的强度。

45. 面积二次矩就是面积 × 距离 × 距离。在 I 的单位"平方英寸·平方英尺"中，平方英寸是船体某结构件的截面积，平方英尺是到中性轴的距离的平方。中性轴参考第七章"复仇女神"号舯横剖面图的译者注释。这里计算结构强度时，把船体看作一根长棍，当它弯曲的时候，棍的一侧主要发生挤压形变，另一侧则主要发生膨胀形变，两侧之间必有不太发生局部形变的一窄层区域，这个区域就称为"中性轴"。实际上，中性轴就是船体各个结构组件的面积二次矩求平均得出来的数据。

46. 本公式可以形象地解释为：

右边表示了一根长度固定的棍子，它越粗，使用同样的弯折力量，就越难把它弄弯，符合简单的日常经验，分子可以认为代表弯折力，分母代表棍子的粗细。于是公式右边代表一艘船的各个横截面上，"平均"受到多大的弯折力。实际上各个局部并不会受到平均的、一致的应力。如同上面的译者注所描述的那样，简化成一根棍子的船体，当它发生弯折形变的时候，一侧会受到挤压，一侧则会受到拉伸。而且，离不发生局部形变的中性轴越远，这种形变就越大，该处局部所受到的实际张力（压强）也就越大，这就是公式左侧部分的含义。此外，公式等号两边都应该具有"力÷距离的立方"的量纲。

47. 原著把挠矩的单位错标为"吨/英尺"，不符合原公式的量纲，特更正。

48. 所谓"蛀蚀蠕虫"，中文称为"船蛆"，它身形细长，头部带有坚硬盾甲，能分泌腐蚀性液体，可以将木材钻掘成蜂窝状。从生物学上看，这种动物并非"蠕虫"，而跟沿海常食用的文蛤一样，是双壳纲软体动物。

49. "其他国家的海军"主要指法国和西班牙的海军，他们是 18 世纪后期仅剩的能够和英国海军正面对抗的海上力量。

50. 原文未注明发表在该杂志的哪一期上，经查询，是在第 59 期第 299 页。

51. 三宝垄是东南亚的一个地名，据说是为了纪念明朝永乐年间三宝大太监郑和下西洋而起的这样一个名字。

52. 附生的藤壶、各种贝类以及海藻，都只适合在咸水中生存，在淡水中会自行死亡。

53. 茗荷，和藤壶一样都是蔓足纲甲壳动物，其浮游幼虫会附生在海面漂浮物上，逐渐形成外形像植物的附着成虫。成虫的节肢极度长，长有很多毛，呈毛刷状，用于在水中过滤、捕捉颗粒状食物。原著这里引用的是 19 世纪当时的描述，在提到茗荷时，采用了生物学界标准的"双名法"命名，这是在 18 世纪由瑞典的林奈最早确定下来的，也是今天国际上分配给所有物种的标准名称。

54. "橡木之心"是当时对承担英国国防大任的海军战舰的一种美称。

55. 船壳板的排列方式如同砖墙上砖的排列方式。

56. 本附录用现代船舶螺旋桨设计的基本理论来讨论"响尾蛇"号螺旋桨和船体的设计水平，重点在于螺旋桨和船下水流相互干扰的问题，因此这里对船舶螺旋桨和船下水流的相互作用略作介绍，方便理解本附录中的一些专业概念和公式。

本书第 9、第 10 章介绍螺旋桨推进时，也着重强调了螺旋桨推进器设计的关键是"螺旋桨和船船下水流的相互干扰"。

19 世纪 30 年代，也就是螺旋桨刚进入测试后不久，人们就已经认识到将船尾拉长，会让船尾水流更加流畅，能够提高螺旋桨的工作效率。即船尾部水下船体对螺旋桨的阻挡越小，螺旋桨附近的水流就越流畅，工作效率就越高。今天，用"相对旋转效率"（Relative Rotative Efficiency）来代表这一特性：船尾水下部分总会阻挡住螺旋桨产生的水流，而最重要的是会在船尾后部产生涡流，而螺旋桨就正好位于这一涡流中，这样螺旋桨的推力就会比在流畅的水流中小，效率也会低于 100%。

但螺旋桨和船体复杂的相互作用不仅仅局限于此，螺旋桨本身还会增大航行的阻力；而船体在阻挡螺旋桨水流的同时，这种阻挡却还能提高螺旋桨的工作效率。这两个结论是后来在大量模型水池试验中验证和总结出来的。

实验中，先以某个规定的航速拖曳没有安装螺旋桨的大比例战舰模型，测量和估算此时船体所受的航行阻力；然后再给船模安装上螺旋桨，螺旋桨可通过模型上的动力设备驱动，这时它就成了一台自航模型；再让自航模型保持前一个试验的吃水深度，达到前一个试验的航速；此时再测量和估算船体所受到的航行阻力，就会发现阻力增加了。同时，作为对照，还可以拖曳安装有螺旋桨的船模，只是此时螺旋桨不通过动力转动起来，而是被动因为水流带动而转动。从这三个试验中可以发现，螺旋桨本身，即使不依靠自身动力转动起来，也会增加船体的阻力，而工作起来的螺旋桨，造成的阻力则更大。这就是螺旋桨对船体阻力的增加效应。

为什么螺旋桨在推动船前进的同时还会增加阻力呢？因为转动的螺旋桨也会在船尾部造成额外的涡流，这就降低了船尾部的水压力，增大了船头船尾水压力差，产生了涡流阻力。涡流阻力在纯风帆的战列舰上也很常见，译者在前面相关章节以及附录 3 中已经注释过，如果船体尾部不够长，却使尾部形态突然变细，就会造成尾部涡流阻力。此外，螺旋桨主动推动船体前进时，还会加速船体附近水的"表面层"的剥落，从而增加船体的摩擦阻力。

将没有螺旋桨存在时的船体阻力用 R 表示，将螺旋桨的实际推力用 T 表示，则螺旋桨实际需要产生的推力 T 必然要大于没有螺旋桨时的船体阻力 R，二者差值就是螺旋桨工作产生的额外船体阻力。因此可以说有效的螺旋桨推力要小于实际的螺旋桨推力，因为螺旋桨要耗费一点推力，用于克服它自己给船体新增的阻力。这种有效推力的降低，用"推力减额因数"（Thrust Deduction Factor）t 来表示：

$$t = \frac{T-R}{T}$$

那么螺旋桨工作时，船体实际受到的阻力（即螺旋桨的推力 T）满足：

$$R_{\text{真}} = \frac{R}{1-t} = T$$

这就是本附录中提到的"推力减额因数"t 的概念。

螺旋桨会增加船体的阻力。另一方面，船体虽然会阻挡水流顺利地流到螺旋桨上，但奇妙的是，这个作用也会增强螺旋桨的推进效率。这是怎么回事呢？还是从水池试验的实际观察出发吧。

单独对螺旋桨进行测试，称为"敞水测试"（Open Water Test），用动力驱动单独的螺旋桨运转，没有船体的干扰，让螺旋桨在水中产生某个固定的推力，比如使上面的试验船模达到一定航速时的推力。这时候就会发现，敞水测试时，螺旋桨要达到更高的转速，才能产生跟上航模型上一样的推力，也就是说螺旋桨的推进效率，在实际船舶上比在单独空转时，提高了。

要理解这一特性，首先要了解螺旋桨的推力原理，即螺旋桨的"水动力学特性"。螺旋桨产生推力，跟飞机的机翼产生升力是一个道理，都是因为桨叶和水流/气流呈一定角度（攻角，Attack Angle），从而使桨叶正反两面之间产生压力差。

在一定范围内，攻角越大，螺旋桨的推力也就越大。船舶螺旋桨的攻角什么时候大，什么时候小呢？螺旋桨转速越快，攻角越大，螺旋桨周围的水流速度越慢，攻角也越大，为了表示这种现象，定义了"进速系数"J：

$$J = \frac{V_a}{nD}$$

其中，分母是螺旋桨桨叶边缘的旋转线速度，等于螺旋桨转速（n）×螺旋桨直径（D），分子是螺旋桨周围水流的平均速度。两副螺旋桨，不管它们的水流速度如何，螺旋桨转速如何，只要进速系数一样，它们的攻角也就一样。

这样，船体虽然阻碍了水流流畅地到达螺旋桨，但是由于减慢了螺旋桨周围的平均水流速度，也就是减小了进速系数J，增大了螺旋桨的攻角，进而增大了螺旋桨的推力T。

经过实验数据的拟合和从物理学原理上进行的量纲分析，螺旋桨的推力可以表达成：

$$T = K_T \rho n^2 D^4$$

其中，K_T是"推进系数"，ρ是海水的密度，n是螺旋桨转速，D是螺旋桨半径。在螺旋桨转速和半径都一致的情况下，推进系数就反映了一副螺旋桨推力的大小，因此在船舶设计中用推进系数K_T代表螺旋桨的推力。

从上面介绍的J与攻角的反变关系可以知道，一副螺旋桨的进速系数和推力总是呈反变关系，进速系数越大，推力越低。在设计螺旋桨的时候，就需要知道进速系数和推力的这种关系，于是对每种类型的螺旋桨做测试，绘制出一套J与K_T的关系图，这样就能从设计所需的J值中估算出螺旋桨所需达到的推力T。

这就是本附录中J和K_T两个概念的意义。

这种船体阻挡了螺旋桨反而增大了螺旋桨推力、增加了螺旋桨工作效率的现象，也称为"伴流"（Wake）现象。形象地说，就是有一些水会黏附在螺旋桨周围，造成螺旋桨周围水流速度小于船舶实际前进的速度。这种现象用"伴流分数"（Wake Fraction）来表示：

$$w = \frac{V - V_a}{V}$$

其中V为船速，Va为螺旋桨周围水流流过的平均速度。

这就是本附录中伴流分数w的含义。

有了伴流分数w和推力减额因数t，就可以评估螺旋桨和船体在总体上相互配合得好不好。简单来看，船需要达到的航速越高，所需推进功率就越大，同时，船航行时受到的阻力越大，用来克服阻力所需的推进功率也就越大，即$P \propto R \cdot V$。其中，R代表没有螺旋桨存在时，单纯船体达到所需航速V时，会受到的阻力。而从螺旋桨的角度来看，螺旋桨所需克服的实际阻力$R_{真} = \frac{R}{1-t}$，而螺旋桨自己实际"航行"的速度低于船速，只有$V_a = V(1-w)$，则螺旋桨所需的实际推进功率满足$P' \propto \frac{R}{1-t} \cdot V(1-w) = \left(\frac{1-w}{1-t}\right) \cdot RV$。那么，一艘船的推进效率就可以表示为理论推进功率P与实际推进功率P'之比，即推进效率$\eta = \frac{P}{P'} = \frac{R \cdot V}{\left(\frac{1-w}{1-t}\right) \cdot RV} = \frac{1-t}{1-w}$，这就是本附录中"船身效率"（Hull Efficiency）的概念。船身效率越高，越可以使用转速很慢的螺旋桨达到很大的推力，而且节省燃料消耗。

本附录对"响尾蛇"号的分析方法如下：

首先假设"响尾蛇"号螺旋桨的设计水平跟现代螺旋桨差不多，选取了一套现成的现代螺旋桨设计母型来代替今天已经不可能考证清楚的"响尾蛇"号螺旋桨。

这套现代螺旋桨母型已经有规格尺寸、转速数据和伴流系数 w 的数据，这样就能计算出进速系数，并根据这套现代螺旋桨的"进速系数—推力系数"关系图得出螺旋桨的推力。

然后估算"响尾蛇"号的船体阻力，也使用现代船舶阻力计算的经验图谱。具体使用的是 20 世纪上半叶，美国的系统性大比例船模阻力研究中得出的船舶阻力函数图谱，即所谓的"泰勒—格特勒阻力系列"（Taylor–Gertler Series）。通过"响尾蛇"号的船体图纸，计算出该船的菱形系数 C_p 和船底接触水面的湿面积等数据，进而和"泰勒—格特勒阻力系列"实验结果对照，推算出"响尾蛇"号单纯船体的阻力。

有了推力 T 和阻力 R，这样就可以计算出该船的推力减额因数 t。

最后用该船的推力减额因数 t 和该螺旋桨的伴流分数 w 推算出船身效率。

57. 推进功率，即"Thrust Horsepower"，原文无英文全称，只有缩写。

58. T 一般代表推力 T，但似乎无法在航速和推力、螺旋桨转速之间找到线性关系。刚开始增大转速时，推力会提高，航速也会增加；但再继续增大转速，则随着航速的提高，阻力越来越快地增加，所需的推力就会不成比例地增加，而此时已经接近螺旋桨的最高转速，再增加转速就很难了。

59. 0.2 这个比值是螺旋桨桨叶总面除以桨叶所在圆盘的面积得出的。

60. 下标 s=ship，代表船速；下标 a=average，代表螺旋桨平均进流速度。

61. C_p 是船体菱形系数，C_v 是黏性阻力系数。

62. 今天的通行资料对此战总体经过的叙述略有不同，简略概括如下：

参战的丹麦战舰有 4 艘，多了一艘巡航舰"吉菲昂喷泉"号（Gefion），吉菲昂喷泉是丹麦哥本哈根的地标之一。"克里斯蒂安八世"号是一艘 84 炮的大型双层甲板战列舰。另外 2 艘小蒸汽船都是在英国建造的，皆以火山和地热温泉的名字来命名，以象征汽船喷吐着浓烟的烟囱，其中赫克拉火山位于冰岛，当时丹麦是冰岛的宗主。

此战始于清晨 4 点，两艘风帆战舰驶入狭窄的海峡中尝试炮击海岸炮台，但是海峡水太浅，战舰不敢随意机动，就派来两艘汽船帮助它们机动，结果汽船也遭受炮台轰击而丧失了机动能力。战至下午，"吉菲昂喷泉"号巡航舰投降，不久，严重受损的"克里斯蒂安八世"号也只得投降。后来，"克里斯蒂安八世"号上发生大火，20 点火势失控引发爆炸。

此战，丹麦方面有 100 人战死、61 人负伤，近千人上岸成为战俘，"吉菲昂喷泉"号成了战利品，在普鲁士海军一直活跃服役至约 1870 年。

63. "埃特纳"号是一艘 14 炮木体装甲浮动炮台船；"阿基里斯"号（Achilles）则是"勇士"号的后续大型铁甲舰，于 1863 年建造。另外，"勇士"号就是由泰晤士河岸的制铁和造船公司建造的，因为当时海军船厂还没有建造铁造大型船舶的经验。

64. 德普福德船厂不负责船舶维修，因为服役后搭载了装备的战舰吃水比较深，可能无法航行到该地。